中国电力教育协会
高校电气类专业精品教材

普通高等教育"十二五"系列教材

普通高等教育"十一五"国家级规划教材

高电压技术

（第四版）

沈其工　方　瑜
周泽存　王大忠　编
梁曦东　周远翔　主审

中国电力出版社
CHINA ELECTRIC POWER PRESS

内 容 提 要

本书为普通高等教育"十二五"系列教材,普通高等教育"十一五"国家级规划教材。

本书主要内容包括电介质的极化、电导和损耗,气体放电的物理过程,气隙的电气强度,固体、液体和组合绝缘的电气强度,电气设备绝缘试验,线路和绕组中的波过程,雷电及防雷装置,输电线路的防雷保护,发电厂和变电站的防雷保护,电力系统暂时过电压,电力系统操作过电压,电力系统绝缘配合,交流特高压电网过电压防护及绝缘配合等。

本书可作为高等学校电气工程及其自动化专业及相关专业的本科教材,也可作为高职高专教材和工程技术人员的参考用书。

图书在版编目 (CIP) 数据

高电压技术/沈其工等编. —4 版. —北京:中国电力出版社,2012.8(2025.3重印)

普通高等教育"十二五"规划教材 普通高等教育"十一五"国家级规划教材

ISBN 978-7-5123-2969-0

Ⅰ.①高… Ⅱ.①沈… Ⅲ.①高电压-技术-高等学校-教材 Ⅳ.①TM8

中国版本图书馆 CIP 数据核字(2012)第 078973 号

中国电力出版社出版、发行

(北京市东城区北京站西街 19 号 100005 http://www.cepp.sgcc.com.cn)
北京雁林吉兆印刷有限公司印刷
各地新华书店经售

*

1988 年 6 月第一版
2012 年 8 月第四版 2025 年 3 月北京第四十八次印刷
787 毫米×1092 毫米 16 开本 26.25 印张 638 千字
定价 55.00 元

前　言

本书自 1988 年初版以来，为广大读者所选用，历经二版三版迄今，已累计印刷 26 次，发行 17 万余册。

科技进步日新月异，尤其是我国近年来在超高压、特高压远距离输电方面迅速发展，在此领域工程技术的诸多方面均有重大的研究成果和成功的实践经验，这就要求本书作出与此相应的充实和更新，增补修订为第四版。

本书本版由沈其工、方瑜、周泽存、王大忠合编，其中第一～六章由沈其工修订；第七～十章由王大忠修订（第二、三版中的第七～十章是由周泽存和王大忠合作编写的）；第十一～十三章由方瑜修订。本版重点增写了新的第十四章，其内容为"交流特高压电网过电压防护及绝缘配合"，由方瑜编写。与此相应，删去了原有的第十四章和其他章节中不宜列入本版的内容。

周泽存由于身体健康原因，未能参与本版改版的工作。

本版全书由清华大学梁曦东教授和周远翔教授主审，谨致深切的谢意。

对书中存在的疏漏和不足之处，敬请读者批评指正。

编　者
2012 年 5 月

目　　录

第一篇　高电压绝缘及试验

第一章　电介质的极化、电导和损耗

§1-1　电介质的极化

根据电介质的物质结构，电介质极化具有电子位移极化、离子位移极化、转向极化、空间电荷极化四种基本类型。现分别加以说明。

一、电子位移极化

一切电介质都是由分子构成的，而分子又是由原子组成的，每个原子都是由带正电荷的原子核和围绕着核的带负电荷的电子云构成。当不存在外电场时，电子云的中心与原子核重合，如图 1-1-1（a）所示，此时，感应电矩为零。当外加一电场，电场力将使带正电的原子核向电场方向位移，带负电的电子云中心向电场反方向位移，但原子核对电子云的引力又使两者倾向于重合，当这两种作用力达到平衡时，感应电矩也达稳定。这个过程称为电子位移极化。当外电场消失时，原子核对电子云的引力又使两者重合，感应电矩也随之消失。

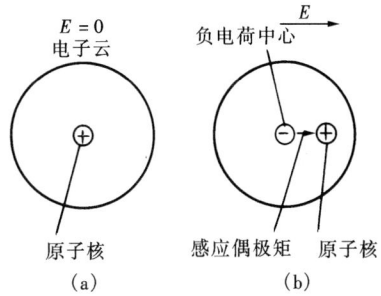

图 1-1-1　电子位移极化
（a）极化前；（b）极化后

电场中的所有电介质内都存在电子位移极化，它是弹性的，并不引起能量损耗，完成极化所需时间极短，约为 $10^{-14} \sim 10^{-15}$ s，该时间已与可见光的周期相近。这就是说，即使所加外电场的交变频率达到光频，电子位移极化也来得及完成。

单元粒子的电子位移极化电矩与温度无关，温度的变化，只是通过介质密度的变化（即介质单位体积中粒子数的变化）才使介质的电子位移极化率发生变化。

二、离子位移极化

在由离子结合成的介质内，外电场的作用除了促使各个离子内部产生电子位移极化外，还产生正、负离子相对位移而形成的极化，称为离子位移极化。图 1-1-2 示出了氯化钠晶体的离子位移极化。

当没有外电场时，各正负离子对构成的偶极矩彼此相消，合成电矩为零；加上外电场后，所有的钠离子沿电场方向位移，而氯离子则沿电场反方向位移。结果，正负离子对构成的偶极矩不再完全相消，形成一定的合成电矩。

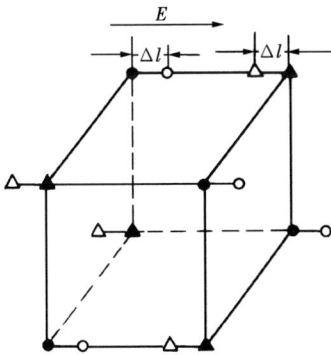

图 1-1-2　氯化钠晶体的离子位移极化
●、○—钠离子（Na^+）在极化前后的位置；
▲、△—氯离子（Cl^-）在极化前后的位置

完成离子位移极化所需的时间约为 $10^{-12} \sim 10^{-13}$ s。因此，只要交变电场的频率低于红

外光频率，离子位移极化便可完成。

在大多数情况下，离子位移极化有极微量的能量损耗。

电介质的离子位移极化率随温度的升高而略有增大。这是由于温度升高时，电介质体积膨胀，离子间的距离增大，离子间相互作用的弹性力减弱的结果。

三、转向极化

在极性电介质中，即使没有外加电场，由于分子中正、负电荷的作用中心不重合，就单个分子而言，就已具有偶极矩，称为固有偶极矩。但由于分子的不规则热运动，使各分子偶极矩方向的排列无序，因此，宏观上对外并不呈现合成电矩。当有外电场时，每个分子的固有偶极矩就有转向电场方向的趋势，顺电场方向作定向排列。但是由于受分子热运动的干扰，这种转向定向的排列，只能达到某种程度，而不能完全。随场强和温度的不同，这种转向排列在不同的程度上达到平衡，对外呈现出宏观电矩，这就是极性分子的转向极化。外电场愈强，极性分子的转向定向就愈充分，转向极化就愈强。外电场消失后，分子的不规则热运动又使分子的排列回复到无序状态，宏观的转向极化也就随之消失。

转向极化的建立需要较长的时间，约为 $10^{-6} \sim 10^{-2}$ s，甚至更长。所以，当电场交变频率提高时，转向极化的建立就可能跟不上电场的变化，从而使极化率减小。

转向极化伴有能量损耗。

四、空间电荷极化

上述的三种极化都是由带电质点的弹性位移或转向形成的，而空间电荷极化的机理则与上述不同，它是由带电质点（电子或正、负离子）的移动形成的。

在大多数绝缘结构中，电介质往往呈层式结构（宏观或微观的），电介质中也可能存在某些晶格缺陷。在电场的作用下，带电质点在电介质中移动时，可能被晶格缺陷捕获，或在两层介质的界面上堆积，造成电荷在介质空间中新的分布，从而产生电矩。这种极化称为空间电荷极化。

最明显的空间电荷极化是夹层极化。常用的电气设备如电缆、电容器、旋转电机、变压器、电抗器等的绝缘体，都是由多层介质组成的。现以最简单的双层介质模型来分析其中的物理过程。

如图 1-1-3 所示，各层介质的电容分别为 C_1 和 C_2；各层介质的电导分别为 G_1 和 G_2；直流电源电压为 U。为了说明的简便，全部参数均只标数值，略去单位。

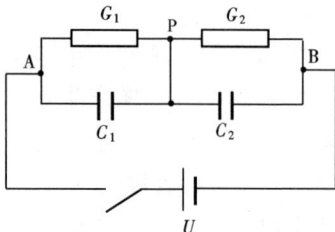

图 1-1-3　双层介质极化模型

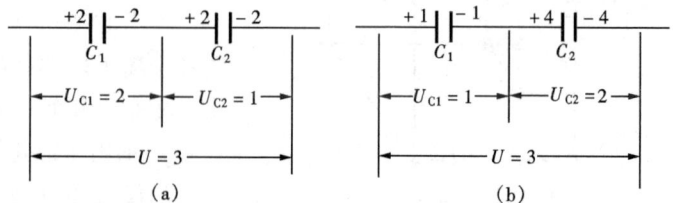

图 1-1-4　双层介质中电荷和电位分布
(a) 初瞬时；(b) 稳态时

设 $C_1=1$，$C_2=2$，$G_1=2$，$G_2=1$，$U=3$。当 U 加在 A、B 两端极的初瞬，电容上的电荷和电位分布如图 1-1-4 (a) 所示。整个介质的等值电容 $C'_{eq}=\dfrac{Q'}{U}=\dfrac{2}{3}$。到达稳态时，电

容上的电荷和电位分布如图 1-1-4（b）所示。整个介质的等值电容 $C''_{eq} = \dfrac{Q''}{U} = \dfrac{4}{3}$。$C_1$ 与 C_2 分界面上堆积的电荷量为 $+4-1 = +3$。

由此可见，夹层的存在将会造成电荷在夹层界面上的堆积和等值电容的增大，这就是夹层极化效应。

应该注意，夹层界面上电荷的堆积是通过介质电导 G 完成的。高压绝缘介质的电导通常都是很小的，所以，这种极化过程是缓慢的，它的完成时间从几十分之一秒到几分钟，甚至更长。因此，这种性质的极化只有在低频时才有意义。

显然，这种极化伴随着能量损耗。

§1-2 电介质的介电常数

一、介电常数的物理意义

从物理学课程中得知，在真空中有关系式

$$D = \varepsilon_0 E \tag{1-2-1}$$

式中：E 为场强矢量，V/m；D 为电位移矢量，即电通量密度矢量，C/m^2。

D 与 E 是同向的，比例常数 ε_0 为真空的介电常数，其值为

$$\varepsilon_0 = \frac{1}{4\pi \times 8.9880 \times 10^9} \approx \frac{1}{4\pi \times 9 \times 10^9} \approx 8.854 \times 10^{-12} (F/m)$$

在介质中，则有关系式

$$D = \varepsilon_0 \varepsilon_r E \tag{1-2-2}$$

D 与 E 仍是同向的，比例常数 ε_r 为介质的相对介电常数，它是一个没有量纲和单位的纯数（$\varepsilon_r > 1$）。

这是因为：在介质中，由于存在极化，极化电矩产生反向场强，若 D 值不变，则介质中的合成场强 E 值就比真空中小了，反过来说，若欲保持介质中的合成场强 E 值不变，则相应的 D 值（与真空中相比）必须增大到原值的 ε_r 倍。

通常可将 $\varepsilon_0 \varepsilon_r$ 合写为 ε，即 $\varepsilon_0 \varepsilon_r = \varepsilon$，称为介质的介电常数，其量纲和单位与 ε_0 相同。这就是说，介质的介电常数为真空介电常数的 ε_r 倍。

二、气体介质的相对介电常数

由于气体物质分子间的距离相对很大，即气体的密度很小，气体的极化率也就很小，故一切气体的相对介电常数都接近于 1。表 1-2-1 列出了某些气体的相对介电常数。

任何气体的相对介电常数均随温度的升高而减小，随压力的增大而增大，但其影响的程度都很小。

表 1-2-1   **某些气体的相对介电常数 ε_r（20℃，101.33kPa）**

气体名称	He	H_2	O_2	N_2	CH_4	CO_2	C_2H_4	空气
ε_r	1.000072	1.00027	1.00055	1.00060	1.00095	1.00096	1.00138	1.00059

三、液体介质的相对介电常数

1. 中性液体介质

中性液体介质的相对介电常数不大，其值在 1.8~2.8 范围内。其相对介电常数与温度

的关系是与介质分子密度与温度的关系接近一致的。石油、苯、四氯化碳、硅油等均为中性或弱极性液体介质。

2. 极性液体介质

这类介质通常都具有较大的介电常数，如果作为电容器的浸渍剂，可使电容器的比电容增大。这类介质的缺点是在交变电场中的介质损耗较大，故高电压绝缘中很少应用，只有蓖麻油和几种合成液体介质在某些场合时有应用。

下面讨论影响极性液体介质介电常数的主要因素。

(1) 介电常数与温度的关系。

举例如图 1-2-1 所示。低温时，分子间的黏附力强，转向较难，转向极化对介电常数的贡献较小；随着温度的升高，分子间的黏附力减弱，转向极化对介电常数的贡献就较大，介电常数随之增大；另一方面，温度升高时，分子的热运动加强，对极性分子定向排列的干扰也随之增强，阻碍转向极化的完成，所以当温度进一步升高时，介电常数反而趋向减小。

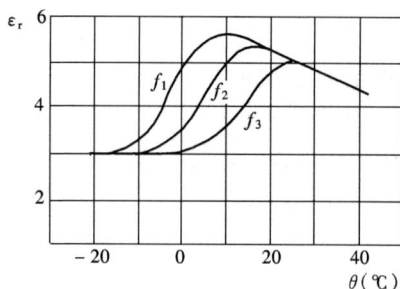

图 1-2-1　氯化联苯的相对介电常数
与温度的关系（频率 $f_3 > f_2 > f_1$）

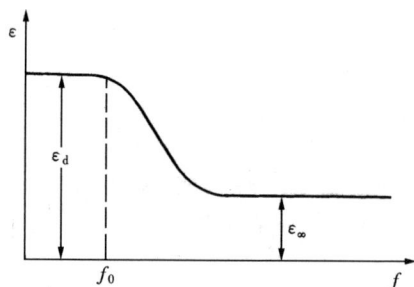

图 1-2-2　极性液体介质的
介电常数与频率的关系

(2) 介电常数与电场频率的关系。

电场频率对极性液体介电常数的影响很大，一般倾向性关系如图 1-2-2 所示。当频率相当低时，偶极分子来得及跟随电场交变转向，介电常数较大，并且接近于直流电压下测得的介电常数值 ε_d。当频率超过某一临界值 f_0 时，极性分子的转向已经跟不上电场的变化，介电常数就开始减小，随着频率的增高，介电常数最终接近于仅由电子位移极化所引起的介电常数值 ε_∞。表 1-2-2 列出了某些极性液体介质在 50Hz 电压下、20℃时的相对介电常数 ε_r 值。

表 1-2-2　　　　　　　　　某些极性液体介质的 ε_r（50Hz，20℃）

液体名称	蓖麻油	三氯联苯	乙　醇	水
ε_r	4.2	5.6	26	81

四、固体介质的相对介电常数

1. 中性或弱极性固体介质

由中性分子构成的固体介质，只具有电子式极化和离子式极化，其介电常数较小。中性固体介质的介电常数与温度之间的关系也与介质密度与温度的关系很接近。

石蜡、硫磺、聚乙烯、聚丙烯、聚四氟乙烯、聚苯乙烯等都是中性固体介质；云母、石

棉等是晶体型离子结构的中
性固体介质；尤机玻璃则是
无定型离子结构的中性固体
介质。

　　2. 极性固体介质

　　由于分子具有极性，所
以这类介质的相对介电常数
都较大，一般为3～6，还有
更大的。这类介质的相对介
电常数与温度和频率的关系
类似极性液体所呈现的规律。
图1-2-3表示了硫化天然
橡胶的相对介电常数与温度、电场频率的关系。

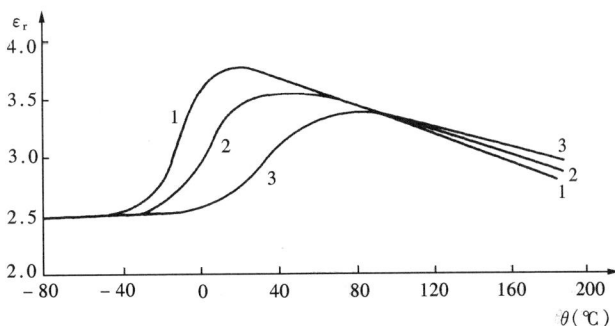

图1-2-3　硫化天然橡胶的相对介
电常数与温度、电场频率的关系
1—60Hz；2—3kHz；3—300kHz

　　树脂、纤维、橡胶、虫胶、有机玻璃、聚氯乙烯、涤纶等均属于极性固体介质。

§1-3　电介质的电导

　　电介质的电导与金属的电导有本质上的区别。

　　气体介质的电导是由电离出来的自由电子、正离子和负离子在电场作用下移动而造成的。液体和固体介质的电导是由于介质的基本物质（及其中所含杂质）分子发生化学分解或热离解形成的带电质点（电子、正离子、负离子）沿电场方向移动而造成的。它是离子式电导，即电解式电导。

一、气体介质的电导

　　当气体中无电场存在时，外界因素（宇宙线、地面上的放射性辐射、太阳光中的紫外线等）使每一立方厘米气体介质中每秒钟大约产生一对离子（此处所称离子是广义的，包括电子在内）。在离子不断产生的同时，正负离子又在不断复合，最后达到平衡状态，离子浓度约为500～1000对/cm³。当存在电场时，这些离子在电场力的作用下，克服与气体介质分子碰撞的阻力而移动，在电场方向得到速度v，它与电场强度E的比值$b=v/E$，称为离子的迁移率。当电场强度很小时，b接近为常数，即电流密度与电场强度近乎成正比，如图1-3-1中Ⅰ区所示。当电场强度进一步增大，外界因素所造成的离子接近全部趋向电极时，电流密度即趋于饱和，但其值仍极微小，如图1-3-1中Ⅱ区所示。在

图1-3-1　气体介质中的
电流密度J与场强E的关系

这两区内气体的电导是极小的。对标准状态下的空气来说，图中E_1和E_2值分别约为5×10^{-3}V/cm和10^4V/cm。当场强超过E_2值时，气体介质中将发生撞击电离，从而使电流密度迅速增大，如图1-3-1中Ⅲ区所示。当场强达到E_{cr}时，气隙就被击穿。这个过程将在下一章中详细讨论。

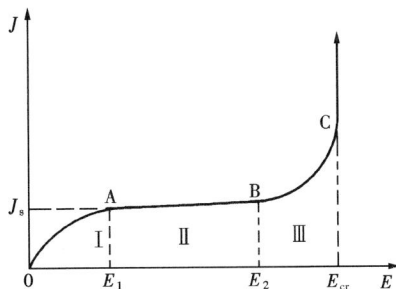

二、液体介质的电导

中性液体介质本身分子的离解是极微弱的，其电导主要由离解性的杂质和悬浮于液体介质中的带电粒子所引起，所以，其电导对杂质是非常敏感的。中性液体介质处理得十分纯净后，其电导率可低达 10^{-18} S/cm。

极性液体介质的电导不仅由杂质所引起，而且与本身分子的离解度有关。如其他条件相同，则极性液体介质的电导大于中性液体介质。极性液体介质的介电常数愈大，则其电导也愈大。强极性液体介质（如水、酒精等），即使是高度净化了的，其电导率还很大，以致不能把它们看作电介质，而是离子式导电液了。部分液体介质的电导率和相对介电常数见表 1 - 3 - 1。

表 1 - 3 - 1   部分液体介质的电导率和相对介电常数

液体种类	液体名称	温度 θ（℃）	相对介电常数 ε_r	电导率 γ（S/m）	纯净程度
中　性	变压器油	80	2.2	0.5×10^{-10}	未净化的
	变压器油	80	2.1	2×10^{-13}	净化的
	变压器油	80	2.1	0.5×10^{-13}	两次净化的
	变压器油	80	2.1	10^{-16}	高度净化的
极　性	蓖麻油	20	4.5	10^{-10}	工程上应用
强极性	水	20	80	10^{-5}	高度净化的
	乙　醇	20	26	10^{-6}	净化的

下面讨论影响液体介质电导的因素。

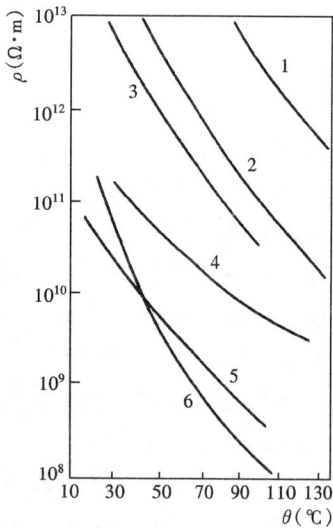

图 1 - 3 - 2　某些液体介质的电阻率与温度的关系

1—变压器油（很洁净）；2—变压器油（洁净）；3—凡士林油；4—变压器油（工业用）；5—蓖麻油；6—五氯联苯

1. 温度

关于温度主要有两方面的影响：一方面，温度升高时，液体介质的黏度降低，离子受电场力作用而移动时所受的阻力减小，离子的迁移率增大，使电导增大；另一方面，温度升高时，液体介质分子的热离解度增大，也使电导增大。

理论和实验均证明液体介质的电导率与温度的关系可以近似地表示为

$$\gamma = A\exp(-B/T) \qquad (1 - 3 - 1)$$

式中：A、B 为常数；T 为绝对温度；γ 为电导率。

当温度变化的范围不大时，液体介质的电导与温度的关系也可以写成

$$\gamma = \gamma_0 \exp[\alpha(\theta - \theta_0)] \qquad (1 - 3 - 2)$$

式中：α 为常数；θ 为液体介质的温度，℃；γ_0 为 $\theta = \theta_0$ 时的电导率。

图 1 - 3 - 2 表示了某些液体介质的电阻率与温度的关系。

2. 电场强度

在极纯净的液体介质中，电导与电场强度的关系与气

体介质中相似（类似图 1-3-1）。但是，一般工程用纯净液体介质的电导与电场强度的关系却更接近于图 1-3-3。饱和电流这一段通常是观察不到的；电场强度小于某定值时，电导接近为一常数；电场强度超过某定值（E_{cr}）时，电场将使离解出来的离子数量迅速增加，电导也就迅速增加，电流密度随场强呈指数律增长。

三、固体介质的电导

具有中性分子的固体介质的电导主要是由杂质离子引起的，只有当温度较高时，中性分子本身才可能发生分解，产生自由离子，形成电导。此外，外界因素（例如高能射线）的作用也可能使中性分子发生离解。

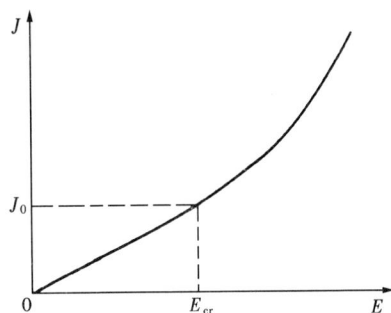

图 1-3-3 工程用纯净变压器油中电流密度 J 与场强 E 的关系

离子式结构的固体介质的电导主要是由离子在热运动影响下脱离晶格而移动产生的。例如在 NaCl 晶体中，温度升高时，离子在其晶格中平衡位置附近的振动就随之加强。当温度达到一定值时，这种振动加强到能使有些离子脱离原所在晶格，而落入新的缺乏该种离子的晶格角上去，这就造成了电荷的移动。当电场不存在时，这种电荷（离子）的移动是无序的，因此，对外不形成电流；当存在电场时，这些电荷就会在电场方向获得某一合成的速度，形成电流。当然，杂质在离子式结构的固体介质中也是造成电导的原因之一，由于杂质与基本物质的结合是不紧密的，故当在某一温度，介质结构中的基本离子尚很少脱离原位时，杂质离子则可能已有较多脱离原位而迁移了。

下面讨论影响固体介质电导的一些因素。

1. 温度

温度对固体介质电导率的影响与对液体介质电导率的影响相似，因此式（1-3-1）和式（1-3-2）也同样适用于固体介质。

2. 电场强度

与液体介质的情况相似，在电场强度小于某定值时，固体介质的电导率与电场强度几乎无关；当电场强度大于某定值时，固体介质的电导率与电场强度的关系可近似地表示为

$$\gamma = \gamma_0 \exp[b(E - E_0)] \tag{1-3-3}$$

式中：γ_0 为电导率与电场强度尚无关范围内的电导率；E_0 为电导率与电场强度尚无关时的最大电场强度；b 为常数，由材料特性所决定。

3. 杂质

杂质对电导率的影响是很大的。某些固体介质（如 A 级绝缘物）很容易吸收潮气（水分），这就相当于在固体介质中加入了强极性的杂质。

固体介质除了体积电导以外，还存在表面电导。表面电导是由于介质表面吸附一些水分、尘埃或导电性的化学沉淀物而形成的，其中水分起着特别重要的作用。因此，在相同的工作条件下，亲水性介质（水分子与固体介质分子的附着力很强，如玻璃、陶瓷等）的表面电导要比憎水性介质（水分子与固体介质分子的附着力很弱，水分不易在介质表面形成薄膜，而只能凝聚成小水滴，如石蜡、聚四氟乙烯、硅有机物等）的表面电导大得多。一般中性介质的表面电导最小，极性介质次之，离子性介质最大。采取使介质表

面洗净、光洁、烘干或表面涂以石蜡、硅有机物、绝缘漆等措施，可以降低介质表面电导。

§1-4　电介质中的能量损耗

一、介质损耗的基本概念

前已指出，在电场的作用下，电介质的极化过程需要经过一定时间才能全部完成。对恒稳电场来说，不存在什么困难。在正弦交变电场中，如果电场的交变速度远低于极化建立的速度，则介质的极化强度 $\dot P$ 与交变场强 $\dot E$ 几乎同相位，此时，介电常数 $\varepsilon^* = \dfrac{\dot D}{\dot E} = \dfrac{\varepsilon_0 \dot E + \dot P}{\dot E} = \varepsilon_0 + \dfrac{\dot P}{\dot E}$ 可视为一实数，其值接近于静态介电常数。如果电场的交变速度可以与极化建立的速度相比拟，极化就跟不上电场的变化，电通量密度 $\dot D$ 就滞后于电场强度 $\dot E$ 一个相位角 θ。此时，介电常数 $\varepsilon^* = \dot D / \dot E$ 就将是一个复数，即 $\varepsilon^* = \varepsilon \exp(-j\theta) = \varepsilon' - j\varepsilon''$，于是介质中的电流密度（不计漏导时）$\dot j_0 = \varepsilon^* (\partial E / \partial t) = (j\omega\varepsilon' + \omega\varepsilon'') \dot E = \dot j' + \dot j''$。由此可见，由复介电常数的实部 ε' 所决定的电流密度 $\dot j'$ 比场强 $\dot E$ 超前 $90°$，$\dot j'$ 是纯电容电流密度，它包括真空的介电常数 ε_0 所贡献的电容电流和极化形成的介电常数中的实部所贡献的电容电流。由复介电常数中的虚部 ε'' 所决定的电流密度 $\dot j''$ 则与场强 $\dot E$ 同相位，它是有功电流密度，形成有功功率损耗（介质极化过程中所形成的）。实际上，一般电介质总还存在漏导，在电场作用下，形成与交变电场同相位的漏导电流密度 $\dot j_{lk}$，它是纯有功损耗电流密度。

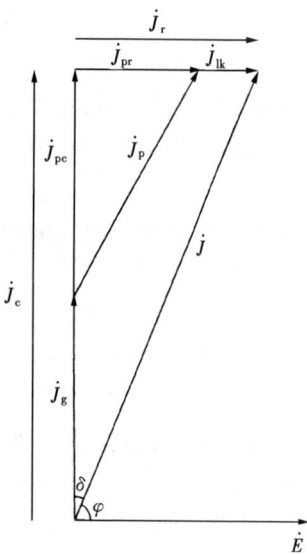

图 1-4-1　电介质中的
电流密度和场强相量

综上所述，可以画出电介质在正弦交变电场作用下的电流密度和场强相量图，如图 1-4-1 所示。图中，$\dot j_g$ 为真空和无损耗极化所引起的电流密度，为纯电容性的；$\dot j_{lk}$ 为漏导所引起的电流密度，为纯电阻性的；$\dot j_p$ 为有损耗极化所引起的电流密度，它由无功部分 $\dot j_{pc}$ 和有功部分 $\dot j_{pr}$ 组成。总电流密度相量 $\dot j$ 与总电容电流密度相量 $\dot j_c$ 之间的夹角为 δ，称为电介质的损耗角。通常用此损耗角的正切 $\tan\delta$ 来表征介质中比损耗的大小。$\tan\delta = J_r / J_c$ 为介质中总的有功电流密度与总的无功电流密度之比。

由图 1-4-1 可以很容易地画出电介质的等效电路如图 1-4-2 所示。图中，R_{lk} 为泄漏电阻；I_{lk} 为漏导电流；C_g 为介质真空和无损耗极化所形成的电容；I_g 为流过 C_g 的电流，C_p 为有损耗极化所形成的电容；R_p 为有损耗极化所形成的等效电阻；I_p 为流过 $R_p - C_p$ 支路的电流，可分为有功分量 I_{pr} 及无功分量 I_{pc}。

图 1 - 4 - 2 是从实际物理概念得出的等效电路图，在具有稳定角频率为 ω 的正弦交变电场作用下，图 1 - 4 - 2 还可进一步简化为图 1 - 4 - 3。图中

$$G_{eq} = \frac{1}{R_{lk}} + \frac{\omega^2 C_p^2 R_p}{1 + (\omega C_p R_p)^2} \qquad (1 - 4 - 1)$$

$$C_{eq} = C_g + \frac{C_p}{1 + (\omega C_p R_p)^2} \qquad (1 - 4 - 2)$$

在工程中实际测量到的介质电容值正是图 1 - 4 - 3 中 C_{eq} 的值，由此推算得到的 ε 值也就相当于图 1 - 4 - 1 中 J_c 所对应的 ε 值，所以，单位体积介质中的损耗功率可表示为

$$p = EJ_r = EJ_c \tan\delta = E^2 \omega\varepsilon \tan\delta = E^2 \omega\varepsilon_0\varepsilon_r \tan\delta \qquad (1 - 4 - 3)$$

对于含有均匀介质的平板电容器，总损耗功率为

$$P = pV = E^2 \omega\varepsilon \tan\delta V = U^2 \omega C \tan\delta \qquad (1 - 4 - 4)$$

式中：V 为介质体积；U 为所加电压。

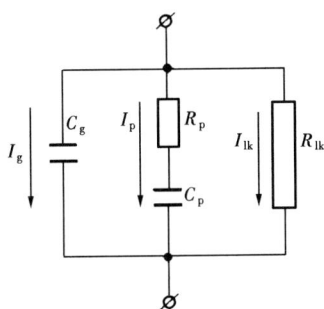

图 1 - 4 - 2　电介质的等效电路　　　　　图 1 - 4 - 3　正弦交变电场下电
介质的计算用等效电路

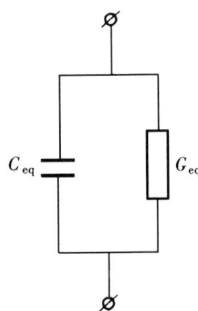

二、气体介质中的损耗

我们已知，气体介质的极化率是很小的，当场强小于气体分子电离所需的值时，气体介质的电导也是很小的，所以，此时气体介质中的损耗也将是很小的，工程中可以略去不计。但当场强超过气体分子电离所需的值时，气体介质将产生电离，介质损耗大增，且随着电压的升高，损耗增长很快。这个过程将在下一章中详细讨论。

三、液体和固体介质中的损耗

中性液体或中性固体介质中的极化主要是电子位移极化和离子位移极化，它们是无损的或几乎是无损的。于是，这类介质中的损耗便主要由漏导决定，介质损耗与温度、场强等因素的关系也就取决于电导与这些因素之间的关系，如图 1 - 4 - 4 和图 1 - 4 - 5 所示。

极性液体和极性固体介质中的损耗主要包括电导式损耗和电偶式损耗两部分，所以，它与温度、频率等因素有较复杂的关系。

图 1 - 4 - 6 所示为松香油的 $\tan\delta$ 与温度的关系。温度较低时，松香油的黏度大，偶极子的转向较难，故 $\tan\delta$ 较小；温度升高时，松香油的黏度减小，偶极子的转向较易，故 $\tan\delta$ 增大；温度再高时，松香油的黏度更小，偶极子的转向很易，但偶极子回转时的摩擦损耗却减小很多，故 $\tan\delta$ 反而减小了；温度更高时，虽然由于黏度小，使偶极子回转时的摩擦损耗减小，但电导随温度的增加而迅速增加，使电导式损耗迅速增大，$\tan\delta$ 及总的损耗也都迅速增大。

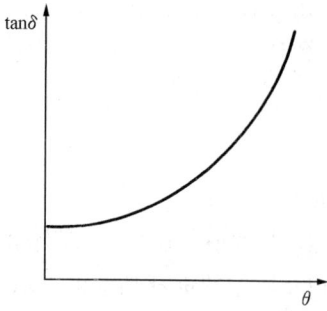

图 1 - 4 - 4　中性液体（或固体）
电介质的 $\tan\delta$ 与温度的关系示意

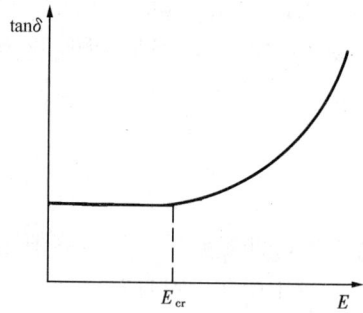

图 1 - 4 - 5　中性液体（或固体）
电介质的 $\tan\delta$ 与场强的关系示意

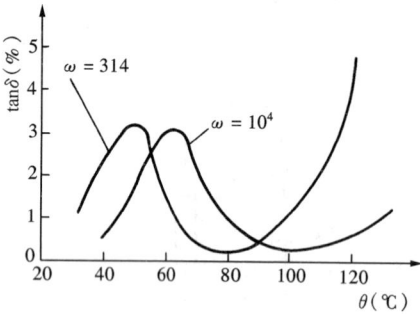

图 1 - 4 - 6　松香油的 $\tan\delta$
与温度的关系

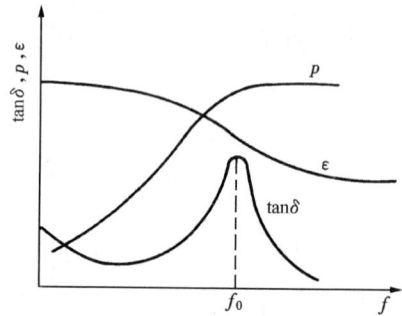

图 1 - 4 - 7　极性液体介质中
的损耗与频率的关系示意

图 1 - 4 - 7 表示极性液体介质中的损耗与频率的关系。当频率很低时，介质中的损耗主要由电导决定，偶极式损耗很少，故总的损耗功率小；但因频率很低，电容电流很小，故 $\tan\delta$ 却比较大。当电源频率增高时，偶极子回转频率和偶极损耗也随之增高；与此同时，随着频率的升高，偶极式极化不充分，使介电常数减小，电容电流不能与频率成正比增长。以上两种因素的结合，使得在某频率范围内，$\tan\delta$ 随频率增大而增长。当频率更高时，偶极子的回转已完全跟不上电源频率，损耗功率趋于恒定，介电常数也达到较低的稳定值，电容电流则与频率成正比例增长，此时，$\tan\delta$ 近乎与频率成反比地减小。

极性固体介质的 $\tan\delta$ 与温度的关系如图 1 - 4 - 8 所示。其规律性类似图 1 - 4 - 6。图

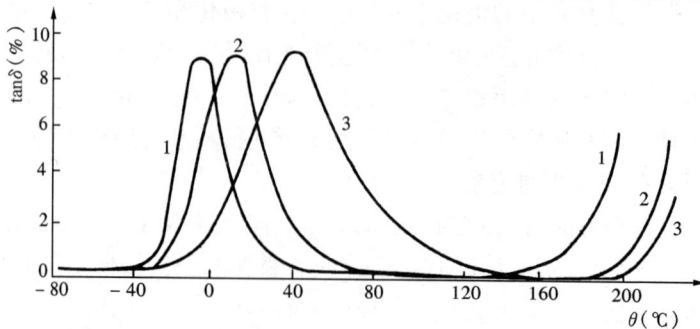

图 1 - 4 - 8　硫化天然橡胶的 $\tan\delta$ 与温度的关系
1—60Hz；2—3kHz；3—300kHz

1-4-9 示出各种玻璃和石英在角频率 $\omega > 10^6$ 时 $\tan\delta$ 与 ω 的关系。很明显，$\tan\delta$ 不是与频率成反比减小，反而随频率而增大，即损耗功率的增长比频率的增长更快。不仅是玻璃和石英，其他某些绝缘材料也有此特性。由此可见，已有的极化理论未必能解释高频时固体介质损耗的性质，这说明介质中可能存在迄今尚不了解的某些过程。

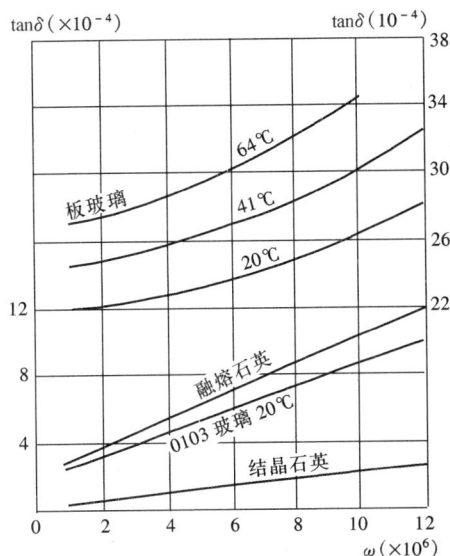

图 1-4-9 玻璃和石英的
$\tan\delta$ 与频率的关系

习　题

1-1 试比较电介质中各种极化的性质和特点。

1-2 极性液体和极性固体电介质的相对介电常数与温度和电压频率的关系如何？为什么？

1-3 作为工程常识，努力去了解下列电介质在常温、工频电压下的相对介电常数约为多少，并按其极性强弱（中性、弱极性、强极性）分类。

气体类：N_2、O_2、CO_2、SF_6。

液体类：纯水、变压器油、蓖麻油、硅油。

固体类：电瓷、玻璃、云母、石棉、棉纱、纸、松香、石蜡、沥青、虫胶、天然橡胶、硅有机橡胶、酚醛纸板、环氧玻璃布板、聚乙烯、聚氯乙烯、聚四氟乙烯。

1-4 电介质电导与金属电导的本质区别是什么？

1-5 正弦交变电场作用下，电介质的等效电路是怎样的？为什么测量高压电气设备的绝缘电阻时，需按标准规范的时间下量取，并同时记录温度？

1-6 某些电容量较大的设备经直流高电压试验后，其接地放电时间要求长达 5～10min，为什么？

第二章　气体放电的物理过程

§2-1　气体中带电质点的产生和消失

2-1-1　气体中带电质点的产生

纯净的中性状态的气体是不导电的，只有在气体中出现了带电质点（电子、离子等）以后，才可能导电，并在电场的作用下，发展成各种形式的气体放电现象。

气体中带电质点的来源有两个：一是气体分子本身发生电离；二是气体中的固体或液体金属发生表面电离。

在阐述各种形式的电离过程以前，有必要先对产生电离的条件进行扼要的说明。

玻尔理论认为，在原子中，电子不能沿着任意轨道绕原子核旋转，只能沿着符合量子论条件的轨道绕转。也就是说，这些轨道的半径是按一定的规律呈阶跃性变化的，而不是连续性变化的。每一条轨道对应于一定的能量水平（包括势能和动能），代表一个能级。离原子核愈近的轨道，其能级愈低，离原子核愈远的轨道，其能级愈高。

当电子沿着固定轨道绕转时，它的能量是一定的。但当电子由离核较远的轨道（其能级为 W_d）跃迁到离核较近的轨道（其能级为 W_s）时，原子就放射出单色光（即具有一定能量的光子），其频率 ν 由下式决定

$$\nu = \frac{W_d - W_s}{h} \qquad (2-1-1)$$

式中：W_d 和 W_s 的单位为 J；h 为普朗克常数，其值等于 6.626×10^{-34} J·s。

在正常情况下，电子在各轨道上的分布具有使原子的总能量为最小的趋势。这就是说，电子总是尽量先填满离核较近的轨道，而让外层轨道空着。

如果要使电子跃迁到离核较远的轨道上去，必须从外界给原子一定的能量。一个原子的外层电子跃迁到较远的轨道上去的现象称为激励，所需的能量称为激励能 W_e，其值即等于两轨道能级的差值。

当外界加入的能量很大，使电子具有的能量超过最远轨道的能量时，电子就跳出原子轨道之外，成为自由电子。这样，就使原来的一个中性原子变成一个自由电子和一个带正电荷的离子，这种现象称为电离。达到电离所需的最小能量称为电离能 W_i。

处于激励状态的原子是不稳定的，在极短时间内（约为 $10^{-7} \sim 10^{-8}$ s），跃迁到外层轨道的电子就会自发地跳回到较内层的轨道上去，这时就会将原来所吸收的激励能以一定频率的单色光（光子）的形式放射出去。

某些气体还具有这样一种特殊的激励能级，处在这些激励能级上的电子，不能自发地辐射出光子而回到正常能级或任何一个较低的能级上去，只有再吸收能量而跃迁到更高能级上去以后，再由此更高能级放出辐射能而直接回到正常能级，这种特殊的能级被称为亚稳能级，相应的激励状态被称为亚稳态。

在核物理领域，采用电子伏（eV）作为能量的单位更为方便。电子的电荷量为 1.602×10^{-19} C，故

$$1eV = 1.602 \times 10^{-19}C \cdot V = 1.602 \times 10^{-19}J$$

由此还可以用电离电位 U_i 和激励电位 U_e 来表示电离能和激励能。电离电位和激励电位在数值上就等于用电子伏表示的电离能和激励能。表 2-1-1 给出了某些气体原子和分子的电离电位和激励电位。

表 2-1-1　　　　　　某些气体原子和分子的电离电位和激励电位　　　　　单位：eV

气体名称	第一电离电位	第二电离电位	第一激励电位	气体名称	第一电离电位	第二电离电位	第一激励电位
N_2	15.8		6.1	He	24.6	54.2	19.8
N	14.5	29.8	6.3	Ne	21.6	40.7	16.6
O_2	12.5		7.9	Cs	3.88	23.4	1.38
O	13.6	35.1	9.1	Hg	10.4	18.6	4.86
H_2	15.9		10.8	H_2O	12.7		7.6
H	13.6		10.15	CO_2	14.4		10.0

下面，具体讨论各种形式的电离。

一、撞击电离

如前所述，欲使气体质点电离，必须给予该气体质点以足够的能量，这个能量不得小于该气体质点的电离能。当然，这个电离能并不只有单一的值，随着该质点具体状态的不同，它可能是正常中性质点（分子或原子）的电离能（第一电离能）；也可能是离子的电离能（第二、第三电离能，它大于第一电离能）；也可能是已被激励了的质点进一步电离所需的电离能（小于第一电离能）。在撞击电离中，这个能量应由撞击质点给出。

一般来说，撞击质点可能是电子、正离子、负离子、中性分子和原子等，其能量具有以下两种形式。

（1）动能。它等于 $(1/2)mv^2$，m 为质点的质量，v 为质点的速度。

（2）势能。如果以正常中性质点的势能为参考点，取值为零，则处在各种形式的激励状态的质点就具有较高的势能（即为正值），而负离子的势能则为负值。

这样，造成撞击电离的首要条件就是撞击质点所具有的总能量（包括动能和势能）必须大于被撞击质点在该种状态下所需的电离能。但并不能说，满足上述条件的撞击就一定能造成电离。不能把撞击电离想象成简单的机械撞击过程，撞击电离乃是两个质点在接近时通过复杂的电磁力相互作用，达到两者之间发生能量转换的结果，这就需要一定的相互作用的时间和条件。一般来说，撞击体的动能愈大，造成电离的概率也愈大。但超过一定速度的电子，其速度再进一步增大时，其撞击电离概率反而逐渐减小，这是因为当相对速度很大时，相撞击的两个质点相互作用的延续时间很短，可能来不及完成能量转换的缘故。

当不存在电场时，质点的动能只能是该质点的热运动所固有的动能。在室温下，电子和离子的热运动所固有的动能尚不足以造成撞击电离。只有当气体的温度升到足够高，使部分气体质点热运动的动能超过该气体质点的电离能时，才能发生电离。

当存在电场时，带电质点受电场力的作用，在电场方向得到加速，积聚动能，但如果中途与别的质点碰撞，就会失去已积聚的动能。正、负离子的体积比电子大得多，在向电场方向加速的途中，在它们尚未积聚到足够动能的时候就与别的质点碰撞的概率比电子大得多，这样的碰撞只能使它们失去已积累的某些动能，而并不能造成电离；而电子，由于其直径小，它与别的质点相邻两次碰撞之间的平均自由行程比离子大得多，在电场的作用下，积聚足够的动能后再与其他质点碰撞的概率比离子大得多。所以，在电场中，造成撞击电离的主要因素是电子。

二、光电离

产生光电离的必要条件是光子的能量应不小于气体的电离能。光子的能量为 $h\nu$，这里 ν 是光子的频率；h 是普朗克常数。如以公式表示，则为

$$h\nu \geqslant W_i = eU_i \qquad (2-1-2)$$

式中：W_i 为气体的电离能，J；U_i 为气体的电离电位，V；e 为电子的电荷量，C。

式（2-1 2）也可改写为

$$\lambda = \frac{hc}{eU_i} \qquad (2-1-3)$$

式中：λ 为波长；c 为光速。

由式（2-1-3）可求得能使气体发生直接光电离的临界波长为

$$\lambda_{cr} = \frac{hc}{eU_i} = \frac{6.626 \times 10^{-34} \times 3 \times 10^8}{1.6 \times 10^{-19}U_i} = \frac{1.24 \times 10^{-6}}{U_i}(m) \qquad (2-1-4)$$

铯蒸气的电离电位最小（$U_i = 3.88V$）。可见，能够产生直接光电离的光子波长均应小于 $\lambda_0 = 1.24 \times 10^{-6}/3.88 = 3184 \times 10^{-10} m$。这样的波长已属于光谱中的紫外部分，所以，可见光 [$\lambda = (4000 \sim 5000) \times 10^{-10} m$] 实际上是不可能使气体电离的。即使是紫外光，也只能使电离电位小于 $6 \sim 8V$ 的气体产生直接光电离，而大部分气体的电离电位大于此值，故紫外光还不能使其直接电离。但是实验指出，紫外光几乎能使各种气体都发生电离，这主要是分级光电离（先激励，再电离）的作用所致。

各种射线的波长和光子能量如图 2-1-1 所示。由图可见，伦琴射线、γ 射线、宇宙射线等高能射线中光子的能量比气体的电离能大得多，这将使电离出来的电子具有很大的初速，这样的电子还可再造成撞击电离。

由光电离产生的电子称为光电子。

气体中的光子不仅来自外界，气体本身也可能产生光子，如已激励的分子或原子回到常态时（称反激励），或异号带电质点复合成中性质点时，都能释放出一定能量的光子。

光电离在气体放电中起着很重要的作用。

三、热电离

由气体的热状态造成的电离称为热电离。热电离实质上并不是一种独立的电离形式，而是包含着撞击电离与光电离，只是其能量来源于气体分子本身的热能。

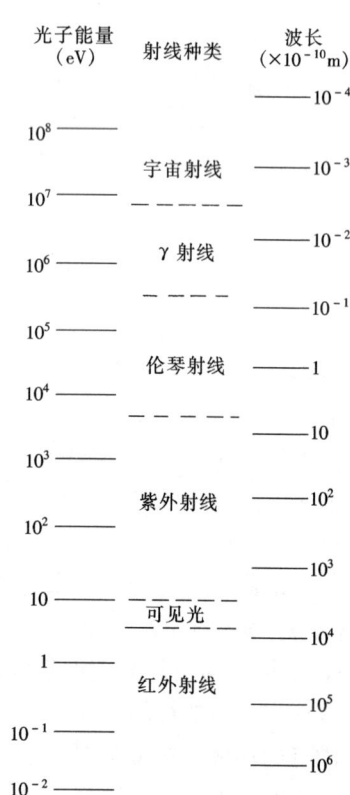

图 2-1-1　各种射线的波长和光子能量

由气体分子运动理论得知，气体的温度是其分子平均动能的量度，气体分子的平均动能与气体温度的关系为

$$w = \frac{3}{2}kT \tag{2-1-5}$$

式中：w 为气体分子的平均动能，J；T 为气体温度，以绝对温度计，K；k 为玻尔兹曼常数，$k = 1.38 \times 10^{-23}$J/K。

在室温（20℃）时，气体分子的平均动能仅约 0.038eV，这比任何气体的电离能都要小得多。虽然由于气体分子热运动的统计性质，有些分子的动能可能远超过此平均值，但其概率是极小的。当温度升到很高时，气体分子的平均动能增到很大，在互相碰撞时，就可能产生撞击电离。

在一定热状态下的物质都存在热辐射，气体也不例外。物体温度升高时，其热辐射光子的能量大，数量多。这种光子与气体分子相遇时就可能产生光电离。

由上述热状态的撞击电离和光电离所产生的带电质点，在高温下也同样具有较高的热运动速度，在与分子碰撞时，还可能产生撞击电离。由此可见，热电离实质上就是由热状态产生的撞击电离和光电离的综合。

一般气体开始有较明显热电离的起始温度为 10^3K 数量级。在这样的高温下，应注意到可能有一部分气体分子将分解为原子，而分子与原子的电离电位是不相同的。在这样的高温下，某些混合的气体还可能发生化学变化，形成新物质，新物质分子的电离电位也将不同于原物质分子。

四、表面电离

气体中的电子也可能是从金属电极的表面电离出来的。

从金属电极表面逸出电子需要一定的能量，通常称为逸出功。各种金属有各自不同的逸出功，且其表面状况对于逸出功的数值影响很大。表 2-1-2 列出了部分金属及其氧化物的逸出功。

表 2-1-2　　　　　　　　**某 些 金 属 的 逸 出 功**　　　　　　　　单位：eV

金属名称	铯	锌	铝	铬	铁	镍	铜	银	钨	金	铂	氧化铜
逸出功	1.88	3.3	4.08	4.37	4.48	5.24	4.70	4.73	4.54	4.82	6.3	5.34

比较表 2-1-1 与表 2-1-2 可见，金属的逸出功一般要比气体的电离能小得多，所以，表面电离在气体放电过程中有重要的作用。

金属电极表面电离所需的能量可以通过下列途径获得。

（1）加热金属电极，使金属中的电子的动能超过逸出功时，电子即能克服金属表面的势能壁垒而逸出，称为热电子发射。热电子发射对某些电弧放电的过程有重要意义。

（2）在电极附近加上很强的外电场，从金属电极中直接拉出电子，称为强场发射或冷发射。这种发射所需的外电场极强，为 10^6V/cm 数量级。一般气隙的击穿场强远低于此值，所以在一般气隙的击穿过程中不会出现强场发射，强场发射对高真空下的气隙击穿或对某些高耐电强度气体在高压强下的气隙击穿具有重要意义。

（3）用某些具有足够能量的质点（如正离子）撞击金属电极表面，也可能产生表面电离，称为二次发射。下面着重讨论一下正离子所造成的表面电离。

正离子的总能量由动能和势能两部分组成。其势能就是其电离能。在一般情况下，正离子的动能是比较小的，如果忽略不计，则只有当正离子的势能不小于金属表面逸出功的两倍时，才能产生表面电离。因为正离子的势能只有在与电子结合时才能释放出来，欲从金属表面电离出一个自由电子，正离子必须从金属表面逸出两个电子，其中的一个与自身结合成中性质点，另一个才可能成为自由电子。即使满足上述条件的正离子撞击金属表面时，也还不一定能造成表面电离，正离子撞击阴极时逸出另一个电子的概率是很小的。

（4）用短波光照射金属表面也能产生表面电离，称为光电子发射。当然，此时光子的能量必须大于逸出功。满足这个条件的光子并不都能产生光电子发射，因为一部分光子会被金属表面反射，金属所吸收的光能中，大部分会转为金属的热能，只有小部分用以使电子逸出。即使这样，由于金属的逸出功比气体的电离能小得多，所以，同样的光辐射引起的电极表面电离要比引起的空间光电离强烈得多。

五、负离子的形成

一个中性分子或原子与一个电子结合生成一价负离子时所放出的能量，称为分子或原子对电子的亲合能 E，见表 2-1-3。E 值愈大，就愈容易与电子结合形成负离子。卤族元素的 E 值比其他元素大得多，所以，它们是很容易俘获一个电子而形成负离子的；其他如 O_2、H_2O、SF_6 等气体分子也很容易形成负离子；而惰性气体和氮气则不会形成负离子。

表 2-1-3   某些元素的原子对电子的亲合能 E 单位：eV

元　素	亲合能	元　素	亲合能
Ne	−0.53	C	1.37
Li	0.54	Si	0.60
Na	0.08	N	0.04
Cu	1.00	P	0.15
Ag	1.13	F	4.03
Au	2.43	Cl	3.74
Al	0.09	Br	3.65
B	0.12	I	3.30
O	2.2	H	0.71

如前所述，离子的电离能力比电子小得多，由此，俘获自由电子而成负离子这一现象，能对气体放电的发展起阻抑作用，或者说，有助于提高气体的耐电强度，这是值得注意的。

2-1-2 气体中带电质点的消失

气体中带电质点的消失主要有下列三种方式。

（1）带电质点受电场力的作用流入电极并中和电量；

（2）带电质点的扩散；

（3）带电质点的复合。

下面分别加以讨论。

一、带电质点中和电量

带电质点受电场力的作用而流入电极中和电量。带电质点在电场力的作用下受到加速，在向电场方向运动途中会不断地与气体分子相碰撞，碰撞后会发生散射，但从宏观来看，是向电场作定向运动的。其平均速度，开始是逐渐增加的（因受电场力的加速），但随着速度的增加，碰撞时失去的动能也增加，最后，在一定的电场强度下，其平均速度将达到某个稳定值。这一平均速度称为带电质点的驱引速度。显然，驱引速度 v_d 与电场强度 E 有关，即 $v_d = f(E)$，一般写成 $v_d = bE$。式中 b 称为带电质点在电场中的迁移率，系指带电质点在单位电场强度作用下，在电场方向的平均速度。

电子的质量和直径与离子相差极大，二者受电场的加速和在运动途中所遇到的碰撞情况大不相同，因此，其迁移率也不相同，电子的迁移率比离子约大两个数量级。

二、带电质点的扩散

带电质点的扩散就是指这些质点会从浓度较大的区域扩散到浓度较小的区域，从而使带电质点在空间各处的浓度趋于均匀的过程。

带电质点的扩散是由杂乱的热运动造成的，而不是由同号电荷的电场斥力造成的。因为即使在很大的浓度下，离子之间的距离仍大到静电力起不到什么作用的程度。电子的直径比离子的直径小很多，在运动中受到的碰撞也比离子少得多，故电子的扩散比离子的扩散快得多。

三、带电质点的复合

带有异号电荷的质点相遇，发生电荷的传递、中和而还原为中性质点的过程称为复合。复合时，质点原先在电离时所吸取的电离能通常将会以光子的形式如数放出。对负离子来说，复合时必须吸取能量，其值等于形成负离子时所放出的那部分能量（对电子的亲合能），但这部分能量总是小于电离能的，所以，即使是正负离子的复合也总是放出能量的。

与电离过程相似，复合的过程也是带电质点在接近时通过电磁力的相互作用而完成的，需要一定的相互作用的时间和条件。参加复合的质点的相对速度愈大，复合的概率就愈小。气体中电子的速度比离子的速度大得多，所以电子与正离子复合的概率比负离子与正离子复合的概率小得多（后者比前者大几千倍）。参加复合的电子中绝大多数是先形成负离子再与正离子复合的。

异号质点的浓度愈大，复合就愈强烈。因此，强烈的电离区通常也总是强烈的复合区，这个区的光亮度也就较高。

在复合过程中，异号质点间的静电力起着重要作用，这一点是与扩散过程中不同的。

§2-2　气　体　放　电　机　理

2-2-1　概述

应该说明，作为对气体放电的初步认识，这里概述的气体放电过程是指大气中不长的间隙中的放电过程。

在 1-3-1 节中我们已讨论到，在外加电场强度尚不能在气隙中产生撞击电离时，气隙中的电流是由外界电离因素引起的电子和离子所形成的，其数量极少，故电流也极小，只能看作是极微小的泄漏。随着气隙场强的增大，电子和离子在与气体分子相邻两次碰撞间所积累的动能达到能产生撞击电离时，气体中即发生撞击电离。电离出来的电子和离子在电场驱引下又参加到撞击电离的过程中，于是，电离过程就像雪崩似的增长起来，称为电子崩，电流也相应地有较大的增长。但在场强小于某临界值 E_{cr} 时，这种电子崩还必须有赖于外界电离因素所造成的原始电离才能持续和发展，如外界电离因素消失，则这种电子崩也随之逐渐衰减以至消亡，故称这种放电为非自持放电。当场强超过 E_{cr} 值时，这种电子崩已可仅由电场的作用而自行维持和发展，不必再有赖于外界电离因素了，这种性质的放电，称为自持放电。由非自持放电转入自持放电的场强称为临界场强（E_{cr}），相应的电压称为临界电压（U_{cr}）。

电离放电进一步发展到气隙击穿的过程将随电场情况而不同，可分为较均匀电场和不均匀电场两大类。

在大体均匀的电场中，各处场强差异不大，任意一处一旦形成自持放电，自持放电会很快地发展到整个间隙，气隙即被击穿，击穿电压实际上就等于形成自持放电的临界电压。

在很不均匀的电场中，例如棒电极的情况，放电发展过程就不同了。在电压还较低时，棒极端处的场强可能已超过临界值，棒端附近即发生自持放电，离棒端稍远处，场强已大为减小，故电离放电只能局限在棒端附近的空间，而不能扩展开去。该区内所形成的离子在复合时（或被激励的气体分子在回到常态时）将辐射出光子，其中有一部分在可见光的频谱范围内（其他大部分为紫外光），人眼可见有均匀稳定的发光层笼罩在电极周围，这就是电晕。电压再提高时，若电极间距不大，则可能从电晕放电直接转变成整个间隙的火花击穿；若电极间距较大，则从电晕到击穿之间还有刷形放电的过渡阶段，表现为从棒端散射出密集的像毛刷样的细线状光束，称为刷形放电。电压再升高时，刷形放电中的个别光束突发地前伸，形成明亮的火花通道到达对面电极，气隙就被击穿了。当电源功率足够时，火花击穿迅速转变成电弧。

2-2-2　汤森德气体放电理论

20 世纪初，英国物理学家汤森德（J. S. Townsend）根据大量的实验结果，阐述了气体放电的过程，并在一系列假设的条件下，提出了气隙放电电流和击穿电压的计算公式，虽然实验表明，汤森德理论只是对较均匀电场和 δS 较小的情况下比较适用〔此处 δ 为气体的相对密度，以标准大气条件（见 §3-3）下的大气密度为基准；S 为气隙距离〕，但它所考虑和讨论的气体放电物理过程还是很基本的，具有普遍意义。下面就扼要地叙述这个理论。

汤森德放电理论主要考虑了三种因素，引用三个系数来定量地反映这三种因素的作用。

（1）系数 α，表示一个电子在走向阳极的 1cm 路程中与气体质点相碰撞所产生的自由电子数（平均值）。

（2）系数 β，表示一个正离子在走向阴极的 1cm 路程中与气体质点相碰撞所产生的自由电子数（平均值）。

（3）系数 γ，表示一个正离子撞击到阴极表面时从阴极逸出的自由电子数（平均值）。

系数 α 和 β 与气体的性质、密度及该处的电场强度等因素有关。

一、均匀电场　帕邢定律

下面就先按较简单的均匀电场情况来分析讨论气体放电的规律。

图 2-2-1 所示为一由平行平板电极组成的均匀电场，取 X 轴垂直于电极平面。最初的自由电子是由外界电离因素在气隙体积内或从阴极表面电离出来的。现假设从阴极表面电离出一个初始自由电子，即 $n_0=1$。该电子在电场力的作用下获得动能，在向阳极运动途中，不断造成撞击电离。当到达距阴极为 x 处时，电离出的电子数（包括该初始电子）为 n，这

些电子在继续前进的 dx 路程中，将电离出
新的电子，其数量为 $dn = n\alpha dx$，即 $dn/n = \alpha dx$。将此式积分，可得距阴极为 x 处的自
由电子数为 $n_x = \exp\left[\int_0^x \alpha dx\right]$。对于均匀电
场，各处的场强相等，各处的 α 值也都一样，
于是，到达阳极的电子数将为 $n_a = e^{\alpha S}$。在整
个 S 路程中撞击电离出的正离子数（也即撞
击电离出的新电子数）则为 $(e^{\alpha S}-1)$。

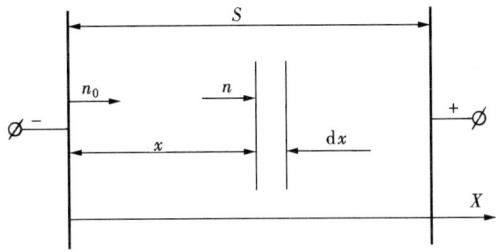

图 2-2-1 放电发展规律的推导

实验证明，正离子在返回阴极途中造成撞击电离（即 β 过程）的作用极小（这是由于正
离子的平均自由行程比电子小得多，不易积累足够造成电离的动能），因而，可以忽略不计。

$(e^{\alpha S}-1)$ 个正离子到达阴极，将从阴极电离出 $\gamma(e^{\alpha S}-1)$ 个电子。如果此值不小于
1，即

$$\gamma(e^{\alpha S}-1) \geqslant 1 \text{ 或 } \alpha S \geqslant \ln(1+1/\gamma) \qquad (2-2-1)$$

则表示一个起始电子经上述一次过程后，能从阴极产生的新电子数不少于原有的那一个起始
电子，这样，以后过程显然就可以不需要外界电离因素而自己持续下去了。这就是自持放电
的条件，在均匀电场中也就是气隙击穿的条件。

下一步是求取 α 和 γ 的值以及它们与气体的压强、温度、场强、电极材料和表面状态等
因素的关系。

（1）对系数 α 的分析。

为了便于分析，作下列简化假定。

1）如电子的动能小于气体的电离能，则即使碰撞，也不能产生电离。

2）如电子的动能大于气体的电离能，则每次碰撞都能产生电离。

3）每次碰撞后，不论是否造成电离，电子都失去全部动能，并以零速开始其新行程。
这就是说，电子将总是沿电场方向前进，而不考虑碰撞造成的曲折轨迹。

由此可得，电子与气体分子碰撞时产生电离的必要条件是：电子的动能至少应等于气体
分子的电离能。如场强为 E，则电子必须在逆场强方向至少迁移距离 $x_i = U_i/E$，尚未遭遇
碰撞，才能积累足以电离的动能。仍可借用图 2-2-1，只要对图中的 n、dn 等参数赋以新
的定义即可。设 n_0 个电子从 $x=0$ 处出发，沿 x 轴向（逆场强方向）运动，在运动路径中，
有些电子与气体分子相碰撞，到 x 处，尚有 n 个电子一次也没有碰撞过，再过 dx 距离时，
从未碰撞过的电子数又将减少 dn 个。如电子与气体分子相邻两次碰撞之间的平均自由行程
为 λ_e，则有 $n(dx/\lambda_e) = -dn$。将该式分离变数，进行积分，x 从 0 到 x，n 从 n_0 到 n，则得

$$\frac{n}{n_0} = \exp\left(-\frac{x}{\lambda_e}\right) \qquad (2-2-2)$$

电子如欲能产生撞击电离，必须满足条件

$$eEx \geqslant W_i \text{ 或 } Ex \geqslant U_i$$

式中：W_i、U_i 分别为气体分子的电离能和电离电位，相应的 x 则为 x_i，即电子必须逆此电
场方向运动（而从未碰撞过）所经路程。

式（2-2-2）中如 $x=x_i=U_i/E$，则

$$n/n_0 = \exp(-x_i/\lambda_e)$$

这就是电子逆场强方向行进距离 x_i 而从未遭遇碰撞的概率，也就是电子的自由行程 $\lambda_e \geqslant x_i$ 的概率。电子逆场强方向迁移 1cm 将与气体分子相碰撞的次数平均为 $1/\lambda_e$，其中只有 $\exp(-x_i/\lambda_e)$ 部分碰撞是电子经自由行程 $\lambda_e \geqslant x_i$ 后发生的，也就是能造成电离的碰撞。根据系数 α 的定义，则有

$$\alpha = \frac{1}{\lambda_e}\exp\left(-\frac{x_i}{\lambda_e}\right) = \frac{1}{\lambda_e}\exp\left(-\frac{U_i}{E\lambda_e}\right) \qquad (2-2-3)$$

对于某一定的气体介质，电子的平均自由行程 λ_e 与该气体的相对密度成反比，即

$$\frac{1}{\lambda_e} = A\delta \qquad (2-2-4)$$

此处 A 为比例系数。

将式（2-2-4）代入式（2-2-3），即得

$$\alpha = A\delta\exp(-A\delta U_i/E) = A\delta\exp(-B\delta/E) \qquad (2-2-5)$$

式中 $B = AU_i$，或写成更一般的形式

$$\frac{\alpha}{\delta} = f\left(\frac{E}{\delta}\right) \qquad (2-2-6)$$

实验结果很好地证实了式（2-2-6），当 E/δ 不变时，系数 α 与气体的相对密度成正比。

值得注意的是，由式（2-2-5）可以看出，α 值对 E 值非常敏感，即场强 E 的很小变化就会引起 α 值的较大变化。

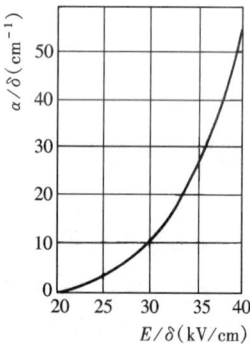

图 2-2-2 空气的 $\alpha/\delta = f(E/\delta)$

图 2-2-2 表示了空气的 α/δ 与 E/δ 的函数关系。

（2）对系数 γ 的分析。

系数 γ 显然与阴极的逸出功有关，因而与阴极的材料及其表面状态有关。γ 的值也与撞击离子的势能和动能有关，但在后述的气隙击穿电压的计算式（2-2-7）中，γ 是处在二次对数中，这使气隙击穿电压对 γ 的变化不敏感，故通常可将 γ 视为常数。

表 2-2-1 列出了某些阴极材料和某些种类气体的情况下，系数 γ 的大致数值。

如将式（2-2-5）代入自持放电条件式，即式（2-2-1），并考虑到均匀电场中击穿时的场强 $E = U_b/S$（此处 U_b 为气隙击穿时两极间电压），即可得

$$A\delta S\exp\left(\frac{-B\delta S}{U_b}\right) = \ln\left(1+\frac{1}{\gamma}\right)$$

即

$$U_b = \frac{B\delta S}{\ln\left[\dfrac{A\delta S}{\ln\left(1+\dfrac{1}{\gamma}\right)}\right]} \approx \frac{B\delta S}{\ln\left[\dfrac{A\delta S}{\ln\dfrac{1}{\gamma}}\right]} \qquad (2-2-7)$$

式（2-2-7）清楚地显示出，均匀电场气隙的击穿电压 U_b 是 δ 与 S 乘积的函数，即

$$U_b = f(\delta S) \qquad (2-2-8)$$

表 2 - 2 - 1　　　　　　　　　　　　系数 γ 的大致数值

金属 \ 气体	Ar	H_2	He	空气	N_2	Ne
Al	0.12	0.1	0.02	0.035	0.1	0.052
Cu	0.06	0.05		0.025	0.065	
Fe	0.06	0.06	0.015	0.02	0.06	0.022

这就是说，在均匀电场中，击穿电压 U_b 与气体相对密度 δ、极间距离 S 并不具有单独的函数关系，而是仅与它们的积有函数关系，只要 δS 的乘积不变，U_b 也就不变。这个规律，早在汤森德理论出现之前（1889 年）就已由帕邢（F. Paschen）从大量的实验结果中总结出来了，称为帕邢定律。现在，汤森德理论给了这个由实验得出的定律以理论上的论证，反过来，帕邢定律也给汤森德理论以实验结果的支持。

图 2 - 2 - 3 表示了实验求得的均匀电场空气隙的 U_b 与 δS 的关系曲线。由图可见，曲线存在一最小值，对应于 $\delta S \approx 7.5 \times 10^{-4}\,\text{cm}$，$U_b \approx 330\text{V}$。这可以作如下解释：先假设 S 保持不变，当气体密度 δ 增大时，电子的平均自由程缩短，相邻两次碰撞之间，电子积聚到足够动能的概率减小，故要求 U_b 增大。反之，当 δ 减到过小时，电子在碰撞前积聚到足够动能的概率虽然增大了，但气体很稀薄，电子在走完全程过程中与气体分子相撞的总次数却减到很少，欲使气隙击穿，U_b 也需增大。在这两者之间，总存在一个 δ 值对造成撞击电离最有利，此时 U_b 最小。同样，可假设 δ 保持不变，S 值增大时，欲得一定的场强，电压必须增大。当 S 值减到过小时，场强虽大增，但电子在走完全程过程中所遇到的撞击次数已减到很小，故要求外加电压增大才能击穿。在这两者之间，也总有一个 S 值对造成撞击电离最有利，此时 U_b 最小。

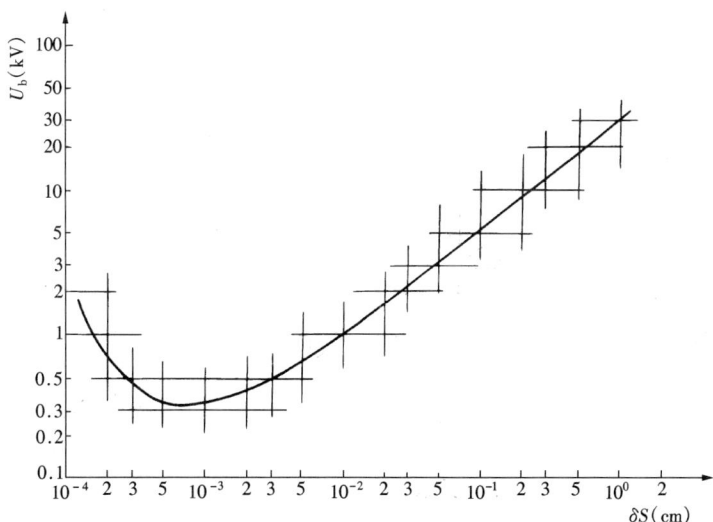

图 2 - 2 - 3　实验求得的均匀电场空气隙的 $U_b = f(\delta S)$ 曲线

二、稍不均匀电场　相似定律

稍不均匀电场与极不均匀电场的区别在于，稍不均匀场中各处场强的差异尚不很大，气隙中任何一处若出现自持放电，必将立即导致整个气隙的击穿，所以，对于稍不均匀场，任何一处自持放电的条件，就是整个气隙击穿的条件；极不均匀电场则不然，各处场强差异很大，气隙某处发生自持放电，有可能被稳定地局限于该处附近的局部空间，而不会导致整个间隙的击穿。

电场的不均匀度可以用不均匀系数 $k_h = E_{max}/E_{av}$ 来表征。此处，E_{max} 为最大场强；E_{av} 为平均场强。对于均匀场，显然有 $k_h = 1$；对不均匀场，则 $k_h > 1$。

要精确地划定稍不均匀场与极不均匀场的界限是困难的，一般可以认为当 $k_h < 2$ 时，为稍不均匀场；当 $k_h > 4$ 时为极不均匀场。

稍不均匀场气隙自持放电的条件可推导如下。根据前述式（2-2-1）的推导过程，考虑到稍不均匀场中各处的场强 E 不同，加之各处的电子电离系数 α 值也不同，故稍不均匀场中自持放电的条件将变为

$$\int_s^{s'} \alpha \, \mathrm{d}x = \ln\left(1 + \frac{1}{\gamma}\right) = 常数 \qquad (2-2-9)$$

积分应沿着电力线由一个电极积到对面电极。根据这个条件，即可建立起稍不均匀场气隙击穿的相似定律。相似定律可用公式表示为

$$U_b = f\left(\delta S, \frac{r_1}{S}, \frac{r_2}{S}, \cdots\right) \qquad (2-2-10)$$

式中：r_1，r_2，$\cdots$为电极各处的几何尺寸，其他符号的意义同前。

式（2-2-10）的意义为：气隙的击穿电压 U_b 既是（δS）的函数，又是电极各处几何尺寸与气隙距离比值（r_1/S，r_2/S，$\cdots$）的函数。如果电极各处的几何尺寸与气隙距离成正比地放大或缩小，即保持电场几何形状的完全相似，也即 r_1/S，r_2/S，$\cdots$ 数值保持不变，则气隙的击穿电压将只与 δS 的值有关。若此时气体密度 δ 与 S 成反比变化，使乘积 δS 保持不变，则气隙的击穿电压将不变。

要证明相似定律，只要证明式（2-2-9）得到满足即可，也即只要证明在上述两个几何相似而 δS 保持不变的气隙 1 和 2 上（$S_1 = S$，$S_2 = aS$，$\delta_1 = \delta$，$\delta_2 = \delta/a$，此处 a 为比例系数），加上同一电压时，在两气隙中产生的电离总数相等即可。

由于两气隙的电场相似，当加上同一电压时，则有 $E_2 = E_1/a$。由式（2-2-6）得

$$\alpha_1 = \delta_1 f(E_1/\delta_1); \quad \alpha_2 = \delta_2 f(E_2/\delta_2)$$

将前述相似条件代入，即得

$$\alpha_1 = \delta_1 f(E_1/\delta_1) = a\delta_2 f\left(\frac{aE_2}{a\delta_2}\right) = a\alpha_2$$

两气隙中的电离总数分别为

$$n_1 = \int_{S_1}^{S_1'} \alpha_1 \, \mathrm{d}S_1; \quad n_2 = \int_{S_2}^{S_2'} \alpha_2 \, \mathrm{d}S_2$$

变换 n_2 积分的变量和积分界限，即得

$$n_2 = \int_{S_1}^{S_1'} \frac{\alpha_1}{a} \, \mathrm{d}(aS_1) = \int_{S_1}^{S_1'} \alpha_1 \, \mathrm{d}S_1 = n_1$$

这就证明了两气隙中产生的电离总数是相等的。因此，两气隙自持放电的条件在同一电压下得到满足，也即两气隙的击穿电压相等。

三、汤森德放电理论的不足

汤森德放电理论是在气压较低（小于大气压）、δS 值较小的条件下，进行放电实验的基

础上建立起来的。实验表明，δS 大于 0.26cm 时，气隙击穿电压与按汤森德理论计算出的值差异较大。此外，不仅在击穿电压的数值上，而且在击穿过程的性质上与汤森德理论不符，主要有下列几点。

（1）放电形式。按汤森德理论，放电路径是分布在整个电极间的空间里的（如低气压下的辉光放电），而实际放电路径却是贯穿在两极间曲折形的细通道，有时还有明显的分支。按汤森德理论，放电应是均匀、连续地发展的，而实际情况是：火花放电、雷电放电等都具有间歇、分段发展的性质，即使在直流电压情况下，放电也不是均匀连续发展的。

（2）阴极材料。按汤森德理论，阴极材料的性质，在击穿过程中起着重要的作用，而实验证明，在大气压力下，气隙的击穿电压与阴极材料几乎无关。在长间隙火花放电时，在雷电放电时，或在正极性电晕放电时，阴极的性质对放电毫无影响。在完全没有 γ 过程的情况下，自持放电也仍然能够实现。

（3）放电时间。按汤森德理论，气隙完成击穿，需要数次这样的循环，即形成电子崩，正离子到达阴极造成二次电子，这些电子重又形成更多的电子崩。由电子和正离子的迁移率可以计算出完成击穿所需的时间，而实测得到的击穿完成时间比计算值小得多，在较长的间隙，两者相差甚至达几十倍。

由此可见，汤森德理论只在一定的 δS 范围内反映实际情况。一般认为，在空气中当 $\delta S > 0.26$cm 时，放电过程就不能用该理论来说明了。在不均匀电场中，汤森德理论就更不适用了。其主要原因是：①汤森德理论没有考虑电离出来的空间电荷会使电场畸变，从而对放电过程产生影响；②汤森德理论没有考虑光子在放电过程中的作用（空间光电离和阴极表面光电离）。

那么，为什么当 δS 较小时，这两个因素的影响不显著，而当 δS 较大时，这两个因素的影响就成为重要的了呢？对此，可以作如下解释。

第一，空间电荷是电子崩过程中气体分子电离的产物，其数量取决于电子崩过程中造成空间电离的总数。显而易见，δS 值越大，电子崩过程造成的电离总数就越多，造成的空间电荷就越多，而且是按指数律急剧地增加的。

第二，δS 较大时，电离总数的急剧增长，亦即电子浓度和正离子浓度的急剧增长，必然伴随着强烈的复合和反激励，由此而放出的光子数量也就急剧地增加。另一方面，δS 较大时，大量的空间电荷造成了局部强场，而电离系数 α 对场强的变化是非常敏感的，在强场区内，由光子电离出来的电子很容易形成二次电子崩。以上这两个因素（即光子数本身的大量增加和光电子造成二次崩的概率大增）的综合，使得当 δS 较大时，由空间光电离引起二次崩的过程和作用大大地增强了。

第三，随着 δS 值的增大，电子崩头部的强电离区放射出的光子，在到达阴极以前，很大部分都被间隙中的气体分子所吸收（因 δ 值大，意味着气体分子的浓度大；S 值大，意味着光子到达阴极前所经行程远），射到阴极的光子减少，从而削弱了阴极的 γ 过程在放电中所起的作用。

第四，反之，当 δ 值小时，气体稀薄，分子浓度小，带电质点易扩散，不易密集以形成局部强场；主崩的存在也不会使近旁侧面的电场受到很大的屏蔽，对邻侧空间中并列电子崩的发展影响不大，所以，此时放电将扩散在整个间隙空间，呈连续形式。随着 δS 值的增大，放电形式就转化为高电导曲折细通道的形式了。

2-2-3 流注放电理论

鉴于汤森德理论的上述不足，在进一步大量实验研究和对雷电观测的基础上，1939 年，雷泽（H. Raether）用雾室进行实验，提出了流注放电理论。这个理论认为电子的撞击电离和空间光电离是自持放电的主要因素，并充分注意到了空间电荷对电场畸变的作用。流注理论目前主要还只是对放电过程作定性的描述，定量的分析计算尚不够成熟。下面扼要地介绍流注放电理论。

一、较均匀电场

我们仍先来研究较均匀电场的情况。在阴极附近出现的自由电子，在电场的作用下，在向阳极运动的途中，不断地发生撞击电离，形成电子崩，电子数和正离子数随电子崩延伸的距离按指数规律急剧增长。由于电子的迁移率比正离子的迁移率大两个数量级，所以电子总是跑在崩头部分，而正离子则相对很缓慢地向阴极移动。由于电子的扩散作用，电子崩在发展过程中，半径逐渐增大，其外形像一个头部为球状的圆锥体。绝大部分电子都集中在崩头部分，其后，直到尾部，则是正离子区，如图 2-2-4（a）、（b）所示。沿电子崩轴线各点的合成电场将是电源电场和空间电荷所造成的电场的叠加，如图 2-2-4（c）、（d）所示。由图可见：崩尾外围电场得到加强；崩内正负空间电荷混杂处的电场大为减弱；而崩头前面的电场被加强得最烈。当外电场相对较弱时，电子崩内的空间电荷量不很多，其对局部电场的畸变程度还不很强烈，电子崩经过整个间隙后，电子进入阳极，正离子也逐渐趋向阴极，这个电子崩就消亡。以后虽然还会有新的电子崩产生，但它们也将与这个电子崩一样地趋于消亡，放电没有转入自持。

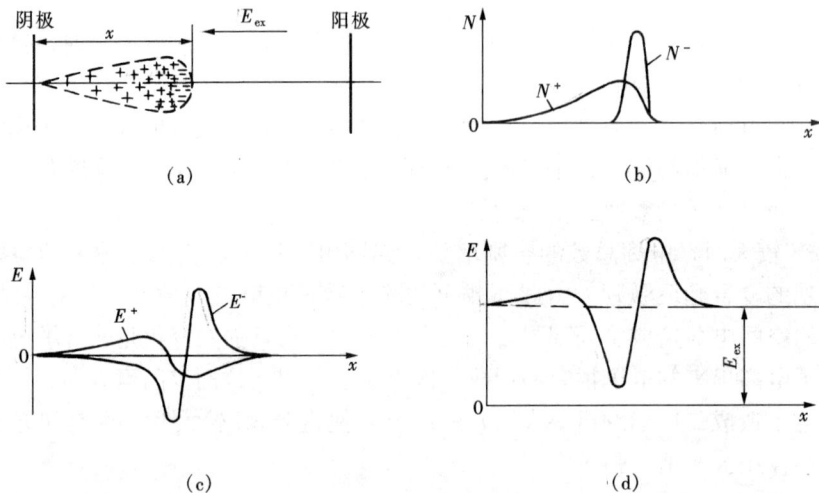

图 2-2-4 平板电极间电子崩空间电荷对电场的畸变
（a）电子崩示意图；（b）空间电荷浓度分布；（c）空间电荷产生的电场；（d）合成电场（E_{ex}—电源场强）

当外施电压达到气隙的最低击穿电压时，情况就起了质的变化。在这种情况下，当电子崩走完整个间隙，其头部即将到达阳极时，崩头电子和崩尾正离子总数已达到如此之多，使崩头崩尾外围的局部电场大为增强，同时，崩中部电场大为减弱。崩头的强烈电离过程必然会伴随着强烈的激励和反激励（因为受激状态是极不稳定的，存在时间是极短的），强烈的

反激励会放射出大量光子；同时，崩中部的弱电场会给电子附着在中性质点上形成负离子，
进而为正、负离子的复合提供了良好的条件。强烈的复合过程也会放射出大量光子。这些光子向四方发射。由于此时崩头已接近阳极，故射到崩头前方的光子将直接进入阳极，对放电过程的进一步发展起不了什么作用。射到崩尾空间的光子，造成空间光电离，电离出的电子在崩尾局部强化了的电场中形成许多衍生电子崩（或称二次电子崩）。这些衍生电子崩受主崩尾的正空间电荷的吸引，向着主崩尾部方向发展，并汇合到主崩尾的正空间电荷中去，如图 2 - 2 - 5（a）所示。射到左右两侧的光子也会产生光电子，但因那里不存在局部强场，故光电子不易发展成衍生电子崩。即使形成了与主崩相并列的衍生电

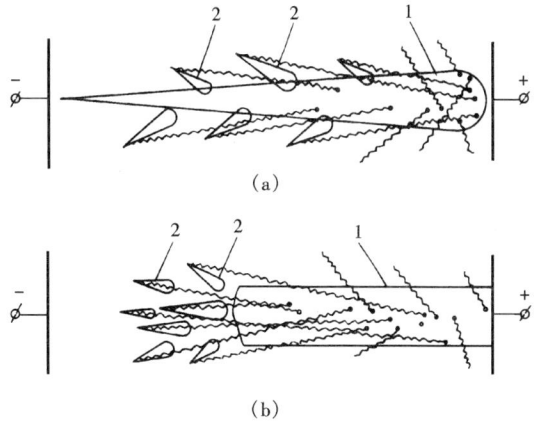

图 2 - 2 - 5　正流注发展示意

（a）正流注初始发展；（b）正流注发展到接近阴极
1—主崩本体或正、负质点混合通道；2—衍生电子崩
注：波形线表示光子前进的轨迹。

子崩，也因主崩对两侧的屏蔽作用而使其逐渐衰减消亡，不能自持。

　　衍生电子崩头部的电子汇合到主崩尾部正空间电荷区，使主崩本体区域成为正、负质点的混合通道（但有过剩的正离子，因主崩中原有的电子几乎都已进入阳极了），场强较为减弱，这里不存在强烈的电离，这里的电子大多形成负离子。主崩尾部外缘为衍生崩的崩尾正空间电荷区，这些正空间电荷大大加强了崩尾外围的电场，使在此区域内不断造成新的衍生电子崩，并不断汇合到主崩尾部中来。就某一个衍生电子崩发展的方向来看是向着阳极推进的，但从整个间隙的放电发展来看，衍生电子崩却是一个接一个地逐步向阴极扩的，如图 2 - 2 - 5（b）所示。这一整个过程称为正流注（或称阳极流注），意思是从正极出发的流注。

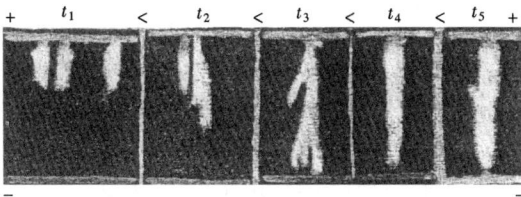

图 2 - 2 - 6　正流注发展过程的照片

　　图 2 - 2 - 6 为正流注发展过程的照片。由图 2 - 2 - 6 清楚可见，放电流注是向阴极方向推进的。根据照片中正流注推进的距离和拍摄各照片的时间差可以推算出正流注的发展速度约为（3～4）$\times 10^8$ cm/s，比衍生崩头电子的速度（约为 1.5×10^7 cm/s）大 10 余倍，这是因为衍生崩是由光子产生的，衍生崩发展推进的速度，在很大程度上与光子速度有关，而光子速度是远大于电子移动速度的。流注通道的直径一般不超过零点几毫米。流注通道中的电位梯度约为 5kV/cm。流注通道中正负质点的复合，使通道发出微弱的光亮。

　　当流注通道发展到接近阴极时，通道端部与阴极间的场强急剧升高（它等于电源场强与流注通道中正空间电荷造成的场强相叠加），在此区域内发生极强烈的电离，电离出的大量电子沿流注通道流向阳极，并从电场获得加速和动能，在碰撞后又传递给通道中的气体分子，使通道温度升达几千摄氏度，通道内发生热电离，整个流注通道就转化为火花通道（如电源功率足够，还会转化为电弧），气隙的击穿也就完成了。

　　以上的描述是外施电压尚不很高，电子崩需经过整个间隙，才在其头部积聚足够量的电子，达到上述火花击穿条件时的情况，这个电压就是间隙的最低击穿电压。

　　如果外施电压比这个最低击穿电压高出很多，则主崩不需经过整个间隙，其头部即已积累到足够多的空间电荷以发展流注了。这时，除发展上述正流注外，还可能发展负流注。

　　前已述及，主崩头部的空间电荷使崩头前方空间的局部电场加强最烈，光子射到此区，电离出光电子，在此局部强场中，极易发展成新的衍生电子崩，如图 2-2-7 所示。其后，主崩头的电子和衍生崩尾的正离子形成混合质通道。这些新的衍生崩与主崩汇合成迅速向阳极推进的流注，称为负流注。

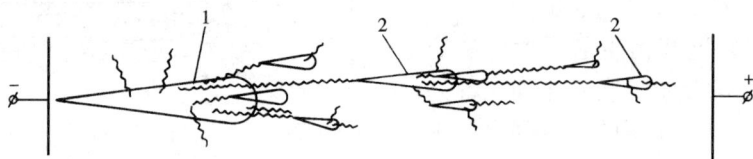

图 2-2-7　负流注发展示意图
1—主崩；2—衍生崩

　　负流注的起源也是光电子，所以负流注的推进速度也远大于电子的移动速度，只是由于此衍生崩尾正空间电荷对前方所造成的反向电场作用，使负流注的发展速度比正流注稍低，约为 $(7\sim8)\times10^{7}\mathrm{cm/s}$。这样，间隙中的正、负流注就同时分别向两极发展（如图 2-2-8 所示），直到贯穿整个间隙，就完成了气隙的火花击穿。

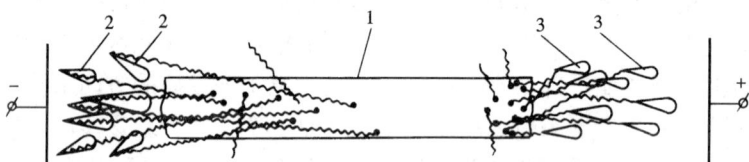

图 2-2-8　正、负流注同时发展示意图
1—正、负质点混合通道；2—正流注衍生崩；3—负流注衍生崩

　　上述由初崩中辐射出的光子，在崩头、崩尾外围空间的局部强场中衍生出二次电子崩并汇合到主崩通道中来，使主崩通道不断高速向前、后延伸的过程称为流注。

　　在均匀电场中一旦形成流注，放电就能自持发展，直到整个间隙击穿。所以，在均匀电场中形成流注的条件，就是间隙击穿的条件。

　　流注理论认为，要形成流注，初始电子崩头部的负电荷必须达到一定的数量，才能造成必要的局部电场的强化和足够的空间光电离。实际上，初崩头部的负电荷量几乎等于整个电子崩中全部正电荷量。即使不这样考虑，至少可以认为初崩头部的负电荷量与整个电子崩中的电离总数 $e^{\alpha S}$ 有一个大致固定的比值。如要求前者达某一定量，也即是要求后者达另一定量，即 $e^{\alpha S}\geqslant$ 某一常数，也即 $\alpha S\geqslant$ 另一常数。

　　实验研究得出，发展流注过程所需 αS 的最小值约为 20，即 $(\alpha S)_{\min}\approx20$。由式（2-2-6）可知 $\alpha=\delta f(E/\delta)$，则 $\alpha S=\delta S f(E/\delta)$。当 δS 值小于某临界值时，则无论场强 E 值或大或小，αS 均达不到发展流注所需的最小值（20），也就不可能发展流注。研究得出，此 δS 的临界值约为 0.26cm。

这就是说，当 $\delta S < 0.26\text{cm}$ 时，电子崩经过整个气隙所产生的电离总数尚不足以发展流注，气隙的击穿过程和条件将按汤森德理论进行；当 $\delta S > 0.26\text{cm}$ 时，气隙中就能发展流注，气隙的放电过程将按流注机理进行了。

二、不均匀电场

当电场的不均匀度增大时，最大场强比平均场强高得多。如前所述，电子电离系数 α 的值对场强是很敏感的，对于大多实用的稍不均匀场，均已能满足发展流注的临界条件，故气隙的击穿大多是按流注机理进行的。至于强电领域中实用的极不均匀场，气隙的击穿实际上都是按流注机理进行的。

电力工程中绝大多数是不均匀电场，不均匀电场气隙的击穿，有显著的极性效应，有较长的放电时延，因而与所加电压波形有显著的关系。长间隙的放电发展过程与短间隙又有不同。雷电放电，这种自然界中超长间隙的冲击放电更有其特殊性。在不均匀电场中，当所加电压尚不足以导致整个间隙击穿时，还存在着不同形式的预放电，如电晕、刷形放电等，它们也都有各自的特性。

不均匀电场的形式繁多，绝大多数为不对称电场，少数为对称电场。不对称电场的典型代表为棒—板和线—板；对称电场的典型代表为棒—棒和线—线。后面章节中大多结合这些典型性的电场来讨论。

对于不均匀电场，汤森德理论是不适用的，应该采用流注理论来进行研究。

由于这部分内容较多，将放在以下几节中分别讨论。

§2-3　电　晕　放　电

2-3-1　概述

在极不均匀电场中，最大场强与平均场强相差很大，以至当外加电压及平均场强还较低时，电极曲率较大处附近空间的局部场强已很大，在此局部强场区中，产生强烈的电离，但由于离电极稍远处场强已大为减弱，所以此电离区不可能扩展到很大，只能局限在此电极附近的强场范围内。伴随着电离而存在的复合和反激励，辐射出大量光子，使得在黑暗中可以看到在该电极附近空间有蓝色的晕光，这就是电晕。这个晕光层就叫电晕层或起晕层。在电晕层外，场强已较弱，不发生撞击电离，这个范围称为电晕放电的外围区域。

电晕放电是极不均匀电场所特有的一种自持放电形式，它与其他形式的放电有本质的区别。电晕放电的电流强度并不取决于电源电路中的阻抗，而取决于电极外气体空间的电导，即取决于外施电压的大小、电极形状、极间距离、气体的性质和密度等。

只有当极间距离对起晕电极表面最小曲率半径的比值大于一定值时，电晕放电才可能发生，若小于此值，则气隙将直接发生火花击穿而不会有稳定的电晕。

2-3-2　电晕放电的物理过程和效应

电晕放电有明显的极性效应，下面将对正、负极性电晕分别加以讨论。

以尖—板电极为例。尖极为负极性时，当电压升到一定值，平均电流接近微安级时，出现有规律的重复电流脉冲，如图2-3-1所示；当电压继续升高时，电流脉冲幅值基本不变，但频率增高了（曾测到的最高频率达110kHz），平均电流也相应增大；当电压再升高时，电晕电流失去了高频脉冲的性质而转成持续电流，其平均值仍随电压而升高；电压再进一步升高时，出现幅值大得多的不规则的电流脉冲（流注性电晕电流）。

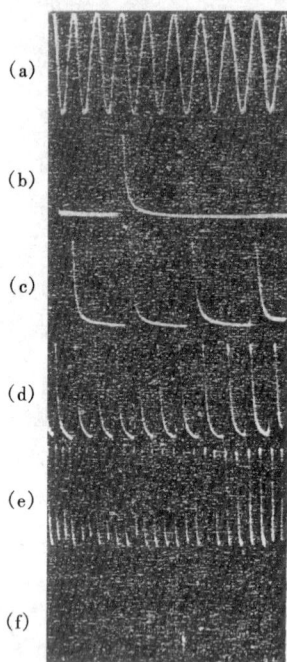

图 2 - 3 - 1　尖极为负时的电晕电流
(a) 时间刻度曲线，8000Hz；(b)、(c)、
(d)、(e)、(f) 平均电流分别为 0.1、0.7、
2、5μA 和 12μA 时的电晕电流波形
注：尖极末端为半球形，直径为
0.5mm；尖—板间距为 30mm。

当尖极为正极性时，电晕电流也具有重复脉冲的性质，但没有规则。当电压和平均电流增大时，电流的脉冲特性变得愈来愈不显著，以至基本上转变为持续电流。当电压继续升高时，就出现幅值大得多的不规则的流注性电晕电流脉冲。

进一步的研究指出，在不含有电负性气体的纯粹气体（如 Ar、H_2、N_2）中，负电晕时没有发现这种有规律的电流脉冲。

以上的电晕现象可解释如下。

在负电晕时，尖极处强场中电离出来的正离子以相对缓慢的速度向尖极运动，不断与电极上的电荷中和；电离出来的电子被电场力驱出电离区外。由于区外场强的迅速减小，电子的运动速度减慢，在有电负性的气体中大多形成负离子。电子形成负离子后，其速度大为降低，使得在电晕层外围区域积聚大量的负空间电荷，从而减弱电晕区的场强，使电离停止。此后，正离子逐渐向阴极迁移，负离子则向外驱散，使尖极附近电场重新增强，电离再次发生。此后，上述过程不断重复，就形成了重复脉冲放电的现象。如不存在电负性气体，电子不易形成负离子，不易积聚大量的负空间电荷，也就不会出现有规律的脉冲。

正尖电晕时，从尖极处强场中电离出来的电子飞入阳极，而在电离区空间留下正离子。由于离子的迁移率小，正离子只能以缓慢的速度向外驱散，必然造成正离子的积聚，当这种积聚达到一定程度时，在尖极处造成足够大的反向电场，使电离停止。此后，正离子继续向外驱散，尖极处电场重又增长，重复上述过程。由于正离子在电场中的迁移速度比电子小得多，故形成有规则的重复电流脉冲的机制比负电晕时弱得多。

旧的电晕理论认为起晕层中的场强和压降都很小，故将起晕层看作良导电体，看作是起晕电极的扩大。这个论点是不正确的。实际上起晕层决不像电弧通道那样是导电性很高的、正负电荷大致相等的等离子区，起晕层乃是电子崩通过后遗留下来的密度很大的正空间电荷区域。

对导线电晕区场强所作的实测表明，在常规的电晕电流范围内，起晕层内的电场分布与刚未起晕时的电场分布差别很小，电晕区的内边界（即电极表面）处的场强仍接近保持为起晕临界场强 E_{cor}，而电晕区外边界处的场强应等于在该条件下（指气体的性质和密度）电子电离系数 α 不再是零的场强。

按照放电的强度，电晕放电可分为两种情况：当外施电压较低，电晕放电较弱时，电晕放电具有均匀的、稳定的性质，是属于电子崩性质的自持放电，如图 2 - 3 - 2 所示；当外施电压较高，电晕放电较强时，则转变为不均匀的、不稳定的流注性质的自持放电，如图 2 - 3 - 3 所示。

气体中的电晕放电具有下列几种效应。

图 2-3-2　导线上电子崩性质的电晕

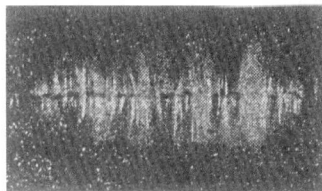

图 2-3-3　导线上流注性质的电晕

（1）伴随着电离、复合、激励、反激励等过程而有声、光、热等效应，表现为发出"呲呲"的声音、蓝色的晕光以及使周围气体温度升高等。

（2）在尖端或电极的某些突出处，电子和离子在局部强场的驱动下高速运动，与气体分子交换动量，形成"电风"。当电极固定得刚性不够时，气体对"电风"的反作用会使电晕极振动或转动。

（3）广泛地来说，各种形式的气体放电（如无声的、电晕的、辉光的、火花的、电弧的）都会产生某些化学反应，例如：

1）在空气中产生 O_3；

2）在空气中产生 NO 和 NO_2；

3）在 H_2 和 N_2 的混合气体中形成 NH_3；

4）将甲烷气（CH_4）化合成乙炔（C_2H_2）；

5）将 CO 和 H_2 化合成乙炔（C_2H_2）；

6）将氮分子（N_2）分解成单原子氮（N）。

值得注意的是，这些化学反应的强烈程度并不是简单地与气体中放电的强烈程度或放电过程中的温度成比例，而是各有特点。对电力工程来说，最有重要意义的是在空气中形成 O_3、NO 和 NO_2。电晕放电和电晕前的无声放电虽只有很小的放电强度，放电过程中的温度也不高，但其造成的这些化学反应（指形成 O_3、NO 和 NO_2）却反而比其他放电强度高的形式（如火花、电弧等）强烈得多。

O_3 是强烈氧化剂，对金属及有机绝缘物有强烈的氧化作用。NO 和 NO_2 会与空气中的水分化合成硝酸类，是强烈的腐蚀剂。所以，电晕是促使有机绝缘老化的重要因素之一。

气体放电产生化学反应的机理迄今还远没有研究清楚。

（4）如前所述，电晕会产生高频脉冲电流，其中还包含着许多高次谐波，这就会造成对无线电的干扰。在工频电压的每半周内，电晕都要发生和熄灭一次，更会辐射出大量电磁波，对无线电的干扰尤甚。高压输电线路上很可能出现电晕，随着输电线路电压的不断提高，延伸范围不断扩大，线路上电晕造成的无线电干扰（包括对电视的干扰）已成为输电线路设计中的一个很重要的需要注意限制的问题了（必须限制到国家标准规定的范围以内）。

（5）电晕会发出人耳可闻的噪声，对人们会造成生理、心理上的影响。在 220kV 及以下的电力系统，这个问题尚不严重；而在 500kV 及以上电力系统（包括交流和直流），这个问题就突出了，必须控制在国家标准规定的范围以内。

（6）电力系统中各种高压导电体周围空间都存在电磁场，随着电力系统电压等级的日益提高，其周围空间的电磁场也相应增强。随着输电距离的日益扩展，其影响面也日益扩大。

这类电磁场若强化到某种程度，则有可能对人类的健康，对动植物的生长、遗传等方面产生影响，必须予以重视。经过近几十年的调查研究，有关国际组织制定了一系列的标准（其中大多为参考性的）各国可根据各自的天时、地理、社会经济发展状况制定自己的标准。连同上述的无线电干扰和可闻噪声干扰一起作为对区域生态环境影响的制约因素，共同参与决定了高压输电线路所选塔型、高度、导线结构和线路所占走廊的宽度，从而影响高压输电线路的技术经济指标。

还有一点需要注意的是高压直流输电线路所特有的离子流效应。由于直流输电线路正、负极线的电压极性是固定不变的，因此，由极线上电晕所电离出来的离子受极线电场的驱使，在空间形成三股离子流。一是贯穿在两极线间的离子流（正离子流向负极线，负离子流向正极线），这股离子流对地面附近电场的影响很小，可不予考虑；二是由正极线流向其下方地面的正离子流；三是由负极线流向其下方地面的负离子流。直流输电线路极线下方地面附近的电场由两部分合成。一是极线上的电荷对其下方地面附近空间所造成的静电场，通常称为标称电场，它与极线电压成正比；二是由离子流中的空间电荷所造成的电场，它的强度主要取决于极线上电晕的强度。这两部分电场合成，称为合成电场。极线上存在电晕时，有可能使合成电场比标称电场高很多，有达 2～3 倍者。

离子流的存在产生的另一个负面作用是，会在其下方有较大尺寸且与地绝缘的金属物体（如汽车等）上积累电荷，可能造成对人或动物的电击。直流输电线路的设计，应使极线正下方的离子流密度和合成电场强度不超过国家标准规定的限值。

（7）以上各点都使得电晕放电会产生能量损耗，在某些情况下，会达到可观的程度。

由上述可见，在大多数情况下，电晕会带来很多有害的因素，这是人们所不希望的。最有效的消除电晕的方法是改进电极的形状、增大电极的曲率半径，或将一个电极分裂成为由多个较小电极的组合（如分裂导线）等；在某些载流量不大的场合，可采用空心的、薄壳的、扩大尺寸的球面或椭球面等形式的电极；此外，提高并保持电极表面的光洁度，也很重要。

在某些特殊情况下，电晕的某些效应也有可以利用的一面。例如，电晕可削弱输电线上雷电冲击或操作冲击波的幅值和陡度；利用电晕放电来改善电场分布；利用电晕原理来制造除尘器，等等。

2-3-3　直流输电线上的电晕

对输电线上的电晕现象最早作系统性研究的人是美国工程师皮克（F. W. Peek）。他进行了一系列实验研究，总结出一系列经验公式（如导线表面的起晕场强、导线起晕电压、起晕导线的功率损耗等）。

实验表明，在我们所常遇到的导线直径（1～5cm）范围内，不同的电压极性对导线表面的起晕场强 E_{cor} 的影响很小，可以不予考虑。

实验指出，起晕场强 E_{cor} 与导线半径及空气密度都有关系。如将半径为 r_0 的光滑导线放置在金属圆筒（其内半径 $R \gg r_0$）的中心轴线处，直流电压加在中心导线与外围圆筒之间，皮克根据实验提出，中心导线表面电晕的临界场强可用经验公式表示，即

$$E_{cor} = 31.5\delta\left(1 + \frac{0.305}{\sqrt{r_0\delta}}\right) \quad (\text{kV/cm}) \qquad (2-3-1)$$

式中：r_0 为起晕导线的半径，cm；δ 为空气的相对密度。

皮克认为，式（2-3-1）虽是由同心圆筒中导线电晕实验得出的，如果导线与平面之间的距离 $H \gg r_0$，则此式也适用于导线与平行平面电极之间的电晕放电。

以上所讨论的是单极电晕的情况，下面讨论双极电晕。

如图 2-3-4 所示，两根半径为 0.5mm 的光滑导线，彼此相距 $2H = 19$cm。两导线分别加上电压 $+U/2$ 和 $-U/2$。由静电场理论可知，这个电场与上述导线—平面（相距为 H）的情况完全相同（如果不考虑导线周围空间电荷对电场的影响）。在这种情况下，双导线电晕的伏安特性应为单导线电晕伏安特性的 2 倍，如图 2-3-4 中曲线 B 和 C 所示。但实验结果指出，前者远大于后者的 2 倍，前者的起晕电压也比后者低一些，如图 2-3-4 中曲线 A 所示。这是由于从正电晕中电离出的正离子，受电场力的作用，集合到负导线的外围，加强了负导线周围的电场；同样，由负电晕造成的负离子，集合到正导线的外围，加强了正导线周围的电场。这当然会使起晕电压降低，并使电晕电流增大。只是由于迎面穿越的正、负离子中，有一部分在中性空间相遇时会复合，另有一些正、负离子扩散到场外空间，使上述加强效应有所减弱，才得到图 2-3-4 中曲线 A 所示的结果，否则，曲线 A 还会提高很多。

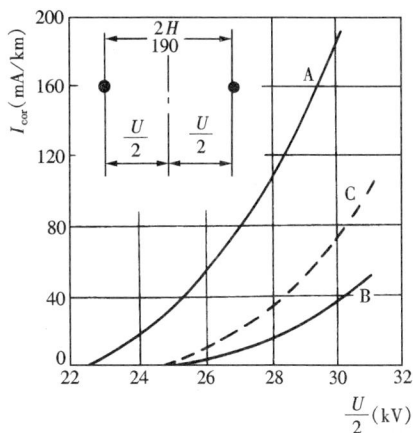

图 2-3-4　直流电压下导线
电晕放电的伏安特性
A—距离为 $2H$ 的两条起晕导线；
B—距离为 H 的导线—平面；
C—将曲线 B 的纵坐标加倍
而得，用来与曲线 A 比较

在上述两平行起晕导线的情况下，皮克得出起晕临界场强的通用公式为

$$E_{cor} = 30.3\delta\left(1 + \frac{0.298}{\sqrt{r_0\delta}}\right) \quad (\text{kV/cm}) \quad (2-3-2)$$

相应的起晕临界电压则为

$$U_{cor} = E_{cor}r_0\ln\frac{2H}{r_0} \quad (\text{kV}) \quad (2-3-3)$$

式中：r_0 为起晕导线的半径，cm；$2H$ 为两平行起晕导线间的距离，cm；U_{cor} 为导线相对于零电位平面的电压。

以上各式成立的条件是良好的导线表面状态和干燥洁净的空气。如果这个条件不能满足，则在 E_{cor} 式中应乘以相应的修正系 m_1 和 m_2。m_1 为导线表面状态系数，主要是考虑到导线结构（例如多股绞线）、毛刺（架线施工时在导线上造成的）、沙尘、鸟粪等因素造成的，根据不同情况，约为 0.8～1.0；m_2 为气象系数，主要与由雨、雾、雪、冰等因素有关，根据不同气象情况，约为 0.8～1.0。

对直流输电线的电晕损耗问题，迄今还没有一个公认为适当的计算公式。这是因为，架空线路的直流输电工程只有在超高压和特高压系统中得到应用，此时都采用电场情况较复杂的分裂导线结构，线路又较长，线路中各段所遇的气象条件可能有很大差别，很难用某个较简单的公式来计算，只能通过在实际试验线路上的实测数据来综合估算了。

2-3-4　交流输电线上的电晕

皮克从大量的实验研究中总结出，交流输电线上导线（指单导线）表面起晕场强 E_{cor} 与

直流两平行导线情况［即式（2-3-2）］相同，以有效值表示则为

$$E_{cr} = 21.4 m_1 m_2 \delta \left(1 + \frac{0.298}{\sqrt{r_0 \delta}}\right) \quad [\text{kV(eff)/cm}] \tag{2-3-4}$$

式中：r_0 为起晕导线的半径，cm；δ 为空气的相对密度；系数 m_1、m_2 的意义同前。

若三相导线对称排列，则导线的起晕临界电压（有效值）为

$$U_{cr} = E_{cr} r_0 \ln \frac{S}{r_0} = 21.4 m_1 m_2 \delta \left(1 + \frac{0.298}{\sqrt{r_0 \delta}}\right) r_0 \ln \frac{S}{r_0} \quad [\text{kV(eff)}] \tag{2-3-5}$$

式中：S 为线间距离，cm；r_0 为导线半径，cm；U_{cr} 为起晕临界电压（对地），kV（eff）。

导线水平排列时，则式（2-3-5）中的 S 应以 S_m 代替，此处 S_m 为三相导线的几何平均距离，即

$$S_m = \sqrt[3]{S_{AB} S_{BC} S_{CA}} \tag{2-3-6}$$

式中：S_{AB}、S_{BC}、S_{CA} 分别为 A-B、B-C、C-A 相间的距离，cm。

还需指出，此时边相线的电晕临界电压较按式（2-3-5）求得的约高 6%，而中相线的电晕临界电压则较按式（2-3-5）求得的约低 4%。

但皮克提出的交流输电线上电晕损耗功率（单导线）的经验公式，即式（2-3-9）中却没有直接引用式（2-3-5）中所示的起晕临界电压 U_{cr}，而是引入了另一个仅有计算意义的电压 U_0。这是因为总结大量实验数据得出的规律为：当导线电压 U 高出起晕电压 U_{cr} 不多时，导线电晕功率损耗尚很小，与电压 U 尚无明显的比例关系，只有当 $U > U_0$ 时，导线电晕功率损耗将与 $(U - U_0)^2$ 成正比。

皮克提出：在计算中可取与 U_0 相应的导线表面场强 E_0 为

$$E_0 = 21.4 m_1 m_2 \delta \quad [\text{kV(eff)/cm}] \tag{2-3-7}$$

$$U_0 = 21.4 m_1 m_2 \delta r_0 \ln \frac{S}{r_0} \quad [\text{kV(eff)}] \tag{2-3-8}$$

式中各符号的意义同前。

皮克提出的交流输电线电晕损耗功率（单导线）的经验计算式为

$$P = \frac{241}{\delta} (f + 25) \sqrt{\frac{r_0}{S}} (U - U_0)^2 \times 10^{-5} \quad (\text{kW/km}) \tag{2-3-9}$$

式中：f 为电源频率，Hz；其他各符号的意义同前。

式（2-3-9）适用于对称配置的三相线路，没有计及对地距离的影响，式中电压 U 和 U_0 均指相电压有效值；功率损耗是以 1km 长的单根线为准的。式（2-3-9）纯粹是实验得出的，没有给予任何理论上的解释。其特点是：与理论探讨不同，损耗不是与频率 f 成正比，而是与 $(f+25)$ 成正比；损耗与 $(U-U_0)^2$ 成正比。应该说，当导线电压比起晕临界电压高出较多，导线存在全面电晕时，这个关系式比较符合实际。所以，这个计算式适用于电晕损耗较大的情况，而不适用于较好的天气情况和光滑导线。另外，当时，输电电压还未超过 220kV，皮克的实验在导线直径、输电电压等方面也没有达到现代超高压输电线路所具有的参数范围，所以，这个公式对于超高压大直径导线的情况也不很适用。

在此以后，许多研究者从不同的角度提出了各种不同的计算电晕损耗的公式（有些是修正后的皮克公式），人们对这些公式的评价也各有不同。但现今，实际上不再应用这类公式来计算电晕损耗，这是因为随着输电电压的提高，大多采用分裂导线，电晕损耗将随不同的

导线结构、分裂线径、分裂数、分裂间距、导线和地线的布置方式、相间距离、离地高度、边相或中相、导线表面最大场强、不同的气象等因素而有很大的差异，很难再用某种较简单的统一的公式来计算，而只能按不同的实际线路结构、不同的导线表面场强、不同的实际气象条件下在试验线路上的实测结果，制订出一系列曲线图表进行综合计算。

虽然如此，上述的一些算式能简明地指示出各种因素影响电晕损耗的规律，以及降低电晕损耗的方向，故仍有参考价值。

电晕损耗问题归根到底是要求出各不同设计方案下输电线路全年平均电晕损耗能量，作为年运行费用的一部分，参加到总的技术经济比较中去，这就不仅要求出不同条件下（如气象条件，运行电压等）的沿线瞬时电晕损耗功率，而且要统计出沿线路各段空间和持续时间出现这些不同电晕强度的平均概率，综合求出全年平均电晕损耗能量。

还需指出：对 220kV 及以上的电力系统来说，不仅要校核各相导线的电晕特性，还应校核架空地线的电晕特性，因为在稳态条件下，架空地线的对地电位虽然是很低的，但其周围空间的场强却可能达到足以激发电晕的程度。应选用适当的地线结构和尺寸加以预防，必要时，也可采用分裂地线的办法。例如苏联 1150kV 交流输电线路就采用 2 分裂结构水平布置的地线。

§2-4　不均匀电场气隙的击穿

2-4-1　短气隙的击穿

在不均匀电场中，电压极性对气隙的击穿电压影响很大，不同的电压极性，气隙击穿的发展过程也不同。下面以棒—板气隙为例分别加以讨论。

棒极为正时，如图 2-4-1 所示。电子崩是迎向棒极发展的，也即是从场强较小的区域向场强较大的区域发展的，这对电子崩的发展很有利；此外，由于电子立即进入阳极（正棒端），在棒极前方空间留下正离子，这就加强了前方（板极方向）的电场，造成发展正流注的有利条件。二次崩和初崩汇合，使通道充满混合质，而通道的头部仍留下大量正空间电荷，加强了通道头部前方的电场，使流注进一步向阴极扩展。由于正流注所造成的空间电荷总是加强流注通道头部前方的电场，所以正流注的发展是连续的，其速度很快，与负棒极相比，击穿同一间隙所需的电压要小得多。

棒极为负时，如图 2-4-2 所示。这时初崩是由负棒极向正板极发展的，也即是由场强较大的区域向场强较小的区域发展的，这就使电子崩的发展比正棒极时不利得多。初崩留下的正空间电荷（电子已向外空间驱散）虽然增强了负棒极附近原已很强的电场，却削弱了前方（阳极方向）空间的电场，使流注的向前发展受到抑制。只有再升高外加电压，并待由初崩向后（向阴极）发展的正流注完成，初崩通道中充满着导电的混合质，使前方电场加强以后，才可能在前方空间产生新的二次崩，如图 2-4-2（c）所示。新崩走过一段距离后，由于崩头深入到更弱的电场区，还由于新崩自身的正空间电荷对前方电场的削弱作用，使新崩的继续前进受到阻抑，又需待新崩与原流注通道汇合，加强了前方电场后，负流注才能继续向阳极发展。所以，负棒极时流注的发展实际上是阶段式的，其平均速度比正棒极流注小得多，击穿同一间隙所需的外电压要高得多。

无论是正流注或负流注，当流注通道发展到达对面电极时，整个间隙就被充满正、负离子混合质的、具有较大导电性的通道所贯穿，在电源电压的作用下，通道中的带电质点继续从电源电场获得能量，发展成更强烈的电离，使通道中带电质点的浓度急剧增长，通道的温度和电导也急剧增长，通道完全失去了绝缘性能，表征气隙已经击穿。

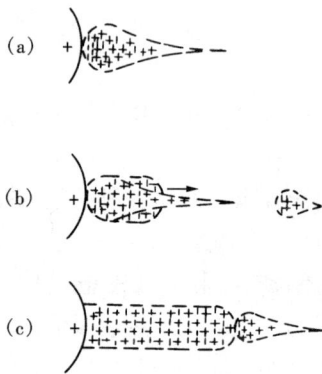

图 2 - 4 - 1　由正棒极出发的流注

（a）初崩发展结束，电子进入阳极；（b）新崩迎向初崩通道，流注开始沿着初崩通道向阴极发展，使通道充满混合质；（c）新崩头部的电子到达流注通道，经过混合质区进入阳极

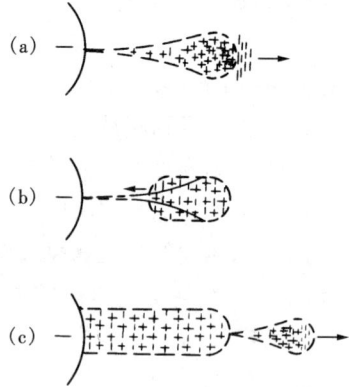

图 2 - 4 - 2　由负棒极出发的流注

（a）初崩进入弱场区后暂停发展，电子离开崩体向阳极驱散；（b）流注开始沿着初崩通道向阴极传播，使通道充满混合质；（c）第一流注发展结束，开始发展奔向阳极的新崩

2 - 4 - 2　长气隙的击穿

实践证明，当气隙距离较长时（约 1m 以上），存在某种新的、不同性质的放电过程，人们称其为先导过程。不同极性的先导过程有不同的特性，必须分别讨论。应该说，对这些方面的问题，总的来说是研究得还很不够，有些还只是对事物的现象、参数、影响因素及变化规律等作了一些实测确定，而对这些现象、过程、规律等的成因尚未能作出充分的解释。

一、正先导过程

现在讨论正棒—负板间隙的情况。当间隙距离较大时，欲使间隙击穿，所加电压要很高，由于电场是极不均匀的，这样高的电压将使棒极附近的场强达到极高的值，使棒极前方宽广的范围内都同时产生强烈电离，发展电子崩和流注。电离出来的自由电子循着各流注通道最终都汇集到棒极上来。愈近棒端，流注的密度愈大，电流密度也愈大。在强场驱使下的大密度电流，携带着很大的能量，在与气体分子碰撞作能量交换后，使该处气体温度升到 10^4K 数量级，造成热电离，在棒端前方造成炽热的等离子体通道，称为先导通道。由于热电离，通道具有相当高的电导和很小的轴向场强，近似把棒极电位带到通道的前端，好像把棒极延伸到通道的前端一样，这就使通道前端前方的宽广区域内场强大增，在此区域内引起新的强流注。这些流注中的电子又汇合到通道前端，使先导通道不断加长，向间隙深处延伸，通道前端前方则始终保持着很强的场强，使得这样的过程能持续向前发展，直到对面电极，如图 2 - 4 - 3 所示。

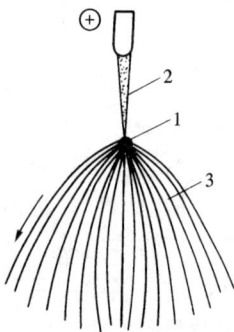

图 2 - 4 - 3　棒—板间隙中正先导过程发展示意

1—先导头部；2—先导通道；
3—先导流注区

随着先导通道向前伸长，早前的流注遗留在先导通道四周宽广

范围内（半径约几十厘米）的正空间电荷，便在先导通道周围形成一个活动性很小的正空间电荷套。正由于这个正电荷套的存在，使通道表面径向场强自动平衡地降到不能产生电离的程度。这样，流经先导通道侧壁的电流，只是由离子的飘浮运动所造成，它与经过通道头部流入的电子电流相比，可以忽略。

由此可见，先导过程实质上是继流注之后发展起来的二次过程。长间隙火花放电与短间隙火花放电的本质区别是：对于前者，炽热的导电通道是在放电发展过程中建立的，而不是在整个间隙被流注通道贯穿后建立的，所以长间隙击穿的平均场强远小于短间隙击穿的平均场强。

图 2 - 4 - 4 为长度 2m 的正棒—负板气隙中先导发展各个阶段的照片。

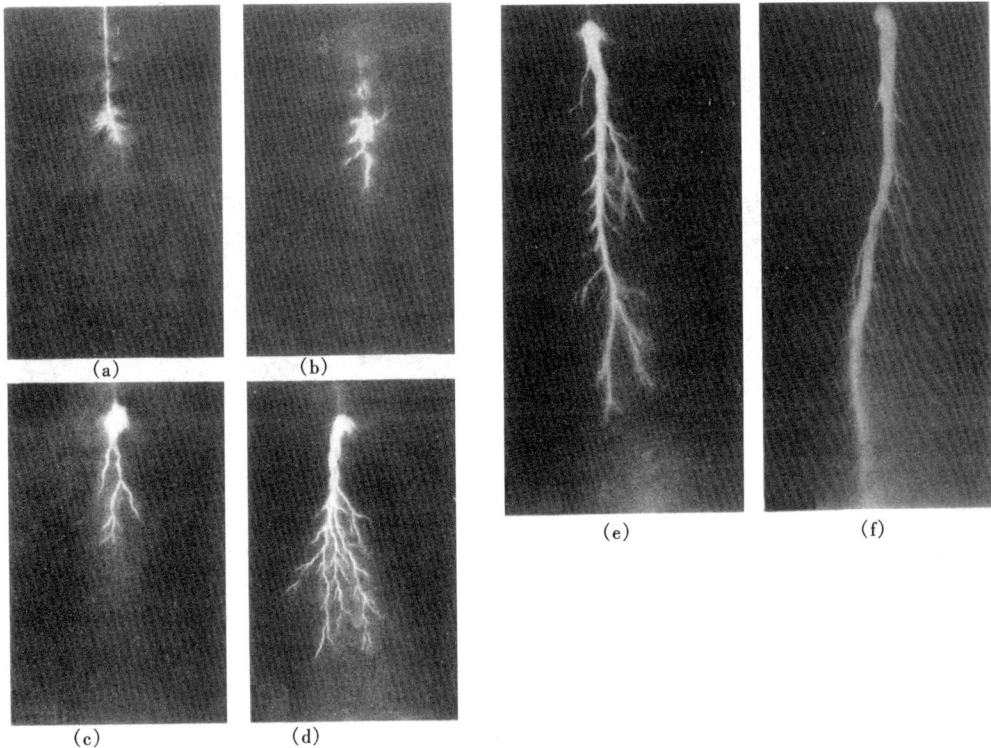

图 2 - 4 - 4　长度为 2m 的正棒—负板气隙中先导发展的各个阶段

二、负先导过程

负先导过程比正先导过程复杂，对负先导的研究也不如对正先导的研究清楚，所以，这里只能说明其基本过程。

现在讨论负棒—正板间隙的情况。当很高的电压加到间隙上时，在负棒极前方宽广的空间中立即发展大量散射的负流注，如图 2 - 4 - 5（a）所示。负流注中的电子向远离棒极的方向运动，直到离棒极较远处（该处的场强已减弱到不足以使电子产生撞击电离的程度，在该处电离已停止），电子便逐渐被气体分子俘获，形成大量的负离子。原来的流注区中则留下大量的正空间电荷。这些正空间电荷大大加强了棒极附近原来就已很强的电场，使该区域内产生十分强烈的电离，如图 2 - 4 - 5（b）所示。高场强和大电流密度使棒极附近气体加热到很高的温度，产生热电离，造成具有高电导和低轴向场强的负先导通道。这就近似把棒极电位传到通道的前端。但前方空间中大量的负空间电荷（因为负离子向阳级的迁移是较慢的）在通道前端形成相当强的反向电场（称为电场屏蔽），使该处的合成电场减弱，通道的发展因而停滞下来。在这通道发展停滞的一小段时间内，通道头部前方的负空间电荷被电场力逐渐驱散，使屏蔽作用减弱，先导通道头部前方的场强重又增强起来，促使在此空间发展大量新的负流注（为说明方便，称此流注为二级流注，以后还可能有三级、四级流注等）。接着，大致上重复第一阶段的过程，使先导通道又向前推进一段。在长间隙中，这样的过程可能重复多次，使负先导通道的前伸具有分级的特性，先导电流也就具有分段出现高峰的波形，如图 2 - 4 - 6 所示。与此同时，全部通道出现短时突发的明亮。

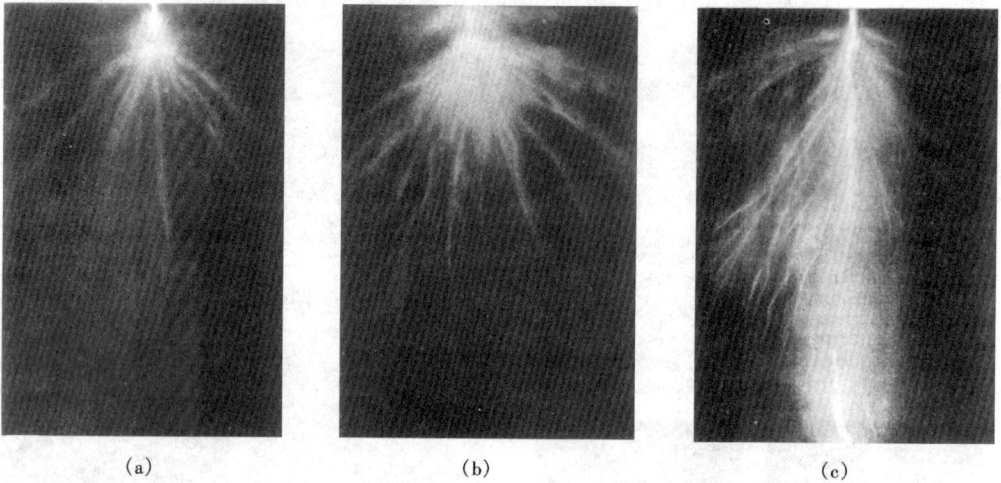

(a)　　　　　　　　　　　　(b)　　　　　　　　　　　　(c)

图 2 - 4 - 5　长度为 2m 的负棒—正板气隙中先导发展的各个阶段

当负先导过程发展到接近贯穿阶段时（即流注区前缘接近对面电极时），流注区前缘大量的负空间电荷使对面电极附近的电场大大加强，这将导致从对面电极发出迎面的（向阴极发展的）放电，开始是电子崩和流注，随后形成迎面的正先导通道，如图 2 - 4 - 5 （c）所示。

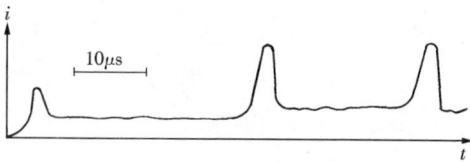

图 2 - 4 - 6　负先导电流波形

由于负先导具有分级发展的特性，其前伸的平均速度与正先导相比，前者约为后者的 1/5～1/3。

三、迎面先导过程

为了叙述的方便，我们认定下电极为接地的，高电压加在上电极上，从上电极发出下行先导，而从下电极发出迎面先导。

出现和发展迎面先导的条件与加在电极上的电压极性有关，也与下电极的几何结构有关。当上电极发出负先导时，不论下电极的几何结构如何，甚至是平板，也会从下电极发出迎面先导。当下电极为平板时，通常在开始时会有几个迎面先导同时发生，但在其后的发展过程中，其中总有一个发展较快，这个先导通道中较小的轴向场强，就将近旁发展较迟后的先导屏蔽了，使其不能持续发展而衰亡，故最后与下行的负先导相遇的迎面先导通常仍只有一个。反之，当上电极发出正先导时，从下电极（如为平板）不会发出迎面先导。要从下电极发出迎面负先导，只有在下电极的几何结构能提供局部强场时才有可能。这就是说，下电极要有突出于平板之上的小曲率半径的顶端，这种条件下的迎面负先导如图 2 - 4 - 7 所示。

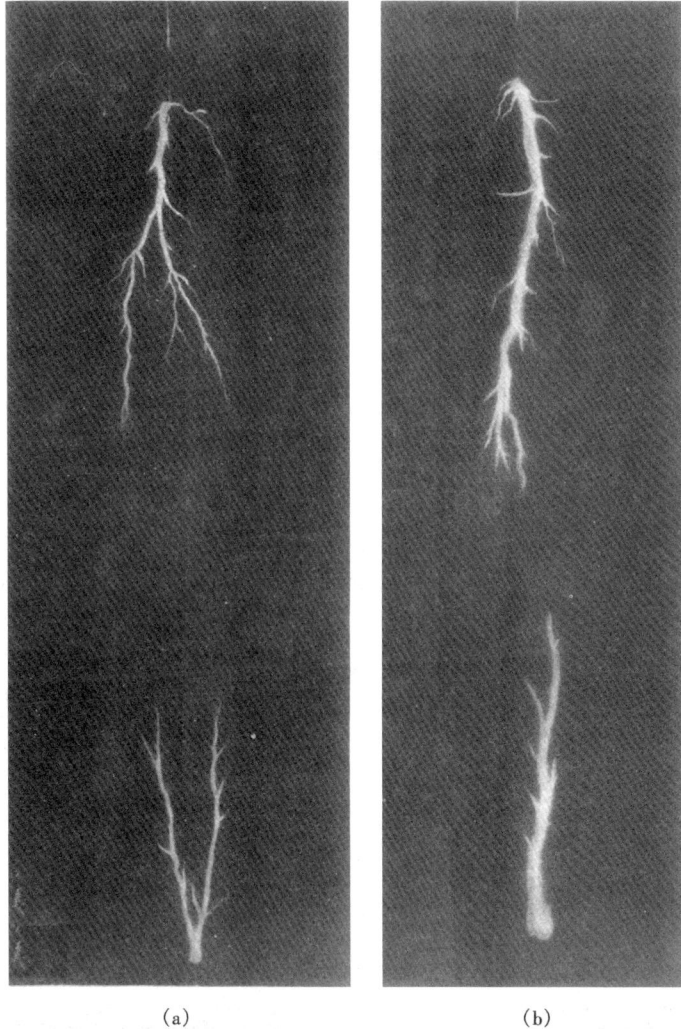

(a)　　　　　　　　　　(b)

图 2 - 4 - 7　长度为 2m 的棒—棒气隙中迎面先导发展的各个阶段
注：下电极为突出于平板之上的棒，间隙距离为 2m，正极性高压加在上电极。

迎面先导具有上述的规律性是不难理解的。首先，如前所述，正先导比负先导更易形成和发展；第二，负的下行先导头部前方流注区的平均场强较高，约达 13kV/cm，而正的下行先导相应的值较低，约只有 5kV/cm，这也有利于正迎面先导的形成和发展。

四、主放电过程

如前所述，不论是正先导或负先导，先导通道都具有较高的导电性和较小的轴向场强；先导通道（包括周围的空间电荷套）中存在着大量多余的与棒极同号的空间电荷。当通道头部发展到接近对面电极时，在剩余的这一小段间隙中场强剧增，发生十分强烈的电离过程，形成很高电导的一段通道，可视为几乎与下电极短接，将下电极的电位带到先导通道的下端。这一小段通道中强烈电离出来的与下电极异号的电荷，迅即流入下电极，而与下电极同号的电荷则与该段通道中大量的与上电极同号的空间电荷相中和。这个过程还将沿着原有的先导通道以一定速度向上扩展到棒极，同时中和先导通道（包括周围空间电荷套）中大部分与上电极同号的空间电荷。这个过程称为主放电过程。主放电过程使贯穿两极间的通道最终改造成为温度很高的、电导很大的、轴向场强很小的等离子体火花通道（如电源功率足够，则转为电弧通道），从而使气隙完全击穿而导通。

综上所述，气隙超过一定长度（约 1m）时，开始发展先导过程，随后是主放电过程。间隙愈长，则先导过程和主放电过程发展得愈充分。雷电放电是自然界的超长间隙放电，其先导过程和主放电过程发展得最充分。为了叙述上的方便和避免赘言，此处对长间隙主放电过程不作详述，而在下一节雷电放电的主放电过程中加以较详细的阐述，当读者对后者了解清楚后，对前者也就不言自明。

2-4-3 长气隙中的预放电

需要指出，当气隙距离较长（约大于 2m）时，即使所加电压尚远不足以将整个气隙击穿，也会从曲率半径较小的电极出发，向气隙深处空间发展各种形式的放电。当所加电压尚较低时，则仅在电极近旁的局部强场处发展电子崩性质的电晕，它具有均匀、稳定、微光的形态，举例如图 2-3-2 所示。电压增高时，则将发展流注性质的电晕，它具有不均匀、不稳定、光度略强、如羽毛状或细线刷状的形态，举例如图 2-3-3 所示。当电压超过某临界值（此值随电压性质、电场情况、气隙距离等因素而异）时，则还会向气隙深处突发具有先导性质的火花放电。图 2-4-8 表示工频预火花放电时的脉冲电流示波图。图中频繁出现幅值较小且几乎是等幅的电流脉冲是细线刷形放电；波前很陡的、幅值很高的电流脉冲是预火花放电。随着电压的逐渐增高，这种预火花放电脉冲出现的频度就愈大。在形态上它具有曲折状的、明亮的、常带有分支的、且不停地改变空间位置的火花通道。当电压进一步升高时，火花通道伸展得更长，光色变白，更明亮，并发出尖锐的爆裂声。实验曾记录到：气隙长度 $S=4m$ 时，预火花放电的长度可达 $0.3S$ 而不会将整个气隙击穿。图 2-4-9 所示为工频高压电器出线套管端部向宽广的自由空间发展强烈的先导性预火花放电的实况。若电极的曲率半径较大，电极表面又较光洁，则随着所加电压的升高到超过某临界值时，甚至在没有出现明显电晕的情况下，就会突发很长的火花放电。

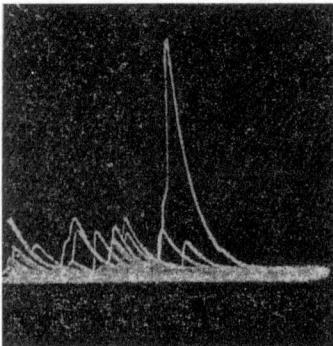

图 2-4-8 工频预火花放电时的脉冲电流示波图

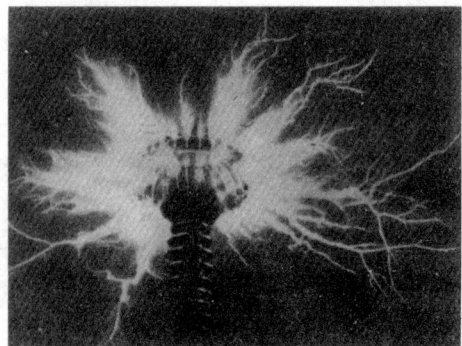

图 2-4-9 工频电压下强烈的预火花放电现象

这类放电，由于不能将整个气隙击穿，故通称为预放电。这类放电，虽尚不能导致整个气隙的击穿，但显然是有害的，因而也是不能允许的。预防在长气隙中出现预放电的方法见 3 - 6 - 1 节。

§2-5 雷 电 放 电

2 - 5 - 1　概述

雷电放电包括雷云对大地、雷云对雷云和雷云内部的放电现象。大多数雷电放电是在雷云与雷云之间进行的，只有少数是对地进行的。我们主要研究雷云对大地的放电，因为这是造成雷害事故的主要因素。

雷云带有大量电荷，由于静电感应作用，在雷云下方的地面或地面上的物体将感应聚集与雷云极性相反的电荷，雷云与大地间就形成了电场。当雷云中的电荷逐渐积聚，达到一定的电荷密度，使其表面空间的电场强度足够大（$25\sim30\text{kV/cm}$）时，就发展局部放电。如此时此地的最大场强方向主要是对地的，就会发展对地的放电，形成下行雷。

雷电的极性是按照从雷云流入大地的电荷极性决定的。广泛的实测表明，90％左右是负极性雷。

下行的负极性雷通常可分为三个主要阶段，即先导放电、主放电和余光放电。先导过程延续约几毫秒，以逐级发展的、高电导的、高温的、具有极高电位的先导通道将雷云到大地之间的气隙击穿。与此同时，在先导通道中留下大量与雷云同极性的电荷。当下行先导和大地短接时，发生先导通道放电的过渡过程，这个过程很像充电的长线在前端与地短接的过程，称为主放电过程。在主放电过程中，通道产生突发的明亮，发出巨大的雷响，沿着雷电通道流过幅值很大的（最大可达几百千安）、延续时间为近百微秒的冲击电流。正是这主放电过程造成雷电放电最大的破坏作用。主放电完成后，云中的剩余电荷沿着原来的主放电通道继续流入大地，这时在展开照片上看到的是一片模糊发光的部分，称为余光放电，相应的电流是逐渐衰减的，约为 $10^3\sim10^1\text{A}$，延续时间约为几毫秒。

上述这三个阶段组成下行负雷的第一个分量。通常，雷电放电并不就此结束，而是随后还有几个（甚至十几个）后续分量。每个后续分量也是由重新使雷电通道充电的先导阶段、使通道放电的主放电阶段和随后的余光放电阶段所组成。各分量中的最大电流和电流增长最大陡度是造成被击物体上的过电压、电动力和爆破力的主要因素。而在余光放电阶段中流过幅值虽较小而延续时间较长的电流则是造成雷电热效应的重要因素之一。

若地面上存在特别高耸的导电性能良好的物体时，也可能首先从该物体顶端出发，发展向上的先导（这种雷称为上行雷）。但上行先导到达雷云时，一般不会发生主放电过程，这是因为雷云的导电性能比大地差得多，难以在极短时间内供应为中和先导通道中电荷所需的极大的主放电电流，而只能向雷云深处发展多分支的云中先导，通过宽广区域的电晕流注，从分散的水性质点上卸下电荷，汇集起来，以中和上行先导中的部分电荷。这样的放电过程显然只能是较缓和的，而不可能具有大冲击电流的特性，其放电电流一般不足千安，而延续时间则较长，有的可能长达 10^{-1}s。此外，上行先导从一开始就出现分支的概率较大。

正雷出现的机会较少，故对正雷的研究也较少。正雷在下行先导阶段没有明显的逐级发展的特征。正雷通常只有一个分量，十分难得有两个分量的。正雷一般有很长的波头（长达几百微秒）和很长的波尾（长达上千微秒），这样它所传递的电荷可能比多分量的负雷还多得多，而其电流陡度则比相应的负雷小得多。

下面对最常见的下行负极性雷电放电作进一步的讨论。

2-5-2 雷电的先导过程

关于雷电先导的情况，主要由展开照相得来，它与长间隙击穿的先导有定性的相似，也是由先导通道、先导头部和流注区三部分组成。

下行负先导具有明显的分级发展的特点。每级长度在 $10\sim200\mathrm{m}$ 范围内，平均为 $40\mathrm{m}$。相邻两级间歇时间为 $30\sim90\mu s$，平均为 $60\mu s$。分级前伸速度约为 $(1\sim5)\times10^7\mathrm{m/s}$，延续约为 $1\mu s$。由于存在间歇，其总的平均速度约为 $(1\sim8)\times10^5\mathrm{m/s}$。下行负先导向地面推进时还可能出现一些分支，但通常只有其中的一支能到达地面。

下行负先导通道中的电荷量和负先导电流都是无法直接测出的，但可间接推算出先导通道中电荷量的平均值为 $0.5\sim5\mathrm{C/km}$。下行负先导的平均电流为 $150\sim1500\mathrm{A}$。

根据实测和推算，雷电先导通道高温高电导部分本身的直径为毫米级，其轴向场强一般约为每米几百伏，但其外围电离区（电晕套）的半径却相当大，通常都超过 $6\mathrm{m}$。这可以用高斯定理很容易估计出来。取先导中间的一段，其两端的影响可略去不计。即使取较小的先导电荷线密度 $\sigma_d=1\mathrm{C/km}$（相应于较小的雷电流），电晕套外缘的场强 $E\leqslant30\mathrm{kV/cm}$，则先导外围电离区（电晕套）的半径为

$$r_{cor}\approx\frac{\sigma_d}{2\pi\varepsilon_0\varepsilon_r E_{cor}}=\frac{10^{-3}\times4\pi\times9\times10^9}{2\pi\times30\times10^5}=6\,(\mathrm{m})$$

这还只是相应于较小的雷电流，雷电流较大时，电离区半径将更大，可能达 $20\sim30\mathrm{m}$。

由此可见，绝不能认为雷电先导通道的电荷只是集中在狭窄的高温高电导通道之中，而是还有大量电荷分布在半径相当大的周围空间中。

很难直接测出雷云电荷中心对地的电势，但可以间接推算出：先导根部（在云中）对地的电势约为 $50\sim100\mathrm{MV}$；先导头部的对地电势为 $20\sim80\mathrm{MV}$。

对上行负先导的观测表明，每个上行负先导也都是分级发展的，其发展速度与下行负先导无显著差异，只是每级的长度较小（$5\sim18\mathrm{m}$）。

以前认为下行负先导的分级性与雷云供应电荷的困难有关（雷云是不良导体），但是，上行负先导也同样存在有规律的分级性而下行正先导却并没有明显的分级性这个事实，说明雷电负先导和长气隙中负先导的分级性主要是由流注区和通道内部过程决定的，而不是由外部过程（电荷供应源的情况）决定的。

直接测量先导电流，自然只有对上行先导才有可能。测得上行正先导电流的幅值在 $50\sim600\mathrm{A}$ 范围内，其平均值可以估计为 $150\mathrm{A}$。实际的观测统计指出，平原地区高度在 $200\mathrm{m}$ 以上的建筑物上，观测到相当多的上行雷电。

当下行雷先导从雷云向建筑物方向发展时，从接地的建筑物上可能产生向上的迎面先导。产生初始迎面先导的条件与上述产生上行雷的条件相似。区别在于前者不仅考虑雷云电场的作用，还应考虑下行先导电荷造成局部电场的作用。

迎面先导在相当大的程度上影响着下行先导的发展路线并决定雷击点的所在，所以，它在对地雷击的发展中具有很重要的意义。直击到平地的雷电，实际上不存在从地面向上发展的迎面先导。

2-5-3 雷电的主放电过程

为了首先将主放电的基本过程搞清，这里先按不存在迎面先导的情况，以最常见的下行负先导为例，来说明雷电主放电过程，参看图2-5-1。

当下行先导头部的流注区外缘到达地面（或接地物体）后，随着先导头部的逐渐接近地面，流注区的长度被压缩，先导头部对大地极大的电位差就全部作用在越来越短的剩余间隙（流注区）上，使得剩余间隙中产生极大的场强，造成极强烈的电离，形成高导电的通道，将先导头部与大地短接，这就是主放电通道的起始。电离出来的电子迅速流入大地，而留下的正离子中和了该处先导通道中的负电荷。与此同时，入地电流有较快的增大，形成入地雷电流波前的初始阶段。这个剩余段间隙中新形成的通道，由于其电离程度比先导通道还要强烈得多，造成的正负电荷密度比先导通道中大几个数量级，故具有更强的光亮、更大得多的电导和小得多的轴向场强，就像是一个良导体把大地电位带到初始主放电通道的上端，使该处接近大地电位。由于先导通道其余部分中的电荷基本上尚留在原处未变，这些先导电荷所造成的电场大体上也未变，这样，在初始主放电通道上端与原先导通道下端的交界处，就出现极大的场强，形成极强烈的电离，也即是将该段先导通道改造成更高电导的主放电通道，主放电通道就向上延伸。电离

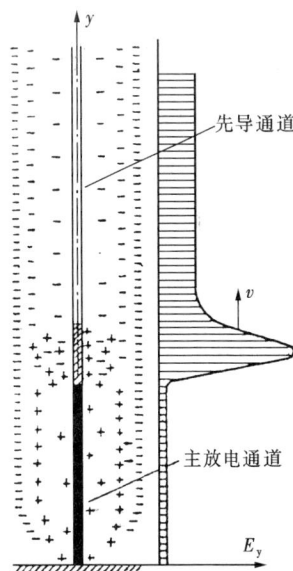

图2-5-1 对地负极性
雷电通道中电荷分布
和轴向场强分布

出来的电子迅速流入大地，留下的正离子与原来该段先导通道中的负电荷相中和（需要注意的是，这里所说的中和，并不一定指正、负离子复合，只要在每个很小的空间内异号离子的浓度基本相同，就可以说是中和了）。与此相应，入地雷电流有极快的增长，形成雷电流波前的主要部分。这样，在主放电通道的上端（接近大地电位）与原来先导通道下端的交界处（长约几十米），始终保持有极大的场强，造成极强的电离，不断地将原来的先导通道改造成更高电导的主放电通道，主放电通道也就不断地向上延伸，如图2-5-1所示。

与此同时，还进行着径向的放电过程。随着主放电通道的向上延伸，中和了该段先导通道中的负电荷，并使该处的电位接近于大地电位，但原先导通道四周的负空间电荷套仍然存在，这就使新生的该段主放电通道表面产生很大的径向场强，其方向与原先导通道四周的径向场强方向相反。在此反向场强作用下，产生反向电晕流注放电。电离出来的电子迅速流向主放电通道，再经主放电通道流向大地，组成主放电电流的一部分，留下的正离子则中和原先通道周围的负空间电荷。当然，这个反向的径向放电并不能使通道周围的空间电荷全部中和，但可中和其相当大的一部分。

从宏观来看，负先导的发展可看作将一条充电到很高负电位的长导线由上向下延伸，而主放电的发展可看作将上述已充电到很高负电位的长线在其下端接地短路，造成沿长线向上行进的正极性的电压波和负极性的电流波（前已规定由上向下为电流的正向）。只是雷电通道的导电性是空气电离所致，它不同于金属中的电子电导，所以，沿雷电通道传播的波速，也就不同于金属导线中的波速。

用光谱法测得雷电主放电通道具有大约 (2～3) ×10^4K 的高温，发出极强的耀眼的光亮。通道中的压力最初达几十个大气压，将通道半径由毫米级迅速膨胀到厘米级，伴随着发出轰雷巨响，通道中的压力也就迅速下降。

上行的主放电发展的速度极大，约在 (0.05～0.5) c 的范围内，平均为 0.175c。此处 c 为光速。离地越高，速度就越低。主放电的时间总共不过 50～100μs，相应的电流峰值可达几十千安到几百千安，其瞬时值则是随着主放电头部向高空发展而逐渐减小，形成雷电流冲击波形。

2-5-4 雷电的后续分量

形成后续分量的原因，可能是由于雷云中存在多个电荷聚集中心。从某一电荷聚集中心发出的第一分量先导到达地面之前，该电荷中心的电位变化不大。这时云中各电荷中心之间也不会发生剧烈的相互作用。当第一分量的主放电返回到云层，第一电荷中心的电荷被中和时，该电荷中心的电位就将产生剧变（其绝对值从极高降到极低），这就使该电荷中心与邻近电荷中心之间的电位差急剧增大，两者之间便可能发生放电。由于第一分量所开辟的对地放电高温通道在这极短的时间内还来不及完全去电离，尚保持有较高的电导，所以当邻近的电荷中心对第一电荷中心放电后，放电便沿着老通道向地发展，形成后续分量的先导。由于这种先导并不开辟新放电路径，而只是将老通道重新充电到一定的电位，所以它不必再分级前进，而是连续前进。这种后续分量的先导称为箭形先导。从雷云到地的全程中，箭形先导的速度无大变化，平均为 (2～5) ×10^6m/s（比第一分量分级先导的平均速度高出 10 余倍）。箭形先导是没有分支的。

后续分量的主放电过程与第一分量的主放电过程在机理上没有差别，发展速度接近相同，只是电流波形、幅值等有些不同，主要如下。

后续分量的电流幅值一般约为第一分量的 1/2～1/3，在 2～100kA 范围内。电流波前时间比第一分量小得多，平均为 0.5～1μs。由此可见，后续分量的电流幅值虽小，而其电流上升的最大陡度却比第一分量大 3～5 倍，这是很值得注意的。后续分量的电流波尾（半峰值时间）也较短，平均约为 40μs。

每个负雷的分量数，多的可达 10 余个甚至 30 余个，平均为3～4 个；相邻分量之间的间歇时间约为几十毫秒，平均约为40～65ms。

每次雷电对地泄放电荷的总量在很大的范围内变化（3～100C），平均为 35C，其中约有 30%～50% 是在余光放电过程中泄放入地的。

每次对地雷击总的延续时间在 10ms～2s 广阔范围内变化着，大部分在 50～500ms 范围内。

多分量下行负雷的展开照片示意和雷击点入地雷电流波形示意如图 2-5-2 所示。

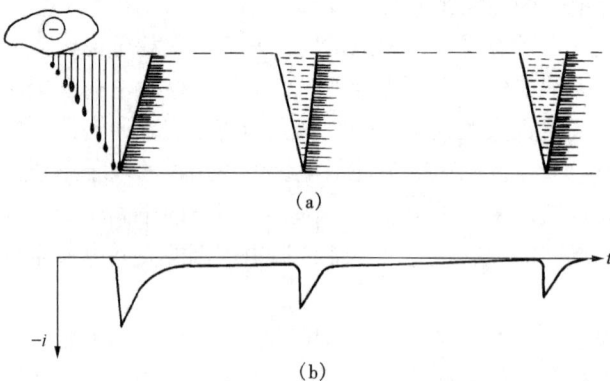

图 2-5-2 多分量下行负雷与入地雷电流波形示意图
(a) 多分量下行负雷的展开照片示意；
(b) 雷击点入地雷电流波形示意

§2-6 气隙的沿面放电

2-6-1 概述

沿着气体与固体（或液体）介质的分界面上发展的放电现象称为气隙的沿面放电。沿面放电发展到贯穿两极，使整个气隙沿面击穿，称为闪络。在实用的绝缘结构中，气隙沿固体介质表面放电的情况占绝大多数，为了叙述的方便，下面就以沿固体介质表面的放电为代表来讨论。

气隙沿面放电的机理与前述气隙自由空间中放电的机理基本相同，但其边界条件则有很大不同。一般来说，固体介质的介电常数比气体介质大好几倍，固体介质的电导率比正常状态下气体介质的电导率大得更多。固体介质表面轮廓多种多样，其表面情况还可能多变（干、湿、污等）。所以，固体介质的存在，使气隙（特别是沿固体介质表面近处）的电场强烈地改变了，此外，放电通道中的带电质点，不能像在自由空间中那样完全按电场力的方向加速运动，而是受固体介质表面的阻挡，只能大体上沿着固体介质表面运动，因此，不能简单地按系统静电场来推求沿面放电的规律。

气隙中的沿面放电按其性质大体上可分为两大类。

（1）分界面气隙场强中法线（对分界面而言，下同）分量较弱。

（2）分界面气隙场强中法线分量较强。

下面就分别加以讨论。

2-6-2 分界面气隙场强中法线分量较弱的情况

典型例子之一如图2-6-1（a）所示。在均匀电场中放置一圆柱形固体介质，柱面完全与电场力线相平行。宏观地看，固体圆柱的存在，并不影响极板间气隙空间的电场，于是，气隙的击穿电压似应保持不变。但实际上，此时气隙的击穿总是以沿着固体介质表面闪络的形式完成的，且此沿面闪络电压总显著低于纯气隙的击穿电压。其主要原因为以下几点。

（1）固体介质表面不可能绝对光滑，总有一定程度的粗糙性，致使贴近固体介质表面薄层气体中的微观电场有一定程度的不均匀，局部场强被增大。

（2）固体介质表面多少会吸附一些气体中的水分，引起介质表面电场的畸变。

（3）固体介质表面电导不均匀，也会造成沿面电场不均匀。

（4）固体介质与电极的接触如不很紧密，留有缝隙时，沿面闪络电压将降低较多。这是因为固体介质的介电常数比气体介质大好几倍，固体介质的电导率比气体介质大几个数量级，所以，不论作用的电压波形如何，紧贴电极的薄层气隙中的场强总是远大于其他部分的场强，这里的气体就首先电离，产生自由电子，给沿面放电创造有利条件。

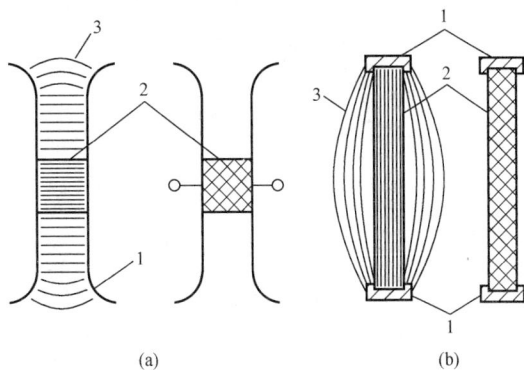

图2-6-1 分界面气隙场强中法线分量较弱的例子
(a) 均匀电场，场强方向与固体介质表面平行；
(b) 不均匀电场，场强具有较弱的法线分量
1—电极；2—固体介质；3—电通量密度线

在大致均匀的电场中，各处的宏观场强相差不大，任何一处出现沿面放电，将立即发展为整个气隙的闪络，不存在稳定的局部沿面放电。在工程实际中，均匀电场的情况自然是很少遇到的，但经常用在对沿面放电基本特性的研究中。

具有弱法线分量电场的另一种例子如图 2-6-1（b）所示（工程实例如支柱绝缘子）。分析上例沿面放电中所述的各项认识也都适用于本例的情况，只是现在即使没有固体介质存在，电场已经是很不均匀的了，所以，任何其他使不均匀性增大的因素（如放入固体介质），对气隙击穿电压的影响不会像在均匀电场中那样显著，在这种情况下，沿面闪络电压比纯气隙的击穿电压低得不多。

以上这两种情况，当气隙距离不很大（S＜0.5m）时，沿面闪络电压大体上与沿面闪络距离成比例，饱和现象不显著。

2-6-3　分界面气隙场强中法线分量较强的情况

典型情况之一如图 2-6-2（a）所示的棒—板型电场布置。当工频电压作用时，其沿面放电现象可大致描述如下。随着外施电压的逐渐升高，在上电极边缘处的窄气隙中，电场的法线分量和切线分量都很强，此处气体首先电离，形成浅蓝色的电子崩性质的电晕放电。电压升高时，放电向外发展，形成许多向四周辐射的细线状流注性质的放电，称为刷形放电。电压升高到超过某临界值时，放电的性质发生变化，其中某些细线的长度迅速增长，并转变为较明亮的浅紫色的树枝状火花。这种树枝状火花具有较强的不稳定性，不断地改变放电通道的路径，并有轻的爆裂声。这种放电现象称为滑闪放电，如图 2-6-2（b）所示。在滑闪

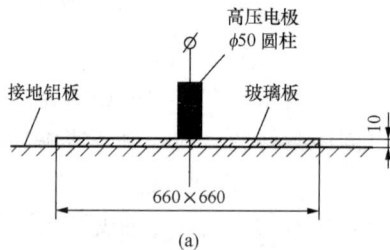

(a)

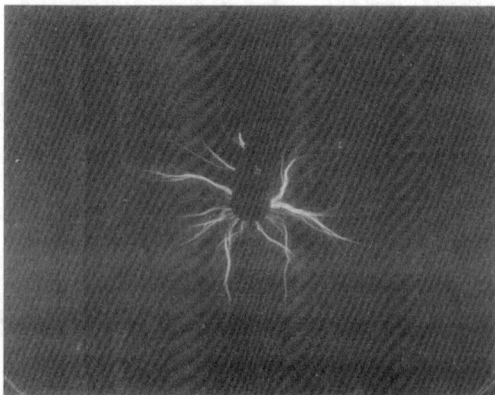

(b)

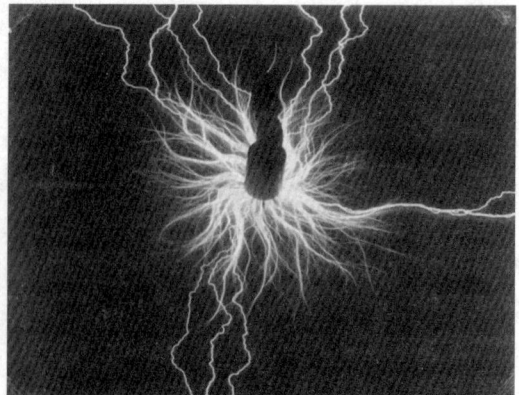

(c)

图 2-6-2　工频电压作用下沿平板玻璃表面滑闪放电的照片

(a) 试品布置；(b) 70kV (eff)；(c) 85kV (eff)

放电阶段，外施电压较小的升高，即可使滑闪放电火花有较大的增长，如图 2 - 6 - 2（c）所示。电压再升高时，滑闪放电火花中有的突发地增长，得以贯穿到对面电极，形成沿面闪络。

　　上述树枝状火花形的滑闪放电具有先导性放电的全部特征，已属先导性放电。值得注意的是，与自由气隙中不同，在这种情况下，当流注性质的刷形沿面放电的长度仅约超过 5～10cm 时（随固体介质的材料和厚度等因素而异），就可能发展成先导性的滑闪火花放电了。这是因为在这种电场下，上电极周围空间电离出的带电质点，在强烈的法线分量电场的驱使下，撞击固体介质，将带电质点的动能转化为热能，使该处气体温度升高到足以产生热电离的程度，形成先导通道。热电离通道中的压降很小，增强了通道外端的场强，使先导通道得以进一步发展。

　　当单极性的冲击电压作用时，沿面放电的发展过程则随电压极性的不同而有很大差异。图 2 - 6 - 3 清晰地记录了在不同极性冲击电压作用下沿面放电发展的轨迹，其中图（b）、图（d）为流注性放电，图（c）已为先导性放电了。

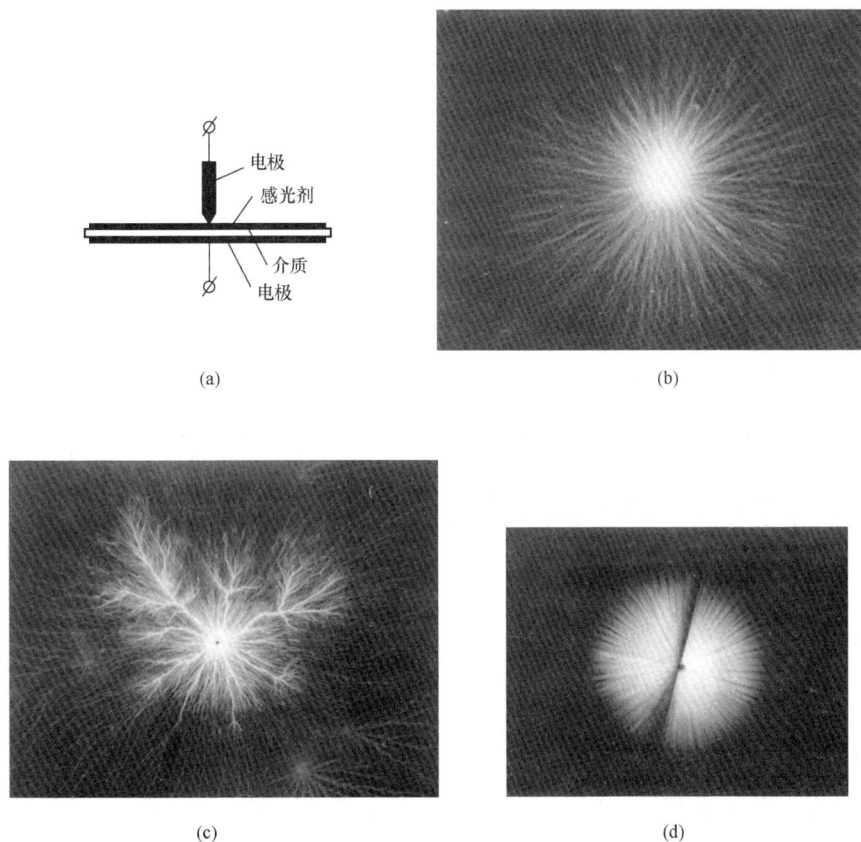

图 2 - 6 - 3　冲击电压作用下沿感光胶片表面放电的照片
(a) 试品布置；(b) +35kV, 1.8/85μs；(c) +47kV, 1.3/68μs；(d) −36kV, 1.5/72μs

　　在流注性放电范围内，相同电压幅值作用下，正极性冲击放电的范围比负极性时大得多（其机理与自由气隙中的机理相似），在本例的电场情况下，正、负极性冲击沿面放电半径比$(R_+/R_-) \approx 2$。

应当指出，上述容易发展先导性沿面放电的现象，只有在快速交变电压（如工频或冲击电压）作用下才会发生，在直流电压作用下，情况就不同了。上电极周围气隙中电离出的与上电极同号的带电质点，在强烈的单向的法线分量电场的迫使下，沉积在上电极周围固体介质表面上，这些表面电荷削弱了上电极周围气隙中的电场（包括切线分量和法线分量），使先导通道难以形成。

图 2 - 6 - 2 和图 2 - 6 - 3 中所示的试品布置当然是仅为典型实验所作，工程实际中的绝缘结构如出线套管、电机绕组出槽口、电缆终端或连接接头盒等的电场也均类此。

今以出线套管为例作些讨论。绝缘结构和电场示意如图 2 - 6 - 4 所示（具有轴—环形电场）。虽然套管法兰是接地的，高电压是加在套管中轴出线上的，但很明显，法兰边缘的电场却是最集中的，且具有很强的法线分量。当工频电压作用时，随着外施电压的逐渐升高，其沿面放电逐渐发展的过程与上述棒—板型电场情况相似，先导性的滑闪放电同样在流注性放电路径尚不很长时就可能发展了。所不同的，只是此时沿面放电的发展，是从接地的法兰边缘开始，最后到达轴心导杆，完成沿面闪络。在滑闪放电阶段，因已属于先导放电过程，故外施电压较小的升高，即可使滑闪火花有较大的增长。由此可见，简单地增大套管的长度（即增大闪络的距离）以求提高闪络电压，其效果是不良的。

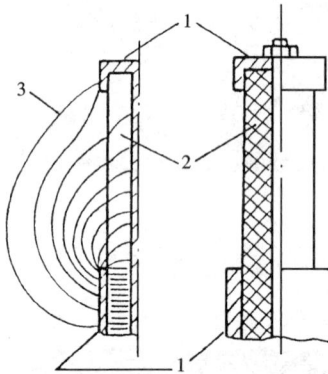

图 2 - 6 - 4　出线套管电场示意
1—电极；2—固体介质；3—电通量密度线

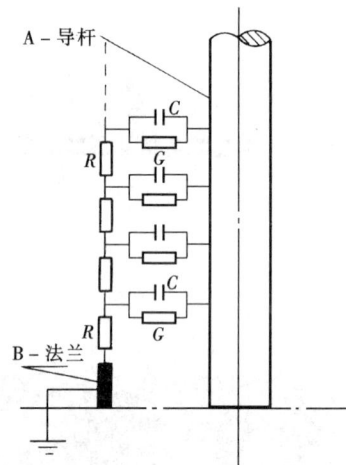

图 2 - 6 - 5　套管绝缘子
的等效电路

在工程实际中，为了便于分析研究各种因素对沿面放电的影响，对图 2 - 6 - 4 所示的绝缘结构可用图 2 - 6 - 5 所示的链形电路来近似地等效（只适用于工频或冲击电压作用下，在沿面放电尚未形成以前）。图 2 - 6 - 5 中 G 和 C 分别为套管轴向单位长度环形表面对轴心导杆的电导和电容，R 为套管相邻环形表面间的表面电阻（一般来说，各段环形表面的直径、面积、与导杆的距离和其中的介质层分布等都不是恒定的，因而与各段环形表面相应的 G、C 和 R 值也都是有差异的，因为此图仅作为定性地示意，故图中未作区别）。

由图 2 - 6 - 5 可见，各段表面的 C 和 G 值愈大，则流过各分路中的电流就愈大，各段表面间轴向电位梯度的差异就愈大，即轴向电位分布愈不均匀，容易导致从法兰起始发展沿面放电。而若在靠近法兰处套管的表面电阻在一定程度上适当减小，则可使法兰附近的最大沿面电位梯度减小，从而阻抑沿面放电的发展。

习　　题

2-1 空气主要由氮和氧组成，其中氧分子（O_2）的电离电位较低，为 12.5V。

（1）若由电子撞击使其电离，求电子的最小速度；

（2）若由光子撞击使其电离，求光子的最大波长，它属于哪种性质的射线；

（3）若由气体分子自身的平均动能产生热电离，求气体的最低温度。

2-2 气体放电的汤森德机理与流注机理主要区别在哪里？它们各自的适用范围有多大？

2-3 长气隙火花放电与短气隙火花放电的本质区别在哪里？形成先导过程的条件是什么？为什么长气隙击穿的平均场强远小于短气隙的？

2-4 正先导过程与负先导过程的发展机理有何区别？

2-5 试捕捉机会，在夜间（在雨雾天气则更好）实地观察高压变电站和输电线路上的各种预放电现象。

2-6 试观察比较变电站、输电线路和高压试验装置中整个高压电气系统防止各种预放电的措施。

2-7 雷电的破坏性是由哪几种效应造成的？各种效应与雷电的哪些参数相关？雷电的后续分量与第一分量在发展机理上和参数上有哪些不同？

第三章　气隙的电气强度

§3-1　气隙的击穿时间

每个气隙都有它的静态击穿电压，即长时间作用在气隙上能使气隙击穿的最低电压。如所加电压的瞬时值是变化的，或所加电压的延续时间很短，则该气隙的击穿电压就不同于（一般将高于）静态击穿电压。所以应该说，对某一气隙，当不同波形的电压作用时，将有相应不同的击穿时间和击穿电压。

举例如图3-1-1所示。从开始加压的瞬间起到气隙完全击穿为止总的时间称为击穿时间 t_b，它由三部分组成。

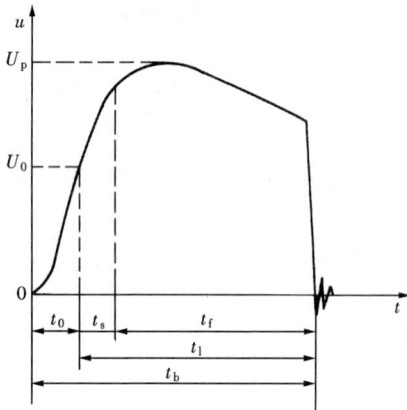

图3-1-1　气隙击穿所需时间

（1）升压时间 t_0——电压从0升到静态击穿电压 U_0 所需的时间。

（2）统计时延 t_s——从电压达到 U_0 的瞬时起到气隙中形成第一个有效电子为止的时间。

（3）放电发展时间 t_f——从形成第一个有效电子的瞬时起到气隙完全被击穿为止的时间。

这里说的第一个有效电子是指该电子能发展一系列的电离过程，最后导致间隙完全击穿的那个电子。气隙中出现的自由电子并不一定能成为有效电子，主要由以下原因造成。

（1）这个自由电子可能被中性质点俘获，形成负离子，失去电离的活力。

（2）可能扩散到主间隙以外去，不能参加电离过程。

（3）即使已经引起电离过程，还可能由于某些随机的因素而中途停止。

这样，$t_b=t_0+t_s+t_f$，其中 $t_s+t_f=t_l$ 称为放电时延。

在短间隙中（$S<1cm$），特别是电场比较均匀时，$t_f \ll t_s$，这时，全部放电时延实际上就等于统计时延。统计时延的长短具有概率统计的性质，通常取其平均值，称为平均统计时延。

在很不均匀电场的长间隙中，放电发展时间将占放电时延的大部分。

影响平均统计时延的因素主要有以下几种。

（1）电极材料。不同的电极材料，其电子逸出功不同，逸出功愈大，平均统计时延愈长。此外，电极表面状况，如电极表面被氧化或沾污，对平均统计时延也都有影响。

（2）外施电压。当外施电压增大时，自由电子成为有效电子的概率增加，故 t_s 将减小。

（3）短波光照射。对阴极加以短波光照射，也能减小 t_s。

（4）电场情况。在极不均匀电场情况，电极附近存在局部很强的电场，出现有效电子的概率就增加，其 t_s 就较小。

影响放电发展时间的因素主要有以下三类。

（1）间隙长度。间隙愈长，则 t_f 愈大，t_f 在总的放电时延中占的比例也愈大。

（2）电场均匀度。电场愈均匀，则当电场中某处出现有效电子时，其他各处电场也都已很强，放电发展速度快，故 t_f 较小。

（3）外施电压。外施电压愈高，则放电发展愈快，t_f 也就愈小。

§3-2 气隙的伏秒特性和击穿电压的概率分布

3-2-1 电压波形

对于不同性质、不同波形的电压，气隙的击穿电压是不同的。为了便于比较，需要对各种电压的波形规定统一的标准。分述如下。

1. 直流电压

直流试验电压大都由交流整流而得，其波形必然有一定的脉动，通常所称的电压值是指其平均值。直流电压的脉动幅值是最大值与最小值之差的一半。纹波系数为脉动幅值与平均值之比。国家标准规定，被试品上直流试验电压的纹波系数应不大于3%。

2. 工频交流电压

工频交流试验电压应近似为正弦波，正负两半波相同，其峰值与方均根值（有效值）之比应在 $\sqrt{2} \pm 0.07$ 以内。频率一般应为 $45 \sim 65 \mathrm{Hz}$。

3. 雷电冲击电压

国家标准制定的雷电冲击标准波形，分为全波和截波两种。截波是模拟雷电冲击波被某处放电而截断的波形。

雷电冲击全波电压标准波形为图3-2-1所示的非周期性冲击电压，先是很快上升到峰值，然后逐渐下降到零。

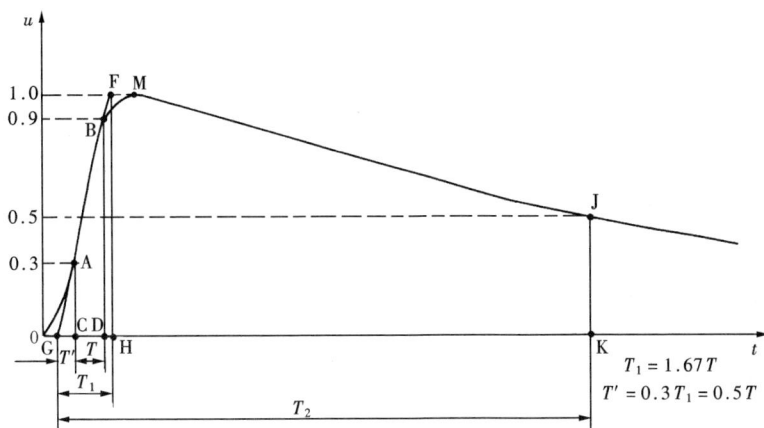

图3-2-1 雷电冲击全波电压标准波形

由于实验中发生的冲击电压波前起始部分及峰值部分比较平坦，在示波图上不易确定原点及峰值时间，为了对波形的主要部分有一个较准确和一致的衡量，国家标准规定了确定波形参数的方法如下（如图3-2-1所示）：取波峰值为1.0，在0.3、0.9和1.0处画三条水平线与波形曲线分别相交于A、B点和M点；连接A、B两点作一直线，并延长使之与时间轴相交于 G 点，与峰值切线相交于 F 点，相应的时间为 H 点；G 点即为视在原点，GF 线即为规定的波前，GH 段即为视在波前时间 T_1，$T_1 = T/0.6 = 1.67T$；在 0.5 波峰处画一条水平线，与波形曲线的尾部相交于 J 点，相应的时间为 K 点，从视在原点 G 到 K 点的时间 T_2 被定为视在半峰值时间。

如波形上有振荡时，应取其平均曲线为基本波形。在确定 T_1 时，0.3 及 0.9 峰值点应在基本波形上取。以基本波峰值作为试验电压值。波峰上的振荡或个别峰尖不得超过基本波形峰值的 5%。

波形参数为：视在波前时间 $T_1 = 1.2\mu s \pm 30\%$；视在半峰值时间 $T_2 = 50\mu s \pm 20\%$；峰值允差 ±3%。

雷电冲击截波电压标准波形如图 3-2-2 所示。其中：视在波前时间 $T_1 = 1.2\mu s \pm 30\%$；截断时间 T_c 是指 GH 段时间；截波峰值 U_c 是指截断前的电压峰值；截断时刻电压 U_j 是指截断时刻的实际电压；截波电压骤降视在陡度是指 CD 线的斜率；电压过零系数为 U_2/U_c；$T_c = 2\sim5\mu s$。

由于测量上的实际困难，对截波电压骤降视在持续时间（图 3-2-2 中 HK 段）尚没有标准化。

4. 操作冲击电压

操作过电压波形是随着电压等级、系统参数、设备性能、操作性质、操作时机等因素而有很大变化的，过去一直定不出标准波形来，近期才趋向于用长波前长波尾的非周期性冲击波来模拟操作过电压的作用。国际电工委员会文件（IEC 60-2-73）制定了操作冲击电压的标准波形，我国国家标准（GB/T 311.3—1983《高电压试验技术 第二部分 试验程序》）认同了上述 IEC 标准。兹将此标准说明如下：

操作冲击电压标准波形如图 3-2-3 所示。波形特征参数为：波前时间 T_p（图中 OA 段）= $250\mu s \pm 20\%$；半峰值时间 T_2（图中 OB 段）= $2500\mu s \pm 60\%$；峰值允差 ±3%；超过 90% 峰值的持续时间 T_d 未作规定；这种波可记为 $250/2500\mu s$ 冲击波。

国家标准还规定，当仅用标准波形认为不能满足要求或不适用时，在有关设备标准中可以规定其他非周期性或振荡波形作为操作冲击波形。

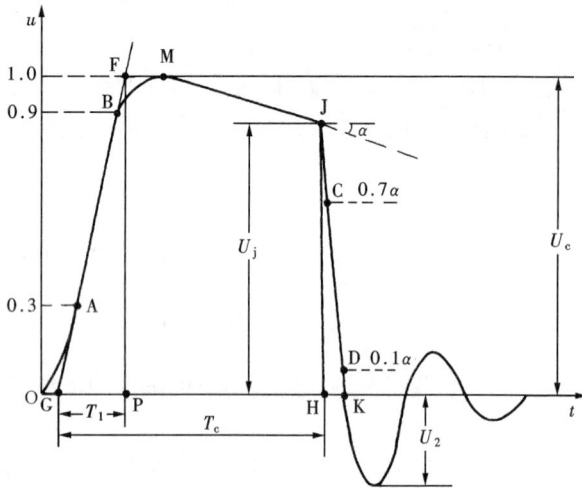
图 3-2-2　雷电冲击截波电压标准波形

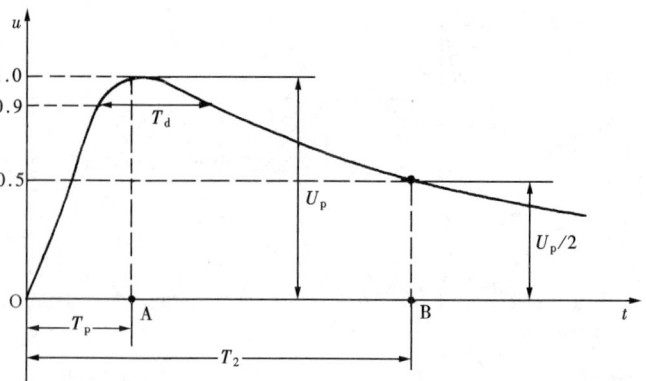
图 3-2-3　操作冲击电压标准波形

3-2-2　伏秒特性

前已述及，气隙的击穿放电需要一定的时间才能完成。对于长时间持续作用的电压来说，气隙的击穿电压有一个确定的值；但对于脉冲性质的电压，气隙的击穿电压就与该电压的波形（即作用的时间）有很大关系。同一个气隙，在峰值较低但延续时间较长的冲击电压作用下可能击穿，而在峰值较高但延续时间较短的冲击电压作用下反而不击穿。所以，对于非持续作用的电压来说，气隙的击穿电压就不能简单地用单一的击穿电压值来表示了，对于某一定的电压波形，必须用电压峰值和延续时间两者来共同表示，这就是该气隙在该电压波形下的伏秒特性。

求取伏秒特性的方法为保持一定的波形而逐级升高电压，从示波图上求取，如图3-2-4所示。电压较低时，击穿发生在波尾，在击穿前的瞬时，电压虽已从峰值下降到一定数值，但该电压峰值仍然是气隙击穿过程中的主要因素，因此，应以该电压峰值为纵坐标，以击穿时刻为横坐标，得点"1"。同样，得点"2"和"3"。电压再升高时，击穿可能正好发生在波峰，得点"4"，该点当然也是特性曲线上的一点。电压再升高，在尚未升到峰值时，气隙可能就已经被击穿，如图3-2-4中的点"5"，则点"5"也是伏秒特性上的一点。把这些相应的点连成一条曲线，就是该气隙在该电压波形下的伏秒特性曲线。

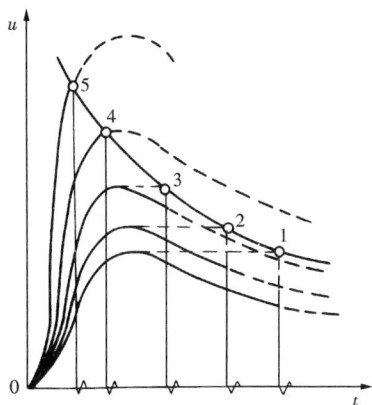

图3-2-4　伏秒特性绘制方法
注：虚线表示没有被试间隙时的波形。

进一步看，同一气隙在同一电压（包括波形和峰值）作用下，每次击穿前时间也不完全一样，具有一定的分散性。因此，一个气隙的伏秒特性，不是一条简单的曲线，而是一组曲线簇，如图3-2-5所示。簇中各曲线代表不同击穿概率下的伏秒特性。例如，$\varphi=0.7$的曲线表示有70%的击穿次数，其击穿前时间是小于该曲线所标时间的。这样，最左边的$\varphi=0$的曲线（图中未画出）就成了下包线，该曲线以左的区域，完全不发生击穿；最右边的$\varphi=$

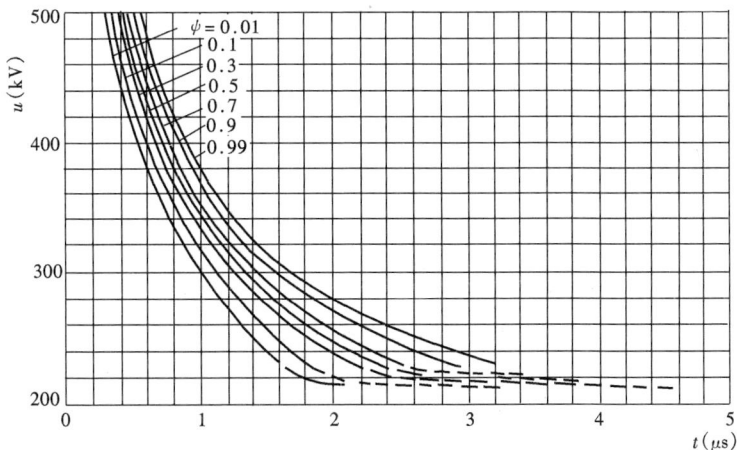

图3-2-5　棒形电极间隙（$S=25\text{cm}$）
在负极性无穷长矩形波下的伏秒特性

1.0 的曲线（图中未画出），就成了上包线，该曲线以右的区域，每次都会击穿。这样以曲线簇来表示的伏秒特性，当然很详细准确，但制作繁琐，故通常以上包线和下包线所限的一条带来表示。在某些场合，还可以只用其中 $\psi = 0.5$ 的一条曲线（称为 50% 曲线）来代表该气隙的平均伏秒特性。

如果一个电压同时作用在两个并联的气隙 S_1 和 S_2 上，若其中某一个气隙先被击穿，则电压被短接，另一个气隙就不会被击穿。这个原则如用于保护装置和被保护物体，就是前者保护了后者。

设并联的两个气隙的伏秒特性带分别为 S_1 和 S_2。若如图 3-2-6 所示，S_2 全面位于 S_1 的左下方，这意味着在任何波峰值下，都将是 S_2 先被击穿，即 S_2 可靠地保护了 S_1，使 S_1 不被击穿。

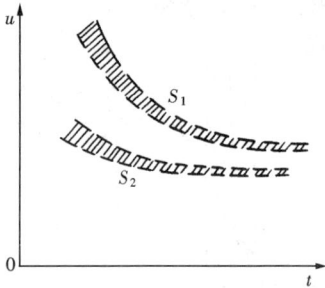

图 3-2-6　两个气隙的伏秒特　　　　　　图 3-2-7　两个气隙的伏秒
　　　　　性带没有交叉的情况　　　　　　　　　特性带发生交叉的情况

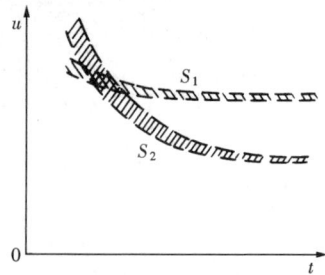

若如图 3-2-7 所示，在时延较长的区域，S_2 位于 S_1 的下方；而在时延较短的区域，则 S_2 位于 S_1 的上方；介乎其中的为交叉区。这种情况意味着，当冲击电压峰值较低时，击穿前时间较长，则 S_2 先被击穿，保护了 S_1 不被击穿；但当冲击电压峰值较高时，击穿前时间很短，则 S_1 将先被击穿，S_2 反而不会击穿；当冲击电压峰值相当于交叉区域时，则可能是 S_2 先击穿，也可能是 S_1 先击穿。

显然，如要求 S_2 能可靠地保护 S_1，则 S_2 的伏秒特性带必须全面地低于 S_1 的相应特性带。

工程中常用的"50% 击穿电压"这一术语，是指气隙被击穿的概率为 50% 的冲击电压峰值。该值已很接近伏秒特性带的最下边缘，它反映了该气隙的基本耐电强度，是一个重要的参量；但另一方面，也应该注意到，它并不能全面地代表该气隙的耐电强度。工程上有时还用到"$2\mu s$ 冲击击穿电压"这一术语，这是指气隙击穿时，击穿前时间小于和大于 $2\mu s$ 的概率各为 50% 的冲击电压，这也就是 50% 曲线与 $2\mu s$ 时间标尺相交点的电压值。

在极不均匀电场的长间隙中，在最低击穿电压作用下，放电发展到完全击穿需要较长的时间（可能达到几十微秒），如不同程度地提高电压峰值，则击穿前时间将会相应减小，反映在伏秒特性的形状上，就是在相当大的时间范围内向左上角上翘，如图 3-2-8 中曲线 A 所示。

在较均匀电场的短间隙中，间隙各处场强相差不大，某一处场强达到自持放电值时，沿途各处放电发展均很快，故击穿前时间很短（不超过 $2\sim3\mu s$），反映在伏秒特性的形状上，只有在很小的时间范围内向上翘，如图 3-2-8 中曲线 B 所示。

应该注意，同一个气隙对不同的电压波形，其伏秒特性是不一样的，如无特别说明，一般是指用标准波形作出的。

上述伏秒特性的各种概念也都适用于液体介质、固体介质和组合绝缘等各种场合。

3-2-3 气隙击穿电压的概率分布

不论是在直流电压、交流电压、雷电冲击电压或操作冲击电压作用下，气隙的击穿电压都有一定的分散性，即击穿概率分布特性。研究表明，气隙击穿的概率分布接近正态分布，通常可用50%击穿电压U_{50}和变异系数z来表示。

对用作绝缘的气隙，人们所关心的不仅是其

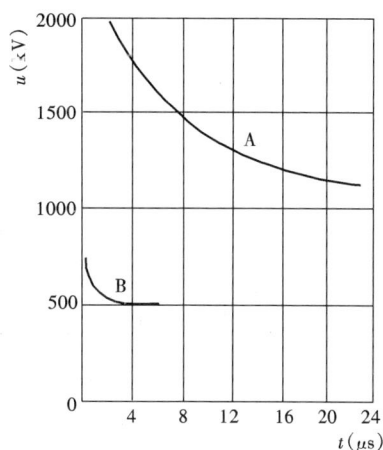

图3-2-8 不同形状的伏秒特性举例

50%击穿电压，更重要的是其耐受电压，即能确保耐受而不被击穿的电压。当然，100%的耐受电压是很难测定的（要做无穷多次试验），工程上常常对应于很高耐受概率（例如99%以上）的电压作为耐受电压。

由于气隙击穿的概率分布接近正态分布，故气隙的耐受概率与所加电压的关系可以从正态分布率求得，见表3-2-1。

表3-2-1　　　　　　　　　气隙击穿概率分布

外加电压 u/U_{50}	$1-3z$	$1-2z$	$1-1.3z$	$1-z$	1	$1+z$	$1+1.3z$	$1+2z$	$1+3z$
耐受概率（%）	99.86	97.7	90	84.15	50	15.85	10	2.3	0.14
击穿概率（%）	0.14	2.3	10	15.85	50	84.15	90	97.7	99.86

由表3-2-1可见，当外加电压为U_{50}（$1-3z$）时，气隙的耐受概率已达99.86%，可认为是耐受了，故通常都以此值作为气隙的耐受电压。

在某些情况下（例如避雷器或保护间隙等）则相反，要求气隙在一定的电压作用下能确保击穿。工程实际中常将对应于很高击穿概率（例如99%以上）的电压作为确保击穿电压。

需要注意，对不同的电压波形，气隙击穿概率分布的变异系数z值是不同的。

§3-3　大气条件对气隙击穿电压的影响

在大气中，气隙的击穿电压与大气条件（气温、气压、湿度等因素）有关。通常，气隙的击穿电压随着大气密度或大气中湿度的增加而升高，大气条件对外绝缘（表面无凝露时）的沿面闪络电压也有类似的影响。为了叙述的方便和避免重复，我们将大气条件对外绝缘沿面闪络电压的影响也在此一并加以说明。

我国国家标准GB/T 16927.1—1997《高电压试验技术　第一部分：一般试验要求》提出了大气条件校正因数K_t，并指出外绝缘的破坏性放电（包括自由气隙的击穿和沿绝缘外表面的闪络）电压值正比于大气校正因数K_t。K_t是空气密度校正因数K_d与空气湿度校正因数K_h的乘积，即$K_t = K_d K_h$。这样，在实际试验时的大气条件下所得的外绝缘的破坏性放电电压U与标准参考大气条件下的相应值U_0可按下式进行换算，即

$$U = U_0 K_t = U_0 K_d K_h \qquad (3-3-1)$$

标准还规定如下。

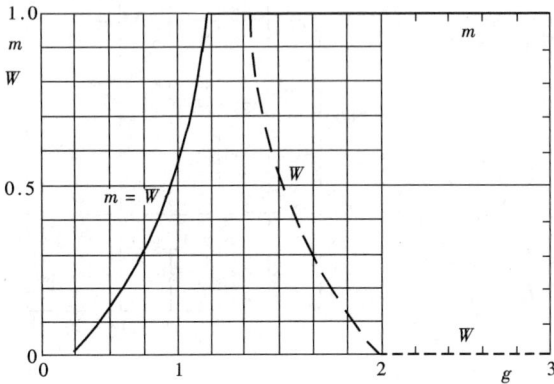

图 3 - 3 - 1　空气密度校正指数 m 值和湿度
校正指数 W 与参数 g 的关系曲线

（3）空气湿度校正因数 K_h 可表示为

（1）标准参考大气条件为：温度 $\theta_0 = 20℃$；压强 $p_0 = 101.3\text{kPa}$；湿度 $h_0 = 11\text{g/m}^3$。

（2）空气密度校正因数 K_d 取决于空气相对密度 δ，其表达式为

$$K_d = \delta^m \qquad (3-3-2)$$

式中：指数 m 可从图 3 - 3 - 1 中求取；实试时的空气相对密度 δ 为

$$\delta = \left(\frac{p}{p_0}\right)\left(\frac{273+\theta_0}{273+\theta}\right)$$

$$(3-3-3)$$

式中：p 为实试时的大气压强，kPa；θ 为实试时的温度，℃。

$$K_h = K^W \qquad (3-3-4)$$

式中：指数 W 可从图 3 - 3 - 1 中求取；K 为系数，该值取决于试验电压类型，并为实试时的绝对湿度 h（g/m³）与空气相对密度 δ 的比率（h/δ）的函数。为实用起见，可从图 3 - 3 - 2 来近似求取。

（4）指数 m 和 W 的求取。指数 m 和 W 可从图 3 - 3 - 1 中求取。图中引入了一个特征参数 g

$$g = \frac{U_b}{500L\delta K} \qquad (3-3-5)$$

式中：U_b 是指实试时大气条件下的 50% 破坏性放电电压值（测量值或估算值），在耐受试验时，可假定为 1.1 倍试验电压值，kV；L 为被试品的最短放电路径，m。

空气相对密度 δ 和参数 K 均为实试时的值。

标准还指出，图 3 - 3 - 1 只适用于海拔高度不超过 2000m 的情况。

（5）空气湿度的求取。通常采用通风式精密干、湿球温度计来测定。根据干、湿球温度计的读数，由图 3 - 3 - 3 即可查得标准大气压（101.3kPa）下空气的绝对湿度和相对湿度。非标准大气压条件时，需将由图 3 - 3 - 3 查得的绝对湿度与修正

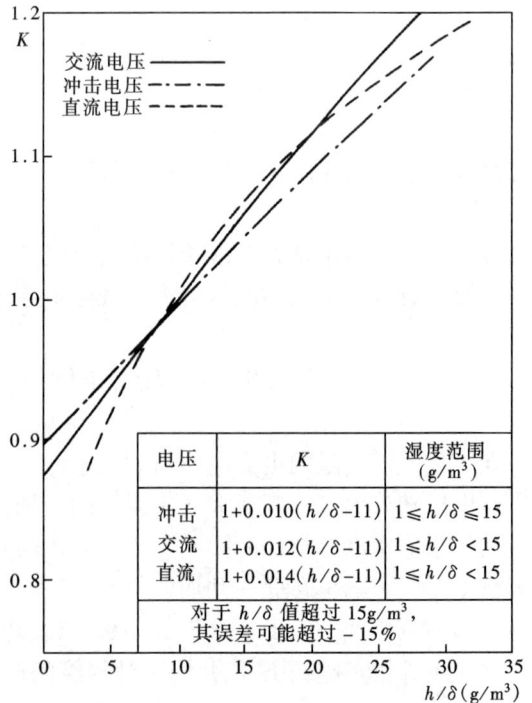

电压	K	湿度范围（g/m³）
冲击	$1+0.010(h/\delta-11)$	$1 \leqslant h/\delta \leqslant 15$
交流	$1+0.012(h/\delta-11)$	$1 \leqslant h/\delta < 15$
直流	$1+0.014(h/\delta-11)$	$1 \leqslant h/\delta < 15$
对于 h/δ 值超过 15g/m³，其误差可能超过 -15%		

图 3 - 3 - 2　K 与 h/δ 的关系曲线

（h 为绝对湿度，δ 为空气相对密度）

值 ΔH 相加，以得到该处实际的绝对湿度值。ΔH 的值可按下式求取，即

$$\Delta H = \frac{1.445}{273 + \theta_D} \Delta\theta \cdot \Delta p \qquad (3-3-6)$$

式中：θ_D 为干球温度，℃；$\Delta\theta$ 为干、湿球温度之差，℃；Δp 为标准大气压与实际大气压之差，kPa，即 $\Delta p = 101.3 - p$，kPa；ΔH 为绝对湿度的修正值，g/m³。

求得该处实际的绝对湿度后，由图 3-3-3 即可查得该处实际的相对湿度。

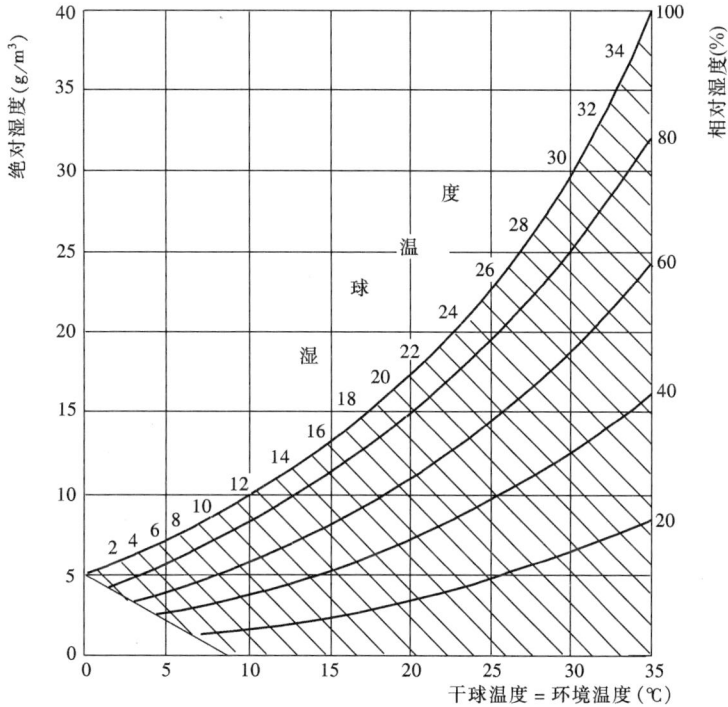

图 3-3-3　标准大气压下空气湿度与干、湿球温度计读数的关系

现将标准淋雨条件列于表 3-3-1。

表 3-3-1　　　　　　　　标 准 淋 雨 条 件

分　　类		单　位	数　值
所有测量点的平均淋雨率	垂直分量	mm/min	1.0~2.0
	水平分量	mm/min	1.0~2.0
单独每次测量和每个分量的极限值		mm/min	平均值±0.5
收集到的雨水温度		℃	周围环境温度±15
收集的水校准到20℃的电阻率①		Ω·m	100±15

① 标准中附有雨水电阻率—温度校正曲线，可供换算。

以上是介绍上述国家标准中的有关规定。

这里只能对总的趋向作原理性的解释如下。

空气隙的击穿电压（包括沿面闪络）随着空气密度的增大而升高的原因是：随着空气密度的增大，空气中自由电子的平均自由程缩短了，不易造成撞击电离。

空气隙的击穿电压随着空气湿度的增大而增大的原因是：水蒸气是电负性气体，易俘获自由电子以形成负离子，使最活跃的电离因素——自由电子的数量减少，阻碍电离的发展。

§3-4　均匀电场和稍不均匀电场气隙的击穿电压

在均匀电场中，电场对称，故击穿电压与电压极性无关。由于气隙各处的场强大致相等，不可能出现持续的局部放电，故气隙的击穿电压就等于起始放电电压。

均匀电场的气隙距离不可能很大，各处场强又大致相等，故从自持放电开始到气隙完全击穿所需的时间极短，因此，在不同电压波形作用下，其击穿电压实际上都相同，且其分散性很小。对于空气，可用下列经验公式表示

$$U_b = 24.4\delta S + 6.53\sqrt{\delta S} \quad [\text{kV(peak)}] \qquad (3-4-1)$$

式中：δ 为空气的相对密度；S 为气隙的距离，cm。

稍不均匀电场不对称时，极性效应已有所反映，但不很显著。

稍不均匀电场的气隙距离一般不会很大，整个气隙的放电时延仍很短，因此，在不同电压波形作用下，其击穿电压（峰值、50％概率）实际上接近相同，且其分散性也小，但高气压下的电负性气体（如 SF_6）间隙则存在电压作用时间效应，见§3-6所述。

稍不均匀电场的结构形式多种多样，常遇到的较典型的电场结构形式有球—球、球—板、圆柱—板、两同轴圆筒、两平行圆柱、两垂直圆柱等。对这些简单的、规则的、典型的电场，有相应的计算击穿电压的经验公式或曲线，可参阅有关手册和资料。其中球—球间隙还是用来直接测量高电压峰值的最简单而又有一定准确度的手段，其击穿电压有国际标准表可查阅。

影响稍不均匀场气隙击穿电压的因素，除电场结构和大气条件外，还有邻近效应和照射效应，这在利用球隙击穿来测量电压时，应特别加以注意（详见6-1-3所述）。

§3-5　极不均匀电场气隙的击穿电压

在工程实际中，所遇到的电场绝大多数是不均匀电场。不均匀电场的特征是各处场强差别很大，在所加电压尚小于整个气隙击穿电压时，已可能出现局部的持续放电。由于局部持续放电的存在，空间电荷的积累对击穿电压的影响很大，导致显著的极性效应。

对极不均匀电场的情况来说，只要在宏观上大体保持原有的电场布局和气隙最小距离不变，则电极的具体形状、尺寸和结构的改变，对气隙击穿电压的影响是不大的。其原因是：

（1）没有改变极不均匀电场这一根本性质；

（2）气隙击穿前电极近旁先发展的局部电晕流注会使该处原有的局部电场得到某种程度的均匀化。

上述情况使我们有可能进行如下的工作。预先对几种典型电场的气隙，如棒—棒或线—线（对称电场）、棒—板或线—板（不对称电场），作出其击穿电压与气隙距离的关系曲线，对工程上所遇到的各种极不均匀电场，其气隙击穿电压就可以参照与之相接近的典型气隙的击穿电压曲线来估计。

极不均匀电场气隙的伏秒特性在相当大的时间范围内倾斜，所以，同一气隙，在不同性质的电压作用下，其击穿电压值具有明显的差别，且其分散性也较大。下面就不同性质的电压分别予以讨论。

3-5-1　直流电压作用下

图 3-5-1 表示棒—板和棒—棒电极长空气间隙的直流耐受特性。由图可见，气隙耐受电压具有显著的极性效应。在图示距离范围内，耐受电压与间隙距离接近成正比；其平均耐受场强：正棒—负板间隙约为 4.5kV/cm；负棒—正板间隙约为 10kV/cm；棒—棒间隙约为 5.4kV/cm。这是不难理解的：棒—棒电极中有一个是正棒极，放电容易由此发展，故其耐受电压应比（负）棒—（正）板气隙为低；另一方面，棒—棒电极有两个棒端，即有两个强场区，与一个强场区相比，意味着电压分担的均匀化，故其耐受电压又应比（正）棒—（负）板气隙的耐受电压为高。

即使是极不均匀电场，空气间隙直流击穿电压的分散性很小，其变异系数 z 可取为 1%。

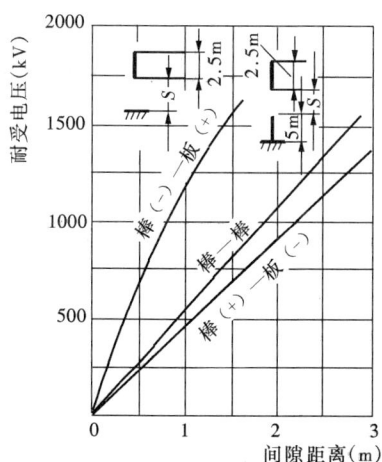

图 3-5-1　棒—板和棒—棒气隙直流
1min 临界耐受电压与气隙距离的关系

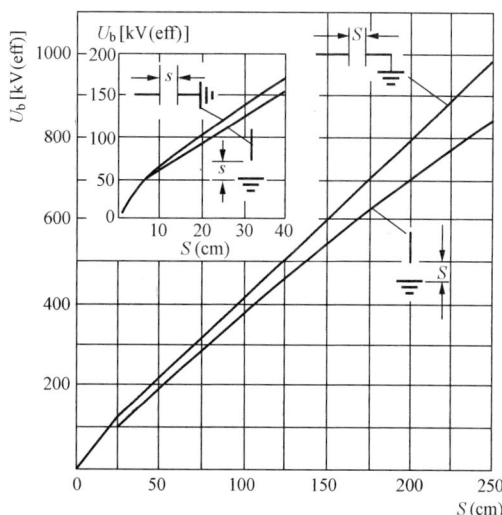

图 3-5-2　棒—棒和棒—板空气间隙的
工频击穿电压与间隙距离的关系

3-5-2　工频电压作用下

图 3-5-2 表示中等距离空气间隙的工频击穿电压曲线。击穿总是在棒极为正半波时发生。由图可见，在中等距离范围内，击穿电压与气隙距离的关系还是接近正比的（起始部分除外）。棒—棒气隙的平均击穿场强约为 3.8kV（eff）/cm。棒—板气隙击穿电压比相应的棒—棒气隙击穿电压低得不多。当气隙距离超过 2.5m 以后，击穿电压与气隙距离的关系则出现了明显的饱和趋向，特别是棒—板气隙，其饱和趋向尤甚，如图 3-5-3 所示。这就使得棒—板气隙与棒—棒气隙的击穿电压差距拉大了，在设计高压装置时应予注意，为了使结构紧凑，应尽量避免出现棒—板型电场。

由图 3-5-3 还可见，棒—棒和棒—板气隙击穿电压曲线是各种不均匀场气隙击穿电压曲线的上下包线，这一点对设计者是很有用的。

空气间隙工频击穿电压的分散性不大，变异系数 z 可取为 2%。

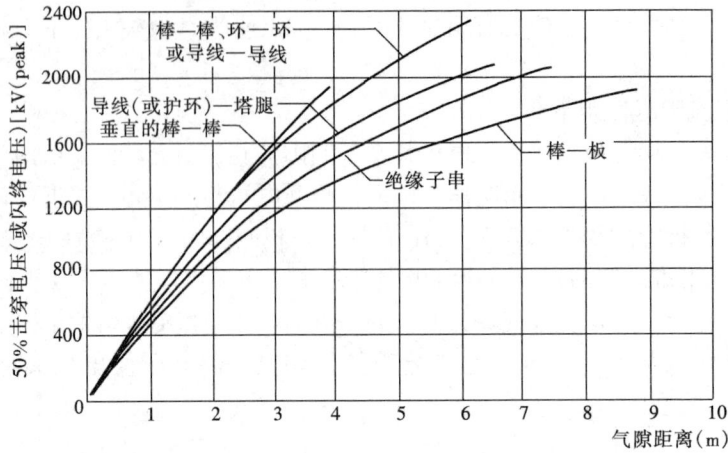

图 3-5-3　长气隙和绝缘子串的工频 50% 击
穿（或闪络）电压与气隙距离的关系

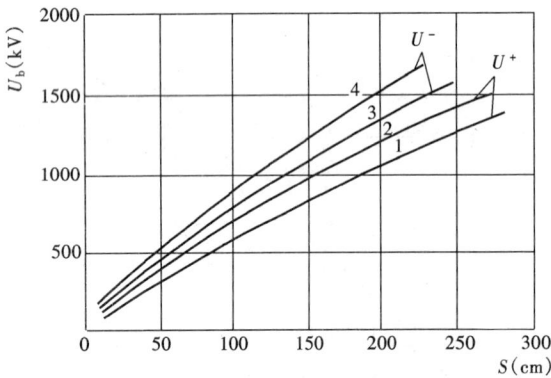

图 3-5-4　气隙的冲击击穿电压 U_b
与气隙距离 S 的关系

曲线 1、4—棒—板间隙，板极接地；
2、3—棒—棒间隙，一棒极接地
注：电压波形为 1.2/50μs 雷电冲击。

3-5-3　雷电冲击电压作用下

图 3-5-4 表示中等距离气隙的 50% 冲击击穿电压（波形为 1.2/50μs）曲线。由图可以看到明显的极性效应。在此范围内，击穿电压与气隙距离接近线性关系（起始部分除外）。

图 3-5-5 表示更大间距气隙的冲击击穿电压曲线。由图可见，在此范围内，冲击击穿电压与间隙距离仍然保持较好的线性关系，没有明显的饱和现象。

实验表明，导线—平板气隙的 50% 冲击击穿电压与棒—板气隙十分接近（不论是正极性或是负极性），在缺乏线—板气隙冲击击穿电压的具体数据时，可用棒—板气隙的数据来估计。两平行导线气隙的 50% 冲击击穿电压则比相应的棒—棒气隙的值要高，如图 3-5-6 所示。

雷电冲击击穿电压的变异系数 z 可取 3%。

3-5-4　操作冲击电压作用下

不均匀电场气隙在操作冲击电压作用下的击穿有很多特点，兹分述如下。

一、极性的影响

在各种不同的不均匀电场结构中，正极性操作冲击的 50% 击穿电压都比负极性的低，所以是更危险的。在以后的讨论中，如无特别说明，一般均指正极性情况。

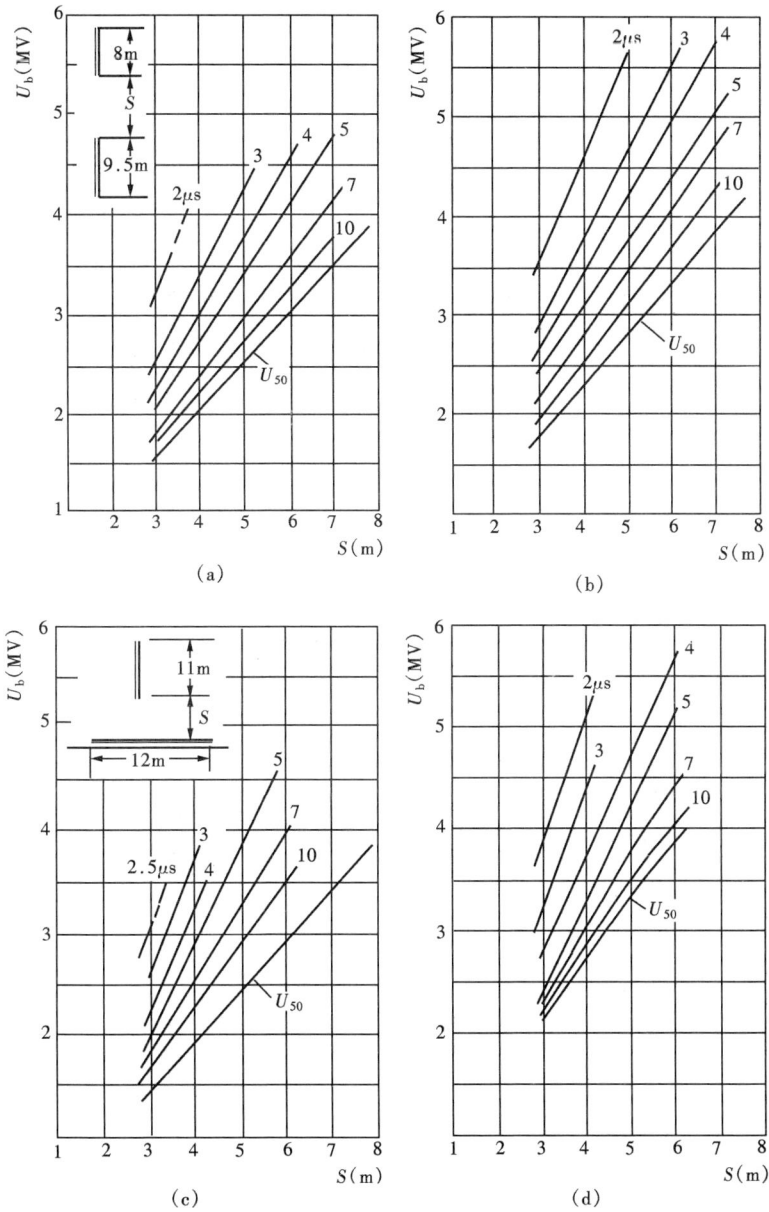

图 3-5-5 棒—棒及棒—板空气间隙的雷电冲击击穿电压与间隙距离的关系
(a)、(b) 棒—棒间隙；(c)、(d) 棒—板间隙；(a)、(c) 棒极为正极性；
(b)、(d) 棒极为负极性

二、波形的影响

先举一些实验结果，再加以讨论。

图 3-5-7 表示棒—板气隙在正极性操作波电压作用下的 50% 击穿电压（标幺值）与波前时间的关系曲线。曲线呈 U 形，波前时间在某一区域内，气隙的 50% 击穿电压具有最小值，称为临界击穿电压，并以此值作为标幺值的基准，与此相应的波前时间称为临界波前时间。

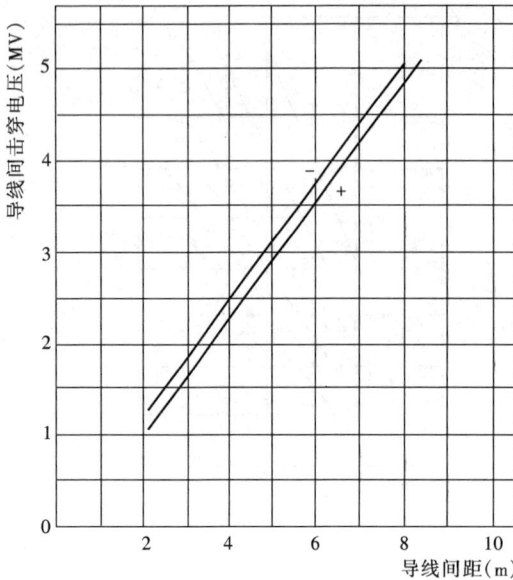

图 3-5-6　输电线路导线间的雷电
冲击击穿电压（一根导线接地）

高压电力工程中其他形式的气隙，其操作冲击击穿电压与波前时间的关系也大多呈 U 形曲线。棒—板气隙最为显著，伸长形电极（如分裂导线）形成的气隙最不显著，正极性比负极性显著。

图 3-5-8 表示在各种不同性质电压下，棒—板气隙的击穿电压与气隙距离的关系。由图可见，棒—板气隙在具有某种波前的操作冲击电压作用下，其击穿电压比工频击穿电压还低。不仅棒—板气隙有这种情况，其他形式的气隙如导线—地、导线—塔柱等气隙也有类似情况，只是程度较轻，这是需要特别注意的。

对上述实测结果，初步解释如下：当波前时间从临界值逐渐减小时，放电时延相应减小，必然要求有更高的电压才能击穿，这就导致 U 形曲线左半支的上升趋向。当波前时间从临界值逐渐增大时，放电发展的时间已足够长，再增大放电时延，对放电的发展影响不大；而另一方面，此时起晕棒极（为了叙述的方便，此处以棒极为例）附近电离出来的与起晕极同号的空间电荷却有时间被驱赶到离棒极较远的地方，使空间电荷不再集中在起晕极近旁。这样，空间电荷在电极近区以外空间所造成的附加电场减弱了，不利于放电的进一步发展，这也必然要求有更高的电压才能击穿，导致 U 形曲线右半支的上升趋向。在左右两半上升曲线的中间必有一个最低点。

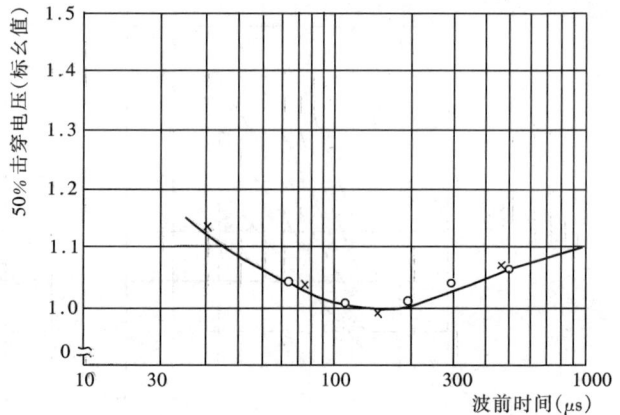

图 3-5-7　棒—板气隙操作冲击击穿
电压（标幺值）与波前时间的关系
○—超高压试验基地（美）的数据；×—3m 间隙的数据

工频半波波前时间为 5000μs，位于 U 形曲线的右半支，故其击穿电压反而比临界波前操作冲击击穿电压高了，这一点是需要特别注意的，因为这对高压电力工程中各气隙尺寸的选定有重要影响；另外，这一现象也可能出乎我们原有的估计之外，人们容易从雷电冲击的伏秒特性来推论，认为操作波长介乎雷电冲击与工频电压之间，其击穿电压也将介乎该两者之间。

从上述解释不难理解，气隙距离 S 愈大，放电发展所需的时间愈长，相应的临界波前时间就愈长。

还有一点需要注意：在同极性的雷电冲击标准波作用下，棒—棒与棒—板间隙的击穿电压差别不大，而在操作冲击电压作用下，它们之间的差别就很大，如图3-5-9所示。另外，对气隙操作冲击击穿电压来说，近旁接地物体的邻近效应（对击穿电压的影响）也较大。这些情况启示我们：在设计高压电力装置时，应注意尽量避免出现棒—板型气隙，尽量减小近旁接地物体的影响。

图 3-5-8 不同性质电压作用下棒—板气隙的击穿电压与气隙距离的关系

1—斜角波前操作波作用下的平均最小击穿电压；2—+100/3200μs 冲击波，50%击穿电压；3—+1.5/40μs 冲击波，50%击穿电压；4——1.5/40μs 冲击波，50%击穿电压；5—工频击穿电压（均匀升压）

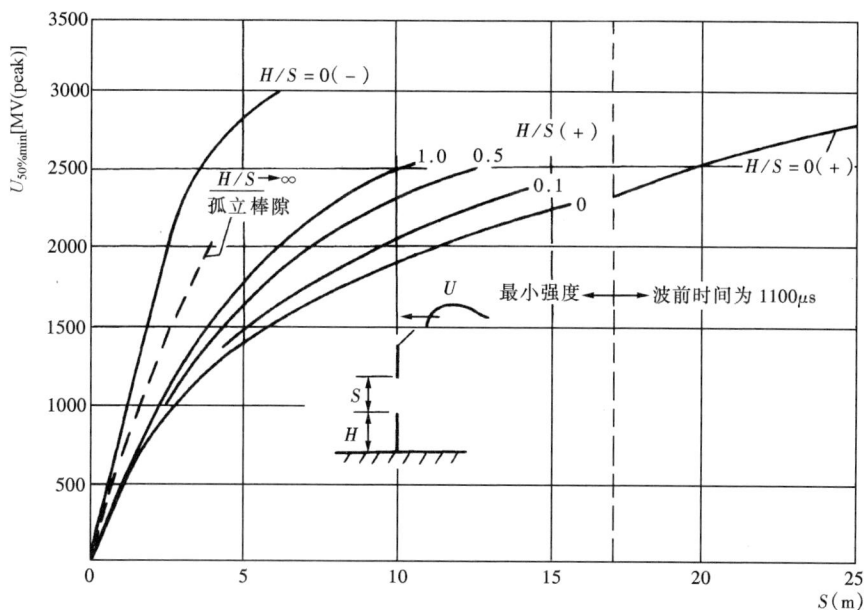

三、饱和现象

与工频击穿电压的规律性类似，长气隙在操作冲击电压作用下也呈现显著的饱和现象，如图3-5-9所示，特别是棒—板型气隙，其饱和程度尤甚。当气隙距离在 2~20m 范围内，（正）棒—（负）板气隙50%操作冲击击穿电压的最低值 $U_{50\%min}$ 可以用下述经验公式近似地估计

$$U_{50\%min} = \frac{3.4}{1+8/S} \quad [\text{MV(peak)}] \tag{3-5-1}$$

式中：S 为气隙距离，m。

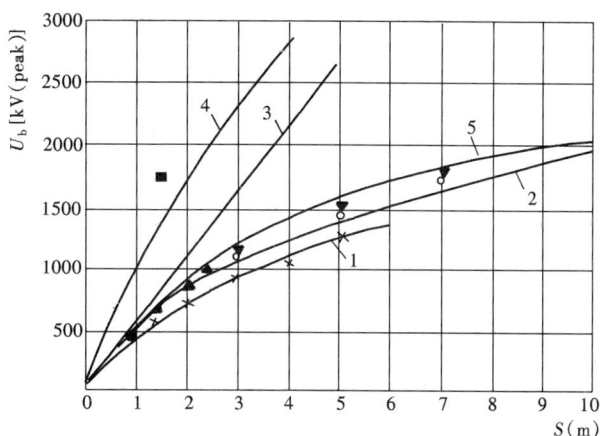

图 3-5-9 棒—棒和棒—板气隙的操作冲击击穿电压

实验指出：其他形状气隙的临界击穿电压与棒—板气隙的临界击穿电压的比值可视为常数（不随气隙距离而变）。这样，其他形状气隙的临界击穿电压估算式为

$$U_{50\%\min} = K\frac{3.4}{1+8/S} \qquad (3-5-2)$$

式中：K 称为气隙系数。对常遇到的某些气隙，可取 K 值如表 3-5-1 所列。

表 3-5-1　　　　　　　　　　气　隙　系　数　取　值

气隙种类	导线—大地	导线—板	导线—窗口	导线—铁塔柱	导线—横担	导线—拉线	导线—棒端
K	1.1	1.15	1.20	1.30	1.35	1.60	1.65

实验指出，对常遇到的导线结构和气隙距离来说，导线的形状和尺寸（如不同的分裂数和分裂间距）对 K 值的影响很小。

四、分散性大

在操作冲击电压作用下，气隙的 50%击穿电压的分散性比雷电冲击下大得多，集中电极（如棒极）比伸长电极（如导线）尤甚，波前长度较长时（如大于 1000μs）比波前长度较短时（如 100~300μs）尤甚，棒—板气隙 50%击穿电压的变异系数 z，前者达 8%左右，后者约为 5%。

3-5-5　叠加性电压作用下

工程实际中常遇到作用在气隙上的过电压不是单一性质的，而是由不同性质电压的叠加。例如：雷击输电线路杆塔时，作用在导线—杆塔间气隙（包括绝缘子链）上的电压就是气隙在杆塔一端处的雷电冲击电压与导线上当时工作电压的反向叠加。雷电冲击电压可能为正或负，导线上的工作电压，对直流来说，也有正、负之别，对交流来说，则有不同相位之别。雷电也可能直击在输电导线上，此时受击导线上的对地（杆塔）电压就是雷电冲击电压与当时导线上工作电压（在该时相位）的正向叠加。在导线上也可能出现操作冲击电压与正常工作电压（在当时相位）相叠加的情况。在断路器（或隔离开关）断口两端之间的气隙上，也可能在其一端存在操作冲击电压，而另一端存在反极性的工频工作电压。

作用在相间绝缘上的电压，情况更复杂多样，各相自身就有正常工作电压（在当时相位）和操作冲击或雷电冲击电压的合成叠加，不同相上的这种合成电压又联合作用到相间绝缘上。

同一气隙对叠加性电压的耐受度与对单一性电压的耐受度是不同的，工作电压为稳态直流时，两者的差异更为显著。这可能是因为稳态直流工作电压时，电极附近的空间中总会积聚数量可观的空间电荷之故。举例如图 3-5-10（合成叠加电压）和图 3-5-11（联合叠加电压）所示。这里不可能对各种叠加性电压作用下

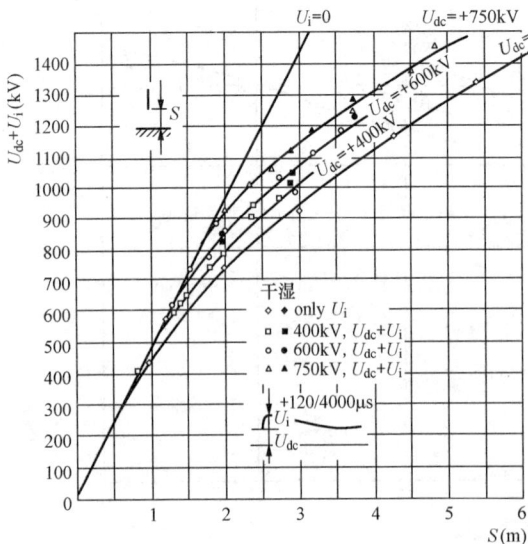

图 3-5-10　棒—板间隙 50%击穿电压（直流电压合成叠加操作冲击、正极性、干或湿条件下）

气隙的电气强度详加讨论,只能提请读者注意这一点。

需要指出,对超高压和特高压领域来说,各电气元件的形状多样,尺寸较大,例如导线均为多分裂导线,母线多为管形母线;各电器的出线端常配以较大尺寸的屏蔽环;变电站、换流站的构架柱和构架梁、线路铁塔塔头和塔身构架宽度也都较大。对以上这些结构间隙中的电极,很难再简单地视之为棒、线、板了。需要按较典型的气隙类型和实物尺寸制成模型,实试其击穿电压,从而求取与其相对应的间隙系数。

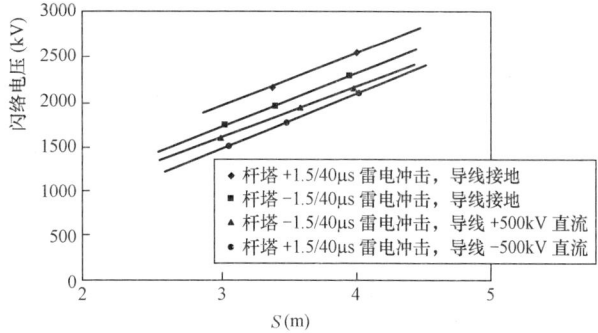

图 3 - 5 - 11 在直流电压联合叠加雷电冲击电压作用下导线—塔身空气间隙的击穿电压

§3-6 提高气隙击穿电压的方法

如前所述,对于高压电气设备绝缘系统的要求,就气隙来说,不仅必须确保整个气隙不被击穿,还要确保防止各种预放电的性能达到规定的要求。因此,本节中所述提高气隙击穿电压的方法是广义的,包括防止各种预放电的方法。

从原理上来说,提高气隙击穿电压的方法有多种,这里只讨论工程中最实用的几种。

3-6-1 改善电场分布

一般来说,气隙电场分布越均匀,气隙的击穿电压就越高,故如能适当地改进电极形状,增大电极的曲率半径,改善电场分布,尤其要尽可能消除局部强场区,就能提高气隙的击穿电压和预放电电压。

研究指出,不产生预放电的条件是电极表面的最大场强 E_{max} 不超过某定值,可大致估计为:对工频电压,$E_{max} \leqslant 20 kV(eff)/cm$;对雷电冲击电压,$E_{max} \leqslant (30 \sim 40) kV(peak)/cm$;对操作冲击电压,$E_{max} \leqslant (22 \sim 25) kV(peak)/cm$。

不仅需要注意改善高压电极的形状以降低该极近旁的局部强场,还需要注意改善接地电极和中间电极的形状,以降低该极近旁的局部强场。

降低电极近旁强场最简单和常用的办法是增大电极的曲率半径(简称屏蔽)。对于中等电压等级以下的电器来说,这没有什么困难;但对于超高压电器来说,保证不发生预放电所需要的曲率半径已相当大。立体空间尺寸很大、整体表面又要十分光洁的电极是不易制作的。

在对防止预放电的要求不很高的场合,例如电力设备上的电极,可以采用笼形屏蔽,举例如图 3 - 6 - 1 所示。这种电极加工方便,防止预火花放电的效果尚佳,只是起晕电压较低。

很高电压等级的旋转式隔离开关,由于存在突出的导电活动臂,特别是在断开状态,要完全避免预放电是十分困难的,较好的办法是采用随导电活动臂一起转动的笼形屏蔽,如图 3 - 6 - 2 所示。试验表明,这种空间结构的屏蔽简单易制,而对抑制预火花放电、降低电晕强度及由电晕造成的无线电干扰有较满意的效果。

图 3 - 6 - 2　苏联某 750kV 隔离
开关上的笼形屏蔽

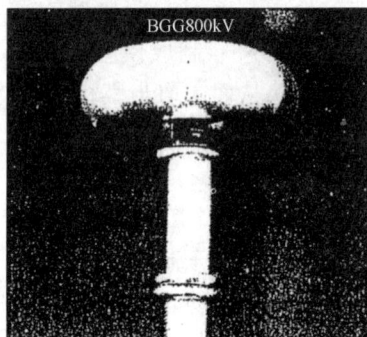

图 3 - 6 - 1　瑞典（ASEA）380kV 变压器出线
套管上的笼形屏蔽

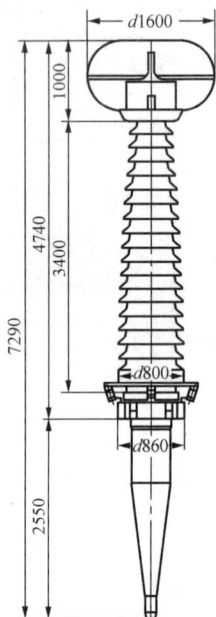

图 3 - 6 - 3　800kV 直流高压发生
器上的全面屏蔽电极

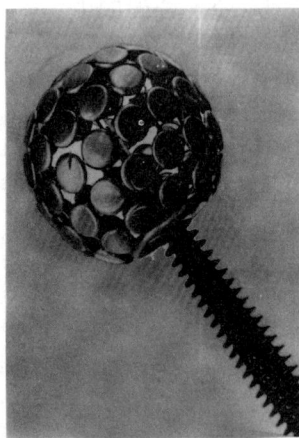

图 3 - 6 - 4　600kV 工频高压试验变
压器输出端采用的花格结构屏蔽极

对于高压试验装置，防止预放电的要求较高，不能再采用笼形屏蔽，应采用全面屏蔽，举例如图 3 - 6 - 3 所示。但对较大的装置，制作一个很大的球形或椭球形的全面屏蔽是相当困难的，为此，可以从两方面来加以改进，一是采用花格结构，二是采用环形结构，也可以两者并用。

图 3 - 6 - 4 表示某工频高压试验变压器高压输出端（600kV）采用的花格结构屏蔽极。它是一种用许多标准的金属小元件（通常为小铝盘）组合成的镂空球面体，各小元件被固定在球体内部刚性的金属骨架上。这种结构的电极表面场强分布虽不如全面屏蔽电极均匀，但显然，前者的制作比后者方便多了，故被广泛采用。图 3 - 6 - 5 表示绝缘外壳结构的 1200kV 工频高压试验变压器各级电极（包括接地电极）上的花格结构屏蔽。

采用环形电极的例子如图 3 - 6 - 6 所示。图中所示的是一台 1200kV 直流高压发生器上用的环形全面屏蔽电极。

图 3-6-5 1200kV 工频高压试验
变压器采用的花格结构屏蔽极

图 3-6-6 1200kV 直流高压发生
器上采用的环形屏蔽电极

电压很高时，用单一环形屏蔽极仍难满足降低场强的要求，这时，可以用两个或多个环形电极，彼此相隔一定间距，组成空间环形屏蔽电极系统。图 3-6-7 表示某 900kV 工频高压分压器上采用的双环形屏蔽电极系统。图 3-6-8 表示某 1000kV（eff）标准电容器高压端采用的双环形屏蔽电极系统。

图 3-6-7 900kV 工频高压分
压器上的双环形屏蔽电极系统

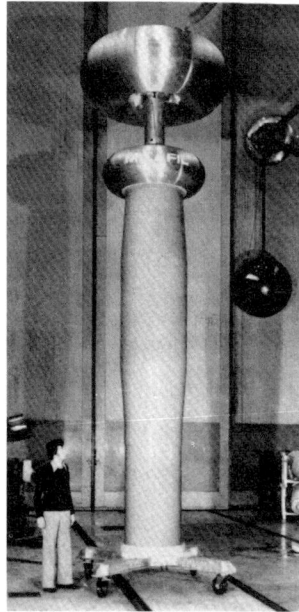

图 3-6-8 1000kV（eff）标准电容
器高压端双环形屏蔽电极系统

图 3-6-9　处在高电位的电阻元
件上的多环形屏蔽电极系统

图 3-6-9 表示处在高电位的电阻
元件上采用的多环形屏蔽电极系统。

一般当环的截面直径超过 1m 时，
环形电极也还可以采用花格结构。图
3-6-10 表示 6000kV 冲击电压分压器
上用的双环形花格结构屏蔽电极系
统。

上述这类空间环形屏蔽电极系统，
具有很高的技术经济指标，获得了日
益广泛的应用。

3-6-2　采用高度真空

从气体放电理论可知，采用高度真空，削弱气隙中的撞击电离过程，也能提高气隙的击
穿电压。实验测得的均匀电场空气隙的击穿电压与气隙中气体残余压力的关系，如图
3-6-11所示。当间隙中的气体由大气压逐渐降低时，间隙的击穿电压随之减小；到残余压
力很低的区域后，再进一步降低残余压力时，间隙的击穿电压回升；当残余压力降到
1.333×10^{-2}Pa（相当于 1×10^{-4}mmHg）以下范围内，击穿电压大致保持恒定，不随残余
压力而变。这是普遍规律。

图 3-6-10　6000kV 冲击高压分压器
上采用的双环形花格结构屏蔽电极系统

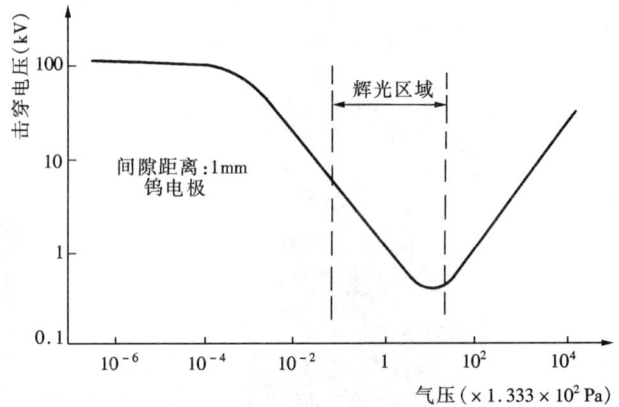

图 3-6-11　均匀电场空气隙的
击穿电压与气压的关系

实验还指出，真空间隙的击穿电压与电极材料和电极表面状态有显著关系。通常，电极
材料的熔点越高或其机械强度越高，则间隙的击穿电压也就越高；如电极表面有粗糙突起
（即使是微观的）时，间隙的击穿电压即显著降低。为了消除电极表面的粗糙突起，可采用
放电处理（火花老炼）。此外，当电极表面附着液体或有机物时，间隙的击穿电压便大为降
低，因此，必须保持电极表面非常洁净。

高真空间隙击穿的机理迄今尚不够清楚。一般认为，在高真空中，气体分子的密度极
小，撞击电离的机制已不起主要作用。实验测得的、在高真空领域内间隙的击穿电压与残余
气压几乎无关这一规律可作间接证明。

高真空下间隙击穿的主要机制可能是击穿前的间隙内电场已很强，阴极表面微观的粗糙

突起处附近的局部电场必然更强，导致阴极的强场发射。电子在向阳极加速运动的全程中，由于几乎无碰撞，故能积聚很大的动能，高能电子轰击阳极，使阳极释放出正离子和辐射出光子。光子到达阴极时，也能使阴极发射电子。正离子在向阴极加速运动的全程中，也几乎无碰撞，积聚了高能后撞阴极时，加强了阴极的电子发射。此外，高能粒子轰击电极，使电极局部高温，以至熔化、蒸发气化，金属蒸气进入间隙空间，能增强撞击电离。电极表面如附着微小杂物，则促进上述过程的发展，使间隙击穿电压降低。

高真空在电力工程中用作绝缘，还存在不少技术上和经济上的困难，故尚未广泛应用，但在某些特殊领域，如真空断路器中用作灭弧和绝缘，则已普遍推广。

3-6-3　增高气压

如前所述，增高气体的压强可以减小电子的平均自由程，阻碍撞击电离的发展，从而提高气隙的击穿电压。在一定的气压范围内，增高气压对提高气隙的击穿电压是极为有效的，因此，随着电气设备电压等级的日益提高，特别是随着高耐电强度气体 SF_6 的广泛应用，绝缘结构中应用高气压也日益广泛（因为若采用 SF_6 气体，则即使在常压下工作，也必须密封，此时，若提高气压，则能显著提高气隙的耐电强度，缩小整体绝缘结构的尺寸，而所增成本不多，事半功倍，故广为采用）。在这个领域中，有许多特殊的规律性需要加以认识，不同的电场情况，具有不同的规律性，下面分别加以阐述。

关于 SF_6 气体，后面有专门的论述。不过，为了避免重复，将 SF_6 气体在高气压下与一般气体共有的规律性归入本节中一并阐述，后面则集中讨论 SF_6 气体特有的性质。

一、较均匀场气隙

（1）气压的影响。在均匀电场中，一定的气压范围内（一般认为在 $1 \sim 2MPa$ 以下），气压对击穿电压的影响基本上遵循帕邢定律，超过该范围时，就有显著的偏离，击穿电压的提高比气压的增加要慢，呈现饱和趋向，图 3-6-12 示出了空气间隙的实验结果。

（2）电极表面状态的影响。实验表明，在高气压下，气隙的击穿电压与电极表面的光洁度的关系比常压下显著，气体压强愈大，影响就愈显著。新制电极最初几次的击穿电压往往较低，经过多次限制能量的火花击穿后，气隙的击穿电压就有显著的提高，分散性也减小。这个过程称为对电极的"老炼"处理。

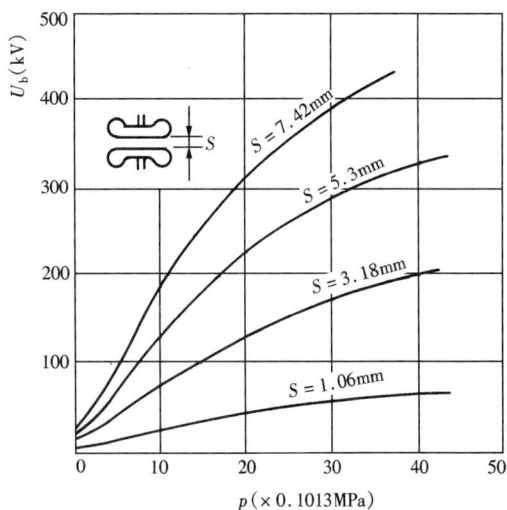

图 3-6-12　在均匀电场中不同极间距离
时击穿电压与气压的关系

上述这些现象，可能与阴极上发生强场发射有关。一般认为，高气压下，击穿场强很高，电极上微观粗糙处，可能导致局部的强场发射。因此，对电极表面作精细的抛光和老炼处理，能改善这种情况，从而提高击穿电压。

在采用高气压的绝缘结构中，还应十分仔细地消除设备在加工和安装过程中可能残留在电极上的毛刺、尖角、碎屑、油渍、水渍、灰尘等杂质；对充入的气体应经过充分的干燥和严格的过滤；还应预防设备在运行过程中有磨损的微粒落入气隙空间或电极上。

（3）电极面积的影响。在高气压下，如电极面积的增大不影响电场分布（例如延长同轴装置），则电极面积愈大，气隙的击穿电压就愈低，面积增到很大时，击穿电压趋于某一稳定值。电极表面愈光洁，气压愈高，则这一效应（称为面积效应）就愈显著。

面积效应在高气压下之所以显著的原因，主要是高气压下击穿场强大，阴极面积增大时，阴极表面粗糙处引起强场发射导致气隙击穿的概率就增大。在设计电极面积较大且工作在高气压下的电气设备（如 SF_6 气体输电管道）时，必须加以注意，不能将小面积时的测试结果简单地推广应用到大面积的工程中去。

（4）击穿场强的概率分布。在高气压下，即使电极表面的光洁度很高，气隙击穿电压的分散性仍比常压下大大增加。图 3-6-13 表示同轴圆筒在不同气压下，SF_6 气隙 200 次工频击穿电压的原始记录。由图可见，即使是工频稳态电压，当气压不超过 0.15MPa 时，击穿电压的分散性尚小，而当气压为 0.25MPa 及以上时，击穿电压的分散性就很大了。

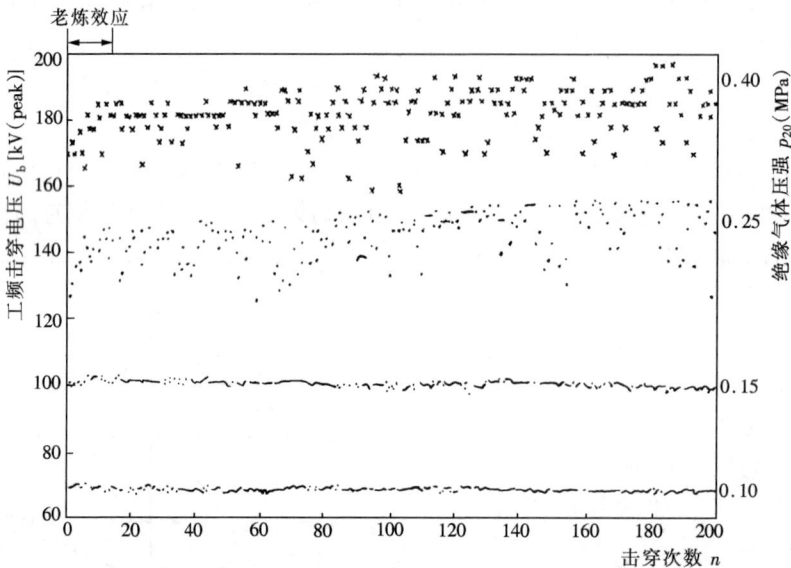

图 3-6-13 对 SF_6 气隙作工频电压升压试验时的原始记录

注：同轴圆筒内半径 r_i 为 0.6cm，外半径 r_a 为 2.0cm，表面抛光；升压速度为 2kV/s。

负极性直流电压作用下 SF_6 气隙击穿电压的分散性与工频电压作用下十分相近。在雷电冲击或操作冲击电压作用下，SF_6 气隙击穿电压的分散性也很大，工程设计中需加以注意。

二、不均匀场气隙

对于不均匀电场的气隙，当气压提高后，气隙的击穿电压也能提高，但其程度不如均匀电场。这就使得在高气压下，电场的均匀度对击穿电压的影响比常压下更为显著。为此，充有高压气体的电气设备，应尽量提高其电场的均匀度。

不均匀电场气隙的击穿电压与气压的关系有些特殊，应予注意。

当气压较小时，击穿前存在稳定的电晕。随着气的增大，电晕起始电压和击穿电压都将增高，但当气压增加到超过某一定值时，击穿电压经过一高峰值后反而逐渐降低到接近电晕起始电压的水平，此后，随着气压的进一步增大，击穿电压又逐渐升高。

这种规律在交变电压下和在不同极性的静态电压或冲击电压下都被观察到。曲率较大的电极为负极性时，击穿电压的高峰值将出现在气压较高的区段，其程度不如正极性时显著，在某些情况下有时还观察不到；而曲率较大的电极为正极性时，高峰值的出现则是很肯定和显著的。在静态电压作用下，这种现象较同极性的冲击电压作用下显著得多。电负性强的气体中这种现象比较显著；图 3-6-14 所示为实例。

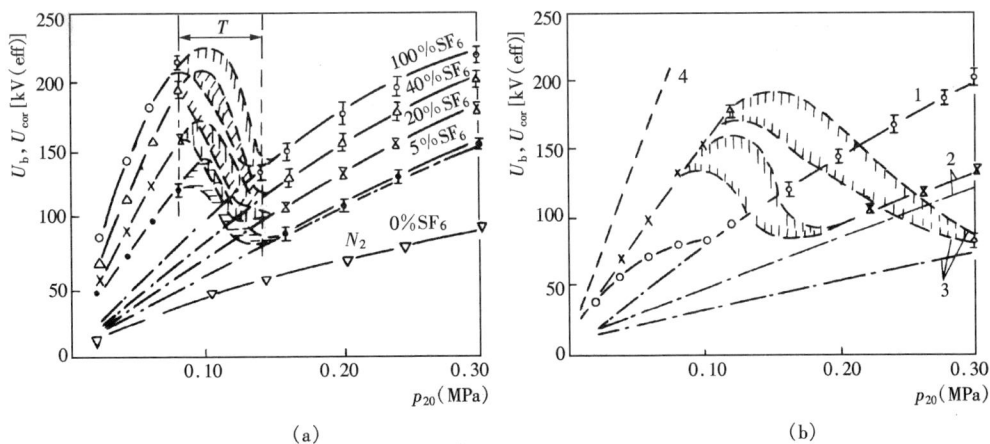

图 3-6-14　SF₆ 和 N₂ 混合气体的球—板间隙在工频电压作用下的起晕电压和击穿电压

(a) $r=3.75cm$，$S=6cm$；(b) SF₆ 含量为 40%，$S=4cm$

1—$r=0.5cm$；2—$r=0.25cm$；3—$r=0.125cm$；4—$r\rightarrow\infty$（均匀电场）；p_{20}—20℃时的气压

——击穿电压 U_b；▥▥▥击穿电压 U_b 的分散范围；—·—起晕电压 U_{cor}

产生这种现象的原因是：在稳态电压作用下，如曲率较大的电极为正极性，且气压不很高时，电极附近强场处会发展较强烈的电晕，由此产生的空间电荷能使电极附近的电场均匀化，这将促使整个气隙的击穿电压提高。当气压增高时，电极附近稳定的电晕圈的发展受到阻抑，整个气隙击穿前不再出现稳定的电晕，电晕圈使电场均匀化的作用就不再存在，气隙的击穿电压也随之降低。

由此便不难理解，这种现象在正极性时比负极性时显著；稳态电压下比冲击电压下显著。

3-6-4　采用高耐电强度气体

虽然可以采用增高气压的方法来提高气隙的击穿电压，但气压较高时，容器的密封比较困难，即使做到了密封，造价也较高。近期人们已发现某些气体，主要是含卤族元素的气体，如六氟化硫（SF₆）、氟利昂（CCl₂F₂）和四氯化碳（CCl₄）等，其耐电强度比空气高得多，称为高耐电强度气体。采用这类气体或在其他气体中混入一定比例的这类气体，可以大大提高气隙的击穿电压。

表 3-6-1 中列出了几种气体的相对耐电强度（同为板—板电场、极间距离为 10mm、$\theta=0℃$、$p=0.1MPa$，各气体的耐电强度与空气的耐电强度的比值）。

卤化物气体具有高耐电强度的主要原因为以下两方面。

（1）卤族元素（特别是氟和氯）分子具有很强的电负性，很容易俘获一个电子与自身结合成活动力很差的负离子，使电离能力很强的电子数减少，且形成负离子后，就容易与正离子相复合。

表 3-6-1　　　　　　　　　　　　　　　部分气体的相对耐电强度

气体名称	化学式	分子量	相对耐电强度	$p=0.1MPa$ 下的液化温度（℃）
氮	N_2	28	1.03	−196
二氧化硫	SO_2	64	2.0	−10
六氟化硫	SF_6	146	2.8	−63
氟利昂	CCl_2F_2	121	2.5	−28
四氯化碳	CCl_4	153.6	6.3	+77

（2）这些气体的分子量都较大，分子直径较大，使得电子在其中的自由程缩短，不易积聚能量，从而减小其撞击电离的能力。

高耐电强度气体除了具有相对较高的耐电强度外，还应具有以下一些较好的物理化学性能，才能在工程上得到广泛应用。

（1）液化温度要低。采用高耐电强度气体时，因为总是必须密封，故常与增高气压并用，以便最大程度地提高气隙的耐受电压，这些气体在较低的运行温度和较高的气压下仍应保持气体状态。例如，四氯化碳虽有最高的相对耐电强度，但它在大气压力和常温下已是液态，故不能采用。

（2）有良好的化学稳定性。不易腐蚀其他材料，不易燃烧，不会爆炸，无毒，即使在放电过程中也不易分解等。

（3）对环境无明显的负面影响。例如，氟利昂（CCl_2F_2）对地球高层大气中的臭氧层有破坏作用，故不能采用。

（4）有实用的经济性，能大量供应。

在这些高耐电强度气体中，SF_6 气体得到了最广泛的应用。它除了具有较高的耐电强度外，还具有很强的灭弧性能；它是一种无色、无味、无毒、非燃性的惰性化合物；对金属和其他绝缘材料没有腐蚀作用；在中等压力下，SF_6 气体可以被液化，便于储藏和运输。所以，SF_6 被广泛地应用在大容量高压断路器、高压充气电缆、高压电容器、高压充气套管等电气设备中；近年来还发展了用 SF_6 绝缘的全封闭组合电器，把整个变电站的设备（除变压器外）全部封闭在一个接地的金属外壳内，壳内充以 3～4 个大气压的 SF_6 气体，以保证各相间和对地的绝缘。这将大大缩小高压电气设备所需的空间。

由于 SF_6 气体应用日益广泛，故有必要对它进行较详细的阐述。

3-6-5　SF_6 气体的特性及其应用

一、SF_6 气体的物理化学特性

SF_6 是一种无色、无味、无嗅、无毒、不燃的气体。它的分子结构为六个氟原子围绕着一个中心硫原子，对称布置在八面体的各个顶端，相互以共价键结合。硫原子和氟原子的电负性都很强，故其键合的稳定性很高，在不太高的温度下，接近惰性气体的稳定性。

SF_6 的分子量为 146，密度大（相同条件下，为空气的 5 倍），属重气体。在通常使用条件（$-40℃\leqslant\theta\leqslant80℃$，$p<0.6MPa$）下，气态占优势。只有当 $\theta<-25℃$ 时，才需考虑用加热装置来防止其液化。

SF_6 的稳定性很高，在 500K 温度的持续作用下，它不会分解，也不会与其他材料发生

化学反应。在电弧或局部放电的高温作用下，SF_6 会产生热离解，变成硫和氟原子，硫和氟原子也会重新合成 SF_6 分子。但在这样的高温下，SF_6 会与杂质气体中的氧气、电极材料释放出的氧气和固体绝缘材料分解出的氧气等作用，生成低氟化物。

当气体中含有水分时，这些低氟化物还会与水发生继发性反应，生成腐蚀性很强的氢氟酸、硫酸之类。

在高温下，SF_6 也会与电极金属的蒸气发生反应，生成金属氟化物。

如果在 SF_6 气体中存在稳定的局部放电，气体的组分就会逐渐改变，经较长时间后，接近达到平衡。

电弧或局部放电若使气体组分仅有少量的（小于10％）改变，则对稍不均匀电场 SF_6 自由间隙的击穿电压是没有多大影响的，但许多分解物和继发性反应物对绝缘材料或金属材料有很大的腐蚀性，使沿面闪络电压大大降低，对局部放电水平也有影响。为此，应严格控制 SF_6 气体中所含的水分和杂质气体（国家标准有相应的推荐标准）。

二、SF_6 气体的绝缘特性

（1）电离和离解特性。在 SF_6 气体中，电子与 SF_6 分子相碰撞时，可能产生的结果有多种。

1）附着。电子附着在 SF_6 分子上，形成负离子，同时释出能量，即

$$e + SF_6 \rightarrow SF_6^-$$

SF_6 分子的电负性很强，在很小的电子能量下，就有可能产生附着。这样小的电子能量，仅由热运动本身就能达到，不需要由电场供给。

2）离解附着。电子原有的能量加上附着于分子时所放出的能量，有可能使 SF_6 分子离解成为 $SF_5 + F$，电子可能附着在 SF_5 上，也可能附着在 F 上，即

$$e + SF_6 \left\{ \begin{array}{l} SF_5^- + F \\ SF_5 + F^- \end{array} \right.$$

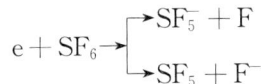

3）离解。如电子能量较大，撞击 SF_6 分子时，也可能造成 SF_6 分子不同程度的离解而没有附着效应，即

$$e + SF_6 \left\{ \begin{array}{l} SF_5 + F + e \\ S + 6F + e \end{array} \right.$$

4）离解电离。电子能量较大，撞击 SF_6 分子时，还可能既造成 SF_6 分子的离解，又使分子或原子电离，即

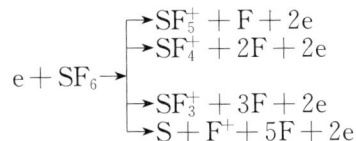

$$e + SF_6 \left\{ \begin{array}{l} SF_5^+ + F + 2e \\ SF_4^+ + 2F + 2e \\ SF_3^+ + 3F + 2e \\ S + F^+ + 5F + 2e \end{array} \right.$$

这里有一个突出的特点是没有观察到 SF_6^+ 离子，观察到的主要是 SF_5^+，这就意味着每个电离都伴随着离解，没有不离解的电离。而且，不仅撞击电离是这样，其他如光电离、热电离也是这样。这就是说，欲使 SF_6 分子电离，不仅要供给电离能，而且还要供给离解能。

SF_6 气体的密度大，电子在其中的平均自由程小，不易从电场积累足够的动能，这就减小了电子撞击电离的概率。相同条件下（$p = 0.1\text{MPa}$，$\theta = 0℃$），不同气体中电子的平均自

由程长度 λ_e 见表 3 - 6 - 2。

表 3 - 6 - 2　　　　　　不同气体中电子的平均自由程长度（ $p=0.1MPa$ ， $\theta=0℃$ ）

气体种类	SF_6	N_2	O_2
λ_e （μm）	0.22	0.35	0.40

上述诸因素，使得在 SF_6 气体中，单个电子崩中带电粒子的分布与在空气中有很大不同。崩头和崩尾区域的空间电荷附加场强比空气中小得多，显然不利于流注的发展，从而使击穿场强提高。

（2）电场特性。 SF_6 气体绝缘只适用于均匀场和稍不均匀场，不适用于极不均匀场，其原因为：

1）在极不均匀场中，当所加电压尚远小于气隙的击穿电压时，就已发生稳定的局部放电，如前所述，这会使 SF_6 气体离解。离解物和继发性反应物有很大的腐蚀性，对绝缘有很大危害，这是不允许的。

2）为了充分利用密封结构和 SF_6 气体的绝缘性能，通常总是与提高气压并用。如前所述，在极不均匀场中，在一定的气压区域，气隙的击穿电压与气压的关系存在异常的低谷，这是应该避开的。

3）如前所述，对一般气体，电场愈不均匀，提高气压对提高气隙击穿电压的作用愈小；对 SF_6 气体，这种倾向尤甚。

由于以上诸因素，在工程实用中，要避免在极不均匀场中使用 SF_6 气体。据此，以后的讨论均只限于均匀场和稍不均匀场，而不考虑极不均匀场。在这种情况下，只要气隙中的任何区域出现自持放电，就会导致整个气隙的击穿，于是， SF_6 气隙的耐受电压，就取决于该条件下 SF_6 气体的耐电场强。

（3）极性效应。在 SF_6 气体常用的稍不均匀电场情况和气压范围内，对于所有的单极性电压来说，曲率较大的电极为负时气隙的击穿电压均小于电极为正时的值。这就是说， SF_6 气体绝缘结构的绝缘水平是由负极性电压决定的。所以，在以后的讨论中，如无特别说明，均是指曲率较大的电极为负极性的情况。

产生上述现象的原因可能是：对于较高气压下稍不均匀场的 SF_6 气隙来说，对产生初始有效电子起决定性作用的是阴极电子发射。曲率较大的电极为负时，更容易产生阴极电子发射，气隙的击穿电压就较低。气压愈高，所需击穿场强愈大，则阴极强场发射的作用就愈加突出，上述这个规律就愈显著。

（4）时间特性。如前所述， SF_6 气体绝缘多用在稍不均匀场，在这种电场下，统计时延在总的击穿时间中占有很大的分量。 SF_6 气体分子具有很强的电负性，容易吸附自由电子，减少有效电子出现的概率，这就使平均统计时延及其分散性均增大，气隙总的击穿时间及其分散性也就随之增大。

（5）压强特性。 SF_6 气体绝缘多用在稍不均匀场中，在此情况下，电极间所加电压与电场中最大场强之间的关系可以通过计算或某种实验方法求得。当气隙中的最大场强超过绝缘气体在该具体条件下的耐电场强时，该处气体击穿，即导致整个气隙击穿。由此可见，只要知道绝缘气体在所处条件下的耐电场强，即可求出整个气隙的耐受电压。这样，最重要的就是求取绝缘气体在所处条件下的耐电场强了。为此目的，研究制定了标准化条件下 SF_6 气体在各种电压作用下的耐电场强与气体压强的关系曲线，如图 3-6-15 所示。

标准化条件包括以下几项。

1）电压极性，曲率较大的电极为负极性。

2）电压作用时间，交流和直流电压为 1min；雷电冲击电压为 1.2/50μs；操作冲击电压为 250/2500μs。

3）电极面积，为 10cm²。

4）电极表面状态，为较理想的光滑电极表面。

图 3-6-15 所示曲线为工程耐电场强，相当于击穿概率下限的值，可用来估计工程上 SF_6 气隙的耐受电压。

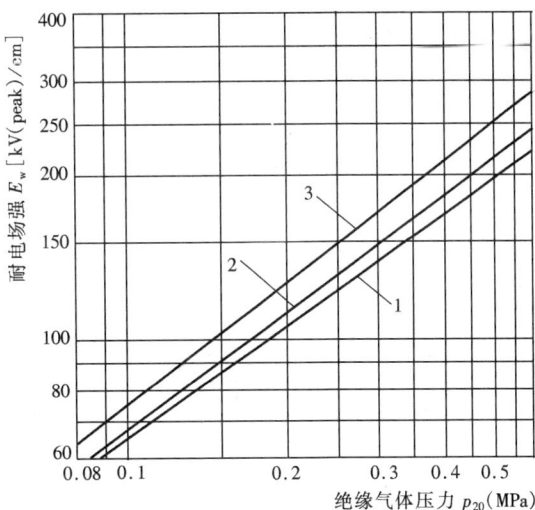

图 3-6-15 标准化条件下 SF_6 气体的工程耐电场强
1—负极性直流电压和 50Hz 交流电压；2—负极性操作冲击电压
（250/2500μs）；3—负极性雷电冲击电压（1.2/50μs）

由图 3-6-15 可见，提高气体压强对提高耐电场强是很有效的，不过，绝缘气体的压强愈高，电极表面粗糙度的影响和杂质对电场干扰的影响就愈强，当气压 $p_{20} > 0.6MPa$ 时，SF_6 绝缘装置在工艺上已很难控制，故气压在 $0.1MPa \leqslant p_{20} \leqslant 0.4MPa$ 范围内较为适宜。

此处 p_{20} 是指当温度为 20℃时的压强。

三、SF_6 气体与其他气体混合时的特性

对于需气量较大的情况，如全封闭组合电器、充气电缆、充气输电管道等，SF_6 气体的费用就是必须考虑的问题，于是就产生了与其他廉价的气体相混合的想法。当然，应注意混合气体在各方面的性能。

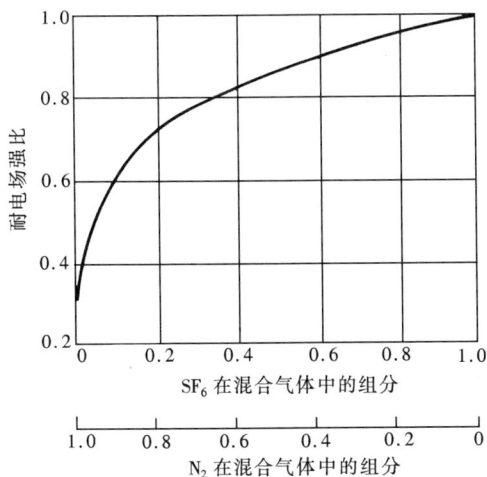

图 3-6-16 SF_6/N_2 混合气体的相对耐电场强比

前已述及，在一定条件下，SF_6 气体能与氧气、水蒸气等反应，生成某些有害化合物，所以，不宜将 SF_6 气体简单地与空气混合，而应与惰性气体混合。最廉价的惰性气体是氮气，SF_6 与 N_2 的混合气是所有混合气体中研究得最多也是最有希望的混合气体。现对 SF_6/N_2 混合气各方面的性能进行扼要说明。

（1）绝缘特性。图 3-6-16 示出了不同比例的混合气体的相对耐电场强比（以纯 SF_6 气的耐电场强为基准）。由图 3-6-16 可见，当 SF_6 的含量仅为 0.2 时，混合气体的相对耐电场强即已达 0.72，即已为纯空气耐电场强的 2 倍以上；当 SF_6 气的含量分别为 0.4、0.5、0.6 时，混合气体的相对耐电场

强即已达 0.82、0.88 和 0.92 了。还需指出，只要稍为提高混合气的压强，即可取得与纯 SF_6 相当的耐电场强。

与纯 SF_6 气相比，SF_6/N_2 混合气的绝缘能力对电场不均匀性的敏感度较小，无论是电极表面的粗糙度或自由导电微粒的存在，使混合气系统绝缘强度的损失，均比纯 SF_6 气系统的损失为少，因而使用 SF_6/N_2 混合气，不仅可降低成本，还可相对提高绝缘的可靠性。

（2）灭弧特性。气体的灭弧能力主要取决于它在电流过零时气体介电强度的恢复速度、气体介质吸附电子的能力和冷却电弧的能力。SF_6/N_2 混合气与纯 SF_6 气相比，在不同方面互有短长，各研究者所得结果也不尽一致。

前已指出，混合气体主要在需气量较大的工程中使用，在这类工程中，混合气灭弧特性的强弱不起决定性作用。

（3）理化特性。

1）由表 3-6-1 可知，N_2 的液化温度比 SF_6 低得多，所以，SF_6/N_2 混合气的液化温度将随 N_2 含量的增加而降低，这将有利于混合气在严寒地区的使用。

2）关于 SF_6/N_2 混合气电弧分解物的毒性问题（与纯 SF_6 气相比较），应该说，这方面的研究工作尚不够充分，初步的结论认为：在其他条件相同的情况下，SF_6/N_2 混合气中电弧分解物的毒性比纯 SF_6 气中为低。

若在混合气体中发生电弧放电，则可能有微量的 SF_6 与 N_2 相互反应，产生无害的气态氮氟化物 NF_2 和 NF_5。

3）在标准状态下，SF_6 的密度是 $6.16 kg/m^3$，约为 N_2 的 5 倍多，因此需要明确：SF_6 与 N_2 是否能方便地混合均匀，混合后的气体经过一段时间后是否会分离成上下两层。研究得出：①达到 90% 混合度的时间约为 8h，完全混合时间约为 16h，时间常数约为 4~5h；②完全混合的时间与最终混合比无关；③混合气体即使长期闲置不用，也始终保持均匀混合，不会分离分层。

总的来说，在工程实际中，特别是在需气量较大的工程中，采用 SF_6/N_2 混合气取代纯 SF_6 气是完全可行的。SF_6 的含量以 50%~60% 为宜。只要稍为提高混合气的压强，即可达到原来纯 SF_6 气时的耐电强度。这样可节约大量成本，并可显著地降低绝缘气体的液化温度。

四、SF_6 气体的运行和维护

1. 防止和清除污染，保持气体的纯度

为了保证电气设备中 SF_6 气体的纯净，除要求充入气体必须满足规定的纯度外，在充气前，需将充气空间彻底清理干净，进行必要的干燥处理，并抽真空到规定值，然后充气。整体充气系统应保证有严密可靠的密封，一般要求年漏气率小于 1%，实际上现在国际水平已可达到年漏气率小于 0.5%。

即使满足上述要求，在运行中，SF_6 气体仍有可能被逐渐污染，其中最有害的是水分和电弧分解物。水分的来源主要有二：一是从外界通过密封线漏气侵入；二是电气设备内部绝缘材料中所含水分的缓慢蒸发。

由于 SF_6 气体具有高超的灭弧和绝缘能力，近期内已广泛应用于中、高电压等级的断路器中。如前所述，SF_6 气体在电弧的高温作用下，会分解出一些有毒的低氟化物，如 SOF_2、SO_2F_2、SF_4、SOF_4、S_2F_{10} 等，对绝缘材料和金属材料有害。在全封闭组合电器系统中，在隔离开关等处也常有火花放电发生，虽然其程度远比断路器中为轻。无论在断路器中或在全封闭组合电器系统中，SF$_6$ 气体都是在密闭系统中循环使用，上述水分和电弧分解物会逐渐积累造成危害。目前解决这个问题的办法是在 SF$_6$ 气体设备中放置适量的吸附剂。

常用的吸附剂有活性氧化铝和合成沸石（分子筛），对于不存在电弧或火花的场合，吸附剂的放置量约为 SF$_6$ 气体质量的 10%，约隔 5 年更换一次；对于存在电弧或火花的场合，吸附剂的放置量和更换周期，应按电弧强度和频度等因素决定。

2. 防止 SF$_6$ 气体液化

SF$_6$ 仅作为绝缘介质使用时，其工作气压一般不超过 0.5MPa，则在其工作温度下，尚不会液化；而在断路器中，SF$_6$ 气体系统的气压有高达 0.8MPa 的，在这种断路器中，就要考虑在其工作温度下 SF$_6$ 气体是否可能被液化，如有必要，可采用 SF$_6$/N$_2$ 混合气以降低其液化温度。

§3-7　影响气隙沿面闪络电压的因素

3-7-1　电场状况和电压波形的影响

结合实例来说明。

均匀电场中，在不同种类电压作用下，玻璃圆柱的闪络电压与闪络距离的关系如图 3-7-1 所示。在稳态高频电压作用下，介质表面电阻不均匀性的影响较小，故闪络电压较高；在直流电压或工频电压作用下，这个影响较大，故闪络电压较低。工频闪络电压比直流时还低的原因可能是：介质表面的电导属离子电导，离子迁移的速度较慢，工频正半周时，正极附近表面的负离子迁移到正极而中和，留下正离子尚来不及迁移到负极，电源却已改变了极性，原来的正极变为负极，该正离子就在负极附近造成附加场强，促使闪络电压比直流时还低。

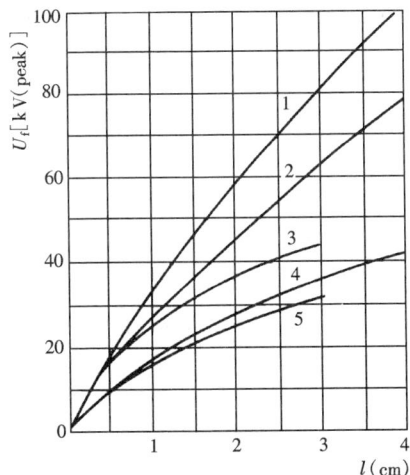

图 3-7-1　均匀电场中沿着玻璃圆柱
表面空气隙的闪络电压 U_f 与闪络距离 l_s 的关系
1—无玻璃圆柱，纯空气隙的击穿电压；
2—10^5Hz 交流电压；3—雷电冲击电压；
4—直流电压；5—50Hz 交流电压

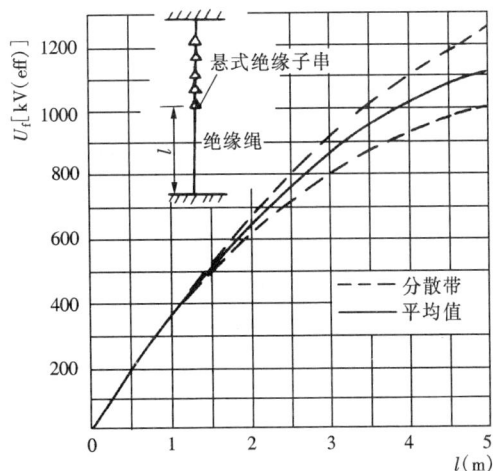

图 3-7-2　绝缘绳工频闪络电压 U_f 与
闪络距离（绳长）l 的关系

由图3-7-1还可见，在均匀场中，不论电压波形如何，闪络电压与闪络距离大致呈线性关系。

在电场方向大致平行于介质表面的不均匀场中，闪络电压与闪络距离（绳长）的关系举例如图3-7-2所示。由图可见，当闪络距离不超过2m时，闪络电压与闪络距离之间有较好的线性关系。

对于场强具有很强的法线分量的情况，如为直流电压，则闪络电压与闪络距离之间仍近似保持线性关系，如图3-7-3所示。但如为工频、高频或冲击电压，则随着闪络长度的增大，闪络电压有显著的饱和趋势，如图3-7-4所示。由图可见，介质愈薄，比表面电容愈大，则闪络电压愈低。

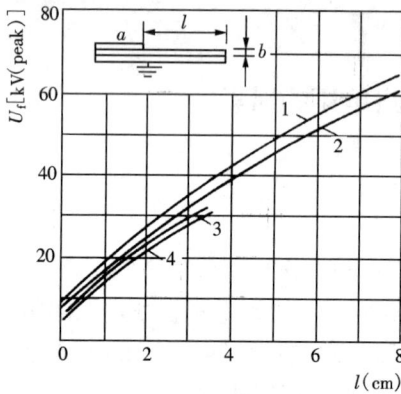

图3-7-3 沿胶纸表面的直流闪络
电压与（闪络距离）的关系
1—a 为正极性，b=4mm；2—a 为负极性，
b=4mm；3—a 为正极性，b=1mm；
4—a 为负极性，b=1mm

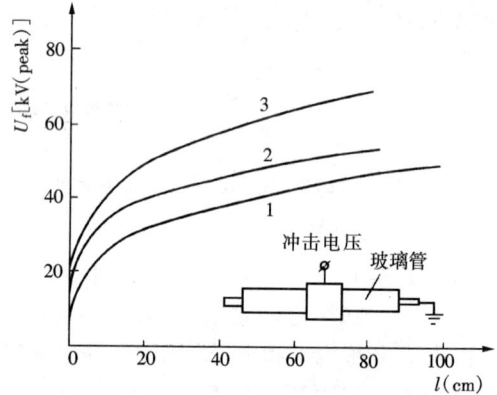

图3-7-4 冲击电压下沿面闪络的
长度与闪络电压的关系
1—玻璃管直径为0.79/0.95mm；2—玻璃管
直径为0.63/0.9mm；3—玻璃管直径为
0.6/1.01mm

3-7-2 气体条件的影响

在大气中，不同大气条件对沿面闪络电压的影响，已在§3-3中说明了，这里则主要讨论封闭空间中气体条件对沿面放电的影响。

对一般气体来说，在大体均匀的电场中，气压增高时，闪络电压也将增高，但其程度远不如纯气隙中显著。在不均匀电场中，气压初始增高时，闪络电压有较显著的增加，但当气压超过一定数值时，闪络电压几乎不再增加，甚至出现最大值的情况。

对SF_6气体来说，情况有所不同。SF_6气体绝缘多用在稍不均匀场，在常用的气压范围内（0.06~0.5MPa），不论是何种电压波形，沿面耐电场强与气压几乎呈线性关系，如图3-7-5所示。

在真空领域内，沿面闪络的规律有些特殊，以聚四氟乙烯绝缘子为例，其沿面闪络电压与真空度的关系如图3-7-6所示。由图可见，无论是直流、交流或脉冲电压，在气体压强$p < 4 \times 10^{-3}$Pa范围内，沿面闪络电压几乎为恒定值，不随气压而变；而在1Pa$> p > 4 \times 10^{-3}$Pa范围内，沿面闪络电压随真空度的减弱而急剧降低；在$p > 1$Pa范围内，沿面闪络电压又趋向较为稳定，随气压的增大而较为平缓地增大。这就是说，特性曲线在$p \approx 4 \times 10^{-3}$Pa和$p \approx 1$Pa这两点存在显著的拐折。这个规律与自由空间真空气隙的击穿规律（如图

3-6-11 所示）有些相似。

湿度对沿面闪络电压的影响是这样的：当气体的相对湿度小于 40% 时，湿度对各种固体介质沿面闪络电压均无多大影响；当气体的相对湿度大于 40% 时，湿度对闪络电压的影响视水分吸附在介质表面的状况而定。如为憎水性很强的介质（如硅橡胶等），介质表面基本上不存在凝露时，其闪络电压与气体湿度的关系，将遵循式（3-3-1）和式（3-3-4）所示的规律；如为亲水性很强的介质（如玻璃、陶瓷等），则当气体的相对湿度增大时（尤其当 >80% 时），介质表面通常都会出现凝露，此时，闪络电压将很不稳定，分散性很大，总体上将显著降低。

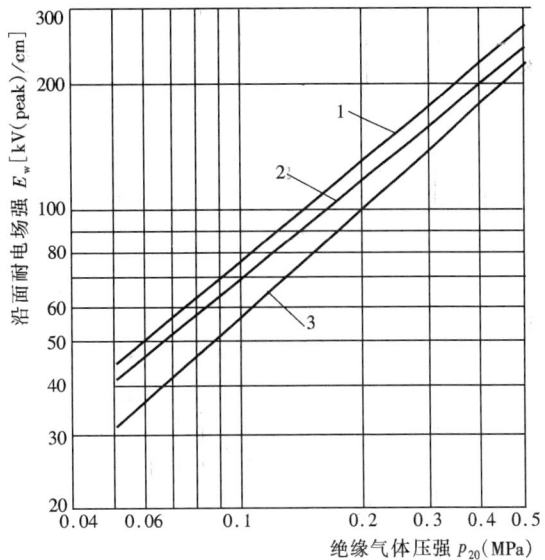

图 3-7-5　稍不均匀场 SF₆ 气体中沿面耐电场
强与绝缘气体压强的关系
1—负极性雷电冲击电压；2—负极性操作冲击电压；
3—工频交流电压

3-7-3　介质表面状态的影响

一、表面粗糙度的影响

介质表面的粗糙度影响介质表面薄层气隙中的微观电场。在常压下的一般气体中，介质表面粗糙度对闪络电压的影响尚不显著，而在高气压的 SF₆ 气体中，这个影响就较显著。

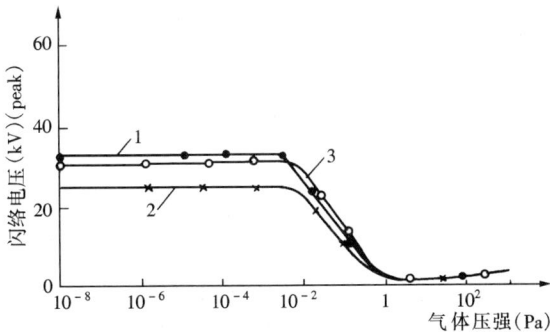

图 3-7-6　聚四氟乙烯绝缘子的
沿面闪络电压与气体压强的关系
1—直流；2—工频；3—脉冲

二、雨水的影响

介质表面如被雨水完全淋湿时，雨水形成连续的导电层，泄漏电流增大很多，使沿面闪络电压降低，其降低的程度将随雨水电阻率、雨量、所加电压的性质和持续时间而异。总的规律为：

（1）工频沿面闪络电压随雨水电阻率的增大而提高，但有饱和趋势，当雨水电阻率超过 $120\Omega\cdot m$ 后，饱和趋势就很强了。

（2）工频沿面闪络电压随雨量的增大而降低，但也有饱和趋势，当雨量增

到 4mm/min 后，闪络电压基本稳定了。

（3）电压波形的等值频率愈高，电压作用的时间愈短，则湿闪电压愈高。

以常用的悬式绝缘子为例，其干、湿闪络电压比与电压波形的关系如下：

雷电冲击电压	$U_{fs} \approx (0.9 \sim 0.95) U_{fg}$
1min 工频电压	$U_{fs} \approx (0.5 \sim 0.72) U_{fg}$
1min 直流电压	$U_{fs} \approx (0.36 \sim 0.50) U_{fg}$

式中：U_{fs}为湿闪电压；U_{fg}为干闪电压。

三、覆冰的影响

覆冰在冻结状态时，由于冰层本身的电导率并不高，故覆冰对绝缘强度的影响尚不很大，覆冰在融化状态时，其对绝缘强度的影响则近似雨水。覆冰的最大危害在于冻结与融化反复交替，冰水沿绝缘子伞裙外缘下垂，积累凝成冰凌。对于由多个绝缘子串成的绝缘子链或具有多个伞裙的长棒形复合绝缘子来说，上层伞裙周边诸多悬垂冰凌逐渐增长，有可能达到与下层伞裙相接，于是，相邻的伞裙被冰凌所"桥接"，使伞裙间原有的爬电距离被冰凌所短接，绝缘性能大降。

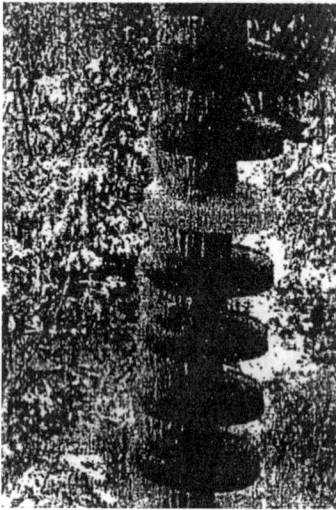

图3-7-7　±500kV直流输电线路上发生冰闪的瓷质绝缘子链被冰凌桥接的实况

图3-7-7所示即为龙泉（三峡）—政平（常州）±500kV直流输电线路发生冰闪事故的瓷质绝缘子链（单串32片XZP-300型）被冰凌桥接的实况。

其实，只要伞裙间有悬垂冰凌的存在，即使尚未达到完全桥接，也已使相邻伞裙间气隙距离大为缩短，且冰凌端部场强大增，也会促使整串绝缘子链的闪络。

应该说，以往对冰凌桥接绝缘伞裙的威胁，重视和研究得不够，随着我国超高压特高压系统的扩展，线路经过高寒山区的机会增多，这方面的威胁和危害明显增强了（反映在近几年内发生了多次线路冰闪事故），对此，已加强了对这方面的研究，但迄今尚未找到积极有效预防外绝缘上冰凌危害的办法，只有从绝缘子选型和配置方式上尽量避免冰凌桥接的危害。

采用一大伞二小伞结构的长棒形复合绝缘子，因其相邻两大伞间的间距较通用的盘形悬式缘子链的相应间距长，故其避免冰凌桥接的性能较好。

V形串的悬挂方式使冰凌不易将相邻伞裙桥接。所以，从避免冰闪的角度来看，显然，V形串比I形串有利。

四、污秽的影响

单纯的尘土和烟灰对沿面闪络电压的影响不大，但如果是化工厂、冶金厂、水泥厂附近或沿海地带，沉积在绝缘上的尘污，因其含有高电导率的溶质，当与水分作用时，能使沿面闪络电压降低很多，这是必须着重注意的。电力系统大量的运行经验指出，对污闪来说最严重的大气条件是雾和毛毛雨。

湿污表面的闪络过程与清洁表面的闪络过程有很大不同，下面以常用的盘形悬式绝缘子为例来说明（参看图3-7-8）。

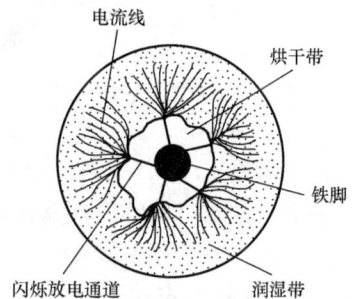

图3-7-8　盘形悬式绝缘子湿污闪发展过程示意

污秽绝缘子受润湿后，含在污秽层中的可溶性物质便逐渐溶解于水，成为电解质，在绝缘子表面上形成一层薄薄的导电液膜。这层液膜的电导率取决于污秽物的化学成分和润湿的程度。在润湿饱和时，污层的表面电导比干燥时可能增大几个数量级，绝缘子的泄漏电流相应地剧增。在铁脚附近，因直径最小，故电流密度最大，发热最甚。当绝缘子垂直悬挂时，该处又处在被伞裙遮挡的下方，不易直接受到雨雪较强烈的润湿，该处表面被逐渐烘干。先是在靠近铁脚的某处形成局部烘干区，由于被烘干，该区域表面电阻率大增，迫使原来流经该区表面的电流转移到该区两侧的湿膜上去，使流经这些湿膜的电流密度增大，加快了这些湿膜的烘干过程。这样发展下去，在铁脚的四周便很快形成一个环形烘干带。烘干带具有很大的电阻，这就使烘干带所分担的电压激增。当加在烘干带上某处的场强超过临界值时，该处就发生局部沿面放电（由于这种放电具有不稳定的、时断时续的性质，一般称它为闪烁放电），于是大部分泄漏电流经闪烁放电的通道流过，在闪烁放电通道的外端附近润湿表面处的电流密度比别处大，促使烘干区径向扩展。另一方面，闪烁放电通道的存在，近似把烘干带短路，使通道两侧烘干带中流过的泄漏电流降到很小，这些区域中的烘干作用就很微弱了，大气中的水分又逐渐使这些区域表面润湿，表面电导增大，反过来对闪烁放电通道造成分流，减小闪烁放电通道中的电流，以至可能使闪烁放电熄灭。于是原闪烁通道中的电流转移到两侧的润湿区，使该区再烘干，并在该区触发新的闪烁放电。这样，闪烁放电的路径一面向径向逐渐伸长，一面又会向横向转移，总的趋向是使环形烘干带的宽度逐渐加大，闪烁放电的长度逐渐增长。

如果污秽较轻或绝缘子的泄漏距离（简称爬距）较长，与烘干带串联的润湿部分的电阻还较大，则烘干带中闪烁放电电流就较小，放电通道呈蓝紫色细线状。当闪烁放电的长度增到一定程度时，分担到放电通道上的电压已不足以维持这样长的闪烁放电，则闪烁放电熄灭。由于此时烘干带已扩展到较大的半径，从铁脚到铁帽之间总的泄漏电流被烘干带的高电阻限制到很小的值，烘干作用大为减弱，几乎终止。在这期间，大气中的小水滴又逐渐把烘干带润湿，使泄漏电流增大，大体上又重复上述循环。这样，整个过程就成为烘干与润湿、熄弧与重燃间歇性交替的过程，这样的过程在雾中可能持续几个小时而不会造成整个绝缘子的沿面闪络。

如果污秽严重，或绝缘子的爬距较小，使润湿带总的电阻较小，则跨过烘干带的闪烁放电电流就较大，放电通道就呈黄红色编织带状且较粗，通道中的温度可能增高到热电离的程度，成为具有下降伏安特性的放电，通道所需的场强变小，分担到闪烁放电通道上的电压足以维持很长的局部电弧而不会熄灭，最后发展到整个绝缘子的沿面闪络。

同理，在铁帽四周也可能出现烘干带，也可能发展上述的过程，只是其程度将弱得多。

以上讨论的仅是单个绝缘子的情况。对于一串绝缘子来说，污闪的基本过程仍如上述，所不同的方面如下。

（1）分布在各个绝缘子上的电压不仅不是固定的，而且也不只是由各个绝缘子自身在此时的状态所决定，而是由整串绝缘子在此时的状态所共同决定。当其中某个绝缘子上首先形成环形烘干带时，则加在此带上的电压就不仅是原来分布在该绝缘子上电压的大部分，而是整串绝缘子总电压中的一部分，所以很容易触发闪烁放电。只有在多个绝缘子上均已形成环形烘干带时，分在每个烘干带上的电压才减小下来。

（2）流过某个绝缘子的泄漏电流不仅取决于该绝缘子在此时的状态，还取决于整串绝缘子在此时的状态。

实际上，对于整串绝缘子来说，其中各绝缘子的污湿、烘干、放电等过程虽然大体上是相差不多的，但是每一局部过程的发生和变化在时间上有参差，在程度上有强弱，相互影响，形成一个相当复杂的、时刻在变化的过程。例如，在某一个绝缘子的烘干带发生闪烁放电时，原加在该烘干带上的那部分电压便转嫁到其他绝缘子的烘干带上，这种电压的突增，犹如一个触发脉冲，有时能迫使整串绝缘子一齐串联放电。一旦所有的烘干带均被闪络短接，则几乎全部电压都加在各绝缘子的润湿带上，如残留润湿带的总长度不够，电导较大，使闪烁放电火花中的电流较大，则此闪烁放电火花就可能转变成电弧，发展成整串绝缘链的闪络；反之，如残留润湿带的长度较长，电导较小，则此闪烁放电火花就只能不稳定地维持一段时间，随着烘干带的拓宽，此火花电流将逐渐减少，以致熄灭。这样，上述过程可能重复循环较长时间而不导致整串绝缘子的闪络。究竟向前者还是向后者方向发展，主要由残留润湿带的电阻大小来决定。

由此，就不难理解，为什么污秽绝缘子在大雨下的工频闪络电压反而比雾闪电压高，这是因为：一方面，大雨把污秽冲洗掉一部分，并对绝缘子表面的导电膜有稀释作用；另一方面，大雨时，绝缘子表面很难形成烘干带进而触发局部电弧。

对水平串和斜悬串绝缘子，如果其污秽情况与垂直串一样，则其雾闪性能将与垂直串无大差别，但在中雨和大雨时，水平串具有较高的工频闪络电压。这是因为对水平串来说，雨水对绝缘子上下两面的污秽均有较好的冲洗稀释作用，并使其难以形成烘干带。还应注意，即使在同一环境下运行的绝缘子串，水平串上的积污比垂直串上的少，这是因为水平串平时受风雨的吹刷比垂直串强烈。

反映绝缘子表面污秽程度的特征参数一般采用"等值附盐密度（Equivalent Salt Diposit Density，ESDD)"，其单位为 mg/cm^2，其意义为与每平方厘米绝缘表面上附着污秽所具有的导电性相等值的 NaCl 毫克数，即这些等值盐溶解于一定数量（通常为 300mL）的蒸馏水中所得溶液的电导率，与实际污秽物溶解于同等数量的蒸馏水中所得溶液的电导率相等。

这一参数能直观和简单地表达绝缘子表面受污染的程度，曾得到广泛的应用。但进一步研究指出，用这种方法标定的等值盐密在绝缘子上所产生的作用，常常与被等值的该自然污秽所产生的作用有相当大的差异（即不等价），具有同一等值盐密但其污秽的性质和状态不同的各自然污秽绝缘子，其闪络电压也常有较大的差异，其原因在于如下两方面。

（1）有些自然形成的污层较厚、较坚实，在自然雾或雨下，污层内部的可溶性物质很难溶解入绝缘子表面薄薄的一层水膜中，而在求其等值盐密时，却是将绝缘子表面的全部积污刮刷下来并充分溶解于大量水中的，两者的作用有可能相差好几倍。

（2）自然污秽中含有多种成分，其中一部分是像 NaCl 类的强电解质，而大部分则是像 $CaSO_4$ 类的弱电解质。强电解质在实际遇到的较大的溶液浓度时仍能充分离解，而弱电解质则不然，例如，一定量的 $CaSO_4$，在溶剂很少（例如 10mL）时的离解度与溶剂很多（例如 300mL）时的离解度是大不相同的。曾对多条线路污秽性质不同的绝缘子，分别测其 10mL 和 300mL 水量下的等值盐密，后者与前者之比一般为 1.5～3.4，水泥污秽甚至高达 7.5。按规范，我们是以 300mL 溶剂来测定其等值盐密的，此时，不论是强或弱的电解质均已能充分离解，测得的等值盐密就高；而实际上其溶剂仅仅是绝缘子表面薄薄的一层水膜，其量远小于 300mL，一般仅为 5～10mL，自然污秽中的弱电解质远不能充分离解，故实际起作用的等值盐密就低。

为此，国际电工委员会提出了另一种反映污秽特征的参数——污层电导率。在较低电压 U 下对饱和受潮的绝缘子测定其泄漏电流 I，从而算出其表面污层电导率 σ，即

$$\sigma = \frac{I}{U}f, \quad f = \frac{1}{2\pi}\int_0^L \frac{\mathrm{d}l}{r(l)}$$

式中：l 为从绝缘子一端起沿表面到动点的距离；$r(l)$ 为从绝缘子轴线到动点的距离；f 为绝缘子的形状系数；L 为绝缘子总爬电距离。

该参数能较好地反映自然污层的实际作用，与污闪电压有较好的相关关系，故国际电工委员会推荐按表面污层电导率来划分污秽等级。固体污秽层的 ESDD 值也可以用在可控湿润条件下的表面电导率来评定。

试验表明，绝缘子的湿污闪电压，除了主要与上述的等值附盐密度（ESDD）这一参数有关以外，还有另一个反映绝缘子表面污秽程度的特征参数，名为"不溶沉积物密度（Non Soluble Deposite Density，NSDD）"，简称灰密，其定义为从绝缘子的一个给定表面上清洗下的不溶残留物的量除以该表面的面积，一般用 mg/cm^2 表示。该参数对绝缘子的湿污闪电压也有一定影响。

试验表明，一串绝缘子的湿污闪电压与绝缘子串长度之间呈近似线性的关系（对交流和直流都存在），这就是说，对某一类型的绝缘子串，其湿污闪电压与其总爬电距离有近似线性的关系。由此导出一个极重要的参数——爬电比距。从原始物理概念来说，其定义应为绝缘子串总的爬电距离与绝缘子串两端承载的最高工作电压（有效值）之比。它是绝缘设计中的重要控制参数。在绝缘结构具有优良的防污性能的前提下，保证一定的爬电比距是防止污闪的最重要、最根本的措施。但由于三相交流电力系统及其相关设备的额定电压或最高工作电压均指线电压，故在 2010 年前的专业标准 GB/T 16434—1996《高压架空线路和发电厂、变电所环境污区分级及外绝缘选择标准》中"爬电比距"的定义则是绝缘的爬电距离与该绝缘的最高工作线电压（有效值）之比。

应该说，这个"爬电比距"的定义与此名的物理意义不符，容易造成认识上的混淆，也不便于与高压直流系统的绝缘相比对。该标准的实质内容上也存在某些不足之处。为此，国际电工委员会经多年研究，提出了文件 IEC/TS 60815—2008《污秽条件下高压绝缘子的选择和尺寸确定》。文件共分五部分。

第一部分：定义、信息和一般原则；第二部分：交流系统用瓷和玻璃绝缘子；第三部分：交流系统用聚合物绝缘子；第四部分：直流系统用瓷和玻璃绝缘子；第五部分：直流系统用聚合物绝缘子。

其中第一、二、三部分已定稿，且于 2008 年 10 月正式发布；第四、五两部分则尚在讨论中，未定稿。

需特别指出：第一部分中提出了"统一爬电比距（Unified Specific Creepage Distance，USCD）"一词，其定义为绝缘子的爬电距离与该绝缘子上承载的最高工作电压（有效值）之比。这就回归到爬电比距的原始物理意义了，它是此前的"爬电比距"的 $\sqrt{3}$ 倍，故冠以"统一"二字，以示区别。

第二、三、四、五部分中分别提供了瓷或玻璃绝缘子、聚合物绝缘子应用在交流、直流电力系统中时选定统一爬电比距的方法。

与此相对应，我国也积极组织制定适合我国国情和反映我国运行经验的国家标准 GB/T 26218—2010《污秽条件下使用的高压绝缘子的选择和尺寸确定》。该标准也将分五部分，分别与 IEC/TS 60815—2008 文件中的各部分相对应。

第一部分：GB/T 26218.1—2010《定义、信息和一般原则》。

第二部分：GB/T 26218.2—2010《交流系统用瓷和玻璃绝缘子》。

第三部分：GB/T 26218.3《交流系统用复合绝缘子》。

以上三部分，国家已正式制定、发布实施。其他两部分，则尚在制定中。

旧标准 GB/T 16434—1996《高压架空线路和发电厂、变电站环境污区分级及外绝缘选择标准》正式废止。

不同材料、不同型号的绝缘子，在不同的污秽环境和积污程度下，在不同性质电压的作用下，其应有的爬电比距的选择标准和具体方法在本书中限于篇幅不能详述，需要时可参考国家标准 GB/T 26218—2010《污秽条件下使用的高压绝缘子的选择和尺寸确定》。

污闪的发展，需要较长的时间，所以，污闪大都发生在正常工作电压下或规定允许的短时工作电压下（如中性点非有效接地系统中一相接地时，造成其他相上的短时工作电压）。为此，决定污区电气设备外绝缘水平时，应将在该种情况下防污闪的要求作为考虑的基本准则。

雷电冲击通常伴随大雨，极少可能与雾、露、霜、雪或毛毛雨同时发生，而且淋雨使绝缘子雷电冲击闪络电压的降低量也不多，因此污秽对线路绝缘的雷电冲击闪络电压的影响是不大的。

在直流电压作用下，空气中的带点微粒会受到恒定方向电场力的作用而被吸附到绝缘子表面，这就是直流的"静电吸尘效应"。这种效应使绝缘子各部位的积污程度大体上比例于该处的场强。对于盘形悬式绝缘子来说，下部钢脚处的场强最大，且该处受雨水冲淋度较小，故下表面的积污度反而比上表面大得多。

总体来说在其他条件相同的情况下，直流电压作用下，绝缘体上的积污度比交流电压作用下高得多。还应注意，在交流电压作用下，绝缘被闪络后的电流有周期性过零点，易使电弧熄灭，而直流电压作用下，则无此效应。故即使在相同积污度下，直流污闪电压低于以有效值计的交流污闪电压。

绝缘的直流污闪电压与电压的极性有关。以线路上通用的悬式绝缘子串为例，负极性的污闪电压约比正极性的低 10%～20%。所以外绝缘的直流耐压试验和绝缘配合通常取负极性。

还有一点需要注意的是，与纯气隙的情况（对照图 3-5-10）相反，污秽绝缘在同极性叠加电压（例如同极性的直流和操作冲击电压叠加）作用下的闪络电压比纯操作冲击闪络电压低很多。这是因为长时间预加的直流电压已给湿污绝缘子的闪络预作了准备，瞬时叠加的操作冲击电压只起"点火"作用而已。

输变电设备外绝缘的配置要考虑运行中可能遇到的工作电压、内过电压和外部过电压 3 种电压的作用。通常是根据工作电压初步选择绝缘配置水平，然后进行操作和雷电冲击放电特性的校验。我国电网由于受到大气污染的影响较重，外绝缘水平一般由工作电压控制，因此输变电设备外绝缘配置主要取决于外绝缘的耐污闪能力。

§3-8　提高气隙沿面闪络电压的方法

气隙中的沿面闪络，也是气隙的击穿，只是具有某种特殊的形式而已，所以，§3-6 中所列举的几种提高气隙自由空间击穿电压的方法，也都能在不同程度上提高气隙的沿面闪络电压。此外，由于沿面闪络的特性，还有另外一些能有效提高气隙沿面闪络电压的方法，分述如下。

3-8-1　屏障

如果使安放在电场中的的固体介质在电场等位面方向具有突出的棱缘（称为屏障），则将能显著地提高沿面闪络电压。这是因为电子或离子沿平行于等位面的屏障表面运动时，不能从电场吸取能量以发展电离的缘故。平行于等位面的突缘的长度愈大，就能使沿面闪络电压提高得愈多；靠近电极处的屏障作用比远离电极处的屏障作用史大些，这是因为电离尚未充分发展即被阻止的缘故。在不均匀电场中，如果沿面放电是从某一电极首先开始发展的，则靠近该电极处屏障的作用要比靠近对面电极处屏障的作用为大。耐高电压的绝缘子主要是应用屏障的原理构造的，当然，由于照顾到其他各方面的因素，屏障的方向不能完全准确地与等位面相吻合，屏障的转角和边缘也不能做得很尖锐。图3-8-1表示屏障在棒形绝缘子中的实际应用。

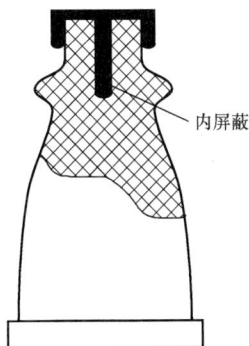

图 3-8-1 屏障在棒形绝缘子中的应用

3-8-2 屏蔽

改善电极形状，使沿固体介质表面的电位分布均匀化，使其最大电位梯度减小，也可以提高沿面闪络电压。这种处理方法，称为屏蔽。

屏蔽有外屏蔽和内屏蔽两种形式。§3-6中所举的各例措施，不仅能防止自由气隙中产生预放电，对支持该电极的绝缘体表面来说，也兼顾地起着外屏蔽的作用。

图3-8-2表示内屏蔽电极用在支柱绝缘子的示意。图3-8-3表示内屏蔽电极用在SF_6气体同轴系统支撑绝缘子的结构实例。这些内屏蔽也可使沿面闪络电压提高。在图3-8-4中示出了某些外屏蔽和内屏蔽应用在充油电缆终端盒结构中的实例。高压端屏蔽罩1对高压端绝缘起着总的外屏蔽的作用。高压端屏蔽环2对顶端缆芯绝缘表面（在油中）来说，起着外屏蔽的作用；而对套管顶端外表面（在空气中）来说，还起着内屏蔽的作用。同样，喇叭形接地应力锥4和接地端屏蔽环3对电缆芯线绝缘和增绕绝缘层表面（在油中）来说，起着外屏蔽的作用；而对套管下端外表面来说，又起着内屏蔽的作用。应力锥曲面的设计原则通常是使锥面各点的轴向场强保持恒定，这样对抑制沿面放电的效果最好。

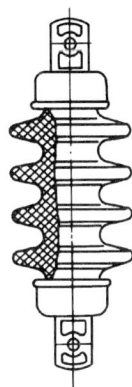

图 3-8-2 支柱绝缘子中的内屏蔽电极示意

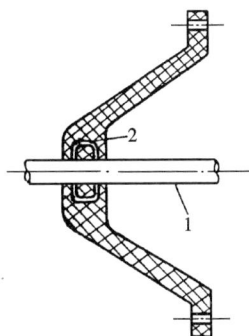

图 3-8-3 盆形绝缘子中的内屏蔽电极

1—导杆；2—内屏蔽电极

3-8-3 加电容极板

在交变电压下工作的多层式绝缘结构中，常在各层间加放金属极板（通常用铝箔或金属化纸做成，如为同轴圆筒形，常称围屏），使在两极间形成一串联、并联电容链。适当设计各层围屏的尺寸、位置和间距，即可确定各层围屏间的电容量、各围屏的电位、各层绝缘上承受的径向场强和各层围屏端部绝缘上承受的轴向场强。为了防止围屏端部绝缘上发生沿面放电（这常是最薄弱处），一般常将各层在此处绝缘上承受的轴向场强设计成相等。此时，各层绝缘上所承受的径向场强虽有些差别，但差别已很小。这种方法可显著提高两极间绝缘体的击穿电压和沿面闪络电压，故广被采用（如出线套管、电缆终端盒、电流互感器等绝缘结构中）。

图 3-8-5 为变压器出线套管（卸去外瓷套后）中电容围屏型芯柱的示意。图 3-8-6 为充油电缆终端盒（卸去外瓷套后）中电容围屏型芯柱的示意。

以上两例展示了应用电容围屏既能有效地提高出线导杆绝缘芯柱在瓷套内油隙中的沿面放电电压，同时又能有效地提高瓷套外表气隙中的沿面放电电压。

3-8-4　消除窄气隙

一般来说，电极附近的场强总是最大的，如该处的电通量密度线贯穿固体介质和气隙（尤其是窄气隙）时，由于固体介质的介电常数比气体介质的大得多，窄气隙中的场强必然被大为强化，容易产生电离，形成不同形式的局部放电，这当然是不允许的。改进的办法是将电极附近的绝缘结构设计得避免窄气隙的存在。若不可避免

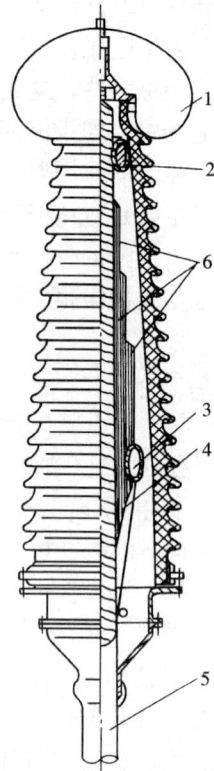

图 3-8-4　110～220kV 充油电缆终端盒结构
1—高压端屏蔽罩；2—高压端屏蔽环；3—接地端屏蔽环；4—接地应力锥；5—电缆金属护套；6—增绕绝缘层

地存在窄气隙，那就设法使气隙两边等电位，即消除窄气隙中的电场。

首先一定要消除电极与绝缘体接触面处的缝隙。在绝缘体与电极的接触面上喷涂金属，使缝隙两侧等电位的办法，一般效果不好，因为很难保证喷涂层边缘不出现锐角。较好的办法是将绝缘体与电极浇注嵌装在一起。例如，瓷或玻璃绝缘体与电极常用水泥浇注在一起；SF$_6$气体绝缘装置中的绝缘支撑件大多是与电极直接浇注在一起的。图 3-8-7 表示纯瓷套管的绝缘结构。导电杆与瓷套内腔壁之间存在窄气隙，易生电晕。若在瓷套内腔壁上喷金属膜（或涂半导体釉），并使之与导电杆作电气连接，即可消除此气隙中的电场。此外，从法兰到邻近的直径较大的伞裙槽下的瓷面上喷金属膜，则既可消除法兰边缘窄气隙中的电场，又成为法兰的延伸屏蔽，能显著提高沿面闪络电压。

有些场合，例如 SF$_6$ 气体绝缘同轴装置的支撑绝缘件，为了增长沿面闪络距离，常采用具有与中轴和外筒均成锥形倾斜面的盘形绝缘子，此时对盘形绝缘子与中轴和外圆筒交接面的交角应予充分注意，一定要避免形成窄气隙。

3-8-5　绝缘表面处理

很多有机绝缘物，特别是以纤维素为基础的有机绝缘物，具有很强的吸水性；还因为其化学结构中含有 OH 基，使纤维素分子具有亲水性。受潮后，它们的绝缘性能就大为恶化。陶瓷和玻璃等绝缘物，虽不吸水和不透水，但它们都是离子型电介质，具有较强的亲水性，水分在

它们的表面能形成一层完整的薄膜，大大增加了其表面电导，降低了其沿面闪络电压。

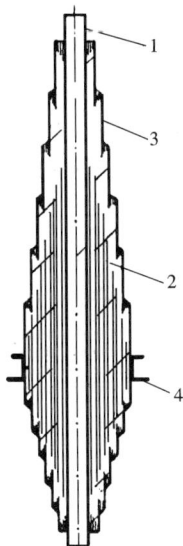

图 3-8-5 变压器出线套管（卸去
外瓷套后）电容围屏芯柱的示意
1—高压导电芯柱；2—电容围屏；
3—胶纸绝缘层；4—接地法兰

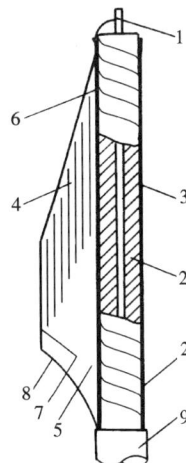

图 3-8-6 充油电缆终端盒（卸去
外瓷套后）电容围屏芯柱的示意
1—线芯；2—工厂绕制的绝缘；3—胶木筒；
4—电容围屏；5—增绕绝缘层；6—第一层围屏；
7—接地围屏；8—接地应力锥；9—电缆铅套

有多种硅有机化合物具有高度的憎水
性和电气绝缘性能，用这类硅有机材料对
介质表面作憎水处理（浸渍、喷涂或熏
蒸），可以大大提高这些介质的憎水性，从
而提高这些介质的沿面放电性能。用硅有
机憎水剂的蒸气对纤维素电介质（如电缆
纸、电容器纸、布、带、纱等）作憎水处
理后，纤维素分子被憎水剂分子所盖没，

图 3-8-7 纯瓷套管电极附近窄气隙效应的消除

纤维素中的空隙被憎水剂高分子物质填满，因而能大大降低纤维素物质的亲水性和吸水性。
其他如玻璃纤维布等也都可以作憎水处理。

在户外用绝缘子表面涂覆一层硅有机憎水涂料，也能显著提高其沿面放电性能。但户外
用的环境条件比较严酷，要经得起常年的烈日曝晒、雨、雾、冰雪和污秽沉积侵蚀的考验，
曾尝试用过多种硅有机涂料，均未获得满意的效果（包括寿命）。后来，研制开发出了多种
硅橡胶材料，主要有高温硫化硅橡胶（HTV）和室温硫化硅橡胶（RTV）两大类，两者均
有优异的电气性能和很强的憎水性，都是能抗湿污的外绝缘的好材料。稍有不同的是用前者
（HTV）制成复合绝缘子的伞裙，在电性能（包括憎水防污性能）、热性能、机械性能、抗
老化性能等方面都具有突出的优点，现在高压电力系统中已广为应用的各种复合绝缘子的伞
裙材料都用它；而后者（RTV），由于固化后硬度较差，较易变形，不宜作为复合绝缘子的
伞裙材料，但它在胶态时附着力强，固化后弹性较好，作为喷涂在母体绝缘（如瓷或玻璃

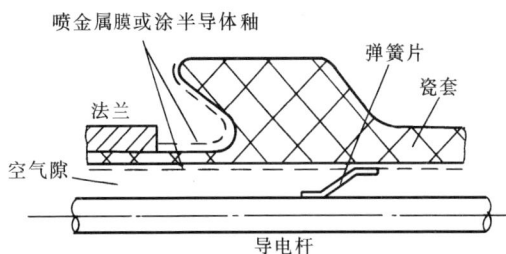

等）上的憎水防污涂层却获得了很满意的效果。涂层具有很强的憎水性，雨水在涂层表面成珠状滚落，不易形成连续的水膜。这就能使涂层表面（与无涂层相比）的雨闪电压提高20%以上，雾闪电压提高50%以上。当涂层表面有积污时，涂层的憎水性会扩散到污层表面，使污层表面也具有较强的憎水性。

研究得出，硅橡胶的憎水性能扩散到污层表面的机理是：硅橡胶中有一部分憎水性小分子聚合物具有扩散性，当硅橡胶涂层表面存在污层时，扩散出的憎水性小分子聚合物首先被污层物质所吸附，从而使污层表面也具有较强的憎水性。

对具有 RTV 硅橡胶涂层绝缘体的湿污闪电压来说，需计及两方面的影响：一方面，在相同环境和运行条件下，有涂层的绝缘表面的积污比无涂层的母体（瓷或玻璃）表面的积污略多一些，这是负面的影响；另一方面，硅橡胶涂层的憎水性能扩散到污层表面，这是正面的影响。将这两种绝缘子同样安装在各种污级环境下，经过长年实际运行后，取下作湿污闪试验（即已综合计及正负两方面的影响），证明有涂层试品的湿污闪电压比无涂层试品的相应值还高出 50% 以上。

在老化性能方面，RTV 硅橡胶涂层也取得了满意的效果。在全国各不同气候区域（如南方湿热多雨、北方高寒冰雪、西部沙尘暴晒、东部沿海盐雾侵蚀等），经十多年的实用考验，涂层与原绝缘母体的胶合牢固，没有龟裂、起皱、起泡、酥松、剥落等现象，总起来看，这种方法简便易行，效果显著，且可在原有绝缘体上施用。

在涂层寿命（主要由涂层憎水性减弱程度决定，标准规定不少于 5 年）结束时，还可按规定工艺将旧涂层清除后进行复涂，继续使用。这个办法，对已建成的线路或变电站，运行经验证明其外绝缘尚欠，需作补救性提高者，特别有用。

鉴于 RTV 硅橡胶涂层的上述优点，我国在 1997 年就已对其制定了电力行业标准（DL/T 627—2004《绝缘子用常温固化硅橡胶防污闪涂料》），在全国推广应用。

3-8-6 改变局部绝缘体的表面电阻率

如前所述，对具有较强法线分量的不均匀场，适当减小靠近电极强场处介质的表面电阻率，可使最大沿面电位梯度减小，从而提高沿面放电电压或起晕电压。在绝缘表面涂覆具有适当电阻率的半导体漆，即可调节绝缘的表面电阻到所需的值。

以电机定子绕组出槽处的绝缘为例来说明。参看图 3-8-8 和 3-8-9。当槽口导线绝缘表面未涂半导体层时，槽口附近导线绝缘上的电位分布极不均匀，如图 3-8-8（a）中曲线1 所示，相应的电位梯度分布曲线如图 3-8-8（b）中曲线 1 所示（图中横坐标 x 表示线圈上某点离槽口的沿面距离）。可见在相当大的范围内，绝缘表面电位梯度很高，故容易发生沿面放电。槽口附近导线绝缘上涂以半导体漆时，使该段绝缘表面电阻减小很多，这就能大大减小该段绝缘表面的电位梯度。有很长的半导体层时的电位分布及电位梯度分布分别如图 3-8-8 中曲线 2 所示，可见此时槽口处的电位梯度已大为降低。

半导体层的长度不能太短，否则在半导体层内的电压降将不够大，使在半导体层端部附近仍会出现较大的电位梯度，如图 3-8-8 中曲线 3 所示。

采用电导率不同的两级半导体层，能够得到较满意的电场分布。流过靠近定子铁芯一级半导体层的电流要比流过另一级半导体层的电流大，因此，靠近定子铁芯一级应涂电阻率较小的漆，而在另一级应涂电阻率较大的漆。适当配合这两级半导体漆层的电阻率和它的长度，就可以使槽口导线绝缘表面的电位梯度得到很好的改善，如图 3-8-8 中曲线 4 所示。

采用这种绝缘结构的实例，如图3-8-9所示。由图3-8-8中可见，各段半导体釉（带）的末端，总还会有一强场区（虽已被大为削弱了），若暴露在空气中，则此处易生局部电晕，为此，需在其上再覆盖一附加绝缘层。

3-8-7 强制固定绝缘沿面各点的电位

这种方法的举例示意如图3-8-10所示。绝缘筒上围以若干个环形电极，这些环形电极分别接到分压器或电源的某些抽头而强制固定其电位。如果这些电位是均匀分布的，则沿绝缘筒的电位分布也就大体上均匀了。在静电加速管、串级高压试验变压器等设备中常可见到这种方法的应用。

3-8-8 附加金具

在多个电器元件联结枢纽处，另附加某种金具（在电气上当然与该联结枢纽相通），可以简单而有效地调整该结点附近的电场，改善该结点附近气隙放电和沿面放电的性能。这种方法在原理上虽只是前述外屏蔽的扩展，但有它自己的诸多特点。由于它是作为一个独立元件附加到结点上去的，这就可以统一考虑和有效地照顾到与该枢纽相联结的多个电气部件对电场调整的要求，减轻联结点多个电器各自对电场调整原有的负担，改善多方面的电性能；独立的附加金具本身的设计、制作、安装等也比较灵活和简便。

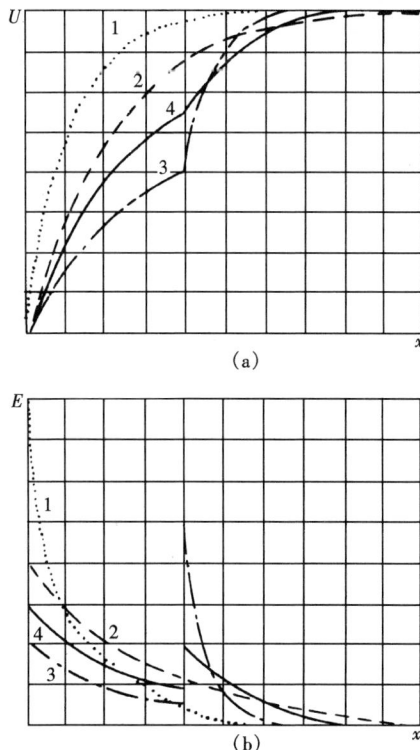

图3-8-8 电机绕组出槽口绝缘表面的电位分布
（a）槽口导线绝缘表面的电位曲线；
（b）槽口导线绝缘表面的电位梯度曲线
1—无半导体层时；2—有很长的半导体层时；
3—半导体层较短时；4—有两级半导体层时

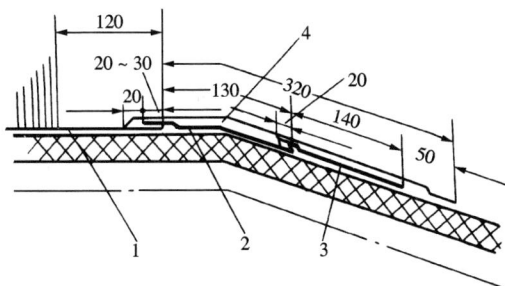

图3-8-9 额定电压为18kV的电机定子绕组出槽处导线绝缘涂覆三级半导体层的结构
1—低电阻（$5\times10^3 \sim 5\times10^4\Omega$）防晕漆（带）；2—中电阻（$5\times10^7 \sim 5\times10^9\Omega$）防晕漆（带）；3—高电阻（$10^{11} \sim 10^{12}\Omega$）防晕漆（带）；4—附加绝缘覆盖

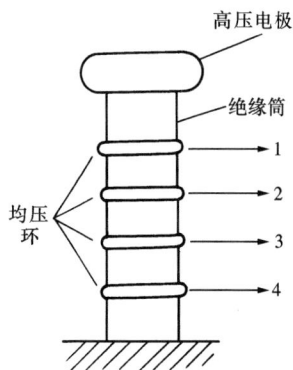

图3-8-10 强制固定绝缘表面电位的示意图

作为实例，这里重点讨论一下应用在高压架空线路绝缘子链端的附加金具（或称保护金具）。悬形（或棒形）绝缘子链端保护金具的作用主要是改善沿链的电压分布和防止绝缘子和链端金具上的电晕。

保护金具的形式多种多样，有圆环形、椭圆环形、8 字环形、轮形、桶形等，主要装在高压端（线路端）。在长棒形复合绝缘子的接地端也需装保护金具（通常用较小的环），主要用以减小该处的场强，防止电晕或局部放电，保护端部结合点结构。

绝缘子链的等效电路举例如图 3-8-11（a）所示，图中 C 为每片绝缘子自身的电容，随不同的形式而异，约为 $50\sim75\text{pF}$；C_e 为每片绝缘子的对地（铁塔）电容，约为 $3\sim5\text{pF}$（近横担处，C_e 的值较大，反之，则较小）；C_1 为每片绝缘子对导线的电容，单导线时 C_1 约为 $0.3\sim1.5\text{pF}$，分裂导线时，C_1 增大，视分裂数和分裂间距而异（近导线处 C_1 的值较大，反之，则较小）；R 为每片绝缘子的绝缘电阻。

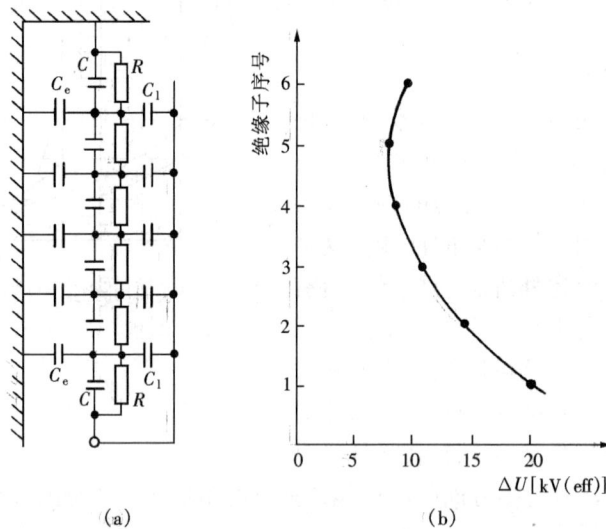

图 3-8-11 绝缘子链电参数示意图
(a) 绝缘子链的等效电路；(b) 沿链各元件上的电压分布

在工频电压作用下，干燥绝缘子的绝缘电阻比容抗约大一个数量级，故干燥时，R 的影响几乎可以略去不计。

如果只考虑 C_e 的存在，显然，由于 C_e 的分流，使靠近导线的绝缘子上承受的电压大于远离导线的绝缘子；如果只考虑 C_1 的存在，则其作用正好相反。实际上二者同时存在，各绝缘子上承受的电压 ΔU 就如图 3-8-11（b）所示。

通常，高压端附近几个绝缘子上承受的电压总是最高的。随着线路电压的升高和每串绝缘子片数的增多，电压分布不均匀系数 $k=\dfrac{\Delta U_{\max}}{\Delta U_{\min}}$ 的值也将增大。这就使 $\Delta U_{\max}$ 的绝对数值可能达到相当大。举例如图 3-8-12 所示。

ΔU 过大时会产生什么问题呢？一般盘形悬式绝缘子的起始电晕电压约为 $22\sim25\text{kV}$（eff），ΔU 超过此值时，就会发生电晕。电晕不仅造成能耗，更主要的是会产生腐蚀和无线电干扰。久之，既会腐蚀绝缘子的金属件，又会在绝缘表面形成一层半导体氧化膜，降低其绝缘性能，使单个绝缘子的干闪络电压降低约 $25\% \sim 35\%$，湿闪络电压降低约 $40\% \sim 47\%$。沿线每串绝缘子上存在电晕，造成大面积的无线电干扰，这也是不允许的。所以，单个绝缘子上允许承受的最大电压，主要由避免出现显著的电晕这一条件来决定，对现用各类盘形悬式绝缘子来说，其值约为 $25 \sim 30kV$（eff）。

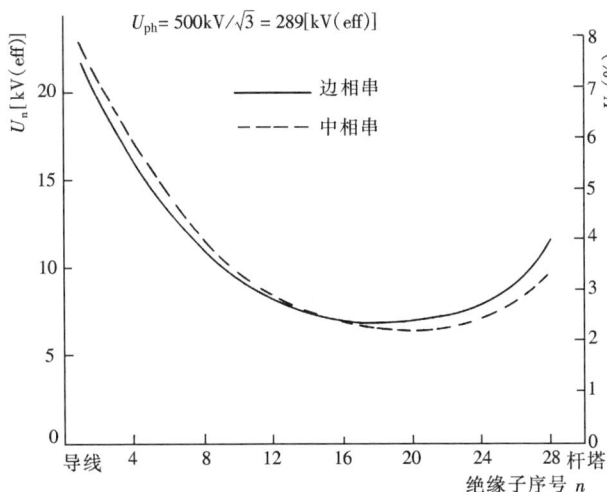

图 3 - 8 - 12　500kV 线路单串悬垂链 $\left[（XP - 16）\times 28\right]$
上的电压分布举例

220kV 电压等级线路 ΔU_{max} 虽已接近或略超过起始电晕电压，但并不严重，根据运行经验，一般可不用保护金具。若为 330kV 及以上电压等级线路，这个问题就严重了，必须予以解决。

如仅从改善电压分布的角度来看，则只要在导线端加装屏蔽环就够了，接地端是不需要装的。屏蔽环的均压作用随其形状、大小和笼罩深度等而异。对单串绝缘子链来说，圆环效果最好。但使用圆环后，就必然要加大铁塔横担的长度（这是考虑导线受风偏时，悬垂链端金属部件与塔身的距离仍应保持原定值），影响塔身的技术经济指标。改进的办法是采用翘椭圆形环（其长轴在导线方向），其均压效果十分接近于圆环，杆塔横担的长度则增加不多。图 3 - 8 - 13 表示用在两分裂导线悬垂链上的翘椭圆环形保护金具。

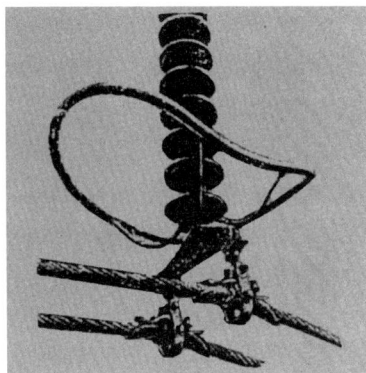

图 3 - 8 - 13　翘椭圆环形保护金具

500kV 电压等级线路，一般需用四分裂导线，这就自然加大了图 3 - 8 - 11（a）中的 C_1 的值。如适当设计悬挂分裂导线用联板的形状和尺寸，使导线在悬挂点相对于绝缘子链的高度较高时，C_1 的值就会更大些，即可使沿链电压分布较均匀，靠近导线侧的绝缘子上的电压不致超过允许值。这样，在一般直线塔的悬垂链上就可以不用保护金具了，只有在大档距或重要的交叉跨越等处（此处不宜使导线抬高）和耐张链上才使用保护金具。这种方案的优点不仅在绝大部分悬垂链上省却了保护金具，还由于导线悬挂点的提高，在保持导线对地高度不变的条件下，也就可以相应地降低铁塔的高度。还有，由于免除了链端的均压环，也即缩小了链端金具在垂直于导线方向的尺寸，也就可以相应地缩短横担的长度。这个方法优点很多，所以获得推广应用。

图 3-8-14 表示我国 500kV 电压等级线路单串悬垂链上用的这种上杠下垂型联板结构。上面两根分裂导线采用上杠式防晕线夹，导线悬挂点与第一片绝缘子的裙边等高；下面两根分裂导线采用下垂式防晕线夹。几乎全部链端金具均被四根导线束所包围屏蔽，也就防止了链端金具自身的电晕。图 3-8-15 表示我国 500kV 线路双串悬垂链端（不宜用上杠下垂联板时）的附加金具（举例）。双串链端的共用套环主要起均压作用；导线两侧的双环主要起屏蔽防晕作用。图 3-8-16 表示我国 500kV 线路双串耐张链端的附加金具（举例）。图 3-8-17 表示苏联 750kV 线路（4 分裂导线）绝缘链端的附加金具（举例）。

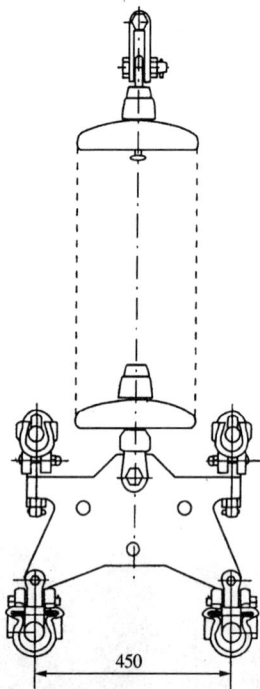

图 3-8-14　500kV、四分裂
导线单串悬垂链

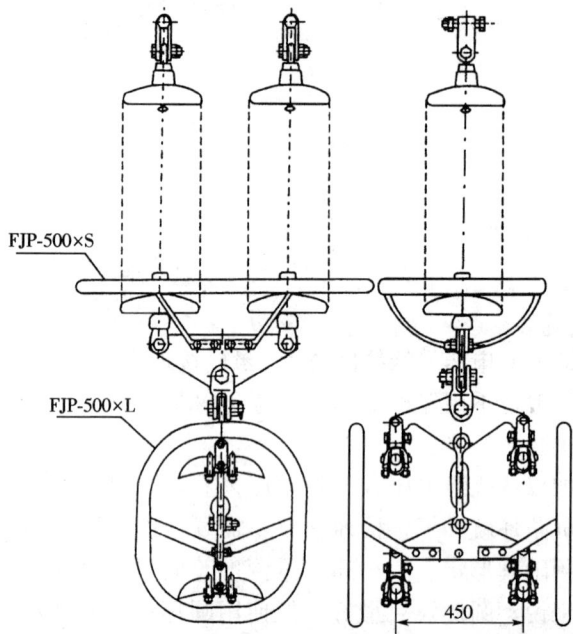

图 3-8-15　500kV、四分裂导线双串悬垂链
端的附加金具（举例）

对超高压和特高压直流输电线路用的绝缘子链来说，决定沿链电压分布的因素比较复杂，除了由导线—绝缘子链（或棒）—铁塔这三者所构成的几何电场外，还存在可观的空间离子流所形成的电场。这将使沿链电压分布极不均匀，总的趋向与交流电压作用下的情况（如图 3-8-12）相似。为了使沿链电压分布较为均匀，在极线端配装适当形状的均压环仍是必须的。对聚合物绝缘棒来说，仅在极线侧配装大均压环还不够，因为聚合物绝缘棒的薄弱环节在其两端（芯棒、护套与金属帽交接处），绝不允许在该处出现电晕或其他形式的局部放电。大均压环虽能使沿棒总体的电压分布均匀化，但对棒体两端电场的优化仍嫌不够，还需在其两端加装小均压环，以确保绝缘棒两端部的场强不会产生任何形式的局部放电。其整体结构举例如图 3-8-18 所示。

绝缘子链、分裂导线、链端联结金具、保护金具本身等的几何形状、结构尺寸、各部件在联结点的相互位置配合等，均复杂多变，且均为三维立体电场，很难仅通过计算来设计最佳的保护金具（包括安装位置），主要还靠实验和实际运行经验的积累来改进和完善。此外，均压环或屏蔽环在其安装位置处若有可观的交变磁通穿过，则这类环状金具还应做成开口的，以防在其中产生感应环流。直流输电线路上用的均压环和屏蔽环也常采用开口式的，则是为了安装、检修或更换的方便，但应控制好开口的距离，避免产生较强的端部效应。

有些场合，附加金具的作用不仅在于改善绝缘外表面的电场分布，提高外绝缘的放电电压，更主要的目的是为了使电器内部多个串联元件间的电压分布均匀化。如用在内部有串联间隙避雷器（使串联间隙上的电压分布均匀化）或无间隙避雷器（使内部串联阀片上的电压分布均匀化）上的附加金具。

3-8-9 阻抗调节

如上所述，采用附加金具可使沿绝缘子链的电压分布获得某种程度的改善，但应该说，

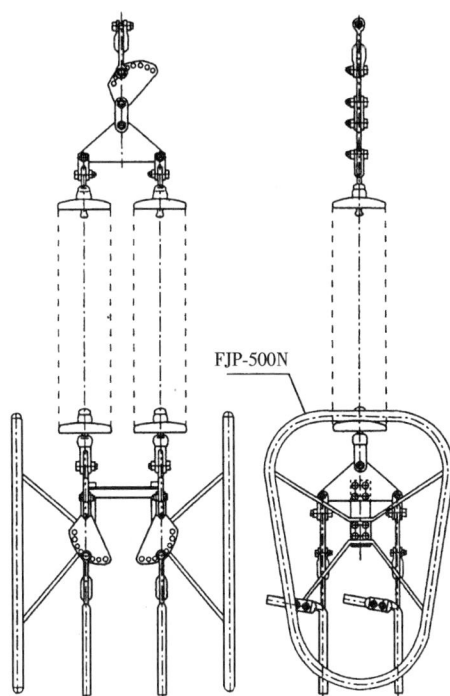

图 3-8-16 500kV、四分裂导线双串耐张链端的附加金具（举例）

其效果仍然有限。从根本上改善沿绝缘子链电压分布的方法是适当调节单元绝缘子的阻抗。

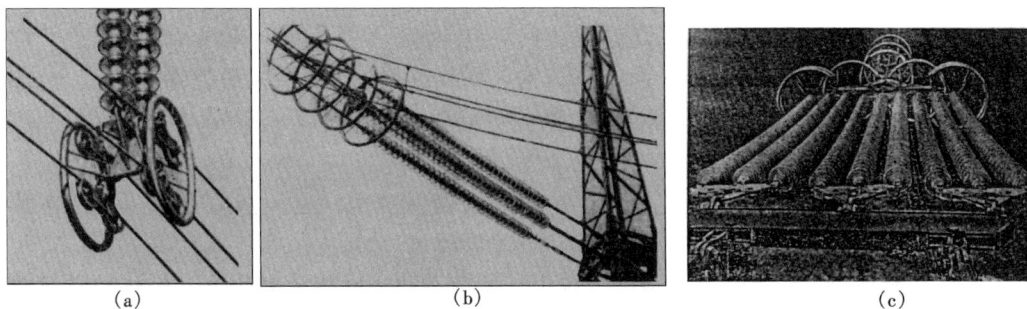

图 3-8-17 苏联 750kV 线路（四分裂导线）
绝缘链端的附加金具（举例）

(a) 悬垂链；(b) 耐张链；(c) 大跨越档（跨越第聂伯河）耐张链（9 串并联）

如果人为地使得每个单元绝缘子本身的导纳接近相等，并远大于对接地物体和对高压导线的导纳，则沿绝缘子链的电压分布就能做到基本均匀。半导体釉绝缘子就是上述思路的体现。

半导体釉是在普通釉的基础上加 $10\% \sim 30\%$ 的金属化合物制成，它的电阻率一般为 $10^4 \sim 10^7 \Omega \cdot m$，比普通釉低几个数量级。由绝缘子链的等效电路图（如图 3-8-11 所示）可见，当电导远大于容纳时，全链的电压分布基本上由各节的电导决定，当各节电导接近相等时，全链的电压分布也就接近均匀。单个元件各部分的电位分布也同此理。

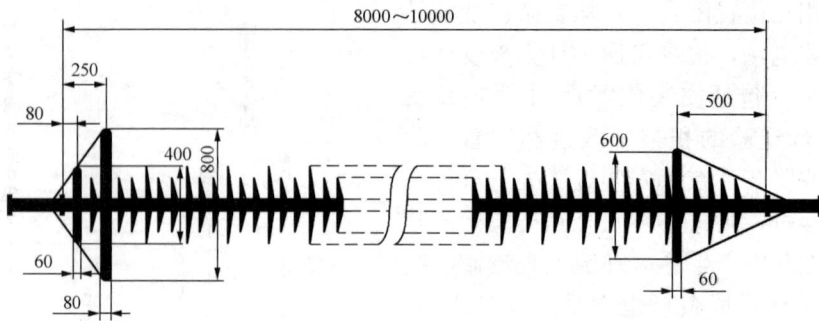

图 3 - 8 - 18　为我国±800kV 直流输电线路悬垂单串
长棒形聚合物绝缘子研发的附加金具（方案之一）

半导体釉具有负的电阻温度系数，这有助于电压分布均匀化的自动调节。半导体釉表层的少量发热和温升，可减少大气中的水分在绝缘子表面的凝结，还能烘干绝缘子表面已有的水分，能大大提高绝缘子的湿污闪电压。

对半导体釉绝缘子单个试品和整串试品电压分布和耐污性能等的实测，都得到了满意的效果。虽然如此，但是，对半导体釉的性能在长期泄漏电流和户外大气环境的联合作用下的稳定性迄今还研究得不够，这种绝缘子的价格也较贵，因而尚未推广应用。

习　　题

3-1　你注意到各种超高压电气设备上为防预放电、防沿面放电以及改善内部和外部电压分布等目的而装置的各种形式的屏蔽结构吗？试调查研究一下。

3-2　为 600kV 工频高压试验变压器的输出端设计一个圆球形屏蔽电极（类似图 3-6-4所示，但先简化一些，不考虑花格结构，而用光滑球面）。为给绝缘有些安全储备，若取利用系数［球面的计算场强/球面大气的耐受场强（可取 20kV（eff）/cm 计）］为 0.9，试近似估算其所需球径。

3-3　为什么 SF_6 气体绝缘大多只在较均匀电场下应用？最经济适宜的压强范围约为多少？

3-4　盘形悬式玻璃绝缘子已被广泛应用，试调查研究一下玻璃绝缘子的优缺点（与瓷绝缘子相比较）。

第四章　固体、液体和组合绝缘的电气强度

§4-1　固体电介质击穿的机理

固体介质的击穿存在两种不同的机理：第一种是类似于气体介质那样，由于电场的作用使介质中的某些带电质点积聚的数量和运动的速度达到一定程度，使介质失去了绝缘性能，形成导电通道，这样的击穿称为电击穿。第二种是在电场的作用下，介质内的损耗发出的热量多于散逸的热量，使介质温度不断上升，最终造成介质本身的破坏，形成导电通道，这样的击穿称为热击穿。

下面首先从某些实验结果来证明电击穿和热击穿的存在。

（1）实验结果指出，固体介质的击穿电压与电压作用时间有显著的关系，且存在着明显的临界点，如图4-1-1所示。在A区，击穿前时间由几分之一微秒到$10\mu s$，这只能是电击穿的性质，因为在这样短的时间内，任何其他过程都是来不及发展的。在此范围内，击穿电压随击穿前时间的缩短而提高，类似于气体介质击穿的伏秒特性。在B区，击穿前时间在$10\mu s\sim0.2s$这相当宽的范围内，击穿电压为恒定，与击穿前时间几乎无关，这显然也是电击穿的性质。在C区，随着击穿前时间的增长，击穿电压显著下降，属于热击穿的性质。

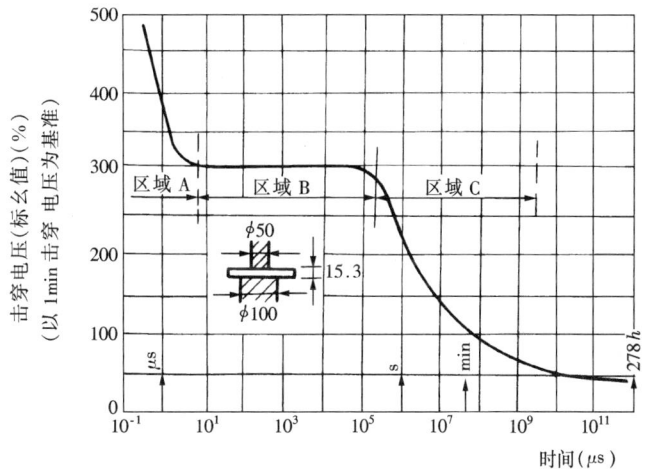

图4-1-1　电工纸板的击穿电压与电压作用时间的关系

（2）实验结果指出：固体介质的最低击穿电压（即较长时间作用下的击穿电压）与被试品的温度有显著的关系，如图4-1-2所示。即使耐热性很强的瓷，在温度低于某临界温度θ_{cr}的范围内，击穿电压实际上是不变的；而在高于该临界温度的范围内，击穿电压将随着温度的升高而迅速下降。这个临界温度不是该固体介质固有的物理常数，而是随固体介质的厚度、冷却条件和所加电压性质等因素而变动的。

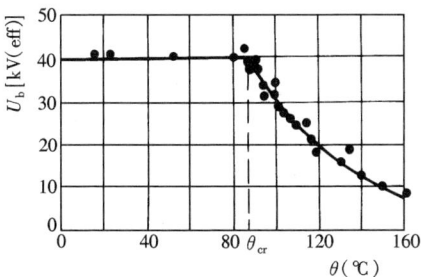

图4-1-2　瓷的击穿电压与温度的关系（均匀电场，交变电压）

（3）实验结果指出：在均匀电场中，当极短时间的脉冲电压作用下，固体介质的击穿电压与其厚度接近成正比；在长时间电压作用下，则其击穿

电压与其厚度不成比例，而具有饱和特性。

（4）实验结果指出：高频时固体介质的击穿电压比工频时低得多。例如，即使在良好的冷却条件下，厚度为 0.1mm 的玻璃在工频时的击穿电压为 20kV（eff），而在高频时的击穿电压仅 2～2.5kV（eff）。在高频电压作用时，即使电极边缘并未采取改善电场的措施，击穿位置却仍在电极中心附近，而不是在场强较大的边缘，这只能用高频时有强烈的介质损耗发热促使发展热击穿过程来解释。

综合以上实验结果，充分证实了电击穿和热击穿的存在。

§4-2   影响固体电介质击穿电压的因素

一、电压作用时间的影响

如图 4-1-1 所示，存在着一个明显的临界点（热击穿与电击穿的分界点）。这个规律前已说明，此处不赘述。

二、温度的影响

如图 4-1-2 所示，也存在着一个临界点，即临界温度 θ_{cr}（热击穿与电击穿的分界点）。当温度小于 θ_{cr} 时，固体介质的击穿场强很高，且与温度几乎无关，属于电击穿的性质。当温度大于 θ_{cr} 时，随着温度的升高，固体介质的击穿场强迅速下降，属于热击穿的性质。固体介质的厚度愈大，冷却条件愈差，电压频率愈高，电压作用时间愈长，则 θ_{cr} 就愈低。

三、电场均匀度和介质厚度的影响

在均匀电场中，在电击穿领域内，不论所加电压的性质和作用时间的长短，击穿场强与介质厚度几乎无关，而且在此情况下，击穿场强的冲击系数约为 1。在均匀电场中，在热击穿领域内，介质厚度愈大，击穿场强就愈小。在不均匀电场中，即使在电击穿领域内，随着介质厚度的增大，平均击穿场强仍将减小。

四、电压频率的影响

在电击穿的领域内，如果频率的变化不造成电场均匀度的改变，则击穿电压与频率几乎无关。

在热击穿的领域内，按照理论，击穿电压应与 $\sqrt{\varepsilon f \tan\delta}$ 成反比，在高频范围内，频率变动时，$\tan\delta$ 和 ε 变动很小，因而击穿电压应与 $\sqrt{f}$ 成反比，实验结果证实了这一点。

五、受潮度的影响

对于某些具有吸水性的固体介质来说，含水量（受潮度）增大时，击穿电压迅速下降。这是因为介质中含水量增大时，其电导率和介质损耗的迅速增加，很容易造成热击穿。图 4-2-1 表示浸渍电缆纸的工频击穿电压与含水量的关系。

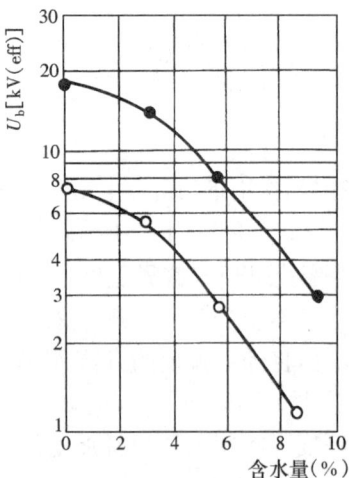

图 4-2-1   工频电压下浸渍电缆纸的击穿电压与含水量的关系
●—3层；○—1层

六、机械力的影响

实验证明，对均匀和致密的固体介质来说，在弹性限度内，击穿电压与其机械形变无关；但是对于某些具有孔隙的不均匀介质来说，机械应力和形变对击穿电压却有显著的影响。例如，硬橡胶受压力后，击穿电压可增到 4 倍；油浸纸所受的压强从 0.1kPa 增到 180kPa 时，击穿电压增加 30%。瓷受压力或张力达 50% 破坏强度时，工频击穿电压开始下降，到接近于破坏强度时，工频击穿电压下降 30%。

上述现象说明，机械力或者使某些原来具有孔隙的介质中的孔隙缩小，从而使击穿电压提高；或者使某些原来比较致密的介质产生小裂缝，如果该固体介质放在气体中，则气体将充填到裂缝内，气体较早的电离，形成像针状或刀状的导体刺入固体介质中，强烈地畸变了电场，从而使击穿电压降低。实验证明，如果将瓷浸在绝缘油中，则机械力使击穿电压降低很少。

七、多层性的影响

对于多层介质的绝缘结构来说，当各层介质上所承受的场强与该层介质的耐电场强成正比时，整个介质能耐受最大的总电压。在均匀电场中，在下列条件下能耐受最大的总电压为：

冲击电压时　　$E_{b1}\varepsilon_1 = E_{b2}\varepsilon_2 = E_{b3}\varepsilon_3 = \cdots$

直流电压时　　$E_{b1}\gamma_1 = E_{b2}\gamma_2 = E_{b3}\gamma_3 = \cdots$

交流电压时　　$E_{b1}Y_1 = E_{b2}Y_2 = E_{b3}Y_3 = \cdots$

式中：E_{b1}、E_{b2}、E_{b3}…分别代表各层介质对该种电压的耐电场强；ε_1、ε_2、ε_3…分别代表各层介质的介电常数；γ_1、γ_2、γ_3…分别代表各层介质的电导率；Y_1、Y_2、Y_3…分别代表各层介质（单位厚度）的导纳。

如果某层介质中的场强超过了该层介质的耐受场强，则该层介质便会击穿，电场产生剧烈的畸变，这将很容易使其他层介质也接着被击穿。因此，必须注意多层介质结构中各层介质电特性的适当配合。

八、累积效应的影响

在不均匀电场中，固体介质在脉冲电压作用下，存在不完全击穿的现象。这是因为放电的扩张速率是有限的，在电压持续时间很短的情况下，放电可能来不及扩张到介质的全部厚度；另外，在短时脉冲电压作用下，投入介质中的能量可能不足以使介质完全击穿。实验指出，不完全击穿具有累积效应，即介质的击穿电压随着过去曾经承受过的不完全击穿次数的增加而降低。晶体与无定形体介质不完全击穿的规律性是不一样的，现分述如下：

1. 无定形体介质

不完全击穿的显微摄影（白描）举例如图 4-2-2 所示，其规律性如下。

（1）放电长度的增长比电压的增长快得多。

（2）即使放电已在两极间贯通，还不一

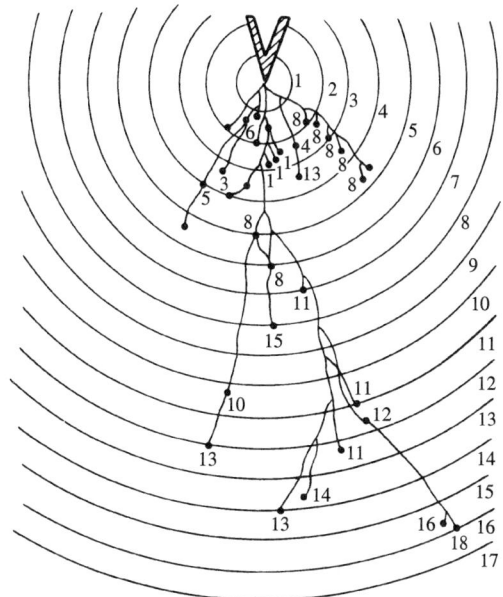

图 4-2-2　有机玻璃中尖—板电极间的不完全击穿通道

定会造成永久性击穿，必须还要增加外施电压，使通道中发出足够的热量，才能将介质造成永久性的破坏和击穿。

（3）在一定程度上有复原特性。在松香和赛璐珞中，由脉冲电压造成的可见的放电通道在数小时后会消失，恢复均匀透明。所以，在无定形体介质中，多次重复脉冲的放电途径可能是不同的。

图 4 - 2 - 2 中，电极为尖—板，尖电极半径为 0.25mm，玻璃厚度为 4.83mm，所加等幅冲击电压总次数为 190 次，波形为 $1/30\mu s$，并不是每次冲击都出现新的击穿通道，所生不完全击穿通道总数为 16，第 n 点表示第 n 通道的末端；相邻顺序的圆半径相差 0.25mm。

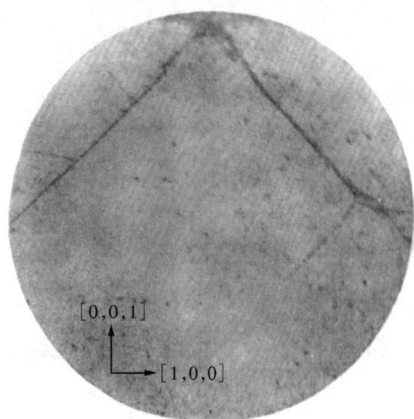

图 4 - 2 - 3　正极性脉冲电压作用下
岩盐的不完全击穿通道（放大到 10 倍）

2. 晶体介质

不完全击穿的显微摄影如图 4 - 2 - 3 所示，其规律性如下。

（1）放电长度主要由脉冲电压的峰值和陡度决定，而与脉冲宽度关系很小。

（2）如放电贯穿全部介质，则立即击穿。

（3）放电途径中的介质无恢复特性，多次重复脉冲的放电将沿同一途径发展，故放电行程将随所加脉冲次数而增长。

（4）放电常沿着某特定的方向发展，例如体对角线、面对角线、一边等。

（5）放电行程长度与脉冲极性有关。

工程实用的固体介质的击穿电压与脉冲次数的关系举例如图 4 - 2 - 4 及图 4 - 2 - 5 所示。

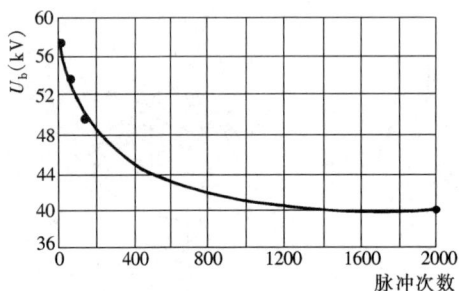

图 4 - 2 - 4　油浸电缆纸（6 层，每层厚 0.18mm）的击穿电压与脉冲次数的关系

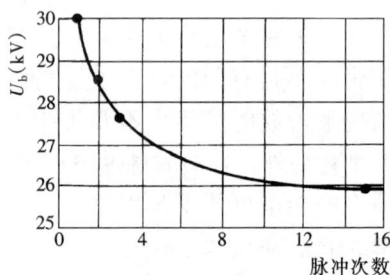

图 4 - 2 - 5　云母绝缘的击穿电压与脉冲次数的关系

§4 - 3　提高固体电介质击穿电压的方法

一、改进绝缘设计

采用合理的绝缘结构，使各部分绝缘的耐电强度与其所承担的场强有适当的配合；对多层性绝缘结构，可充分利用中间多层电容屏的均压作用。改善电极形状及表面光洁度，尽可能使电场分布均匀，把边缘效应减到最小；改善电极与绝缘体的接触条件，消除接触气隙，

或使接触气隙不承受电位差；改进密封结构，确保可靠密封等。

二、改进制造工艺

尽可能地清除固体介质中残留的杂质、气泡、水分等，使固体介质尽可能均匀致密。这可以通过精选材料、改善工艺、真空干燥、加强浸渍（油、胶、漆等）等方法来达到。

三、改善运行条件

如注意防潮，防止尘污和各种有害气体的侵蚀，加强散热冷却（如自然通风、强迫通风、氢冷、油冷、水内冷等）。

§4-4　固体电介质的老化

电气设备中的绝缘材料在运行过程中，由于受到各种因素的长期作用，会发生一系列不可逆的变化，从而导致其物理、化学、电和机械等性能的劣化，这种不可逆的变化通称为老化。

促使绝缘材料老化的因素很多，物理因素如电、热、光、机械力、高能辐射等；化学因素如氧气、臭氧、盐雾、酸、碱、潮湿等；生物因素如微生物、霉菌等。其中最主要的是电老化、热老化和综合性的环境老化。

4-4-1　固体介质的环境老化

环境老化，或称大气老化，包括光氧老化、臭氧老化、盐雾酸碱等污染性化学老化，其中最主要的是光氧老化。对有机绝缘物，环境老化尤为显著。许多国家探索用有机高分子电介质制造各种形式的绝缘子，曾遇到的主要困难就是耐环境老化的性能较差，经多方研究改进，到近期才获得成功。可见，特别是对暴露在户外大气中的有机绝缘，环境老化是必须充分注意的。

太阳光经过地球大气层的过滤到达地面时，虽然其中波长小于290nm的部分已经很少，但波长为290～400nm的紫外光辐射仍相当强烈，约占对地面总辐射能的5%～6%，如果有机绝缘物吸收的紫外线能量大于其化学键的离解能，则键即断裂，造成老化。太阳射到地面的部分紫外线的能量大于多数有机绝缘物中主价键的键能，因而多数有机绝缘物在紫外光的作用下会逐渐老化。

高分子电介质吸收紫外光能量后，有部分分子被激励，当存在氧气或臭氧时，还会引发高分子的氧化降解反应，称为光氧化反应。光氧化反应是环境老化中的重要过程之一。

大气中的臭氧是氧气受光辐射或放电作用形成的，虽然在一般的大气中其含量极少，但如前所述，在高压电气装置的某些部分，常会存在不同程度的电晕或局部放电，这里附近大气中的臭氧含量就可能较多。臭氧与某些有机绝缘物相互作用，会生成氧化物或过氧化物，导致主键的断裂，造成老化。

含有酸、碱、盐类成分的污秽尘埃，与雨、露、霜、雪相结合，对绝缘物的长期作用，显然会对绝缘物（特别是有机绝缘物）产生腐蚀。

以上这些，构成了环境老化的主要内容。

延缓环境老化的方法，主要是改善绝缘材料本身的性能，例如，在材料中添加光稳定剂（反射或吸收紫外光）、抗氧化剂、抗臭氧剂以及使用防护蜡等，此外，也应注意加强高压电气装置的防晕、防局部放电措施。

4-4-2　固体介质的电老化

固体介质在电场的长时间作用下，会逐渐发生某些物理、化学变化，形成与介质本身不同的新物质，使介质的物理、化学性能发生劣化，最终导致介质被击穿，这个过程称为电老化。

电老化主要有三种类型，即电离性老化、电导性老化和电解性老化。前两种主要是在交流电压下产生的，后一种则主要是在直流电压下产生的。

一、电离性老化

在较强的电场（特别是交变电场）作用下，在电极边缘、介质表面、介质夹层或介质内部常会存在某些电离、电晕、局部放电、沿面放电等现象。引起这些现象的主要原因，大多是由于气隙或气泡的存在。气隙或气泡的成因，或者是由于浸渍工艺不完善，使介质层间、介质与电极之间或介质内部留有小气隙；或者是因为浸渍剂冷却时收缩或运行中的热胀冷缩造成小空隙；或者是介质在运行中逐渐分解出气体，形成小气泡；或者是大气中的水分侵入后在电场作用下电离分解造成小气泡。气体介质的相对介电常数接近为1，比固体介质的相对介电常数小得多，在交变电场下，气隙中的场强就比邻近的固体介质中的场强大得多，而其起始电离场强（在常压下）通常又比固体介质的小得多，所以，电离最容易在这些气隙中发生，甚至可能存在稳定的局部放电。气隙的电离将导致下列结果。

（1）局部电场畸变。气隙的电离将造成附近局部电场的畸变，使局部介质承受过高的场强。

（2）带电质点撞击气泡壁，使绝缘物分解。气隙中电离出来的带电质点，在电场的作用下，撞击气泡壁的绝缘物，使绝缘物疲劳损坏；对多数有机绝缘物，还会使它们分解，一般总是分解出一些气体（如氢、氮、氧和烃类气体等）并留下一些固态的聚合物。这些新分解出的气体又加入到电离过程中去，使电离进一步发展。

（3）化学腐蚀。气隙电离会产生 O_3、NO、NO_2 等气体，其反应过程为

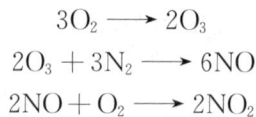

$$3O_2 \longrightarrow 2O_3$$

$$2O_3 + 3N_2 \longrightarrow 6NO$$

$$2NO + O_2 \longrightarrow 2NO_2$$

O_3 是强烈氧化剂，很多有机绝缘物会受到其氧化侵蚀。当有潮气存在时，NO_2 或 NO 还可能与潮气结合成硝酸或亚硝酸，其反应过程为

$$3NO_2 + H_2O \longrightarrow 2HNO_3 + NO$$

这些反应物对绝缘物和金属都会产生腐蚀。例如，对铜的腐蚀，其反应过程为

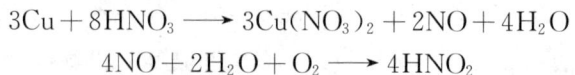

$$3Cu + 8HNO_3 \longrightarrow 3Cu(NO_3)_2 + 2NO + 4H_2O$$

$$4NO + 2H_2O + O_2 \longrightarrow 4HNO_2$$

（4）局部温度升高。电离过程中的能耗必然导致电离区附近的局部温度升高，这将使气泡体积膨胀，使绝缘物开裂、分层、脱壳，并使该部分绝缘的电导和介质损耗增大。

这样，气泡的电离，通过上述多种效应的综合，将近旁的绝缘物破坏、分解（变酥、炭化等），并沿电场逐渐向绝缘层深处发展，最终导致绝缘被贯通击穿。

在某些质地较致密的有机高分子绝缘物中，上述过程常以微观的树枝状的形式发展，称为电树枝。图 4 - 4 - 1

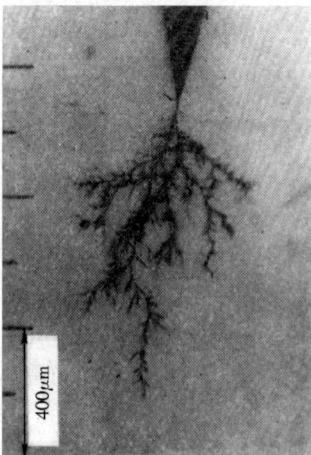

图 4 - 4 - 1 聚乙烯电缆绝缘截面上的电树枝显微照片

示出了聚乙烯电缆绝缘中典型的电树枝放电的显微图形。电树枝常从微观的局部强场处开始产生，以电离的气体管道的形式发展。

正是由于上述因素，所以许多高压电气设备都将其局部放电水平作为检验其绝缘质量的最重要的指标之一。

在直流电压作用下，气隙的电离促使绝缘老化的效应比交流电压作用下弱得多，这是因为两者的机制有很大差异。

在直流电压作用下，当外加电压足够高时，气隙发生电离，但因电场方向恒定不变，故电离出来的带电质点被电场驱赶到气隙两侧壁上，使在气隙中产生一附加的反向电场，如图 4-4-2 所示。电离出的带电质点愈多，此反电场就愈强，反电场使气隙中的合成场强减弱到小于临界场强时，气隙中的电离即停止。此后，两侧壁上的这些带电质点逐渐经由介质的泄漏电导放电中和，附加反电场逐渐消失，气隙中的场强重又逐渐增大，电离重新发生。此后，又因附加反电场的增强而使电离停止，如此不断循环下去。

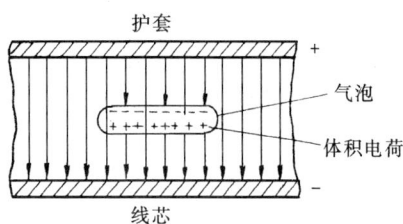

图 4-4-2　直流电压作用下气泡中场强减弱的示意图

在这种放电机制下，气隙中相邻两次电离放电之间的间隔时间，一般达几秒，甚至有达几十秒的。这与交流电压作用下气隙中发生电离的频度相比，使绝缘损坏的效应当然要缓和得多，这是绝缘在直流电压作用下的重要特性之一。

绝缘的局部放电电压是以在该电压的作用下绝缘的局部放电参量（通常以视在电荷量 pC 来表示）不超过某一规定值来定义的，它又分为局部放电起始电压和局部放电熄灭电压两种。前者是从不产生局部放电的较低电压开始升压，到被试绝缘上的局部放电参量达到上述某规定值时的电压；后者则是从超过局部放电起始电压的较高电压逐渐降压，到被试绝缘上的局部放电参量刚小于上述某规定值时的电压。

高压电气设备绝缘的局部放电熄灭电压，必须大于其常态工作电压，且有一定裕度。这样才能使由暂态过电压触发的局部放电，在常态工作电压下定会熄灭。

二、电导性老化

在交流电压作用下，在某些高分子有机绝缘物中，存在另一种性质的电老化，它不是由气泡的电离或某种形式的局部放电引起的，而是由液态的导电物质引起的。如果在两电极之间的绝缘层中（最常见的是在电极与绝缘的交界面处），存在某些液态的导电物质（最常见的是水，也有的是在绝缘制造过程中残留下的某些电解质溶液），则当该处场强超过某定值时，这些导电物质便会沿电场逐渐渗入绝缘层深处，形成近似树枝或树叶状的泄痕，称为水树枝。水树枝的累积发展，将最终导致绝缘层的击穿。

水树枝与电树枝的特征相比较，电树枝具有清晰的分支，树枝管道是连续的；水树枝则常呈现绒毛状一片或多片，有扇状、羽毛状、蝴蝶状等，片与片之间不一定连续。

图 4-4-3 示出电缆绝缘（聚乙烯或交联聚乙烯）截面上的几种水树枝的显微照片。

产生水树枝的机理可能是水或其他电解液中的离子在交变电场作用下往复冲击绝缘物，使其发生疲劳损坏和化学分解，电解液便随之逐渐渗透、扩散到绝缘层深处，形成水树枝。

经验表明，产生和发展水树枝所需的场强，比产生和发展电树枝所需的场强低得多。

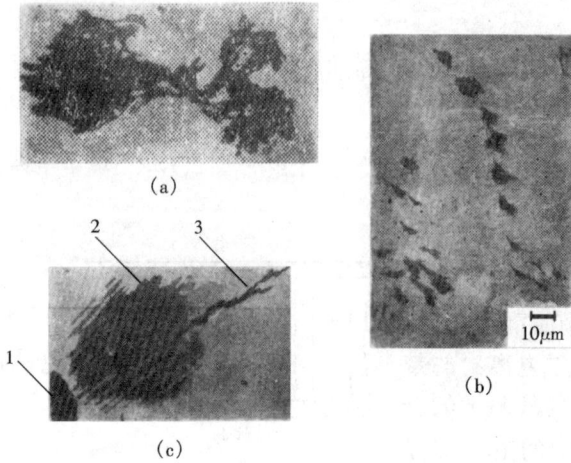

三、电解性老化

在直流电压长期作用下，即使所加电压远低于局部放电起始电压，由于介质内部进行着电化学过程，介质也会逐渐老化，最终导致击穿。

在§1-3中已述及，介质的电导主要是电介质及其中所含杂质分子离解后沿电场方向迁移引起的，具有电解的性质。介质中往往存在某些金属离子和非金属离子，带正电的金属离子到达阴极，被中和电量后，在阴极上还原，淀积成金属物质，逐渐形成从阴极延伸到介质深处的金属性导电"骨刺"。这个过程对于介质

图 4-4-3　电缆绝缘截面上水树枝的显微照片
(a) 蝴蝶状水树枝；(b) 多片（不连续）；(c) 扇状水树枝
（前期长时间加压形成）和线状击穿通道（最后加冲击电压形成）
1—电缆芯线；2—扇状水树枝；3—线状击穿通道

层很薄的电容器绝缘危害尤大。

介质中的非金属离子（如 H^+、O^{2-}、Cl^- 等）迁移到达电极，被中和电量后，形成活性极高的该类物质原子。它们或是再与介质分子起化学反应，形成新的有害的化合物，使电介质受到破坏；或是与金属电极起化学反应，形成对金属电极的腐蚀；或是以气体分子的形式存在，形成小气泡。

当有水分侵入介质时，水本身就能离解出 H^+ 和 O^{2-} 离子，加速电解性老化。温度升高时，自然会加速一切化学和电化学反应，电解性老化也随之加快。

四、电老化对绝缘寿命的影响

当绝缘的工作温度恒定不变时，由电老化决定的固体绝缘寿命的平均值 τ 与所加电场强度 E 之间的关系，在大多数情况下，符合下列经验公式

$$\tau = KE^{-n} \qquad (4-4-1)$$

式中：K 为与绝缘材料、绝缘结构等因素有关的常数；n 为表示老化速度特性的指数，也与绝缘材料、绝缘结构有关。式（4-4-1）的适用范围为：所加场强 E 尚不导致绝缘介质中出现显著的局部放电或绝缘破坏，它一般不超过长期工作场强的 $2\sim3$ 倍。式（4-4-1）也可写为

$$\lg\tau = \lg K - n\lg E \qquad (4-4-2)$$

式（4-4-2）在对数坐标纸上为一直线，如图 4-4-4 所示。

利用这个原理可以进行提高场强下的加速老化寿命试验。

对于某一种绝缘结构，由实验求出对应于某几种提高场强（E_1、E_2…）下的平均寿

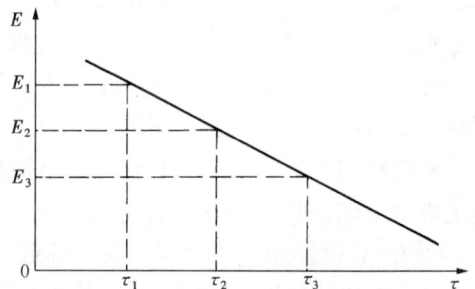

图 4-4-4　恒温下由电老化决定
的固体绝缘寿命 τ 与场强 E 的关系

命（τ_1、τ_2…），绘制出如图 4-4-4 所示的斜线，由此求出斜率 n，即可推算出该绝缘在长期工作场强下的平均寿命。

4-4-3　固体介质的热老化

在较高温度下，固体介质会逐渐热老化。热老化的主要过程为热裂解、氧化裂解、交联，以及低分子挥发物的逸出。热老化的象征大多为介质失去弹性、变脆、发生龟裂，机械强度降低，也有些介质表现为变软、发黏、失去定形，与此同时，介质的电性能变坏。

对各种有机绝缘材料热老化试验研究的结果表明：这些材料热老化的程度主要取决于温度及热作用时间。此外，诸如空气中的湿度、压强、氧的含量、空气的流通程度等对热老化的速度也有一定影响。

存在一个短时上限工作温度 θ_{ul}，超过此温度时，绝缘将发生急剧的热损坏，因而，任何情况下都不允许超过的 θ_{ul}。即使稍低于此温度，绝缘的热损坏也已相当强烈，以至只有在某些特殊的情况下，才允许短时（例如不超过几十分钟）工作作为应急措施。

为了使绝缘材料能有一定的、经济合理的工作寿命，还应探求出与之相应的最高持续工作温度，其意义为绝缘即使持续地在此温度下工作，尚能确保其一定的、经济合理的工作寿命。显然，各种绝缘材料的最高持续工作温度不是一个简单明显的临界值，而是与其合理的寿命相联系的、需经综合技术经济比较后才能大致确定的值。根据这个概念，国际电工委员会将各种电工绝缘材料按其耐热程度划分等级，并确定各等级绝缘材料的最高持续工作温度，如表 4-4-1 所示。

表 4-4-1　　　　　　　　　　　电工绝缘材料的耐热等级

级别	最高持续工作温度（℃）	材　料　举　例
Y	90	未浸渍过的木材、棉纱、天然丝和纸等或其组合物；聚乙烯、聚氯乙烯、天然橡胶
A	105	矿物油及浸入其中的 Y 级材料；油性漆、油性树脂漆及其漆包线
E	120	由酚醛树脂、糠醛树脂、三聚氰胺甲醛树脂制成的塑料、胶纸板、胶布板；聚酯薄膜及聚酯纤维；环氧树脂；聚胺酯及其漆包线；油改性三聚氰胺漆
B	130	以合适的树脂或沥青浸渍、黏合或涂覆过的或用有机补强材料加工过的云母、玻璃纤维、石棉等的制品；聚酯漆及其漆包线；使用无机填充料的塑料
F	155	用耐热有机树脂或漆所粘合或浸渍的无机物（云母、石棉、玻璃纤维及其制品）
H	180	硅有机树脂、硅有机漆或用它们粘合或浸渍过的无机材料、硅有机橡胶
C	220	不采用任何有机粘合剂或浸渍剂的无机物，如云母、石英、石板、陶瓷、玻璃或玻璃纤维、石棉水泥制品、玻璃云母模压品等；聚四氟乙烯塑料

实际上，电气设备的绝缘通常都不可能在恒温下工作，其工作温度是随着昼夜、季节等环境温度而变的，更主要的是随着负荷电流（和电压）波动等因素而有强烈的变化。在这种情况下，绝缘的寿命可采用下述的热损坏累积计算法求得。

研究指出，在温度低于上限工作温度范围内，变压器绕组通用的油纸绝缘由热老化所决定的绝缘寿命可以按式（4-4-3）近似估计〔此式称为蒙辛格热老化规则，它是阿伦尼斯化学热老化定律的简化式，变压器绕组通用的油纸绝缘在常遇的温度范围内，蒙辛格热老化规则已有足够的准确度。（对近年来研发出的新型绝缘材料，其热老化规律则需另作计算）〕

$$T = Ae^{-\alpha(\theta-\theta_0)} = Ae^{-\alpha\Delta\theta} \tag{4-4-3}$$

式中：T 为实际工作温度下绝缘的寿命，年；A 为基准工作温度下绝缘的寿命，年；θ 为绝缘物的实际工作温度,℃;θ_0 为绝缘物的基准工作温度,℃;α 为热老化系数,由绝缘的性质、结构等因素决定,对 A 级绝缘,此系数约为 $0.065 \sim 0.12$。

绝缘在实际工作温度下的相对（相对于基准工作温度）热损坏度〔也称相对热老化率（瞬时值）〕为 $p \stackrel{\text{def}}{=\!\!=} A/T$。绝缘在某一时间（$t_1 \sim t_2$）内总的热损坏度为 $Q \stackrel{\text{def}}{=\!\!=} \int_{t_1}^{t_2} p \mathrm{d}t$。绝缘在（$t_1 \sim t_2$）期间的平均相对热老化率（标幺值）$L$ 为

$$L \stackrel{\text{def}}{=\!\!=} \frac{1}{t_2 - t_1} \int_{t_1}^{t_2} p \mathrm{d}t \qquad (4\text{-}4\text{-}4)$$

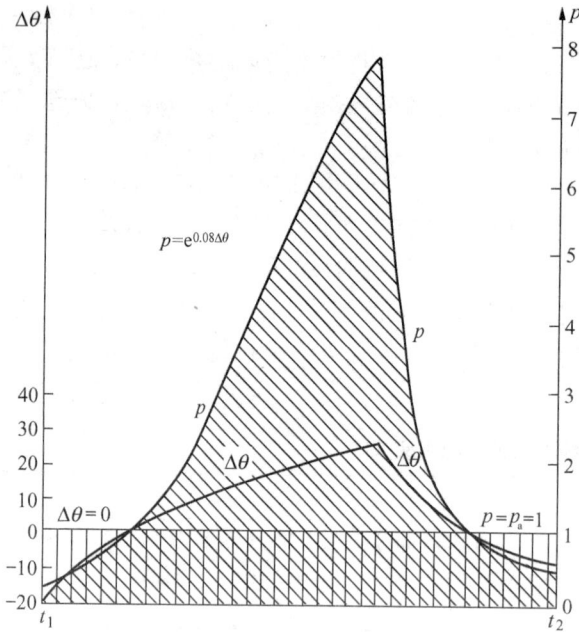

图 4-4-5　绝缘热损坏累积计算图（举例）

由式（4-4-3）可见,如绝缘物在恒定不变的基准工作温度 θ_0 下工作,则绝缘的相对热老化率 $p_0 = A/T = 1$。在 $t_1 \sim t_2$ 时间内绝缘总的热老化率将为 $Q_0 = \int_{t_1}^{t_2} p_0 \mathrm{d}t = (t_2 - t_1) \times 1$,如图 4-4-5中垂直阴影线所包的面积。但是绝缘物实际上是在变化温度下工作的,其瞬时温度与基准工作温度相差 $\Delta\theta = \theta - \theta_0$,则此瞬时,绝缘的相对热老化率即为 $p = A/T = \mathrm{e}^{\alpha\Delta\theta}$,在 $t_1 \sim t_2$ 时间内总的热老化率即为 $Q = \int_{t_1}^{t_2} p \mathrm{d}t = \int_{t_1}^{t_2} \mathrm{e}^{\alpha\Delta\theta} \mathrm{d}t$,如图 4-4-5 中斜阴影线所包的面积。如果 $Q = Q_0$,即不同阴影线所包的两块面积相等,则可认为在同一时间（$t_1 \sim t_2$）内,在变温下工作（在绝缘的最高温度小于其上限工作温度的条件下）的该绝缘的总热老化率等于在恒定基准工作温度下工作时该绝缘的总热老化率。根据这个原则,即可确定在变温下工作的绝缘,其工作温度允许变化范围及持续时间,由此即可确定某些电气设备的允许负荷变化的规律。短时工作制或反复短时工作制下电气设备的短时允许过热及其负荷能力,通常也是根据这个原则制定的。

可以利用式（4-4-3）的关系来进行提高温度下的加速老化寿命试验。这里应该注意,不能简单地仅由静止和恒温条件下试得的结果来推断,因为在实际运行中还存在着温度的变化、各种机械应力、电动力、振动、潮气和其他气体等的作用,所以,这些绝缘在使用中的真正寿命,还应根据实际运行条件作适当的修正。

对各种类型的电气设备,在按照其实际运行条件作修正后获得的该类设备绝缘寿命与其工作温度之间的关系,有时应用"10 度规则"、"8 度规则"、"6 度规则"等名词来简明地表达。意思是说,该类设备绝缘的工作温度如提高 10、$8℃$ 或 $6℃$,绝缘寿命便缩短到原有的一半。这实质上即相当于式（4-4-3）中的 α 值分别为 0.0693、0.0866 或 0.1155。

很多电气设备（如旋转电机、变压器、电缆、电容器等）的寿命主要是由其中最薄弱环

节即绝缘的寿命来决定的。对正常合理的设备来说，造成严重电老化的因素（如电晕、局部放电、沿面放电等）是不允许存在的，环境老化通常也是很缓慢的，这样，设备绝缘的寿命主要就由热老化来决定。

对于绝缘寿命主要由热老化来决定的设备，则设备的寿命就与其负荷情况有极密切的关系。同一设备，如果允许负荷大，则运行期投资效益高，但必然使该设备温升高，绝缘热老化快，寿命短；反之，如欲使设备寿命长，则必须将使用温度限制得较低，也即允许负荷较小，则运行期投资效益就会降低。

综合考虑以上诸因素，为使能获得最佳的综合经济效益，每台电气设备都将有一经济合理的正常使用期限。在当前，对大多数常用电力设备（例如发电机、变压器、电动机等）来说，这个期限一般定为20～30年，即该设备的寿命不应小于这个期限，但也不必超过太多。根据这个预期的寿命，就可以定出该设备绝缘中最热点的基准工作温度，在此温度下，该设备的绝缘能保证在上述正常使用期限内安全工作。

但是，实际上，电气设备的绝缘，通常都不可能长年在恒定的基准工作温度下工作。即使该设备的负荷长年不变，由于昼夜、四季等周围气温的变化，绝缘的实际工作温度也会随之作相应的变化。在周围气温和负荷都在不断变化的实际情况下，怎样才能既充分利用设备的负荷能力，又保证设备有合理的使用寿命呢？今以电力变压器为例，进行具体分析说明。

首先要确定该类设备的基准工作寿命。根据技术经济综合比较，我国现行政策确定：电力变压器经济合理的工作寿命为20年。据此，可确定电力变压器绕组通用的油纸绝缘最热点的基准工作温度常年为98℃，并将绕组绝缘在此温度下的相对老化率定为1。

对这类绝缘，国际上公认其上限工作温度一般为140℃，只有在不得已的情况下，在极短时间内（例如<0.5h）才允许略超过一些，但绝不可超过160℃。

根据试验和统计资料得出：当这类绝缘的工作温度在80～140℃范围内变化时，绝缘的寿命损失可按6度法则估计，也即取绝缘的热老化系数 α 值为0.1155。

根据上述各点，可得这类绝缘在不同温度下 θ（℃）下的相对热老化率 $p = e^{a\Delta\theta} = e^{0.1155(\theta-98)}$，如表4-4-2所示。由表4-4-2可见，这类绝缘在140℃时的相对热老化率已为基准工作温度（98℃）时的128倍。

表4-4-2　　　　　　油浸电力变压器绝缘的相对热老化率与温度的关系

温度 θ（℃）	80	86	92	98	104	110	116	122	128	134	140
相对热老化率 p	0.125	0.25	0.5	1.0	2.0	4.0	8.0	16.0	32.0	64.0	128

我国油浸电力变压器是按下列条件设计的。基准环境温度为20℃；在额定负荷长时间作用下，绕组平均温升为65℃；绕组最热点的温升通常比平均温升高出约20%，即约高13℃，则绕组最热点的温升为78℃，加上基准环境温度20℃，则绕组绝缘最热点的温度常年为98℃，这样，可得变压器相应的正常寿命为20年。

影响绕组最热点温度的主要因素有三，即环境温度、负荷、变压器自身的一系列热特性参数（包括冷却方式）。我国国家标准GB/T 1094.7—2008《油浸式电力变压器负载导则》（以下简称"导则"）对这三个因素是这样处理的。

1. 对变压器自身的热特性参数的处理

对某一给定的变压器来说，本项参数是恒定不变的，当然最好采用制造厂给出的实际参数，如缺乏此项实际参数，"导则"中则按变压器的性质、容量和冷却方式分为四类，并提供了各类通用的热特性参数。

（1）油浸自冷（ONAN）配电变压器。

（2）油浸自冷（ONAN）或油浸风冷（ONAF）中、大型电力变压器。

（3）强油风冷（OFAF）或强油水冷（OFWF）中、大型电力变压器。

（4）强油导向风冷（ODAF）或强油导向水冷（ODWF）中、大型电力变压器。

2. 对环境温度的处理

（1）对户外自冷式变压器，以实际气温计；对处在包围体内运行的变压器，"导则"中给出了对环境温度计算的校正办法；对水冷式变压器，则以入口水温作环温。

（2）对热老化的计算采用加权环温（也称等值环温）。在一特定的时间内（可以是几天、几个月甚至是一年），由恒定的加权环温所引起的绝缘老化率（即寿命损失量）等效于同一期内实际变化的环温按前述"6度法则"所引起的绝缘老化率。"导则"中给出了加权环温的计算方法。

（3）当对很多天进行计算时，把每天的环温变化近似地视为按正弦律变化；当对几个月或全年期间进行计算时，把环温变化近似地视为按两个正弦律变化的曲线。第一个正弦曲线表述全年内"日平均环温"的变化；第二个正弦曲线则表示每天的环温变化。

3. 对负荷变化的处理

可分为正常过负荷和应急过负荷两类。先讨论正常过负荷。实际上，变压器的负荷是经常变化的。每昼夜中，有些时间的负荷会低于额定值，绕组的温升就较小，绝缘的累积热损坏比额定负荷时少一些。于是，在高峰负荷期间，就可以允许有一定量和一定延续时间的过负荷，称为正常过负荷，其允许过负荷量和延续时间按在变化负荷下每昼夜绝缘寿命损失与恒定为额定负荷下的绝缘寿命损失相等效的原则确定。这种正常过负荷是每天都可行的，它并不会缩短变压器的正常工作寿命。

允许的正常过负荷量和延续时间受到变压器的热特性参数（包括油循环冷却方式等）、环境温度、全天的负荷曲线情况、全天平均相对老化率 L_d（应≤1）等因素的影响。

允许的应急过负荷量和延续时间是按下述原则确定的：在应急过负荷延续时间内的平均相对老化率 L 的值允许远大于1，但不得超过以下四项限值：

（1）任何时候，应急过负荷电流（标幺值）不得超过规定的上限值；

（2）变压器经受此应急过负荷后，绝缘最热点的温度及与绝缘材料接触的金属部件的温度不得超过规定的上限值；

（3）其他金属部件的温度不得超过规定的上限值；

（4）顶层油温不得超过规定的上限值。

"导则"中对不同类型的变压器给出了上述四项限值。应该说，正常过负荷时，也同样必须遵守不超过这四项限值，只是正常过负荷时，因受 L_d≤1 条件所限，一般都不会超过这四项限值。

允许的应急过负荷量和延续时间显然受下列因素的影响：变压器的热特性参数（包括油循环冷却方式等）；当时的环境温度；此前的变压器运行温度（主要由此前的负荷情况和环温决定）。在计及上述影响因素的条件下，变压器的应急过负荷运行应保证不超过上述四项限值。

由上述可见，无论是正常过负荷或应急过负荷对变压器热点温度和绝缘寿命损失的计算都是很繁复的，"导则"中给出了对热点温度和绝缘寿命损失的计算方法和实例。

应该说，近期取得的两大技术进步，使对高压电气设备绝缘热点温度及相对应的绝缘寿命损失量的操控提高到了一个新的水平。

（1）热传递微分方程计算软件的开发。它使用于任意的时变负荷系数 K 和环境温度 θ_a。

（2）用光导纤维探头（光纤温度传感器）对高压电气设备任意点绝缘的温度进行直接测量。

以上两项技术成就使对高压电气设备绝缘热老化进程作及时有效的在线操控成为现实。

以上仅以电力变压器为例，说明绝缘的热老化因素对高压电气设备的负荷能力和自身寿命起着何等重要的作用。

§4-5　液体电介质击穿的机理

充作高电压绝缘用的液体介质主要是矿物油和合成油两大类，少数场合也有用蓖麻油的。

获得最广泛应用的是矿物油，它是从石油中提炼出来的由许多种碳氢化合物（即一般所称的"烃"）组成的混合物。其中绝大部分为：烷烃（C_nH_{2n+2}）、环烷烃（C_nH_{2n}）和芳香烃（C_nH_{2n-m}）这三种，此外，还有少量其他多达上千种的化合物和元素。不同地区出产的矿物绝缘油，上述这三种主要烃类含量的比例也多有不同。按不同成分和经不同精制过程（包括不同的添加剂）后分别适用于不同电气设备的绝缘油，分别称为变压器油、电容器油、电缆油和开关油等。

从20世纪30年代起，国际上开始研制合成油。作为电容器浸渍剂的氯化联苯〔由联苯（$C_{12}H_{10}$）经氯化制成，从一氯联苯到十氯联苯的统称，用得最多的是三氯联苯（$C_{12}H_7Cl_3$）〕，曾以其各方面的优异性能获得很大的成功，在20世纪50~60年代，在电容器浸渍剂领域，在世界范围内占压倒优势，后因其毒性对环境产生污染而被禁止。其后，各国竞相探索新的合成绝缘油，达到工业实用水平的有烷基苯、烷基萘、有机硅油、氟化硅油、各种有机合成脂类、聚丁烯和丁基氯化二苯醚等，但大多因尚不够理想、不够成熟或成本太高等原因，未获广泛应用。只有十二烷基苯（分子中平均含碳原子数为12的烷基苯的混合物）成功地应用于充油电缆和浸渍电容器。此外，有机硅油也有较多应用。到20世纪80年代，研制成性能较为满意的并成功地应用于生产的合成油主要有异丙基联苯（IPB）、二芳基乙烷（PXE）和EDISOL等。但它们目前还仅供浸渍电容器用，其他高压电气设备中应用的液体介质，还是矿物油占压倒优势。为此，本节中仍以矿物油为主来加以讨论。

目前对液体介质击穿机理的研究远不及对气体介质的研究，至今还提不出一个较为完善的击穿理论，其主要原因在于工程用液体介质中总含有某些气体、液体或固体杂质，这些杂质的存在对液体介质的击穿过程影响很大。因此，宜将液体介质分为纯净的和工程上用的（不很纯净的）两类来加以讨论。常遇到的是工程上实用的液体介质，其中尤以变压器油最为广泛，故在以后的讨论中，将以变压器油为主要对象，并常简称为"油"。

一般认为，纯净的液体介质的击穿过程基本上与气体介质的击穿过程相似。在液体介质中总会有一些最初的自由电子，这些电子在电场作用下运动，产生撞击电离而导致击穿。

液体介质的密度远比气体介质大，其中电子的自由程很短，不易积累到足以产生撞击电离所需的动能，因此纯净液体介质的耐电强度总比常态下气体介质的耐电强度高得多，前者可达 10^6 V/cm 数量级，而后者则仅有 10^4 V/cm 数量级。纯净液体介质的击穿完全由电的作用造成，属于电击穿的性质。

工程用的液体介质总是不很纯净的，原因是即使以极纯净的液体介质注入电气设备中，在注入过程中就难免有杂质混入；液体介质与大气接触时，会从大气中吸收气体和水分，且逐渐被氧化；常有各种纤维、碎屑等从固体绝缘物上脱落到液体介质中来；在设备运行中，液体介质本身也会老化，分解出气体、水分和聚合物。这些杂质的介电常数和电导与纯净液体介质本身的相应参数不等同，这就必然会在这些杂质附近造成局部强电场。由于电场力的作用，这些杂质会在电场方向被拉长、定向；还将受到拉向强电场方向的力（如果 $\varepsilon_p > \varepsilon_l$），或受到相反方向的力（如果 $\varepsilon_p < \varepsilon_l$）（此处 ε_p 为杂质的介电常数，ε_l 为该液体介质的介电常数）。这样，在电场力的作用下，这些杂质会逐渐沿电力线排列成杂质的"小桥"。如果此"小桥"贯穿于电极之间，则由于组成此"小桥"的杂质的电导较大，使泄漏电流增大，发热增多，促使水分汽化，形成气泡；即使杂质"小桥"尚未贯穿全部极间间隙，在各段杂质链端部处液体介质中的场强也将增大很多。气泡的介电常数和电导率均比邻近的液体介质小得多，所以，气泡中的场强比邻近液体介质中的场强大得多，而气泡的耐电场强却比邻近液体介质小得多，所以，电离过程必然首先在气泡中发展。"小桥"中气泡的增多，将导致"小桥"通道被电离击穿。这一过程是与热过程紧密联系着的，属于热击穿性质，也有人将它称为杂质击穿。

总的来说，液体介质的击穿理论还很不成熟，虽然有些理论在一定程度上能解释击穿的规律性，但大都只是定性的，在工程实际中还只能靠实验数据，即使是实验数据，其分散性也很大，但其平均值和最低值还较稳定，可以作为设计计算的依据。

§4-6 影响液体电介质击穿电压的因素

4-6-1 液体介质本身品质的影响

在较均匀电场和持续电压作用下，介质本身的品质对击穿电压有较大的影响。

通常用标准试油器按标准试验方法测得的工频击穿电压来衡量油的品质。在以下的叙述中谈到油的品质时，如没有另加说明，就是指上述按国家标准测得的工频击穿电压。

各国的标准试油器不尽一样，因此同一种油，在各国不同的标准试油器中测得的结果不会完全一致。

理想的标准试油器应能灵敏和准确地反映绝缘油的质量，试油器中电极的形状、尺寸、电极间距和电极工作面光洁度这四个因素对试验结果的影响最大。

我国的标准试油器对这四个主要因素的规定前后有较大的改变。

1977 年制定的国家标准 GB 507—1977《电气用油绝缘强度测定法》规定电极的形状、尺寸和间距如图 4-6-1（a）所示。电极为一对平行的圆盘，直径 25mm，厚 7～8mm，圆盘周边为 $r=2$mm 的圆角，电极间距为 2.5mm（没有规定间距的允差），对电极工作面的光洁度规定为▽9。

1986 年，在参照了国际电工委员会标准（IEC 156）的基础上，制定了新的国家标准

GB 507—1986《绝缘油介电强度测定法》（代替 GB 507—1977）。规定电极的形状尺寸有两种：一为直径 12.5～13mm 的圆球形，如图 4-6-1（b）所示；另一为球盖形（也称蘑菇形）电极，直径为 36mm，电极工作面为 $r=25mm$ 的球面，如图 4-6-1（c）所示。两种电极的间距均为 2.5±0.1mm。对电极工作面的光洁度无确切规定，只说电极面应光滑。

1992 年，我国能源部制定了国家电力行业标准 DL/T 429.9—1991《绝缘油介电强度测定法》，对电极形状、尺寸和电极间距，均恢复了 GB 507—1977 的规定，如图 4-6-1（a）所示，仍采用平行圆盘电极系统，只是电极的厚度改为 4mm；电极间距的允差规定为 ±0.05mm；对电极工作面的光洁度无确切规定。

值得注意的是，该标准申明"本方法适用于验收到货的新绝缘油和电压在 220kV 以下的电力设备内的油"，而对"经过滤处理、脱气和干燥后的油及电压高于 220kV 以上的电力设备内的油"，则"应按 GB 507—1986 采用球盖形电极进行试验"。

2002 年，原国家标准 GB 507—1986 作了修订，更新为 GB/T 507—2002《绝缘油击穿电压测定法》。新标准中的电极形状、尺寸、间距和工作面光洁度等均保留原标准的规定未变，只是将电极间距的允差改为 ±0.05mm。

这样，我国现今实际上就平行地存在三种标准试油电极系统。

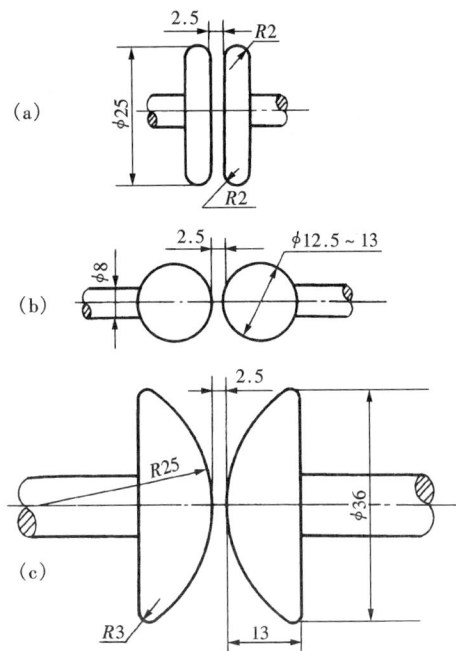

图 4-6-1　我国标准试油器的电极
(a) 圆盘形电极；(b) 圆球形电极；
(c) 球盖形（蘑菇形）电极

以上是介绍我国近期对绝缘油介电强度测试标准的制定和修改情况。

从技术性能方面看，如图 4-6-1（c）所示的球盖形（蘑菇形）电极系统的优点如下。

油中的杂质（包括游离水微粒）在电场中被极化后，其长轴会按电场方向定向，并向强场方向吸引运动，该电极系统能使至少在直径为 36mm 的大范围空间中的杂质，在试验逐渐升压的过程中，会向唯一的强场区（中轴线）集中，这就使电极间的击穿电压能较灵敏和准确地反映绝缘油的质量。

蘑菇形电极系统的最小间距只有一线（即中轴线），用塞规即可准确调节；圆盘形电极系统则要求在整个圆盘面范围内均需保持等距，而且其中一个圆盘电极的轴向位置还必须是可调的，轴与轴承之间总还有配合间隙，此时，要保持两圆盘面的高精度平行，这就难得多。

必须指出，在标准试油器中所测得的油的击穿电压只能作为对油的品质在耐电强度方面的衡量标准，不能用此数据来直接计算在别的不同条件下油间隙的击穿电压，因为同一种油在不同条件下的耐电强度是有很大差别的。

下面分别讨论油本身的某些品质因素对耐电强度的影响。

（1）化学成分。矿物油中各种成分含量的比例对油的理化性能有一定影响，而对油的短时耐电强度则没有明显的影响。

（2）含水量。水分在油中有两种状态。一种是以分子状态溶解于油中，这种状态的水分对油的耐电强度影响不大；另一种是以乳化状态悬浮在油中，这种状态的水分对油的耐电强度有很强烈的影响。水分在油中的某种存在状态不是一成不变的，而是随着温度的变化而相互转化的。在 0～80℃ 范围内，温度升高时，后一种向前一种转化；温度降低时则相反。低于 0℃ 时，水分将逐渐凝结成冰粒；高于 80℃ 时，水分将逐渐蒸发汽化。显然，固态和气态水分对油的耐电强度的影响不同于液态水分，这种情况将留待在下文中去讨论，这里只讨论液态游离水分的影响。

在一定的温度下，油内可存含一定量的饱和游离水分。如 25℃ 时约为 0.2g/L，70～80℃ 时约为 0.54g/L，过多的水将沉于容器底部。

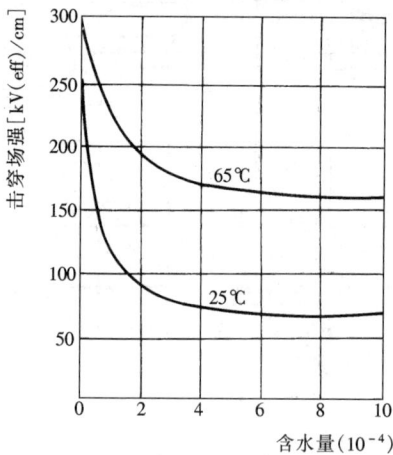

图 4-6-2　油中含水量
（体积比）对击穿场强的影响

图 4-6-2 表示油中含水量（体积比）对击穿场强的影响。由图可见，在常温下，即使只有万分之一的水分，已使油的击穿场强降到只有干燥时的 15％～30％ 了。

（3）含纤维量。当油中有纤维存在时，如前所述，在电场力的作用下，纤维将沿着电力线方向定向排列，形成"小桥"，使油的击穿电压大为降低。纤维有很强的吸附水分的能力，纤维与水分的联合作用对击穿电压的影响尤为强烈。

（4）含炭量。某些电气设备中的绝缘油在运行中常受到电弧的作用。电弧的高温使绝缘油分解，分解出来有的是气体（主要为氢气和烃类气体），有的是液体（主要为低分子烃类），还有就是炭粒等固体物质。炭粒对油的耐电强度有两方面的作用：一方面，炭粒本身为导体，它散布在油中，使炭粒附近局部电场增强，从而使油的耐电强度降低；另一方面，新生的活性炭粒有很强的吸附水分和气体的能力，使一部分水分和气体失去游离性的活动能力，这将使油的耐电强度提高。总的来说，细而分散的炭粒对油的耐电强度的影响并不显著，但炭粒（再加吸附了某些水分和杂质）逐渐沉淀到电气设备的固体介质表面，形成油泥，则易造成油中沿固体介质表面的放电，同时也影响散热。

（5）含气量。绝缘油能够吸收和溶解相当量的气体，其饱和溶解量主要由气体的化学成分、气压、油温等因素而定。

在常压（1atm）下，几种常遇到的气体在油中的饱和溶解度列于表 4-6-1 中。

表 4-6-1　　　　　　常压下气体在变压器油中的饱和溶解度（%，以体积计）

气体名称 温度（℃）	N_2	O_2	H_2	CO_2	CO	CH_4
25	8.48	15.62	5.1	99.1	18.6	38.1
80	9.16	14.85	6.9	56.6	15.3	16.4

这里所说的溶解在油中的气体只是指在目前条件溶解在油中，但并没有与油分子起任何化学变化，且当条件改变时，又能可逆地从油中析出的那些气体，它并不包括被油吸收而已与油分子化学结合的那些气体。

温度对油中气体饱和溶解度的影响是随着气体种类而异的，没有同一的规律；而气压升高时，各种气体在油中的饱和溶解度均会增加，所以，油的脱气处理通常都是在高真空下进行的。

绝缘油中所溶气体的来源，不仅直接来自大气，还有来自油、水、有机绝缘物等分解时所生成的气体。油与大气直接接触时所吸收的气体中绝大部分是氮和氧；从油本身分解出的气体，则大部分为氢和烃类气体；油中的水分被电解时生成氢和氧；油中固体有机绝缘物被破坏分解时生成的气体，则有较多的二氧化碳和一氧化碳。以上这些，都是溶解于油中的气体的来源。

绝缘油吸收和溶解气体后，对油的物理、化学、电气性能产生不同程度的影响。一般来说，气体是以分子状态溶解在油中的，在短时间内对油的性能影响不大，主要只是使油的粘度和耐电强度稍有降低。它的主要危害如下。

(1) 当温度、压力等外界条件有某种改变时，溶解在油中的气体可能析出，成为自由状态的小气泡，容易导致局部放电，加速油的老化，也会使油的耐电强度有较大的降低。

(2) 溶解在油中的氧气经过一定的时间会与油分子发生化学结合，使油逐渐氧化，酸价增大，并加速油的老化。

4-6-2　电压作用时间的影响

电压作用时间对油的耐电强度有很大的影响。不同电场情况的例子如图 4-6-3 和图 4-6-4 所示。

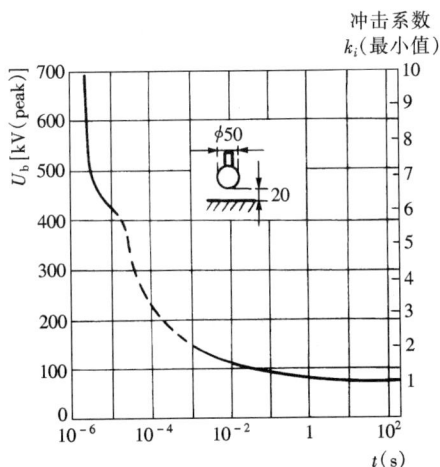

图 4-6-3　稍不均匀电场中
变压器油的伏秒特性
注：虚线表示未经研究过的区域。

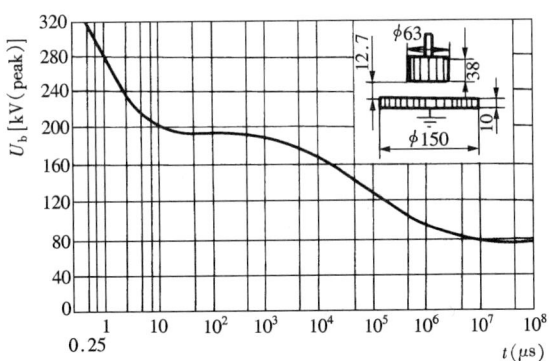

图 4-6-4　圆柱端—板电场下
变压器油的伏秒特性

由图 4-6-3 和图 4-6-4 可见，不论对较均匀电场或不均匀电场，油间隙的击穿电压与电压作用时间的关系与固体介质的这种关系很相似。在电压作用时间很短时（小于毫秒级），具有纯电击穿的性质，击穿电压随电压作用时间变化的规律与气体介质的伏秒特性相似；电压作用时间超过该值时，则将发生热击穿过程，所以，随着电压作用时间的增长，击穿电压又有显著的下降，当作用时间达到几分钟时，击穿电压达稳定值。可见，油的冲击系数，特别是在较均匀电场下，比气体介质的冲击系数大得多。

在工频电压作用下，油的击穿电压与升压速度有关，故试验标准中对升压速度也有规定。如为逐级升高电压，则击穿电压与电压逐级维持时间也有关。一般来说，电压维持时间为 1min 时的击穿电压已经与持久作用时的击穿电压相差很少，故常以 1min 为逐级电压维持时间的标准。

4-6-3 电场情况的影响

由图 4-6-5 可见，在工频电压作用下，如电场较均匀（见图中曲线 2），则油的品质对油隙击穿电压的影响很大；如电场极不均匀（见图中曲线 1），则油的品质对油隙击穿电压的影响很小。这是因为在极不均匀电场下，电极附近的电场很强，造成强烈的电离，电场力对带电质点强烈的吸斥作用使该处的油受到剧烈的扰动，以致杂质和水分等很难形成"小桥"的缘故。

在冲击电压作用下，由于杂质本身的惯性，不可能在极短的电压作用时间内沿电场力线排列成"小桥"，故不论电场均匀与否，油的品质对冲击击穿电压均无显著影响，如图 4-6-6 所示。

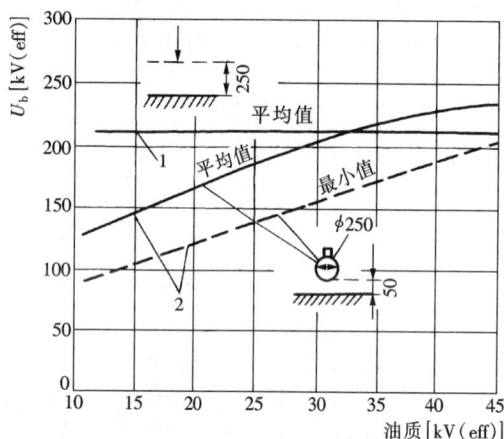

图 4-6-5 不同电场情况下变压器油的
工频击穿电压与油品质的关系

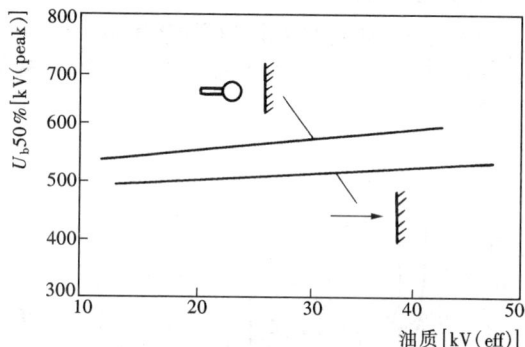

图 4-6-6 冲击电压作用下油隙
击穿电压与油品质的关系
注：半峰值时间为 50μs。

4-6-4 温度的影响

温度对变压器油耐电强度的影响随油的品质、电场均匀度和电压作用时间而异。在较均匀电场和工频 1min 电压作用下工程用变压器油隙的击穿电压与温度的关系如图 4-6-7 中曲线 1 所示。如前所述，水分在油中有两种状态，即分子溶解状态和乳化悬浮状态。前者对油的耐电强度影响很小，而后者则影响很大。受潮的油，当温度从 0℃ 逐渐升高时，水分在油中的溶解性逐渐增大，一部分乳化悬浮状态的水分就转化为溶解状态，使油的耐电强度逐渐增大；当温度超过 60~80℃ 时，部分水分汽化，使油的耐电强度降低；当油温稍低于 0℃ 时，呈乳化悬浮状态的水分最多，此时油的耐电强度最低；当温度继续降低时，水分结成冰粒，冰的介电常数与油相近，对电场畸变的程度减弱，故油的耐电强度又逐渐回升。很干燥的油，就不存在上述变化规律，油的耐电强度只是随着温度的升高单调地降低。

在极不均匀电场中，油隙的击穿电压与温度的关系如图 4-6-7 中曲线 2 所示。在整个油间隙击穿以前，电极锐缘处必然发生电离和扰动，油中的杂质、水分不易形成"小桥"，因而不会出现像均匀电场中那种关系，只是随着温度的上升，击穿电压略有降低。

不论是均匀或不均匀电场，在冲击电压作用下，即使是品质较差的油，油隙的击穿电压与温度仍没有显著关系，随着温度的上升，油隙的击穿电压仅单调地稍有下降，这也是因为杂质、水分在冲击电压作用下来不及形成"小桥"的缘故。

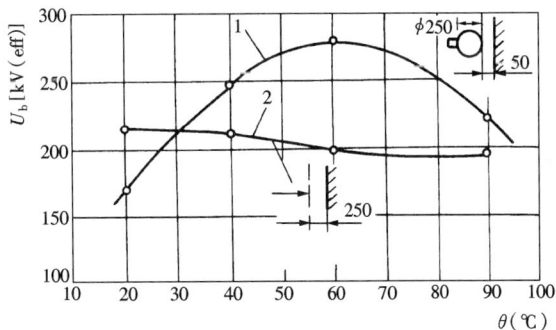

图 4-6-7　不同电场情况下变压器
油隙的工频击穿电压与温度的关系
（电压作用时间为 1min）
1—较均匀电场中；2—较不均匀电场中

4-6-5　压强的影响

工程用变压器油隙，不论电场是否均匀，当压强增加时，其工频击穿电压会随之升高，只是在均匀电场下，这个关系较为显著，但即使是较均匀电场，油隙的击穿电压随压强的增大而升高的程度远不如气隙。而且，若除净油中所含气体，则压强对油隙的击穿电压几乎没有什么影响。这说明油隙的击穿电压随压强的增大而升高的原因在于油中含有气体。

实验指出，在冲击电压作用下，没有发现压强对油隙的击穿电压有明显的影响。

§4-7　提高液体电介质击穿电压的方法

4-7-1　提高并保持油的品质

提高并保持油的品质最常用的方法有以下几种。

一、压力过滤法

这是最方便和最通用的一种方法。油在泵的压力下，连续通过滤油机中大量的滤纸层，油中的杂质（包括纤维、炭粒、树脂、油泥等）被滤纸阻挡，油中大部分的水分和有机酸等也被滤纸纤维所吸附，从而大大提高了油的品质。采用此法时需要注意：

（1）滤纸需先经彻底烘干；

（2）为了降低油的黏度，以便易于通过滤纸，也为了使滤纸更有效地吸附水分，宜将油预热到 45～50℃；

（3）当某些层滤纸的大部分空隙已被过滤出的杂质填满，使油流通过的阻力明显增大时（表现为油流入口处压强的升高），需及时更换新的干燥滤纸。

二、真空喷雾法

把经机械过滤、除掉杂质后的油，加热到 60～70℃，通过喷嘴在真空容器内（残压在 1.33×10^3 Pa 以下）化成雾状（且不断抽真空），油中原含的水分和气体即挥发并被抽去。

三、吸附剂法

绝缘油在运行中会受到各种性质和不同程度的污染。例如，从空气中吸收的水分和油老化析出的水分；老化析出的有机酸类和油泥；从固体绝缘物掉落入油中的纤维、毛屑；电弧、沿面火花放电等形成的炭粒；活动机构操作时磨损造成的金属粉末以及其他杂质等。这些污染物会劣化绝缘油的性能，最好能在运行中及时加以净化。

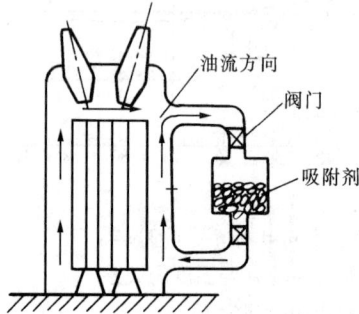

图 4-7-1　吸附剂循环过滤法示意

在运行中尽量保持油品质的方法是吸附剂循环过滤法。吸附剂是一种微小的颗粒，这种颗粒中含有很多毛细管和网状空隙，故具有很大的吸附表面。由于这一点以及由于其化学成分，它对水分和油的老化产物（如某些酸类、树脂类物质）具有很强的吸附能力。运行中自然加热的油通过很厚的一层吸附剂，就可以使油中的水分和老化产物滤去。这种方法的独特优点，在于可以使正在运行中的电气设备（例如变压器）中的油不断地加以净化，如图 4-7-1 所示。常用的吸附剂有：天然的水合硅酸铝、硅胶、活性氧化铝、钠氟石等。吸附剂的吸附量近饱和时，应及时更新。

4-7-2　覆盖

覆盖是紧贴在金属电极上的固体绝缘薄层，通常用漆膜、胶纸带、漆布带等做成。因为它很薄（<1mm），所以，并不会显著改变油中电场分布。虽然如此，但由于覆盖层的存在，使油中杂质、水分等形成的"小桥"不能直接与电极接触，这就在很大程度上减小了流经杂质"小桥"的电流，阻碍了杂质"小桥"中热击穿过程的发展，从而提高油隙的击穿电压。

覆盖的作用既然是与杂质"小桥"密切联系在一起的，那么，在杂质"小桥"的作用较显著的场合，覆盖的效果就会较强，反之，就会较弱。实验结果证实了这一点。

实验指出：油本身品质越差、电场越均匀、电压作用时间越长，则覆盖对提高油隙击穿电压的效果就越显著，且能使击穿电压的分散性大为减小。对一般工程用的油，在工频电压作用下，覆盖的效果大致为：在均匀电场、稍不均匀电场和极不均匀电场中，覆盖可使油隙的工频击穿电压分别提高约 70%～100%、50%～70% 和 20%～50%。

实验指出，覆盖上如有个别穿孔或击穿（但无明显烧焦者）等情况对油隙击穿电压没有很大影响，这可能是杂质"小桥"和电极接触点的位置具有概率统计性质的缘故。

在冲击电压作用下，覆盖几乎不起什么作用。

4-7-3　绝缘层

绝缘层在形式上就像加厚了的覆盖（有的可厚达几十毫米），但其作用原理与覆盖不同。它通常只用在不均匀电场中，包在曲率半径较小的电极上。如果没有该绝缘层，这些电极附近强场区中的油就可能发生电晕，从而容易发展到整个油间隙的击穿。现在有了绝缘层，强场区的空间被固体绝缘层所填充，固体绝缘层的介电常数比油大得多，这就能降低这部分空间的场强；固体绝缘层的耐电强度也较高，不会在其中造成局部放电。固体绝缘层的厚度应做到使其外缘处的曲率半径足够大，致使此处油中的场强减小到不会发生电晕或局部放电的程度。

变压器高压引线和屏蔽环通常都包有绝缘层，举例如图 4-7-2 所示。充油套管的导电杆上也包有绝缘层，这些都是应用绝缘层常见的例子。

4-7-4　极间障

极间障（又称屏障或隔板）是放在电极间油隙中的固体绝缘板，通常用各种厚纸板做成，也有用胶纸板或胶布层压板做成的；其形状可以是平板、圆筒、圆管等，视具体情况而定；其厚度通常为 2～7mm，主要由所需机械强度来决定。

极间障的主要作用是它能机械地阻隔杂质"小桥"成串。对直流电压来说，它还有另外一个作用，那就是在不均匀电场中，当曲率半径小的电极附近因电场强而先发生电离时，电离出来的自由离子被极间障阻挡并分布地积聚在极间障的一侧，使极间障另一侧油隙中的电场变得比较均匀，从而提高油间隙的击穿电压。

在极不均匀电场（如棒—板）中，在工频电压作用下，当极间障与棒极距离 S' 为总间隙距离 S 的 15%～25% 时，极间障的作用最大，此时，油隙的击穿电压可达无极间障时的 200%～250%。当极间障过分靠近棒极时，有可能引起

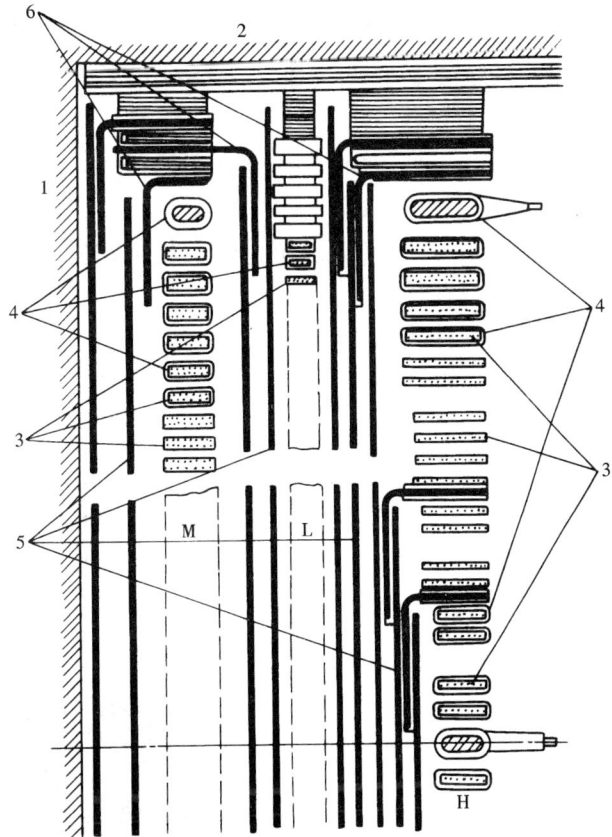

图 4-7-2　三绕组电力变压器主绝缘结构
（高压绕组的额定电压为 220kV；引出线在绕组中部）
H—高压绕组；L—低压绕组；M—中压绕组
1—芯柱；2—铁轭；3—绕组线饼；4—绝缘层；
5—极间障（圆筒形）；6—极间障（圆环形）

棒极与极间障之间的局部击穿。局部击穿能逐渐破坏极间障，这是应注意避免的。

在较均匀电场中，极间障的最优位置仍在 $S'/S \approx 0.25$ 处。即使在此最优位置，油隙的平均击穿电压（工频、1min 分级加压法）也只能提高约 25%，不过它能使击穿电压的分散度减小。这样，在最有利条件下，有或无极间障时，油隙的最小击穿电压值之比可达 1.35～1.50。

为了使极间障能充分发挥作用，极间障的面积应足够大，以避免绕过其边缘的放电，最好是将极间障的形状做成与电极的形状接近相似并包围电极。

极间障的厚度超过机械强度所要求的厚度是不必要的，而且是没有好处的。特别在较均匀电场中，由于极间障材料的介电常数比油大得多，过厚的极间障的存在，反而会增大油隙中的场强。

在较大的油间隙中，如以适当间隔配置几个极间障，可使油隙的击穿电压更为提高。在变压器和充油套管中常应用多个极间障。

三绕组电力变压器主绝缘结构如图 4-7-2 所示。

在冲击电压作用下，油中杂质来不及形成"小桥"，极间障的作用也就很小了。

§4-8 液体电介质中的沿面放电

在液体介质中沿固体介质表面放电的各种规律，与气体介质中沿面放电的规律十分相似。

与在气体中一样，电场状况也可分为两大类：

(1) 电场具有弱法线分量；

(2) 电场具有强法线分量。

图4-8-1为冲击电压作用下油中沿面滑闪放电的照片。

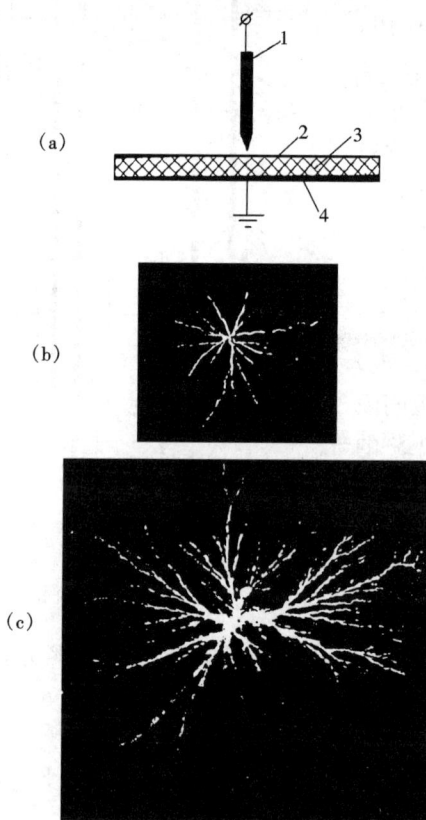

图4-8-1 冲击电压作用下油中沿面滑闪放电的照片

(a) 试品布置；(b) +5/2500μs，40.5kV；(c) +5/2500μs，70.9kV

1—电极（φ3mm 铜棒，圆锥形头）；2—感光胶片；

3—纸板，厚6mm；4—电极（铁板）

不同电场情况下的油中沿面放电的规律举例如图4-8-2所示。

提高液体介质中沿面放电电压的方法，与在气体介质中类似，主要也是屏障和屏蔽。

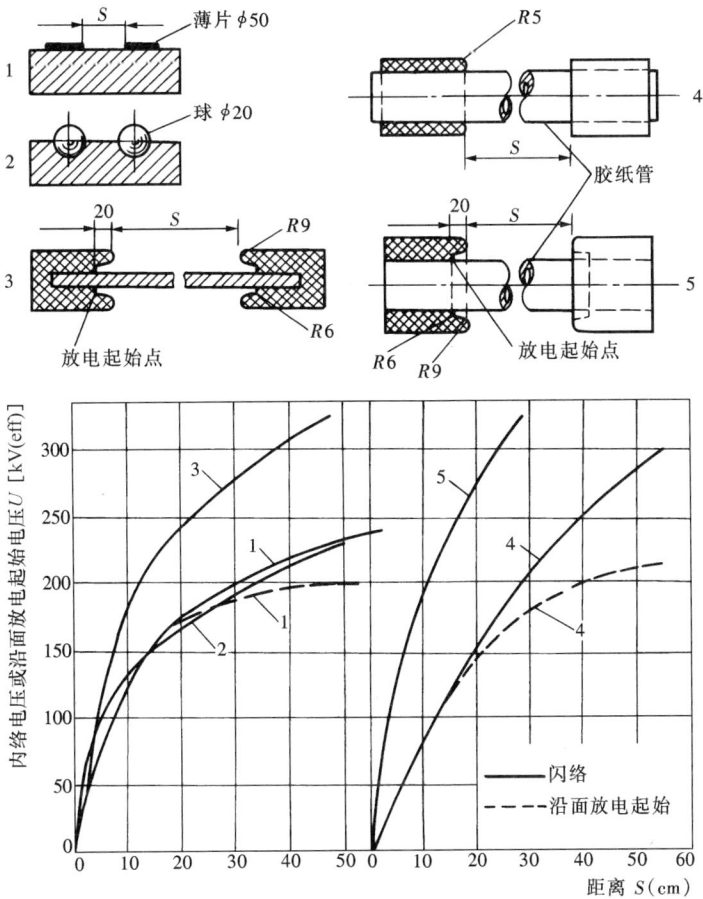

图 4-8-2　不同电场情况时工频电压下油中沿面放电电压（最小值）举例
(1min 加压法；$\theta = 15 \sim 20 ℃$)

§4-9　液体电介质的老化

4-9-1　变压器油的老化过程

变压器油的老化有下列现象和特征。

（1）颜色逐渐深暗，从淡黄色变为棕褐色，从透明变为混浊。

（2）粘度增大；闪燃点增高；灰分和水分增多。

（3）酸价增加。

（4）绝缘性能变坏，表现在电阻率下降，介质损耗角增大，击穿电压降低。

（5）产生沉淀物。

变压器油老化的主要原因是油的氧化，其过程如下。

新油在与空气接触的过程中逐渐吸收氧气，初期吸收的氧气将与油中的不饱和碳氢化合物起化学反应，形成饱和的化合物。这段时期称为 A 期。此后再吸收氧气，就生成稳定的油的氧化物和低分子量的有机酸，如蚁酸、醋酸等，也生成部分高分子有机酸，如脂肪酸、沥青酸等，使油的酸价增高，这种油对绕组绝缘和金属都有较强的腐蚀作用，这段时期称为B期。此后油再进一步氧化，当油中酸性产物的浓度达一定程度时，便产生加聚和缩聚过程，生成中性的高分子树脂质及沥青质，使油呈混浊的悬胶状态，最后成为固态的油泥沉淀，在此加聚和缩聚过程中，还会析出水分，这段时期称为C期。在C期内，氧化虽仍继续进行，但由于油中酸性产物的加聚和缩聚，油的酸价不会增高，甚至可能反有所降低（运行经验指出：常年运行的电气设备中的油，它的酸价和tanδ并不是一直上升的，而是一年中大约有两个极大值和两个极小值的马鞍形曲线，酸价出现最大值的时间与tanδ出现最大值的时间相符）。初生的软滑的油泥沉淀到绕组上，受绕组的加热，加聚和缩聚过程继续发展，最后变成坚实的泥块，妨碍绕组的散热。此后油的氧化如再继续进行，将使另外一些油分子进行B期的反应，接着又是C期的反应。这样循环下去，析出的油泥和水分愈来愈多，油的质量日益劣化。劣化到一定程度的油，就不能再继续使用，也不是用某些物理方法所能恢复的，必须予以更换，或另行再生处理，这时，油的寿命就终止了。

4-9-2　影响变压器油老化的因素

一、温度

温度是影响变压器油老化的主要因素之一。试验指出，当温度低于60～70℃时，油的氧化作用很小；高于此温度时，油的氧化作用就显著了；此后，温度每增高10℃，油的氧化速度就约加快1倍；当温度超过115～120℃时，其情况又大有不同，不仅出现氧化的进一步加速，还可能伴随有油本身的热裂解，这一温度一般称为油临界温度。随着油的来源、成分和精炼程度的不同，其临界温度也稍有差别。

为此，在油的运行中或油的处理过程中（例如加热干燥等），都应该避免油温过高，一般规定不允许超过115℃（这是指油的局部最高温度，如紧靠着绕组、铁芯、导线接头、触点或其他加热面处的局部最高油温，而不是指平均油温或上层油温）。

二、触媒

高纯的油在特殊的非金属容器内，其吸氧量是很少的，而当油接触到金属、纤维、水分、灰尘等物时，吸氧量就显著增加，这就是触媒的作用。触媒可分为两类。

（1）A类——触媒剂本身不参与化学变化。

1）单体金属：按其触媒作用的强弱顺序排列为铜、镍、银、铬、锡、铝、铁、锌。

2）非单体金属：如黄铜、青铜、氧化铜等，其触媒作用都接近于铜。

3）不同金属的组合：其触媒作用的强弱顺序为铜＋铁、铜＋铅、铅＋锌、铜＋铝。

（2）B类——触媒剂本身参与化学变化。

例如铅，铅在油中会逐渐形成铅皂脂，使酸价的显示比较模糊，故不能单凭油的酸价来反映铅的触媒作用。铅一方面使油劣化，另一方面，铅本身也被侵蚀，危害较大。

必须特别提及油中游离水分的触媒作用。游离的水分能增加铁的催化活性，引起油内析出大量沉淀。例如，有游离水时，油在试验变压器内工作17个月析出的沉淀量，相当于油中无游离水时工作8年析出的沉淀量。一般认为，潮湿的油比干燥的油老化快几倍。

各种触媒的主要作用都是加速油的氧化，如果使油不与氧气接触，则即使有触媒存在，并处在较高的温度（98℃）下，经600～1000h，油仍能保持较好的质量。

三、光照

光的作用，不论是直接的阳光或间接的反射光，都能加速油的氧化。如果使油与氧气隔离，则光照使油老化的作用将大为减弱。

四、电场

电场的存在也将加速油的老化。名词术语"油的析气性"就是反映电场对油的老化所起作用的指标之一。

这里所说的"析气性"，既不是如前所说的油对周围环境气体的溶解或析出，也不同于油在高温导体或放电火花接触时所产生的热裂解析气，这里所说的"析气性"是专指油在仅由电场的作用而造成的化学裂解，释放出气体（放气），或吸收某种气体与油分子的化学结合（吸气）。

析气性的确切定义和定量标定，需在标准规定的试验条件和程序下来测定。当吸气量大于放气量时，吸气速率的表示值（$\mu L/min$）为负，反之为正。

油的"析气性"是表征这种油长时间在高场强下运行时自身老化的速度和对总体绝缘强度的影响，它是绝缘品质的重要指标之一。不言而喻，析气性为负值的油是我们所希望的。

4-9-3　延缓变压器油老化的方法

（1）装置油扩张器。在浸油电器的上部装设一较小的储油柜（简称油枕），其体积仅足供油热胀冷缩，使油与空气的接触面小，且油枕内的油温较低，故油面的吸氧量小。

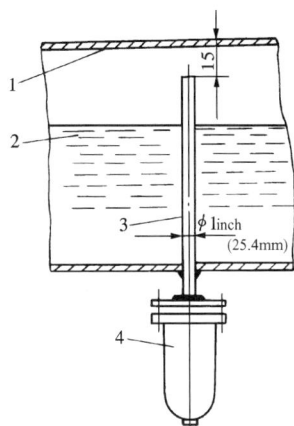

图 4-9-1　安装吸湿器的储油柜

1—储油柜；2—绝缘油；
3—呼吸通道；4—吸湿过滤器

在油枕与大气的呼吸通道中，装有吸湿过滤器，如图 4-9-1 所示。器内充满高效的吸湿剂。当电器内的油热胀冷缩，造成枕内油面升降时，大气在进入油枕之前，必先经吸湿过滤器，从而保证进入油枕的空气是干燥的。

现今大多采用小颗粒状的硅胶或变色硅胶作吸湿剂，普通硅胶在干燥时呈乳白色，饱和吸湿后则呈透明状态。两者色泽对比不很鲜明。变色硅胶是用 4％的氯化钴溶液，浸渍普通硅胶而成。这种硅胶在干燥时呈蓝色，饱和吸湿后则呈红色，烘干后又恢复为蓝色，故可反复使用。充硅胶的器壁上嵌一玻璃，可在外部观察硅胶的颜色，来判断硅胶吸湿的饱和度，从而确定更换硅胶的时刻。

还应注意，吸湿过滤器中的吸湿剂若与大气直接相通，则即使油枕中的油面没有升降呼吸，吸湿剂却总会不停地吸附大气中的水分，很快达到饱和而失效。所以，在吸湿剂与大气相通的通道中，还必须加入一个油封，如图 4-9-2 所示。

（2）装置隔离胶囊。在油枕中加装一空心薄膜胶囊 2，如图 4-9-3 所示。胶囊是由耐油的尼龙橡胶薄膜做成，胶囊内的空气通过气嘴 3 和管道经吸湿过滤器与大气相通，胶囊浮在油面上。

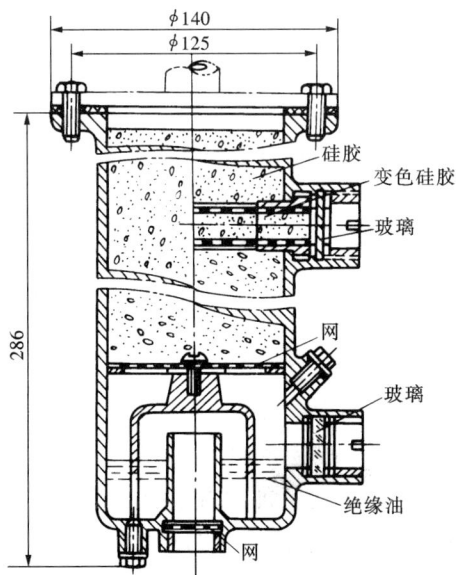

图 4-9-2　油封式硅胶吸湿器

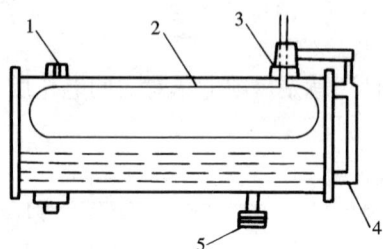

图 4-9-3　备有隔离胶囊的油枕示意图
1—孔塞子；2—胶囊；3—气嘴
（经吸湿器通大气）；4—油位指标计；
5—管接头（通电器本体）

油枕内胶囊外的空气是在整个电器注油时就被驱出的，其办法是先把油枕上部的孔塞子 1 打开，将油注满直至从塞孔 1 溢出，此时，胶囊被压扁最烈，油枕内胶囊外的空气全被排尽，再将孔塞 1 拧紧，油枕被密封。然后从电器下部的放油阀放油，使油枕中的油面降到适当位置（从油位指标计 4 确定）时为止（此时胶囊从大气中吸气膨胀，到适应油枕中的油面高度为止）。

此后，电器运行时，油温或升或降，导致油枕中油面或升或降时，胶囊随之自作相应的压缩排气或吸气膨胀，以与油面相适应，而油与大气则始终被胶囊隔绝，这就保护了绝缘油不会从大气中吸湿、吸气或被氧化。

（3）将油与强烈触媒物质隔离。例如，在电缆中，常将铜导线镀锡，以隔离铜对电缆油老化的强烈催化作用。

（4）掺入抗氧化剂，以提高油的安定性。前已指出，在新油中存在着一种天然的抗氧化剂——不饱和的碳氢化合物。这些不饱和的化合物首先从油中夺取已吸收的氧气，与自己化合成为饱和的化合物，这样，主要的饱和碳化氢即可免受氧化。油中加入抗氧化剂，主要也是起这个作用，但以不引起其他不良的副作用为原则。抗氧化剂的种类繁多，当今比较通用的抗氧化剂为对羟基二苯胺（$C_6H_5-NH-C_6H_4OH$）（当然应按规定的比例和操作程序添加）。图 4-9-4 清楚地显示了这种抗氧化剂的作用。这种抗氧化剂只对新油

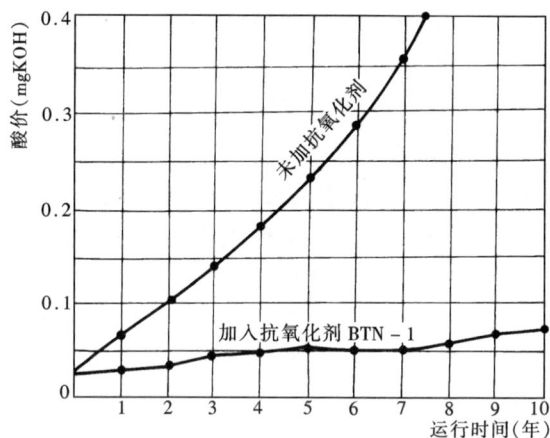

图 4-9-4　110kV 断路器充油套管
中油的酸价与运行时间的关系

或再生过的油有效，因为它只能延长油的自然抗氧化期（即前述的 A 期或称感应期）的时间，而对已被氧化和劣化的油，实际上是无能为力的。其他种类的抗氧化剂还有很多，它们也都有各自的性能和特点，但总的来说，都是只能在一定程度上延缓油的氧化劣化进程，所以基本上还是比较消极被动的办法。积极主动的办法还是如以上（2）中所述，将油与大气完全隔离，消除油与大气接触的机会。

4-9-4　变压器油的再生

变压器油一旦严重老化，就必须进行再生处理。常用的再生方法有两种。

（1）酸—碱—白土法。把硫酸与已老化的油充分混合，使酸与油中的老化产物起化学反应，变成不溶于油的酸渣，便可以很方便地从油中分离出来，然后在油中加入碱，以中和剩余的酸，再用清水洗涤，最后加入白土吸附剂，经离心分离和过滤即得再生油。

（2）氢化法。在高温高压下，在有特殊触媒的条件下，用氢将油处理。在氢化过程中，油的氧化物被还原成原来的碳氢化合物，原有的氧都与氢化合为水，并在真空中挥发抽去。用这种方法再生的油质量最好。

§4-10　组　合　绝　缘

高压电气设备的绝缘，绝大多数都不是由单一介质构成，而是多种介质的组合。例如：在一般的电缆、电容器中，是纸或有机薄膜的叠层与某种浸渍剂的组合；在套管中，是瓷、油隙、胶纸层或油纸层等的组合；在变压器中，是以油纸绝缘层、油间隙、油浸纸板极间障等的组合；在旋转电机中，则是云母（片或粉）、胶粘剂（虫胶、环氧树脂、聚酯树脂等）、补强材料（纸、绸、玻璃纤维织品等）和浸渍剂（沥青胶、环氧胶等）的组合。

组合绝缘的结构形式多种多样。本节中只拟对组合绝缘中常遇到的某些共性的、原则性的问题，尽量结合具体事例进行扼要的讨论。

4-10-1　各组分间的相互渗透

一、介质之间的相互渗透

许多固体介质并不是十分致密的，而是存在许多空隙的。当这类固体介质与某些液体介质或气体介质组合使用时，这些液体介质或气体介质就必然会渗透到固体介质中去，于是，外观上像单一的固体介质，实质上已是固体—液体或固体—气体介质的组合了。此时，该固体介质的特性必然与渗入介质的特性有关，也与渗入的程度有关。

例如，电缆纸或电容器纸，都是由木质纤维组成，具有毛细管结构，其密度随纸型的不同而有较大差异。这类纸被液体介质充分浸渍后，纸中原有的空隙均被浸渍剂所填充，成为浸渍纸。浸渍纸的各种性能（电、热、机械、物理、化学等性能）都与原本干纸的性能大不相同，它与浸渍剂的特性和浸渍的程度有密切关系，这是需要注意的。类似的情况也存在于某些复合介质，如由胶粘复合的云母制品包缠、再经整体浸胶、热压烘干成型的电机绕组绝缘等。

在绝缘设计中，为了方便，一般可从宏观的角度将浸渍复合体当作单一介质来处理，并取其相应的特性。

二、介质之间的相容性

组合绝缘既然是由多种介质组合而成，则各介质之间的相容性，就是必须注意的问题。所谓相容性，就是互不腐蚀、互不污染、互不影响。

用液体介质浸渍和充填的电气设备，该液体介质几乎可能与容器内的各种物体相接触，所以，必须确保该液体介质与容器内的各种物体都有好的相容性方可。应特别注意液体介质与各种有机合成材料，如薄膜或其他成型制品、各种漆膜、复合绝缘材料中的胶粘剂、热固化胶、橡胶制品以及各种金属件之间的相容性。若相容性不好，则会使有机合成材料溶胀、增厚、电性能和机械性能劣化；使漆膜软化、脱壳；使胶粘剂溶软、疏松；使橡胶制品溶胀、发黏、失去弹性；使金属件或镀层腐蚀。与此同时，液体介质自身也受到被溶物质的污染，表现在颜色和透明度的改变、酸值增高、电导率和损耗因数（$\tan\delta$）增大等。

试验相容性的方法一般是在提高温度下浸泡一定的时间（一般需要几百小时），取出后检验各自的主要性能。

某些有机合成材料（例如电容器中的聚丙烯膜），目前尚不能完全避免受浸渍剂的影响，总还存在某种程度的吸油、润胀增厚等，以及由此而产生的对各方面性能的影响。某种程度的吸油率和增厚率有时是允许的，有时甚至是有益的。薄膜某种程度的吸油性，可以填补薄膜中原有的气隙和微小缺陷，使薄膜均匀化，并使膜内电场分布有所改善，从而提高膜的抗张强度和击穿场强，也能提高整个电容器的局部放电性能。但过高的吸油性会使膜过量的膨胀、增厚、使膜的性能恶化，这当然是不允许的。

　　研究指出，温度对膜的吸油率和增厚率有很大影响，例如，聚丙烯膜对烷基苯、PXE油和IPB油这三种油的吸油率，在室温下约为3％，而在100℃下，则约为5％；温度对增厚率的影响尤甚，室温下，增厚率仅为1％左右，而在100℃时，竟高达8％。为此，应严格控制制造时的浸渍温度和使用时的工作温度不超过某一允许值；与此同时，在组装工艺中，将膜层的压紧系数适当降低，留出较多的自由空间，供薄膜吸油溶胀。

三、水分在组合绝缘中的分布

　　一般的有机介质，不论是固体或液体，都会不同程度地含有一些水分，即使在制造时将所含水分接近于完全排除，即使绝缘系统是工作在完全密封的容器内，运行中的绝缘系统仍可能受到水分的污染，因为有机绝缘物在运行中的逐渐老化就可能分解出水分来。如前所述，绝缘物中的含水量对其绝缘性能和老化过程的影响都是很强烈的。

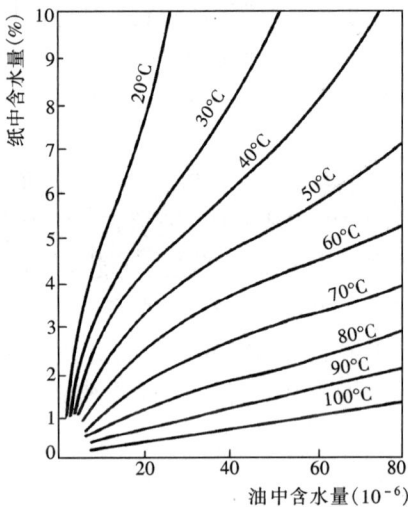

图 4-10-1　变压器油纸绝缘系统水分含量（体积比）平衡曲线簇

　　组合绝缘系统中各组分的初始含水量具有各自的初值，而在运行中，所含的水分会按一定的规律逐渐自然调节，经过较长时间（几百小时以上）的稳定运行后，最后会在某一定的相互比例关系上达到平衡稳定。以高压电力变压器中的油—纸组合绝缘为例，实验测得，达到稳定时的水分含量（体积比）平衡曲线簇如图 4-10-1 所示。由图可见，在20℃时，纸中水分含量（比例）是油中水分含量（比例）的几千倍；即使在100℃时，两者的比率仍高达150以上。这是因为纸中纤维素对水具有很大的亲合性，纸的组织又是不很紧密的多毛细管结构，有很强的吸附水分的能力。这就是说，油—纸绝缘系统中任一组分中的含水量若因故有所增减，过一定时间后，这一增减量会按一定比例自然调节到其他组分中去。水分子具有很强的固有极性，悬浮在油中的水分会向高场强区域吸引，也很容易被吸附到绕组绝缘中去，并在新的平衡点上稳定下来。

　　上述规律性是对应于长时间相对稳定运行下的情况，若运行情况有突变，例如停机、开机等，则应另作考虑。下面以强迫油冷的大型电气设备（如变压器、电抗器等）为例，进行讨论。

　　前已述及，当温度较高时，水分在绝缘油中的饱和溶解量较大，反之，则较小，在运行过程中，设备中的固体绝缘物和绝缘油自身都会逐渐老化，分解出一些水分溶解在运行温度较高的油中。如该设备因故停运，且环境温度又较低，则原来在热油中较多的溶解水分在冷却后的油中可能呈现过饱和，析出沉底。当设备下次投运时，潜油泵将底部油液（连带凝结水）按原油流方向泵入绕组绝缘结构中去，水分子具有很强的固有极性，悬浮在油中的水分会向高场强区域吸引，也很容易被吸附到绕组绝缘中去，这就可能造成绝缘事故。为此，采用强迫油冷的高压电气设备应定期检测其运行中的油质，保证油中的含水量不超过允许值。

四、油流起电

　　强迫油冷的电气设备，当油以相当速度从绝缘件表面流过时，会因摩擦而起。在一般情况下，油带正电荷，纤维素绝缘件带负电荷。线匝绝缘上产生的静电，由于靠近线匝导电体，容易泄漏入导体，故不大可能累积到很高的静电电位；而油隙中的围屏隔板，由于离各种导电体都较远，其间的绝缘电阻很大，静电电荷不易泄漏掉，加上此处油流速度较大，故静电电荷容易积聚到足够高的电位，导致对邻近物体的击穿或沿围屏表面闪络放电。

研究指出，影响静电产生的主要因素是油流速度，静电发生量与油流速度的 3 次方成正比；如能使纸板围屏处油的流速限制在 $0.2\sim0.3m/s$ 以下，即能保证安全。但油流速度是由散热的要求决定的，不能随意更改，简易而有效的改进办法是适当布置油流导向管，一方面保持总的油流量不变，同时又能适当降低敏感区域的油流速度。

4-10-2　高压电气设备绝缘应有的电气强度

高电压与绝缘是一对矛盾，高电压是矛，绝缘是盾。可从宏观和微观两个角度来讨论。

从宏观来看，绝大多数高压电气设备是与高压电力系统相连接的，这些设备的绝缘整体在运行中除受到正常工作电压的长期作用外，还受到各种暂态过电压的作用，设备绝缘整体在其应有的工作寿命期内应能可靠地耐受这些电压的作用而不被破坏。怎样才能保证这点呢？通过各种试验——各种直接的耐压试验和各种间接的检查性试验。从微观来看，设备绝缘整体是由许多绝缘元件通过复杂结构组合而成的。各种电压作用在整体设备上时，实际是分布作用在各个绝缘元件上的，进一步又分布作用在绝缘元件的各个最微小的绝缘体上的。不同性质的电压在绝缘结构各部分的分布又是不一样的。同样，不同绝缘元件、甚至同一绝缘元件的不同部位所能耐受的场强也是不一样的。整个绝缘系统只要有任何微小的局部受到破坏，这个破坏大多就会或快或慢地扩展到绝缘的其他部分，最终导致整体绝缘被破坏（只有少数情况下，这种局部绝缘的破坏能稳定在局部范围内，且在条件改变时能自恢复的）。这就是说，宏观上整体绝缘的被破坏，实际上是由微观的微小局部绝缘被破坏发展而成的。若要保证整体绝缘不被破坏，就必须保证每个微观局部绝缘不被破坏，或至少应确保这些微观局部绝缘的破坏不会扩展到整体去，而且是可以自恢复的。

由此可见，解决这个课题主要有下列四步。

（1）探求、确定作用在各级电力系统各部分设备绝缘上的正常最高工作电压和可能受到的各种过电压（包括波形、幅值、变化规律、延续时间、频度和概率分布等）。

（2）根据上述各种作用电压、保护装置的特性和设备的绝缘特性，确定各种设备应达到的绝缘水平（通常以耐受性试验电压来表征），（通过设备的形式试验或出厂试验要求达到的）。

以上两个问题将在本书的第二篇中详细讨论。

与上述绝缘水平相应的试验方法和合格标准以及各种间接的检查性试验等，将在本书的第五、六章中讨论。

（3）探求各种作用电压在设备绝缘结构中的微观分布和变化规律。

（4）与（3）相配合，确定绝缘结构中各元件各细部的绝缘体能耐受各种电压场强的能力，由此选择相应的绝缘结构和材料。

以上两点，就是设备绝缘设计制造者的任务了。

各种设备的绝缘结构繁复多样，这里只能从绝缘基础知识的要求对某些共性的原则作扼要的阐述。

如前所述，某一设备绝缘整体，要求能耐受规定的各种性质电压。不同性质的电压，在绝缘结构各部分的分布是不同的，有时甚至有很大差异。例如，在直流电压作用下，绝缘结构的电压分布由各部分的电导决定，而绝缘的电导与本体温度有密切关系。在工频电压作用下，绝缘结构的电压分布，主要由各部分的导纳决定。在冲击电压作用下，绝缘结构的电压分布则主要由电路中的电感和绝缘各部分的电容决定。对于带有绕组的设备，冲击电压在绕组各部分的分布，不仅与工频电压下的分布迥异，而且它不是稳定的，而是一种波动过程，按着绕组中波过程的特定规律变化。有初始分布，有似稳态分布，还有过渡过程的振荡；波到达各个节点（包括端点）时，还会发生反射和折射；各绕组之间和同一绕组的各部分之间还有电和磁的耦合。

对不同性质的电压，绝缘系统所处的气压、绝缘油的质量、绝缘系统中的覆盖、绝缘层、极间障等结构对绝缘击穿过程的影响，也有很大差异。

在冲击电压作用下，绝缘体的破坏都是电击穿，而在稳态电压（交流或直流）作用下，绝缘体的破坏则大多具有热击穿的性质，因而与温度和电压作用持续时间有密切关系。不同温度时电压分布也不一样。

因此，最重要的是要探求出：在可能的各种运行条件下，当各种电压作用在整体设备上时，各部分绝缘上所承受的场强及其变化规律。

另一方面，需要确切掌握各部分绝缘体在可能的各种运行条件下，对应于各种性质电压下的击穿场强、耐受场强和许用场强。

1. 击穿场强（E_b）

同一种绝缘材料处在整体设备的各个不同部位时，其工作环境和条件（如电场结构、温度、机械应力等）有时差异很大，则其击穿场强也可能随之有较大的差异。所以，在组合绝缘结构中考虑各绝缘部件的击穿场强时，必须密切结合该部件所处的位置、环境以及在不同运行情况下的工作条件而定，不能简单地统论。即使在完全相同的环境和条件下工作的同一种绝缘材料，其击穿场强也不是一个单一的值，而是一条概率分布带，举例如图 4-10-2 和图 4-10-3 所示。

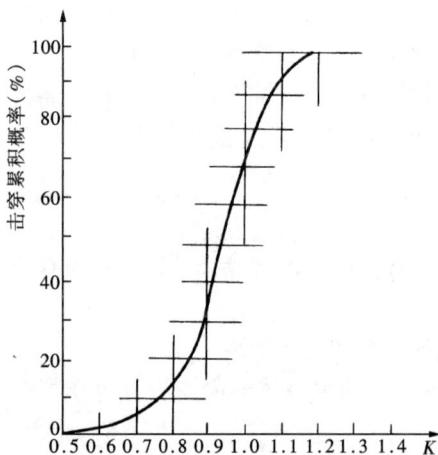

图 4-10-2　工频电压作用下变
压器油的击穿概率分布
注：击穿场强标幺值 K＝击穿场强/平均击穿场强。

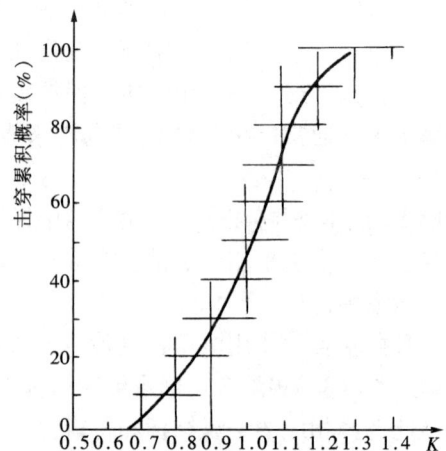

图 4-10-3　工频电压作用下浸渍
电容器纸的击穿概率分布
注：击穿场强标幺值 K＝击穿场强/平均击穿场强。

由图 4-10-2 和图 4-10-3 可见，液体介质、固体介质及其组合绝缘的击穿场强分散性很大，且其分布规律呈非正态的，曲线是不对称的。

如前所述，气体介质的击穿概率分布可认为接近正态分布，其击穿场强的分散性可以用变异系数 z 来表达：直流电压下，$z \approx 0.01$；工频电压下，$z \approx 0.02$；雷电冲击电压下，$z \approx 0.03$；操作冲击电压下，$z \approx 0.05 \sim 0.08$，通常以 0.06 计。

对于保护电器（如避雷器、放电管等）来说，确保击穿电压（或与之对应的场强）是其关键性的参数之一。

2. 耐受场强（E_w）

如前所述，工程上对高压电气设备绝缘可靠度的要求是很高的，理论上要求达到 100% 耐受预定的作用电压。对某一部位的绝缘体来说，就是要求能 100% 地耐受预定的场强。但实际上，100% 的耐受是很难测定的，工程上常将对应于很高耐受概率（例如 99% 以上）的场强作为耐受场强。耐受概率的具体数值，对于固体或液体介质来说，需从实测得的击穿概率分布曲线上去求取；对于气体介质来说，由于其击穿概率分布接近正态分布，故也可以从其 50% 击穿场强 E_{50} 和变异系数 z 来求取（见 3-2-3 节）。一般取 $E_w = E_{50} (1 - 3z)$ 时，相应的耐受概率已达 99.86%。

3. 许用场强（E_a）

许用场强是指该绝缘体在该设备上允许承受的场强，可分为许用工作场强和许用试验强场两种。前者是指绝缘在规定寿命期内正常工作时所允许承受的场强；后者是指在规定的试验条件（包括试验电压的波形和幅值、试验延续时间或加压次数等）下所允许承受的场强。

（1）许用工作场强。许用工作场强的确定，不仅要保证该绝缘体自身的使用寿命，而且还要求该绝缘体在全部使用寿命期间不会对其他物体的工作条件和使用寿命产生不利影响。

在工频交流电压下工作的绝缘，其许用工作场强通常是以局部放电熄灭场强为基础，再考虑绝缘在寿命期内的老化因素和必须的裕度来决定。例如，对改善功率因数的并联电容器，我国技术条件要求其局部放电熄灭场强必须大于 1.2 倍工作场强，这样才能保证其性能和寿命。满足上述选定许用场强的条件时，意味着绝缘在受到高幅值的暂态过电压作用时，允许有较大的局部放电量，而在暂态过电压消逝后，稳态工作电压作用下，则此局部放电定会熄灭，从而保证绝缘的使用寿命。

有些电气设备绝缘的许用工作场强不能仅由上述条件来确定，还要受到某些特殊条件的约束。例如，电热电容器（用于提高感应加热设备的功率因数或改善其电路特性），其工作频率为 $10^2 \sim 10^4$ Hz，当频率较高时，介质损耗发热量大，这时的许用工作场强可能由发热和允许温升条件所限制；超高压电缆中绝缘的介质损耗占电缆总有功损耗中的绝大部分，这种电缆绝缘的许用工作场强就必须从介质损耗和发热温升的角度加以校核。

某些结构和工艺较复杂的绝缘，确定其许用场强时还应注意其结构上和工艺上的特点。以旋转电机绝缘为例，不仅云母带本身是由多种材料（云母、胶粘剂、补强材料等）组合而成，而且这些云母带还必须逐圈逐层包绕，不均匀性较大；有些部分几何形状复杂，线棒沿多方向转角，此处绝缘层的包绕必然比较困难；云母带在内侧面与外侧面的搭盖度不一，各处包绕的厚度和松紧度也很难一致，容易形成绝缘的薄弱处。此外，线圈在搬运、下槽、楔紧、绑扎等工艺过程中，还可能受到某些机械损伤。在确定这些部件绝缘的许用工作场强时，这些因素都应加以考虑。

旋转电机绝缘在运行中老化条件也是很严峻的，例如：长期的机械振动疲劳；各部分材料热胀冷缩不一致造成的内应力；频繁起停、负荷冲击、突然短路等造成强烈的冲击电动力等。这些因素的综合，致使绝缘在运行中的老化率很高。在确定这类绝缘的许用工作场强时，必须考虑有足够的老化安全储备。

在直流电压下工作的合格良好的绝缘，其介质损发热和局部放电均非主要问题，因此，其许用工作场强可根据其耐受场强和老化条件来选定。但应注意，如有较大的交流分量叠加时，则应计及其影响。

（2）许用试验场强。稳态电压（交流或直流）的耐压试验，其持续时间一般不超过几分钟，在此时间内，介质损耗发热温升和老化等因素的作用均极微，可略去不计。所以，此时许用试验场强可以在耐受场强的基础上略加安全系数而得。

暂态电压（雷电冲击或操作冲击）的耐压试验，标准规定的试验次数是很少的，试验对绝缘造成的累积损坏可略去不计，故其许用试验场强亦可在耐受场强的基础上略加安全系数而得。

4 - 10 - 3　主体绝缘强度的配合

主体绝缘是指绝缘结构中的主体部分，是相对于边角部分而言的。边角部分的问题将在后面另行讨论。这里所讨论的是，当某种电压作用时，绝缘系统的各主体部分承受的场强与各部分的许用场强的配合。

对于串联的多层绝缘结构来说，理想的电场分布是各层绝缘上所承受的场强与各层绝缘的许用场强成正比。这时，各层绝缘的电强度利用得最充分，整个组合绝缘能耐受的电压最高。

不同性质的电压在绝缘各部分的分布是不同的，当然，同一绝缘体对于不同性质电压的许用场强也是不同的。为此，在考虑配合时，必须区别不同性质的电压。

现以电缆绝缘为例进行说明。工作在交流电压下的电缆绝缘层，如采用单一介质，则内层（靠近线芯侧）绝缘所承受的场强比外层（靠近护套侧）高得多。额定电压愈高，绝缘层愈厚，两者的差别就愈大。这样，外层绝缘的强度就未能充分利用。改进的办法是采用分阶绝缘。内层采用高密度的薄纸，这种纸纤维含量高，质地致密，故其介电常数较大，许用场强也较大。外层则采用密度较低、厚度较厚的纸，这种纸的介电常数较小，许用场强也较小。适当设计分阶绝缘的参数，可使各阶绝缘强度具有接近相同的利用率，技术性和经济性均较好，举例如图 4 - 10 - 4 所示。超高压电缆绝缘多采用这种结构。

需要注意，许多介质的某些参数如体电阻率、介电常数、损耗因数等，均与温度和电压频率有显著关系，会影响绝缘中的电压分布，也影响绝缘体的许用场强。

例如，直流电缆绝缘层中的场强分布是由各层的电阻率和电流密度决定的，而绝缘的电阻率对温度是十分敏感的。线芯与护套之间的温度改变时，将导致绝缘层中场强分布很敏感的改变，如图 4 - 10 - 5 所示。由图 4 - 10 - 5 可见，当负荷较重，线芯与护套之间温差较大时，最大场强反而将出现在靠近护套处。这样，最大场强与最高温度不是重合在同一处，而是分别错开在绝缘的两边，就能在一定程度上抑制热击穿的发展。这是电缆的直流耐受电压远高于交流耐受电压的原因之一。

4 - 10 - 4　局部强场的处理

许多组合绝缘的结构复杂，其最大场强常不是出现在绝缘的主体部分，而是在某些边

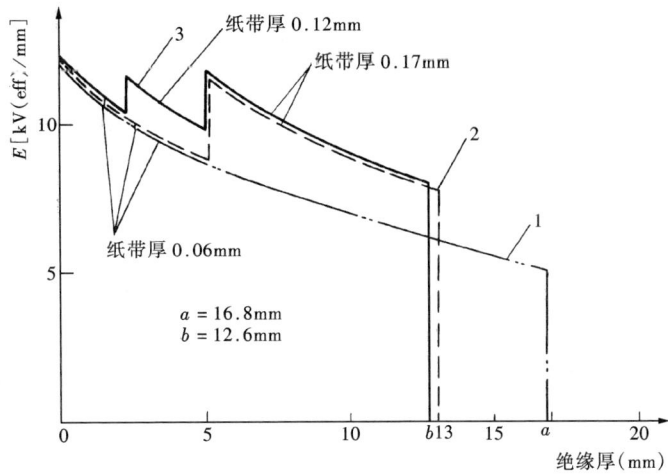

图 4-10-4 110kV 电缆不同分阶绝缘时绝缘层中的场强分布

1—单阶绝缘：纸带厚 0.06mm，$\varepsilon_r = 4$，总层数 280，绝缘总厚 16.8mm；

2—双阶绝缘：纸带厚 0.06、0.17mm，$\varepsilon_{r1} = 4$，$\varepsilon_{r2} = 3$，总层数 130，绝缘总厚 13mm；

3—三阶绝缘：纸带厚 0.06、0.12、0.17mm，$\varepsilon_{r1} = 4$、$\varepsilon_{r2} = 3.5$、

$\varepsilon_{r3} = 3$，总层数 100，绝缘总厚 12.6mm

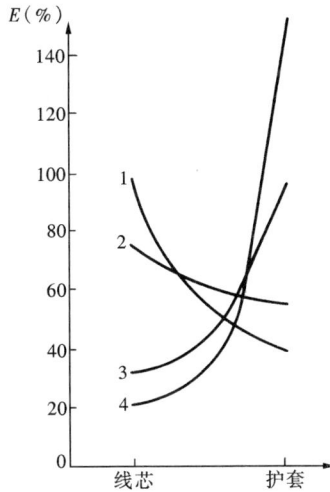

图 4-10-5 直流电缆径向场强的分布（截面为 240mm²，

绝缘厚度为 18mm，用无温度差时线芯旁场强的百分率来表示）

1—线芯温度等于护套温度；2—线芯温度高于护套温度 5℃；

3—线芯温度高于护套温度 25℃；4—线芯温度高于护套温度 50℃

角、转弯、接合、交叠、棱缘等处。强场区不仅常出现在高电位区域，而且也可能出现在低电位区域。不仅存在垂直于绝缘分界面的场强，还存在平行于绝缘分界面的场强，促使发展沿面放电。这可能是更危险的，因为沿面放电的场强常远小于绝缘本体击穿的场强。这些局部强场区常成为绝缘系统中的薄弱点，容易发展局部放电，并进而导致整体绝缘的击穿。所以，对这些局部强场处必须加以改善。下面举一些常见的例子来加以说明。

1. 电容器极板边缘

电容器极板边缘处的电场比主体绝缘中的电场强得多，且有较强的切线分量。为了防止沿面放电，工艺上总是将极板边缘与介质层边缘错开一定距离（称为留边量），在叠层中此处就会形成空隙。如浸渍良好，此空隙将由浸渍剂填充；如浸渍不够完善，此处就易残留气泡。即使此空隙被浸渍剂全部填充，也常因浸渍剂的耐受场强较低，而此处电场又强，故仍容易发展局部放电。短时内虽不一定击穿，但影响寿命，出厂试验也通不过。

简易而有效的改进办法是将极板（铝箔）折边，如图 4 - 10 - 6 所示。

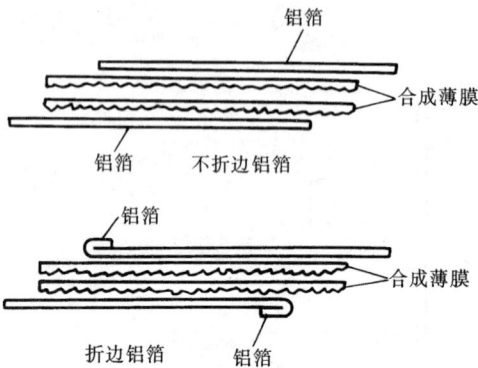

图 4 - 10 - 6　铝箔折边示意

对折边与切边铝箔所作的对比试验（以目前最常用的 5 种浸渍剂在 25℃和 -50℃ 温度下作试验）表明：局部放电起始电压二者之比为 1.4～1.6；局部放电熄灭电压二者之比为 1.3～1.8。可见，折边的效果是很显著的。这是不难理解的，切边铝箔边缘总存在锐角，造成电场强烈集中，经折边后，从宏观看，虽仍很薄，但从微观看，极板边缘毕竟成为一小圆弧，局部场强自然会减小很多。铝箔折边后，折边邻近的空隙厚度虽加倍，但有浸渍剂填充，无大碍。为此，铝箔折边工艺获得了迅速推广。

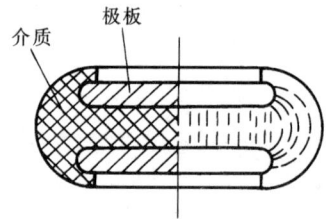

图 4 - 10 - 7　高压陶瓷电容器极板边缘的绝缘结构

对高压陶瓷电容器，由于每个电容元件只有单层陶瓷介质，故极板边缘放电的问题，还有更好的解决办法，那就是将陶瓷介质做成翻边形状，如图 4 - 10 - 7 所示。这种结构将板极边缘的不均匀电场全部淹没在高电强的陶瓷介质中，从而消除了边缘局部放电的条件。

2. 胶纸电容套管电容极板边缘

与上述类似的问题也存在于胶纸电容套管绝缘中。胶纸套管的电容芯子是由单面上胶的绝缘纸在加热状态下卷绕在导电芯管上，卷绕到规定厚度时，包卷一层铝箔作电容极板，再卷绕胶纸到规定厚度，再包卷一层较短的铝箔作极板，如此重复多次。电容芯子卷制好后，经热处理使树脂热固化，然后切削两端成规定的圆锥体，再经几次涂覆防潮漆并烘干而成。这样，电容极板边缘必然存在空气隙，如图 4 - 10 - 8 所示，而且，这个气隙是被外面热固化的胶纸层所封闭的，因此，虽然整个电容芯子还要浸入充满绝缘油的瓷外套中，但绝缘油是不可能浸入此极板边缘的空隙中去的，此处又是电场的集中点，所以很可能产生局部放电。这里不能沿用前述铝箔折边的办法来处理，因为铝箔经折边后，其边缘场强虽有所减弱，但由于边缘极板厚度加倍，端部气隙也随之扩大，而这个气隙是被封闭的，不可能被绝缘油所填充，故仍易产生局

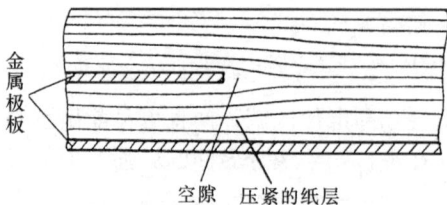

图 4 - 10 - 8　胶纸电容套管围屏端部的空隙

部放电。但这里有一个有利条件可以利用，那就是电容围屏没有载流任务，对围屏的厚度没有要求，故可采用金属化纸作极板，或用半导电材料印刷在绝缘纸上充作极板，目的是使极板的厚度减到极小。这样，极板边缘极薄的空隙，就很容易被胶纸层上的胶所充填。对比之下，一定容量以上的电容器极板，因其有载流任务就不可采用金属化纸，而必须采用铝箔。

　　3. 电缆线芯的外表和护套内壁

　　电缆线芯是由多根圆导线或型线绞合而成，线芯表面与绝缘层间必然存在许多间隙，特别是许多楔形间隙，如图 4 - 10 - 9 所示。这些间隙虽被浸渍剂所填充，但由于一般浸渍剂的介电常数和耐电场强都比绝缘纸层小得多，故楔形间隙中就容易产生局部放电，这是不允许的。

　　类似的情况也存在于绝缘层外表面与金属护套内壁之间。有一定刚性的金属护套不可能与绝缘层外表处处紧密贴合；电缆浸渍剂的热膨胀系数比电缆纸或护套金属大好多倍，在运行中，电缆的温度随环境和负荷的变动而升降，浸渍剂的体积将显著改变，而金属护套却是缺乏弹性的，于是，在金属护套内壁就可能形成空隙。这里的宏观场强虽比线芯表面小些，但小空隙中的局部场强仍可能较大，容易产生局部放电。

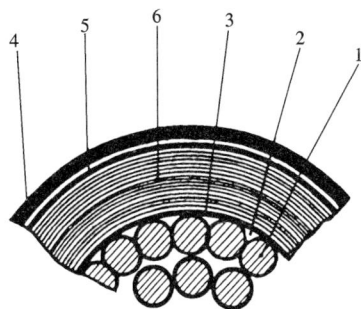

图 4 - 10 - 9　电缆线芯表面的间隙
1—线芯；2—楔形间隙；3—线芯屏蔽层；
4—护套；5—护套屏蔽层；6—绝缘层

　　改进的办法是采用屏蔽层，将间隙屏蔽在电场作用之外，如图 4 - 10 - 9 所示。

　　可以用金属化纸作屏蔽层，但线芯中电流的集肤效应，可能使线芯屏蔽层中电流密度过载，发热温升过高；护套内壁的屏蔽层，虽不存在这个问题，但当有冲击电压、电流波通过电缆时，也可能使护套内壁的金属屏蔽过载。

　　改进的办法是采用具有适当电阻率的半导电纸作屏蔽。

　　总的来说，采用屏蔽层后，由于消除了线芯表面楔形间隙和护套内壁间隙中的电场，能使电缆绝缘的局部放电电压和耐受电压有大幅度的提高。

　　上述的屏蔽原理也广泛地应用于变压器、电抗器类的绝缘结构中。例如，紧靠铁芯柱围以内侧有半导体覆盖的圆筒形围屏，这样即可将带有锐角的铁芯柱与圆筒形围屏之间的电场全部屏蔽掉，并使围屏与绕组之间的电场均匀化。

　　屏蔽层采用半导电材料是为了避免形成短路环和由杂散磁场造成涡流。

　　铁轭处和油箱内壁处用屏蔽层的作用也类此。

　　4. 高压电机绕组绝缘

　　高压电机绕组中存在局部强场，因而以下部位容易发生局部放电：

　　（1）槽部线圈主绝缘与槽壁间的空隙处；

　　（2）铁芯通风沟处；

　　（3）槽口线圈出线处；

　　（4）绕组端部相邻线圈间的空隙处；绕组端部固定、绑扎线圈的部件与线圈绝缘相接处。

　　为了使线圈下槽时不致损伤绝缘，线圈与槽壁之间总留有适量的间隙。线圈绝缘的相对介电常数约为 5，而气隙的相对介电常数约为 1，故即使不计某些部位还存在电场集中，槽内平直段气隙中的场强已是线圈主体绝缘中场强的 5 倍；而铁芯通风沟处或槽口处气隙中的场强就更大，很容易产生局部放电。

解决的办法也是采用屏蔽层，使气隙两侧等电位。具体措施是：在线圈绝缘层外，包缠具有适当电阻率的半导体玻璃布带；下线以前，在槽内涂刷防晕半导体漆；下线后，应将槽楔压紧，保证线圈表面的半导体层与槽壁有紧密接触。如间隙过大，则还应用半导体垫条、半导体波纹板或其他适形材料进行垫塞，以保证紧密接触和机械固定。

绑扎线圈端部的部件与线圈绝缘接触处附近的气隙，也应采用半导体适形材料加以垫塞，以消除气隙中的电场。

各部分半导电材料的电阻率，应参照电机的有关参数适当选定，原则是既能保证最佳屏蔽的效果，又不会使硅钢片之间形成某种程度的短接，以免增大电机的铁损功率并导致屏蔽层自身被烧坏。

5. 沿面放电的防止

沿介质表面放电所需场强通常总比介质本身的击穿场强低得多，所以在绝缘结构中应特别注意防止沿面放电。常用的办法是使绝缘件的形状尺寸与该处电场相适应，使绝缘件的表面尽量与场强方向相垂直。例如，变压器类绕组绝缘靠近铁轭处采用与该处电场相适应的成型角环，某些支撑绝缘件设计成瓦楞形，等等。

§4-11 对电介质性能的全面要求

在工程实际中，对电介质性能的要求是多方面的，均应予以满足。前面主要讨论了电介质的击穿特性和老化特性，本节则对其他方面的性能要求进行扼要的叙述。

4-11-1 电性能

1. 介电常数

对电容器来说，电介质的介电常数影响电容器的比特性。对电缆来说，电介质的介电常数将影响电缆的临界长度。

在组合绝缘中，在交变电压或冲击电压作用下，各电介质的介电常数值在很大程度上影响着电场分布。

需要注意温度和频率对介质介电常数的影响，特别是有些液体介质，其介电常数随温度和频率的变化相当大，而且其变化规律并不是线性的。在强电工程中，稳态高频的情况虽不多遇，但某些强电设备（如冶炼电炉、各种换流设备等）的端电压中具有可观的高次谐波分量，操作冲击电压或雷电冲击电压可以分解为连续频谱。在此类电压作用下，各电介质的等效介电常数值可能与常规值有明显的差异，应予以注意。

2. 损耗因数

对许多电气设备（特别是大电容量或高电压设备）的绝缘来说，若其介质损耗因数的值较大，则即使尚未明显影响整个绝缘体的耐受电压，但有时在经济性上、在技术性上，已是不能允许的了。例如蓖麻油的介电常数约为矿物油的 2 倍（在 50 Hz、20℃），耐电场强也较高，本是浸渍电容器的好材料，但由于其损耗因数较大，若用在交流电容器中，在经济上已不允许，因而只能用以浸渍直流或脉冲电容器。超高压电缆绝缘的许用场强也常受控于损耗因数造成的功耗发热。至于某些测量设备如电桥用标准电容器、电容型电压互感器等，其所用介质的损耗因数对测量的准确度有直接影响，所以在技术性能上对此有严格要求。

温度和频率对介质的损耗因数影响很大，这是必须充分注意的。

3. 体电阻率

在交流电设备中，绝缘电导形成的功耗通常只占总介质损耗中很小部分，只要介质的体电阻率不低于某允许值，体电阻率对介质外在性能的影响就很小；但在直流设备或电容充放电设备中，介质的体电阻率将直接影响绝缘各部分的电压分布，所以需要特别注意。

温度和场强对介质的体电阻率影响很大，因此，必须结合这两个因素来考虑。

4. 局部放电电压

对整体设备绝缘，局部放电起始电压和熄灭电压是十分重要的参数，它决定绝缘的老化特性，对绝缘许用工作场强常起决定性作用，所以是特别要予以重视的。

4-11-2　热性能

电介质的耐热性问题已经在 4-4-3 节和 4-9-2 节中说明了，这里主要提一下耐寒性问题。

有些电气设备运行在北方冬季严寒的大气条件下，要求其固体电介质不致硬化、脆化、脱壳、开裂；要求其液体电介质不致凝固。所以，电介质也存在一个允许的最低工作温度。

通常，人们对温度升高时介质的电性能常会趋向恶化这一点认识较深，而对低温时介质的电性能也可能趋向恶化这一点则常注意不够。大多数液体介质（特别是极性液体介质）的低温性能会恶化，因为低温时，介质的黏度大，偶极子在交变电场作用下回转困难，摩擦损耗大，致使介电常数值减小，损耗因数值增大；低温时，液体介质的吸气性大为减弱，致使局部放电起始场强和熄灭场强都降低很多；有的液体介质，在低温时还会发生相态的改变，如某种异丙基联苯（IPB），其凝固温度虽为−55℃，但当温度在−20～−40℃之间循环变动时，会出现大量结晶。为此，用液体介质浸渍的绝缘结构，如电容器绝缘，特别要求做低温（一般为−50℃）下的各种性能试验。

4-11-3　机械性能

应该注意，绝缘结构在运行中不仅受到某些稳态的机械力，还会受到各种暂态的冲击力，如开关操作时的机械冲击力、操作暂态电动力、雷电暂态电动力等。短路故障的电动力常常是很严峻的（特别是对于带有绕组的装置），必须给予足够的重视。

长期的机械振动（如旋转电机）或电磁振动（如变压器、电抗器）对绝缘也会造成损害，应予以充分注意。

当温度变化的幅度较大时，某些电气设备由于其各部件材料的热膨胀系数不同，常导致某些绝缘部件承受较大的内应力。对大尺寸部件，这个问题尤应注意。

有些绝缘结构还可能遇到温度的急剧变化，例如，曝晒在烈日下的户外绝缘子可能受到雷暴雨的突袭，使绝缘子某些部分之间产生较大的突发性的温差，由于热胀冷缩，可能造成过大的内应力，以至使绝缘开裂、爆碎。为此，各种户外用绝缘子的型式试验中都含有冷热试验，即将绝缘子在温差为 40～70℃ 的水中循环两次，要求被试品不开裂，随后再做火花试验不击穿，才算合格。

有些绝缘子（如盘形悬式绝缘子）是在始终承受着较大的机械负荷和电压负荷的同时，

又要承受一定的温度变化的，为了检验这种条件下绝缘子的性能，还需做热机联合试验和机电联合试验。前者是在绝缘子上施加规定的机械负荷的同时，按一定规则改变环境温度，每24h循环一次，连续循环4次结束，结束后，再做通常的机械破坏试验或机电联合破坏试验。机电联合试验是在绝缘子上施加规定的机械负荷的同时，施加规定的电压，持续规定时间，被试品不应损坏或击穿。

对某些绝缘体（如绝缘子、套管、玻璃钢横担、灭弧室成型件等）还要求有一定的耐弧性，即能耐一定强度、一定延续时间的沿面电弧的作用而不致损坏。

断路器和管形避雷器中的灭弧室，其绝缘体的工作条件特别苛刻，既要承受强大电弧突发的高温，又要承受由电弧产生突发的高气压，还要能耐受电流过零后恢复电压的作用，保证绝缘，保证不重燃弧。

对于需要进行切削加工的绝缘材料，还应注意这种材料的机械性能是否可能顺利地接受所需的此种切削加工，例如，对层压或塑压绝缘制品进行螺纹加工、锯割、剪切、磨削等加工的可能性。

4-11-4　物理、化学性能

电介质的物理、化学性能也是很重要的。物理性能对绝缘体的工艺过程影响较大；化学性能则对绝缘体的老化过程影响较大。

主要物理性能包括密度、黏度、闪点、沸点、凝固点、软化点、熔点、脆化温度、导热系数、热膨胀系数、伸长率、收缩率、柔软性、亲水性、吸水率、透气度等。

主要化学性能包括耐酸性、耐碱性、耐水性、耐氧化性、耐辐射性、耐油性、耐溶剂性、耐电弧分解性、可燃性、吸气性或析气性、相容性、毒性等。

液体介质的黏度，在某些设备（如变压器、电抗器类）中应满足对流循环传热散热足够充分的要求；在具有浸渍绝缘的设备中，应满足浸渍深透的要求；在某些品种的电缆中，在较高的浸渍温度时，要求具有足够低的黏度，以保证浸渍的完善；在电缆正常工作温度时，则要求它的黏度很高，难以流动，使电缆两端敷设位置允许有一定高度差；在常温下，电缆需弯曲敷设时，纸层间尚能有相对的位移。单纯的某种电缆油，其黏度已难以同时满足上述各项要求，而需在电缆油中添加松香。

如果所用介质的线膨胀系数与其结构物的该参数相差较大，则当温度变化时，各部件之间就会产生较大的内应力；如果所用介质的体膨胀系数较大，则当温度变化时，显然会影响密闭容器中的压强。

许多绝缘结构需经卷绕、包缠等加工过程，则材料的伸长率、收缩率等会影响卷绕、包缠的工艺参数，也影响部件在干燥后的尺寸、形变和松紧度。

对全封闭而又不可能爆破的电气设备来说，其内部电介质的可燃性是无关紧要的，但对于有可能爆破的设备，如油断路器（灭弧失败时）、油浸电力电容器（内部短路时）等，则其内部电介质的可燃性就应予以注意。电缆外护层是直接暴露在大气中，应注意防火，特别是当电缆敷设在隧道或矿井内时，其外护层若失火燃烧，则后果将很严重，故这类电缆外护层的材料应采用阻燃性的。

前已述及，作为电力电容器的浸渍剂，氯化联苯的技术性能是很优越的，只因其毒性会污染环境，从环境利益出发，必须予以禁止。各种电介质都应对其有否毒性及毒性程度作出严格的验证，合格者方可应用。有些介质在常态时无毒，但在与火花放电或电弧接触时，会发生分解、化合，形成有毒物质，这也是应予以注意的。

习　　题

4-1　试了解各国标准试油杯的结构，比较和评价之。你愿意尝试自己设计（原理性）一个标准试油杯吗？

4-2　高压电气设备在运行中发生绝缘破坏，从而引起跳闸或爆炸事故是不少的，有关期刊上常有这类事例的报导和分析，你关心过这类事例吗？

第五章　电气设备绝缘试验（一）

电气设备绝缘试验可分为两大类。

（1）耐压试验。模仿设备绝缘在运行中可能受到的各种电压（包括电压波形、幅值、持续时间等），对绝缘施加与之等价的或更为严峻的电压，从而考验绝缘耐受这类电压的能力，称为耐压试验。这类试验显然是最有效和最可信的，但也有其不足的一面（见后述）。这类试验有可能导致绝缘的破坏，故也称破坏性试验。

（2）检查性试验。测定绝缘某些方面的特性，并据此间接地判断绝缘的状况，称为检查性试验。这类试验一般是在较低电压下进行的，通常不会导致绝缘的击穿损坏，故也称非破坏性试验。

检查性试验方法有多种，各种方法能够反映绝缘缺陷的性质是不同的，对不同的绝缘材料和绝缘结构，各种方法的有效性也不一样，所以，往往需要采用多种不同的方法来试验，对试验结果进行综合分析比较后，才能作出正确的判断。

各种检查性试验的结果与绝缘的耐电强度之间尚未能找到确切的函数关系，即不能据此直接得出设备绝缘的耐电强度，因而，耐压试验仍然是决定性的和不可替代的。但耐压试验又只能在绝缘缺陷已发展到较严重的程度时，才能以击穿破坏的形式揭示出来，且不能明显地揭示绝缘缺陷的性质和根源；而检查性试验却能在一定程度上以非破坏的形式揭示绝缘缺陷的不同性质及其发展程度，使我们能防患于未然。有些绝缘缺陷，如受潮、局部导电体或导磁体过热、某些零部件绝缘损伤、绝缘油劣化等，是可以由非破坏的检查性试验来检出的，而这些绝缘缺陷又是不难通过适当的处理（如烘干、消除局部过热因素、更换个别零部件、将绝缘油净化或更新等）来改善的，这样，一般就可以避免整体设备绝缘在工作中或耐压试验时被击穿。

由此可见，上述两类试验是互为补充，而不能相互代替。当然，应先做检查性试验，据此再确定耐压试验的时间和条件。

§5-1　测 定 绝 缘 电 阻

绝缘电阻是反映绝缘性能的最基本的指标之一，通常都用绝缘电阻表来测量绝缘电阻。图5-1-1所示为绝缘电阻表的原理电路，图5-1-2所示为用绝缘电阻表测套管绝缘电阻的具体接线，下面即以此为例来说明。

绝缘电阻表是利用流比计的原理构成的。电压线圈 LV 和电流线圈 LA 是相互垂直地固定在同一转轴上，并处在同一个永久磁场中（图5-1-1中未画出）。仪表的指针也固定在此转轴上。转轴上没有装弹簧游丝，所以当线圈中没有电流时，指针可停在任一偏转角 α 的位置。

R_V 为分压电阻；R_{V0} 为电压线圈固有电阻；R_A 为限流（保护）电阻；R_{A0} 为电流线圈固有电阻；R_X 为被试品的绝缘电阻，一般 $R_X \gg R_A \gg R_{A0}$。当测量某一试品 R_X 时，线圈 LV 和 LA 中分别流过电流 I_V 和 I_A，产生两个相反方向的转动力矩，分别为 $M_V = I_V f_V (\alpha)$；$M_A = I_A f_A (\alpha)$。在两转矩差值的作用下，线圈带动指针旋转，直到两个转矩相互平衡时为止。此时，$M_V = M_A$，也即

$$I_V f_V(\alpha) = I_A f_A(\alpha) , \quad \frac{I_A}{I_V} = \frac{f_V(\alpha)}{f_A(\alpha)} = f(\alpha)$$

或者说

$$\alpha = f\left(\frac{I_A}{I_V}\right) \qquad\qquad (5-1-1)$$

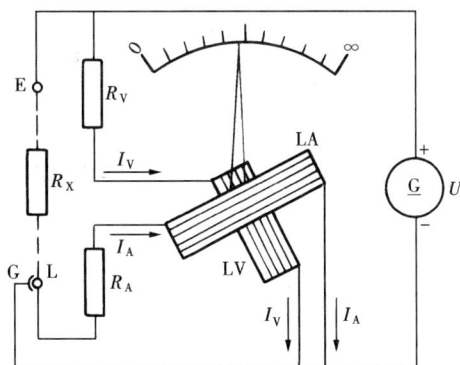

图 5 - 1 - 1　绝缘电阻表原理电路图　　　图 5 - 1 - 2　用绝缘电阻表测套管绝缘的接线图

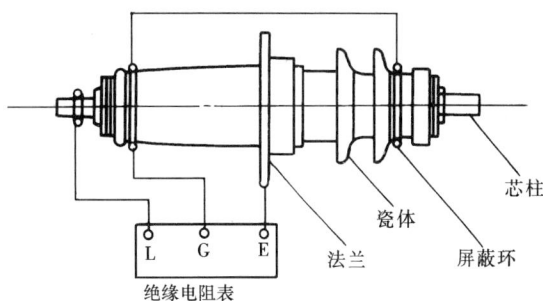

式（5-1-1）表明，偏转角 α 只与两电流的比值（I_A/I_V）有关，而与电源电压的大小无关。

由于 $I_A = \dfrac{U}{R_X + R_A + R_{A0}}$；$I_V = \dfrac{U}{R_V + R_{V0}}$；则

$$\frac{I_A}{I_V} = \frac{R_V + R_{V0}}{R_X + R_A + R_{A0}}$$

于是

$$\alpha = f\left(\frac{R_V + R_{V0}}{R_X + R_A + R_{A0}}\right)$$

由于 R_V、R_{V0}、R_A、R_{A0} 均为常数，所以

$$\alpha = f(R_X) \qquad\qquad (5-1-2)$$

即绝缘电阻表指针偏转角 α 是被测绝缘电阻 R_X 的函数，这就可以把偏转角 α 的读数直接标定为被测绝缘电阻 R_X 的值。它不受电源电压波动所影响，这是绝缘电阻表的重要优点。

绝缘电阻表对外有三个接线端子，如图 5 - 1 - 1 和 5 - 1 - 2 所示，测量时，线路端子（L）接被试品的高压导体；接地端子（E）接被试品外壳或地；屏蔽端子（G）接被试品的屏蔽环或别的屏蔽电极。

如果没有屏蔽端子 G，则从法兰沿套管表面的泄漏电流也将流过线圈 LA，此时，绝缘电阻表的指示就将反映套管总的绝缘电阻（包括体积绝缘电阻和表面绝缘电阻）。表面绝缘电阻易受环境的影响（例如潮气、尘埃、积污等）而多变，不能代表绝缘的内在质量，只有体积绝缘电阻才能反映绝缘体的内在质量。所以，通常均希望单独测量体积绝缘电阻。此时，就应按图 5 - 1 - 2 举例所示的方法，在芯柱出头附近的套管表面圈一金属屏蔽环极，并将此环极接到绝缘电阻表的端子 G。这样，由法兰经套管表面的漏导电流到了屏蔽环极，就经由端子 G 直接流回发电机负极。只有通过体积绝缘电阻的漏导电流才流经电流测量线圈，从而反映到指针的偏转中去（屏蔽环极的位置应靠近接 L 端子的电极，这个位置使被试绝缘中的电场分布畸变最小，测量误差也就最小）。

早前的绝缘电阻表，其直流电源多用内装手摇发电机，后来的绝缘电阻表多由电池经振荡器产生高频电压，经变压器升压后再经倍压整流而得。

常用的绝缘电阻表，其额定电压有 500、1000、2500、5000、10000V 诸等级，额定电压较高者，其绝缘电阻的可分辨量程也较高。对额定电压较高的电气设备，一般要求用相应较高电压等级的绝缘电阻表。

如前所述，一般电介质都可以用图 1-4-2 所示的等效电路图来代表。图中，串联支路 R_p-C_p 代表电介质的吸收特性。如绝缘良好，则 R_{lk} 和 R_p 的值都比较大，这就不仅使最后稳定的绝缘电阻值（就是 R_{lk} 的值）较高，而且要经过较长的时间才能达到此稳定值（因中间支路的时间常数较大）。反之，如绝缘受潮，或存在某些穿透性的导电通道，则不仅最后稳定的绝缘电阻值很低，而且还会很快达到稳定值。因此，也还可以用绝缘电阻随时间而变化的关系来反映绝缘的状况。通常用时间为 60s 与 15s 时所测得的绝缘电阻值之比，称为吸收比 K，即

$$K = R_{60s}/R_{15s} \qquad (5-1-3)$$

作为相互比较的共同标准。如绝缘良好，则此比值应大于某一定值（一般为 1.3～1.5）。同样，对 60s 时的绝缘电阻值也有一定标准。

某些容量较大的电气设备，其绝缘的极化和吸收过程很长，上述的吸收比 K 还不能充分反映绝缘吸收过程的整体，而且随着电气设备绝缘结构和规模的不同，这最初 60s 内吸收过程的发展趋向与其后整体过程的发展趋向也不一定很一致。为此，对这类大中型电气设备的绝缘，还制定了另一个指标，即取绝缘体在加压后 10min 和 1min 所测得的绝缘电阻值 R_{10min} 与 R_{1min} 之比值，称为极化指数 P，即

$$P = R_{10min}/R_{1min} \qquad (5-1-4)$$

如绝缘良好，则此比值应不小于某一定值（例如 1.5～2.0）。

作为实例，图 5-1-3 表示某发电机在不同状态时用绝缘电阻表测得的绝缘电阻 R 值与时间 t 的关系。

对各类高压电气设备绝缘所要求的绝缘电阻值、吸收比 K 和极化指数 P 的值，在电力部颁发的 DL/T596—1996《电力设备预防性试验规程》（以下简称《试验规程》）中都有明确的规定，可参阅。

测量绝缘电阻能有效地发现下列缺陷：

（1）总体绝缘质量欠佳；

（2）绝缘受潮；

（3）两极间有贯穿性的导电通道；

（4）绝缘表面情况不良（比较有或无屏蔽极时所测得的值即可知）。

测量绝缘电阻不能发现下列缺陷：

（1）绝缘中的局部缺陷（如非贯穿性的局部损伤、含有气泡、分层脱开等）；

（2）绝缘的老化（因为老化了的绝缘，其绝缘电阻还可能是相当高的）。

应该指出，不论是绝缘电阻的绝对值或是吸

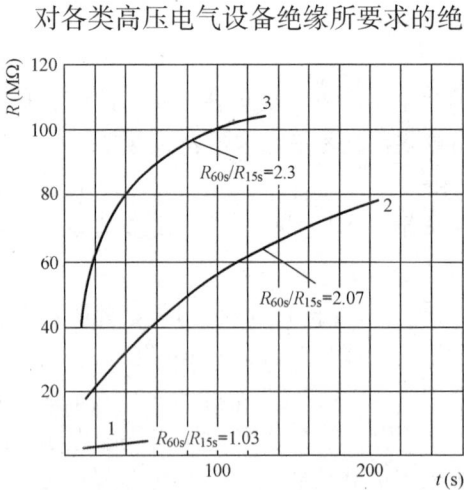

图 5-1-3　某发电机在不同状态时用绝缘电阻表测得的绝缘电阻 R 值与时间 t 的关系
1—干燥前 15℃；2—干燥结束时 73.5℃；
3—运行 72h 后，并冷却至 27℃

收比和极化指数的值都只是参考性的。如不满足最低合格值，则绝缘中肯定存在某种缺陷；但是，如已满足最低合格的数值，也还不能肯定绝缘是良好的。有些绝缘，特别是油浸的或电压等级较高的绝缘，即使有严重缺陷，用绝缘电阻表测得的绝缘电阻值、吸收比或极化指数，仍可能满足规定要求的，这主要是因为绝缘电阻表的电压较低的缘故。所以，根据绝缘电阻或吸收比的值来判断绝缘状况时，不仅应与规定标准相比较，还应与本绝缘过去试验的历史资料相比较，与同类设备的数据相比较，以及将同一设备的不同部分（例如不同相）的数据相比较（用不平衡系数 $k=\dfrac{最大值}{最小值}$ 来表示，一般认为，如 $k>2$，则表示有某种绝缘缺陷存在）。当然，也应该与本绝缘的其他试验结果相比较。

测量绝缘电阻时应注意下列几点。

（1）试验前应将被试品接地放电一定时间（对电容量较大的试品，一般要求达 5～10min），这是为了避免被试品上可能存留残余电荷而造成测量误差。试验后也应这样做，以求安全。

（2）高压测试连接线应尽量保持架空，确需使用支撑时，要确认支撑物的绝缘对被试品绝缘测量结果的影响极小。

（3）测吸收比和极化指数时，应待电源电压达稳定后再接入被试品，并开始计时。

（4）每次测试结束时，应在保持绝缘电阻表电源电压的条件下，先断开"L"端子与被试品的连线，以防被试品的电容在测量时所充的电荷经绝缘电阻表反向放电，损坏仪表。

（5）对带有绕组的被试品，应先将被测绕组首尾短接，再接到"L"端子；其他非被测绕组也应先首尾短接后再接到应接端子。

（6）绝缘电阻与温度有十分显著的关系。绝缘温度升高时，绝缘电阻大致按指数率降低，吸收比和极化指数的值也会有所改变。所以，测量绝缘电阻时，应准确记录当时绝缘的温度，而在比较时，也应按相应温度时的值来比较。

§5-2　测 定 泄 漏 电 流

本试验是将直流高压加到被试品上，测量流经被试绝缘的泄漏电流。虽然实际上也就是测量绝缘电阻，但另有它的特点（见后述）。本试验所需的高压直流电源与§6-2直流高压试验中所需的十分相似。为了避免重复，有关此直流电源的获得、操控、测量、保护等具体内容，留待§6-2中详述，这里只对此直流电源提出技术要求如下。

（1）输出电压。为了弥补绝缘电阻表电压太低，本试验所需直流电压较高，但也不可太高，因为直流电压与工频电压在绝缘结构内的分布是有很大不同的。以电力变压器为例：《试验规程》规定，电力变压器绕组泄漏电流试验电压值如表5-2-1所示。对工作在中性点有效接地系统中的绝缘，其测试电压相对较低，是因为直流测试电压必须与中性点绝缘水平相适应。

表 5-2-1　　　　　　　　变压器绕组泄漏电流试验所加电压值

绕组额定电压（kV）	3	6～20	20～35	66～330	500
直流试验电压（kV）	5	10	20	40	60

输出电压的极性应符合所需（一般为负极性，与绝缘电阻表的L端子的极性相同）；输出电压值应为连续可调的；其脉动因数应符合国家标准规定，不大于3%；有相应的测压系统。

（2）输出电流。正常绝缘在常温（环温）下，其相应试验电压下的泄漏电流值是很小的，一般不超过 $100\mu A$，即使在接近运行温度下，泄漏电流值一般也不超过 1mA。电源应在供给上述泄漏电流时，保持稳定的输出电压。

（3）在测试时，被试品若被击穿，电源应有自我保护，不受损坏。

本试验测试电路本身是比较简单的，若被试品的低压极可以不直接接地时，则可采用图 5-2-1 所示的电路。此时测量系统处在低电位，比较安全和方便。

微安表是很灵敏而脆弱的仪表，必须对超量程电流（特别是当被试品万一被击穿时）有可靠的保护。保护电阻 R 的值应这样选取：微安表满量程电流在 R 上的压降应稍大于放电管 P 的起始放电电压（一般为 50～100V）。

并联电容 C 的作用不仅可滤掉泄漏电流中的脉动分量，使电流表的读数稳定，更重要的是当被试品万一被击穿时，作用在放电管 P 上的冲击电压陡波前能有足够的平缓，使放电管 P 来得及动作，故其电容量应较大（＞$0.5\mu F$）。电流表平时被旁路接触器 K 短接，只有在需要读数时才将 K 打开。

本试验由于所用电压较高，高压电源、高压引线和被试品高压电极附近的空气可能部分被电离，在电场力的驱使下，部分离子（包括电子）会流向被试品低压极和微安表测量系统的上半部，再经微安表入地，这就造成测量误差。为此，宜将测量系统和被试品低压极用屏蔽系统 S 全部屏蔽起来并接地（注意：屏蔽系统 S 切不可与被试品低压极相接触），如图 5-2-1 所示。

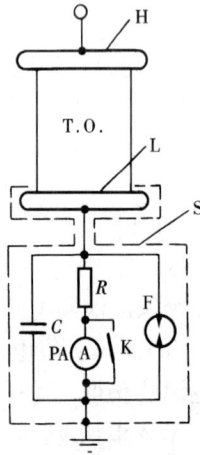

图 5-2-1 测泄漏电流的电路图
T.O.—被试品；H—高电位电极；L—低电位电极；
PA—直流微安表；R—保护电阻；F—放电管；
C—缓冲电容；K—旁路接触器；S—屏蔽系统

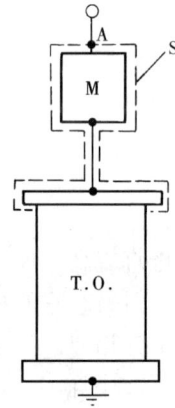

图 5-2-2 被试品一极已
固定接地时的测试电路
T.O.—被试品；M—测量系统；
S—屏蔽系统

若被试品的一极已固定接地，不能分开时（现场常会遇到），那就必须将图 5-2-1 中的测量系统连同屏蔽系统改接到高压电路中去，并将屏蔽系统与高压引入线在 A 点相接，如图 5-2-2 所示。此时，处在高电位的屏蔽系统，使其附近空间气体电离造成的对地漏导电流，并不流经测量系统，也就不会产生测量误差了。

由于测量仪表处在高压侧，观察时应特别注意安全。

进行本试验所应注意事项，大部分与§5-1中所述相同，此外《试验规程》中对最终电压保持时间规定为1min，并在此时间终了时读取泄漏电流值。这是考虑到需待电容电流和吸收电流充分衰减后才能精确测定泄漏电流，同时也应观察此时泄漏电流是否已达稳定。

综上所述，与绝缘电阻表相比，本试验具有下列特点。

（1）所加直流电压较高，能揭示绝缘电阻表不能发现的某些绝缘缺陷。

（2）所加直流电压是逐渐升高的，则在升压过程中，从所测电流与电压关系的线性度，即可指示绝缘情况。

（3）绝缘电阻表刻度的非线性度很强，尤其在接近高量程段，刻度甚密，难以精确分辨。微安表的刻度则基本上是线性的，能精确读取。

虽然如此，但是，绝缘电阻表小巧轻便，可随手携带，对已固定接地的被试品，也同样方便。本试验则需高压电源、电压和电流测量系统、屏蔽系统等，麻烦多了。所以，迄今，作为对绝缘状况的初诊，绝缘电阻表还是最广为应用的，且已开发出全自动的绝缘电阻表（包括对阻值、吸收比、极化指数等项目的采样、计时、数显等）。

§5-3　测定介质损耗因数（tanδ）

介质损耗因数（tanδ）是表征绝缘在交变电压作用下损耗大小的特征参数，它与绝缘体的形状和尺寸无关，它是绝缘性能的基本指标之一。

5-3-1　测试电路

测 tanδ 的方法有多种，如瓦特表法、电桥法、不平衡电桥法等。其中以电桥法的准确度为最高，最通用的是西林电桥。

通用电桥原理如图 5-3-1 所示。电桥平衡时，A、B 两点间无电位差，则 $\dot{U}_{FA} = \dot{U}_{FB}$，$\dot{U}_{AD} = \dot{U}_{BD}$，即

$$\frac{\dot{U}_{FA}}{\dot{U}_{AD}} = \frac{\dot{U}_{FB}}{\dot{U}_{BD}} \qquad (5-3-1)$$

流经阻抗 Z_1、Z_3 的电流相同，均为 $\dot{I}_1$；流经阻抗 Z_2、Z_4 的电流相同，均为 $\dot{I}_2$；代入式（5-3-5），得 $\dfrac{\dot{I}_1 Z_1}{\dot{I}_1 Z_3} = \dfrac{\dot{I}_2 Z_2}{\dot{I}_2 Z_4}$，即

$$Z_1 Z_4 = Z_2 Z_3 \qquad (5-3-2)$$

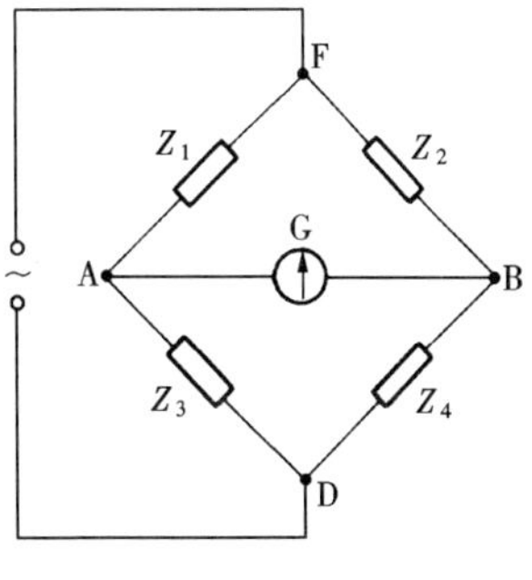

图 5-3-1　通用电桥原理图

设电桥各臂的复阻抗分别为 $Z_1 = |Z_1| \angle \varphi_1$；$Z_2 = |Z_2| \angle \varphi_2$；$Z_3 = |Z_3| \angle \varphi_3$；$Z_4 = |Z_4| \angle \varphi_4$。代入式（5-3-2），即得

$$\begin{cases} |Z_1||Z_4| = |Z_2||Z_3| & (5-3-3) \\ \varphi_1 + \varphi_4 = \varphi_2 + \varphi_3 & (5-3-4) \end{cases}$$

为测量方便，令 $\varphi_2 + \varphi_3 = -\pi/2$。如令 Z_3 为纯电阻元件，则 Z_2 应为纯电容元件，可用 SF_6 压缩气体或真空绝缘的标准电容器来充当，在工作条件范围内，其电容值为恒量，不随环境温度、湿度及所加电压的幅值或频率等因素而变。Z_1 代表被测绝缘的等效阻抗。从§1-4节可知，被测绝缘的等效阻抗 Z_1 可由等效电导 G_x 与等效电容 C_x 的并联电路来代表。由此可见，Z_1 的阻抗角 φ_1 是不足 $-\pi/2$ 的，所以 Z_4 就不应为纯电阻，而应为阻容并联。

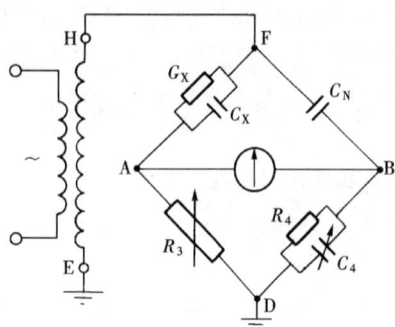

图 5 - 3 - 2　西林电桥基本原理电路图

由此可得西林电桥的基本原理电路如图 5 - 3 - 2 所示。图中

$$Z_1 = \frac{1}{G_X + j\omega C_X}$$

$$Z_2 = \frac{1}{j\omega C_N}$$

$$Z_3 = R_3 = \frac{1}{G_3}$$

$$Z_4 = \frac{1}{\frac{1}{R_4} + j\omega C_4} = \frac{1}{G_4 + j\omega C_4}$$

$$(5 - 3 - 5)$$

将式 (5 - 3 - 5) 代入式 (5 - 3 - 2)，可得

$$\frac{1}{G_X + j\omega C_X} \times \frac{1}{G_4 + j\omega C_4} = \frac{1}{j\omega C_N} \times \frac{1}{G_3} \tag{5 - 3 - 6}$$

式 (5 - 3 - 6) 左右两边的实部和虚部应分别相等，即可得

$$G_X G_4 - \omega^2 C_X C_4 = 0 \tag{5 - 3 - 7}$$

$$G_4 C_X + G_X C_4 = G_3 C_N \tag{5 - 3 - 8}$$

由式 (5 - 3 - 7) 得

$$\tan\delta_X = \frac{G_X}{\omega C_X} = \omega C_4 R_4 \tag{5 - 3 - 9}$$

由式 (5 - 3 - 8) 和式 (5 - 3 - 9) 可得

$$C_X = \frac{C_N R_4}{R_3} \times \frac{1}{(1 + \tan^2 \delta_X)} \tag{5 - 3 - 10}$$

如 tanδ 很小 (一般为百分之几)，则式 (5 - 3 - 10) 可简化为

$$C_X \approx \frac{C_N R_4}{R_3} \tag{5 - 3 - 11}$$

为了计算方便，通常取 $R_4 = (10^4/\pi)$ Ω。电源为工频时，$\omega = 100\pi$。于是，由式 (5 - 3 - 9) 可得

$$\tan\delta_X = 100\pi \times \frac{10^4}{\pi} C_4 = 10^6 C_4$$

如 C_4 以 μF 计，则在数值上，$\tan\delta_X = C_4$。

一般 Z_1、Z_2 比 Z_3、Z_4 大得多，故外加电压的绝大部分都降落在高压臂 Z_1、Z_2 上，低压臂 Z_3、Z_4 上的电压通常只有几伏。

影响电桥准确度的有以下因素。

(1) 本试验高压电源对桥体杂散电容的影响。由图 5 - 3 - 3 可见，高压引线 HF 段对被试品低压电极、A 处线段和 Z_3 臂元件等的杂散电容 C_1' 等于并接在被试品的两端；高压引线 HF 段对标准电容低压电极、B 处线段和 Z_4 臂元件等的杂散电容 C_2' 等于并接在标准电容器 C_N 的

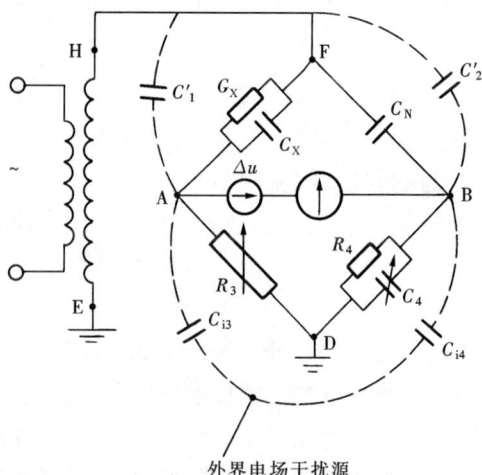

外界电场干扰源

图 5 - 3 - 3　西林电桥误差因素示意图

两端。由于标准电容器的电容一般仅约 $50\sim100pF$，被试品电容一般也仅约几十到几千皮法，都很小，故这些杂散电容的存在就可能使测量结果有较大的误差。

如高压引线上出现电晕，则还有电晕漏导与上述杂散电容 C_1' 或 C_2' 相并联。

至于桥体部分（AB 线段）对地杂散电容的影响，则是很小的，可以忽略不计。因为这些杂散电容是等值地并联在桥臂 Z_3 和 Z_4 上的，而 Z_3 或 Z_4 的值是远小于杂散电容的阻抗值的。

（2）外界电场干扰。外界高压带电体（这在现场是常有的，而且其相位可能与本试验电源的相位相差很大。）通过杂散电容（图 5-3-3 中以 C_{i3} 和 C_{i4} 来代表）耦合到桥体，带来干扰电流流入桥臂，造成测量误差。

（3）外界磁场干扰。当电桥处在交变磁场中（这在现场也是常遇的）时，桥路内将感应出一干扰电动势（图 5-3-3 中以 Δu 表示），显然也会造成测量误差。

为消除上述几种误差因素，最简单而有效的办法是将电桥的低压部分（最好能包括被试品和标准电容器的低压电极在内）全部用接地的金属网屏蔽起来，这样就能基本上消除上述三种误差。

由图 5-3-2 可见，这种测试电路要求被试品两端均不接地，这在许多场合是做不到的。此时，可将电桥颠倒过来，令被试品的一端 F 点接地，D 点和屏蔽网接高压电源。这种接法称为颠倒电桥接线，或称反接线。此时，调节阻抗 Z_3、Z_4、检流计 G 和屏蔽网均处于高电位，故必须采取可靠的措施以保证使用人员的安全。

近期，开发出了多种智能化自动平衡的数字化测量仪，大多由采样系统和数据处理系统两部分组成，由计算机控制测量、分析、计算、处理、显示和记录，这里就不详述了。

5-3-2　测试功效

测 $\tan\delta$ 能有效地发现绝缘的下列缺陷：

（1）受潮；

（2）穿透性导电通道；

（3）绝缘内含气泡的电离，绝缘分层、脱壳；

（4）绝缘老化劣化，绕组上附积油泥；

（5）绝缘油脏污、劣化等。

但是对于下列缺陷，$\tan\delta$ 法是很少有效果的：

（1）非穿透性的局部损坏（其损坏程度尚不足以使测 $\tan\delta$ 时造成击穿）；

（2）很小部分绝缘的老化劣化；

（3）个别的绝缘弱点。

总而言之，$\tan\delta$ 法对较大面积的分布性的绝缘缺陷是较灵敏和有效的，而对个别局部的非贯穿性的绝缘缺陷，则是不很灵敏和不很有效的。

5-3-3　测试时应注意的事项

1. 尽可能分部测试

一般测得的 $\tan\delta$ 值是被测绝缘各部分 $\tan\delta$ 的平均值。全部被测绝缘体可看成是各部分绝缘体的并联。由此可见，在大的绝缘体中存在局部缺陷时，测总体的 $\tan\delta$ 是不易反映出这些局部缺陷的；而对较小的绝缘体，测 $\tan\delta$ 就容易发现绝缘的局部缺陷。为此，如被试品能分部测试，则最好分部测试。例如将末屏有小套管引出的电容型套管与变压器本体分开来测试。有些电气设备可以有多种组合的试验接线，则可按不同组合的接线分别进行测试。例如三绕组变压器本体就有下列七种组合的试验接线（以 L、M、H 分别代表低压、中压、高压绕组；以 E 代表地，即铁芯和铁壳）：L/（M＋H＋E）、M/（L＋H＋E）、H/（L＋M＋E）、（L＋M）/（H＋E）、（L＋H）/（M＋E）、（M＋H）/（L＋E）、（L＋M＋H）/E。常规测试，一般只做前三项，但若测试结果有明显异常时，则可对全部项目进行测试，通过计算，可分辨出缺陷的确切部位。

2. tanδ 与温度的关系

一般绝缘的 tanδ 值均随温度的上升而增大（少数极性绝缘材料例外），在 20～80℃ 范围内，大多数绝缘的 tanδ 与温度的关系接近按指数规律变化，近似地可以表示为

$$\tan\delta_2 = \tan\delta_1 \exp[\beta(\theta_2 - \theta_1)] \tag{5-3-12}$$

式中：$\tan\delta_2$ 和 $\tan\delta_1$ 分别对应于温度为 θ_2 和 θ_1 的 tanδ 值；β 为系数，与绝缘物的性质、结构和所处状态等因素有关。

一般说来，对各种被试品，其不同温度下的 tanδ 值是不可能通过通用的换算式获得准确的换算的，故应尽量争取在差不多的温度条件下测出 tanδ 值，并以此来作相互比较。通常都以 20℃时的 tanδ 值作为参考标准（绝缘油例外）。为此，测 tanδ 时的温度也应尽量接近 20℃，一般要求在 10～30℃ 范围内进行测量。

3. tanδ 与试验电压的关系

一般说来，新的、良好的绝缘，在其额定电压范围内，绝缘的 tanδ 值是几乎不变的（仅在接近其额定电压时 tanδ 值可能略有增加），且当电压上升或下降时测得的 tanδ 值是接近一致的，不会出现回环。如绝缘中存在气泡、分层、脱壳等，情况就不同了。当所加试验电压足以使绝缘中的气隙电离或产生局部放电等情况时，tanδ 的值将随试验电压 u 的升高而迅速增大；且当试验电压下降时，tanδ-u 曲线会出现回环。

由此可见，测定 tanδ 所用的电压，原则上最好接近于被试品的正常工作电压。但实际上，常难以达到，除少数研究性单位和大厂外，一般测试，多用 10kV 级。

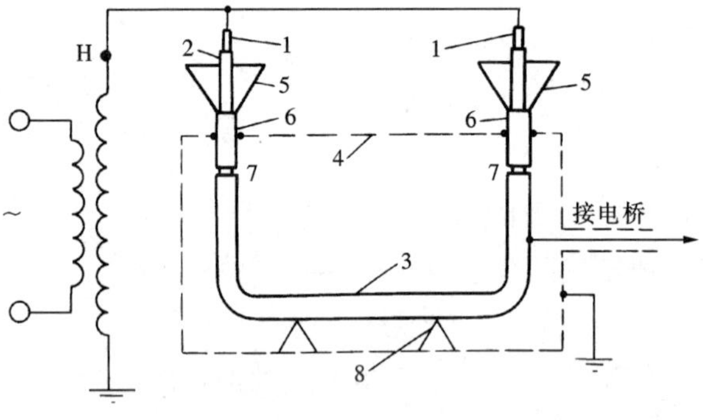

4. 护环和屏蔽的影响

护环和屏蔽的布置是否正确对测试结果有很大的影响。图 5-3-4 表示测定一段单相电缆（尚未敷设的）的 tanδ 时被试品部分的接线。安装屏蔽环是为了消除表面泄漏的影响；安装屏蔽罩是为了消除试验电源和外界干扰源对被试品外壳的杂散电容和电晕漏导的影响。

5. 测绕组时的注意事项

在测试绕组的 tanδ 和电容时，必须将每个绕组（包括被测绕组和非被测绕组）的首尾都短接，否则，就可能产生很大的误差。造成这种误差的原因主要是测试电流流经绕组时产生励磁功耗所致。

图 5-3-4　测单相电缆的 tanδ 时的接线图

1—电缆芯线；2—电缆绝缘层；3—电缆护套；4—接地的屏蔽罩；
5—接地的喇叭口（改善电场用）；6—接地的屏蔽环；
7—护套的割除段；8—绝缘垫块

§5-4　局部放电的测试

常用的固体绝缘物总不可能做得十分纯净致密，总会不同程度地包含一些分散性的异物，如各种杂质、水分、小气泡等。有些是在制造过程中未去净的，有些是在运行中绝缘物的老化、分解等过程中产生的。由于这些异物的电导和介电常数不同于绝缘物，故在外施电压作用下，这些异物附近将具有比周围更高的场强。当外施电压升高到一定程度时，这些部位的场强超过了该处物质的电离场强，该处物质就产生电离放电，称之为局部放电。气泡的介电常数比周围绝缘物的介电常数小得多，气泡中的场强就较大；气泡的电离场强又比周围绝缘物的击穿场强低得多，所以，分散在绝缘物中的气泡常成为局部放电的发源地。如外施电压为交变的，则局部放电就具有发生与熄灭相交替重复的特征。由于局部放电是分散地发生在极微小的空间内，所以它几乎并不影响当时整体绝缘物的击穿电压。但是，局部放电时产生的电子、离子往复冲击绝缘物，会使绝缘物逐渐分解、破坏，分解出导电性和化学活性的物质来，使绝缘物氧化、腐蚀；同时，使该处的局部电场畸变更强烈，进一步加剧局部放电的强度；局部放电处也可能产生局部的高温，使绝缘物老化、破坏。如果绝缘物在正常工作电压下就有一定程度的局部放电，则这种过程将在其正常工作的全部时间中继续和发展，这显然将加速绝缘物的老化和破坏，发展到一定程度时，就可能导致绝缘物的击穿。所以，测定绝缘物在不同电压下局部放电强度及其规律，能预示绝缘的情况，也是估计绝缘电老化速度的重要根据。

分析含气泡的介质中局部放电的过程时，可以采用如图 5-4-1 所示的等效电路。图中 C_g 代表气泡电容；C_b 代表与 C_g 串联部分介质的电容；C_m 代表其余部分介质的电容。气泡很小，C_g 比 C_b 大很多，C_m 又比 C_g 大很多。电极间的总电容为

$$C_X = C_m + \frac{C_g C_b}{C_g + C_b}$$

为分析简化计，假设气泡放电后，即被完全短接而无残压，则此时电极间的总电容将为 $C'_X = (C_m + C_b) > C_X$。由于气泡中的局部放电几乎是在瞬时（约 10^{-8}s 级）完成的，电源回路中的电感使极板上的电荷量来不及得到补充，于是，极板间的电压必将减小一微量

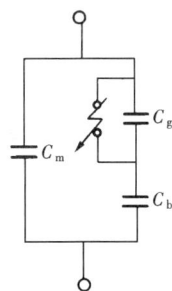

图 5-4-1　介质中发生局部放电时的等效电路

ΔU。令 $\Delta q = C_X \Delta U$，则 Δq 的意义可以理解为绝缘内部气泡的放电反映到极板上，好像是极板上的电荷中有 Δq 被放电中和了似的（使极板间电压减小同一微量 ΔU）。这个电荷量 Δq 被称为视在电荷量或视在放电量，通常以 pC 计，它是衡量局部放电强度的一个重要参数。

衡量局部放电强度的其他参数还有如单次放电能量、放电次数频度、平均放电电流、平均放电功率等，但以视在电荷量应用最为普遍。

局部放电会产生许多效应，可以利用这些效应来检测。但非电的测试法大都不够灵敏，不够准确。电测试法中以脉冲电流法应用最广，它是将被试品两端的电压突变转化为检测回路中的脉冲电流。此法又分为直接法与平衡法，分述如下。

1. 直接法

图 5-4-2 和图 5-4-3 表示直接法的两种基本电路，其目的都是要使被试品局部放电时

产生的脉冲电流作用到检测用阻抗 Z_m 上，在 Z_m 上产生一个脉冲电压 u_m 送到测量仪器 M 中去。根据 u_m 可推算出局部放电视在电荷量。

为了达到这个目的，首先想到的是将 Z_m 直接与 C_X 串联，如图 5-4-2 所示，称为串联法测试电路。由于变压器绕组对高频脉冲具有很大的感抗，阻塞高频脉冲电流的流通，所以，必须另加耦合电容 C_K，给脉冲电流提供低阻抗的通道。C_K 必须无局部放电。C_X 值不很大时，最好还应使 C_K 值不小于 C_X。

为了防止电源噪声流入测量回路，也为了防止被试品局部放电电流脉冲分流到电源中去，可在电源回路中串入一低通滤波器 Z，它只允许工频电流通过而阻塞高频电流。

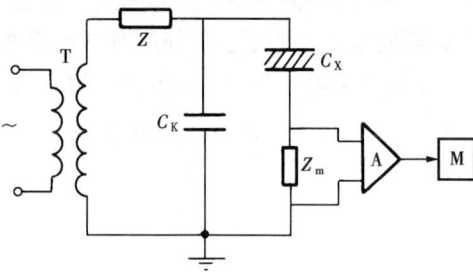

图 5-4-2　串联法测试电路　　　　图 5-4-3　并联法测试电路

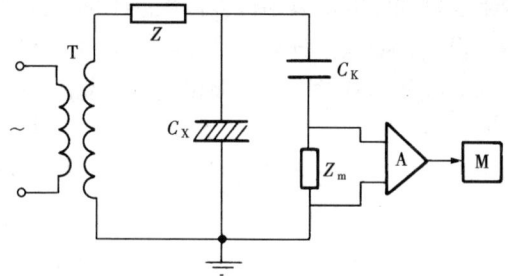

另一种电路为：将测量阻抗 Z_m 与耦合电容 C_K 串联后，并联到被试品两端，如图 5-4-3 所示，称为并联法测试电路。不难看出，两者对高频脉冲电流的回路是相同的，都是串联地流经 C_X、C_K 和 Z_m 三个元件；在理论上，两者的灵敏度也是相等的；但在实用上，后者的优点为以下几点。

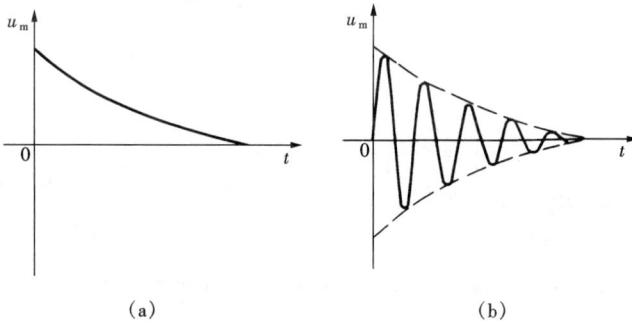

图 5-4-4　u_m 的波形
(a) Z_m 为电阻性阻抗；(b) Z_m 为 L-C 性阻抗

(1) 允许被试品一端接地。

(2) 对 C_X 值较大的被试品，可以避免较大的工频电容电流流过 Z_m。

(3) 万一被试品 C_X 被击穿时，不会危及人身和测试系统。由于局部放电测试时所加电压一般均高于绝缘的正常工作电压，所以，在测试时，被试品被击穿的可能性是存在的。

当 Z_m 为电阻性阻抗时，u_m 为一指数衰减脉冲，如图 5-4-4 (a) 所示；当 Z_m 为 L-C 性阻抗时，u_m 为一高频衰减振荡，如图 5-4-4 (b) 所示。

直接法的缺点是抗干扰性能较差。为了提高抗干扰能力，也有在 Z_m 输出电路中不采用宽频带放大，而采用窄带选频放大，以避开干扰较强的频率区域；与此同时，在高压电源电路中的滤波器 Z，也采用窄带选频阻波器，其阻频带正好与选频放大器的通频带相对应。这可取得较好的抗干扰效果。环境噪声的干扰常是影响此法效果的重要因素，特别在现场测试时，尤其必须认真对待。

2. 平衡法

为了提高抗外来干扰的能力，可以采用电桥平衡原理来检测。如图 5-4-5 所示。图中各符号的意义同前。测量仪器 M 是测 Z_{mx} 与 Z_{mk} 上的电压差。C_K 与 C_X 的值不一定要相等，但应有同一数量级；二者的 $\tan\delta$ 也应相近。因为只有这样，才能使外部的干扰源在 Z_{mx} 和 Z_{mk} 上产生的干扰信号大体上相互抵消。

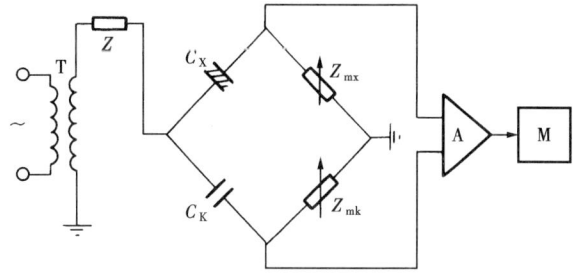

图 5-4-5　平衡法测试电路

最理想的，也许也是最方便的办法是用一件与被试品 C_X 完全相同的物件来作为辅助试品 C_K，于是 Z_{mx} 与 Z_{mk} 也就接近相等。理论上，此时电桥对频率宽广的外来干扰都能平衡，由此即可消除外来干扰的影响。只有当被试品 C_X 发生局部放电时，平衡被破坏，通过检测电路即可测出此不平衡脉冲电压。当然，如果辅助试品 C_K 中发生局部放电，同样会反映到检测系统中去。为了能确定被检测出的放电脉冲信号是由被试品发出的，而不是由辅助试品发出的，应选择质量最好的（局部放电起始电压和熄灭电压最高的）一个作为辅助试品。

这个似乎很有优势的测试方法，在实用中却遇到不少困难。

首先，要求被试品 C_X 与辅助试品 C_K 的 $\tan\delta$ 要大致相等，这就不易。更为难的是要找到一个同型号同规格的辅助试品，这个试品要在本试验电压范围内不产生局部放电。国家标准对被试品的要求，通常只是在规定的试验电压下（一般比该绝缘的正常工作电压更高），其局部放电量不超过某一定值（例如 100pC），今要求同类产品在此同一试验电压下完全没有局部放电，则是很难达到的。此外，这个方法不允许被试品有一极接地，这在许多场合下，也是很不方便的。因此，这个方法，今已很少采用，最通用的还是直接法。

终端指示仪器常用示波器，也有配合用脉冲峰值电压表的。试验前都应对它们进行刻度系数校正。刻度系数是指示仪器上的单位读数所表征的被试品上的视在放电电荷量。

前已说明，绝缘中有局部放电时，反映到极板上，使极板间的电压突然变化一微量（即电压脉冲）ΔU，极板上的电荷突然变化一微量（即视在放电电荷量）$\Delta q = C_X \Delta u$，从而在回路中产生一脉冲电流，在 Z_m 上产生压降，显示到指示仪器上。现在要来标定指示仪器的刻度，就必须模拟局部放电时的情况，从外部向被试品极板突然注入一已知电荷量 q_0，同时记录与此相对应的指示仪器读数 h_0，由此求取刻度系数。还必须注意到：校正脉冲的电压波形与实际局部放电产生的脉冲电压波形相似时，校正标定的结果才不致产生较大的误差。

前已提及，绝缘内部气泡中的局部放电几乎是在瞬时（约 10^{-8}s 级）完成的，现在来校正标定时，也应尽量接近这种情况。怎样才能达到这点呢？

如将一阶跃脉冲电压发生器（简称方波发生器）G 通过一小电容 C_0 接到被试品系统的两端，如图 5-4-6（a）所示。在阶跃脉冲前沿上升到幅值 U_0 这一短暂的瞬间，被试品系统可视为一等值电容 $C_{eq} = \left[C_X + \left(\dfrac{C_K C_m}{C_K + C_m} \right) \right]$，阶跃电压 U_0 作用在 C_0 与 C_{eq} 相串联的电路上。若 $C_0 \ll C_{eq}$，则 C_0 两端的电压 $U_{C0} \approx U_0$，C_0 极板上的电荷量 $q_0 \approx C_0 U_0$，与 C_0 相串联的

C_{eq} 两端极板上的电荷量也同样为 $q_0 \approx C_0 U_0$，由于 C_0 和 U_0 都是已知的，故 $q_0 = C_0 U_0$ 也为已知，这就像将一已知电荷量 $q_0 = C_0 U_0$ 瞬时注入被试品系统的极板上，由此模拟了真实试验中发生的局部放电。

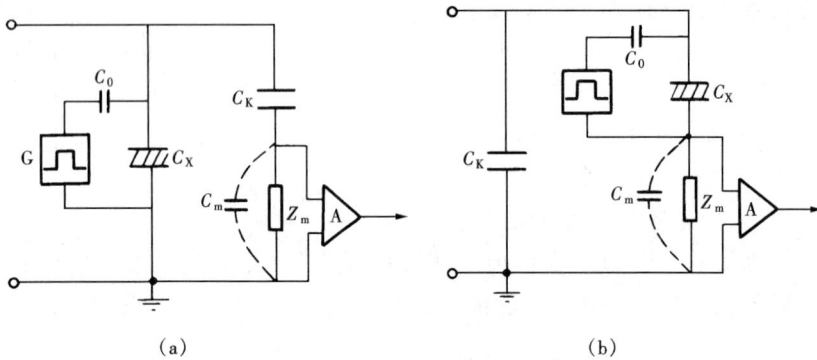

图 5 - 4 - 6　刻度系数校正电路

(a) 配并联测试电路；(b) 配串联测试电路

G—方波发生器；C_0—校正用电容；C_m—检测阻抗 Z_m 系统的固有电容

由此可见，这个方法的前提条件是 $C_0 \ll C_{eq}$ 和方波电压前沿上升陡度应足够大。

刻度系数校正的具体接线如图 5 - 4 - 6 所示。在未加试验电压的情况下，用方波发生器经过一校正用小电容 C_0 给被试品系统注入一个已知电荷量 $q_0 = C_0 U_0$，此时在指示仪器上得到一个读数 h_0，则可计算出刻度系数 K 为

$$K = \frac{q_0}{h_0} = \frac{C_0 U_0}{h_0} \qquad (5 - 4 - 1)$$

式中：C_0 为校正用电容，pF；U_0 为方波电压，V，通常为 $2 \sim 50$V；q_0 为注入电荷，pC；h_0 为示波器上脉冲高度或脉冲峰值表读数。

前已指出，C_0 应远小于 $C_{eq} = \left(C_X + \frac{C_K C_m}{C_K + C_m} \right)$。在实用时，$C_0$ 至少应小于 $0.1 \left(C_X + \frac{C_K C_m}{C_K + C_m} \right)$，但不得小于 10pF，一般用 50pF，不大于 100pF。

此外，为保证校正的准确度，还应注意满足下列要求。

(1) 校正脉冲（即方波）电压的上升时间（从 $0.1U_0$ 上升到 $0.9U_0$ 所需时间）$\tau_f \leqslant 0.1\mu$s，如能更小，则更好。

(2) 校正脉冲电压的衰减时间（从脉冲幅值的 100% 衰减到 10% 所需时间）τ_t 应在 $100 \sim 1000\mu$s 范围内。

(3) 校正脉冲发生器内阻 $r_0 \leqslant 100\Omega$。

(4) 校正脉冲的重复频率 $f_0 \leqslant 5$kHz。如 f_0 与 $2f_t$ 的数量级相当，则更好。此处 f_t 为本试验中所加高压的频率，$2f_t$ 为每秒中的半周数。

(5) 为减小杂散电容的影响，校正脉冲电路的连接线应尽量短。

需要指出，即使测试电路和各元件参数均保持不变，只要被试品改变了（即使是同型号、同规格的），甚或在同一被试品上改变了测试端子或非测试端子的连接，都必须对刻度系数另作校正。

绝缘中某些内在的局部缺陷（特别是在程度上尚较轻时），用别的方法往往很难发现，而测局部放电法却能以非破坏的方式很灵敏地指示出来，经多年来的研究改进，此项试验方法已渐趋成熟。对某些高压电气设备（如变压器、互感器、套管等类）国家标准已将本试验列入出厂试验和预防性试验项目，并取得了显著成效。其具体试验要求、方法、程序、合格标准等，可参看有关标准。

§5-5　绝缘油中溶解气体的色谱分析

新绝缘油中溶解的气体主要是空气，也即 N_2（约占 71%）和 O_2（约占 28%）。浸绝缘油的电气设备在出厂高压试验和在平时正常运行过程中，绝缘油和有机绝缘材料会逐渐老化，绝缘油中也就可能溶解微量或少量的 H_2、CO、CO_2 或烃类气体，但其量一般不会超过某些经验参考值（随不同的设备而异）。而当电器中存在局部过热、局部放电或某些内部故障时，绝缘油或固体绝缘材料会发生裂解，就会产生大量的各种烃类气体和 H_2、CO、CO_2 等气体，因而把这类气体称为故障特征气体，绝缘油中也就会溶解较多量的这类气体。

不同的绝缘物质，不同性质的故障，分解产生的气体成分是不同的。因此，分析油中溶解气体的成分、含量及其随时间而增长的规律，就可以鉴别故障的性质、程度及其发展情况。这对于测定缓慢发展的潜伏性故障是很有效的，而且可以不停电进行，故已列入绝缘试验标准，并制定了相应的国家标准 GB/T 7252—2001《变压器油中溶解气体分析和判断导则》，适用于变压器、电抗器、电流互感器、电压互感器、充油套管、充油电缆等。

具体步骤为：先将油中溶解的气体脱出，再送入气相色谱仪，对不同气体进行分离和定量。据此，即可按下述三步来初探有无故障。

1. 看特征气体的组分和主次

油和固体绝缘材料在电或热的作用下分解产生的各种气体中，对判断故障有价值的气体有甲烷（CH_4）、乙烷（C_2H_6）、乙烯（C_2H_4）、乙炔（C_2H_2）、氢（H_2）、一氧化碳（CO）、二氧化碳（CO_2）。正常运行老化过程产生的气体主要是 CO 和 CO_2。油纸绝缘中存在局部放电时，油裂解产生的气体主要是 H_2 和 CH_4；在故障温度高于正常运行温度不多时，产生的气体主要是 CH_4；随着故障温度的升高，C_2H_4 和 C_2H_6 逐渐成为主要特征；当温度高于 1000℃时，例如在电弧温度的作用下，油裂解产生的气体中则含有较多的 C_2H_2；当故障涉及固体绝缘材料时，会产生较多的 CO 和 CO_2。不同故障类型产生的特征气体组分见表 5-5-1。

表 5-5-1　　　　　　　　　　　　不同故障类型产生的气体

故障类型	主要气体组分	次要气体组分
油过热	CH_4，C_2H_4	H_2，C_2H_6
油和纸过热	CH_4，C_2H_4，CO，CO_2	H_2，C_2H_6
油纸绝缘中局部放电	H_2，CH_4，CO	C_2H_2，C_2H_6，CO_2
油中火花放电	H_2，C_2H_2	
油中电弧	H_2，C_2H_2	CH_4，C_2H_4，C_2H_6
油和纸中电弧	H_2，C_2H_2，CO，CO_2	CH_4，C_2H_4，C_2H_6

注　进水受潮或油中气泡可能使油中的 H_2 含量升高。

出厂和新投运的设备，油中不应含有 C_2H_2，其他各组分也应该很低。

有时设备内并不存在故障，而由于其他原因，在油中也会出现上述气体，要注意这些可能引起误判断的气体来源。例如：有载调压变压器中切换开关油室的油向变压器主油箱渗漏；油冷却系统附属设备（如潜油泵）故障产生的气体也可能进入电器本体的油中；设备曾经有过故障，而故障排除后绝缘油未经彻底脱气，部分残余气体仍留在油中等。

2. 看特征气体的含量

"导则"规定：运行中设备内部油中气体含量超过表 5-5-2 所列数值时，应引起注意。

表 5-5-2　　　　油中溶解气体含量的注意值　　　　单位：$\mu L/L$

设备	气体组分	含　量			
		≥330kV	≤220kV	≥220kV	≤110kV
变压器和电抗器	总烃	150	150		
	乙炔	1	5		
	氢	150	150		
套管	甲烷	100	100		
	乙炔	1	2		
	氢	500	500		
电流互感器	总烃			100	100
	乙炔			1	2
	氢			150	150
电压互感器	总烃			100	100
	乙炔			2	3
	氢			150	150

注　(1) 注意值不是划分设备有无故障的唯一标准。当气体浓度达到表中给出的注意值时，应进行追踪分析、查明原因。

(2) 影响电流互感器和电容式套管油中氢气含量的因素较多，有的氢气含量虽低于表中数值，但若增加较快，也应引起注意；有的仅氢气含量超过表中数值，若无明显增加趋势，也可判断为正常。

当故障涉及固体绝缘时，会引起 CO 和 CO_2 含量的明显增长。但在考察这两种气体含量时更应注意结合具体电器的结构特点（如油保护方式）、运行温度、负荷情况、运行历史等情况加以综合分析。

突发性绝缘击穿事故时，油中溶解气体中的 CO、CO_2 含量不一定高，应结合气体继电器中的气体分析作判断。

3. 看特征气体含量随时间的增长率

应该说，仅根据油中特征气体含量的绝对值是很难对故障的严重性作出正确判断的，还必须考察故障的发展趋势，也就是故障点的产气速率。产气速率是与故障消耗能量大小、故障部位、故障点的温度等情况有关的。

产气速率有以下两种表达方式。

(1) 绝对产气速率：即每运行日产生某种气体的平均值，按下式计算

$$\gamma_a = \frac{C_{i2} - C_{i1}}{\Delta t} \frac{G}{\rho} \qquad (5\text{-}5\text{-}1)$$

式中：γ_a 为绝对产气速率，mL/d；C_{i2} 为第二次取样测得油中某气体浓度，$\mu L/L$；C_{i1} 为第一次取样测得油中某气体浓度，$\mu L/L$；Δt 为两次取样时间间隔中的实际运行时间，日 d；G 为本设备总油量，t；ρ 为油的密度，t/m^3。

变压器和电抗器绝对产气速率的注意值见表5-5-3。

表 5-5-3　　　　　　　变压器和电抗器绝对产气速率的注意值　　　　　　单位：mL/d

气体组分	开放式	隔膜式	气体组分	开放式	隔膜式
总　烃	6	12	一氧化碳	50	100
乙　炔	0.1	0.2	二氧化碳	100	200
氢	5	10			

注　当产气速率达到注意值时，应缩短检测周期，进行追踪分析。

（2）相对产气速率：即每运行一个月（或折算到月），某种气体含量增加原有值的百分数的平均值，按下式计算

$$\gamma_r(\%) = \frac{C_{i2} - C_{i1}}{C_{i1}} \times \frac{1}{\Delta t} \times 100 \qquad (5\text{-}5\text{-}2)$$

式中：γ_r 为相对产气速率，%/月；C_{i2} 为第二次取样测得油中某气体浓度，$\mu L/L$；C_{i1} 为第一次取样测得油中某气体浓度，$\mu L/L$；Δt 为两次取样时间间隔中的实际运行时间，月。

相对产气速率也可以用来判断充油电气设备内部状况。总烃的相对产气速率大于10%时，应引起注意，但对总烃起始含量很低的设备不宜采用此判据。

需要指出，有的设备，其油中某些特征气体的含量，若在短期内就有较大的增量，则即使尚未达到表5-5-2所列数值，也可判为内部有异常状况；有的设备因某种原因使气体含量基值较高，超过表5-5-2的注意值，但增长速率低于表5-5-3中产气速率的注意值，则仍可认为是正常的。

通过上述三步，可以说，对设备中是否存在故障作了初探。若初探结果认定设备中存在故障，则下一步就要设法对故障的性质（类型）进行判断。

"导则"推荐采用三比值法（五种特征气体含量的三对比值）作为判断变压器或电抗器等充油电气设备故障性质的主要方法。取出 H_2、CH_4、C_2H_2、C_2H_4 及 C_2H_6 这五种气体含量，分别计算出 C_2H_2/C_2H_4、CH_4/H_2、C_2H_4/C_2H_6 这三对比值，再将这三对比值按表5-5-4所列规则进行编码，再按表5-5-5所列规则来判断故障的性质。

表 5-5-4　　　　　　　　　　　三比值法的编码规则

气体比值范围	比值范围的编码		
	$\dfrac{C_2H_2}{C_2H_4}$	$\dfrac{CH_4}{H_2}$	$\dfrac{C_2H_4}{C_2H_6}$
<0.1	0	1	0
≥0.1～<1	1	0	0
≥1～<3	1	2	1
≥3	2	2	2

表 5 - 5 - 5　　　　　　　　　　　　用三比值法判断故障类型

编码组合			故障类型判断	故障实例（参考）
$\dfrac{C_2H_2}{C_2H_4}$	$\dfrac{CH_4}{H_2}$	$\dfrac{C_2H_4}{C_2H_6}$		
0	0	1	低温过热（低于 150℃）	绝缘导线过热，注意 CO 和 CO_2 含量和 CO_2/CO 值
	2	0	低温过热（150～300℃）	分接开关接触不良，引线夹件螺丝松动或接头焊接不良，涡流引起铜过热，铁芯漏磁，局部短路，层间绝缘不良，铁芯多点接地等
	2	1	中温过热（300～700℃）	
	0，1，2	2	高温过热（高于 700℃）	
	1	0	局部放电	高湿度，高含气量引起油中低能量密度的局部放电
1	0，1	0，1，2	低能放电	引线对电位未固定的部件之间连续火花放电，分接抽头引线和油隙闪络，不同电位之间的油中火花放电或悬浮电位之间的火花放电
	2	0，1，2	低能放电兼过热	
	0，1	0，1，2	电弧放电	
2	2	0，1，2	电弧放电兼过热	线圈匝间、层间短路，相间闪络、分接头引线间油隙闪络、引线对箱壳放电、线圈熔断、分接开关飞弧、因环路电流引起电弧、引线对其他接地体放电等

　　实践证明，用油中溶解气体色谱法来检测充油电气设备内部的故障，是一种有效的方法，而且可以带电进行。但是由于设备的结构、绝缘材料、保护绝缘油的方式和运行条件等差别，迄今尚未能制定出统一的严密的标准，如发现有问题，一般还需缩短测量的时间间隔，跟踪，并多做几次试验，再与过去气体分析的历史数据、运行记录、制造厂提供的资料及其他电气试验结果相对照比较，综合分析后，才能作出正确的判断。

习　　　题

　　5 - 1　总结比较各种检查性试验方法的功效（包括能检测出的绝缘缺陷的种类、检测灵敏度、抗干扰能力等）。

　　5 - 2　对绝缘的检查性试验方法，除本章所述者外，还有哪些可能的方向值可进行探索研究的？请大致估计一下这些方法各适用于何种电气设备，对探测哪种绝缘缺陷可能有效？

　　5 - 3　综合讨论现行对绝缘的离线检查性试验存在哪些不足之处。探索一下，对某些电气设备绝缘进行在线检测的可能性和原理性方法。

第六章　电气设备绝缘试验（二）

§6-1　工 频 高 压 试 验

6-1-1　工频高压的获得

获得工频高压的最通用的方法是应用工频高压试验变压器。工频高压试验变压器具有下列特点。

（1）一般都是单相的，需要三相时，常将三个单相变压器接成三相应用。

（2）不会受到大气过电压及电力系统操作过电压的侵袭，其绝缘相对其额定电压的安全裕度较小，故其平时工作电压一般不允许超过其额定电压。

（3）通常均为间歇工作方式，每次工作持续时间较短，不必采用加强的冷却系统。为此，对应于不同的电压和电流负荷，有不同的允许持续工作时间。

（4）一、二次绕组的电压变比高，其高压绕组由于电压高，需用较厚的绝缘层和较宽的油隙距，两绕组间的绝缘间距较大，故其漏抗（百分比）较大。

（5）要求有较好的输出电压波形，为此应采用优质的铁芯和较低的磁通密度。

（6）为了减少对局部放电试验的干扰，要求试验变压器自身的局部放电电压应足够高。

对以上各点的详细规定，可参看我国机械行业标准 JB/T 9641—1999《试验变压器》。

工频高压试验变压器的外形结构有金属外壳的单套管式、双套管式和绝缘筒式三种。

单套管式：高压绕组的高电位端经一大套管引出，其低电位端则与铁芯、铁壳相连。因此，高压绕组和套管对铁芯、外壳的绝缘应按全电压考虑。这种结构多适用于 $200\sim300\mathrm{kV}$ 及以下的试验变压器。

双套管式：高压绕组的中点与铁芯、铁壳相连，其两端分别通过两个大套管引出。因此，高压绕组和套管对铁芯和外壳的绝缘只要按全电压的一半来考虑即可。这种结构大大减轻了变压器内绝缘的负担，多适用于 $500\mathrm{kV}$ 及以上的试验变压器（应注意满足其外壳对地绝缘水平的要求）。

绝缘筒式：高压绕组的中点与铁芯相连，其两端分别与绝缘筒两端的金属极板相连。高压绕组对铁芯的绝缘也只要按全电压的一半来考虑即可。绝缘筒既作容器，又作外绝缘。这种结构体积小，质量轻，多在户内使用。

工频试验变压器的额定电压（kV）有下列等级：5、10、25、35、50、100、150、250、300、500、750。

选择所需试验变压器的容量，主要根据负荷性质和大小而定。高压绝缘的被试品多为容性负荷，只有极少数例外（如对某些外绝缘进行湿污闪电压试验时，主要为阻性负荷）。对容性负荷，所需试验变压器的容量 S，可按下式确定

$$S \geqslant U_{\mathrm{N}}U \times 2\pi f C_{\mathrm{X}} \times 10^{-9} \quad (\mathrm{kVA}) \tag{6-1-1}$$

式中：U_{N} 为试验变压器高压侧额定电压，kV；U 为实施的试验电压，kV；f 为试验电源频率，Hz；C_{X} 为被试绝缘和测压系统的电容量，pF。

此外，所选试验变压器的容量，还应足以供给被试品击穿（或闪络）前的电容电流、漏

导电流、局部放电和预放电电流，且仍能维持足够稳定的电压。为达到这一点，国家标准要求试验回路在试验电压下的短路电流如下：

供固体、液体或组合绝缘小样品进行干试时，不小于 0.1A；

供自恢复绝缘（如绝缘子、隔离开关等）进行干试时，不小于 0.1A，湿试时不小于 0.5A；

供可能产生大泄漏电流的大尺寸试品的湿试验，要求达 1A；

供某些外绝缘的湿污试验时，要求 ≥6A。

为使试验变压器的电源电压具有较好的正弦波形，调压器的一次侧宜跨接在供电网的线间（可消除三次谐波电压），为此，调压器一次侧和试验变压器一次侧的额定电压也应与此相配。

单台试验变压器的额定电压超过 500～750kV 时，制造上有较大的困难，成本也将增加很多，此外，体积和质量也将大大增加，使运输和安装都不便，所以，此时常用几台变压器串级的方法，以获得较高的输出电压。

如图 6-1-1 所示的串级方式得到广泛的应用，各部分参数举例如下：设每台变压器一次绕组的额定电压为 10kV；二次绕组的额定电压为 500kV，额定电流为 1A，高压绕组中点 P 接壳。

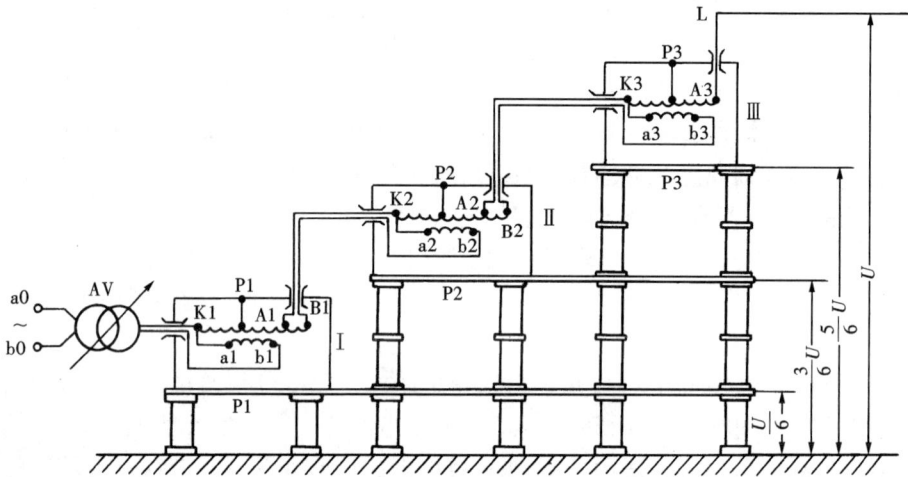

图 6-1-1　高压绕组中点接壳的
串级变压器原理电路图

各绕组的额定电压应为

$$U_{K1-P1} = U_{P1-A1} = U_{K2-P2} = U_{P2-A2} = U_{K3-P3} = U_{P3-A3} = 250kV$$
$$U_{a1-b1} = U_{A1-B1} = U_{a2-b2} = U_{A2-B2} = U_{a3-b3} = 10kV$$

各点对地电压为

$$U_{P1} = 250kV;\ U_{P2} = 750kV;\ U_{P3} = 1250kV;\ U_L = 1500kV$$

各绕组的额定功率应为

$$S_{K3-A3} = S_{K2-A2} = S_{K1-A1} = 500kVA;\ S_{A2-B2} = S_{a3-b3} = 500kVA;\ S_{A1-B1} = S_{a2-b2} = 1000kVA$$

电源功率＝调压器功率＝S_{a1-b1}＝1500kVA。

在这种串级线路中，显然可见，上一级变压器的功率是由下一级变压器供给的。变压器 Ⅲ、Ⅱ、Ⅰ 的额定功率应分别为 500、1000、1500kVA。

总装备功率：$S_a = 500 + 1000 + 1500 = 3000kVA$。

总输出功率：$S_o = 1500kV \times 1A = 1500kVA$。

装备功率利用率：$\eta = S_o / S_a = 1500/3000 = 1/2$。

在这种串级线路中，由于在变压器铁芯上需要配置励磁绕组、高压绕组和累积绕组，变压器的漏磁通将增加，而且整个串级线路的漏抗将随级数的增加而急剧增加。因此，一般串级级数不超过三级。

采用三级相串的优点是需要时，可改接成 Y 或△接线，作三相试验，也可将各台变压器分开单独使用。

工频高压试验变压器有以下几种常用的调压方式。

（1）用自耦调压器调压。其特点为体积小、质量轻、短路阻抗小、功耗小、对波形畸变少。当试验变压器的功率不大时（单相不超过 10kVA），这是一种很好的被普遍应用的调压方式；但当试验变压器的功率较大时，其滑动触头的发热、部分线匝被短路等所引起的问题较严重，所以，这种调压方式就不适用了。

（2）用移圈调压器调压。这种调压方式不存在滑动触头及直接短路线匝的问题，故容量可做得很大；移圈调压器的短路电抗，随其中的调压绕组所处位置的不同，而在很大范围内变化，试验变压器的励磁电流在此电抗上的压降，会导致调压器的输出电压波形有些畸变。为使输出电压波形有所改善，可在移圈调压器的输出端加装并联的 L‐C 滤波器。

这种调压方式被广泛地应用在对波形的要求不十分严格、额定电压为 100kV 及以上的试验变压器上。

（3）用电动发电机组调压。采用这种调压方式时，可以得到很好的正弦波形和均匀的电压调节，如采用直流电动机做原动机，则还可以调节试验电压的频率，供感应高压试验中对倍频电源的需要。

需要注意的是，当容性负荷较大时发电机会产生自励磁现象，此时应在发电机输出端加装并联补偿电抗器。

这种调压方式所需的投资及运行费用较大，运行和管理的技术水平也要求较高，故这种调压方式只适宜对试验要求较高的大型制造厂和试验基地应用。

6‐1‐2 工频高压试验中可能产生的过电压

从稳态过程和暂态过程两方面来讨论。

从稳态方面来看，一般被试品多为容性负荷，容性负荷电流经变压器的漏抗产生压升，使变压器高压侧的输出电压比按空载变比所预期的值还高，即所谓"容升"现象，其值可按下式估算（略去回路电阻和励磁电路的影响）

$$\Delta U = U \omega C_x X_k \qquad (6‐1‐2)$$

式中：ΔU 为被试品线端电压升高值，V；U 为施加于被试品线端的电压，V；C_x 为被试品电容量，F；X_k 为调压器、试验变压器漏抗之和（归算到高压侧），Ω；ω 为角频率（$2\pi f$）。

由于存在"容升"效应，就不能简单地以变压器的变比来估计试品上所受电压，也不可完全信赖变压器测压绕组输出电压的指示（见后述），而必须以直接测得被试品上的电压为准，严格控制调压器的升压。

从暂态方面来看，下列情况会产生过电压。

1. 调压器非零位时合电源

如在调压器未回复到零位时，将电源开关（在调压器一次侧）合闸，则在试验回路中将产生暂态过电压，可用图 6-1-2 所示的简化等效电路来说明（图中略去了调压器和试验变压器的励磁支路和短路阻抗中的电阻分量；全部参数归算到试验变压器的一次侧）。图中 x_1 和 x_2 分别为调压器和试验变压器的漏抗；C_1 为调压器二次侧和试验变压器一次侧的对地电容；C_2 为试验变压器二次侧的对地电容；C_3 为被试品（包括测压系统）的对地电容；R 为试验变压器出口保护电阻。U_0 为开关合闸瞬间的电源电压值。

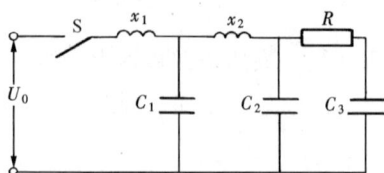

图 6-1-2　调压器非零位时电源合闸的简化等效电路

由图 6-1-2 不难看出，合闸后的短时内，回路中将出现频率较高的振荡过程。当 U_0 较高时，振荡电压的幅值可达很高，这将危及试验变压器的主绝缘和纵绝缘。因此，在操控电路中，应有调压器零位闭锁，即保证只有当调压器处在零位时，才能闭合电源开关。

2. 在尚有较高电压时切断电源

在本书的第十二章中，对切除空载变压器所产生的过电压将有详细的分析讨论，此处不赘述。当被试品电容量很小时，试验变压器接近空载，若在尚有较高电压时切断电源，则在试验变压器高压侧和被试品上就可能产生很危险的"切空变"过电压。为此，必须先将调压器输出电压降到很低时，才允许切断电源。

3. 被试品突然击穿

这是经常遇到的，而且是不可避免的。如变压器出线端直接与被试品相接，则当被试品突然击穿时，变压器出线端电位立即强迫为零，这等于将一个反极性的阶跃脉冲电压施加到变压器的输出端。由于被试品的击穿大多发生在试验电压的峰值附近，故此阶跃脉冲的幅值也就接近击穿前电压的峰值。这将在变压器高压绕组的纵绝缘上产生危险的过电压。改进的办法是在变压器出线端与被试品之间串接一适当阻值的保护电阻 R_b。这样，此反极性的阶跃脉冲电压就作用在电阻 R_b 与变压器入口电容的串联回路上，短时内，绝大部分电压将降落在电阻 R_b 上，真正作用到试验变压器高压绕组的反极性脉冲电压的波前就平缓多了。

还需指出，如被试品击穿点不是稳定地短接，而是时断时续（例如击穿通道火花的时燃时熄，在油中击穿时，这种情况尤其常遇），若无保护电阻 R_b，则还会发生更高的振荡性过电压。串入保护电阻 R_b，能阻尼此振荡。

保护电阻另一方面的作用是当被试品击穿后能限制短路电流。

保护电阻 R_b 的取值应照顾到：击穿前流过试品和测压系统的电流在 R_b 上产生的压降不致太大，一般取 $0.1\Omega/V$ 是适当的。

保护电阻应有足够的热容量和散热性能，使在试验期间的温升不超过允许值。

保护电阻应有足够的长度，保证当被试品击穿时，不会发生沿面闪络，一般可按 $\geq 7\text{mm}/\text{kV (eff)}$ 选取。

被试品击穿时，试验变压器电源操控电路中，当然应有过流保护，以及时切断电源。

6-1-3　工频高压的测量

国家标准对测量交流高电压峰值或有效值，要求其总不确定度应在 $\pm 3\%$ 范围内。

测量工频高压的接线示例如图 6-1-3 所示。

国家标准规定，50～750kV 级试验变压器应有专设的测压绕组（图中的 P1—P2），其电压比，一般采用 1/1000。没有专设测压绕组的试验变压器，则必有将一次侧电压引出的端子（图中的 P3—P4）供测压之用。从变压器原理可知，P1—P2 端子输出的电压，未能反映高压绕组短路阻抗上的压降；从 P3—P4 端子引出的电压则未能反映试验变压器全部短路阻抗上的压降。此外，上述两种方法所测的电压都没有反映保护电阻 R_b 中的压降，所以，估

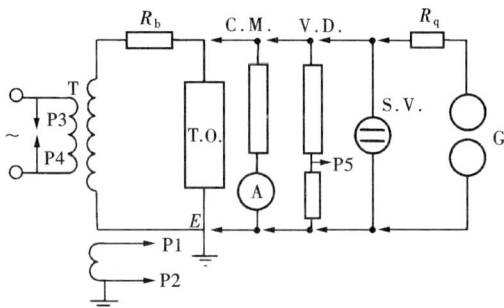

图 6-1-3 工频高压的测量

T—试验变压器；R_b—保护电阻；T.O.—被试品；C.M.—电流测压电路；V.D.—分压电路；S.V.—静电电压表；G—球隙；R_q—球隙电阻；P1、P2—测压绕组输出端子；P3、P4—低压绕组测压端子；P5—分压输出端子

计难以满足标准规定的允差。虽然如此，由于这类测压法比较简便和安全（低压绕组、中压绕组与高压绕组之间有接地静电屏隔离），所以，通常都还保留着至少作为辅助指示之用，或与某些直接测高压法相配合，经校订后使用（见后述）。

较准确的测压法是直接测被试品两端的高压，主要有以下几种。

一、测量球隙

由第三章内容可知，较均匀电场短间隙的伏秒特性在 $t \geqslant 1\mu s$ 范围内几乎是一条水平直线，且分散性较小，不同的间隙距离有一定的与之相对应的击穿电压。测量球隙就是利用这个原理来测量各种类型的高电压，且被国际电工委员会（IEC）确认为标准测量装置。

国家标准 GB/T 311.6—2005《高电压测量标准空气间隙》规定，标准球隙包括两个直径相等的金属球极、适当的球杆、操动机构、绝缘支持物以及连接被测电压的引线。整体测量球隙装置可以是垂直式的，也可以是水平式的。球极一般都用紫铜或黄铜制造，球极直径有标准系列（见附录），其尺寸允差 $\leqslant 2\%$，在放电点区域（以放电点为中心、直径为 $0.3D$ 的球面区域）的球极表面粗糙度 R_{amax} 需小于 $10\mu m$。使用时，该处表面应为洁净和干燥的。对球隙的结构、尺寸、导线连接和安装空间的要求，见图 6-1-4 和表 6-1-1。通常，一个球极需直接接地。

表 6-1-1   **图 6-1-4 中的 A、B 值**

D(cm)	A_{min}	A_{max}	B_{min}	D(cm)	A_{min}	A_{max}	B_{min}
$\leqslant 6.25$	7D	9D	14S	75	4D	6D	8S
10～15	6D	8D	12S	100	3.5D	5D	7S
25	5D	7D	10S	150	3D	4D	6S
50	4D	6D	8S	200	3D	4D	6S

标准球隙的距离与工频击穿电压（峰值）的关系表（在标准大气条件下）如附录中附表 1 所示，在球距 $S \leqslant 0.5D$（球径）范围内，其测量的不确定度不大于 3%，球距 $S > 0.5D$ 时，球隙击穿电压（表中括号内的值）的准确度未确定。

如测压时的大气条件不同于标准大气条件，则实测的电压值应为附表 1 中所列电压值乘以大气校正因数 $K_t = K_d K_h$。此处 K_t 为大气密度校正因数；K_h 为大气湿度校正因数。

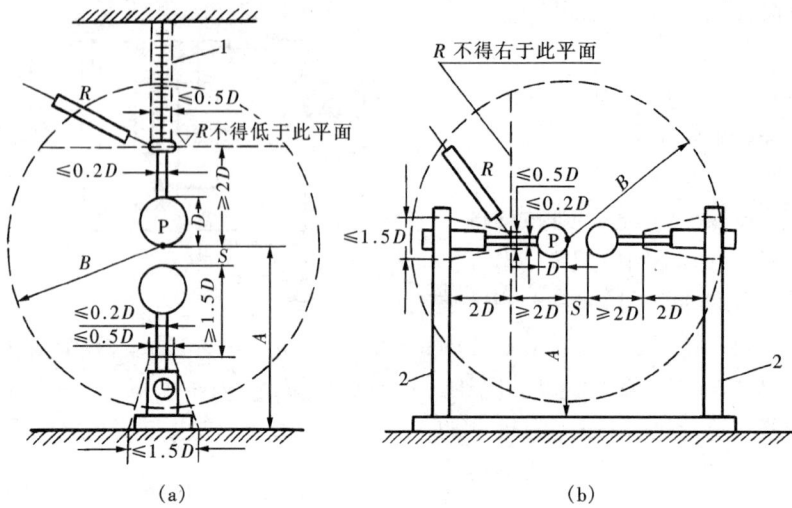

图 6 - 1 - 4　测量球隙安装空间示意图

(a) 垂直球隙；(b) 水平球隙

1—绝缘支架；2—绝缘支柱；P—高压球的放电点；R—球隙保护电阻；B—没有外界物体的空间半径

K_d＝大气相对密度 δ，其值由式（3 - 3 - 3）确定。大气湿度校正因数 K_h 为

$$K_h = 1 + 0.002(h/\delta - 8.5) \qquad (6 - 1 - 3)$$

式中：h 为测量时的绝对湿度，g/m^3；δ 为测量时的大气相对密度。

用球隙测工频电压，应取连续三次击穿电压的平均值；相邻两次击穿的间隔时间应不小于 30s；各次击穿电压与平均值之间的偏差，不得大于 3％。

球隙的击穿电压受加压瞬间间隙中自由电子的影响。当上述测压条件不能满足时，必须对球隙进行照射。照射可由石英水银灯（石英管水银蒸气灯）提供，它的光谱应在远紫外波段。

有两种情况是必须采用照射的：①测量低于 50kV 峰值电压，无论球极直径大小；②球极直径 $D \leqslant 12.5cm$，无论所测电压大小。

当球隙击穿时，为了限制流过球隙的工频电流不致灼伤球面，仅靠前述的变压器保护电阻 R_b 是不够的，必须另串一球隙电阻 R_q，如图 6 - 1 - 3 所示。R_q 的第二个作用是防止由于球隙击穿而产生极陡的截波电压加在被试品上。R_q 的第三个作用是防止当球隙高压侧的某些部分发生局部放电时，在球隙上造成振荡过电压而引起球隙的误击穿。

以上三点均要求 R_q 的值要尽量大一些，但也应照顾到，在球隙击穿以前，流过球隙电容的电流在此电阻上的压降不能太大，以致影响测量的准确度，具体地说，这个压降不应超过待测电压的 1％。R_q 的具体数值一般可取 $1\Omega/V$；球径 $D \geqslant 750mm$ 或电源频率 $f \geqslant 100Hz$ 者，可取 $0.5\Omega/V$。

球隙电阻 R_q 应有足够的长度，保证当球隙击穿时，球隙电阻上不会发生沿面闪络，一般可按 $\geqslant 5mm/kV$（peak）选取。

用球隙直接测量作用在被试品上的工频高压，虽然准确度较高，但球隙必须击穿才能测出电压，这将破坏试验进程的连续性，且将试验电压造成截波，这是很不方便的。为此，现今实际上已很少直接用球隙来测试验电压，球隙的功能主要作为标准测量装置来对其他测压系统的刻度因数进行校订标定。

二、静电电压表

静电电压表是根据两极间电场力的平均值来指示电压的，而电场力的瞬时值又与电压瞬时值的平方成比例，所以，静电电压表指示的是电压的方均根值。

静电电压表的输入阻抗极高，从被测电路中吸取的功率极小，所以，表的接入，一般不会引起被测电压的变化。

电源频率、大气条件、外界磁场干扰等对其测量几乎没有影响，静电电压表的适测电压的频率范围很宽广，从直流到 1MHz 均可，这是它的优点。

静电电压表的刻度当然应与标准测量装置相比对来标定（仪表出厂时已标定好）。

静电电压表的工作原理决定了它的刻度是不均匀的，标度的起始部分（约 1/4 量程区）刻度粗略，分辨率差，选用此表的量程时要注意避开在这段量程范围内使用。

迄今，通用的静电电压表的最高量程为 200kV（特制者例外）。

三、分压器配用低压仪表

利用分压器并配以适当的高阻抗的低压仪表如静电电压表、峰值电压表、示波器等。分压器有电阻型、电容型和阻容混合型，视被测电压性质而有不同的选择。对一切分压器都有下列三个基本要求。

（1）将被测电压波形的各部分按一定比例准确地缩小后，送给输出；

（2）保持恒定的分压比，不随大气条件或被测电压的波形、频率、幅值等因素而变；

（3）分压器的接入，对被测电压过程的影响应该微小到容许的程度。

测量工频高压，通常多用电容型分压器。它是由高压臂电容 C_1 和低压臂电容 C_2 串联而成，如图 6-1-5 所示。C_1 应由高品质的测量用耦合电容器或压缩气体电容器来充当。C_2 的两端为输出。为了防止外电场对测量电路的影响，通常用高频同轴电缆来传输分压信号，当然，该电缆的电容应计入低压臂的电容量中。测量仪表在被测电压频率下的阻抗应足够大，至少要比分压器低压臂的阻抗大几百倍。为此，最好用高阻抗的静电式仪表或电子仪表（包括示波器、峰值电压表等）。

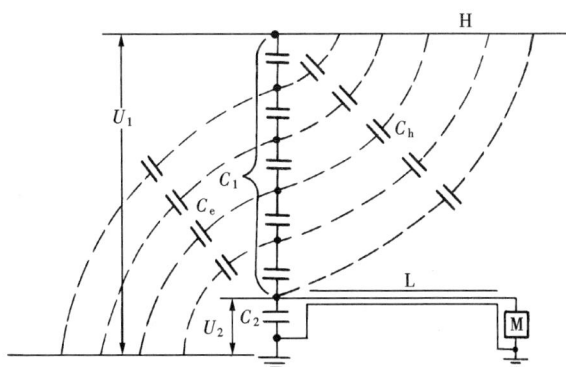

图 6-1-5　工频分压器测压电路

H—高压引线；C_1—高压臂电容；C_2—低压臂电容；C_e—高压臂对地杂散电容；C_h—高压臂对高压系统杂散电容；L—同轴电缆

若略去杂散电容的影响不计，电容分压器的分压比有

$$K = \frac{U_2}{U_1} = \frac{C_1}{C_1 + C_2} \qquad (6-1-4)$$

分压器各部分对地杂散电容（图中的 C_e）和对高压系统杂散电容（图中的 C_h）的存在，会在一定程度上影响其分压比，不过，只要周围环境不变，且高压系统不出现电晕或局部放电，则这种影响就将是恒定的，并不随被测电压的幅值、频率、波形或大气条件等因素而变。所以，对一定的环境、一定的测压范围，只要一次准确地测出其分压比，则此分压比即可适用于各种工频高压的测量。虽然如此，人们仍然希望尽可能使各种杂散电容的影响相对

减小，为此，可在分压器高压端采用适当的屏蔽电极（例如图 3-6-7 所示）。屏蔽电极既能防止分压器高压端产生局部放电，又能固定地增大 C_h 的值，部分补偿 C_e 的影响，并可削弱周围环境中随机出现的杂散电容的干扰。对无屏蔽的电容分压器，则应适当增大高压臂的电容值。建议此电容值（以 pF 计）不小于 $(30 \sim 40)H$，这里 H 为分压器的高度，以 m 计。

电容分压器的另一个优点是它几乎不吸取有功功率，不存在温升和随温升而引起的各部分参数的变化，因而可以用来测量直到极高的电压。当然，应该注意高压部分的防晕。

不能仅根据在较低电压下测得的 C_1、C_2 值来计算出分压器在全量程的分压比。因为这样处理时，未计及环境杂散电容的影响，也未计及 C_1 中的介质性能在高场强下可能出现的非线性。最好的办法是用标准测量装置（或已被认可的测量系统）来对整体分系统在全量程范围内进行校订标定。

球隙是国家标准规定的（也是国际标准规定的）对工频电压、雷电冲击和操作冲击电压的标准测量装置。用球隙对分压系统进行标定时，不需要被试品参与，所以它在测量时必须有击穿的特性，不会给分压系统的校订标定工作带来困难。

分压系统中任何部分电路或其中任何元件（包括量程档次）若有更改，则必须对整个分压系统进行重新标定。

6-1-4　外施工频高压试验

国家标准规定，工频交流试验电压的频率应在 $45 \sim 65 Hz$ 范围内；其波形应接近正弦，正负两个半波应相同；其峰值与有效值之比应等于 $\sqrt{2}$，偏差不超过 $\pm 5\%$。

工频高压试验一般应从较低电压开始，均匀而较快地升压，但必须保证能从仪表上准确读数；当电压升达 75% 试验电压后，则应以每秒钟约 2% 试验电压的速度升到 100% 试验电压；在试验电压下保持规定时间（凡无特殊说明者均为 1min）后，应很快降到 1/3 试验电压或更低，然后切除电源。

对于带绕组类的被试品，用外施电压对其主绝缘作工频高压试验时，首先应将各绕组的首尾短接，然后根据不同要求作其他接线，这样能防止电容电流流过绕组励磁感抗造成不允许的电压升高。

有些电气设备，如变压器、电压互感器类，其绕组绝缘有的是分级的，线端绝缘较强，中性点端绝缘较弱，这样，绕组的各不同部位应该耐受和能够耐受的试验电压当然也就不一样。在这种情况下，上述的外施电压法就不能用了。另外，即使绕组是全绝缘的，外施电压法对绕组的纵绝缘（即绕组的匝间、层间、段间的绝缘）和相间绝缘（如果不能分相试验的话）也不能进行试验。解决这个问题的办法是采用感应高压试验，即在其低压绕组上（或其他适当的绕组上）施加足够高的电压，使在被试绕组上感应出所需的试验电压来。此外，国家标准还规定，某些局部放电测试也必须在感应高压下进行。

由于感应高压试验比较复杂，故安排在下节中另作讨论。

6-1-5　倍频感应高压试验

感应高压试验的目的是弥补前述外施工频高压试验所不能做而又必须做的高压试验。这个试验主要是针对变压器类绝缘的，下面就主要结合电力变压器来讨论。

对绕组纵绝缘的试验来说，要求所感应的匝间电压不低于正常工作时所受电压的两倍即可，而对绕组各部的主绝缘来说，国家标准规定的试验电压则比正常工作电压的两倍还高出许多（见表6-1-2）。为此，对感应电压的倍数没有明确规定其上限。从变压器制造厂试验实例中，常见匝间感应电压有高达3倍的。此时，若电源频率仍保持原有的额定频率不变，则必然要求铁芯柱中的磁通量（也即磁通密度）增到正常值的两倍（或以上），铁芯柱中的磁通密度将严重饱和，励磁电流也将大增，显然，这些都是不能允许的。为此，应将频率增高到两倍（或以上），这样，当电源频率和感应电动势一起增高到额定值的两倍（或以上）时，铁芯中的磁通密度将保持为原值不变。频率更高时，磁通密度还会比原值更低。但频率增高时，铁损耗、介质损耗等均随之增加甚速，所以试验标准规定：当试验电压的频率 $f_t \leqslant 2f_N$ 时（此处 f_N 为额定频率），其全电压下的施加时间应为60s，当 $f_t > 2f_N$ 时，试验时间应为 $T_t = 120(f_N/f_t)$ s，但不得少于15s。一般 $f_t \leqslant 400$ Hz 为宜。

对绕组线端的主绝缘来说，国家标准 GB 311.1—1997《高压输变电设备的绝缘配合》规定的短时（1min）工频耐受电压 U_w 如表6-1-2所示（包括对地、相间、同相相邻绕组的最近点之间的绝缘，要求均相同，均为表中所列 U_w 值）；对变压器中性点绝缘的短时（1min）工频耐受电压 U_w 如表6-1-3所示。

表 6-1-2　　　电力变压器线端主绝缘短时（1min）工频耐受电压（有效值）

系统标称电压 U_n（kV）	10	35	66	110	220	330	500
最高工作电压 U_m（kV）	11.5	40.5	72.5	126	252	363	550
工频耐受电压 U_w（kV）	30	80	140	185	360	460	630
$\dfrac{\text{线端对地绝缘试验电压}（U_w）}{\text{线端对地绝缘正常工作电压}（U_n/\sqrt{3}）}$	5.2	4.0	3.7	2.91	2.83	2.41	2.18

表 6-1-3　　　电力变压器中性点短时（1min）工频耐受电压（有效值）

系统标称电压 U_n（kV）		110	220	330	500
最高工作电压 U_m（kV）		126	252	363	550
工频耐受电压 U_w（kV）	中性点固定接地		85	85	85
	中性点不固定接地	95	200	230	140*

＊　中性点经小电抗接地。

由于分级绝缘变压器的高压绕组均为星形连接，若采用三相对称的交流电源施加到低压绕组，则当高压绕组线端对地的感应电压达到规定的试验电压时，相间电压则已达到线端对地电压的 $\sqrt{3}$ 倍（而国家标准则规定线端对地和相间绝缘的耐受电压是相同的），这当然是不允许的，因此，分级绝缘变压器的感应耐压试验，只能采用单相感应的方法，逐相进行试验。

考虑到变压器各绕组间相互联系紧密，感应耐压试验时，若要求施加在各部绝缘上的电压均准确地符合标准的规定是困难的，为此，对主绝缘的实施电压与标准规定允许有些偏差，但一般不能超过 $\pm 8\%$，若不得已有超过 10% 者，则要采取加强绝缘处理。

今举两个实例（均取自沈阳变压器厂）具体说明如下：

【例6-1】　　已知被试品为一三相三绕组降压变压器，其额定电压为（110±2×2.5%）kV/（38.5±2×2.5%）kV/11kV，联结组为 YNyn0d11。高压绕组由端部出线。各绕组的排列顺序（由铁芯柱向外）依次为低压、中压、高压。产品的绝缘水平：高压绕组A、B、

C 线端为 200kV，中性点 N 为 95kV，中压绕组为 85kV，低压绕组为 35kV。

　　解　由于该变压器的中、低压绕组为全绝缘，故对其绝缘可用外施耐压法试验；对高压绕组的中性点绝缘，也可用外施耐压法试验；只有高压绕组的线端对地、线端对相邻绕组最近点、线端相间和整个变压器全部绕组的纵绝缘，必须用感应耐压法进行试验。

　　在本试验中，加在非被试绝缘上的电压值没有下限，只有上限，即不可超过各绝缘规定的耐受水平。

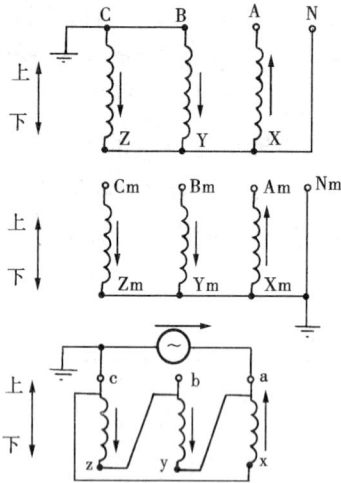

　　以对 A 相绕组试验为例，初步选用试验接线如图 6-1-6 所示。这个接线的基本精神是：在保持电源电压为正常值的两倍（也即使绕组纵绝缘的被试电压为正常值的两倍）的条件下，将非被试相（B、C 相）高压绕组上的感应电压引来支撑 A 相高压绕组，以抬高其出线端 A 点的电位达所需值。

　　为了提高 A 点的电位，令高压绕组取 I 分接（即+5%分接）。

　　为了扩大 A 相出线端（A 点）对同相相邻绕组的最近点（Am 点）之间的电位差达所需值，令中压绕组取 V 分接（即-5%分接）。单相电源接到低压绕组的 a-c 端子（频率 $f_t \geqslant 100\text{Hz}$，电压为 22kV，即为其额定电压的两倍），使 a-x 绕组受全电压励磁，在 A 相铁芯柱中产生磁通 Φ_A，该磁通经 B、C 两相铁芯柱返回而闭合。应该估计到 Φ_B 与 Φ_C 的初值不会相等（因磁路长度不同，磁阻不同），但由于高压绕组的 B、C 相短接，会在其中自动感应产生一平衡环流，迫使 $\Phi_B = \Phi_C = \dfrac{1}{2}\Phi_A$。于是，相应各绕组

图 6-1-6　[例 6-1] 的试验接线（方案甲）

两端的电压为：$U_{b-y} = C_{c-z} = \dfrac{1}{2}U_{a-x}$；$U_{Bm-Ym} = U_{Cm-Zm} = \dfrac{1}{2}U_{Am-Xm}$；$U_{B-Y} = U_{C-Z} = \dfrac{1}{2}U_{A-X}$。

　　这样，各点间的电位差可计算如下：

　　为使表达简明、清晰、直观，等式左边只标示某两点的名称，其中 E 代表"地"；等式右边标示该两点之间的电位差，符号 Δ 代表实得电位差与理想要求电位差之间的偏差（以后者为基准，用%表示）。

　　A 相各绕组纵绝缘承受电压为正常值的两倍。

$$
\left.
\begin{aligned}
a-E &= 22 \text{ (kV)} \\
b-E &= 11 \text{ (kV)} \\
c-E &= 0 \\
a-x &= 22 \text{ (kV)}
\end{aligned}
\right\} \quad (<35\text{kV，允许})
$$

$$
\left.
\begin{aligned}
Am-E &= 38.5 \times 0.95 \times 2/\sqrt{3} = 42.3 \text{ (kV)} \\
Bm-E &= -\frac{1}{2} \times 42.3 = -21.15 \text{ (kV)} \\
Cm-E &= -21.15 \text{ (kV)} \\
Nm-E &= 0
\end{aligned}
\right\} \quad (<85\text{kV，允许})
$$

$$A-E = 110 \times 1.05 \times 2/\sqrt{3} + 110 \times 1.05 \times (1/2) \times 2/\sqrt{3}$$

　　　　　$=133.4+66.7=200.1$（kV）（$\Delta=+0.05\%$）

B$-$E$=0$

C$-$E$=0$

A$-$B$=200.1$（kV）（$\Delta=+0.05\%$）

N$-$E$=66.7$（kV）（<95kV，允许）

N$-$Nm$=66.7$（kV）（<95kV，允许）

A$-$Am$=200.1-42.3=157.8$（kV）（$\Delta=-21.1\%$）

　　由此可见，这个试验方案能使 A 端对地和相间还有对纵绝缘均很好地满足了试验要求，但对相邻绕组最近点之间（A$-$Am）的电压比要求值（200kV）偏低 21.1%（中压绕组的分接位置已在最低挡），这是不能满意的。

　　改进的办法是应设法降低 Am 点的电位。Am 点的绝缘是由外施耐压来考核的，降低 Am 点的电位是允许的。为此，应将 Nm 点的接地脱开，并在 Nm 点施加一个负的支撑电位。若将低压系统的接地点改接到 a 点，则 c 点的电位即为-22kV。将此负电位引到 Nm 点，即可达到此目的。这样，试验接线就改为如图 6-1-7 所示。各部电压计算如下：

　　A 相各绕组纵绝缘承受电压为正常值的两倍。

a$-$x$=22$（kV）$\left.\begin{array}{l}\\ \\ \\ \\\end{array}\right.$

a$-$E$=0$

b$-$E$=-11$（kV）　$\Big\}$（<35kV，允许）

c$-$E$=-22$（kV）

Am$-$E$=42.3-22=20.3$（kV）$\left.\begin{array}{l}\\ \\ \\ \\\end{array}\right\}$（$<85$kV，允许）

Bm$-$E$=-21.1-22=-43.1$（kV）

Cm$-$E$=-43.1$（kV）

Nm$-$E$=-22$（kV）

A$-$E$=200.1$（kV）（$\Delta=+0.05\%$）

B$-$E$=0$

C$-$E$=0$

A$-$B$=200.1$（kV）（$\Delta=+0.05\%$）

N$-$E$=66.7$（kV）（<95kV，允许）

N$-$Nm$=66.7+22=88.7$（kV）（<95kV，允许）

A$-$Am$=200.1-20.3=179.8$（kV）（$\Delta=-10.1\%$）

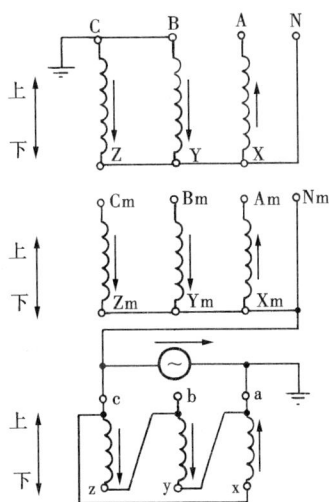

图 6-1-7　［例 6-1］的试验
接线（方案乙）

　　由上可见，本试验接线可使 A$-$Am 之间的电压偏差减小到可以接受的程度了。

　　对 B、C 相的试验，可以此类推。

　　发电机电压通常只有 3～6kV，不够直接供感应高压试验之用，为此，还需一中间变压器，其工作频率范围应能涵盖各个不同试验所需的频率，其一次侧电压与发电机电压相配，其二次侧电压与被试变压器的需要相配。由于试验所需电源电压多变，故中间变压器的二次绕组宜备有多个分接抽头，以便调节输出电压。其容量也应配合多种试验的需要。

　　发电机若原为三相通用型，今欲供单相试验负荷，为避免负荷的严重不对称，可按图

6-1-8所示的接线改接运行。此时，发电机功率的利用率可达2/3。

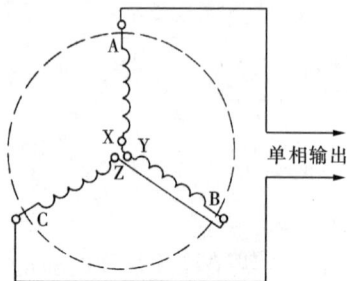

图6-1-8　三相发电机供
单相负荷时的接线图

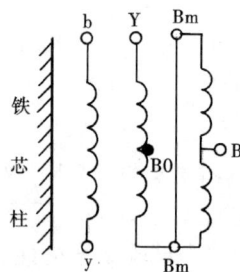

图6-1-9　［例6-2］中绕组排列
顺序（以B相为例）

【例6-2】　　已知被试品为一三相自耦降压变压器，其额定电压为（220±2×2.5%）kV/121kV/11kV。联结组为YNa0d11。高压串联绕组为中部出线结构。各绕组的排列顺序（由铁芯柱向外）依次为低压绕组、公共绕组、串联绕组。以B相为例，如图6-1-9所示。要求的试验电压为：串联绕组线端395kV；公共绕组线端200kV；公共中性点85kV；低压绕组35kV。

解　显然，对低压绕组和公共中性点可采用外施耐压试验。

对A、C相绕组的感应耐压试验可同时进行，试验接线如图6-1-10所示。将B相低压绕组b—y短接，形成a、c相绕组颠倒并联。电源接到a—c端子，（即对绕组x—a和c—z励磁），磁通由A相经C相闭合。取励磁电压为低压绕组额定电压的三倍，即11×3＝33kV，A、C相各绕组的纵绝缘上即承受正常电压的三倍。取电源频率$f_t \geqslant 150$Hz。A、C相高压绕组均取I分接（即+5%），各部电压可计算如下（与此相对应的电位分布如图6-1-11所示）：

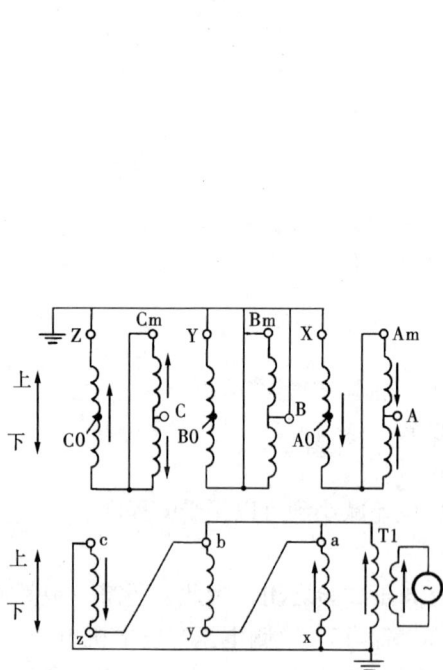

图6-1-10　［例6-2］中A、C相被
试时接线图
T1—中间变压器

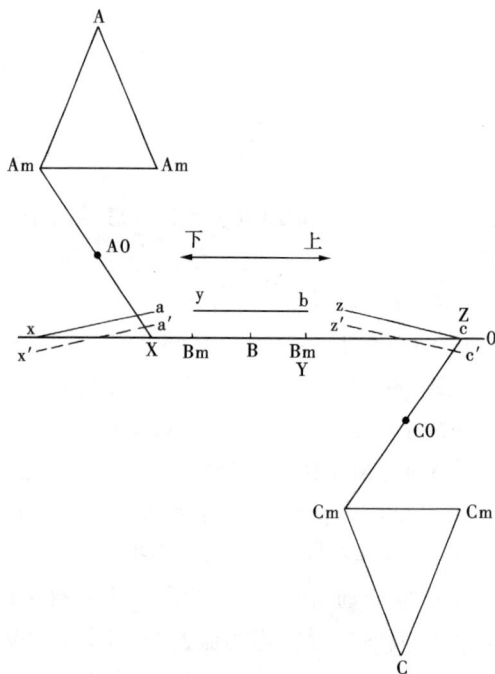

图6-1-11　［例6-2］中A、C相被
试时电位分布图

$a-E=33$（kV）　　$b-E=33$（kV）　　$c-E=0$ ｝（$<$35kV，允许）
$x-E=0$　$y-E=33$（kV）　$z-E=33$（kV）

$A-E=3\times220\times1.05/\sqrt{3}=391$（kV）（$\Delta=-1\%$）

$C-E=-391$（kV）（$\Delta=-1\%$）

$Am-E=3\times121/\sqrt{3}=209.5$（kV）（$\Delta=+4.75\%$）

$Cm-E=-209.5$（kV）（$\Delta=+4.75\%$）

$A-B=B-C=391$（kV）（$\Delta=-1\%$）

$Am-Bm=Cm-Bm=209.5$（kV）（$\Delta=+4.75\%$）

$Am-x=209.5$（kV）（$\Delta=+4.75\%$）

$Am-X=209.5$（kV）（$\Delta=+4.75\%$）

$A-A0=391-(1/2)\times209.5=286.25$（kV）（$\Delta=-27.5\%$）

$Cm-z=209.5+33=242.5$（kV）（$\Delta=+21.25\%$）

$Cm-Z=209.5$（kV）（$\Delta=+4.5\%$）

$C-C0=391-(1/2)\times209.5=286.25$（kV）（$\Delta=-27.5\%$）

$Z-c=0$（允许）

$N-E=0$（允许）

由上可见，本试验方案所得结果，尚存在两处不足。一是 Cm－z 之间的电压偏高了（+21.25%）；二是 A－A0 和 C－C0 之间的电压均偏低了（-27.5%）。

对前者，改进的方法是试验电源选用二次绕组有中部抽头的中间变压器，并将该中部抽头接地。其他电路和参数均不变。

由于低压绕组与中、高压绕组在电路上不相连，故这一改动对中、高压绕组各点电位均无影响，它仅使 a－x 和 c－z 绕组电位平移了励磁电压的一半，即在图 6-1-11 中移到虚线所示的 a′－x′和 c′－z′线。这样，Am－x′和 Cm－z′之间的电位差均为 209.5＋（1/2）×33＝226kV（偏高13%）（比 21.25%改善多了）。

对后者，即 A－A0 和 C－C0 之间的试验电压比标准要求偏低较多一事，则迄今尚未找到有效的改进办法。由图 6-1-9 可见，由于串联绕阻与公共绕组为自耦连接，在电路上分不开，不能利用外加支撑电压来单独改变其中某个绕组的电位；在磁路上又是套在同一个铁芯柱上，由同一磁通所感应，则 $U_{(A-A0)}$ 必然为 $U_{(A-X)}-(1/2)U_{(Am-X)}$，它一定会小于 $U_{(A-X)}$ 很多。

自耦变压器在受各种内过电压时，作用在 A－A0 之间的电位差当然不可能达到 A 端对地或相间的电位差的，标准之所以规定高压出线端对地、相间和对同相相邻绕组最近点之间的感应耐压水平均相同，其目的是要使感应耐压试验（出厂试验、大修后的预防性试验）在某种程度上接近等价于雷电冲击试验（对$<$300kV 的变压器，雷电冲击试验只在形式试验中进行）。

鉴于感应耐压试验对此项要求存在的实际困难，目前，对自耦变压器 A－A0、B－B0、C－C0 之间的绝缘强度，暂时只能由雷电冲击试验来考核。

对 B 相绕组的感应耐压试验是否可沿用上述对 A、C 相试验的方法呢？（例如取 A、B相或 C、B 相搭配）答：不可。因为，由前已知 $U_A=+391$kV；$U_C=-391$kV，A、C 相之间隔有全接地的 B 相，则可；若 A、C 为邻相，则不可［相间电位差达 $391\times2=$

782（kV）]。今 A、B 或 C、B 均为邻相，故不可。

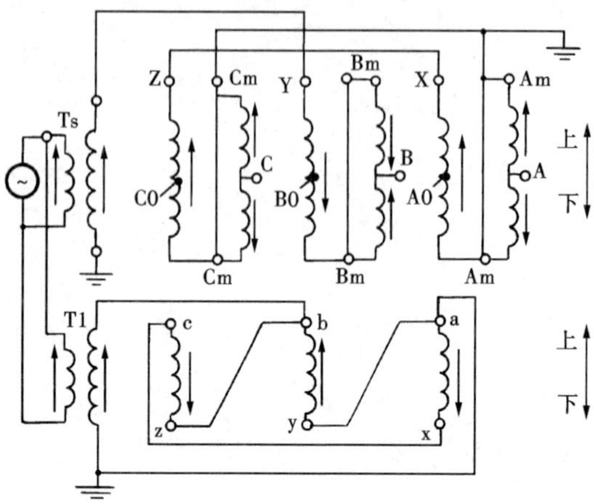

对 B 相绕组试验的接线如图 6-1-12 所示。电路中加入了 3/44kV 的中间变压器 T1 和 6.6/110kV 的支撑变压器 Ts，两者的一次侧按同名端相并联后接到发电机。发电频率 $f_t \geqslant 150$Hz。中间变压器输出电压取为低压绕组额定电压的 2.54 倍 [即 $11 \times 2.54 = 27.94$kV]，送到 a—b 端子，直接对 y—b 绕组励磁。产生磁通 Φ_B，分流经 A、C 相铁芯柱返回而闭合。由于 A 相与 C 相的公共绕组相互短接，保证了 $\Phi_A = \Phi_C = \frac{1}{2}\Phi_B$。于是相应各绕组两端的电压为：

$$U_{a-x} = U_{c-z} = U_{b-y}; \quad U_{Am-Xm} = U_{Cm-Zm} = U_{Bm-Ym};$$

取 B 相串联绕组为 I 分接（即 +5% 分接）；取 A、C 相串联绕组为 V 分接（即 −5% 分接）。各部电压可计算如下（与此相对应的电位分布如图 6-1-13 所示）：

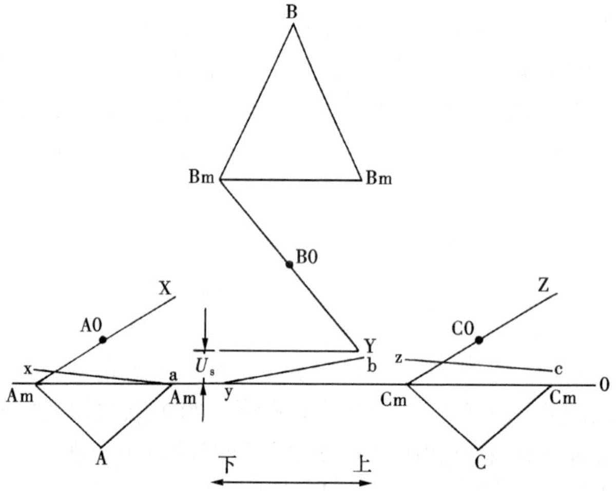

图 6-1-12　[例 6-2] 中 B 相被试时接线图

图 6-1-13　[例 6-2] 中 B 相被试时电位分布图

发电机输出电压 $= 27.94 \times \dfrac{3}{44} = 1.9$（kV）

支撑电压 $U_S = 1.9 \times \dfrac{110}{6.6} = 31.75$（kV）

B 相各绕组纵绝缘耐受电压为正常值的 2.54 倍。

$$a-E=0; \quad y-E=0$$

$$\left.\begin{array}{l} x-E = c-E = \dfrac{1}{2} \times 27.94 = +13.97 \text{（kV）} \\[2mm] z-E = b-E = +27.94 \text{（kV）} \end{array}\right\} \text{（<35kV，允许）}$$

$$Y-E = +31.75 \text{（kV）（<85kV，允许）}$$

$$Bm-Y=\frac{121\times2.54}{\sqrt{3}}=177.44 \text{ (kV)} (\Delta=-11.28\%)$$

$$Bm-E=177.44+31.75=209.2 \text{ (kV)} (\Delta=+4.6\%)$$

$$B-Y=\frac{220\times1.05}{\sqrt{3}}\times2.54=338.75 \text{ (kV)}$$

$$B-E=338.75+31.75=370.5 \text{ (kV)} (\Delta=-6.2\%)$$

$$X-E=Z-E=+\frac{121\times0.5\times2.54}{\sqrt{3}}=+88.72 \text{ (kV)} (\Delta=+4.4\%)$$

$$Am-E=Cm-E=0$$

$$C-E=A-E=-\frac{(220\times0.95-121)\times0.5\times2.54}{\sqrt{3}}=-64.5 \text{ (kV)}$$

$$B-A=B-C=370.5-(-64.5)=435 \text{ (kV)} (\Delta=+10.1\%)$$

$$B0-E=\frac{121\times0.5\times2.54}{\sqrt{3}}+31.75=88.72+31.75=120.47 \text{ (kV)}$$

$$B-B0=370.5-120.47=250 \text{ (kV)} (\Delta=-36.7\%)$$

$$Y-b=31.75-27.94=3.81 \text{ (kV)}$$

$$Bm-y=209.2-0=209.2 \text{ (kV)} (\Delta=+4.6\%)$$

由上可见，本试验方案所得结果，有三处尚不够理想：一是高压出线端对邻相绝缘 B－A、B－C 之间的试验电压偏高了（＋10.1%），需适当加强此处绝缘；二是相邻最近点 Bm－Y 之间的试验电压偏低了（－11.3%）；三是相邻最近点 B－B0 试验电压偏低了（－36.7%），前两项的电压偏差度尚可勉强允许，后一项的问题，前面已讨论过。

总的来说，感应耐压试验是很重要的，也是要考虑照顾多方面的。事前必须对试验要求和被试品的结构（包括磁路、绕组连接、绕组排列顺序、调压分接头、引出线端部位等）了解清楚；灵活地考虑试验接线（包括励磁方式和参数、接地点选择、绕组连接、支撑方式、分接头选择等）；仔细计算各部绝缘上承受的电压；分析比较几种可行方案的优缺点，筛选确定出最佳方案来。

§6-2 直 流 高 压 试 验

6-2-1 直流高压的获得

获得直流高压的方法，应用得最广泛的是将交流电压通过整流而得。

由交流整流以获得直流的基本原理、电路和性能等，在电子技术课程中都已学过了。这里主要把在高电压领域中的某些特点作些补充。

基本的半波整流电路如图 6-2-1 所示。整流元件 VD 的额定电压 U_N 是指允许加在整流元件上的最大反向电压的峰值。对于容性负荷（一般高压绝缘试验大多为容性负荷），则输出整流电压的最大允许峰值 U_p 仅为整流元件额定电压 U_N 的一半。整流元件 VD 的额定电流，是指允许长时间通过整流元件的直流电流（平均值）。如果通流时间很短，则整流元件有一定的过载能力。以额定电流为 150mA 的硅堆为例，其允许过载特性如图 6-2-2 所示。被试品击穿或稳压电容 C 初始充电时，有可能造成超过允许的过流。为了防护这种过流情况，通常应在整流元件前面串联一保护电阻 R_b，其阻值的选择应满足保护整流元件的要求。对于额定电流较大，持续运行时间较长的情况，为了减少保护电阻中的压降和功率损耗，也可与过电流继电器、快速熔断器等配合，以减小保护电阻的值。过电流时继电保护切断电源的时间一般考虑为 0.5s，如缺乏整流元件确切的过载特性曲线，则可以估计，对应于 0.5s 的允许电流 $I_s \approx 10 I_r$。图 6-2-1 中 R_f 的作用是当被试品击穿时，限制电容 C 的放电电流。

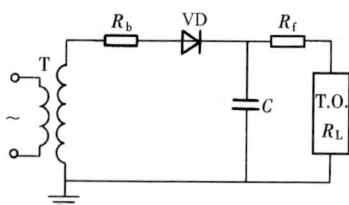

图 6-2-1　基本的半波整流电路

T—高压试验变压器；VD—整流元件；C—稳压电容；

T.O.—被试品；R_b—保护电阻；R_f—限流电阻

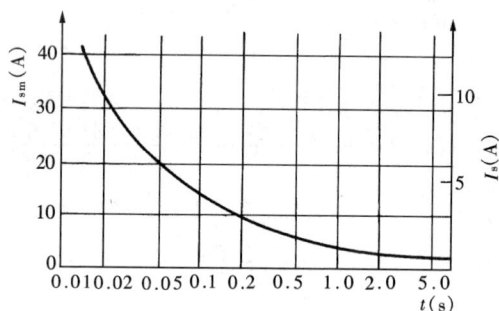

图 6-2-2　硅堆的过载特性

t—过载时间；I_s—正向允许过载电流平均值；

I_{sm}—正向允许过载电流（峰值）

注：$I_N = 150mA$。

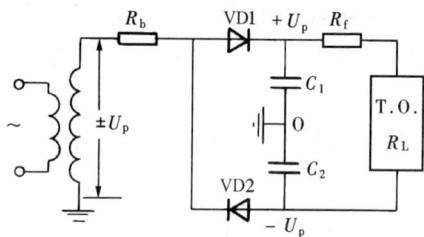

图 6-2-3　倍压整流电路之一

如欲取得更高的电压并充分利用变压器的功率，则有多种倍压电路可供选择，分别如图 6-2-3～图 6-2-5 所示。图 6-2-3 所示电路的主要缺点是：被试品的两极都不允许接地，必须对地绝缘起来，其耐压值分别达 $+U_p$ 和 $-U_p$（此处 U_p 为电源正弦电压峰值，下同）。这在实际工作中常是不方便的，有时甚至是不可能的（如埋于地中的电缆）。

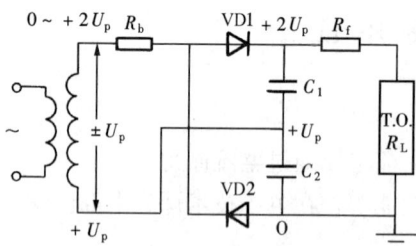

图 6-2-4　倍压整流电路之二

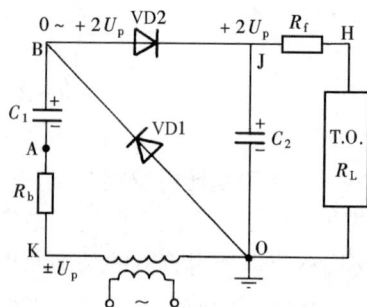

图 6-2-5　倍压整流电路之三

图 6-2-4 所示电路中，被试品可以有一极接地，但电源变压器高压绕组两端出线均需对地绝缘起来，其绝缘水平分别达 U_p 和 $2U_p$，这就不能采用通用的一端接地的试验变压器，所以，仍然是不够理想的。

被试品和试验变压器均允许有一极接地的倍压整流电路如图 6-2-5 所示。下面简要阐述这种电路的工作原理。

先看空载情况。假定电源电动势从负半周时开始，整流元件 VD2 闭锁，VD1 导通；电源电动势经 VD1、R_b 使电容 C_1 充电，B 端为正，A 端为负；电容 C_1 两端最大可能达到的电位差接近于 U_p；此时 B 点的电位接近于地电位。当电源电动势由 $-U_p$ 逐渐升高时，B 点电位随之被抬高，此时 VD1 便闭锁。当 B 点电位比 J 点为正时（开始时，C_2 尚未充电，J 点电位为零），VD2 导通，电源电动势经 R_b、C_1、VD2 向 C_2 充电，J 点电位逐渐升高（对地为正）。电源电动势由 $+U_p$ 逐渐下降时，B 点电位将随之下降，当 B 点电位低于 J 点电位时，整流元件便闭锁。当 B 点电位继续下降到对地为负时，VD1 导通，电源电动势再经 VD1 使 C_1 充电。以后即重复上述过程。如果负荷电流为零，且略去整流元件的压降，则理论上，最后 B 点电位将在 $0 \sim +2U_p$ 范围内变化，而 J 点的电位则可稳定在 $+2U_p$。

下面再来看接上负载电阻 R_L 后的情况（为分析简明，略去保护电阻的影响）。此时，输出端（J 点）的电压波形如图 6-2-6 中粗实线所示。图中虚线为空载时 B 点对地电位波形。

电于 C_2 不断对负载放电，J 点电位按指数曲线下降，到 t_1 时，u_J 降到最低值 U_{min}，此后 B 点电位 $u_B > u_J$ 时，VD2 导通。在 $t_1 \sim t_2$ 期间，电源和 C_1 既要对 C_2 充电，补充 C_2 对负载放掉的电荷 Q_2，还要向负载放电 ΔQ。在 t_2 时，C_2 被充电到最高电压 U_{max}。t_2 以

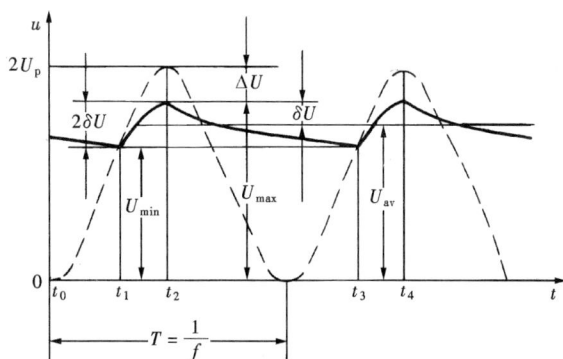

图 6-2-6　图 6-2-5 所示整流电路输出电压波形图

注：输出电压的纹波因数 $K = \dfrac{\delta U}{U_{av}}$。

后，$u_B < u_F$，VD2 截止。在 $t_2 \sim t_3$ 期间，C_2 单独对负载放电，到 t_3 时，u_J 降到最低值，相当于 t_1 时的 U_{min}。如此循环下去。

由图 6-2-6 可见，接上负载后，输出电压 u 具有脉动的性质。其上下限之差 $2\delta U$ 是由于 C_2 在 $t_2 \sim t_3$ 期间向负载放掉电荷 Q_2 引起的，即

$$2\delta U = \frac{Q_2}{C_2} - \frac{I_L(t_3 - t_2)}{C_2}$$

由于 $(t_3 - t_2) \approx T = \dfrac{1}{f}$，故

$$2\delta U = \frac{I_L}{fC_2}; \quad \delta U = \frac{I_L}{2fC_2} \tag{6-2-1}$$

式中：T 和 f 分别为电源的周期和频率。

由图 6-2-6 还可见：输出电压的最大值比空载时的理论值 $2U_p$ 小 ΔU，这是由于 C_1 在 $t_1 \sim t_2$ 期间放掉电荷 $Q_1 = Q_2 + \Delta Q$ 引起的。所以，在 t_2 时

$$u_{C1} = U_p - \frac{1}{C_1}(Q_2 + \Delta Q)$$

$$u_J = U_{max} = u_B = U_p + u_{C1} = 2U_p - \frac{1}{C_1}(Q_2 + \Delta Q)$$

$$\Delta U = 2U_p - U_{max} = \frac{1}{C_1}(Q_2 + \Delta Q) = \frac{I_L T}{C_1} = \frac{I_L}{fC_1} \tag{6-2-2}$$

由式（6-2-1）可见：输出电压脉动振幅 $\delta U \propto \dfrac{I_L}{fC_2}$，它与 C_1 的大小无关。增大 C_2 或 f 的值，可使 δU 减小。

由式（6-2-2）可见：输出电压的降落 $\Delta U \propto \dfrac{I_L}{fC_1}$，它与 C_2 的大小无关。增大 C_1 或 f 的值，可使 ΔU 减小。

由图 6-2-5 可见：在电源交变的一个周期内，流向负载的全部电荷量均通过整流元件 VD1 和 VD2，故流过 VD1 和 VD2 的平均电流（在一周期内）是相等的。

上述电路，均只能得到倍压。如欲得更高的电压，可采用串级整流电路，如图 6-2-7 所示。这种电路的工作原理和特性简述如下：

为了叙述方便起见，按从上到下顺序编写各级序号。

串级直流装置接上负载后，将有电流流过负载电阻 R_L。从正半周某一瞬间 t_0（见图 6-2-8）开始，随着交流电源电压的上升，电源电压加上柱上各电容器 $C_1'{\sim}C_n'$ 上的电压，使得左柱 $1'{\sim}$ n' 各点的电位分别高于右柱 $1{\sim}n$ 各点的电位，VD1${\sim}$VDn 各整流元件导通，交流电源和左柱各电容器 $C_1'{\sim}C_n'$ 一方面向右柱各电容器 $C_1{\sim}C_n$ 充电，补充 $C_1{\sim}C_n$ 在前一周期内放掉的电荷，另一方面同时对负载供给电荷，直到 t_1 瞬间。所以，在 $t_0{\sim}t_1$ 期间，$C_1'{\sim}C_n'$ 上的电压以较快的速度下降，而 $C_1{\sim}C_n$ 上的电压和输出电压则以较快的速度上升，如图 6-2-8 所示。

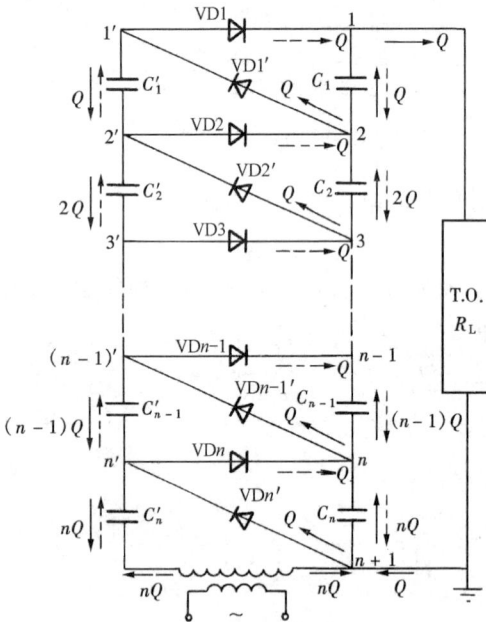

图 6-2-7 串级直流高压
装置原理接线图

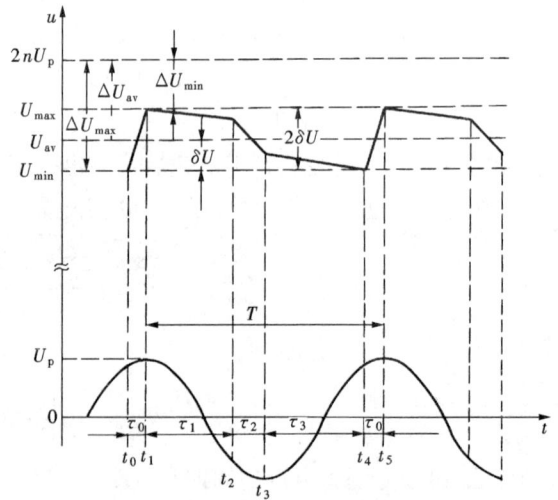

图 6-2-8 串级直流装置负载时
的输出电压波形图

在 t_1 以后，随着交流电源电压的下降，在 $1'{\sim}n'$ 各点的电位分别低于 $1{\sim}n$ 各点的电位，但高于 $2{\sim}(n+1)$ 各点的电位时，VD1${\sim}$VDn 和 VD1$'{\sim}$VDn' 各整流元件皆截止，右柱电容 $C_1{\sim}C_n$ 单独对负载放电，直到 t_2 瞬间。在 $t_1{\sim}t_2$ 期间，$C_1'{\sim}C_n'$ 上的电压维持不变，而 $C_1{\sim}C_n$ 上的电压和输出电压则以较慢的速度下降。

在 t_2 以后，随着交流电源电压的继续下降，$1'{\sim}n'$ 各点的电位分别低于 $2{\sim}(n+1)$ 各点的电位。V'～Vn' 各整流元件导通，右柱各电容器 C_1～C_n 一方面继续对负载放电，另一方面，交流电源和 C_2～C_n 向左柱各电容器 C_1'～C_n' 充电，补充 C_1'～C_n'在 t_0～t_1 期间放掉的电荷，直到 t_3 瞬间。在 t_2～t_3 期间，C_1'～C_n'上的电压以较快的速度上升，而 C_1～C_n 上的电压和输出电压则以较快的速度下降。

在 t_3 以后，交流电源电压又重新上升，$1'$～n' 各点的电位分别高于 2～$(n+1)$ 各点的电位，但低于 1～n 各点的电位，$VD1'$～VDn' 和 $VD1$～VDn 各整流元件皆不导通，右柱电容器 C_2～C_n 停止向左柱电容器 C_1'～C_{n-1}' 充电，但 C_1～C_n 继续对负载供给电荷，直到 t_4 瞬间。在 t_3～t_4 期间，C_1'～C_n'上的电压维持不变，而 C_1～C_n 上的电压和输出电压则以较慢的速度下降。

在 t_4 以后的过程与 t_0 以后的过程相同，如此循环下去。

由此可见，串级整流电路带有负载后，输出电压是脉动的。在一个周期内，可分为四个阶段，即 τ_0、τ_1、τ_2 和 τ_3，其变化规律如图 6-2-8 所示。图 6-2-7 中画出了在一个周期内，各电容器和整流元件中电荷流动的情况。从图 6-2-7 可以看出：

（1）串级整流电路输出的是直流电流，但通过各电容器和变压器的电流却是交变的；

（2）在一个周期内，一个电容器的充电和放电电荷量相等，但各级电容器的充放电荷量则是不相等的，越是下面的电容器，其充放电荷量越大，与其序号成正比，最下一级电容器的充放电荷量为 nQ；

（3）每一周期内通过各整流元件的电荷量都相同，为 Q，故可采用相同规格的整流元件。

采用这种电路，需要注意以下两点。

（1）串级级数 n 增加时，其输出电压的降落 ΔU 和脉动振幅 δU 均增大甚烈。

对照图 6-2-8，其定量关系如下（此处，对这些关系式的推导过程从略，可参看参考文献 [3]）：

$$\delta U \approx \frac{n(n+1)I_{av}}{4fC} \tag{6-2-3}$$

式中：n 为级数；I_{av} 为输出电流平均值；f 为交流电源的频率；C 为右柱各级电容器的电容量。

如果取左、右柱各电容器的电容量都等于 C，则有

$$\Delta U_{min} = \frac{I_{av}}{2fC} \times \frac{8n^3 + 3n^2 + n}{6} \tag{6-2-4}$$

$$\Delta U_{av} = \Delta U_{min} + \delta U = \frac{I_{av}}{6fC}(4n^3 + 3n^2 + 2n) \tag{6-2-5}$$

负载时串级整流电路输出端电压的平均值为

$$\Delta U_{av} = 2nU_p - \Delta U_{av} = 2nU_p - \frac{I_{av}}{6fC}(4n^3 + 3n^2 + 2n) \tag{6-2-6}$$

考虑到作用在左柱底级电容器 C_n' 上的电压，仅为其他各电容器上电压的一半，而若 C_n' 的结构尺寸与其他各电容器相同，则 C_n' 的电容量就可为其他电容的 2 倍，即 $C_n' = 2C$。此时，整个串级电路输出电压的降落可减小为

$$\Delta U_{av} = \frac{I_{av}}{3fC}(2n^3 + n) \tag{6-2-7}$$

由上列各式可见，欲减小 δU 和 ΔU，最重要和有效的途径有以下两个。

1）合理选择级数 n。适当增大每级的级电压而减少级数是可取的。在当今的技术经济条件下，最佳级电压约为 300～$400kV$。

2）提高电源频率 f。在当今的技术经济条件下，采用 $f=400\sim5000\text{Hz}$ 是适当的，这是最经济和有效的方法。

（2）为了限制被试品击穿（或闪络）放电时的放电电流、保护硅堆、微安表及试验变压器，在串级直流装置的高压输出端与被试品之间，应串接一保护电阻 R_f，其值可取

$$R_\text{f} = (0.001 \sim 0.01)U_\text{d}/I_\text{d} \qquad (6\text{-}2\text{-}8)$$

式中：R_f 为保护电阻阻值，Ω；U_d 为直流试验电压值，V；I_d 为流过被试品的电流值，A。

I_d 较大时，为了减少 R_f 中的发热，可取式中较小的系数。

外接保护电阻应具有足够的纵向绝缘强度，当负载发生破坏性放电时，外接保护电阻两端之间应能承受瞬时电位差 U_d，而不发生闪络，且留有适当裕度。

直流高压发生器输出的直流高压一般为负极性。

6-2-2　直流高压的测量

国家标准规定：对具有纹波的直流试验电压，一般要求是测量它的算术平均值，且要求测量的总不确定度应不超过 $\pm3\%$。

测量直流高压的方法主要有以下几种。

一、棒隙或球隙

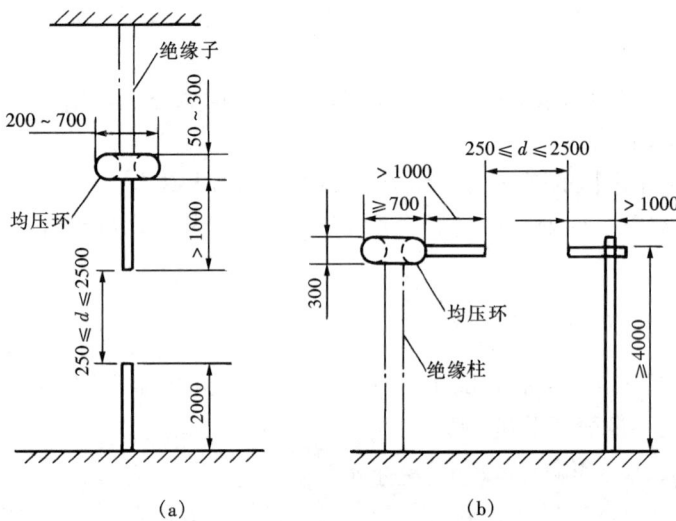

图 6-2-9　测量用棒隙安装空间示意图
(a) 垂直式结构（垂直间隙）；(b) 水平式结构（水平间隙）

1989 年，国际电工委员会公布了文件 IEC 60—1：1989，确定采用如图 6-2-9 中所示的棒—棒气隙作为直接测量直流高压的标准测量装置。其理由为：试验研究结果表明，使用棒—棒气隙来测量直流高压，与使用球隙相比，其测量结果准确度更高，分散性更小，测量装置的结构更简单。因此棒—棒气隙可作为直流高电压的标准测量装置。我国国家标准 GB/T 16927.1—1997《高电压试验技术　第一部分：一般试验要求》认同了该项标准。其后，更新版文件 IEC 60052：2002 和 GB/T 311.6—2005 对旧版本文件稍有修改，今将更新版标准的主要内容说明如下：

棒—棒间隙的总体布置应如图 6-2-9（a）（垂直间隙）或图 6-2-9（b）（水平间隙）所示。棒电极应以钢或黄铜材料制造，其截面为 $15\text{mm}\times25\text{mm}$ 的长方形，其端部为直角并与轴线垂直。两棒电极应布在同一轴线上。

带高电压棒的端部到接地物体和墙（但不是至地面）的距离应不小于 5m。

使用棒—棒间隙测量直流电压仅适用于绝对湿度不大于 13g/m^3 的大气条件，适用的间隙范围为 $250\sim2500\text{mm}$。在此范围内，其测量的不确定度不大于 $\pm3\%$。

当直流电压有脉动分量时，棒—棒间隙所测得的是直流电压的峰值。

在标准大气条件下，棒—棒间隙（无论是垂直或水平布置）的平均击穿电压可计算

（正、负极性电压均适用）为

$$U_0 = 2 + 0.534d \tag{6-2-9}$$

式中：U_0 为标准大气条件下的平均击穿电压，kV；d 为间隙长度，mm。

按式（6-2-9）计算的击穿电压 U_0，其不确定度不大于 3%。

当大气条件与标准情况不同时，应将由式 6-2-9 所得的击穿电压值乘以大气条件校正因数 K_t，即

$$U = K_t U_0 \tag{6-2-10}$$

式中：U 为试验时大气条件下击穿电压；U_0 为标准大气条件下的击穿电压。

大气条件校正因数为空气密度校正因数 K_d 与湿度校正因数 K_h 的乘积，即

$$K_t = K_d K_h \tag{6-2-11}$$

在棒—棒间隙测量直流电压的实际使用范围内：

空气密度校正因数为 $\qquad K_d = \delta \tag{6-2-12}$

湿度校正因数为 $\qquad K_h = 1 + 0.014\ (h/\delta - 11) \tag{6-2-13}$

式中：δ 为空气相对密度；h 为绝对湿度，g/m^3。

间隙击穿后，为了限制放电电流，电路中应串有保护电阻。保护电阻值一般在数百千欧至数兆欧之间。

与球隙测压相似，由于棒隙必须击穿才能测出电压，使用很不方便，故通常也不用棒隙来直接测量试验电压，而是用棒隙来对其他测压系统（如分压系统）的刻度因数进行校订标定。在这个工作中，必须注意下列三点。

（1）一定要测分出电压的峰值（例如，用峰值电压表），以便与棒隙击穿电压（峰值）相比，求出相应的分压比来。

（2）校订标定的电压范围，应涵盖分压器额定电压值的 30%～90%。

（3）校订标定工作最好在空载条件下进行（此时，只有分压器和棒隙作为负载，可使输出电压中的纹波系数最小，由此求得的分压比误差最小）。

在对分压比校订标定好后，在实试时，低压仪表就可采用直接指示电压平均值的仪表了（前提条件是仪表的阻抗应足够大，不会影响分压比）。

由于用棒隙来测直流高压的国家标准颁布不久，不少单位可能尚未配备此测量用标准棒隙，则也可沿用球隙来测直流高压峰值。标准大气条件下球隙距离与击穿电压的关系如附表 1 所示。对大气条件的校正因数，同 6-1-3 节中所述。

用球隙测直流高压时应注意下列各点。

（1）在直流电压作用下，尘埃易吸附到球极上来，往往会使球隙的击穿电压有些降低，分散性也增大，不如交流或冲击电压下稳定，故应在尘埃和纤维尽可能少的大气环境下测量；球隙距离 S 与球径 D 的比值 S/D 应在 0.05～0.4 范围内；应施加多次电压使球隙击穿，并以测得的最高电压值作为所测电压值。其测量误差一般在 ±5% 范围内。

（2）对球径 $D \leqslant 12.5\text{cm}$ 的球隙，或所测电压 $\leqslant 50\text{kV}$ 时，均必须用石英水银灯或放射性物质对球隙进行照射。

（3）在直流电压作用下，即使存在一定的脉动，流过球隙电容的电流总是极小的，不会在球隙电阻 R_q 上造成显著的压降，所以，测量直流电压时，球隙电阻 R_q 可取得比测量工频电压时所用的值更大些。具体数值尚无明确规定。

二、电阻分压器配合低压仪表

测直流高压用电阻分压器的原理电路是很简单的，如图 6-2-10 所示。

$$分压比 K = \frac{U_2}{U_1} = \frac{R_2}{R_1 + R_2} \tag{6-2-14}$$

测量仪表的选用，视指示电压的性质而定。如磁电式仪表——指示电压的平均值；静电式仪表——指示电压的有效值（在被测电压的纹波系数＜20％时，可认为有效值约等于平均值）；峰值电压表——指示电压的峰值；示波器——分压信号通过隔直电容，可在屏幕上显示脉动分量的波形和幅值。总的原则是，测量仪表的内阻应足够大（≫R_2），以至可认为不影响分压比。

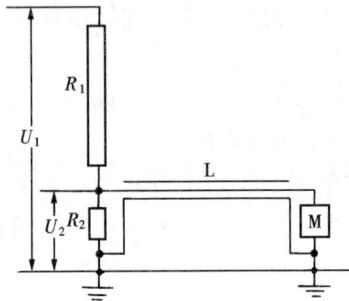

图 6-2-10　用电阻
分压器测直流电压

R_1—高压臂电阻；R_2—低压臂等效电阻；
L—同轴电缆；M—测压仪表

对这种分压器，需注意以下几点。

（1）总电阻值的选择。总电阻值不能太小，这是因为大多数高压直流电源的输出电流是极有限的，一般仅为几毫安到几十毫安。分压器的接入应很少影响被试品上的电压幅值和波形（脉动），因此，允许分压器摄取的电流总是很小的，通常不超过 1mA，这就要求分压器电阻值不能太小。另一方面，分压器电阻总需要固定在某个绝缘支架上，支架的绝缘电阻是有限的，如果分压器电阻值不比支架的绝缘电阻值小很多，则支架绝缘电阻值的变化（这种变化是很难控制的）将会影响分压比的稳定，从这方面又限制了分压器的电阻值不能太大。为此，一般认为，在分压器额定全电压时流过分压器的电流不小于 0.2mA，不大于 1mA，是适宜的。

（2）电阻值的稳定性。由于直流分压器可能持续工作一段较长的时间，在此时间内，分压器的功率损耗会转变为温升，为求分压比的稳定，应尽可能选用电阻温度系数较小的电阻元件。但是，由于直流分压器所需阻值较高（1～2MΩ/kV），一般需用金属膜电阻。故实际上，对电阻元件的品种，可选择的余地是不大的。那么，改换一条思路，将全部分压器的电阻元件（包括 R_1 和 R_2）封装在盛满绝缘油的绝缘筒中（可按需分为几段）。将沿外套绝缘筒外表面（暴露在大气中）的泄漏电流直接导入地（防止它流经 R_2 和 R_1 部分）；而沿外套绝缘筒内表面的泄漏电流，与流经 R_1、R_2 中的主电流相比，将小到微不足道的程度（因浸在油中）。这个办法具有多方面的效果。

1）可将分压器的热容量增大几个数量级，显著降低各电阻元件的温升。

2）可使各电阻元件（包括其绝缘支架）与大气隔离，免受大气条件（特别是湿度）的影响。

3）防止处在高电位的电阻元件上发生电晕，影响分压比。

（3）电晕的预防。处在高电位的电阻元件上若发生电晕，则会造成空间漏导，影响分压比。另一方面，电晕会产生化学腐蚀和高频干扰，这些当然都是不允许的。如前述，将分压器电阻元件封装在绝缘油中是预防电阻元件上产生电晕的有效方法。

（4）残余电感的消除和对地杂散电容的补偿。

虽然对于纯直流电压来说，电感和电容是不起什么作用的，但是，由交流整流而得的直流电压，存在不同程度的脉动，也就是说，在直流分量上叠加有不同大小的基波和谐波分量。因此，我们还是应该把分压器主电路中的残余电感减小到最低的程度，并应对分压器对地杂散电容作适当的补偿。对前一措施，可将诸多电阻元件的排列和连接，使能尽量减小其固有电感（如采用正、反向曲折连接或正、反向螺旋连接）；对后一措施，最简单的补偿方法是在分压器高压端装置一个适当形式的屏蔽环或屏蔽罩。

需要指出，这个屏蔽环（或罩）还有一个重要功能，那就是：在试验中，若被试品击穿接地，则相当于有一个反极性的阶跃脉冲电压（幅值与试验电压相同）突然施加在分压器高压端，若无此屏蔽环罩，则此阶跃脉冲电压沿分压器轴向的电压分布，将由分压器的 C - K 电容链决定（此处 C 为分压器单位长度对地的分布电容；K 为分压器单位长度轴向的分布电容），显然，邻近高压端处的轴向电位梯度会很高，这可能危及该处的轴向绝缘，使相邻螺距处电阻元件之间放电短接。屏蔽环罩的存在，部分补偿了分压器柱对地杂散电容的作用，可使此阶跃脉冲电压沿分压器轴向的分布均匀化。此外，屏蔽环罩对分压器高压端部和引线的防晕，当然也是有效果的。

上述电阻分压器的分压比，不能仅由试验前测定 R_1、R_2 的阻值，再按式（6 - 2 - 14）简单计算而得，必须用标准测量装置或已被认可的测量系统，在分压器额定电压的30％～90％范围内，来对它进行校订标定。因为在不同的实试条件（试验电压、温度等）下，分压比是有变化的。

以上所讨论的是常用的较简单的电阻分压器，对测量精度要求较高的场合，还可用桥式直流电阻分压器。

桥式直流电阻分压器的工作原理如图 6 - 2 - 11 所示。这是一个桥式电路，A、A' 是高压臂电阻，X、D 是可调电阻箱，B、B' 是低压臂电阻，G 是指零用高灵敏度检流计。测量前要进行两次平衡：

第一次平衡：S 合上，C、D 短接，调节 X 使 G 指零，桥路平衡，得

$$\frac{A}{B} = \frac{A'}{B' + X}$$

第二次平衡：S 打开，调节 D 使 G 指零，桥路又平衡，得

$$\frac{A + C}{B + D} = \frac{A'}{B' + X}$$

由以上两式可得

$$\frac{A}{B} = \frac{A + C}{B + D}$$

则

$$\frac{A}{B} = \frac{C}{D}$$

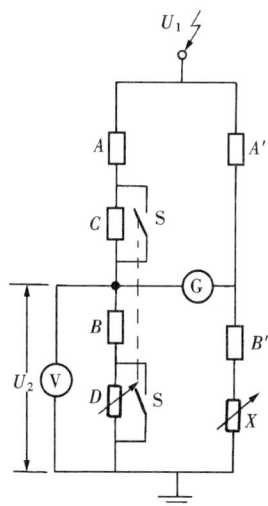

图 6 - 2 - 11　桥式直流电阻分压器原理电路图

保持调好的 X 和 D 值不变，合上 S，即可作实测之用，此时

$$分压比\ K = \frac{U_1}{U_2} = \frac{A + B}{B} = \frac{C + D}{D} \tag{6 - 2 - 15}$$

D 可选用一精密电阻箱，C 选用已知的精密电阻（工作电压较高），这样通过两次平衡，即可由 C 和 D 的读数求出分压比 K，只要 C 和 D 有足够的准确度，则 K 的准确度即能保证。

桥式电阻分压器的主要特点在于如下几方面。

（1）其分压比 K 仅由精密电阻 C 和 D 的值简单计算而得，无需另用标准测量装置来对它进行校正标定。

（2）其分压比 K 可在各次实试条件下（不同的场强、温度、大气条件、负荷情况等）当时测出，且与电阻 A、A'、B、B'、X 等的值无关，能反映实试当时条件下的分压比。只要在桥路前后两次平衡之间的短时间（约 2min）内，电阻 A、A'、B、B'、X 的阻值不变，即可保证所测分压比是准确的。

（3）其小缺点是由于高压臂电阻 A 与 A' 是接近相等的，这等于给电源加上了两个分压器的负荷。

三、静电电压表

用静电电压表有可能直接测量到高达几百千伏的直流电压，它所指示的是电压的有效值。当电压纹波因数不超过 20％时，可以认为有效值与算术平均值是接近相等的，故也可用来测直流电压的算术平均值。静电电压表的刻度是用标准测量装置来标定的（出厂时已标定好），应注意，其刻度是不均匀的，量程中起始约 1/4 部分刻度粗略，分辨率差。

6-2-3　直流高压试验

国家标准规定：直流高压试验时，加在试品上的试验电压，应是纹波因数不大于 3％的直流电压。

对直流高压试验来说，特别需要注意试验装置应能在试验电压下供给被试品的泄漏电流、吸收电流、内部和外部的非破坏性放电电流，其电压降不应超过 10％。

对绝缘作直流耐压试验时，为避免在电源合闸的过渡过程中产生过电压，应从相当低的电压值开始施加电压。在 75％试验电压值以下时，应以均匀速度缓慢地升高电压，以保证试验人员能从仪表上精确读数。超过 75％试验电压值后，应以每秒 2％试验电压的速度上升到 100％试验电压值，在此值下保持规定时间后，切除交流电源，并通过适当的电阻使试品和滤波电容器放电。

在确定直流耐压所需的时间时，应考虑到绝缘中的极化和吸收作用需经较长的时间才能充分完成，电压分布才趋于稳定，对电容量愈大的设备，这个时间就愈长；另一方面，直流电压作用下绝缘中的介质损耗比工频电压作用下小得多，也几乎不存在随时间而逐渐发展的电离性树枝状局部放电，所以，当直流电压在绝缘中的分布稳定以后，直流击穿电压与作用时间的关系就很小了（一般绝缘的工频击穿电压与电压作用时间的关系则是显著的），这就是说，直流耐压试验时间长一些，并不会使绝缘的击穿电压有明显的降低。考虑到以上因素，所以规定直流耐压试验的时间较长，一般在 5～10min 范围内，随设备的类型和容量大小而定。

对某些电容量较大的被试品，如电缆线路、大型旋转电机等，在试验完成后，将被试品放电时，必须先通过限流电阻（每千伏试验电压约 80kΩ）反复几次放电（相邻各次放电间歇时间约 1min），直到无火花时，方可直接接地放电。

对试验电压的极性或不同极性电压施加的次序，在有关的标准中有规定。一般认为，如确认某一极性对绝缘的作用较严格，可只做这一极性的耐压试验。

在做直流耐压试验时，一般均同时测量其泄漏电流，以便从泄漏电流随所加电压的变化规律中获得对绝缘情况的某些预示。同一试品三相泄漏电流的不平衡系数不应大于 2。测泄漏电流的接线同 §5-2。

　　某些应用在交流电力系统中的设备，也需要做直流耐压试验，原因如下。

　　（1）对电容很大的设备，例如较长的电缆、较大的电容器等，进行工频耐压试验需要大容量的试验变压器和调压器，这有时是困难的。如果改用直流耐压试验，则试验设备就将轻便得多，因为此时只有泄漏电流而不存在电容电流。

　　（2）对某些种类的绝缘材料，例如油纸绝缘，工频耐压试验容易在绝缘中发展局部放电，造成某些残留性的不可逆的绝缘损伤，而直流耐压试验过程中，这种效应将小得多。

　　（3）对某些电气设备的某些部分绝缘（例如电机定子绕组的槽外部分绝缘）中如有局部缺陷，则直流耐压试验比工频耐压试验更容易发现，其原因可概述如下。

　　电机绕组绝缘槽外部分的等效电路如图 6-2-12 所示。作用在距离铁芯为 l 的任意点 A 处绝缘上的电压 U 为施加在导线与铁芯间的全部试验电压减去从 A 点到铁芯之间一段绝缘表面的压降。当工频电压作用时，这段压降是由全电流（包括流过体积电容 C 的电容电流和流过体积电阻 R 的漏导电流）所造成的，而直流

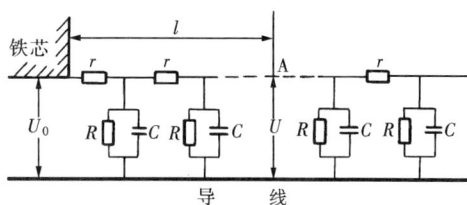

图 6-2-12　电机槽外部分绝缘的等效电路图

电压作用时，这段压降是仅由漏导电流造成的。显然后者将比前者小得多。这样，作用在 A 点绝缘上直流电压的标么值就将比交流电压的标么值大得多，也即是前者对检测 A 点绝缘缺陷的有效性比后者强得多。实践经验证明了这一点。

　　由于上述这些因素，在部颁的绝缘预防性试验规程中，已将直流耐压试验规定为油纸电缆的基本耐压试验和旋转电机的必要的补充耐压试验。

§6-3　冲击高压试验

6-3-1　雷电冲击高压的获得

一、基本原理

　　获得冲击电压的原理电路如图 6-3-1 所示。主电容 C_0 在被间隙 G 隔离的状态下由整流电源充电到稳态电压 U_0。间隙 G 被点火击穿后，电容 C_0 上的电荷一面经电阻 R_t 放电，同时也经 R_f 对 C_f 充电（此处，被试品的电容可视为等值地并入电容 C_f 中），在被试品上形成上升的电压波前。C_f 上电压被充到最大值后，反过来经 R_f 与 C_0 一起对 R_t 放电，在被试品上形成下降的电压波尾。为了得到较高的效率，主电容 C_0 应比 C_f 大得多，R_t 比 R_f 大得多，以便形成快速上升的波前和缓慢下降的波尾。

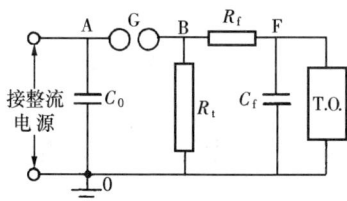

图 6-3-1　冲击电压发生器原理电路图
C_0—主电容；R_f—波前电阻；G—隔离间隙；
R_t—波尾电阻；C_f—波前电容；T.O.—被试品

二、几种常用的典型电路

　　如图 6-3-1 所示的单级电路，要想获得几百千伏以上的冲击高压是有困难的，也是不经济的。改进的办法是采用多级电路，使多级电容器在并联接线下充电，然后设法将各级已充电的电容器串联起来放电，即可获得很高的冲击电压。适当选择放电回路中各元件的参数，即可获得所需的冲击电压波形。

多级冲击电压发生器的基本电路如图 6-3-2 所示（以级数 $n=3$ 为例）。

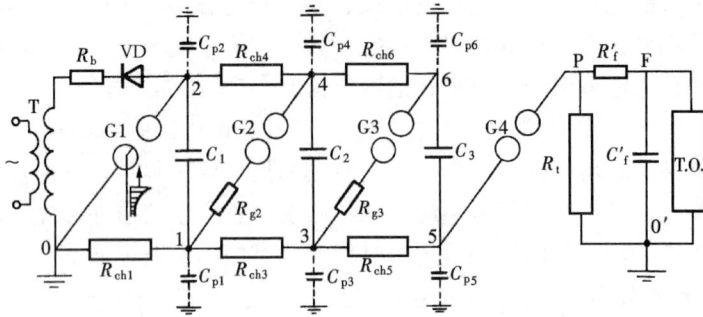

图 6-3-2　多级冲击电压发生器的基本电路

T—变压器；$C_1 \sim C_3$—各级主电容；R_b—保护电阻；VD—整流元件；$C_{p1} \sim C_{p6}$—各级对地杂散电容；
$R_{ch1} \sim R_{ch6}$—充电电阻；R_{g2}、R_{g3}—阻尼电阻；G1—点火球隙；G2、G3—中间球隙；G4—输出
球隙；R_t—波尾电阻；R'_f—外加的波前电阻；C'_f—另加的波前电容；T.O.—被试品

先由变压器 T 经整流元件 VD 和充电电阻 R_{ch} 使并联的各级主电容 $C_1 \sim C_3$ 充电，达稳态时，点 1、3、5 的对地电位为零；点 2、4、6 的对地电位为 $-U$。充电电阻 $R_{ch} \gg$ 波尾电阻 $R_t \gg$ 阻尼电阻 R_g。各级球隙 G1～G4 的击穿电压调整到大于 U。当充电完成后，使间隙 G1 点火击穿（触发点火装置见后述），此时点 2 的电位由 $-U$ 突然升到零；主电容 C_1 经 G1 和 R_{ch1} 放电；由于 R_{ch1} 的值很大，故放电进行得很慢，且几乎全部电压都降落在 R_{ch1} 上，使点 1 对地电位升到 $+U$。当点 2 的电位突然升到零时，经 R_{ch4} 也会对 C_{p4} 充电，但因 R_{ch4} 的值很大，在极短时间内，经 R_{ch4} 对 C_{p4} 的充电效应是很小的，点 4 的电位仍接近为 $-U$，于是间隙 G2 上的电位差就接近达 $2U$，促使 G2 击穿。接着，主电容 C_1 通过串联电路 G1—C_1—R_{g2}—G2 对 C_{p4} 充电；同时，又串联 C_2 后对 C_{p3} 充电；由于 C_{p4}、C_{p3} 的值很小，R_{g2} 的值也很小，故可以认为，G2 击穿后，对 C_{p4}、C_{p3} 的充电几乎是立即完成的，点 4 的电位立即升到 $+U$，而点 3 的电位立即升到 $+2U$；与此同时，点 6 的电位却由于 R_{ch6} 和 R_{ch5} 的阻隔，仍接近维持在原电位 $-U$；于是，间隙 G3 上的电位差就接近达 $3U$，促使 G3 击穿。接着，主电容 C_1、C_2 串联后，经 G1、G2、G3 电路对 C_{p6} 充电；再串联 C_3 后，对 C_{p5} 充电；由于 C_{p6}、C_{p5} 极小，R_{g2}、R_{g3} 也很小，故可以认为 C_{p6} 和 C_{p5} 的充电几乎是立即完成的；也即可以认为 G3 击穿后，点 6 的电位立即升到 $+2U$，点 5 的电位立即升到 $+3U$。P 点的电位显然未变，仍为零。于是间隙上的电位差接近达 $3U$，促使击穿。这样，各级主电容 $C_1 \sim C_3$ 就被串联起来经各级阻尼电阻 R_g 向波尾电阻 R_t 放电，形成主放电回路；在被试品上形成冲击电压波前和波尾的过程，则与图 6-3-1 所示的单级电路相同。

与此同时，也存在各级主电容经充电电阻 R_{ch}、阻尼电阻 R_g 和中间球隙 G 的局部放电。由于 R_{ch} 的值足够大，这种放电的速度远慢于主放电的速度，因而可以认为对主放电没有明显的影响。

中间球隙击穿后，主电容对相应各点杂散电容 C_p 充电的回路中总存在某些寄生电感，这些杂散电容的值又极小，这就可能引起一些局部振荡，且会叠加到总的输出电压波形上去。欲消除这些局部振荡，就应在各级放电回路中串入一阻尼电阻 R_g。这些阻尼电阻同时也能使主放电回路不产生振荡。

上述多级冲击电压发生器主放电回路（0—G1—2—1—G2—4—3—G3—6—5—G4—P—

$0'-0$）的等效电路将如图 6-3-3 所示。

由图 6-3-3 可见，阻尼电阻 $\sum R_g$ 是串联在主放电回路中的。主放电电流在 $\sum R_g$ 上的压降使输出电压降低，从而降低了发生器的效率。

采用图 6-3-4 所示的电路可以避免这个缺点。在此电路中，波尾电阻被分插到各级放电回路中；主放电过程也是分散在各级的 C—G—R_t 回路中进行，而不经过阻尼电阻 R_g。R_g 只参与形成波前的过程，起了一部分波前电阻的作用，即（$\sum R_g + R'_f$）$= R_f$。其放电回路的等效电路如图6-3-5 所示。这种电路的效率较高，称为高效率电路。

由图 6-3-4 可见，波尾电阻 R_t 是兼作一侧充电电阻的。R_t 的值通常比 R_{ch} 值小得多，

图 6-3-3　图 6-3-2 所示电路放电时的等效电路

注：$C_0 = C/n$；$C_f = C'_f + C_{T.O.}$；$R_f = R'_f$。

这会使得串级放电时，作用在各中间间隙上的过电压值较小，作用时间也较短，可能导致中间间隙动作的不稳定。

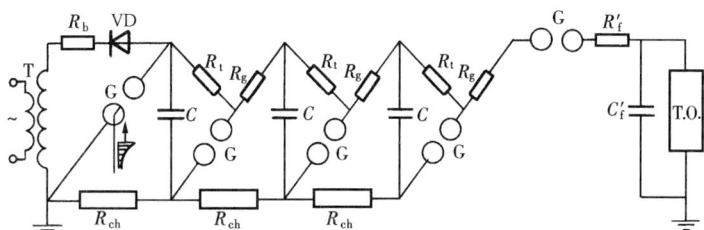

图 6-3-4　高效率冲击电压发生器电路

虽然有上述缺点，实践证明只要适当整定各级间隙的击穿电压，这种电路是能够可靠地工作的，它的优点仍是主要的（而且还有多种辅助改进办法，能使各级间隙相继可靠点火，只是电路较复杂些，此处略），所以，这种电路得到了广泛的应用。

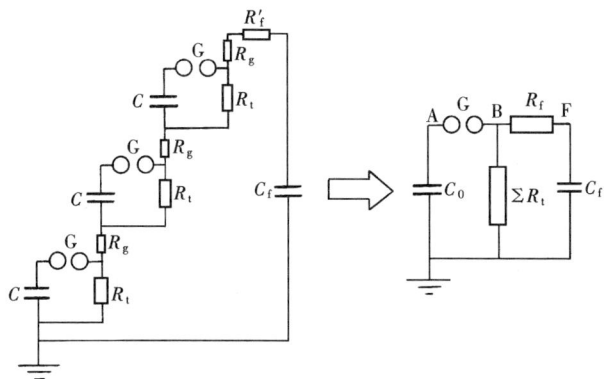

图 6-3-5　图 6-3-4 所示电路放电时的等效电路

注：$C_0 = C/n$；$R_f = \sum R_g + R'_f$；$C_f = C'_f + C_{T.O.}$。

图 6-3-6　点火间隙

1—接地球极；2—针极；

3—绝缘体；4—高压球极

应用最广的点火启动方法如图 6-3-6 所示。调节间隙无点火触发时的击穿电压，使之

略大于上球的充电电压 U；在针极 2 上施加一点火脉冲，其极性与上球充电电压极性相反。此脉冲不仅首先使针极 2 与接地球极 1 之间的小间隙击穿，而且还增强了主间隙的场强，从而有效地触发主间隙击穿。

三、冲击波形的近似计算

前已述及，常用的冲击电压发生器放电时的等效电路如图 6-3-3 或图 6-3-5 所示。不论何种等效电路，放电过程均可分为两个阶段——波前阶段和波尾阶段。波前阶段的主要过程为：C_0 经 $(\sum R_g + R'_f)$ 对 C_f 充电。由于 $R_t \gg R_f = (\sum R_g + R'_f)$，故此时经 R_t 的放电过程对波前影响很小，可以略去不计。通常由于 $C_0 \gg C_f$，波前时间 $T_1 \ll$ 半峰值时间 T_2，所以，在波前阶段可近似地认为 C_0 上的电压 U_0 是保持恒定的。这样，在波前阶段，输出电压可近似地看作恒压源 U_0 对 C_f 的充电过程，于是有输出电压

$$u_F = U_0(1 - e^{-t/\tau_1}) \qquad (6-3-1)$$

式中：τ_1 为时间常数，$\tau_1 = (\sum R_g + R'_f)C_f$。

根据标准冲击波形的定义可以写出

$$0.3U_0 = U_0(1 - e^{-t_1/\tau_1})$$

$$0.9U_0 = U_0(1 - e^{-t_2/\tau_2})$$

联解以上两式得

$$(t_2 - t_1) = \tau_1 \ln 7$$

于是，波前时间 T_1 即为

$$T_1 = 1.67(t_2 - t_1) = 1.67\tau_1 \ln 7 = 3.24\tau_1 = 3.24(\sum R_g + R'_f)C_f \qquad (6-3-2)$$

由于存在对 R_t 的放电，实际的波前时间将比式（6-3-2）中所得的值稍小一些。

当波前电容 C_f 上的电压被充到峰值后，波前阶段即告结束；接着是 C_0 和 C_f 共同对 R_t 放电，开始波尾阶段。由于 $C_0 \gg C_f$，故对 R_t 放电电流中的主要分量是由 C_0 提供的。对于图 6-3-5 所示的等效电路，波尾阶段，C_f 上电压随时间的变化可近似表示为

$$u_F \approx U_0 e^{-t/\tau_2} \approx U_m e^{-t/\tau_2} \qquad (6-3-3)$$

$$\tau_2 = R_t(C_0 + C_f)$$

式中：U_m 为冲击电压峰值。

根据标准冲击波形的定义，可写出

$$0.5U_m \approx U_m e^{-t_2/\tau_2}$$

式中：T_2 为半峰值时间。

由此可得半峰值时间

$$T_2 \approx \tau_2 \ln 2 = 0.69\tau_2 \approx 0.7\tau_2 = 0.7R_t(C_0 + C_f) \qquad (6-3-4)$$

对于图 6-3-3 所示的等效电路，波尾阶段，C_f 上电压随时间的变化可近似表示为

$$u_F \approx U_0 e^{-t/\tau_3} \approx U_m e^{-t/\tau_3} \qquad (6-3-5)$$

$$\tau_3 = (R_t + \sum R_g)(C_0 + C_f)$$

根据标准冲击波形的定义，可写出

$$0.5U_m \approx U_m e^{-t_2/\tau_3}$$

由此可得半峰值时间

$$T_2 \approx \tau_3 \ln 2 = 0.69\tau_3 \approx 0.7\tau_3 = 0.7(R_t + \sum R_g)(C_0 + C_f) \qquad (6-3-6)$$

冲击电压发生器效率的定义为

$$效率\ \eta = \frac{冲击电压峰值\ U_m}{主电容充电电压值\ U_0} \tag{6-3-7}$$

对低效率电路（见图6-3-3），有

$$\eta \approx \frac{R_t}{\sum R_g + R_t} \times \frac{C_0}{C_0 + C_f} \tag{6-3-8}$$

对高效率电路（见图6-3-5），有

$$\eta \approx \frac{C_0}{C_0 + C_f} \tag{6-3-9}$$

应该说，对图6-3-3或图6-3-5所示电路进行精确计算也是不难做到的，但即使是精确计算的结果，仍只能是参考性的，真正的波形还必须有待于实测，并根据实测结果，进一步调整放电回路中的某些参数才能获得所需波形。这是因为主放电回路中还存在各种寄生电感；等效电路中 C_f 的值是包括被试品电容、测量设备电容、连接线电容等，特别是被试品电容，显然是会经常改变的，其改变的幅度也可能较大；各电阻元件在急剧变化的冲击电流下呈现的电阻值，与稳态下测得的电阻值有一定差异；各级间隙电弧的电阻也未计入。显然，这些有影响的因素都是很难准确估计的，所以，上述的近似计算，可认为是简易和切合实用的。

四、产生截断波的方法

国家标准规定，变压器类设备应作雷电冲击截波试验，以模拟实际情况中的绝缘闪络时所造成的截波。

采用图6-3-7所示的电路可以得到截断时间很稳定的截波。截断间隙采用针孔球隙。调节此球隙的无触发击穿电压略大于全波电压。起动信号取自发生器本体中的波尾电阻（不论是高效率或低效率电路均可适用）。当发生器动作后，从第一级波尾电阻上抽取出的波前极陡的冲击电压，经耦合电容 C_v 作用到延时传输线 L 上。延时传输线可以是适当长度的延时电缆，也可以是 L—C 组合的链形电路。如用后者，则每节线段所产生的延时 $\tau = \sqrt{LC}$，所以可得范围很宽的可调的延时。

选择开关的位置（＋、－）应与冲击电压极性相对应。起动信号传到闸流管栅极或阴极，使闸流管导通，预充电到＋E 的电容 C 经闸流管和电阻 R 放电。R 上的压降作用到针极 P 和下球极之间的小间隙上，使该间隙点火，导致主球隙 G 击穿，完成截断作用。

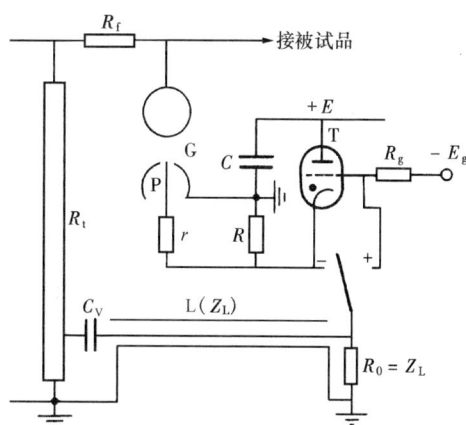

图6-3-7　用闸流管的可控截断电路

G—截断间隙；P—针极；T—闸流管；R_f—波前电阻；R_t—波尾电阻；C_v—耦合电容；L—延迟电缆，其波阻为 Z_L

电容 C 的选择应能保证针球隙有效点火所需的电压和较大的触发电流（几十安）。

实际的截断时间将是下列四个时延的总和，即延迟传输线的时延、闸流管点燃的时延、针孔间隙点火的时延和主间隙击穿的时延。其中，首末两项时延是主要的。

实验指出，当 S/D 大于 0.4 时，主间隙 G 的放电时延会迅速增加，且放电的分散性也增大，故要求 $S/D<0.4$（此处 D 和 S 分别为球极直径和球隙距离）。这样，当截断电压 U_C 较高时，球极直径将很大，这是不适宜的。改进的办法是采用多级式截断。电路举例如图6-3-8所示。图中，左侧为均压电容柱，由于均压电容 C_s 的作用，可使分布在右侧各级球隙上的电压相等。各级电容中串联低阻值的阻尼电阻 R_s，是用来阻尼突加冲击电压时可能产生的振荡。触发脉冲点燃第一级球隙后，第二级球隙上即获得两倍的过电压，与此同时，连接电阻 R_{q2} 上的压降，点燃第二级下球的针极间隙，从而触发点燃第二级主间隙，以此类推，使全部间隙相继点燃，造成截波。

整个截波球隙装置的触发范围，主要取决于第一级球隙的触发范围，因为其后各级球隙是靠第一级球隙点燃后产生的过电压而点燃的。为了获得最大可能的触发范围，触发电压的极性必须与试验电压的极性相反。

各级主间隙的电场越均匀，放电时延及其分散性

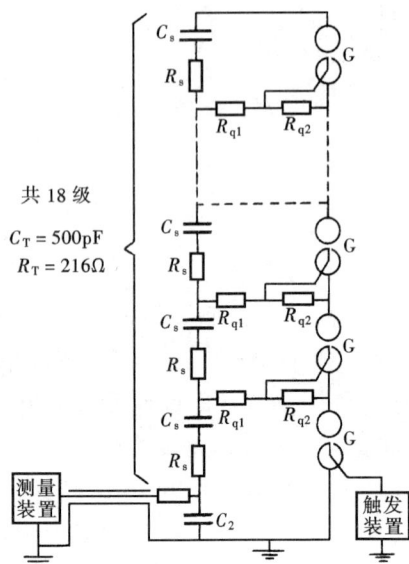

图 6-3-8　3.6MV雷电冲击电压多级式截断装置电路

注：各级球径 $D=20\text{cm}$；$R_{q1}=700\Omega$；$R_{q2}=300\Omega$；$C_s=9000\text{pF}$；$R_s=12\Omega$。

共 18 级

$C_T=500\text{pF}$
$R_T=216\Omega$

就越小，为了使球隙电场的均匀度更高，也为了减小球隙串总的轴向高度，可将铜球做成椭圆球，并使其短轴与整串球轴重合。这样，可使在相同条件下的各次截断时间的变异系数 z 不超过 3%～5%。

左侧电容柱还可兼作波前电容和弱阻尼的阻容串联分压器（见后述）。

五、对冲击电压发生器规格性能的要求

表征一台冲击电压发生器的规格性能，最主要有两个参数，即其额定电压和其串联电容值，额定电压 U_N 即是每级的充电电压乘以级数；串联电容 C 即是各级主电容相串联时的电容值。这两个参数共同决定了此冲击电压发生器的储能 $W=(1/2)CU_N^2$。通常以额定电压 U_N(kV) 和额定储能 W_N(kJ) 来表征。

必须综合考虑被试品可能遇到的最大的负荷（包括容性、感性、阻性负荷，容性负荷中还应包括冲击电压发生器本体对地的电容，冲击电压输出连接线、调波元件和测压系统的对地电容）和所需最高的试验电压（包括波形和幅值），并争取在雷电冲击试验时，电压利用率不小于 85%，操作冲击试验时，电压利用率不小于 75%，来要求确定上述二参数。

6-3-2　操作冲击高压的获得

获得操作冲击高压的方法可大致分为两类。

（1）利用雷电冲击电压发生器，适当改变其参数。这种方法适用于具有高阻抗的被试品。

（2）利用雷电冲击电压发生器与变压器的联合。这种方法，多数是用于试验该变压器自身。

下面分别加以讨论。

一、利用雷电冲击电压发生器

利用雷电冲击电压发生器来产生操作冲击电压，在原理上与产生雷电冲击电压是一样的，只是操作冲击电压的波前和半峰值时间均较雷电冲击电压长得多，这就要求发生器的放电时间常数大大增加，也就要求放电回路中的各种电容（如 C_0、C_f）和各种电阻（如 R_t、R_f）的值大增。为了使在主回路放电时通过充电电阻分流放电的影响（它将使发生器的效率降低）限制到可以接受的程度，则必须将各级充电电阻的值也随之大增，但这又会使充电时间和各级充电不均匀度大增。为此，设计发生器的各部参数时，需全面照顾到上述各点。为了提高发生器的效率，也可以用电感来调波，即用电感来代替波前电阻，能获得较高的输出电压，波前的直线性也

图 6 - 3 - 9　用电阻或电感调波时波形的比较
1—电感调波；2—电阻调波

较好，但波形中稍带有振荡分量，如图 6 - 3 - 9 所示，这还是允许的。利用雷电冲击电压发生器产生操作冲击电压时，具体参数估算可参阅参考文献 [4]。

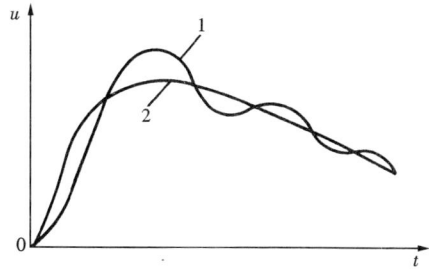

二、利用雷电冲击电压发生器与变压器的联合

这种方法的基本原理是用一小型冲击电压发生器产生一峰值较低的冲击电压，施加于变压器低压侧，因为操作冲击试验电压的等值频率并不高（约为千赫级），所以在变压器高压侧能基本上按变比感应出高幅值的操作冲击电压来。这种方法对变压器的现场试验创造了方便的条件，因为此时变压器就是被试品自身，小冲击电压发生器是不难在现场组装起来的。在高压试验室，也可以利用工频高压试验变压器来产生操作冲击电压。

这个方法的原理电路如图 6 - 3 - 10 所示。在求取计算用等效电路时需考虑以下几点。

（1）由于操作冲击试验电压的等值频率不高，所以变压器仍可用通常的 T 形电路来等效。

（2）变压器绕组的对地分布电容可用一相应的集中电容来等效。由于高压绕组的对地等效电容归算到低压侧后，远大于低压侧的对地等效电容，故后者可以略去不计。

（3）由于所需励磁冲击电压幅值不高，冲击电压发生器通常只需 1~2 级，充电电阻 R_{ch} 可以取得较大，故在放电过程中，充电电阻的影响可以略去不计。

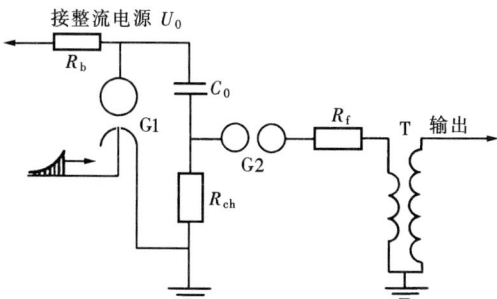

图 6 - 3 - 10　操作冲击电压发生器原理电路图

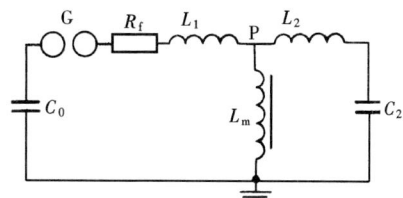

图 6 - 3 - 11　操作冲击电压发生器计算用等效电路图

这样，我们就可以得到等效电路如图 6 - 3 - 11 所示。图中 L_1 和 L_2 分别为变压器低压绕

组和高压绕组的漏感；L_{m} 为变压器的励磁电感；C_2 为变压器高压侧对地等效电容。以上各量均归算到低压侧。

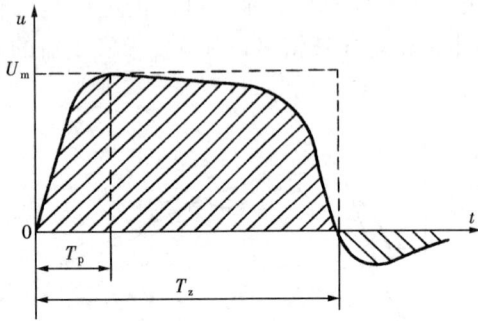

由图 6-3-11 可见，当球隙 G 击穿后，已充满电的主电容 C_0 通过 R_{f} 和 L_1、L_2 使 C_2 充电，形成 C_2 上的电压波前；当 C_1 上电压充到峰值后，C_2 就与 C_0 共同经 L_{m} 缓慢放电，C_2 上的电压缓慢下降，如图 6-3-12 所示。大家知道，绕组中的感应电压 u 与铁芯中的磁通 φ 的关系为

$$u = N\frac{\mathrm{d}\varphi}{\mathrm{d}t}$$

图 6-3-12　操作冲击电压波形

式中：N 为绕组匝数。

由此可得

$$\int_0^t u\mathrm{d}t = (\Phi_t - \Phi_0)N \qquad\qquad (6-3-10)$$

式中：Φ_t、Φ_0 分别为 $t=t$ 和 $t=0$ 时的磁通量。

在变压器端点电压尚未改变符号以前，随着时间的增长，铁芯中的磁通量一直在增加，到某一时刻，磁通接近饱和，L_{m} 变得很小，电流急剧增大，很快将 C_0 和 C_2 上的电荷泄放完，C_2 上的电压也就急速降落到零，形成操作冲击电压波尾。此时，铁芯中磁通量达最大值。在此以后，L_{m} 中的磁能对 C_0 和 C_2 反向充电，形成振荡，铁芯中磁通量也随之减少。由于电阻和铁芯中的损耗，振荡电流和电压逐渐衰减到零，如图 6-3-12 所示。

图 6-3-11 中 L_1 和 L_2 的值可以由变压器短路试验测得。L_{m} 的值可以由变压器空载试验测得，它大体上相当于铁芯中磁通未饱和时的励磁电感；当铁芯磁通渐趋饱和时，此值就不适用了，应另行估计。C_2 的值可以用电桥测出绕组的对地及绕组间的电容值后，再由等效电容估算的方法进行估算。利用雷电冲击电压发生器与变压器的联合产生操作冲击电压时，具体参数估算可参阅参考文献 [4]。

6-3-3　冲击电压的测量

国家标准规定，对雷电冲击电压测量有以下要求。

（1）测量冲击全波峰值的总不确定度为±3%。

（2）测量冲击截波峰值的总不确定度取决于截断时间 T_{C}。

1）当 $0.5\mu\mathrm{s}\leqslant T_{\mathrm{C}}<2\mu\mathrm{s}$ 时，总不确定度为±5%。

2）当 $T_{\mathrm{C}}\geqslant 2\mu\mathrm{s}$ 时，总不确定度为±3%。

3）当 $T_{\mathrm{C}}\leqslant 0.5\mu\mathrm{s}$ 时，总不确定度应>±5%，但还不能作出确切规定。

（3）测量冲击波形时间参数的总不确定度为±10%。

国家标准规定，对操作冲击电压测量有以下要求。

（1）测量操作冲击峰值的总不确定度为±3%。

（2）测量操作冲击波形时间参数的总不确定度为±10%。

冲击电压测量电路应从试品加压端子上直接引出，引线应尽可能地短，并且是一个只有测量电流流过的单独的支路（即不应插到电压源和被试品之间的引线上）。它的接地应与被试品附近处的接地点以最短的导线连接良好。

常用的测量系统有：①球隙测电压峰值；②分压器配用示波器、峰值电压表、数字记录仪等测电压峰值及波形。现分述如下。

一、用球隙测量冲击电压峰值

对测量球极和球隙安装空间的要求同 6-1-3 节中所述。冲击电压（包括雷电冲击和操作冲击）作用下，球隙距离与击穿电压（峰值）的关系表如附表 1 和附表 2 所示（电压低于 10kV 范围内不适用）。大气条件校正因数 K_t 的值和对间隙需加照射的条件同 6-1-3 节中所述。

这种方法虽如前所述，存在诸多不便，不宜用来测量实试时的电压，但它迄今仍是测量雷电冲击和操作冲击电压峰值的标准测量装置，其不确定度为 $\pm 3\%$，常被用来对其他连续测量系统（如分压系统）进行比对，标定其刻度因数。

用球隙来测量冲击电压，下列特点需要注意。

(1) 附录中附表 1 和附表 2 所给出的数值，是标准雷电冲击全波或操作冲击电压作用下，球隙的 50% 击穿电压。波长缩短时，击穿电压有升高的倾向。不过，根据球隙的伏秒特性，可以认为，对标准雷电截波直到 $1/5\mu s$ 冲击电压波，表 1、表 2 尚能适用；而对于比这更陡更短的波，球隙的伏秒特性将上翘，其 50% 击穿电压将比表 1、表 2 中数值为高，表 1、表 2 就不适用了。

(2) 由于冲击电压发生器的储能不大，从防止球隙火花灼伤球面的角度来看，与球隙串联的电阻是不需要的；但是为了防止球隙击穿时发生电压的截断加在被试品上，也为了防止球隙连线电感与球隙电容形成串联振荡，仍应将适当数值的阻尼电阻 R_g 与球隙串联。又考虑到冲击电压的等值频率较高，流过球隙的电容电流不能忽视，在确定 R_g 的数值时，应使球隙电容电流在 R_g 上的压降所引起的测量误差在允许范围以内。照顾到以上几点，通常取 $R_g \leqslant 500\Omega$，且其寄生电感量不得超过 $30\mu H$。

常用 10 次加压法来求取球隙的 50% 放电电压。即固定电压，调节球隙距离到某一值，连续 10 次加压（相邻 2 次加压间隔时间不小于 30s），其中有 4~6 次球隙击穿放电，即可认为所加冲击电压就是该球隙的 50% 放电电压。

二、显示冲击电压用的低压仪表

显示冲击电压用的低压仪表主要有冲击峰值电压表、电子示波器和数字记录仪等。它们当然都不可能直接测冲击高压，只能测经由分压器分出的较低的冲击电压，但为了使对冲击分压器的了解较为便利，这里先讨论显示冲击电压用的低压仪表。

1. 冲击峰值电压表

冲击峰值电压表的基本原理是被测电压上升时，通过整流元件将记忆电容充电到电压峰值，被测电压降落时，整流元件闭锁，记忆电容上电荷经转换而保持下来，供稳定指示用。

由于被测现象是一次性的，且波前时间极短，欲使记忆电容与被测电压的上升基本上同步地充电到峰值，这就要求记忆电容充电的时间常数要极小；另一方面，欲求指示仪表（无论指针式或数字式的）的显示足够稳定，且能被准确地读取，这就要求连接指示仪表电路的时间常数要足够大。从前者转换到后者，需要转换电路。

被测电压的极性常会改变，而输出到指示仪表电压的极性，则是恒定的，这就需要接入极性自动转换电路。

为了使峰值电压表的接入对被测波形（分压器的输出）的影响降低到最小限度，必然要求峰值电压表的输入阻抗尽可能高。

以上这些因素，都给冲击峰值电压表增添了技术上的难度。

现今的冲击峰值电压表已克服了上述各项难点，达到了比较满意的指标，以 64M 型冲击峰值电压表为例，其主要技术参数如下。

输入电压上限：1600V（正或负极性冲击电压峰值）；800V（交流或直流电压峰值）。输入阻抗：$1M\Omega/\!/50pF$。测量准确度：$\pm1\%$（适用于：雷电冲击全波和波尾截断的截波、操作冲击、交流、直流，在量程的 $50\%\sim100\%$ 之间。）带宽：约 4MHz。上升时间：约 35ns。量程：$200/400/800/1600V$。显示：$3\frac{1}{2}$ 位十进制数字（具有存储功能）。

2. 示波器

对一般示波器的原理及应用，大家都已熟悉，无须赘述，这里只补充一些显示和记录单次高速脉冲现象的示波器的特点。

（1）示波管的阳极加速电压较高，达 $10\sim20kV$，以保证有极高的记录速度。现代高压示波管的最大记录速度高达 $20\sim50m/\mu s$。

（2）由于电子束的能量很大，不允许长时间冲击荧光屏，故平时必须将电子束闭锁，只有在需要的时刻才开放，经一定时延后，又自动闭锁。

（3）同步控制。被测现象可区别为可控的和不可控的两大类。可控现象举例，如实验室中雷电冲击或操作冲击发生器的输出；实测电力系统中某些可控操作所引起的现象等。不可控现象举例，如自然界的雷电现象；电力系统中由故障所引起的内过电压等。这类现象的极性往往也是随机的，不可控的。无论在哪一种情况下，示波器的触发、扫描和现象这三者都应在极短的时间内按所需时间差顺序地动作，这就需要有同步控制。对不可控现象时示波器的同步控制顺序举例如图 6-3-13 所示。

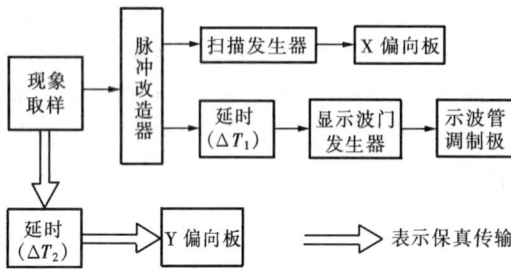

图 6-3-13　测不可控现象时
示波器的同步控制顺序

从现象取样装置输出一采样信息脉冲（这个脉冲仅用来作同步触发之用，只要能达到触发的目的即可，对波形的保真度无严格要求）到脉冲改造器。这个采样信息脉冲的极性、幅值、宽度等往往不适合供各部分同步控制用，必须经过脉冲改造器，由此输出的脉冲，其极性、幅值、宽度等才能符合需要。脉冲改造器的一路输出直接到扫描发生器，造成一次触发扫描电压，送示波管 X 偏向板；另一路输出经延时电路（ΔT_1）到显示波门发生器，发出方波调制电压，送示波管调制极，释放电子束。

从现象取样装置还应送出一保真波形，经延时电路（ΔT_2）送到示波管 Y 偏向板。调节延时 ΔT_1 和 ΔT_2 的值，使扫描最先开始，然后释放电子束，最后使现象电压加到 Y 偏向板。三者协调配合，才能显示出一个完整的被测波形。

对可控现象，同步控制顺序举例如图 6-3-14 所示。ΔT_1、ΔT_2 的取值，同样应使扫描最先开始，然后释放电子束，最后使现象电压加到 Y 偏向板。

（4）国家标准要求，对冲击电压峰值的测量误差应不大于 2%；对时间的测量误差应不大于 4%。

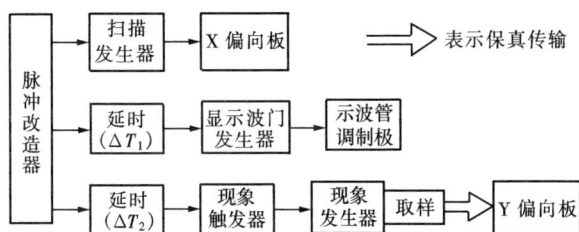

图 6-3-14　测可控现象时
示波器的同步控制顺序

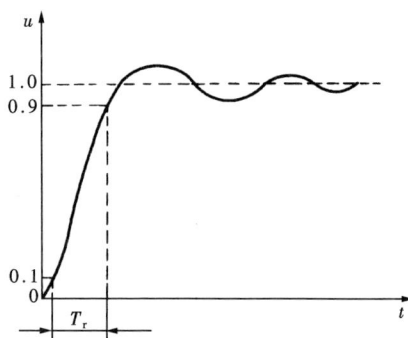

图 6-3-15　示波器的上升时间

衡量对所测波形失真度的指标，应用得最普遍的是阶跃波（简称方波）响应时间（详见下节），简化的指标是方波响应的上升时间，其意义为：由于示波管偏向板之间存在电容，连接线存在寄生电感和杂散电容，如在示波器 Y 轴信号通道上加一理想的阶跃电压信号，即使不经放大器（或衰减器）而直接接到偏向板，偏向板上的电压响应和示波屏上的显示波形都已不再是理想的阶跃波形，而是如图 6-3-15 所示的波形了。这个波形中，从稳定幅度的 0.1 上升到 0.9 所经过的时间称为上升时间 T_r。国家标准规定：示波器对方波响应的上升时间 T_r 应不大于 $0.03T_c$，此处 T_c 为预期测量的最短截断时间。为测出冲击波形上叠加的振荡，上升时间 T_r 还应小于或等于 $1/(2\pi f_{max})$，此处 f_{max} 为所测电压中含有的最高振荡频率。一般要求 $T_r \leqslant 20ns$。此外，示波器的方波响应如含有振荡时，其过冲应小于 0.1。这就要求示波器的输入阻抗应不低于 $1M\Omega // 50pF$。

国家标准规定：示波器的上限截止频率 f_2 应不小于 $2f_{max}$，下限截止频率应不大于 $0.005/T_2$，此处 T_2 为所测冲击波形的半峰值时间。

截止频率的定义为响应幅度为输入信号幅度 $\pm 3dB$（也即是响应幅度为输入信号幅度的 1.41 倍或 0.708 倍）时的频率。介于上、下限截止频率间的频率区域称为带宽。

注意：这里所称的上限截止频率是指截止频率（无论是达 $+3dB$ 或 $-3dB$）中的较高值。有时没有下限截止频率，也就是说，即使频率为零，其响应误差也不超过 $\pm 3dB$ 范围。

（5）电源稳压。由于示波器偏转灵敏度与加速电压成反比，为了保证测量精确度，一般规定实际加速电压与额定值之差应小于 $\pm 2\%$。为了达到这些要求，最好在交流电源侧装有稳压装置。

（6）照相和储存。现代高压示波器大多配备有自动同步照相的装置，相机通过暗室与示波屏固定在一起，采样触发信号一到，随着屏上波形的显示，照相机随即起动、摄影并闭锁。

3. 数字记录仪

现代电子技术的发展已能捕捉瞬态的模拟信号（即被测波形），进行离散取样，并数字化（即 A/D 转换），存储在记忆元件（内存）中，需要时将此数字信息，通过 D/A 转换，即可将原录波形重现于示波屏上，或通过图像打印机将波形打印出来。

国家标准 GB/T 16896—2010《高电压冲击测量仪器和软件》要求：冲击数字记录仪对冲击电压峰值的测量误差不大于 2%；对冲击时间参数的测量误差不大于 4%。为达到上述要求，冲击数字记录仪的下述各项指标应分别满足相应规定。

（1）采样率。采样率 f_s 为单位时间内的采样数，它的倒数则为采样间隔时间。f_s 应大于或等于 $30/T_x$。T_x 为待测的时间间隔。例如，测量雷电冲击波前时段的电压时，已知允许最短的波前时间 $T_1=1.2\times(1-30\%)=0.84\mu s$。参看图 3-2-1，可知决定波前各参数的是图中 AB 段波形。该段波形所占时间 $T=0.6T_1=0.6\times0.84=0.504\mu s$，即 $T_x=0.504\mu s$，也即要求数字记录仪的采样率 $f_s\geqslant30/0.504\times10^{-6}\approx60MSa/s$。

测量波前截波时，f_s 应不小于 $100MSa/s$，测量截断时间 T_c 仅为 $100\sim200ns$ 的波前截波时，f_s 应不小于 $400MSa/s$。

为测出冲击波形上叠加的振荡，f_s 应不小于 $8f_{max}$，f_{max} 是试验回路中可能出现的最高振荡频率。经验表明：一般常用的测量系统的最高振荡频率小于 7MHz。从这个角度来看，选取采样率为 $60MSa/s$ 也已满足要求。现今技术能有的最高采样率已达 $1GSa/s$。

（2）幅值分辨率。测量冲击电压波形参数时，幅值分辨率应不大于满量程偏转的 0.4%（对二进制，相当于满量程偏转的 2^{-8}），这就要求幅值分辨率至少为 $8bit/s$；在需要对记录波形进行对比的试验中，幅值分辨率应小于或等于满量程偏转的 0.2%（对二进制，相当于满量程偏转的 2^{-9}），这就要求幅值分辨率至少为 $9bit/s$。现今技术能有的最好幅值分辨率已达 $12bit/s$。

（3）上升时间。冲击测量用数字记录仪的上升时间 T_r 应不大于 $0.03T_x$。当测量雷电冲击波时，由前述可知 $T_x=0.504\mu s$，则 $T_r\leqslant0.03\times0.5=0.015\mu s$，与此有关的记录仪的输入阻抗应达 $2M\Omega//50pF$。

为测出冲击波形上叠加的振荡，上升时间 T_r 还应小于或等于 $1/(2\pi f_{max})$。此处，f_{max} 为试验回路可能出现的最高振荡频率。

（4）带宽。仪器的带宽为直流（DC）至上限截止频率（f_2）的频带宽度，常仅以 f_2 表示。

测量雷电全波、雷电截波以及冲击波形上叠加振荡时，仪器的带宽应为 10MHz 以上；测量操作波时，仪器的带宽要求可适当降低；测量波前截波时，仪器的带宽要求较高，对于截断时间 T_c 仅为 $100\sim200ns$ 的波前截波测量，带宽应不小于 100MHz。

（5）记录长度。数字记录仪的记录长度为一次记录中存储的采样总数（注意：别与可存储多次记录数据的存储容量相混淆）。在冲击电压测量中，记录长度应足够长，以便于冲击波形参数的计算或特定现象的观测。一般情况下，记录长度需有 3000 个采样点以上。

利用高压示波器录下冲击电压波形后，还需人工对所得波形测定其各项波形参数，由于是人工测定，难免会产生某些主观性的误差。利用数字记录仪，则可通过接口，将波形数据送入计算机，按编程求取需要的波形参数；还可自动记录并存储试验结果，自动按设计的格式打印试验报告。此外，一般给数字记录仪配以显示屏，则在试验当时即可直接观察到所测波形，即为一数字示波器了。

由于数字记录仪具有上述诸多优点，近期内已获得迅猛发展，成为测量冲击电压的首选仪器，大有取代传统的高压示波器和峰值电压表之类测量仪器的趋势了。

三、测冲击电压用的分压器

在具体讨论各种分压器以前，先要说明一下衡量分压系统使冲击波形失真度的原理。应用得最普遍的是阶跃波响应（简称方波响应）。这里先提一下对此的基本概念，具体的讨论见本小节末。

若在分压器高压侧施加一单位阶跃波，在理想情况下，分压器低压侧输出的也应该是阶跃波，只是其幅值减小到 $1/N$（此处 N 为似稳态分压比）。由于分压器存在各种非理想的因素，实际的输出电压已不是阶跃波，而可能是近似指数型上升或衰减振荡型上升的电压波了，将这个波形曲线乘以似稳态分压比，归算到输入端，便得到分压系统归一化后的单位方波响应 $g(t)$，再与输入的单位方波比较，便可清楚地看出分压系统的失真度，分别如图 6-3-16 和图 6-3-17 所示。

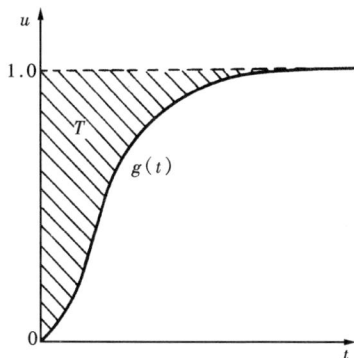

图 6-3-16 指数型响应特性

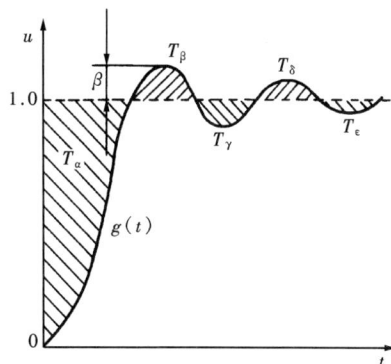

图 6-3-17 振荡型响应特性

表征系统方波响应的有如下主要参数。

（1）响应时间 T——单位方波响应 $g(t)$ 与单位幅值线所包的各块面积的代数和所代表的时间。对指数型响应，T 的值如图 6-3-16 中所示；对振荡型响应，则如图 6-3-17 所示，$T=T_\alpha-T_\beta+T_\gamma-T_\delta+T_\varepsilon-\cdots$。

（2）部分响应时间 T_a——其值通常为如图 6-3-17 中所示的第一块面积 T_α。

（3）过冲 β——单位方波响应 $g(t)$ 的最大值超出单位幅值的数值如图 6-3-17 中所示。

对指数型响应可以简单地说，方波响应时间 T 的值愈大，分压系统的失真度就愈大。

对振荡型响应则常以部分响应时间 T_a 和过冲 β 这两个特性共同来衡量误差，要求这两个参数不超过允许范围。

冲击电压分压器按其结构可分为电阻型、电容型、阻容并联型、阻容串联型四种类型。

1. 电阻分压器

测量冲击电压的电阻分压器，其原理电路同图 6-2-10。为使阻值稳定，一般都用温度系数很小的金属电阻丝按无感法绕制在绝缘骨架上，为防受大气条件影响，加强绝缘，可在外面再套一绝缘筒，并注入绝缘油。

电阻分压器的各部分对地有杂散电容，对变化率很大的冲击电压来说，形成不可忽略的电纳分支，而且其电纳值不是恒定的，而是与被测电压中各谐波频率成比例。这就必然会使分压波形失真，分压幅值也不准确。

理论分析证明：如略去分压器本体的寄生电感不计，无屏蔽电阻分压器的方波响应时间

$$T \approx (1/6)RC_e$$

式中：R 为分压器总电阻；C_e 为分压器对地总杂散电容。

由此可见，欲减小方波响应时间，必须减小 RC_e 的值。为减小 C_e 的值，要求分压器的

尺寸（主要是高度）尽可能地小。但这受到绝缘耐受场强的制约，一般不能超过 500kV/m。过分减小 R 的值，则会增大冲击电压发生器的负荷，影响输出电压波形和幅值。一般认为 R 取值 5～20kΩ 较为适当。

进一步改善的办法是在高压端装适当的屏蔽环来补偿对地杂散电容。屏蔽环对防止电晕也很有作用。

上述诸因素使电阻分压器只限于测量峰值不很高的雷电冲击电压，而不宜于测量操作冲击电压，其额定工作电压一般不超过 1MV。但在此使用范围内，电阻分压器却因其结构简单，方波响应时间较小，分压比可达较高的准确度且比较稳定而获得较广的应用。

在低压侧电路中，绝大多数情况下延迟电缆是必要的，这是因为以下两点。

（1）示波器与分压器常常必须相隔一段距离。这样做，一是为了保证人身安全，方便观测和记录；二是为了避免示波器和人身对分压器电场的干扰。分压器的低压输出用同轴电缆与示波器相连，以避免电磁干扰。（这里所称的"示波器"是广义的，包括数字记录仪等在内，下同）

（2）如果测量非可控现象，如前所述，必须将现象到达示波器偏向板的时间作适当延迟。欲达此目的，最方便的办法是在分压器与示波器之间接入一条适当长度的延时电缆。

电缆中的介质损耗，内、外层导体的电阻，会使传输波形衰减和变形，造成测量误差。为了尽量减小这种误差，应采用高频同轴电缆。在满足延迟要求的条件下，电缆的长度应尽可能地短。

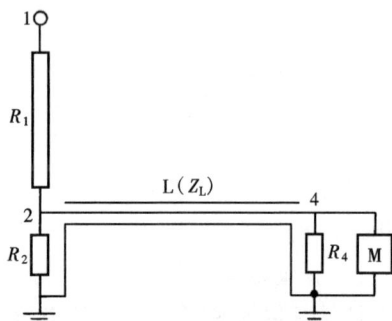

图 6-3-18　电阻分压器低压侧电路
R_1—高压臂电阻；R_2—低压臂电阻；
L—同轴电缆，波阻为 Z_L；
R_4—匹配电阻；M—低压测量仪表

下面讨论一下分压器、延迟电缆与示波器之间的匹配关系。

最简单的匹配如图 6-3-18 所示。为了使分压器低压侧输出的冲击电压波传到电缆末端时不发生反射，电缆末端的阻抗就应等于电缆波阻 Z_L（一般约为 50～75Ω）。如前所述，示波器（或峰值电压表）的输入阻抗是很高的，它与 R_4 并联后的阻抗可近似地视为等于 R_4，这就要求 $R_4 = Z_L$，于是，点 4 与点 2 的电压就相等，即

$$u_4 = u_2$$

当冲击电压（瞬时值）作用在分压器输入端（点 1）时，可得输出端（点 2）电压为

$$u_2 = \frac{Z_2}{R_1 + Z_2} u_1$$

式中

$$Z_2 = R_2 \mathbin{/\!/} Z_L = \frac{R_2 Z_L}{R_2 + Z_L}$$

由此即可得分压比

$$K = \frac{u_4}{u_1} = \frac{u_2}{u_1} = \frac{R_2 Z_L}{R_1 R_2 + R_1 Z_L + R_2 Z_L} \qquad (6\text{-}3\text{-}11)$$

图 6-3-19 所示为一 1500kV 冲击电阻分压器，总高 3.9m，高压臂电阻值为 16.52kΩ，实测其方波响应时间 T 为 54ns。

2. 电容分压器

测量冲击电压的电容分压器，其原理电路同图 6-1-5。高压臂电容 C_1 可以是由多个电容串联而成。

电容分压器的各部分对地有杂散电容，形成容纳分支，会在一定程度上影响其分压比。但因主电路也是容性的，故只要周围环境不变，则这种影响就将是恒定的，不随被测电压的波形、幅值或大气条件等因素而变，分压比也就固定不变，只要一次准确地测出即可。显而易见，这种杂散电容不会使分压波形畸变。

由上述可见，如果仅从分压器本体的误差来看，电容分压器将比其他类型分压器优越。不过，如果将分压器本体与高压侧接线、低压侧接线等配合成系统来看，则电容分压器也存在着一定的缺点。例如：电容分压器的电容量较大，妨碍获得陡波前的波形；容易与高压引线的电感配合造成振荡，这就使作用于分压器输入端的电压波形已不同于被测波形了；分压器低压侧输出应用延迟电缆时，则要求采用特定的电路（见后述）

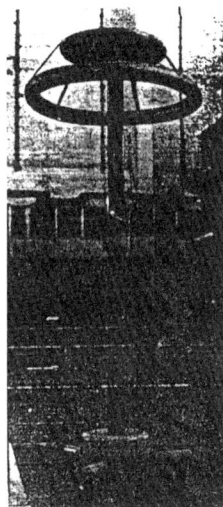

图 6-3-19　1500kV 冲击
电阻分压器

等。因此，在测量变化不十分快的过程时，有时宁可采用有屏蔽的电阻分压器。

下面简要讨论一下低压侧电路。

对电容分压器来说，电缆末端是不允许经特性电阻接地的，因为这将使分压器低压臂电容被电缆波阻所旁路，造成很大的测量误差。

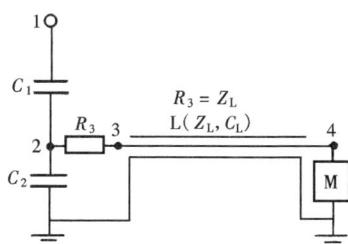

图 6-3-20　电容分压器
的低压侧电路之一
C_1—高压臂电容；C_2—低压臂电容；
L—同轴电缆，波阻为 Z_L，电容为 C_L；
R_3—匹配电阻，取 Z_L；
M—低压测量仪表

较简单的电路如图 6-3-20 所示。由于是线性电路，故叠加原理是适用的。作用于分压器输入端的任何波形均可分解为由无数个彼此相隔一时间微量 Δt、具有相应幅值的无限长阶跃波的叠加，这样，就可以将阶跃波响应的分析结果推论到任意波形。

如有一阶跃电压波 u_1 作用在分压器输入端，则在最初瞬时，相应于阶跃的前沿，电容 C_2 的等效阻抗 $Z_{C2} \ll (R_3 + Z_L)$，故此时点 2 的电压为

$$u'_2 = \frac{C_1}{C_1 + C_2} u_1$$

又因取 $R_3 = Z_L$，故此时点 3 的电压为

$$u'_3 = \frac{C_1}{2(C_1 + C_2)} u_1$$

示波器的输入阻抗很高，可视为开路，波传到电缆末端产生全反射，于是，此时点 4 的电压为

$$u'_4 = 2u'_3 = u'_2 = \frac{C_1}{C_1 + C_2} u_1 \qquad (6-3-12)$$

电缆末端的反射波到达电缆首端时，几乎全部被 R_3 吸收，不再反射，这是由于此时（$Z_{C1} /\!/ Z_{C2}$）$\ll R_3$，（$Z_{C1} /\!/ Z_{C2}$）$+ R_3 \approx R_3$，而 $R_3 = Z_L$ 的缘故。

在经过 2τ 后（此处 τ 为波由电缆首端传到末端所需的时间），电缆末端的反射已回到首

端，使

$$u_2 = u_3 = u_4 = 电缆全段电压$$

此时，电缆段的作用就像一个电荷储存器被充电到与 u_2 相等的电压，这就等于将电缆总的对地电容 C_L 并联在 C_2 上。此时低压侧的似稳态电压将为

$$u''_4 = u''_3 = u''_2 = \frac{C_1}{C_1 + C_2 + C_L} u_1 \tag{6-3-13}$$

这样，延迟电缆的存在就造成了初始分压比与似稳态分压比不相同，误差度（标幺值）为

$$\Delta = \frac{\dfrac{C_1}{C_1 + C_2} - \dfrac{C_1}{C_1 + C_2 + C_L}}{\dfrac{C_1}{C_1 + C_2}} \tag{6-3-14}$$

如果 $C_2 \gg C_1$ 和 $C_2 \gg C_L$（通常均能满足），则

$$\Delta \approx \frac{C_L}{C_2} \tag{6-3-15}$$

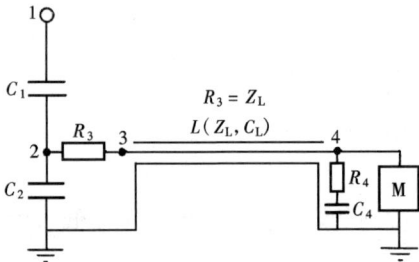

图 6-3-21　电容分压器的低压侧电路之二
R_4—匹配电阻；C_4—匹配电容
注：其余符号意义同图 6-3-20。

较高电压的分压器的 C_2 值都比较大，延迟电缆如不很长，或是采用空气介质的电缆，则 $C_L \ll C_2$，误差度尚可允许；否则，就应采用图 6-3-21 所示的电路。

图 6-3-21 比图 6-3-20 增加了匹配电路 R_4—C_4，其值应满足以下两式

$$R_4 = Z_L \tag{6-3-16}$$
$$C_1 + C_2 = C_L + C_4 \tag{6-3-17}$$

由于 $C_1 \ll C_2$，$C_L \ll C_2$，故 C_4 的值将与 C_2 相近，是比较大的。

如有一阶跃电压 u_1 作用在分压器的输入端，在最初瞬时，相应于阶跃的前沿，$Z_{C2} \ll (R_3 + Z_L)$，则可得

$$u'_2 = \frac{C_1}{C_1 + C_2} u_1 ; \quad u'_3 = \frac{1}{2} u'_2$$

同理，此时 $Z_{C4} \ll R_4$，$R_4 = Z_L$，故

$$u'_4 = u'_3 = \frac{1}{2} u'_2 = \frac{C_1}{(C_1 + C_2)} u_1 \tag{6-3-18}$$

在经过大约 6τ 以后，进入似稳态过程，电缆的作用就可以用集中参数（T 形或 π 形电路）来等效；与此同时，各个电容的等效容抗大增；与这些等效容抗相比，电缆的等效感抗和 R_3、R_4 的电阻就相对地小到完全可以略去不计的程度；于是，整个低压侧电路就近似等效为 $C_2 /\!/ C_L /\!/ C_4$，由此可得

$$u''_2 = u''_3 = u''_4 = \frac{C_1}{C_1 + C_2 + C_4 + C_L} u_1 \tag{6-3-19}$$

由于存在式（6-3-17）所述的条件，故可得

$$u''_4 = \frac{C_1}{2(C_1 + C_2)} u_1 = u'_4 \tag{6-3-20}$$

即作用在示波器的起始分压与似稳态分压能做到相等。当然，还应注意，由起始分压向似稳

态分压过渡的过程中，由于存在多次反射使 C_4 逐渐充电的过程，u_4 仍是有变化的，即还是存在一些误差的，不过，将图 6-3-21 所示电路与图 6-3-20 所示电路进行仔细比较计算指出，前者的测量误差仅约为后者的 1/20。可见，图 6-3-21 所示的测量电路具有显著的优越性。

电容分压器的高压引线和接地回线存在电感，分压器本体各级电容也存在一定的寄生电感，它们与分压器本体电容相配合会产生振荡。欲消除这种振荡，可以在分压器输入端串接阻尼电阻 R_d，临界阻尼时的阻值为

$$R_{d0} \approx 2\sqrt{\frac{L}{C}} \qquad\qquad (6-3-21)$$

式中：L 为整个测量回路的电感；C 为分压器本体电容。

但这样又会增大分压器的响应时间。计算和实验指出，方波响应波形中稍带振荡过冲时，测量误差最小，与此相应的阻尼电阻 R_d 应取为 $(0.7\sim0.8)R_{d0}$。

3. 阻容并联分压器

阻容并联分压器的测量电路如图 6-3-22 所示。测快速变化过程时，沿分压器各点的电压主要按电容分布，它像电容分压器，大大减小了对地杂散电容对电阻分压波形的畸变，避免了电阻分压器的主要缺点。测慢速变化过程时，沿分压器各点的电压主要按电阻分布，它像电阻分压器，大大减弱了电容器的泄漏电导对电容分压波形的畸变。如果使得阻容并联分压器的高压臂与低压臂的时间常数相等，即

$$R_1 C_1 = R'_2 C_2 \qquad (6-3-22)$$

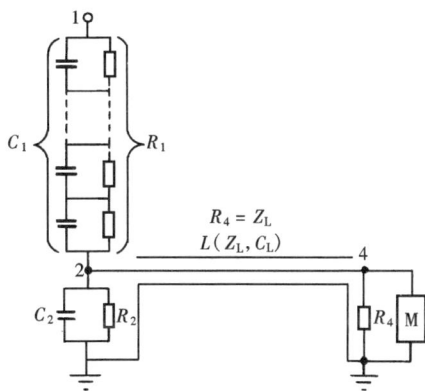

图 6-3-22　阻容并联分压器测量电路

式中 $R'_2 = R_2 /\!/ Z_L$，且高压臂中各节的时间常数也彼此相等，则分压比将不随频率而变。此外，这种分压器，在同轴电缆末端必须接一特性电阻 $R_4 = Z_L$，来消除波在电缆末端的反射，这样，同轴电缆就将以其波阻抗的特性并联在低压臂上。于是，这种分压器的分压比将为

$$K = \frac{U_4}{U_1} = \frac{U_2}{U_1} = \frac{C_1}{C_1 + C_2} = \frac{R'_2}{R_1 + R'_2}$$
$$(6-3-23)$$

由此可见，阻容并联分压器适宜用来测量既包含快速变化的过程，又包含慢速变化的过程。

这种分压器的缺点是结构比较复杂，此外，电容分压器原有的某些缺点（如电容量较大，妨碍获得陡波前的波形，高压引线中需串接阻尼电阻，从而增大分压器的响应时间等）仍然存在。

4. 阻容串联分压器

阻容串联分压器的测量电路如图 6-3-23 所示。

前已述及，电容分压器本体的电容与整个测量回路的电感配合，会产生主回路振荡。在分压器输

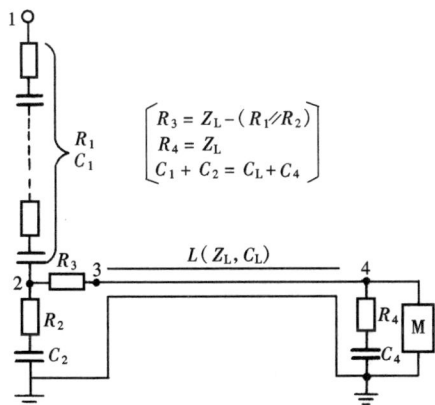

图 6-3-23　阻容串联分压器测量电路

入端串接阻尼电阻 R_d，虽能抑制这种振荡，但又增大了分压器的响应时间，所以不够理想。实际上，除此以外，分压器本体各级电容器中的寄生电感与对地杂散电容配合，还会形成寄生振荡。欲阻尼这种寄生振荡，必须分别在各级电容器中串联电阻。理论分析和实验求得，临界阻尼时需串联的电阻总值为

$$R_S \approx 4\sqrt{\frac{L'}{C_e}} \tag{6-3-24}$$

式中：L' 为分压器本体电容器中总的寄生电感；C_e 为分压器本体电容器对地杂散电容的总和。

图 6-3-24　ZRF-2400 型
阻容串联分压器

R_S 对阻尼主回路振荡显然也有作用，因此，在选定 R_S 的值时，若适当照顾到阻尼主回路振荡的需要，则此 R_S 可兼作 R_d 之用，原 R_d 即可取消。由于在低压臂中也按比例地串入阻尼电阻，R_S 的串入，不会增大分压器的响应时间。这样，就形成了如图 6-3-23 所示的阻容串联分压器，它适用于测量冲击电压。

完全阻尼上述两种振荡所需的 R_S 值较高，约几百欧到千余欧，称为"高阻尼电容分压器"；略带振荡（轻度过冲）时所需的 R_S 值较小，约几百欧，称为"低阻尼电容分压器"；后者应用得更为普遍。式（6-3-21）和式（6-3-24）可供选定 R_S 值时参考，最佳的值则要由调试实测来确定。

这种分压器的低压侧测量电路与电容分压器相似，如图 6-3-23 所示。元件参数配合条件也同式（6-3-16）和式（6-3-17）。取 $R_3 = Z_L - (R_1 /\!/ R_2)$ 是为了达到电缆始端的阻抗匹配。

由图 6-3-23 可见，当阶跃电压波作用时，初始分压主要由电阻决定，即

$$\frac{U'_2}{U_1} = \frac{R'_2}{R_1 + R'_2}$$

式中：$R'_2 = R_2 /\!/ (R_3 + Z_L)$。

初始分压比

$$K' = \frac{U'_4}{U_1} = \frac{U'_2}{U_1} \times \frac{Z_L}{R_3 + Z_L} = \frac{R'_2}{R_1 + R'_2} \times \frac{Z_L}{R_3 + Z_L} \tag{6-3-25}$$

似稳态分压比 K'' 主要由电容决定，即

$$K'' = \frac{U''_4}{U_1} = \frac{U''_2}{U_1} = \frac{C_1}{C_1 + C_2 + C_L + C_4} = \frac{C_1}{2(C_1 + C_2)} \tag{6-3-26}$$

调节 R_1 和 R_2 的值，使 $K' = K''$，则初始分压比与似稳态分压比相等，分压误差就最小。

这种分压器具有电容分压器的主要优点，而又克服了电容分压器的主要缺点（主回路中的振荡和各节电容上的寄生振荡均被各节串联电阻所阻尼），故多被应用于高幅值（≥1MV）冲击电压的测量。

现今，配接各类分压器低压侧输出同轴电缆的波阻抗具有两种标准值，分别为 50、75Ω。

图 6-3-24 所示为一台 ZRF-2400 型低阻尼阻容串联分压器，它是由 8 个 2400pF、300kV（冲击耐压）的电容器组成。每个电容器中均串有 50Ω 的阻尼电阻。该分压器实测的

方波响应时间为 120ns。

四、对冲击电压测量系统性能的评定

综合评估分压系统测量误差最主要的方法是与标准测量系统进行比对，替代的方法则是前已提及的单位方波响应 $g(t)$。有了单位方波响应 $g(t)$，就可采用堆叠积分求出任意输入波形时的输出波形（包括幅值）。比较输出和输入波形，即可得该分压系统在该输入波形下的失真度。

下面就以几种简化了的典型的输入波形为例，来看分压系统的单位方波响应对不同的输入波形所造成的失真。

1. 输入电压为斜角波

设输入电压为 $u_a(t) = at$，此处 a 为电压上升陡度。如分压系统归一化后的单位方波响应为 $g(t)$，则由堆叠积分计算可得输出电压（归算到输入端）

$$Nu_b(t) = a\int_0^t g(\tau)\mathrm{d}\tau \tag{6-3-27}$$

输入电压 at 与输出电压 $Nu_b(t)$ 的瞬时误差

$$\Delta u(t) = a\int_0^t [1 - g(\tau)]\mathrm{d}\tau \tag{6-3-28}$$

若 $g(t)$ 为指数型的，如图 6-3-25（a）所示，则式（6-3-28）中的积分，就是单位方波与 $g(t)$ 曲线在 t 时所包的面积 $A(t)$。这表明 t 时的瞬时误差与陡度 a 成正比，也与这时刻图中四线所包面积 $A(t)$ 成正比。例如 $t=t_1$ 时，瞬时误差 $\Delta u(t_1) = aA(t_1)$。随着时间的增长，当超过 T_s 时，$g(t)$ 达稳定值"1"，积分面积不再增加，而恒定地为方波响应时间 T，则瞬时误差也就恒定地为 $\Delta u = aT$。输出电压波形成为与输入的斜角波平行的直线。在某时刻 t_c（$>T_s$）时的相对误差 δu 则为

$$\delta u = \Delta u/at_c = aT/at_c = T/t_c \tag{6-3-29}$$

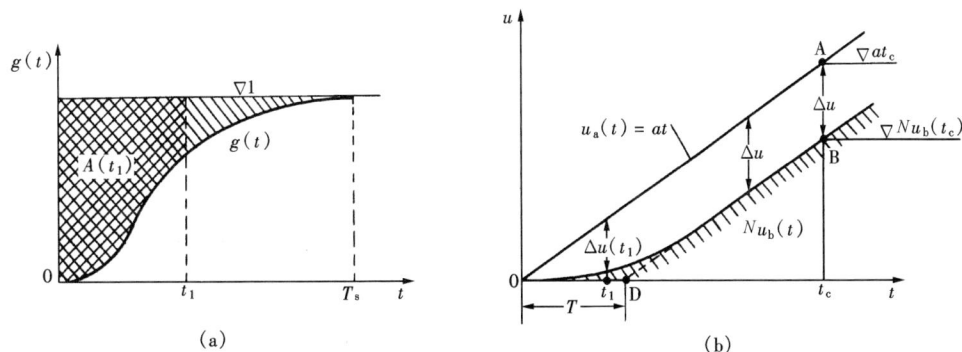

图 6-3-25 指数型 $g(t)$ 及测量斜角波时的误差

(a) 方波响应；(b) 输出波形

如按国标规定，在 $0.5\mu s \leqslant t_c < 2\mu s$ 范围内对线性上升的波前截断时，要求测量的幅值误差不超过 5%，则相应地要求系统的方波响应时间 $T \leqslant (0.5 \sim 2) \times 5\% = 0.025 \sim 0.1\mu s$。

应注意，以上的计算，只有当 $t_c > T_s$ 的条件下才是正确的。如 $t_c < T_s$，则 $\Delta u(t)$ 应按式（6-3-28）计算。

如分压系统的单位方波响应 $g(t)$ 为振荡型的，如图 6-3-26（a）所示，则输出波形的

起始部分也就叠加有振荡，但在 $t > T_s$ 以后，输出电压波形也仍为与输入斜角波平行的斜线，如图 6-3-26（b）所示。前述计算 Δu 和 δu 的方法仍均适用。

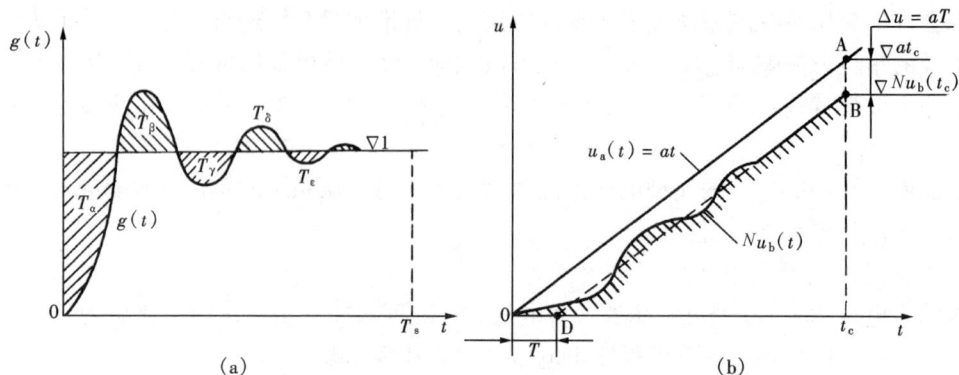

图 6-3-26　振荡型 $g(t)$ 及测量斜角波时的误差
(a) 方波响应；(b) 输出波形

2. 输入电压为斜角平顶波

以方波响应为指数型、输入电压的波前时间 $T_f > T_s$（方波响应达稳定时间）为例来说明。

这种情况，可以看作由两个陡度相同、极性相反、时间上相距 T_f 的斜角波的叠加。由于分压系统是线性的，故其输出波形也就是这两个输入波各自独立产生的响应波的叠加，如图6-3-27所示。由图 6-3-27 可见，输出与输入电压幅值相等，只是波前时间拉长了。

标准雷电冲击全波与斜角平顶波的情况很相近。系统方波响应时间 T 对波幅的影响很小，只是拉长了波前和波尾，如图 6-3-28 所示。

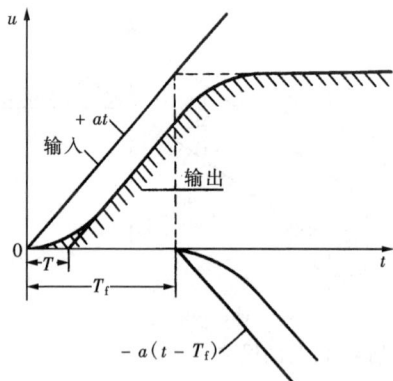

图 6-3-27　指数型 $g(t)$ 对斜角平顶输入波的影响

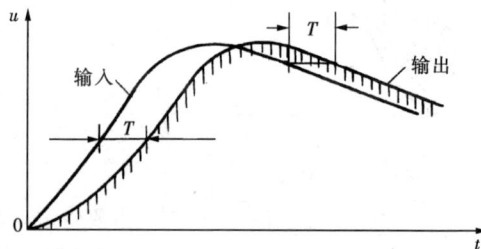

图 6-3-28　指数型 $g(t)$ 对标准雷电冲击全波的影响

3. 输入电压为波前截断的截波

以方波响应为指数型、截断时间 $T_c > T_s$（方波响应达稳定时间）为例来说明。

这种情况，可以看作由三个波叠加而成。第一个为斜角波 $u_{a1}(t) = at$。在 $t \geq t_c$ 时段，叠加上另外两个波：一为负极性的斜角波 $u_{a2}(t) = -a(t - T_f)$；另一为负极性方波 $u_{a3}(t) =$

$-at_c$。系统的输出波形也就是这三个输入波各自独立产生的响应波的叠加，如图 6-3-29 所示。由图可见，输出电压的幅值减小了 $\Delta u = aT$，且截断的波尾被拉长了。

4. 输入电压为波尾截断的截波

以方波响应为指数型、$T_f > T_s$、$(t_c - T_f) = T_p > T_s$ 的情况为例来说明。

这种情况也可以看作三个波的叠加。第一个为斜角波 $u_{a1}(t) = at$。在 $t \geqslant T_f$ 时段，叠加一负极性的斜角波 $u_{a2}(t) = -a(t - T_f)$；在 $t \geqslant t_c = (T_f + T_p)$ 时段，再叠加一负极性的方波 $u_{a3}(t) = -aT_f$。系统的输出波形也就是这三个输入波各自独立产生的响应波的叠加，如图 6-3-30 所示。由图可见，在这种情况下，输出与输入电压波的幅值相等，只是波前时间拉长了，截断的波尾时间也拉长了。

由上述可见：通过对分压系统方波响应的测定，可以估计分压系统对各种不同输入波形所产生的失真度（包括幅值和波形时间参数）。由此可以提出，对不同的被测波形，对分压系统方波响应时间 T 的要求条件如表 6-3-1 所示。其意义为：若分压系统的方波响应时间 T 的值满足表 6-3-1 中所列的要求时，则其测量误差将在规定允许范围内，可不必另加校正。否则，就应对测量结果进行必要的校正。

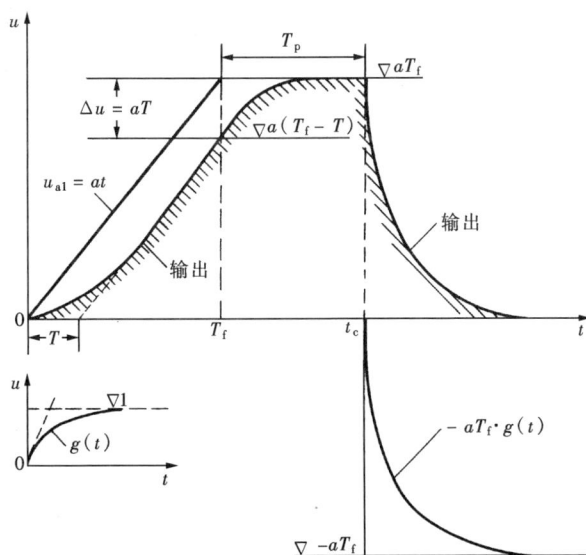

图 6-3-29 指数型 $g(t)$ 对波前截波的影响

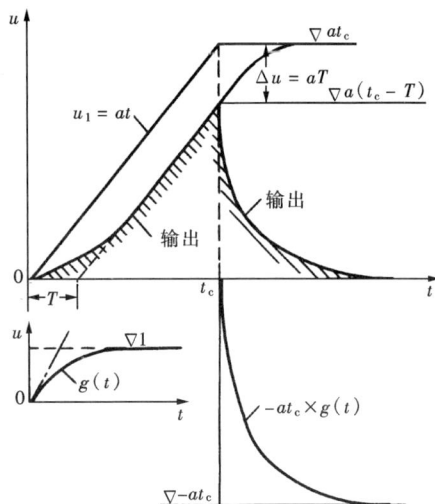

图 6-3-30 指数型 $g(t)$ 对波尾截波的影响

6-3-4 雷电冲击电压试验
一、对一般较简单的被试品

对一般较简单的被试品来说，雷电冲击试验电压的波形参数和容许偏差量如 §3-2 所述。

对这类被试品，一般试验它的耐受电压。

按被试品的绝缘性质，可分为三类，分别为自恢复绝缘、非自恢复绝缘、既有自恢复绝缘也有非自恢复绝缘。国家标准 GB/T 16927.1—1997 对这三类绝缘的耐受电压试验，规定了相应的试验程序和合格标准，分述如下：

（1）对非自恢复绝缘（程序 A）：在试品上施加 3 次具有规定波形和极性的额定耐受电压，如无损坏，即认为通过试验。

（2）对兼有自恢复绝缘和非自恢复绝缘者（程序 B）：在试品上施加 15 次具有规定波形和极性的额定耐受电压，如果在自恢复绝缘部分发生的破坏性放电不超过 2 次，而非自恢复绝缘无损坏，则认为通过试验。

表 6-3-1   按不同被测电压的波形对测量系统方波响应的要求

被测冲击电压波	要　求
1.2/50μs 雷电冲击全波及在波峰或波尾处截断的雷电冲击截波	$\lvert T \rvert \leqslant 0.2\mu$s
线性上升的雷电冲击截波，上升时间为 T_r	$\lvert T \rvert \leqslant 0.2\mu$s
非线性上升的，在 t_c 处截断的冲击截波	$\lvert T \rvert \leqslant \dfrac{0.05U_{max}}{S_L}$
所有的操作冲击波，波前时间为 T_p	$\lvert T \rvert \leqslant 0.03t_c$ 及 $\lvert T \rvert \leqslant 0.03T_p$

注　(1) 非线性上升的冲击波可用几段直线拟合；如果截断是快速的而且最后一段直线包含了波前的 10% 以上，则根据此段直线的斜率 S_L 和被测峰值 U_{max} 来确定对响应时间 T 的要求。
　　(2) 仅适用于非振荡型方波响应的系统。若测量系统的方波响应具有振荡时，应使部分响应时间不大于 100ns，过冲限制在 20% 以内，否则，应设法消除其振荡。

（3）对兼有自恢复绝缘和非自恢复绝缘者（程序 C）：在试品上施加 3 次具有规定波形和极性的额定耐受电压，如未发生破坏性放电，则认为通过试验。如在自恢复绝缘上发生破坏性放电超过 1 次，则认为未通过试验。如在自恢复绝缘上发生破坏性放电只有 1 次，则需再加 9 次冲击，如再无破坏性放电，则认为通过试验。

在上述试验中，如非自恢复绝缘部分有任何损坏，则认为未通过试验。

（4）对自恢复绝缘（程序 D）：分为 50% 破坏性放电和 10% 破坏性放电两种试验。

确定 50% 破坏性放电电压 U_{50} 的方法有两个：①多级法，电压级数 $n \geqslant 4$，每级冲击次数 $m \geqslant 10$。②升降法，每级冲击次数 $m = 1$，有效冲击次数 $n \geqslant 20$。

确定 10% 破坏性放电电压 U_{10} 的方法为

$$U_{10} = U_{50}(1 - 1.3z) \tag{6-3-30}$$

对空气绝缘的干试验，取 $z = 0.03$。

1）多级法的程序。以预期的 50% 放电电压的 1.5%～3% 作为电压级差对被试品分级施加冲击电压。每级施加电压 10 次（次数增多可提高精确度，但不必多于 20 次）。至少要加 4 级电压，要求在最低一级电压时的放电次数近于零，而在最高一级电压时，近于全部放电。求出每级电压下的放电次数与施加次数之比 P（即放电频度）后，将其按电压值标于正态概率纸上，绘出拟合直线 $P = f(U)$，在此直线上对应于 $P = 0.5$ 的电压值即为 50% 放电电压。

在 $0.2 \leqslant P \leqslant 0.5$ 和 $0.5 \leqslant P \leqslant 0.8$ 两区域内都应有试验点。

2）升降法的程序。先估计 50% 放电电压预期值 U'_{50}。取第一次施加的冲击电压值 $U_k(k = 1) = U'_{50}$，如未引起放电，则下次施加电压应为 $U_k + \Delta U$。此处 $\Delta U = 1.5\% \sim 3\%$ U'_{50}。如 U_k 已引起放电，则下次施加电压应为 $U_k - \Delta U$。以后的加压都按下述规律：如上次加压已引起放电，则本次施加的电压就要比上次电压低 ΔU；如上次加压未引起放电，则本次施加的电压就要比上次电压高 ΔU。这样反复升降加压到足够次数后，分别计算出各级电压 U_i 下的加压次数 n_i，按下式求出 50% 放电电压

$$U_{50} = \frac{\sum U_i n_i}{\sum n_i} \tag{6-3-31}$$

$\sum n_i$ 应大于或等于 20，但一般不必大于 40。

为减小由于 U_k 取得不当而引起的误差，最初的至少有 2 次加压不算。在任何情况下，所取的第一次电压值与 U_{50} 相差应不大于 $2\Delta U$。此外，相邻 2 次加压的时间间隔应不小于 30s，这是考虑到被试绝缘强度恢复的需要。

二、对具有绕组类的被试品

对具有绕组类的被试品，如变压器、互感器、电抗器等进行雷电冲击试验，情况要复杂得多，今以电力变压器为例，作些纲要性的阐述。

1. 试验电压波形

电力变压器在雷电冲击电压试验中，有些特点常使试验电压波形不易达到 3-2-1 节中所列标准，为此，国家标准 GB/T 1094.4—2005《电力变压器　第 4 部分：电力变压器和电抗器的雷电冲击和操作冲击导则》对变压器雷电冲击试验电压波形，允许有较大的偏差。要点如下：

（1）有些高电压大容量变压器绕组的入口电容值可能较大（达 10^4 pF 级），为得到标准规定的波前时间 T_1，只能减小波前电阻 R_f。由于试验回路中存在固有电感，R_f 减小后，可能导致试验电压的波峰部分产生振荡过冲。必须两者同时兼顾，即应在限制振荡（过冲）不超过电压峰值的 10% 的前提下，尽量缩短 T_1，使其不大于 $3\sim5\mu s$。

（2）当被试品为变压器绕组时，因其非试端是接地的（或经低阻值的测流电阻接地），此时，被试品就不仅是一个等值电容 C_f，而且还有一等值电感 L_f 与 C_f 并联。在波尾时段，经 L_f 泄放电荷，使波尾时间 T_2 缩短甚烈。为此，允许试验电压波尾衰减较快（$T_2 \geqslant 20\mu s$），且允许出现衰减振荡波形，如图 6-3-31 所示，但反向电压峰值 U_2 应不大于 $0.5U_1$。

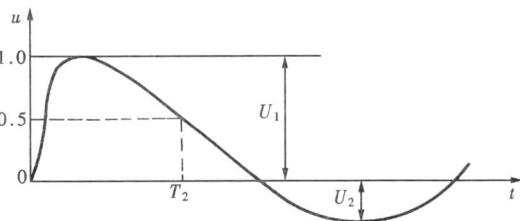

图 6-3-31　变压器雷电冲击试验允许的波形

（3）在变压器的中性点端子施加雷电冲击时，冲击波形的波前时间 T_1 允许放宽到 $13\mu s$。这是因为考虑到运行中的变压器中性点，不可能直接受雷电冲击，而经绕组传到中性点的电压，其波前已很平缓；另一方面，中性点的入口电容较大（为三相绕组并联的入口电容），难以获得较短波前的入波。

（4）雷电冲击截波试验的截断时间只要在 $2\sim6\mu s$ 之内即可。截断时的过零系数应不大于 0.3。若超过 0.3 时，可以在截断回路中串入附加阻抗，把过零系数限制在要求范围之内。

（5）试验电压的极性通常取负极性，目的是减少试验时出现异常的外部闪络的危险（外绝缘的负极性冲击放电电压比正极性时为高）。

2. 试验接线

试验接线的基本原则为：

（1）将冲击试验电压按顺序施加到每个绕组的每个端点上。被试绕组的其他端点，应直接接地，或经一低阻值（<50Ω）的测流电阻接地，非被试绕组的所有端点均应短接后直接接地，或经阻值小于 50Ω 的测流电阻接地。

（2）只有在调波存在困难时，被试绕组的非试端子允许经一阻值不大于 500Ω 的电阻接地（对自耦变压器绕组，此阻值应不大于 400Ω）。此阻值的选择，必须保证这些非试端子上所产生的电压，小于其额定雷电冲击电压的 75%。此处阻值取 $400\sim500\Omega$，是相当于架空输电线的波阻抗。

图 6-3-32 列出了较有代表性的几种试验接线（非试绕组的接线未画出）。

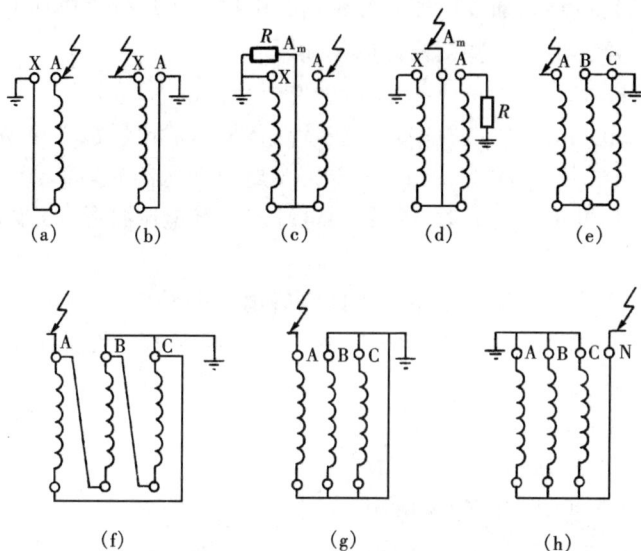

图 6-3-32 变压器雷电冲击试验被试绕组接线示意图
(a) 单相变压器绕组线端入波；(b) 单相变压器绕组末端（中性点）入波；(c) 自耦变压器一相高压绕组线端入波（$R<400\Omega$ 系调波所需）；(d) 自耦变压器一相中压绕组线端入波（$R<400\Omega$ 系调波所需）；(e) 三相 Y 连接变压器一相绕组线端入波；(f) 三相 D 连接变压器一相绕组线端入波；(g) 三相 YN 连接变压器一相绕组线端入波；(h) 三相 YN 连接变压器中性点入波

油箱也应接地。

3. 试验程序

试验前应根据已掌握的试品参数，估算产生标准雷电冲击波形所需的冲击发生器的参数，当试品接入试验回路后，需要在较低电压（如 50% 试验电压）下进行波形调整。当冲击波形调整到满足标准要求时，就可以进行试验。

对于例行试验的产品，只需做雷电全波冲击试验，此时产品的试验顺序为：一次或几次降低电压（如 50% 或 60% 的试验电压）下的全波冲击试验，三次 100% 全电压的全波冲击试验。试验应逐相进行。

对于形式试验的产品，还要求对其进行雷电冲击截波电压试验。此时，截波电压试验可以和全波冲击试验合并为一个统一的试验程序，其顺序如下：

（1）一次或几次降低电压的全波冲击；
（2）一次 100% 电压的全波冲击；
（3）一次或几次降低电压的截波冲击；
（4）两次 100% 电压的截波冲击；
（5）两次 100% 电压的全波冲击。

试验也应逐相进行。若发现试验波形有变化或有异常时，应停止试验，检查试验线路的测量回路等是否存在问题，如发现不当之处应立即解决，然后可再重复试验。

原则上，截波冲击试验的故障判断，主要取决于100％电压截波冲击和降低电压截波冲击的示波图的比较。此处之所以要将三次100％全波冲击试验拆分为前一次和后两次，目的是将后两次的试验示波图作为经截波试验后绝缘是否有损的补充故障判断。

4．示伤方法和故障判断

雷电冲击电压试验时的示伤方法有（参看图6-3-33）测入波电压波形，测被试绕组末端入地电流波形，测流入相邻绕组的电容传递电流波形，测耦合到相邻绕组上的电压波形，测油箱的入地电流波形。

其中前三种是主要的，分述如下。

（1）测入波电压波形。通过比较降低电压和全电压下的入波电压波形，可以判断试品是否在试验中受伤。在冲击电压试验中，示伤的灵敏度是以对纵绝缘示伤的分辨率来衡量的。如被试绕组有1000匝，若能分辨出1匝绝缘的故障，则其分辨率为0.1％。显然，分辨率越小，表示灵敏度越高。

通常，通过比较入波电压波形来示伤，其分辨率大于10％，可见其灵敏度是较差的。虽然如此，

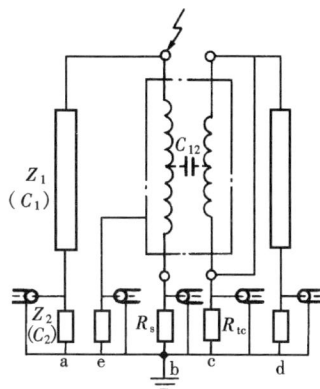

图6-3-33　雷电冲击试验时的示伤方法
a—试验电压测量电路；b—被试绕组末端入地电流测量电路；c—电容传递电流测量电路；d—电容传递电压测量电路；e—油箱入地电流测量电路

但这是对施加在被试绕组上冲击电压波形和幅值的最直接和主要的记录，所以是必不可少的。

如果电压波形上能够明显看出波形畸变，则此时变压器中已发生了较严重的故障。当靠近线端的对地绝缘发生破坏性放电时，电压波形将在该时间处发生跌落；当出现沿绕组某一部分的闪络时，绕组的阻抗将降低，此时电压波形的波尾变短；如饼间、匝间出现绝缘击穿，反映在入波电压波形上是不明显的。

（2）测被试绕组末端入地电流波形。通过比较降低电压和全电压下的电流波形变化，可判断试品有无故障发生。

图6-3-34是变压器绕组波过程时的等值电路。图中，L_0是单位长度的等值电感，K_0是单位长度的等值纵向电容，C_0是单位长度的等值对地电容。由图6-3-34可见，当冲击波作用于绕组首端时，绕组末端的入地电流i_0是由4部分合成的。

1）电容电流i_c。波前时，电压的变化率大，对电容的充电电流也就较大；波尾时，电压的变化率小，电容的放电电流就很小了。

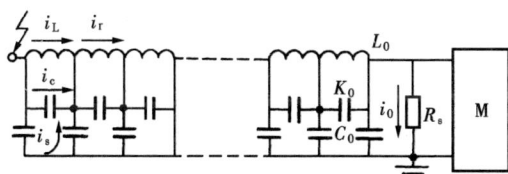

图6-3-34　变压器绕组等值电路

2）振荡电流i_s。由于冲击电压沿绕组各部的起始分布与似稳态分布的不同，从而在绕组各节L-C链中存在振荡电流。但此电流幅值不大，且持续时间很短。

3）有功损耗电流i_r。大体上与电压波形成比例，所占分量也不大。

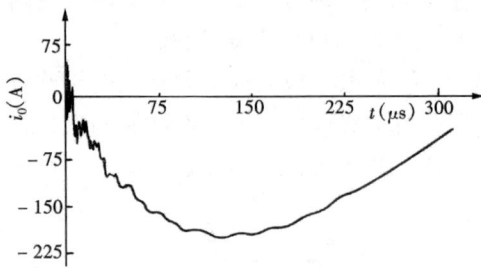

图 6 - 3 - 35　绕组绝缘完好时绕组
末端入地电流 i_0 的典型波形

4）励磁电流 i_L。$i_L = \int_0^t \frac{u}{L} dt$，可见，在冲击电压作用期间，$i_L$ 一直在增长。当冲击电压降到零时，i_L 达最大值。由于 i_L 的幅值最大，作用时间也最长，故 i_L 是绕组末端入地电流的主要分量。

绕组绝缘完好时，其末端入地电流 i_0 的典型波形如图 6 - 3 - 35 所示。

比较绕组末端入地电流波形是灵敏度较高的示伤方法，也是本试验中最主要的一种示伤方法。当电流示波图发生重大变化时，表明绕组内部或绕组对地的绝缘发生了击穿；若电流瞬时值有显著增大，则表示被试绕组内部发生故障。因为若发生了匝间、段间或层间的击穿，则由于短路匝的去磁作用，绕组的等效电抗将大为减小，励磁电流就会显著增加；若电流瞬时值有显著减小，则表明被试绕组对相邻绕组或对地的绝缘受到破坏，使 i_0 被部分分流。

绕组末端入地电流的波形是一种比较缓慢变化的非周期性波形，因此，需要较长的扫描时间。

示伤电阻 R_S 应采用无感电阻，其阻值与试品容量有关，选取的原则为既能清晰地显示电流波形，又要防止信号幅值超屏。一般在 $0.2 \sim 50\Omega$ 范围内。

（3）测流入相邻绕组的电容传递电流波形。当冲击电压施加到被试绕组上时，就有一电容传递电流流入相邻的非试绕组。借助于连接在相邻非试绕组与地之间的示伤电阻 R_{tc}，即可采得此电容传递电流 i_{tc} 的波形。通过比较降低电压和全电压下此电容传递电流波形的变化，可判断被试绕组绝缘是否发生了故障。例如：

1）纵绝缘故障。当被试绕组的纵绝缘（如匝间、段间、层间绝缘）发生故障时，故障部件间的纵向电容将短路放电，并产生高频振荡。该振荡通过对相邻被测绕组间的电容传递到被测绕组上，使被测的电容传递电流波形中先是突现一高频振荡，其后整个波形畸变。

2）局部放电。当被试绕组上发生局部放电时，被测的电容传递电流波形大体不变，但有叠加一些毛刺。

3）对地绝缘故障。当被试绕组的对地绝缘发生故障时，相邻绕组间的耦合电容 C_{12} 随之由原先的充电过程突变为放电过程，被测的电容传递电流波形会突然反向增大，并发生振荡和畸变。

4）对相邻被测绕组间绝缘故障。此时，耦合电容 C_{12} 被短接，所测电流就不再是电容传递电流，而是由被试绕组直接传导过来的电流了，所测电流波形必然出现突变。

用比较电容传递电流波形来示伤，其灵敏度也是较高的，可作为重要的补充和参照。

对示伤电阻 R_{tc} 的要求和选择原则与 R_S 同。

应该说，根据示伤波形来准确地判断绝缘故障，不是很容易的事，对截波试验所得波形的分析判断，尤为不易。国家标准 GB/T 1094.4—2005《电力变压器　第 4 部分：电力变压器和电抗器的雷电冲击和操作冲击试验导则》中提供了各种不同性质故障下实录的诸多典型的波形图（均有对比图），可资学习参考。

6-3-5　操作冲击电压试验

一、对一般较简单的被试品

对一般较简单的被试品，操作冲击电压试验的程序和合格标准与雷电冲击电压试验相同，只是对空气外绝缘试验（包括干试和湿试）时，破坏性放电的变异系数可取 $z=0.06$。

二、对具有绕组类的被试品

仍以电力变压器为例，作些纲要性的阐述。

1. 试验电压波形

变压器类试品在操作冲击电压试验时有磁饱和现象，使得实际作用在试品上的电压波形与标准操作冲击电压波形（如图 3-2-3 所示）有较大的差别，其典型波形如图 6-3-36（a）所示。为此，国家标准 GB/T 1094.3—2003《绝缘水平　绝缘试验和外绝缘空气间隙》对变压器的操作冲击电压波形参数另有规定如下：视在波前时间 T_1（$=1.67T$）为 $100\sim250\mu s$；超过 90% 峰值持续时间 $T_d\geqslant200\mu s$；从视在原点到第一个过零点时间 $T_z\geqslant500\mu s$，最好为 $1000\mu s$；反向电压峰值应不大于施加电压峰值的 50%。

由上述规定可见，对波前时间的要求并不严格，只是要求有足够长的时间以保证绕组上的电压分布

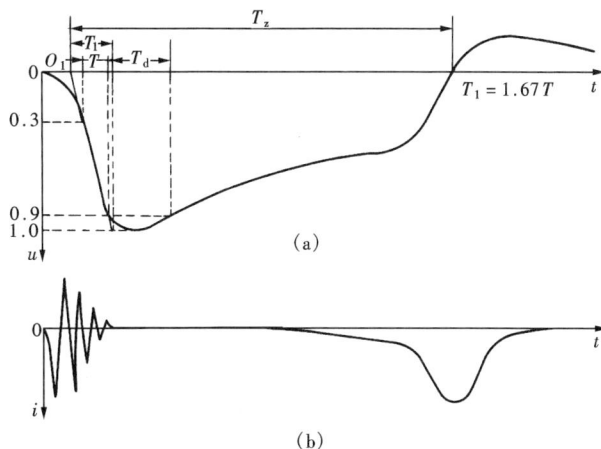

图 6-3-36　电力变压器操作冲击试验电压、电流典型波形图（绝缘完好时）
(a) 试验电压波形；(b) 被试绕组入地电流波形

基本上均匀即可。绝大多数变压器在全试验电压下铁芯将达到磁饱和，此时，试品等值电感骤降，使电压波形迅速下跌过零，因此波尾时间不能用半峰值时间来表征，而用 T_z 和 T_d 来表征。

波尾时间，也即铁芯达到饱和的时间，与原有剩磁情况和所加试验电压高低有关。

在对试品作全电压试验时，为避免铁芯磁饱和的过早到来，以确保有足够长的波尾时间（$T_z\geqslant500\mu s$），可在此前，先对试品施加适当幅值的反极性操作冲击电压，以产生反极性剩磁。

拟对试品施加多次相同幅值的操作冲击电压时，为了保证各次波形一致，必须使加压前铁芯的起始磁化状态相同。

与雷电冲击试验相同，为了判断试品绝缘是否有损，常将全电压下所得波形与此前降低电压下所得波形相比对。需要注意的是，对操作冲击电压来说，即使绝缘是完好无损的，二者的波形也只有在前半段相似，而在后半段，则因磁饱和的是否出现及何时出现而有很大不同。在确定波形参数时，在降低电压下，只能确定 T_1 和 T_d。只有在施加第一次全电压之后，才能确定 T_z。由于变压器不同铁芯柱的磁阻不完全相同，故不同相试验所得波尾形状也可能有差异。

2. 试验接线

按国家标准规定，只有对额定电压为 330kV 及以上的变压器，才需作操作冲击耐受电

压试验。目的是检验线端对地和线端之间（即相间）绝缘和绕组纵绝缘的操作冲击电压耐受能力。此时操作冲击电压是逐相施加在绕组的线端，中性点则总是接地的（或经一低阻值的示伤电阻接地）。

如上文中所述，变压器的操作冲击电压试验电源可以有两种。

（1）由冲击电压发生器产生的操作冲击电压直接施加到被试变压器绕组的相应端子上。

（2）将较低的操作冲击电压施加到被试变压器低压绕组，使在高压绕组上感应出试验所需的操作冲击电压来。

选择哪一种试验电源，可根据客观条件自定，原则要求必须保证最高额定电压绕组上的端电压，达到额定耐受电压水平。

为保证被试变压器有足够的阻抗，试验时应使其处于空载状态，即非被试绕组应以适当的方式在一点接地，但不可使绕组构成短路。以三相自耦变压器为例，若操作冲击直接施加到高压绕组线端，则其试验接线，如图 6-3-37 所示，一相加压，另两个非试相的相应端子可以连接在一起，其他非试绕组均必须开路，只有一点接地，逐相进行试验。

若将操作冲击电压施加到低压角接绕组，使在高压绕组中感应而得，则其试验接线如图 6-3-38 所示。

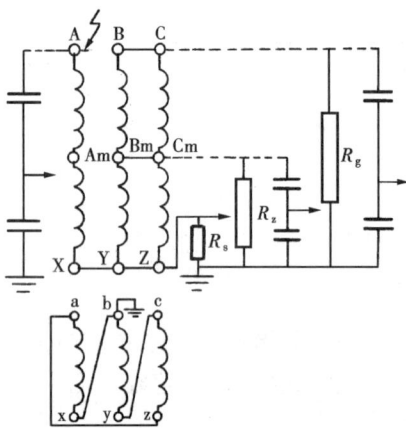

图 6-3-37　三相自耦变压器
操作冲击电压试验接线
注：A 相高压绕组线端入波。

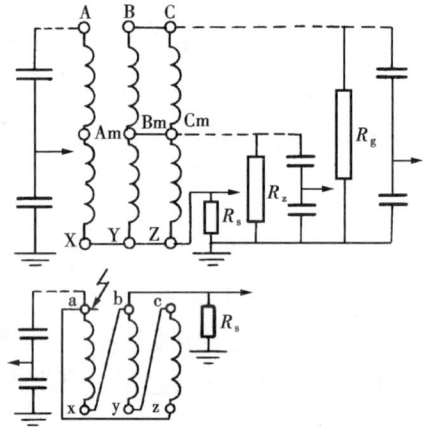

图 6-3-38　三相自耦变压器
操作冲击电压试验接线
注：三角形接线绕组 a 相线端入波。

虽然操作冲击电压的基本波形部分是通过电磁感应传递的，从理论上来讲，当被试相线端施加电压 U，则另外两非被试相线端上的电压将为 $-0.5U$，即被试相与非被试相的相间电压为 $1.5U$。但由于绕组自身电感和相间耦合电容的存在，会引起附加的振荡，并叠加在基本传递波上，所以，在实际试验时，一定要测量非被试相的电压，若其幅值超过 $0.5U$ 时，应采取一定的措施（如图 6-3-37 和 6-3-38 中虚线所示的，在非被试相接入负载电阻 R_g、R_z 等），使其电压降低到 $0.5U$。

3. 试验程序

每相分别施加操作冲击波，顺序如下：

（1）至少一次降低电压（为额定耐受电压的 $50\%\sim75\%$）的负极性冲击波；

（2）施加合适的正极性操作冲击或正极性直流电压以产生剩磁；

（3）三次额定耐受电压的负极性冲击；第二、第三次加压前均应重复前一项，以产生剩磁。

产生剩磁的优先采用方法是施加反极性（即正极性）操作冲击波，为使各次施加全电压时的波形相同，应使剩磁点保持不变，此点最好是"饱和剩磁点"。通常反极性励磁的电压不大于试验电压的 60%，次数为 1～2 次，这样一般能满足三次全试验电压下波形相同的要求。

4. 示伤方法和故障判断

操作冲击电压试验时的示伤方法和故障判断，其基本原理是与雷电冲击电压试验相似的，都是以比较降低电压和全电压下的试验电压、电流波形是否有畸变来判定试品有无故障出现，但具体规律则有它自己的诸多特点，分述如下。

操作冲击试验中，由于沿整个绕组上的电压分布基本上是均匀的，因此，即使只是纵绝缘的局部故障，也会使电压波形图出现明显畸变，如电压波形突然下跌或时间明显缩短等。

应注意的是，当波形的 T_z 时间缩短时，应区别是由于故障引起的，还是由于铁芯的剩磁情况不同而导致的。因此，试验中应尽量保持铁芯的初始磁化状态相同，这样才能更好地对试验结果进行分析。一般只用施加电压的波形图就够了，但若采用在低压或中压绕组上加压，则还需记录高压绕组端的感应电压波形。测被试绕组入地电流波形的灵敏度与测电压波形基本相同，可作为判断故障的一种辅助的依据。绝缘完好无损时，该电流波形和与其相对应的电压波形举例如图 6-3-36 所示。

该电流包括下述三部分：

（1）初始脉冲；

（2）与电压波形波尾部分相对应的缓慢且均匀上升的电流；

（3）与电压波形过零点相对应的电流峰值。

观察电压波形的过零时间和电流波形峰值时间之间的差异，可以帮助判断是否发生故障。国家标准 GB/T 1094.4—2005《电力变压器　第4部分：电力变压器和电抗器的雷电冲击和操作冲击试验导则》中也有操作冲击试验实录的电压、电流示波图（均有对比图），可供学习参考。

§6-4　联合电压和合成电压试验

6-4-1　联合电压试验

联合电压试验是两个单独电源产生的电压分别在试品（例如打开的断路器，如图 6-4-1 所示）的两端施加对地电压，在这种试验中可以是雷电冲击，操作冲击，直流或工频交流电压中任意两个电压的联合。

试验电压以其幅值时延 Δt 以及每个分量的波形、峰值和极性来表征。

在开关设备上进行联合电压试验，是为了模拟打开的开关一端施加规定的工频电压，另一端承受雷电或操作过电压。试验电路应在内绝缘和外绝缘上模拟这种情况。

试验电压值是指试品两端最大的电位差，如图 6-4-2 所示。

联合电压时延 Δt 是两个电压分量到达峰值时刻之间的时间间隔，以负峰值时刻作为时延计时起点（如图 6-4-3 所示）。

当时延 Δt 为零时，则认为联合电压试验的两个电压是同步的。

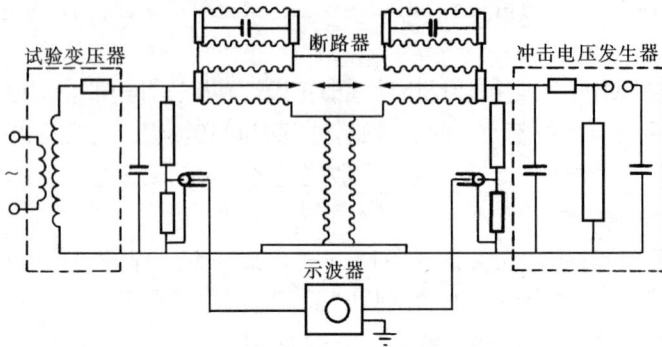

图 6-4-1 联合电压试验电路示意图

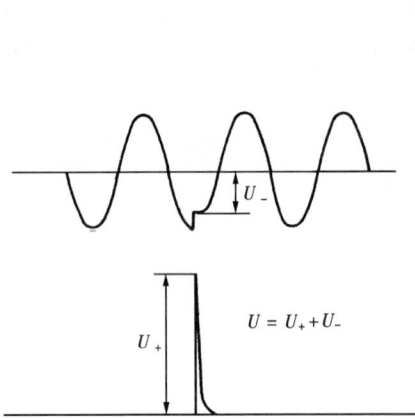

图 6-4-2 联合电压试验中的电压波形

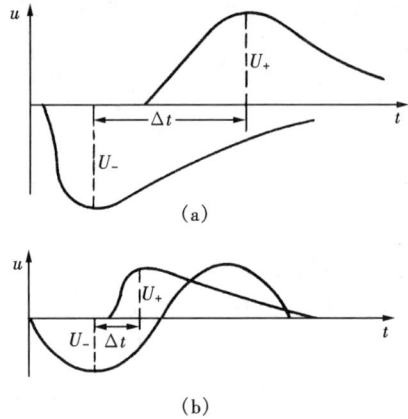

图 6-4-3 时延 Δt 的确定
(a) 两个冲击电压的联合试验；(b) 工频电压和冲击电压的联合试验

时延 Δt 的容许偏差为 $\pm 0.05 T_{Pmax}$，对于冲击电压，T_p 为到达峰值的时间或波前时间；对于交流电压，T_p 为 $\frac{1}{4}$ 周期时间，T_{Pmax} 为两个分量的 T_P 中的较大值。

由于两个发生器系统之间存在耦合，联合电压试验时两个分量的波形和幅值，不同于单独使用的同一电源所产生的波形和幅值，所以在联合电压试验时最好由两个单独的对地的测量系统进行测量。每个测量系统应适合于测量两个分量的波形，以避免在记录它们时因相互影响而出现误差。

在联合电压试验时，需对最高分量的试验电压作大气条件校正。

联合电压试验中需要着重注意两点：一是各电压的准确同步；二是要考虑被试品可能发生破坏性放电的情况，如果在回路中无附加的保护元件（例如电阻或保护间隙），则两个电压将直接作用，两个电源之间的电压分布将完全改变，必须充分考虑对各电源设备（包括测量和控制系统）和人身的安全保护。

6-4-2 合成电压试验

合成电压试验是由两个不同电源产生的电压经适当连接后，合成施加于试品的一端与地之间。合成试验也可以将电压和冲击电流共同施加于试品上。

这里当然也需要充分保证合成电源的同步和各自电源系统的保护。

以直流电压与冲击电压合成为例，其试验电路如图 6 - 4 - 4 所示。

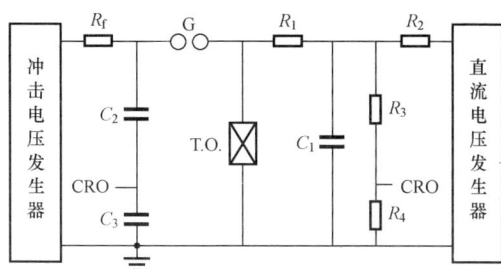

图 6 - 4 - 4　合成电压（直流与冲击）试验电路

图 6 - 4 - 4 中 G 为隔直球隙，其距离应调节到：①右侧的直流电压不足以击穿此隙，从而保证冲击电压发生器的安全；②当发出冲击电压时，此间隙一定击穿，从而实现冲击电压与直流电压合成施加到被试品上。

电容 C_2 和 C_3 构成电容分压器，测量合成电压的峰值和波形。电阻 R_2 为直流输出的限流电阻。电阻 R_3 和 R_4 构成电阻分压器，以测量直流输出电压。

电阻 R_1 和电容 C_1 构成保护直流侧设备的电路，其时间常数 $\tau = R_1 C_1$ 应足够大，使被试品上的合成冲击电压不会威胁直流电源设备的安全。此外，还应满足下列要求：①与被试品相并联的此电路的存在，不会显著降低作用在被试品上的冲击电压分量；②R_1 的纵向长度应能耐受直流电源电压或冲击电压分量的作用而不闪络。③流过被试品的泄漏电流在 R_1 上的压降对直流侧测压产生的误差不超过允许值。

习　　题

6 - 1　规划设计一台 5 级倍压整流装置，并估计其额定负载下的性能。要求输出额定直流电压 800kV，额定负载电流 10mA，连续工作。

6 - 2　题 6 - 2 图所示电路中，电源变压器输出电压峰值为 U_p，试求空载时点 1、2、3、4 的对地电位，指出电容器 C_1、C_2、C_3 和整流元件 VD1、VD2、VD3 的工作电压要求。试作有负载时输出电压波形分析。

6 - 3　规划设计一台雷电冲击电压发生器（多级），被试品（包括测压系统）为容性，200～1000pF。最高试验电压为 1000kV 标准雷电冲击全波。

6 - 4　多级冲击电压发生器，在充电完成后，触发点火以前，如某中间间隙先行击穿，将造成什么情况？

6 - 5　规划设计一台雷电冲击电压分压器，已知最高被测电压为 1000kV；低压传输电缆长 30m，波阻为 50Ω，电容量为 100pF/m；低压仪表的最高输入电压为 1600V（峰值），输入阻抗为 $1M\Omega // 50pF$。

6 - 6　已有一室内使用的单级工频试验变压器，拟订购一与之配用的出口保护电阻，订

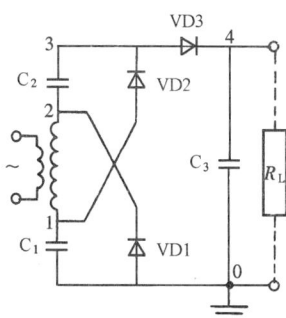

题 6 - 2 图　电路图

货合同中应开列哪些技术条件？已知该试验变压器自身的额定参数为 500kV、1A、500kVA。其运行条件为从环境温度开始，在额定电压和额定电流下，允许连续运行 1h；在 2/3 额定电压及 2/3 额定电流下，允许连续运行。室内的气压偏离标准大气压的幅度很小，可不计。室内最高气温为 +40℃；最低气温为 +1℃；相对湿度不超过 90%。

　　假如由你来承接该项订货，请考虑一下该元件采用的材料、结构、形状、尺寸、安装（包括接口）方式、维修办法等。请大致估计一下它的性能指标，如温度变化范围、由温度变化派生出的问题、电阻值的稳定度、防晕性能等。

第二篇 电力系统过电压及保护

电力系统的运行是否安全与经济，在很大程度上决定于设备的绝缘强度，而在决定绝缘强度时，不仅要考虑工作电压，还必须考虑过电压的作用。所谓过电压是指超过最高工作电压对绝缘有危险的电压升高，它有两大类，即因雷击引起的雷电过电压，以及因断路器操作、系统故障或发生谐振引起的内部过电压。对过电压必须加以限制，否则对绝缘的要求太高，不仅不经济，而且还会使设备的体积和质量都太大，不便运输。借助于一些保护装置将过电压限制到预期值，就可在满足安全运行的条件下降低对设备绝缘的要求。

本篇将介绍过电压的产生及发展的物理过程，影响因素；限制过电压的措施、保护装置的基本原理以及对它们的要求；根据已被限制的过电压确定对绝缘的要求，即进行绝缘配合，使得在满足系统安全运行的前提下，将设备和保护装置的投资、运行维护费用以及事故损失费用三者之和降到最低。此外，还将介绍我国正在建设的特高压交流电网的过电压及防护问题。

在分析上述问题时需应用线路和绕组中的波过程理论，所以本篇要首先介绍波过程的基础知识。

第七章 线路和绕组中的波过程

§7-1 均匀无损耗单导线线路中的波过程

7-1-1 波过程的物理概念

单根导线和大地构成的回路如图 7-1-1 (a) 所示。为简化分析，也为了便于掌握线路波过程的物理概念和基本规律，忽略线路的电阻和对地电导损耗，并假设线路参数为常数。这种称之为均匀无损耗单导线线路的等值电路，如图 7-1-1 (b) 所示。图中 $L_1=L_2=L_3=\cdots=L_0 dx$，$C_1=C_2=C_3=\cdots=C_0 dx$，$L_0$ 和 C_0 分别为单位长度导线的电感和对地电容。

在 $t=0$ 时将直流电压 U 突加于线路首端，就有电流经电感 L_1 先对电容 C_1 充电，所充上的电压经电感 L_2 再对 C_2 充电，其余各电容，以此类推。这样，由于线路电感的作用，某个电容距离电源愈远，充

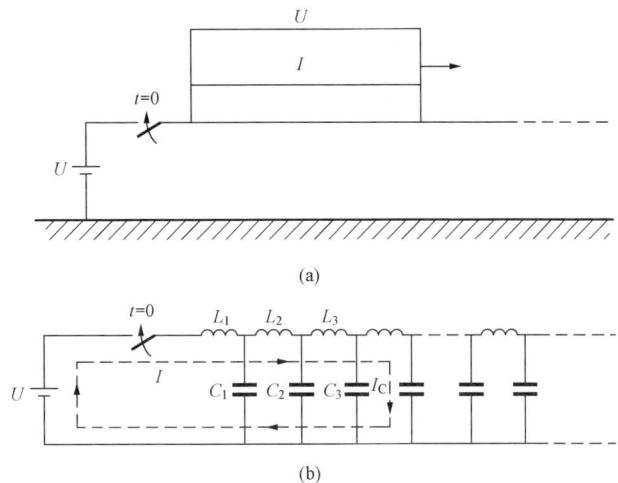

图 7-1-1 波沿均匀无损耗单导线的传播
(a) 单导线—地输电线路；(b) 等值电路

电至电源电压的时间就愈晚。同理，由于各电容的充电有先后，某一段导线出现电流的时间也就有先后，距离电源愈远，时间愈滞后。

上述表明，在具有分布参数的单导线首端突加电压，导线上的暂态电压、电流都是以行波的形式出现的，它们沿着导线同时同速同方向向远离电源的方向传播，在波前未到的各处不受电源电压的影响，电压、电流仍为零，由于是直流电源，这电压、电流波就成了无限长直角波或矩形波。

在直角电压波传播过程中，在波前已过各点的电压恒为 U，导线和大地分别充得等量的正、负电荷，它们都从左向右传播，形成大小相等、方向相反的电流 I。只有在波前刚到处的电容被充电，其充电电流 I_C 自导线流到大地，根据电流连续性原理，$I_C = I$，也就是说，它以电源、导线及大地为回路。该回路随着电压、电流波的传播而不断扩大，如图 7-1-1（b）中虚线所示。

设在 dt 时段内波传播的距离为 dx，该元段充得的电量为 $dq = UC_0 dx$，于是充电电流的幅值可用式（7-1-1）表示

$$I_C = \frac{dq}{dt} = UC_0 v \qquad (7-1-1)$$

式中：v 为波传播的速度，$v = \frac{dx}{dt}$。

在波前处的 dx 元段内，电流从零升到 I，相应的磁通增量为 $d\phi = IL_0 dx$，产生的电感压降为

$$\frac{d\phi}{dt} = IL_0 \frac{dx}{dt} = IL_0 v \qquad (7-1-2)$$

因为在波前已过的各点，导线上的电流恒为 I，所建立的磁通不产生电感压降，又因是无损耗单导线，所以该电感压降就等于电源电压 U，即

$$\frac{d\phi}{dt} = IL_0 v = U \qquad (7-1-3)$$

因 $I = I_C$，将式（7-1-1）代入式（7-1-3），消去式中的 U 和 I，得

$$v = \frac{dx}{dt} = \frac{1}{\sqrt{L_0 C_0}} \qquad (7-1-4)$$

对于架空无损耗单导线，又假定大地为理想导体，L_0 和 C_0 可分别由式（7-1-5）和式（7-1-6）求得

$$L_0 = \frac{\mu_0 \mu_r}{2\pi} \ln \frac{2h_c}{r} \quad (\text{H/m}) \qquad (7-1-5)$$

$$C_0 = \frac{2\pi \varepsilon_0 \varepsilon_r}{\ln \frac{2h_c}{r}} \quad (\text{F/m}) \qquad (7-1-6)$$

式中：h_c 为导线对地平均高度，m；r 为导线的半径，m；μ_0、ε_0 分别为真空的磁导率和介电常数，$\mu_0 = 4\pi \times 10^{-7}$ H/m，$\varepsilon_0 = \frac{1}{4\pi \times 9 \times 10^9}$ F/m。

将式（7-1-5）和式（7-1-6）代入式（7-1-4），得

$$v = \frac{1}{\sqrt{\mu_0 \mu_r \varepsilon_0 \varepsilon_r}} = \frac{3 \times 10^8}{\sqrt{\mu_r \varepsilon_r}} \quad (\text{m/s}) \qquad (7-1-7)$$

由式（7-1-7）得知，波速仅由导线周围介质的性质所决定，而与导线几何尺寸及对地高

度无关。对于架空线路，因空气的 μ_{r} 和 ε_{r} 均等于 1，故 $v=3\times10^8\mathrm{m/s}=300\mathrm{m/\mu s}$，即等于自由空间中的光速。对电缆线路，$\mu_{\mathrm{r}}=1$，$\varepsilon_{\mathrm{r}}$ 通常为 3～5，所以电缆中的波速只有光速的一半左右。

由式（7-1-3）和式（7-1-1）可得到电压波与电流波之间的比例关系

$$z = \frac{U}{I} = \sqrt{\frac{L_0}{C_0}} \tag{7-1-8}$$

式中 z 是分布参数导线的特性阻抗，具有阻抗的量纲，称为波阻抗。z 的数值为实数，说明电压波和电流波的波形相同，相位也相同。与电阻的区别在于，它是储能元件，不消耗能量，且其大小与导线长度无关。

将式（7-1-5）和式（7-1-6）代入式（7-1-8），得

$$z = \sqrt{\frac{L_0}{C_0}} = \frac{1}{2\pi}\sqrt{\frac{\mu_0\mu_{\mathrm{r}}}{\varepsilon_0\varepsilon_{\mathrm{r}}}}\ln\frac{2h_{\mathrm{c}}}{r}\ (\Omega) \tag{7-1-9}$$

对于架空线路，z 可按式（7-1-10）计算

$$z = 60\ln\frac{2h_{\mathrm{c}}}{r} = 138\lg\frac{2h_{\mathrm{c}}}{r}(\Omega) \tag{7-1-10}$$

对于架空单导线和分裂导线，z 分别约为 500Ω（考虑到电晕的影响则约为 400Ω）和 300Ω。至于电缆线路，因具有较小的 L_0 和较大的 C_0，故其 z 一般在 30～80Ω 之间。

如前所述，电压波和电流波保持比值 z，随着波的传播，它们在导线周围所建立的电场能和磁场能也应保持着固定的关系。设单位长度导线周围的电场能和磁场能分别为 $\frac{1}{2}C_0U^2$ 和 $\frac{1}{2}L_0I^2$，它们是电源在 $\frac{1}{v}$ 时段内供给的，故有

$$UI\frac{1}{v} = \frac{1}{2}C_0U^2 + \frac{1}{2}L_0I^2 \tag{7-1-11}$$

将 $I=UC_0v$ 代入式（7-1-11），得

$$\frac{1}{2}C_0U^2 = \frac{1}{2}L_0I^2 \tag{7-1-12}$$

式（7-1-12）说明，当波沿导线传播时，储藏在导线周围电场和磁场中的能量是相等的。波沿无损耗单导线传播时所建立的电场及磁场分布，因为是无损耗线路，所以电压、电流所决定的电力线和磁力线处在垂直于导线的同一平面内，故称为平面电磁场，它如影随形地伴着电压、电流波沿导线传播，就成了平面电磁波，其如图 7-1-2 所示。

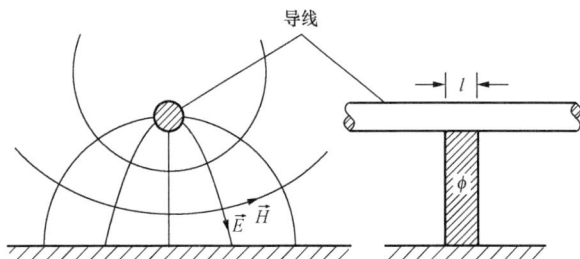

图 7-1-2　平面电磁波的图景

由上述可知，所谓波过程，就是在分布参数电路的暂态过程中所产生的电压、电流波以及相应的电磁波传播过程。导线上产生波过程是因为它具有分布的电感和电容，使得电压或电流既与坐标 x 有关，也与时间 t 有关，它们始终为 x 和 t 的函数。

7-1-2　波动方程

实际上，沿导线传播的波，不仅只有单方向的（如前面所分析的自左至右运动的波），

还会同时出现方向相反的波。下面用数学方法来分析波过程的一般情况。

图 7 - 1 - 3 是无损耗单导线等值电路的某一个单元，据此可写出方程

$$u - \left(u + \frac{\partial u}{\partial x}\mathrm{d}x\right) = -\frac{\partial u}{\partial x}\mathrm{d}x = L_0\mathrm{d}x\,\frac{\partial i}{\partial t}$$

$$i - \left(i + \frac{\partial i}{\partial x}\mathrm{d}x\right) = -\frac{\partial i}{\partial x}\mathrm{d}x = C_0\mathrm{d}x\,\frac{\partial\left(u + \frac{\partial u}{\partial x}\mathrm{d}x\right)}{\partial t} \tag{7 - 1 - 13}$$

略去式（7 - 1 - 13）中的二阶无限小项 $(\mathrm{d}x)^2$，整理后得

$$\left.\begin{array}{l} \dfrac{\partial u}{\partial x} = L_0\,\dfrac{\partial i}{\partial t} \\[2mm] \dfrac{\partial i}{\partial x} = C_0\,\dfrac{\partial u}{\partial t} \end{array}\right\} \tag{7 - 1 - 14}$$

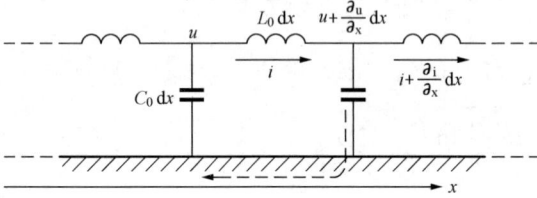

图 7 - 1 - 3 无损耗单导线的等值电路

应用拉普拉斯（以下简称拉氏）变换来求解式（7 - 1 - 14）方程。将它们化为拉氏运算式，得

$$\frac{\mathrm{d}\bar{u}}{\mathrm{d}x} = pL_0\bar{i} \tag{7 - 1 - 15}$$

$$\frac{\mathrm{d}\bar{i}}{\mathrm{d}x} = pC_0\bar{u} \tag{7 - 1 - 16}$$

式中 $\bar{u}$ 及 $\bar{i}$ 为 u 及 i 的拉氏变换式。将式（7 - 1 - 15）及式（7 - 1 - 16）合并后得

$$\frac{\mathrm{d}^2\bar{u}}{\mathrm{d}x^2} = \gamma^2\bar{u} \tag{7 - 1 - 17}$$

$$\frac{\mathrm{d}^2\bar{i}}{\mathrm{d}x^2} = \gamma^2\bar{i} \tag{7 - 1 - 18}$$

式中 $\gamma = p\sqrt{L_0C_0} = \dfrac{p}{v}$ 称为波动系数。

式（7 - 1 - 17）和式（7 - 1 - 18）称为无损耗单导线线路的波动方程，解之可得

$$\begin{aligned} \bar{u} &= \bar{u}_\mathrm{q}\mathrm{e}^{-\gamma x} + \bar{u}_\mathrm{f}\mathrm{e}^{\gamma x} \\ &= \bar{u}_\mathrm{q}\mathrm{e}^{-\frac{x}{v}p} + \bar{u}_\mathrm{f}\mathrm{e}^{\frac{x}{v}p} \end{aligned} \tag{7 - 1 - 19}$$

$$\begin{aligned} \bar{i} &= \bar{i}_\mathrm{q}\mathrm{e}^{-\gamma x} + \bar{i}_\mathrm{f}\mathrm{e}^{\gamma x} \\ &= \bar{i}_\mathrm{q}\mathrm{e}^{-\frac{x}{v}p} + \bar{i}_\mathrm{f}\mathrm{e}^{\frac{x}{v}p} \end{aligned} \tag{7 - 1 - 20}$$

$\bar{u}_\mathrm{q}$、$\bar{u}_\mathrm{f}$ 或 $\bar{i}_\mathrm{q}$、$\bar{i}_\mathrm{f}$ 函数的具体形式要由线路的边界条件和初始条件来确定。

将式（7 - 1 - 19）和式（7 - 1 - 20）进行反变换，便得

$$u = u_\mathrm{q}\left(t - \frac{x}{v}\right) + u_\mathrm{f}\left(t + \frac{x}{v}\right) \tag{7 - 1 - 21}$$

$$i = i_\mathrm{q}\left(t - \frac{x}{v}\right) + i_\mathrm{f}\left(t + \frac{x}{v}\right) \tag{7 - 1 - 22}$$

式（7 - 1 - 21）中的 $u_\mathrm{q}\left(t - \dfrac{x}{v}\right)$ 表示 u_q 是变量 $t - \dfrac{x}{v}$ 的函数，其定义是当 $t < \dfrac{x}{v}$ 时 $u_\mathrm{q}\left(t - \dfrac{x}{v}\right) = 0$；当 $t \geqslant \dfrac{x}{v}$ 时，$u_\mathrm{q}\left(t - \dfrac{x}{v}\right)$ 有值。假定 $t = t_1$ 时，线路上 x_1 这一点的电压值为 u_a

（如图 7 - 1 - 4 所示），则当时间由 t_1 变到 t_2 时，具有相同电压值 u_a 的点 x_2 必须满足

$$t_1 - \frac{x_1}{v} = t_2 - \frac{x_2}{v}$$

因 $t_2 > t_1$，故有 $x_2 > x_1$，这说明电压值为 u_a 的一点是以速度 v 向 x 正方向行进的，即 $u_q\left(t - \frac{x}{v}\right)$ 代表以速度 v 向 x 正方向传播的电压波，通常称为前行电压波。据此可知，$u_f\left(t + \frac{x}{v}\right)$ 是以速度 v 朝 x 负方向传播的电压波称为反行电压波。同理，$i_q\left(t - \frac{x}{v}\right)$ 和 $i_f\left(t + \frac{x}{v}\right)$ 分别为前行电流波和反行电流波。

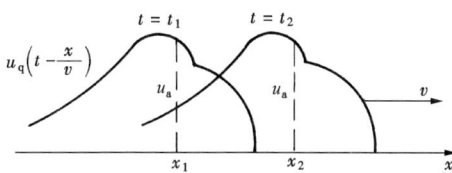

图 7 - 1 - 4　前行电压波 $u_q\left(t - \frac{x}{v}\right)$ 的传播

将式（7 - 1 - 19）中的 $\bar{u}$ 对 x 求导数可得

$$\frac{\mathrm{d}\bar{u}}{\mathrm{d}x} = \gamma \bar{u}_q \mathrm{e}^{-\gamma x} - \gamma \bar{u}_f \mathrm{e}^{\gamma x} \tag{7 - 1 - 23}$$

因 $\gamma = \frac{p}{v}$，将式（7 - 1 - 23）带入式（7 - 1 - 15），则得

$$\bar{i} = \frac{1}{z}\bar{u}_q \mathrm{e}^{-\gamma x} - \frac{1}{z}\bar{u}_f \mathrm{e}^{\gamma x} \tag{7 - 1 - 24}$$

比较式（7 - 1 - 24）和式（7 - 1 - 20），显然有

$$\bar{i}_q \mathrm{e}^{-\gamma x} = \frac{1}{z}\bar{u}_q \mathrm{e}^{-\gamma x} \tag{7 - 1 - 25}$$

$$\bar{i}_f \mathrm{e}^{\gamma x} = -\frac{1}{z}\bar{u}_f \mathrm{e}^{\gamma x} \tag{7 - 1 - 26}$$

对上面两式进行拉氏反变换，可得

$$i_q\left(t - \frac{x}{v}\right) = \frac{1}{z}u_q\left(t - \frac{x}{v}\right) \tag{7 - 1 - 27}$$

$$i_f\left(t + \frac{x}{v}\right) = -\frac{1}{z}u_f\left(t + \frac{x}{v}\right) \tag{7 - 1 - 28}$$

为方便起见，将它们简化为

$$i_q = \frac{u_q}{z} \text{ 及 } i_f = -\frac{u_f}{z}$$

综上所述，可得到无损耗单导线线路波过程的四个基本方程

$$u = u_q + u_f \tag{7 - 1 - 29}$$

$$i = i_q + i_f \tag{7 - 1 - 30}$$

$$u_q = zi_q \tag{7 - 1 - 31}$$

$$u_f = -zi_f \tag{7 - 1 - 32}$$

它们的含义是导线上任一点的电压或电流，等于通过该点的前行波与反行波之和，前行波电压与电流之比为 $+z$，反行波电压与电流之比为 $-z$。这四个方程描述了无损耗单导线线路波过程的基本规律，加上边界条件和初始条件，可用来解决各种具体问题。

下面对式（7 - 1 - 31）和式（7 - 1 - 32）出现的正、负号进行说明。

电压波的极性只取决于导线对地电容上所充电荷的极性，与电荷运动的方向无关；而电流波的极性不但取决于电荷的极性，而且还与电荷运动的方向有关。通常取正电荷向 x 正方向运动所形成的电流为正极性，因此前行电流波与前行电压波总是同极性的，即式（7-1-31）取正号，而反行电流波与反行电压波总是极性相反的，故式（7-1-32）中需加负号。

还须指出，凡是在线路上同时存在前行波及反行波的部位，电压与电流之比值不再等于波阻抗 z，即

$$z \neq \frac{u_{\mathrm{q}} + u_{\mathrm{f}}}{i_{\mathrm{q}} + i_{\mathrm{f}}}$$

这也间接地告诉我们，在这种情况下，导线周围的电场能与磁场能不再相等。

§7-2　行波的折射与反射

输电线路常常是由不同波阻抗的线路相连接而组成的，也有线路与集中参数阻抗连接的情况。当线路上的行波到达节点时，参数发生突变，在该点必将发生波的折射与反射。

7-2-1　行波的折、反射规律

先讨论电缆线路与架空线路相连接于 A 点的情况，它们的波阻抗分别为 z_1 和 z_2，如图 7-2-1 所示。设无限长直角波 $u_{1\mathrm{q}}$、$i_{1\mathrm{q}}$ 沿 z_1 向 A 点传播，其前行功率为 $p_{1\mathrm{q}} = u_{1\mathrm{q}} i_{1\mathrm{q}} = \dfrac{u_{1\mathrm{q}}^2}{z_1}$，当波到达节点 A 时，将有能量继续向前传播，在 z_2 上产生折射波 $u_{2\mathrm{q}}$、$i_{2\mathrm{q}}$，相对应的功率为 $p_{2\mathrm{q}} = u_{2\mathrm{q}} i_{2\mathrm{q}} = \dfrac{u_{2\mathrm{q}}^2}{z_2}$。若 $z_1 \neq z_2$，则必然 $p_{1\mathrm{q}} > p_{2\mathrm{q}}$，多余的能量（$p_{1\mathrm{q}} - p_{2\mathrm{q}}$）必须通过反射波 $u_{1\mathrm{f}}$、$i_{1\mathrm{f}}$ 返回给电源，以使 A 点处功率平衡，即

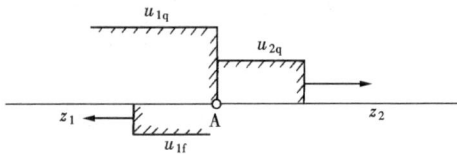

图 7-2-1　行波在节点 A 的折射与反射

$$p_{1\mathrm{q}} + p_{1\mathrm{f}} = p_{2\mathrm{q}}$$

上式改写为

$$\frac{u_{1\mathrm{q}}^2}{z_1} - \frac{u_{1\mathrm{f}}^2}{z_1} = \frac{u_{2\mathrm{q}}^2}{z_2} \tag{7-2-1}$$

或者

$$(u_{1\mathrm{q}} + u_{1\mathrm{f}}) \frac{u_{1\mathrm{q}} - u_{1\mathrm{f}}}{z_2} = u_{2\mathrm{q}} \frac{u_{2\mathrm{q}}}{z_2} \tag{7-2-2}$$

式（7-2-2）中 $(u_{1\mathrm{q}} + u_{1\mathrm{f}})$ 为线 1 上的电压 u_1，在线 2 上无反行波或者虽有反行波但尚未到达节点 A 的情况下，$u_2 = u_{2\mathrm{q}}$，因为 A 点既是线 1 上一点，又是线 2 上一点，其电压值应该只有一个，所以有 $u_1 = u_2$，即

$$u_{1\mathrm{q}} + u_{1\mathrm{f}} = u_{2\mathrm{q}} \tag{7-2-3}$$

于是，式（7-2-2）可简化为

$$\frac{u_{1\mathrm{q}} - u_{1\mathrm{f}}}{z_1} = \frac{u_{2\mathrm{q}}}{z_2} \tag{7-2-4}$$

$$i_{1\mathrm{q}} + i_{1\mathrm{f}} = i_{2\mathrm{q}}$$

即 $i_1 = i_2$，A 点处电流连续。

由式（7-2-3）和式（7-2-4）可得

$$u_{2q} = \frac{2z_2}{z_1 + z_2}u_{1q} = \alpha_u u_{1q} \qquad (7 \text{-} 2 \text{-} 5)$$

$$i_{2q} = \frac{2z_1}{z_1 + z_2}i_{1q} = \alpha_i i_{1q} \qquad (7 \text{-} 2 \text{-} 6)$$

将 u_{2q} 代入式 (7 - 2 - 3) 得

$$u_{1f} = \frac{z_2 - z_1}{z_1 + z_2}u_{1q} = \beta_u u_{1q} \qquad (7 \text{-} 2 \text{-} 7)$$

$$i_{1f} = -\frac{u_{1f}}{z_1} = \frac{z_1 - z_2}{z_1 + z_2}i_{1q} = \beta_i i_{1q} \qquad (7 \text{-} 2 \text{-} 8)$$

其中，$\alpha_u = \dfrac{2z_2}{z_1 + z_2}$ 为线路 z_2 上的折射电压波 u_{2q} 与线路 z_1 上的入射电压波 u_{1q} 的比值，称为电压折射系数；同理，$\alpha_i = \dfrac{2z_1}{z_1 + z_2}$ 称为电流折射系数。$\beta_u = \dfrac{z_2 - z_1}{z_1 + z_2}$ 为线路 z_1 上的反行电压波 u_{1f} 与 u_{1q} 的比值，称为电压反射系数；同理，$\beta_i = \dfrac{z_1 - z_2}{z_1 + z_2}$ 称为电流反射系数。

折射系数恒为正值，这说明折射电压波 u_{2q} 总是和入射电压波 u_{1q} 同极性的，当 $z_2 = 0$ 时 $\alpha_u = 0$，当 $z_2 = \infty$ 时 $\alpha_u = 2$，因此 $0 \leqslant \alpha_u \leqslant 2$。反射系数可正可负，当 $z_2 = 0$ 时 $\beta_u = -1$，当 $z_2 = \infty$ 时 $\beta_u = 1$，因此 $-1 \leqslant \beta_u \leqslant 1$。折射系数和反射系数满足下面的关系

$$\alpha = 1 + \beta \qquad (7 \text{-} 2 \text{-} 9)$$

下面举几个简单的例子。

【例 7 - 1】 有一个无限长直角波 u_{1q} 沿线路 z_1 向前传播，线路末端开路时波的折反射，如图 7 - 2 - 2 所示。

解 线路末端开路，相当于末端连接一条 z_2 为 ∞ 的线路，因此根据式 (7 - 2 - 4) ~式 (7 - 2 - 7)，可得

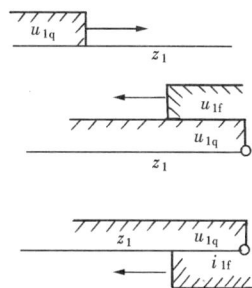

图 7 - 2 - 2 线路末端开路时波的折反射

$$\alpha_u = 2, \qquad \beta_u = 1$$
$$\alpha_i = 0, \qquad \beta_i = -1$$
$$u_{2q} = 2u_{1q}, \qquad u_{1f} = u_{1q}$$
$$i_{2q} = 0, \qquad i_{1f} = -i_{1q}$$

这表明当 u_{1q} 到达开路的线路末端时将发生全反射，反射电压波等于入射电压波，折射电压即末端电压为入射波电压的两倍，末端电流为零。反射波自末端反向传播，所到之处使电压上升一倍，电流则降为零。反射波所到之处电压升高一倍，是因为那里的入射波和反射波所建立的磁场能全部转变为电场能的缘故。反射波尚未到达之处，电压和电流仍为 u_{1q} 和 i_{1q}。

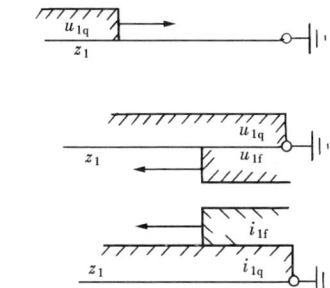

图 7 - 2 - 3 线路末端接地时波的折反射

【例 7 - 2】 线路末端接地时波的折反射，如图 7 - 2 - 3 所示。

解 线路 z_1 末端接地相当于末端接有一条 $z_2 = 0$ 的线路，根据式 (7 - 2 - 4) ~式 (7 - 2 - 7) 可得

$$\alpha_u = 0, \qquad \beta_u = -1$$

$$\alpha_i = 2, \qquad \beta_i = 1$$
$$u_{2q} = 0, \qquad u_{1f} = -u_{1q}$$
$$i_{2q} = 2i_{1q}, \qquad i_{1f} = i_{1q}$$

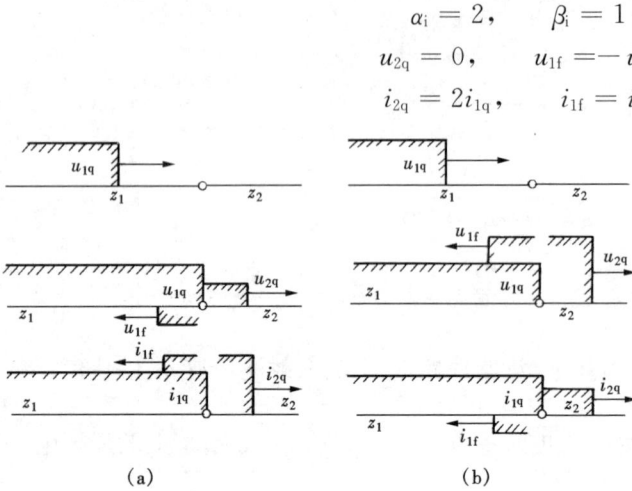

图 7 - 2 - 4　$z_1 \neq z_2$ 时波的折反射

(a) $z_1 > z_2$；(b) $z_1 < z_2$

这表明，当 u_{1q} 到线路末端时，将发生全反射，反射电压波等于负的入射波，末端电压 u_{2q} 等于零，末端电流增加一倍，反射波所到之处将使电压降为零，而电流上升一倍，这是因为那里的全部电场能都转变为磁场能了。

【例 7 - 3】　具有不同波阻抗 (z_1、z_2) 的两条线路相连接时波的折反射，如图 7 - 2 - 4 所示。

解　若 $z_2 < z_1$，则 $\alpha_u < 1$，$\beta_u < 0$，折射电压 $u_{2q} < u_{1q}$，反射电压 $u_{1f} < 0$。

若 $z_2 > z_1$，则 $\alpha_u > 1$，$\beta_u > 0$，折射电压 $u_{2q} > u_{1q}$，反射电压 $u_{1f} > 0$，反射波所到之处，线路 1 上的总电压高于 u_{1q}，而低于 $2u_{1q}$。

【例 7 - 4】　波阻抗为 z_1 的线路末端接一集中参数电阻 R，如图 7 - 2 - 5 所示。

解　当线路上的入射波 u_{1q} 到达电阻 R 时将发生折反射，电压波的折、反射系数分别为 $\alpha_u = \dfrac{2R}{z_1 + R}$ 和 $\beta_u = \dfrac{R - z_1}{z_1 + R}$，电阻上的电压 u_R 为

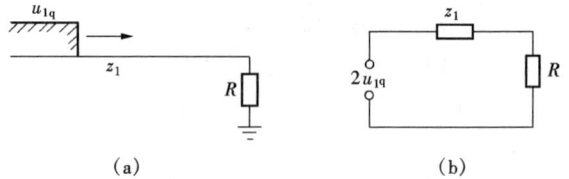

图 7 - 2 - 5　线路末端接有电阻 R

(a) 接线图；(b) 等值电路

$$u_R = \alpha_u u_{1q} = \frac{2R}{z_1 + R} u_{1q}$$

当 $R = z_1$ 时，$\alpha_u = 1$，$\beta_u = \beta_i = 0$，即 u_{1q} 到达 R 时将不发生反射波，不会发生波的畸变，入射波能量被电阻 R 全部消耗掉。

7 - 2 - 2　彼得逊法则

具有不同波阻抗的两条线路相连接，在波阻抗为 z_1 的线路上有电压波 u_{1q} 向节点 A 传播，如图 7 - 2 - 6 (a) 所示，为了确定 A 点的电压，即波阻抗为 z_2 的线路上折射电压 u_{2q}，可根据式（7 - 2 - 5）求得

$$u_{2q} = \frac{2z_2}{z_1 + z_2} u_{1q} = \frac{2u_{1q}}{z_1 + z_2} z_2$$

将此问题化为图 7 - 2 - 6 (b) 所示的集中参数等值电路来求解，其电源电动势为 $2u_{1q}$，即入射电压波的两倍，电源内阻为数值等于 z_1 的电阻，负荷为阻值等于 z_2 的电阻，z_2 上的电压即为折射电压 u_{2q}。这个法则称为彼得逊法则，也就是波过程中戴维南定理。必须强调，利用该法则求解节点电压，要求 u_{1q} 必须是线路 1 上的入射波，并且线路 2 上没有反行波或反行波尚未到达节点 A。在这种情况下，对于入射波 u_{1q} 来说，连接于节点 A 的分布参数线路 2 相当于阻值等于波阻抗 z_2 的集中参数电阻。

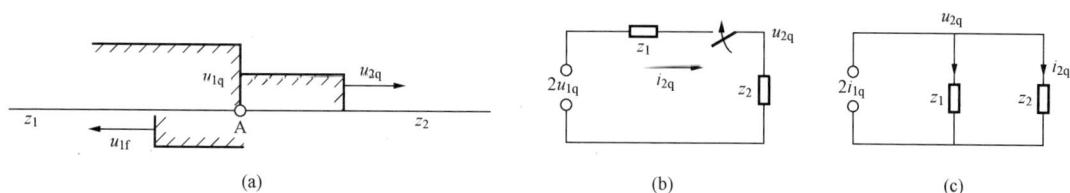

图 7 - 2 - 6　彼得逊等值电路

(a) 入射电压波 u_{1q} 在节点 A 的折反射；(b) 电压源彼得逊等值电路；(c) 电流源彼得逊等值电路

在实际工程中，当已知电流源时，采用电流源等值电路则更为简便。

由式（7 - 2 - 3）和式（7 - 2 - 4）可得

$$2i_{1q} = \frac{u_{2q}}{z_1} + i_{2q} \tag{7 - 2 - 10}$$

根据此式，可画出电流源彼得逊等值电路，如图 7 - 2 - 6（c）所示。

【例 7 - 5】　某变电站母线上接有 n 条线路，其中某一线路落雷，电压幅值为 U_0 的雷电波沿线路侵入变电站，如图 7 - 2 - 7（a）所示，求母线上的电压。

解　设变电站的 n 条出线的波阻抗均等于 z，在非落雷线路上的反行波尚未到达母线时，根据彼得逊法则可画出电压源集中参数等值电路，如图 7 - 2 - 6（b）所示，图中 $I_2 = \dfrac{2U_0}{z + \dfrac{z}{n-1}}$，母线上电压幅值为

$$U_z = I_2 \frac{z}{n-1} = \frac{2U_0}{n}$$

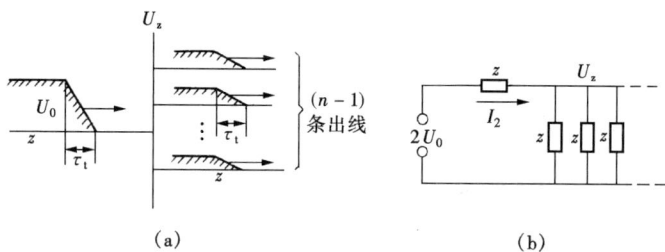

图 7 - 2 - 7　波侵入变电站的等值线路

（a）接线图；（b）电压源等值电路

由此可见，连在母线上的线路愈多，母线上的电压及其上升陡度就愈低。

7 - 2 - 3　等值波规则

波阻抗分别为 z_1、z_2、…、z_n 的 n 条线路连接于节点 x，如图 7 - 2 - 8 所示，各条线路之间不存在电或磁的耦合。沿着这些线路（或沿其中某几条线路）有任意波形的电压波入射节点 x，设在某瞬时它们到达该节点的电压瞬时值已知为 u_{1x}、u_{2x}、…、u_{nx}，在 x 点对地接有已知集中参数阻抗 z_x，求此瞬时该节点的电压 u_x 及流入 z_x 的电流 i_x。

假定取流向节点方向的电流为正，并设在此瞬时各线路上的反射电压波分别为 u_{1x}、u_{2x}、…、u_{nx}，则节点 x 在此瞬时的边界条件为

$$u_x = u_{1x} + u_{x1} = u_{2x} + u_{x2} = \cdots = u_{nx} + u_{xn} \tag{7 - 2 - 11}$$

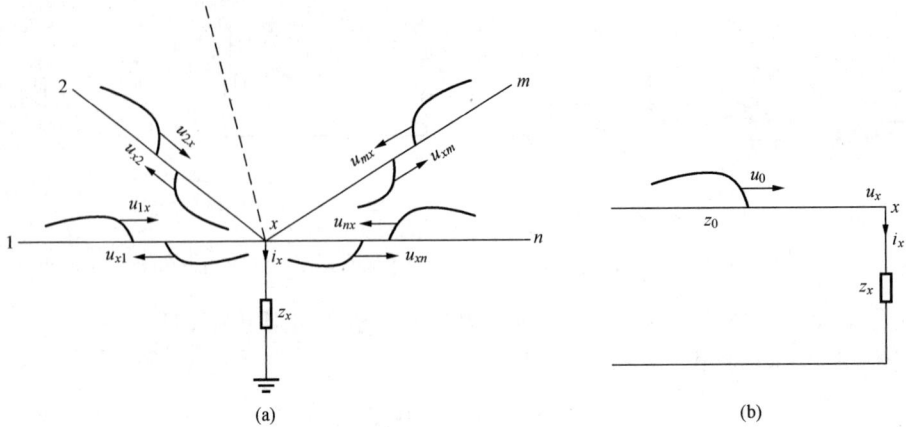

图 7 - 2 - 8　等值波规则

(a) 接线图；(b) 等值电路

$$\sum_{m=1}^{n} (i_{mx} + i_{xm}) = i_x \qquad (7 - 2 - 12)$$

此外有

$$u_{mx} = z_m i_{mx} \qquad (7 - 2 - 13)$$

$$u_{xm} = - z_m i_{xm} \qquad (7 - 2 - 14)$$

式中：u_{xm} 和 i_{xm} 不仅含有 u_{mx} 和 i_{mx} 在 x 点的反射波，而且还包括由其他线路传播过来的折射波。

将式 (7 - 2 - 11)、式 (7 - 2 - 13)、式 (7 - 2 - 14) 代入式 (7 - 2 - 12) 即得

$$i_x = \sum_{m=1}^{n} \frac{u_{mx}}{z_m} - \sum_{m=1}^{n} \frac{u_{xm}}{z_m} = 2\sum_{m=1}^{n} \frac{u_{mx}}{z_m} - u_x \sum_{m=1}^{n} \frac{1}{z_m} \qquad (7 - 2 - 15)$$

式中 $\sum_{m=1}^{n} \dfrac{1}{z_m}$ 的倒数 $\dfrac{1}{\sum_{m=1}^{n} \dfrac{1}{z_m}}$ 为 n 条线路波阻的并联值，用等值波阻 z_0 表示。

在式 (7 - 2 - 15) 的左边和右边分别乘以 z_0，得

$$u_x + i_x z_0 = 2u_0 \qquad (7 - 2 - 16)$$

其中

$$2u_0 = \sum_{m=1}^{n} \frac{2z_0}{z_m} u_{mx} \qquad (7 - 2 - 17)$$

实际上，$2u_0$ 就是当 $z_x = \infty$ 时，节点 x 上折射电压之和，也即当 z_x 开路时 x 点的电压。因为当 $z_x = \infty$ 时，沿线路 m 的入射电压在节点 x 上的折射电压为

$$\frac{2z_{(-m)}}{z_{(-m)} + z_m} u_{mx} = \left(\frac{2z_{(-m)} z_m}{z_{(-m)} + z_m} \right) \frac{1}{z_m} u_{mx} = \frac{2z_0}{z_m} u_{mx}$$

式中 $z_{(-m)}$ 代表除线路 m 外的其余各线路的并联波阻，由式 (7 - 2 - 16) 可画出图 7 - 2 - 8 (a) 的等值电路如图 7 - 2 - 8 (b)。这就是等值波规则，实质上，这仍是戴维南定理在波过程中的另一种表现形式。$2u_0$ 为 z_x 开路时 x 点的电压。z_0 为 x 点向电源看进去时电源系统的内阻。

应用等值波规则可使计算过程大为简化，可以比较方便地求出某一瞬时的 u_x 和 i_x，其他时间以此类推，从而可画出 $u_x(t)$ 和 $i_x(t)$ 曲线来。

§7-3　行波通过串联电感和并联电容

电力系统中，在线路上串联电感和并联电容是常见的方式，下面分析电感、电容对线路上行波波形和幅值的影响。

7-3-1　无限长直角波通过串联电感

波阻抗分别为 z_1 和 z_2 的两条线路经过串联电感 L 相连接，无限长直角波 u_{1q} 沿线路 1 向节点传播，当线路 2 上的反行波尚未到达节点时，其等值电路如图 7-3-1（a）所示，由此可得

$$2u_{1q} = i_{2q}(z_1 + z_2) + L\frac{\mathrm{d}i_{2q}}{\mathrm{d}t}$$

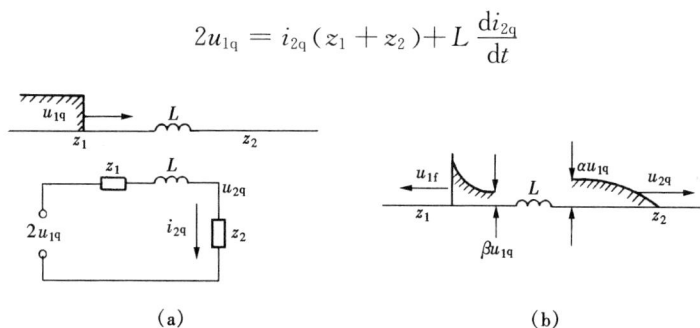

图 7-3-1　行波通过串联电感
（a）线路示意图及等值电路；（b）折射波与反射波

解之得

$$i_{2q} = \frac{2u_{1q}}{z_1 + z_2}(1 - \mathrm{e}^{-\frac{t}{T}}) \tag{7-3-1}$$

线路 z_2 上的折射电压波为

$$u_{2q} = i_{2q}z_2 = \frac{2z_2}{z_1 + z_2}u_{1q}(1 - \mathrm{e}^{-\frac{t}{T}}) = \alpha u_{1q}(1 - \mathrm{e}^{-\frac{t}{T}}) \tag{7-3-2}$$

$$T = \frac{L}{z_1 + z_2};\ \alpha = \frac{2z_2}{z_1 + z_2}$$

式中：T 为电路的时间常数；α 为电压折射系数。

从式（7-3-2）可知，u_{2q} 由强制分量 αu_{1q} 和自由分量 $-\alpha u_{1q}\mathrm{e}^{-\frac{t}{T}}$ 所组成，自由分量的衰减速度由电路时间常数 T 所决定。

根据电流连续性，应有

$$i_1 = \frac{u_{1q}}{z_1} - \frac{u_{1f}}{z_1} = i_{2q} = \frac{u_{2q}}{z_2}$$

由此可解得线路 z_1 上的反射电压波

$$u_{1f} = \frac{z_2 - z_1}{z_1 + z_2}u_{1q} + \frac{2z_1}{z_1 + z_2}u_{1q}\mathrm{e}^{-\frac{t}{T}} \tag{7-3-3}$$

从式（7-3-3）可知，当 $t=0$ 时，$u_{1f}=u_{1q}$，这是由于电感中电流不能突变，初始瞬间电感相当于开路的缘故，全部磁场能转变为电场能，使电压升高一倍，随后根据时间常数按指数规律变化，如图 7-3-1（b）所示，当 $t\to\infty$ 时，$u_{1f}\to\beta u_{1q}\left(\beta=\dfrac{z_2 - z_1}{z_1 + z_2}\right)$。

在线路 z_2 中的折射电压 u_{2q} 随时间按指数规律增长如图 7 - 3 - 1 (b) 所示，当 $t=0$ 时，$u_{2q}=0$，当 $t\to\infty$ 时，$u_{2q}\to au_{1q}$，这说明无限长直角波通过电感后变为一指数波头的行波，串联电感起了降低来波波前陡度的作用，但对最终稳态值没有影响，因为这时电感相当于短路。

从式 (7 - 3 - 2) 可求得折射电压波 u_{2q} 的波前陡度为

$$\frac{\mathrm{d}u_{2q}}{\mathrm{d}t}=\frac{2u_{1q}z_2}{L}\mathrm{e}^{-\frac{t}{T}} \tag{7 - 3 - 4}$$

当 $t=0$ 时，陡度最大，即

$$\left(\frac{\mathrm{d}u_{2q}}{\mathrm{d}t}\right)_{max}=\frac{\mathrm{d}u_{2q}}{\mathrm{d}t}\bigg|_{t=0}=\frac{2u_{1g}z_2}{L} \tag{7 - 3 - 5}$$

式 (7 - 3 - 5) 表明，最大陡度与 z_1 无关，而仅由 z_2 和 L 所决定，L 越大，则陡度降低越多。

7 - 3 - 2　无限长直角波通过并联电容

图 7 - 3 - 2 所示为一无限长直角波 u_{1q} 沿线路 z_1 投射到节点上并联有电容 C 的线路 z_2 上的情况，若线路 z_2 上的反行波尚未到达两线的连接点，则等值电路如图 7 - 3 - 2 (a) 所示。由此可得

$$2u_{1q}=i_1z_1+i_{2q}z_2$$

$$i_1=i_{2q}+C\frac{\mathrm{d}u_{2q}}{\mathrm{d}t}=i_{2q}+Cz_2\frac{\mathrm{d}i_{2q}}{\mathrm{d}t}$$

联解以上两式可得

$$i_{2q}=\frac{2u_{1q}}{z_1+z_2}(1-\mathrm{e}^{-\frac{t}{T}}) \tag{7 - 3 - 6}$$

$$u_{2q}=i_{2q}z_2=\frac{2z_2}{z_1+z_2}u_{1q}(1-\mathrm{e}^{-\frac{t}{T}})=\alpha u_{1q}(1-\mathrm{e}^{-\frac{t}{T}}) \tag{7 - 3 - 7}$$

式 (7 - 3 - 6) 中 $T=\frac{z_1z_2}{z_1+z_2}C$ 为该电路的时间常数，式 (7 - 3 - 7) 中 $\alpha=\frac{2z_2}{z_1+z_2}$ 为电压折射系数。

解得折射电压后，便可写出

$$u_{1f}=u_{2g}-u_{1q}=\frac{z_2-z_1}{z_1+z_2}u_{1q}-\frac{2z_1}{z_1+z_2}u_{1q}\mathrm{e}^{-\frac{t}{T}} \tag{7 - 3 - 8}$$

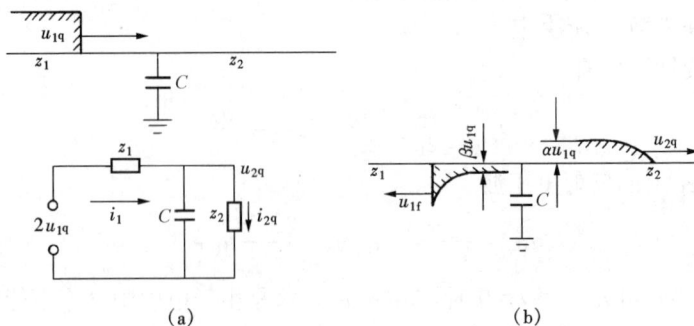

图 7 - 3 - 2　行波通过并联电容
(a) 线路示意图及等值电路；(b) 折射波与反射波

式（7-3-8）表明，当 $t=0$ 时，$u_{1f}=-u_{1q}$，这是由于电容上的电压不能突变，初始瞬间全部电场能转变为磁场能，相当于电容短路，随后则根据时间常数按指数规律变化，如图 7-3-2（b）所示。当 $t\to\infty$ 时，$u_{1f}\to\beta u_{1q}\left(\beta=\dfrac{z_2-z_1}{z_1+z_2}\right)$。

在线路 z_2 上折射电压 u_{2q} 随时间按指数规律增长，如图 7-3-2（b）所示，当 $t=0$ 时，$u_{2q}=0$；当 $t\to\infty$ 时，$u_{2q}\to\alpha u_{1q}$。电容对 u_{2q} 的稳态值无影响，因为在波前过去以后电容相当于开路。

折射电压 u_{2q} 波前陡度可按下式求得

$$\frac{\mathrm{d}u_{2q}}{\mathrm{d}t}=\frac{2}{z_1C}u_{1q}\mathrm{e}^{-\frac{t}{\tau}} \tag{7-3-9}$$

当 $t=0$ 时，陡度最大，即

$$\left(\frac{\mathrm{d}u_{2q}}{\mathrm{d}t}\right)_{max}=\frac{\mathrm{d}u_{2q}}{\mathrm{d}t}\Big|_{t=0}=\frac{2u_{2q}}{z_1C} \tag{7-3-10}$$

这表明最大陡度取决于电容 C 和 z_1，而与 z_2 无关，因为在 $t=0$ 时，电容 C 为短路状态，其充电回路中无 z_2。

从上述可知，为了降低入侵波的陡度，可以采用串联电感或并联电容的措施。对于波阻抗很大的设备（如发电机），要想用串联电感来降低入侵波陡度一般是有困难的，通常用并联电容的办法。

以上只讨论了无限长直角波入侵的情况，对于其他任意波形，可视为若干个单元无限长直角波的叠加，用卷积积分来求解。

§7-4 行波的多次折反射

电网中的线路长度总是有限的，常常会在线路两个节点间发生行波多次反射的情况。

图 7-4-1（a）所示为一波阻抗为 z_0 长度为 l_0 的线段连接于波阻抗分别为 z_1 及 z_2 的两条线路之间，假设线路 z_1、z_2 是无限长的或者它们的远方端点所产生的反行波尚未到达线段 z_0 的两个端点 1 及 2。

设无限长直角波 U_0 自线路 z_1 向线路 z_0 入侵，则波将在线路 z_0 的两个端点 1、2 之间发生多次折、反射。当波由左向右传播时，在节点 1、2 处的折射系数分别为 α_1 和 α_2，节点 2 处的反射系数为 β_2；当波自右向左传播时，在节点 1 处的反射系数为 β_1。其值分别为

$$\alpha_1=\frac{2z_0}{z_1+z_0},\ \alpha_2=\frac{2z_2}{z_0+z_2}$$

$$\beta_1=\frac{z_1-z_0}{z_1+z_0},\ \beta_2=\frac{z_2-z_0}{z_2+z_0}$$

入侵波 U_0 沿线路 z_1 传播，到达节点 1 时将发生折、反射，折射波 α_1U_0 沿线路 z_0 继续向节点 2 传播，经过 l_0/v 时间后（v 为波速）到达节点 2，在节点 2 又发生折、反射，反射波 $\alpha_1\beta_2U_0$ 自节点 2 向节点 1 传播，经 l_0/v 时间后又到达节点 1，在节点 1 上又将发生折、反射，反射波 $\beta_1\beta_2\alpha_1U_0$ 经 l_0/v 时间后又到达节点 2，如此来回继续下去。上述过程可以用图 7-4-1（b）所示的行波网格图表示。

假定线路 z_2 上的反行波尚未到达节点 2，故节点 2 的电压就是线路 z_2 上的前行波。在线

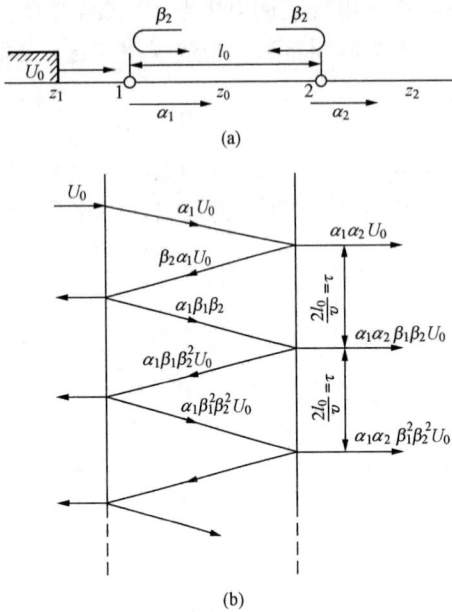

图 7 - 4 - 1　行波的多次折反射

(a) 接线图；(b) 行波网格图

路 z_2 上的前行波为节点 2 上所有折射波之总和，但需要考虑各个折射波在节点 2 上出现时间上的差异，如图 7 - 4 - 1 所示，相邻的两个折射波出现的时间相差 $2l_0/v$。若以波到达节点 2 的时间为起点，则当时刻为 t 时（设此时在节点 2 上已有 n 次反射），在线路 z_2 上的前行波 u_{2q} (t) 应为

$$
\begin{aligned}
u_{2q}(t) =& U_0\alpha_1\alpha_2(t) + U_0\alpha_1\alpha_2\beta_1\beta_2(t-\tau) \\
&+ U_0\alpha_1\alpha_2\beta_1^2\beta_2^2(t-2\tau) + \cdots \\
&+ U_0\alpha_1\alpha_2\beta_1^k\beta_2^k(t-k\tau) + \cdots \\
&+ U_0\alpha_1\alpha_2\beta_1^{t-1}\beta_2^{n-1}[t-(n-1)\tau]
\end{aligned}
$$

(7 - 4 - 1)

式中 $\tau = \dfrac{2l_0}{v}$ 为行波在两节点 1、2 之间来回一次所需的时间。$U_0\alpha_1\alpha_2\beta_1^k\beta_2^k$ ($t-k\tau$) 表示时间滞后 $k\tau$ 才出现的折射波，即当 $t<k\tau$ 时，此折射波为零；当 $t \geqslant k\tau$ 时，此折射波幅值为 $U_0\alpha_1\alpha_2\beta_1^k\beta_2^k$。

若 β_1 和 β_2 符号相同，则 u_{2q} (t) 的波形如图 7 - 4 - 2 所示，前一个折射波与后一个折射波的幅值之比为 $\beta_1\beta_2$，因 β_1 和 β_2 都小于 1，故后一个折射波的幅值将比前一个折射波为低。

经 n 次反射且 $n \to \infty$ 时，u_{2q} (t) 的幅值为

$$
\begin{aligned}
u_{2q}\mid_{n\to\infty} =& U_0\alpha_1\alpha_2[1 + \beta_1\beta_2 + (\beta_1\beta_2)^2 + \cdots] \\
=& U_0\alpha_1\alpha_2\frac{1}{1-\beta_1\beta_2} = \frac{2z_2}{z_1+z_2}U_0 = \alpha U_0
\end{aligned}
$$

(7 - 4 - 2)

式 (7 - 4 - 2) 表明，当反射次数 $n \to \infty$ 时，线段 z_0 已不再起作用了，也就是说线段 z_0 对线路 z_2 上的前行波 u_{2q} 的最终幅值是没有影响的，犹如线路 z_1 与 z_2 直接相连一样。但线段 z_0 的存在会对 u_{2q} 的波形有影响，具体情况取决于 z_0 与 z_1 及 z_2 的相对值，其分析如下。

(1) 若 $z_1 > z_0$，且 $z_2 > z_0$，则 β_1 与 β_2 皆为正，u_{2q} 的波形如图 7 - 4 - 2 所示。从图 7 - 4 - 2 可知，线段 z_0 的存在降低了线路 z_2 上折射波 u_{2q} 的波前陡度，可以近似认为，u_{2q} 的最大陡度等于第一个折射电压 $\alpha_1\alpha_2 U_0$ 除以时间 $\dfrac{2l_0}{v}$，如下式

$$
\begin{aligned}
\left(\frac{du_{2q}}{dt}\right)_{\max} =& \frac{du_{2q}}{dt}\mid_{t=0} \\
=& U_0\frac{2z_0}{z_1+z_0} \times \frac{2z_2}{z_2+z_0} \times \frac{v}{2l_0}
\end{aligned}
$$

若 $z_0 \ll z_1$，$z_0 \ll z_2$，则

$$
\left(\frac{du_{2q}}{dt}\right)_{\max} = \frac{2U_0}{z_1} \times z_0\frac{v}{l_0} = \frac{2U_0}{z_1 C}
$$

(7 - 4 - 3)

式中 C 为线段 z_0 的对地电容。与式 (7 - 3 - 5) 相对照可以看出，在此情况下，线段 z_0 的作用相当于在线路 z_1 与 z_2 的连接点上并联一电容，其电容量为线段 z_0 的对地电容值。

（2）若 $z_1 < z_0$，$z_2 < z_0$，则此时 β_1 与 β_2 皆为负，u_{2q} 的波形仍与图 7-4-2 的相同。

若 $z_0 \gg z_1$，$z_0 \gg z_2$，则

$$\left(\frac{\mathrm{d}u_{2q}}{\mathrm{d}t}\right)_{\max} = \frac{\mathrm{d}u_{2q}}{\mathrm{d}t}\bigg|_{t=0} = \frac{2U_0 z_2}{z_0}\frac{v}{l_0} = \frac{2U_0 z_2}{L} \qquad (7-4-4)$$

式中：L 为线段 z_0 之电感值。

与式（7-3-5）相对照，可以看出在这种情况下线段 z_0 的作用相当于在线路 z_1 与 z_2 之间串联一电感 L，其电感量为线段 z_0 的电感值。

综上所述可得以下结论，一有限长的线段，经过多次反射后，可以按条件的不同以一集中参数的电容或电感来近似。

（3）若 $z_1 > z_0 > z_2$ 或 $z_1 < z_0 < z_2$，则 β_1 与 β_2 符号相反，u_{2q} 的波形将如图 7-4-3 所示，为一振荡波，但其最终幅值仍为 $\frac{2z_2}{z_1+z_2}U_0$，振荡周期为 $\frac{4l_0}{v}$。

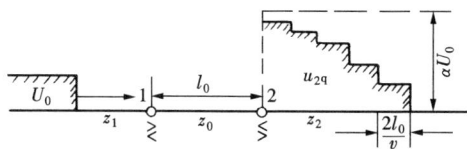

图 7-4-2　线段 z_0 对线路 z_2 上折射波 u_{2q} 的影响（$z_1 > z_0 < z_2$ 或 $z_1 < z_0 > z_2$）

图 7-4-3　线段 z_0 对线路 z_2 上折射波 u_{2q} 的影响（$z_1 > z_0 > z_2$ 或 $z_1 < z_0 < z_2$）

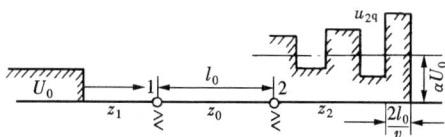

§7-5　无损耗平行多导线系统中的波过程

前面分析的都是单导线线路，实际上输电线路是由多根平行导线组成的，如通常带有避雷线的三相输电线路就有四根或五根（其中一根或两根为避雷线）平行线。

由于假定线路是无损耗的，因而导线中波的运动可以看成是平面电磁波的传播，这样，只需引入波速的概念就可以将静电场系统的马克斯威尔方程运用于平行多导线的波过程中去。

根据静电场的概念，当单位长度导线上有电荷 q_0 时，其对地电压 $u = q_0/C_0$，C_0 为单位长度导线的对地电容。如果 q_0 以速度 v 沿导线运动，则在导线上将有一个以速度 v 传播的幅值为 u 的电压波，同时也将伴随着电流波 i，于是有

$$i = q_0 v = u C_0 \frac{1}{\sqrt{L_0 C_0}} = \frac{u}{z}$$

因此，导线上的波过程可以看作是电荷 q_0 运动的结果。根据上述概念，便可以来讨论无损耗平行多导线系统中的波过程。

现有 n 根平行导线系统如图 7-5-1 所示，它们单位长度上的电荷分别为 q_1、q_2、$\cdots$、q_k、$\cdots$、q_n，那么，各导线的对地电位 u_1、u_2、$\cdots$、u_k、$\cdots$、u_n 可用下列马克斯威尔方程表示

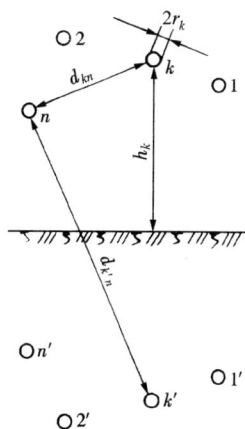

图 7-5-1　n 根平行导线系统

$$
\left.\begin{aligned}
u_1 &= \alpha_{11}q_1 + \alpha_{12}q_2 + \cdots + \alpha_{1k}q_k + \cdots + \alpha_{1n}q_n \\
u_2 &= \alpha_{21}q_1 + \alpha_{22}q_2 + \cdots + \alpha_{2k}q_k + \cdots + \alpha_{2n}q_n \\
&\cdots \\
u_k &= \alpha_{k1}q_1 + \alpha_{k2}q_2 + \cdots + \alpha_{kk}q_k + \cdots + \alpha_{kn}q_n \\
&\cdots \\
u_n &= \alpha_{n1}q_1 + \alpha_{n2}q_2 + \cdots + \alpha_{nk}q_k + \cdots + \alpha_{nn}q_n
\end{aligned}\right\}
\tag{7-5-1}
$$

式中：α_{kk} 为导线 k 的自电位系数，α_{kn} 为导线 k 与导线 n 间的互电位系数，分别列出如下

$$
\alpha_{kk} = \frac{1}{2\pi\varepsilon_0}\ln\frac{2h_k}{r_k} = 2\times9\times10^9\ln\frac{2h_k}{r_k}(\text{m/F})
\tag{7-5-2}
$$

$$
\alpha_{kn} = \frac{1}{2\pi\varepsilon_0}\ln\frac{d_{k'n}}{d_{kn}} = 2\times9\times10^9\ln\frac{d_{k'n}}{d_{kn}}(\text{m/F})
\tag{7-5-3}
$$

式中：h_k、r_k 分别为导线 k 的离地面平均高度和导线半径；d_{kn}、$d_{k'n}$ 分别为导线 k 与 n 间的距离和导线 n 与 k 的镜像 k' 间的距离；ε_0 为空气的介电常数。

将式（7-5-1）右边乘以 v/v，并以 $i=qv$ 代入可得

$$
\left.\begin{aligned}
u_1 &= \frac{\alpha_{11}}{v}q_1 v + \frac{\alpha_{12}}{v}q_2 v + \cdots + \frac{\alpha_{1k}}{v}q_k v + \cdots + \frac{\alpha_{1n}}{v}q_n v \\
&= z_{11}i_1 + z_{12}i_2 + \cdots + z_{1k}i_k + \cdots + z_{1n}i_n \\
u_2 &= z_{21}i_1 + z_{22}i_2 + \cdots + z_{2k}i_k + \cdots + z_{2n}i_n \\
&\cdots \\
u_k &= z_{k1}i_1 + z_{k2}i_2 + \cdots + z_{kk}i_k + \cdots + z_{kn}i_n \\
&\cdots \\
u_n &= z_{n1}i_1 + z_{n2}i_2 + \cdots + z_{nk}i_k + \cdots + z_{nn}i_n
\end{aligned}\right\}
\tag{7-5-4}
$$

其中

$$
z_{kk} = \frac{\alpha_{kk}}{v} = 60\ln\frac{2h_k}{r_k}(\Omega)
\tag{7-5-5}
$$

$$
z_{kn} = \frac{\alpha_{kn}}{v} = 60\ln\frac{d_{k'n}}{d_{kn}}(\Omega)
\tag{7-5-6}
$$

z_{kk} 为导线 k 的自波阻抗，z_{kn} 为导线 k 与 n 间的互波阻抗，导线 k 与 n 靠得越近，则 z_{kn} 越大，其极限等于导线 k 与 n 相重合时之自波阻抗 z_{kk}（或 z_{nn}）。因此，在一般情况下 z_{kn} 总是小于 z_{kk}（或 z_{nn}）的，此外，由于完全的对称性，$z_{kn}=z_{nk}$。

若导线上同时存在前行波和反行波时，则对 n 根平行导线系统中的每一根导线（如第 k 根导线）可以列出下列方程组

$$
\left.\begin{aligned}
u_k &= u_{kq} + u_{kf},\, i_k = i_{kq} + i_{kf} \\
u_{kq} &= z_{k1}i_{1q} + z_{k2}i_{2q} + \cdots + z_{kk}i_{kq} + \cdots + z_{kn}i_{nq} \\
u_{kf} &= -[z_{k1}i_{1f} + z_{k2}i_{2f} + \cdots + z_{kk}i_{kf} + \cdots + z_{kn}i_{nf}]
\end{aligned}\right\}
\tag{7-5-7}
$$

式中：u_{kq}、u_{kf} 为导线 k 上的前行电压波和反行电压波；i_{kq}、i_{kf} 为导线 k 中的前行电流波和反行电流波。

n 根导线就可以列出 n 个方程组，加上边界条件就可以分析无损平行多导线系统中的波过程。

下面来分析几个典型的例子。

【例 7 - 6】 二平行导线系统的耦合关系如图 7 - 5 - 2 所示，雷击于导线 1，导线 2 对地绝缘，雷击时相当于有一很大的电流注入导线 1，此电流引起的电压波 u_1 自雷击点沿导线 1 向两侧运动，试求导线 2 上的电压 u_2。

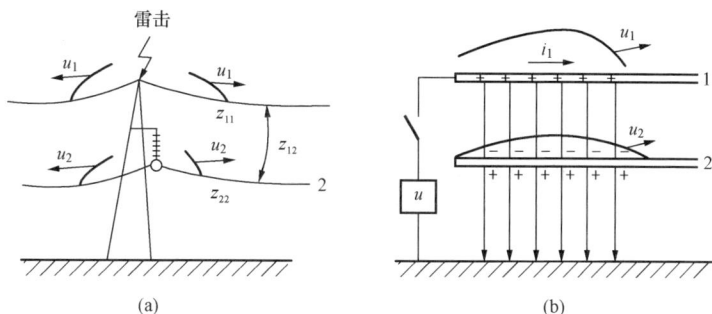

图 7 - 5 - 2 二平行导线系统的耦合关系
(a) 雷击塔顶；(b) 导线上电荷分布

解 对此系统可列出下列方程

$$u_1 = z_{11}i_1 + z_{12}i_2$$
$$u_2 = z_{21}i_1 + z_{22}i_2$$

因为导线 2 是对地绝缘的，它处于导线 1 的电场中，电场的方向与导线 2 轴线相垂直，故 $i_2 = 0$，于是得

$$u_2 = \frac{z_{12}}{z_{11}}u_1 = ku_1 \qquad (7 - 5 - 8)$$

其中

$$k = \frac{z_{12}}{z_{11}}$$

式中：k 为导线 1、2 间的几何耦合系数，其值仅由导线 1 及导线 2 间的相对位置及几何尺寸所决定。

式（7 - 5 - 8）表明，导线 1 上有电压波 u_1 传播时，在导线 2 上将被感应出一个极性和波形都与 u_1 相同的电压波 u_2，耦合系数 k 表示导线 2 上的被感应电压 u_2 与导线 1 上的电压 u_1 之比值。

因为 $z_{12} < z_{11}$，故耦合系数 k 永远小于 1，导线 1、2 间的电位差为 $u_1 - u_2 = (1 - k)u_1$，耦合系数 k 愈大，则导线 1、2 间的电位差愈小。若导线 1 为输电线路上的避雷线，导线 2 为相线，则雷击避雷线时，在 u_1 相同的情况下，相线与避雷线之间的绝缘所承受的电压值取决于耦合系数 k，k 愈大，则绝缘上所受的电压愈低，由此可见，耦合系数对防雷保护是有很大影响的。

【例 7 - 7】 一带有两根避雷线的输电线路，避雷线受雷击，如图 7 - 5 - 3 所示，求导线与地线间的耦合系数。

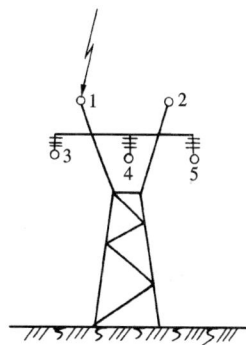

图 7 - 5 - 3 雷击有两根避雷线的线路

解 因为导线 3、4、5 是对地绝缘的，$i_3 = i_4 = i_5 = 0$，这样，根据式（7 - 5 - 4）可列出下面的方程式

$$u_1 = z_{11}i_1 + z_{12}i_2$$
$$u_2 = z_{21}i_1 + z_{22}i_2$$

$$u_3 = z_{31}i_1 + z_{32}i_2$$
$$u_4 = z_{41}i_1 + z_{42}i_2$$
$$u_5 = z_{51}i_1 + z_{52}i_2$$

两根避雷线是对称的，故 $u_1 = u_2$，$i_1 = i_2$，$z_{11} = z_{22}$。于是可解得边相导线 3 与两避雷线间的耦合系数为

$$k = \frac{u_3}{u_1} = \frac{z_{13} + z_{23}}{z_{11} + z_{12}} = \frac{z_{13}/z_{11} + z_{23}/z_{11}}{1 + z_{12}/z_{11}} = \frac{k_{13} + k_{23}}{1 + k_{12}} \qquad (7 \text{-} 5 \text{-} 9)$$

式中：k_{12} 为导线 1、2 间的耦合系数；k_{13}、k_{23} 分别为导线 3、1 间和 3、2 间的耦合系数。

同理，可求得导线 4、5 与两避雷线间的耦合系数，显然，导线 5 与两避雷线间的耦合系数与式（7 - 5 - 9）相同。

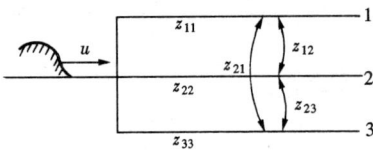

图 7 - 5 - 4　电压波沿三相导线同时入侵

【例 7 - 8】　一对称三相系统，电压波沿三相导线同时入侵，如图 7 - 5 - 4 所示，求此时的三相等值波阻抗。可列出下列方程

$$u_1 = z_{11}i_1 + z_{12}i_2 + z_{13}i_3$$
$$u_2 = z_{21}i_1 + z_{22}i_2 + z_{23}i_3$$
$$u_3 = z_{31}i_1 + z_{32}i_2 + z_{33}i_3$$

解　因三相导线对称分布，其自波阻抗 $z_{11} = z_{22} = z_{33} = z$，互波阻抗 $z_{12} = z_{23} = z_{13} = z'$，又因为 $u_1 = u_2 = u_3 = u$，$i_1 = i_2 = i_3 = i$，故上列方程可简化为

$$u = (z + 2z')i = z_s i$$

式中：$z_s = (z + 2z')$ 为三相导线同时进波时每相导线的等值波阻抗，此值较单相进波时为大，其物理含义是，在相邻导线中传播的电压波在本导线上感应出反电动势，阻碍了电流在导线中的传播，因而使其波阻抗增大。

此三根导线的合成波阻抗为

$$z_{s3} = \frac{z_s}{3} = \frac{z_{11} + z_{12}}{3} \qquad (7 \text{-} 5 \text{-} 10)$$

同理，若有 n 根平行导线，其自波阻抗及互波阻抗分别为 z 及 z'，则 n 根导线的合成波阻抗 z_{sn} 应为

$$z_{sn} = \frac{z + (n-1)z'}{n} \qquad (7 \text{-} 5 \text{-} 11)$$

【例 7 - 9】　电缆芯与电缆外皮的耦合关系。设电缆芯与电缆皮在始端相连，有一电压波 u 自始端传入，电缆芯的电流波为 i_1，沿电缆皮的电流波为 i_2，如图 7 - 5 - 5 所示，缆芯与缆皮为二平行导线系统，由 i_1 产生的磁通完全与缆芯相匝链，电缆外皮

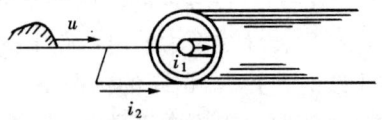

图 7 - 5 - 5　行波沿电缆缆芯缆皮传播

上的电位将全部传到缆芯上，故缆皮的自波阻抗 z_{22} 等于缆皮与缆芯间的互波阻抗 z_{12}，即 $z_{22} = z_{12}$，缆芯中的电流 i_1 产生的磁通仅部分与缆皮相匝链，故缆芯的自波阻抗 z_{11} 大于缆芯与缆皮间的互波阻抗 z_{12}，即 $z_{11} > z_{12}$。

可列出方程式

$$u = z_{11}i_1 + z_{12}i_2, \quad u = z_{21}i_1 + z_{22}i_2$$

即

$$z_{11}i_1 + z_{12}i_2 = z_{21}i_1 + z_{22}i_2$$

解　由前述知：$z_{22} = z_{12}$，而 $z_{11} > z_{12}$，在此条件卜仍要满足上述等式，则 i_1 必须等于零，即缆芯中无电流流过，全部电流被挤到缆皮中去。其物理含义是，当电流在缆皮中传播时，缆芯上就被感应出与缆皮电压相等的反电动势，阻止了缆芯中电流的流通。此现象与导线中的集肤效应相似，在直配线发电机的防雷保护中得到广泛的应用。

电缆的这种防护作用也能很好地用在缆芯和缆皮不直通的一些场合。例如，高塔上的警灯，其电源线来自控制室，配电盘，为防止雷击塔顶时所产生的极高的雷电压击穿普通绝缘导线的绝缘，并沿此导线传到控制室，造成很大危害，通常都采用铅包电缆，铅包与高塔相连接，让雷电压直接作用于缆皮并完全耦合到缆芯上去，这就使得缆芯与缆皮等电位，电缆

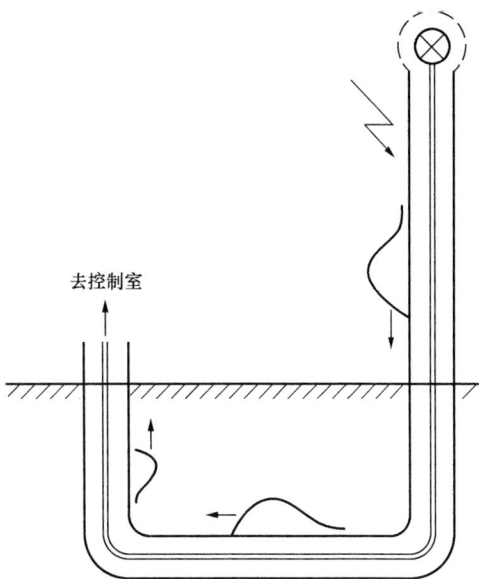

图 7-5-6　电缆外皮屏蔽作用应用实例

绝缘也就不会被击穿。由于电缆在进入控制室以前有一定的长度被埋在土壤中或多点接地，缆皮上的行波得到流散和衰减，耦合到缆芯上的电压行波也随之衰减到不足为害的程度，使控制室受到了保护，如图 7-5-6 所示。

§7-6　行波在有损耗导线上的衰减和变形

上面我们讨论波沿导线传播时，没有考虑线路的损耗。考虑线路损耗的分布参数等值电

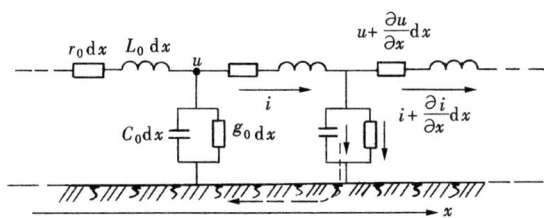

图 7-6-1　有损耗线路的分布参数等值电路

路如图 7-6-1 所示，图中 r_0 和 g_0 分别为单位长度导线的电阻和对地电导，大地电阻可合并到 r_0 中。当导线上过电压超过导线的起晕电压时，就发生具有耗能效应的电晕现象，这些耗能的元件和现象将消耗波的部分能量，从而使波幅降低和波形畸变，这对过电压防护是非常有利的。

7-6-1　线路电阻和对地电导对线路波过程的影响

当架空导线上不存在电晕时只考虑导线的电阻和对地电导的耗能作用，波幅的降低可表示为

$$U(x) = U_0 e^{-\beta x} = U_0 e^{-\frac{1}{2}\left(\frac{r_0}{z} + z g_0\right)x} \tag{7-6-1}$$

$$\beta = \frac{1}{2}\left(\frac{r_0}{z} + z g_0\right)$$

式中：β 为衰减系数，这里只计及衰减因素而未计及变形因素；z 为导线的波阻抗。

实际上，在非雨雾天气，未发生电晕的架空线路的损耗主要是由电阻造成的，而电导的

影响则要小很多，可以忽略，因此可将式（7-6-1）简化为近似式

$$U(x) = U_0 e^{-\frac{r_0}{2z}x} \qquad\qquad (7-6-2)$$

即当波幅原为 U_0 的行波，传播 x 距离后将衰减到 $U(x)$。这说明，波传播的距离越长，以及 $\frac{r_0}{z}$ 的比值越大，则波幅降低得越多。架空线路的波阻抗比电缆线路的大一个数量级，若传播距离不很远，则无电晕的架空线路中波的衰减是可以不予考虑的。但是，当行波等值频率相当高时应除外，因为频率越高，集肤效应越显著，导线的电阻就越大。

在电缆线路中，电流波是以缆皮为回路的，不存在大地电阻的影响，其等值电阻 r_0 将较小，但电缆的波阻抗小得多，$\frac{r_0}{z}$ 的值就大了。此外，当行波的等值频率相当高时，电缆绝缘中的介质损耗是可观的。当行波电压较高时，还会引起介质内部气隙电离，使其损耗值更为增大，故电缆线路的 β 值通常比架空线路的大得多，且与波形的等值频率有关，因为介质损耗和电阻均与频率有关。当行波电压超过一定幅值时，β 还与行波电压幅值有关。

7-6-2　冲击电晕对线路波过程的影响

在高压输电线路上，雷电或操作冲击电压波的幅值很高，往往引发电晕，通常称为冲击电晕。实验研究指出，形成电晕所需的时间极短，因此，可以认为它的发生只与电压的瞬时值有关，其形成时延，以及电压随时间变化的情况均可忽略不计。

在波前部分，当电压值超过电晕起始电压时就突发电晕，电晕套空间的电离和流注，使该区域具有良好的径向导电性，导线上一部分电荷便径向地转移到电晕套空间，成为空间电荷，不再像导线上电荷那样以波速运动，而是几乎不再向前运动了，这就使得行波电荷逐渐减少，造成前行波波前的变形和衰减，随着行波在电晕导线上传播距离的增大，这种变形和衰减也越大。

由于导线电晕套的出现，使导线的有效半径增大了，也即加大了导线的对地电容。但是电晕套轴向导电性能远比金属导线的差，故而向前传播的行波电流仍只能在导线中运动，这就使得电晕线路的电感量与无电晕时相同。

实验研究指出，冲击电压的极性对电晕的发展有显著影响。在产生正极性冲击电晕时，电子被吸引到导线表面中和掉，电晕套内主要是正离子，它加强了距导线较远处的电场强度，有利于电晕的进一步发展。而在负极性冲击电晕时，其电晕套是由不同极性的两层体积电荷组成的，因有正体积电荷层的存在，削弱了电晕套外部的电场强度，所以负极性电晕的发展比正极性的为弱，相应地使波变形和衰减也弱得多，这对防雷保护是不利的，而雷击绝大部分却是负极性的，因此防雷工程上在考虑冲击电晕对导线上波过程的影响时，一般总按负极性电晕来考虑。由于电晕导线的功率损耗远大于无晕导线的功率损耗，因此，当导线上存在电晕时，除非土壤电阻率大于 $500\Omega \cdot m$，可将无晕时的损耗略去不计。

冲击电晕时对线路上波过程的影响主要有以下几方面。

1. 对波形的影响

由于电晕要消耗能量，消耗能量的大小又与电压的瞬时值有关，故使行波发生衰减的同时还伴有波形的畸变。图7-6-2画出了初始冲击电压波（曲线1）及传播某一距离后变形了的电压波（曲线2）。从图7-6-2可以看到，当波前电压高于电晕起始电压 u_k，波形就开始衰减和变形，在传播 l 距离后它就落后了 $\Delta\tau$ 时间。我国有关标准建议，雷电波因电晕效

应变形后，波前的长度可按下式计算

$$\tau = \tau_0 + \left(0.5 + \frac{0.008U}{h_{\mathrm{d}}}\right)l \quad (7-6-3)$$

式中：l 为行波传播距离，km；h_{d} 为导线对地的平均高度，m；U 为初始行波峰值，kV；τ_0 为初始行波波前长度，μs；τ 为行波传播 l 距离变形后的波前长度，μs。

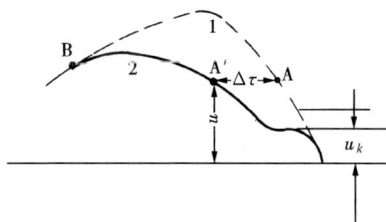

图 7-6-2　由电晕引起的
行波衰减和变形

实测表明，电晕在波尾上将停止发展，并且电晕套逐步消失，变形后的波前与初始波形波尾的交点（图 7-6-2 中的 B 点），可近似地视为变形后的波峰 U_1。变形后的波前陡度可近似地取为 $a = \dfrac{U_1}{\tau}$。

2. 对导线波阻抗及波速的影响

出现电晕后，导线对地电容增大，而线路的电感仍为无电晕时的数值，所以，有关标准建议在雷击杆塔时，单导线和和避雷线的波阻抗可取为 400Ω，两根避雷线的波阻抗可取为 250Ω，此时波速可近似取为光速。由于雷击避雷线档距中央时电位较高，电晕比较强烈，故在一般计算时避雷线的波阻抗可取为 350Ω，波速可取为 0.75 倍的光速。

3. 对耦合系数的影响

由于电晕套的出现，使导线的径向尺寸增大了，加大了导线对地电容，也加大了导线间的耦合系数。输电线路的导线与避雷线间的耦合系数 k 通常以电晕效应校正系数来修正，即

$$k = k_0 k_1 \quad (7-6-4)$$

式中：k_0 为几何耦合系数，取决于导线与避雷线的几何尺寸和相对位置；k_1 为电晕效应校正系数，我国行业标准建议按表 7-6-1 选取。当雷击避雷线档距中间时，校正系数可取 1.5。

表 7-6-1　　　　　　　　　　　耦合系数的电晕校正系数 k_1

线路标称电压（kV）	20～35	60～110	154～330	500
两根避雷线	1.1	1.2	1.25	1.28
一根避雷线	1.15	1.25	1.3	—

§7-7　单相变压器绕组中的波过程

电力变压器绕组的电感、电容组成复杂的分布参数回路，在冲击电压波的作用下，绕组中会发生复杂的电磁振荡过程，使其主绝缘和纵绝缘上分别出现很高的过电压和电位梯度，成为变压器损坏的重要原因之一。由于冲击电压波的等值频率属于高频，这时必须考虑到绕组各部分电容的耦合和漏磁的耦合，而且磁导系数变化也大，因此进行理论分析时全面考虑各种因素是很困难的。为了掌握绕组中波过程的基本规律，将主要讨论直流电压 U_0 突然合闸于绕组简化等值电路的情况。

7-7-1　绕组中的初始电压分布和入口电容

为了便于定性分析，将绕组作了一系列简化，如假定绕组各处的参数完全相同，略去二

次绕组的影响，略去互感及损耗等，简化后绕组的等值电路如图 7 - 7 - 1 所示。图中 K_0、C_0 和 L_0 分别为绕组单位长度的纵向（匝间）电容、对地电容和电感。

当绕组合闸于直流电压 U_0 的初瞬间，电感中的电流不能突变，即 $t = 0$ 时，电感中的电流为零，这就相当于电感为开路，此时绕组的等值电路将转换成图 7 - 7 - 2。

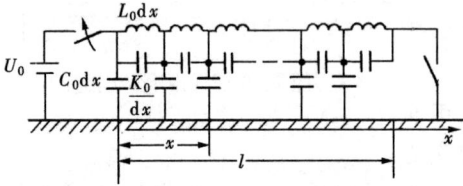

图 7 - 7 - 1　单相绕组简化等值电路　　　　图 7 - 7 - 2　$t = 0$ 瞬间绕组的等值电路

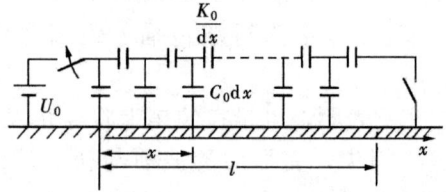

若距绕组首端距离为 x 点上的电荷和电压分别为 Q 和 u，则在纵向电容 $K_0/\mathrm{d}x$ 上的电荷即为

$$Q = \frac{K_0}{\mathrm{d}x}(-\mathrm{d}u) \qquad (7 - 7 - 1)$$

而在对地电容 $C_0\mathrm{d}x$ 上的电荷就等于 Q 电荷在 x 方向增量的负数，即

$$-\mathrm{d}Q = (C_0\mathrm{d}x)u \qquad (7 - 7 - 2)$$

将式 (7 - 7 - 1) 微分后代入式 (7 - 7 - 2) 可得

$$\frac{\mathrm{d}^2u}{\mathrm{d}x^2} - \frac{C_0}{K_0}u = 0 \qquad (7 - 7 - 3)$$

其解为

$$u = A\mathrm{e}^{\alpha x} + B\mathrm{e}^{-\alpha x} \qquad (7 - 7 - 4)$$

其中

$$\alpha = \sqrt{\frac{C_0}{K_0}} \qquad (7 - 7 - 5)$$

根据边界条件可以决定式 (7 - 7 - 4) 中的 A 和 B。

在绕组首端（$x = 0$）处，$u = U_0$，当绕组末端接地时，在绕组末端（$x = l$）处，$u = 0$，由此可得

$$A = -\frac{U_0\mathrm{e}^{-\alpha}}{\mathrm{e}^{\alpha} - \mathrm{e}^{-\alpha}}$$

$$B = \frac{U_0\mathrm{e}^{\alpha}}{\mathrm{e}^{\alpha} - \mathrm{e}^{-\alpha}}$$

于是

$$u = U_0\frac{\mathrm{sh}\alpha(l - x)}{\mathrm{sh}\alpha l} \qquad (7 - 7 - 6)$$

当绕组末端开路时，绕组首端（$x = 0$）处，$u = U_0$，而最末一个纵向电容 $K_0/\mathrm{d}x$ 的极板上的电荷必定为零，即 $Q|_{x=l} = 0$，由式 (7 - 7 - 1) 可得 $\dfrac{\mathrm{d}u}{\mathrm{d}x}|_{x=l} = 0$，由此即可求出

$$u = U_0\frac{\mathrm{ch}\alpha(l - x)}{\mathrm{ch}\alpha l} \qquad (7 - 7 - 7)$$

式 (7 - 7 - 6) 和式 (7 - 7 - 7) 是绕组合闸于直流电压 U_0 的初瞬（$t = 0$）时，绕组各点对地电位分布规律，称为初始电位分布。

对于普通连续式绕组，αl 为 $5 \sim 15$，平均约为 10。当 $\alpha l > 5$ 时，$\text{sh}\alpha l \approx \text{ch}\alpha l$，式（7 - 7 - 6）和式（7 - 7 - 7）可以近似地用同一个式子表示为

$$u = U_0 e^{-\alpha x} \tag{7 - 7 - 8}$$

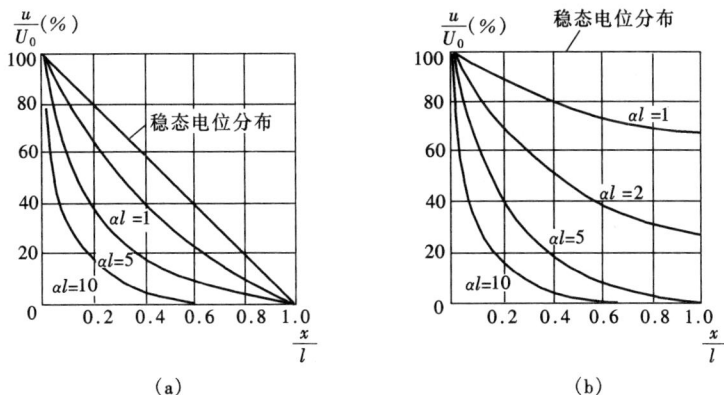

图 7 - 7 - 3　绕组的初始电位分布和稳态电位分布
(a) 绕组末端接地；(b) 绕组末端开路

即中性点接地方式对电位初始分布的影响不大，只是在绕组末端稍有差别，如图 7 - 7 - 3 (a)、(b) 所示。由图可见，绕组中的初始电位分布是很不均匀的。初始电位分布不均匀是因为对地电容 $C_0 dx$ 的存在，其不均匀程度与 αl 值有关，αl 值愈大，则分布愈不均匀，大部分电位降落在绕组首端附近，绕组首端的电位梯度最大，根据式（7 - 7 - 8）可得

$$\frac{du}{dx} = -\alpha U_0 e^{-\alpha x}$$

$$\frac{du}{dx}\Big|_{\max} = \frac{du}{dx}\Big|_{x=0} = -U_0 \alpha = -\left(\frac{U_0}{l}\right)(\alpha l) \tag{7 - 7 - 9}$$

式（7 - 7 - 9）表明，在 $t = 0$ 瞬间，绕组首端的电位梯度将为平均电位梯度 $\dfrac{U_0}{l}$ 的 αl 倍，式中负号表示绕组各点电位随 x 的增大而减小。因此对绕组首端的绝缘需要采取一定的保护措施。

如上所述，当 $t = 0$ 时，变压器绕组可等值于由对地电容和纵向电容组成的电容链，此电容链可用一个集中电容 C_T 来等值，称为变压器的入口电容。试验表明，在较陡的冲击波作用下，一般在 $10\mu s$ 以内，流经绕组电感中的电流还很小，可以忽略，因此在分析变电站防雷保护时，不论绕组末端是否接地，变压器皆可用入口电容来等值。

根据入口电容的概念，并考虑到 $K_0 \gg C_0$，若绕组首端（$x=0$）纵向电容所吸收的电荷为 $Q_{x=0}$，则入口电容为

$$C_T = \frac{Q_{x=0}}{U_0}$$

由于 $Q = \dfrac{K_0}{dx} du$，所以 $C_T = \dfrac{\left(K_0 \dfrac{du}{dx}\right)_{x=0}}{U_0}$，因此有

$$C_T = \frac{K_0}{U_0} U_0 \alpha = \sqrt{C_0 K_0} = \sqrt{CK} \tag{7 - 7 - 10}$$

可见变压器的入口电容是绕组单位长度的或全部的对地电容与纵向电容的几何平均值，它与变压器的额定电压、容量及绕组结构有关，对连续式绕组，如缺乏确切数据，则高压绕组的入口电容 C_T 值可参考表 7-7-1；对纠结式绕组，其入口电容要比表 7-7-1 中所列数值大得多，比表 7-7-1 中数值约增大 2～4 倍。此外，还应注意同一变压器不同电压等级的绕组，其入口电容是不同的。

表 7-7-1 　　　　　　　　　　　　　　　　变压器高压绕组入口电容

高压绕组的额定电压（kV）	35	110	220	330	500
高压绕组的入口电容（pF）	500～1000	1000～2000	1500～3000	2000～5000	4000～6000

7-7-2　绕组中稳态电压分布和振荡过程

在直流电压 U_0 的作用下，当绕组末端接地时，电压沿绕组的稳态（$t \to \infty$）分布只受绕组电阻的影响，是一条斜直线，它的方程式为

$$u_\infty(x) = U_0\left(1 - \frac{x}{l}\right)$$

当绕组末端开路时，其稳态电位分布为

$$u_\infty(x) = U_0$$

分别如图 7-7-4（a）、（b）所示。

由于绕组中的初始电位分布和稳态电位分布不同，因此，从初始分布到稳态分布必然有一个过渡过程，同时，由于绕组电感和电容的作用，此过渡过程必将具有振荡的性质，在振荡过程的不同时刻，将绕组各点出现的最大电位记录下来并将其连起来就成为最大电位包络线，如图 7-7-4（a）、（b）中曲线 4 所示。作为定性分析，通常将稳态分布与初始分布的差值分布［图 7-7-4（a）和（b）中曲线 3］叠加在稳态分布上，如图 7-7-4（a）和（b）中曲线 5 所示，用以近似地描述绕组各点的最大电位包络线。从图 7-7-4 可知，对普通连续式绕组，如末端接地，则最大电位将出现在绕组首端附近，其值可达 $1.4U_0$；如末端开路，则最大电位将出现在绕组末端，其值可达 $1.9U_0$ 左右。实际上由于绕组内的损耗，最大值将低于上述数值。

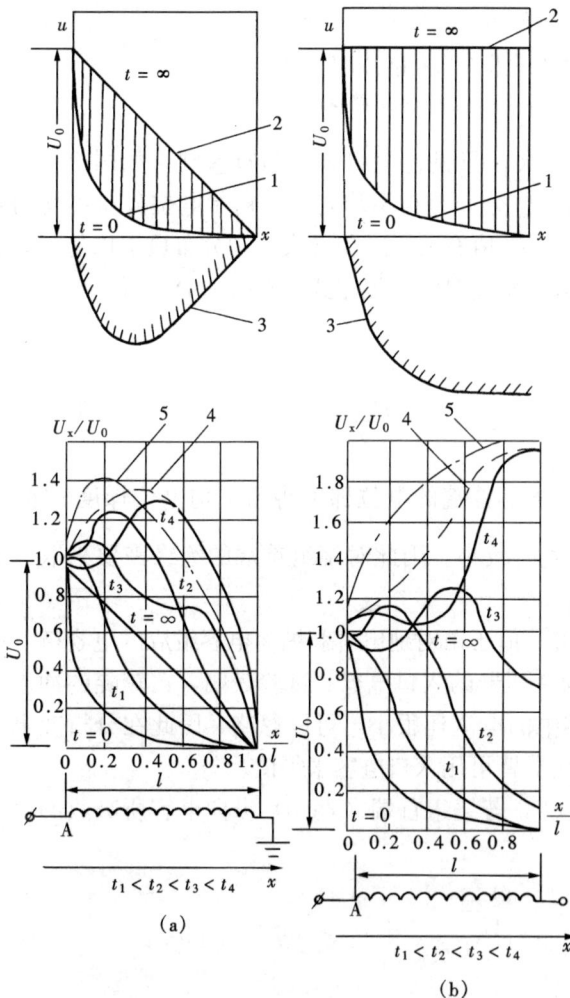

图 7-7-4　单相绕组中的起始电位分布、稳态电位分布和振荡过程中对地电位

（a）末端接地；（b）末端不接地

前已得知，不论绕组末端是接地或开路，当 $t=0$ 时，绕组纵向最大电位梯度将出现在绕组首端，其值为 $U_0\alpha$。理论分析和实验结果均表明，随着振荡过程的发展，最大电位梯度的出现点将向绕组末端传播，以致绕组各点将在不同时刻出现最大电位梯度，这对绕组纵绝缘的保护和设计是个很重要的问题。

绕组内的振荡过程与作用在绕组上的冲击电压波形有关，陡度愈小，由于受电感分流的影响，就将使绕组上的初始电位分布与稳态分布较为接近，振荡过程的发展就比较缓和，绕组各点对地的最大电位和纵向电位梯度也将较低，反之，当波头很陡的冲击电压作用时，绕组内的振荡过程将很剧烈。所以，减小入侵冲击电压的陡度对绕组的主绝

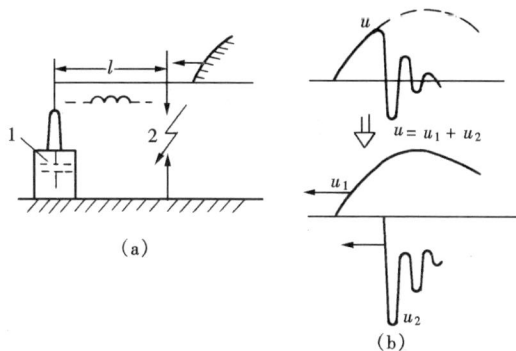

图 7 - 7 - 5　截断波的形成

(a) 管型避雷器动作或设备闪络
造成截断波；(b) 截断波波形

1—变压器；2—管型避雷器动作或设备闪络

缘特别是对绕组的纵绝缘的保护具有重要的意义。此外，冲击电压波波尾的长短对变压器绕组内的振荡过程也是有影响的，如果冲击电压波尾较短，则在绕组中的振荡过程尚未充分发展时，外加冲击电压幅值已有较大的衰减，故绕组各点的对地最大电位也会较低。

在运行中，变压器绕组还可能受到截断波的作用，如图 7 - 7 - 5 (a) 所示。在变电站内由于管型避雷器动作或设备绝缘闪络的结果，使入侵的冲击电压波发生截断，原已被充电到 u 的变压器入口电容将经线段 l 的电感放电，形成振荡，此时在变压器绕组端点上的电压波形将如图 7 - 7 - 5 (b) 所示。这个波形可以看成两个分量 u_1 与 u_2 的叠加，u_2 的幅值有时可达 $(1.6\sim2.0)u$，且其陡度很大犹如直角波，在绕组中将产生很高的电位梯度，从而危及绕组纵绝缘，实测表明，在相同电压幅值情况下，截波作用时绕组内的最大电位梯度将比全波作用时为大，因此，对电力变压器进行截波冲击试验是必要的。

7 - 7 - 3　改善绕组中电位分布的方法

由以上分析可知，初始电位分布与稳态电位分布的差异是绕组内产生振荡过电压的根本原因，改变初始电位分布，使之接近稳态电压分布可以降低绕组各点在振荡过程中出现的最大电位和最大电位梯度，常用措施有两个。一是采用补偿对地电容 $C_0 dx$ 的影响的办法，因为对地电容是引起绕组初始电压分布不均匀的主要原因。如在绕组首端装设电容环和电容匝，其原理结构和电气接线如图7 - 7 - 6 所示，电容环和电容匝与绕组首端相连，电容环（匝）与高压绕组间的电容为 $C_b dx$，由电容环及等值电路（匝）等流经图中 $C_b dx$ 的电流部分地补偿了由

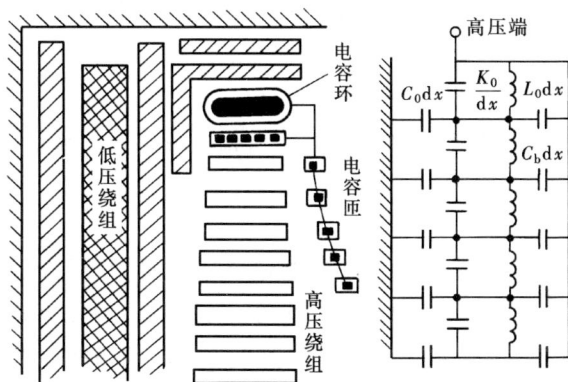

图 7 - 7 - 6　变压器绕组绝缘结构中
电容环和电容匝结构示意图

绕组流经对地电容 $C_0 dx$ 的电流，从而起到了均压的效果。但对 220kV 以上电压等级的变压器，这种方法会使变压器的体积和质量显著增大，因此，此法的应用有一定的局限性。

其二是采用增大纵电容 K_0/dx 的办法使绕组对地电容 $C_0 dx$ 的影响相对减小，图 7-7-7表示纠结式绕组与普通连续式绕组的电气接线和等值匝间电容的比较，可以明显地看出，纠结式绕组的纵向电容比连续式的大得多，一般纠结式绕组的 al 只为 1.5 左右，这样，其初始电位分布就比较接近稳态电位分布，振荡过程也要缓和得多。现在高压大容量变压器的绕组已较普遍地采用此类结构。

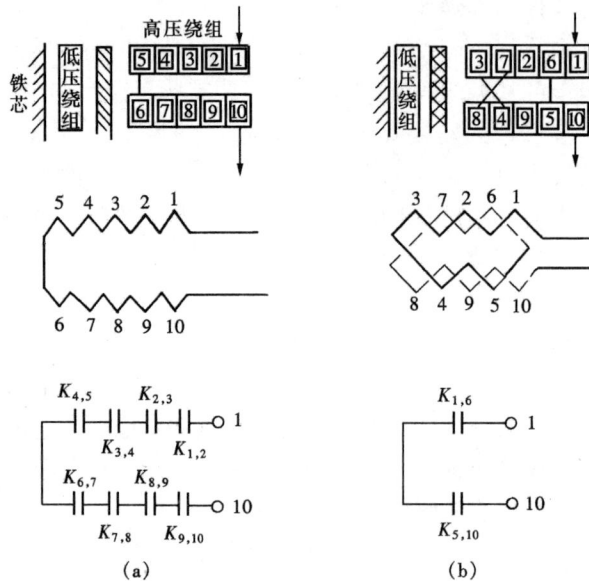

图 7-7-7　连续式和纠结式绕组的电气接地和等值匝间电容结构图
(a) 连续式；(b) 纠结式

§7-8　三相变压器绕组中的波过程

三相绕组中波过程的基本规律与单相绕组基本上相同，若要究其特殊性，则均与三相绕组的接线方式、中性点接地方式和进波情况有关。

7-8-1　星形接线中性点接地

在这种情况下，三相绕组可以看成三个独立的单相绕组，不论一相、两相或三相进波，均与末端接地的单相绕组的波过程规律没有什么差别。

7-8-2　星形接线中性点不接地

中性点不接地时，绕组电压的分布和进波方式有关。由于绕组对冲击波的阻抗远大于线路波阻，故当一相进波时其他两相绕组首端可视为与接地相当，其初始分布和稳态分布如图 7-8-1中曲线 1 和 2 所示。图 7-8-1中曲线 3 为绕组各点对地的最大电压包络线，中性点的稳态电压为 $\frac{1}{3}U_0$，因此在过渡过程中中性点最大对地电位将不超过 $\frac{2}{3}U_0$。

两相同时进波时可用叠加法来估计绕组各点的最大对地电位，中性点的稳态电位将为

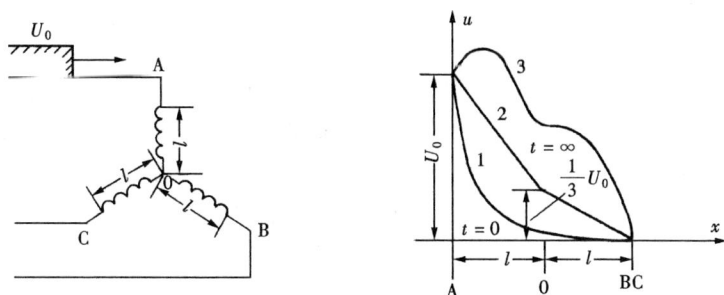

图 7-8-1　星形接线单相进波时的电压分布

1—初始分布；2—稳态分布；3—最大电压包络线

$\dfrac{U_0}{3}+\dfrac{U_0}{3}=\dfrac{2}{3}U_0$，在过渡过程中中性点最大对地电位将不超过 $\dfrac{4}{3}U_0$。

三相同时进波时，其规律与单相绕组末端不接地时基本相同，中性点的最高电位可达首端电压的两倍。

7-8-3　三角形接线

三相变压器高压绕组为三角形接线，当一相进波时，因绕组对冲击波的阻抗远大于线路波阻，故变压器其他两个端点可视为相当于接地，如图 7-8-2 (a) 所示，因此其情况与末端接地的单相绕组相同。两相或三相同时进波时可用叠加法，图 7-8-2 (b) 为三相同时进波时的初始的电位分布（曲线 1）和稳态分布（曲线 2），曲线 3 为绕组各点的对地最大电位包络线，绕组中部对地最高电位可接近 $2U_0$。

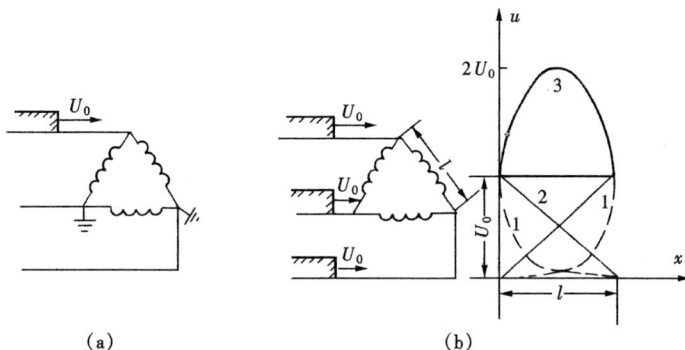

（a）　　　　　　　　　　　（b）

图 7-8-2　三角形接线单相和二相进波时的电压分布

（a）单相进波；（b）三相进波时之电压分布

1—初始分布；2—稳态分布；3—最大电压包络线

§7-9　波在绕组间的传递

变压器绕组之间具有电容和互感，当冲击电压波入侵其某一绕组时，就会通过电、磁耦合在该变压器的其他绕组上产生感应过电压，它包括两个分量，即静电分量和电磁分量。通常将这两个分量相叠加，来估计感应过电压值。

7-9-1　静电分量

图 7-9-1 所示为变压器两个绕组间电容耦合的等值接线。当冲击波刚作用于变压器某一绕组时，在该绕组的电容链上出现很不均匀的起始电位分布，由于绕组间具有分布的电容，通过其耦合作用使另一绕组的电容链上也出现很不均匀的起始电位分布，这就是感应过电压的静电分量，它是一、二次绕组两串电容链之间耦合的结果。根据两串电容链之间的耦合作较精确的计算是相当繁杂的，在工程使用中常按简化算式作近似估计

$$u_2 = \frac{C_{12}}{C_{12} + C_2} U_0 \qquad\qquad (7-9-1)$$

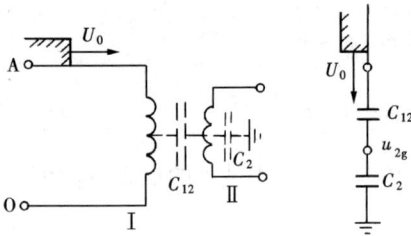

图 7-9-1　绕组间的静电耦合

式中：C_{12} 为一、二次绕组之间的电容，C_2 为二次绕组对地电容，它们均为整个绕组的总值或均为单位长度的值；U_0 为作用于一次绕组首端的冲击电压波幅值。

但应注意，这样求得的结果往往是偏大得很多，故只能作为具有较大裕度的估计。

因二次绕组通常与很多线路或电缆相连，使 C_2 大于 C_{12}，因此静电分量对二次绕组一般是没有危险的。但若二次绕组处于开路状态，如三绕组变压器，高压侧和中压侧均处于运行状态，低压侧开路，则此时 C_2 仅为绕组本身的对地电容，其值较小，当高压侧或中压侧进波时，静电分量有可能危及低压绕组，故需要采取相应的保护措施。

7-9-2　电磁分量

在冲击电压波入侵到变压器绕组的瞬间，由于电感中电流不能突变，故在初始时刻绕组间电压的传递是以静电耦合形式进行的，以后电流流经绕组产生磁通，将在未受冲击电压入侵的绕组中产生感应电压，此电压由电磁感应所产生，故称为电磁分量。电磁分量按绕组的变比传递，在三相绕组中又与绕组的接线方式及一相、两相或三相进波有关，现以 Yd 接线单相进波为例进行分析。

Yd 接线中一般 Y 为高压侧接线，d 为低压侧接线，现若 Y 侧 A 相进波，其端点对地电压为 U_0，如图 7-9-2 所示。因在冲击波作用下变压器绕组波阻抗远大于 B、C 相线路波阻抗，故 B、C 两相端点相当于接地，这样在绕组 A0 上的压降为 $\frac{2}{3} U_0$，绕组 B0、C0 上的压降为 $\frac{1}{3} U_0$，故低压绕组 ac、ab、bc

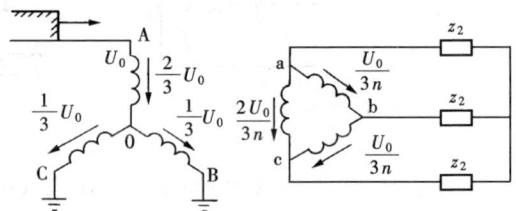

图 7-9-2　Yd 接线单相进波时的电磁分量
z_2—低压侧线路波阻抗

中的电磁分量分别为 $u_{ac} = \frac{2}{3} \frac{U_0}{n}$，$u_{ab} = \frac{1}{3} \frac{U_0}{n}$，$u_{bc} = \frac{1}{3} \frac{U_0}{n}$，式中 n 为绕组 A0 与 ac、B0 与 bc、C0 与 bc 之间的变比。若取高低压线电压的变比为 K，则 $u_{ac} = \frac{2U_0}{\sqrt{3}K}$，$u_{ab} = \frac{U_0}{\sqrt{3}K}$，$u_{bc} = \frac{U_0}{\sqrt{3}K}$，因 b 点对称于 a、c 点，故 $u_b = 0$，则 $u_a = \frac{U_0}{\sqrt{3}K}$，$u_c = -\frac{U_0}{\sqrt{3}K}$。

按相同方法，可以求得不同接线方式下单相或两相进波时传递到低压绕组上的电磁分量，其结果与上述相同，可按下式估算

$$u_{2m} = \frac{U_0}{\sqrt{3}K} \qquad (7-9-2)$$

式中：K 为高低压侧线电压的变比；U_0 为作用在 Y 侧绕组上的冲击电压幅值。

因为高压侧一般装有避雷器，故 U_0 将受避雷器的残压所限制，低压侧电磁分量 u_{2m} 也不会很高，一般不会超过低压侧的冲击耐压值。

Yd 接线三相进波时，由于高压绕组中性点不接地，故在低压侧不会出现电磁分量；Ynd 接线三相进波，相当于加上一组零序电压，低压侧的 d 接线对零序电压形成了短路，故在低压侧绕组上也不会出现电磁分量。

§7-10 旋转电机绕组中的波过程

旋转电机包括发电机、同步调相机和大型电动机等，它们与电网的连接方式有通过变压器与电网相连和直接与电网相连两种，在前一类连接方式下，雷击电网时冲击电压波将通过变压器绕组间的传递再传到旋转电机，实践证明对旋转电机的危害性不大。在直接与电网架空线相连的方式下，雷电冲击电压将直接自线路传至电机，对电机的危害性很大，需要采取相应的保护措施，为了能够正确地制定旋转电机的防雷保护措施，需要掌握旋转电机绕组在冲击电压作用下波过程的基本规律。

旋转电机绕组可分为单匝和多匝两大类，大功率高速电机通常是单匝的，小功率低速电机或电压较高的电机往往是多匝的。

对于单匝绕组，因为不存在匝间电容（纵向电容为 K_0/dx），所以此类绕组的等值接线就与输电线路相同。对于多匝绕组，匝间电容显然是存在的，但是考虑到在运行中的电机大都采用了限制侵入波陡度的措施，使得侵入电机的冲击电压的波头已很平缓，故匝间电容的作用也就相应减弱，如果略去其作用，则多匝线匝绕组的等值接线也可以与输电线路相同，这样电机绕组就可以用波阻抗和波速的概念来表征其波过程规律。由于槽内部分和端接部分的 L_0、C_0 不同，其波阻抗与波速也不相同，因而电机绕组的波阻抗和波速均为平均值。

电机绕组的波阻抗与电机的额定电压、容量和转速等有关。额定电压增高，每槽匝数将增多，绕组绝缘层也增厚，会使 L_0 增大，而 C_0 减小，因而波阻抗增大。电机容量愈大，导线截面也愈大，每槽匝数减

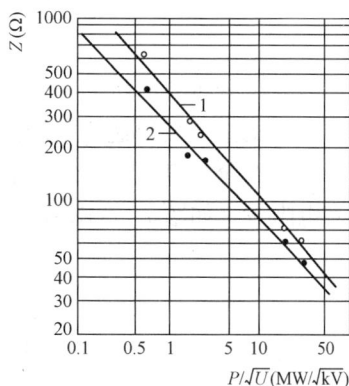

图7-10-1 汽轮发电机绕组的波阻抗
1—单相进波时的波阻抗；
2—三相进波时一相的等值波阻抗

少，使得 C_0 增大而 L_0 减小，因而波阻抗减小。图7-10-1所示为汽轮发电机绕组的波阻抗与容量和额定线电压的关系曲线。电机绕组端接部分的波速接近光速，而槽内部分的波速比光速低很多，约为 $10\sim23m/\mu s$。试验数据说明，波速也随电机容量增大而减小。因为容量增大时，定子的轴向尺寸增大，这使槽内绕组的波速在平均波速中所占比重增大，因此随

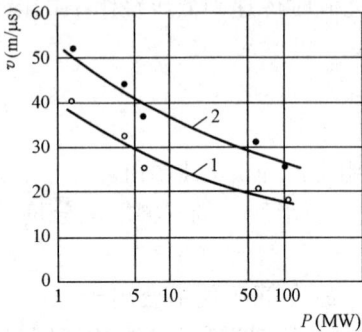

图 7 - 10 - 2　汽轮发电机绕组中的平均
波速与电机容量的关系曲线图

着容量的增加平均波速趋于槽内的波速。由于低速电机的定子的轴向尺寸小，而绕组端部长度所占比重较大，所以平均波速就比高速电机的大。平均波速与电机容量的关系曲线如图7 - 10 - 2所示。

波在电机绕组中传播时，与波在输电线路中传播不同，它存在可观的铁损耗、铜损耗和介质损耗（主要是铁损耗），因而随着波的传播，波将较快地衰减和变形。

波到达中性点并返回时，其幅值已衰减得很小，其陡度也已极大地缓和了，因此，在估计绕组中最大电位差时，可以认为是由侵入绕组的前行波造成的，并且将出现在绕组首端。

若入侵波的陡度为 a，绕组一匝长度为 l_{tn}，平均波速为 v，则作用在匝间绝缘上的电压 u_{tn} 如图 7 - 10 - 3 所示，由此可写出

$$u_{tn} = a \frac{l_{tn}}{v} \qquad (7 - 10 - 1)$$

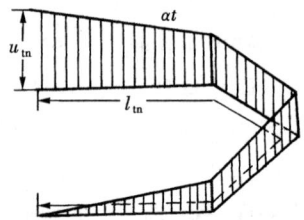

图 7 - 10 - 3　匝间电压
计算示意图

从式（7 - 10 - 1）可知，匝间电压与入侵波陡度 a 成正比，a 很大时，匝间电压将超过匝间绝缘的冲击耐压值而发生击穿事故。试验结果表明，为了保护匝间绝缘，必须将入侵波陡度 a 限制在 $5kV/\mu s$ 以下。

习　　题

7 - 1　试分析波阻抗的物理意义及其与电阻之不同点。

7 - 2　试论述彼得逊法则的使用范围。

7 - 3　试分析直流电源 E 合闸于有限长线路（长度为 l，波阻抗为 z）的情况，末端对地接有电阻 R（如题 7 - 3 图所示）。假设直流电源内阻为零。

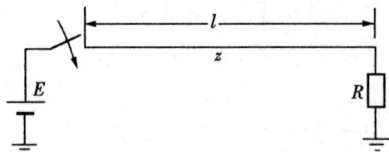

题 7 - 3 图　直流电源合闸于有限长线路

（1）$R = z$ 分析末端与线路中间 $\left(\dfrac{l}{2}\right)$ 的电压波形。

（2）$R = \infty$ 分析末端与线路中间 $\left(\dfrac{l}{2}\right)$ 的电压波形。

（3）$R = 0$ 分析末端的电流波形和线路中间 $\left(\dfrac{l}{2}\right)$ 的电压波形。

7-4 如题 7-4 图所示，试求四种情况下折射波 $u_{2q} = f(t)$ 的关系式。

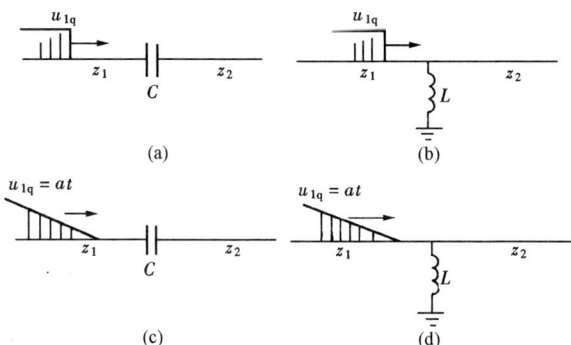

题 7-4 图 直角波和斜角波通过串联电容和通过并联电感

7-5 在何种情况下应使用串联电感来降低入侵波的陡度？在何种情况下应使用并联电容？试举例。

7-6 试述冲击电晕对防雷保护的有利和不利方面。

7-7 某线路杆塔结构如题 7-7 图所示，当雷击避雷线时，试分析哪一组绝缘子串上的冲击电压最大。

7-8 当冲击电压作用于变压器绕组时，在变压器绕组内将出现振荡过程，试分析出现振荡的根本原因，并由此分析冲击电压波形对振荡的影响。

7-9 为什么说冲击截波比全波对变压器绕组的影响更为严重。

7-10 试分析在冲击电压作用下，发电机绕组内部波过程和变压器绕组内部波过程的不同点。

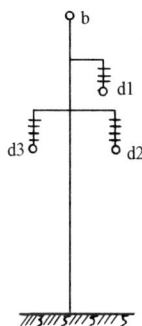

题 7-7 图 某线路杆塔结构

b—避雷线；d1、d2、d3—相导线

第八章　雷电及防雷装置

§8-1　雷　电　参　数

8-1-1　雷电放电的等值电路

对地放电的雷云绝大多数是负极性的，自雷云向大地发展的先导通道中分布的净电荷与雷云的极性相同。随着带负电荷的先导通道自雷云向大地延伸，它们在地面感应出的正电荷也在增加。在无迎面先导的情况下，当先导通道头部与地面之间的气隙被击穿时，就开始主放电过程，将先导通道改造成电导更大的主放电通道并沿先导通道向上继续发展。主放电产

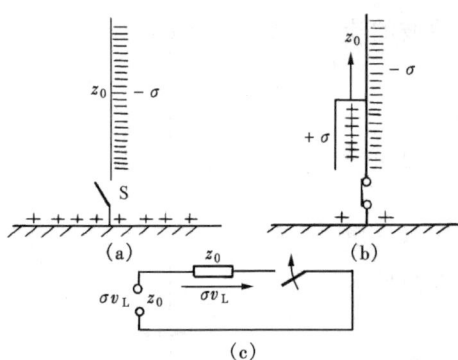

图 8-1-1　雷击大地时的放电过程

(a) 先导放电；(b) 主放电；

(c) 计算雷电流的等值电路

生的正电荷与先导通道中原有的负电荷中和，而新产生的负电荷则沿主放电通道迅速流入大地。

这些逆向运动的正、负电荷形成强大的主放电电流。若大地为一理想导体，则经主放电通道流入大地的电流为 σv_L，其极性与雷云极性相同。这里的 σ 和 v_L 分别为先导通道中的电荷线密度和主放电发展速度。

研究表明，主放电通道具有分布参数的特征，假定它具有均匀的电路参数，其波阻抗为 z_0，则上述雷击大地时的放电过程可用图 8-1-1(a)、(b) 来描述，即将先导放电的发展看作是一根均匀分布电荷的长导线自雷云向大地延伸，而将先导头部临近地面时气隙被击穿看作是开关

S 突然合闸。假定土壤电阻率为零，则主放电通道的对地电位为 $z_0\sigma v_L$。于是可以画出雷击地面时的等值电路如图 8-1-1(c) 所示。

当雷击避雷针、线路杆塔、架空地线或导线等物体时，在主放电过程中，正电荷形成的电流波沿先导通道向上运动，而负电荷形成的电流波则沿主放电通道及被击物体向下运动，对于接地的物体，该电流迅速流入大地，如图 8-1-2 (a) 所示，图 8-1-2 (b) 为其等值电路。流经被击物体的电流 i_z 可表示为

$$i_z = \sigma v \frac{z_0}{z_0 + z_j} \qquad (8-1-1)$$

式中：z_j 为被击物体的波阻抗或雷击点与大地零电位参考点间的集中参数阻抗。

从式 (8-1-1) 可知，流经被击物体的电

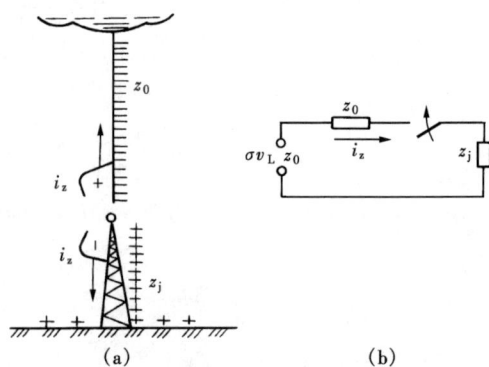

图 8-1-2　雷击物体时电流波的运动

(a) 电流波的运动；(b) 计算 i_z 的等值电路

流 i_z 除了与电荷线密度 σ 及主放电速度 v_L 有关外，还与被击物体的阻抗 z_j 有关，z_j 愈大则

i_z 愈小，反之则 i_z 愈大。当 $z_j = 0$ 时，流经被击物体的电流被定义为"雷电流"，以 i_L 表示。根据式（8-1-1），$i_L = \sigma v_L$。实际上，被击物体的阻抗不可能为零值，故通常将雷击于低接地阻抗（$\leqslant 30\Omega$）的物体时流过该物体的电流当成是雷电流。

据此，式（8-1-1）可改写为

$$i_z = i_L \frac{z_0}{z_0 + z_j} \qquad\qquad (8-1-2)$$

根据式（8-1-2）可画出等值电路如图8-1-3（a）、（b）所示。

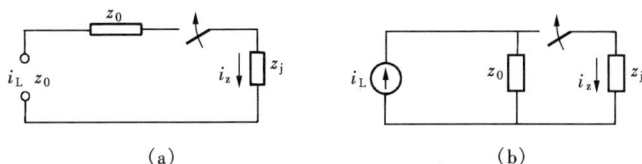

图8-1-3　计算流经被击物体电流的等值电路
(a) 电压源等值电路；(b) 电流源等值电路

从地面感受到的实际效果出发，可以将雷击物体看作是一个入射波为 $i_L/2$ 的电流波沿一条波阻抗为 z_0 的通道向被击物体传播的过程，如图8-1-4（a）所示，其彼得逊等值电路如图8-1-4（b）所示，它在形式上与图8-1-3（a）所示相同，但前者是没有物理意的，只是为防雷计算提供一种实用的方法。

目前，我国行业标准建议将主放电通道波阻抗 z_0 取为 300Ω。

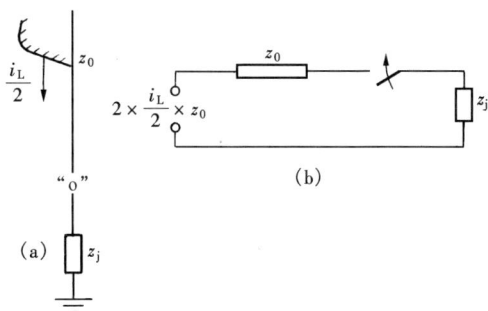

图8-1-4　工程实用计算模型及其等值电路
(a) $i_L/2$ 雷电流沿通道向被击物体传播；
(b) 彼得逊等值电路

8-1-2　雷电流波形和极性

国内外实测统计结果表明，75%～90%的雷电流是负极性的。再考虑到负极性冲击电晕不如正极性的强烈，使得沿线路传播的雷电波的衰减与变形、耦合系数增加，以及线路波阻抗降低的程度均没有正极性的显著，对设备绝缘不利，因此在决定线路的防雷保护时一般均以负极性为准。

负雷云对地放电一次闪电往往要有多次重复性冲击，包含2次以上重复雷击的有55%，3～5次的有25%，最多可达42次。两次雷击间隔时间约为30ms。从首次雷击开始到最后一次雷击过程结束，总持续时间为0.2s的有50%，大于0.62s的只有5%。雷击的重复性及重复雷击总的持续时间对决定开关重合闸时间和估计其不成功率等有重要意义。显然，重合闸时间不应小于重复雷击总的持续时间。

负极性闪电所形成的各次雷击电流都具有单极性的脉冲波形。描述脉冲波形的主要参数有三个：峰值、波前时间和半峰值时间。

雷击电流峰值的大小与气象、地质条件、地理位置以及被击物体的波阻抗或接地电阻的数值等有关。其中气象情况有很大的随机性，因此只有通过大量实测才能掌握雷电流峰值的概率分布规律。根据我国长期实测所积累的数据，并参考了国外的资料，对于一般地区，我国行业标准建议雷击电流峰值的累积概率计算为

$$\lg P = -\frac{I_\mathrm{L}}{88} \qquad\qquad (8\text{-}1\text{-}3)$$

式中：I_L 为雷击电流峰值，kA；P 为峰值等于或大于 I_L 的雷击电流出现的概率，例如峰值等于或大于 50kA 的雷击电流出现的概率为 27%。

对于年平均雷暴日数低于 20 的地区，如陕南以外的西北地区、内蒙古自治区的部分地区，雷击电流峰值较小，式（8-1-3）需改为

$$\lg P = -\frac{I_\mathrm{L}}{44} \qquad\qquad (8\text{-}1\text{-}4)$$

据统计，各国测得的雷击电流的波前时间及半峰值时间比较一致，前者多在 $1\sim4\mu s$ 范围内，平均为 $2.6\mu s$，后者处于 $20\sim100\mu s$ 范围内，大多为 $40\mu s$ 左右，超过 $50\mu s$ 的概率只有 18%~30%。因此，我国有关标准规定在线路防雷计算中采用 $2.6/40\mu s$ 的波形。由于半峰值时间对防雷计算结果几乎无影响，为简化计算，一般可视为无限长。但在规定的雷电冲击试验中，对雷电流的半峰值时间则有明确要求。

与上述负极性首次雷击电流的波前时间、半峰值时间相比，后续雷击电流的这两个时间要短得多。雷击电流的峰值和波前时间决定了波前上升陡度，它对过电压有直接影响，也是一个重要参数。据实测统计分析，雷电流的波前陡度与峰值之间的正相关系数为 0.6~0.64，说明两者密切相关。我国有关标准采用下式计算雷击电流波前的平均陡度

$$a = \frac{I_\mathrm{L}}{2.6} (\mathrm{kA}/\mu s) \qquad\qquad (8\text{-}1\text{-}5)$$

实测表明，雷击电流的波前陡度超过 $50\mathrm{kA}/\mu s$ 的概率很小，大约只有 4%。

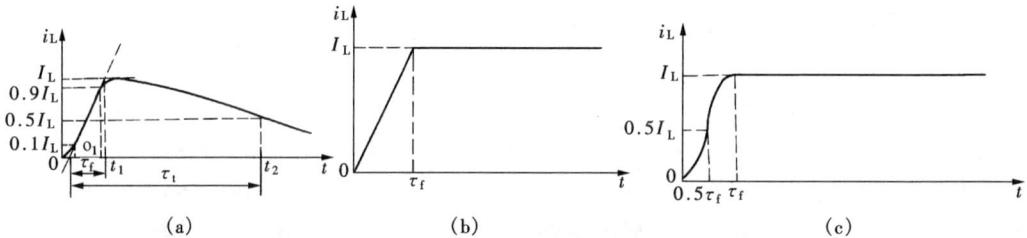

图 8-1-5　雷击电流的几种等值波形

（a）双指数波；（b）斜角波；（c）半余弦波

o₁—视在原点

尽管负极性后续雷击电流的峰值通常约为负极性首次雷击电流的一半或更小，但其波前陡度要比后者的大几倍，因此在某些场合，在其他条件都相同的情况下，负极性后续电流所形成的过电压可能比负极性首次雷击电流的还要高许多。

电气设备的雷电冲击试验和防雷设计要求将雷电波的波形等值为可用公式表示的典型波形。常用的雷电电流等值波形有双指数波、斜角波和半余弦波等几种，如图 8-1-5 所示。双指数波形又称为雷击电流的标准波形，如图 8-1-5（a）所示，这是与实际雷击电流波形最接近的等值波形，其表达式为

$$i_\mathrm{L}(t) = AI_\mathrm{L}(\mathrm{e}^{-\alpha t} - \mathrm{e}^{-\beta t}) \qquad\qquad (8\text{-}1\text{-}6)$$

式中：常数 A、α 和 β 由雷击电流的波形确定。

表 8-1-1 给出了几种雷击电流波形的常数。雷击电流标准波前、半峰值时间的规定见

图 8 - 1 - 5（a）。

表 8 - 1 - 1　　　　　　　　几种常用双指数雷击电流波形的 α、β 和 A 值

雷电流波形	A	α (μs^{-1})	β (μs^{-1})
0.25/100μs	1.002	7×10^{-3}	34
2.6/50μs	1.058	1.5×10^{-2}	1.86
10/350μs	1.025	2.05×10^{-3}	0.564

为简化计算，常采用如图 8 - 1 - 5（b）所示的斜角波，其波前陡度由雷击电流峰值和波前时间决定，波尾可以是无限长或有限长。

我国行业标准建议，在一般线路设计中可采用斜角波。

对雷电波的波前来说，较近似的波形是余弦波［如图 8 - 1 - 5（c）所示］，其表达式为

$$i_L(t) = \frac{I_L}{2}(1 - \cos\omega t) \qquad (8 - 1 - 7)$$

式中：ω 为等值角频率，由波前时间决定，即 $\omega = \dfrac{\pi}{\tau_f}$；$I_L$ 为雷电流峰值。

该等值波形的最大陡度出现在 $t = \dfrac{\tau_f}{2}$ 处，其值为

$$a_{max} = \left(\frac{di_L}{dt}\right)_{max} = \frac{I_L\omega}{2} \qquad (8 - 1 - 8)$$

平均陡度为

$$a = \frac{I_L}{\tau_f} = \frac{I_L\omega}{\pi} \qquad (8 - 1 - 9)$$

半余弦波仅在大跨越、特殊高塔线路防雷设计时采用。

8 - 1 - 3　雷暴日与雷暴小时

进行防雷设计应从当地雷电活动的具体情况出发，因地制宜，采取合理的防护措施。一个地区雷电活动的频繁程度通常以该地区多年统计得到的年平均雷暴日数 T_d 或雷暴小时数 T_h 来表示。雷暴日是一年中有雷电的日数。雷暴小时是一年中有雷电的小时数。在一天或一小时内只要听到雷声就算一个雷暴日或一个雷暴小时。通常采用雷暴日作为计算单位。我国大部分地区一个雷暴日约折合为 3 个雷暴小时。

各个地区的雷暴日数或雷暴小时数因该地区所在纬度、气象条件等情况的不同而有很大的差别。在我国，以海南岛和雷州半岛的雷电活动最为频繁，年平均雷暴日数高达 100～133；长江以南至北回归线的大部分地区为 40～80；长江流域和华北某些地区为 40；长江以北大部分地区（包括华北大部分地区和东北地区）大多在 20～40；西北地区多在 20 以下。一般把年平均雷暴日数超过 90 的地区称为强雷区。超过 40 的为多雷区，等于或小于 15 的称为少雷区。

8 - 1 - 4　地面落雷密度

雷暴日或雷暴小时的统计，并没有区分雷云之间的放电和雷云对地放电。虽然雷云间的放电也会产生感应过电压，但对防雷保护设计更为重要的还是雷云对地放电，因此有必要引入地面落雷密度，用 γ 表示，它是指每个雷暴日每平方千米地面遭受雷击的次数。γ 值与年

雷暴日数 T_d 有关，一般 T_d 较大的地区的 γ 值也较大。我国有关标准对 $T_d=40$ 的地区 γ 值取 0.07。

§8-2　避雷针、避雷线的保护范围

对直击雷的防护措施通常是装设避雷针或避雷线。避雷针（线）高于被保护的物体，其作用是吸引雷电击于自身，并将雷电流迅速泄入大地，从而使避雷针（线）附近的物体得到保护。

在先导放电自雷云向下发展的初始阶段，先导头部离地面较高，放电的发展方向不受地面物体的影响。因避雷针（线）较高且有良好的接地，在其顶端因静电感应而积聚了与先导通道中电荷极性相反的电荷，使其附近空间电场显著增强。当先导头部发展到距地面某一高度时，该电场即开始影响先导头部附近的电场，使其向避雷针（线）定向发展。随着先导通道的定向延伸，避雷针（线）顶端的电场将大大增强，有可能产生自避雷针（线）向上发展的迎面先导，更增强了避雷针（线）的引雷作用。

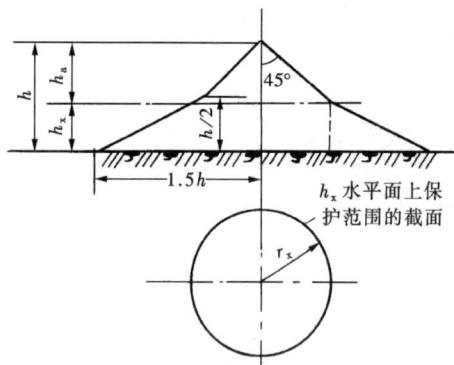

图 8-2-1　单支避雷针的保护范围

避雷针（线）的保护范围可以通过模拟试验并结合运行经验来确定。由于雷电放电受很多偶然因素的影响，因此要保证被保护物体绝对不遭受直击雷的危害是不现实的。通常，保护范围是指具有 0.1％ 左右雷击概率的空间范围。实践证明，此雷击概率是可以接受的。

8-2-1　避雷针的保护范围

1. 单支避雷针

单支避雷针的保护范围如图 8-2-1 所示。在高度为 h_x 的水平面上，其保护半径 r_x 的计算式为

当 $h_x \geqslant \dfrac{h}{2}$ 时　　　　　$r_x = (h-h_x)p$

当 $h_x < \dfrac{h}{2}$ 时　　　　　$r_x = (1.5h-2h_x)p$

$$(8-2-1)$$

式中：h 为避雷针高度，m；h_x 为被保护物体的高度，m；p 为高度影响系数 $\left[h \leqslant 30\text{m} \text{ 时}, p=1; 30\text{m} < h \leqslant 120\text{m} \text{ 时}, p=\sqrt{\dfrac{30}{h}}\left(=\dfrac{5.5}{\sqrt{h}}\right) \right]$。

2. 双支等高避雷针

双支等高避雷针的保护范围如图 8-2-2（a）所示，确定两针外侧保护范围的方法与单支避雷针的相同，两针间的保护范围可通过两针顶点及保护范围上部边缘的最低点 O 的圆弧来确定，O 点的高度 h_0 计算为

$$h_0 = h - \frac{D}{7p} \qquad (8-2-2)$$

式中：D 为两针间的距离，m；p 同前。

两针间高度为 h_x 的水平面上保护范围的截面如图 8-2-2（b）所示，在 O—O′ 截面上，

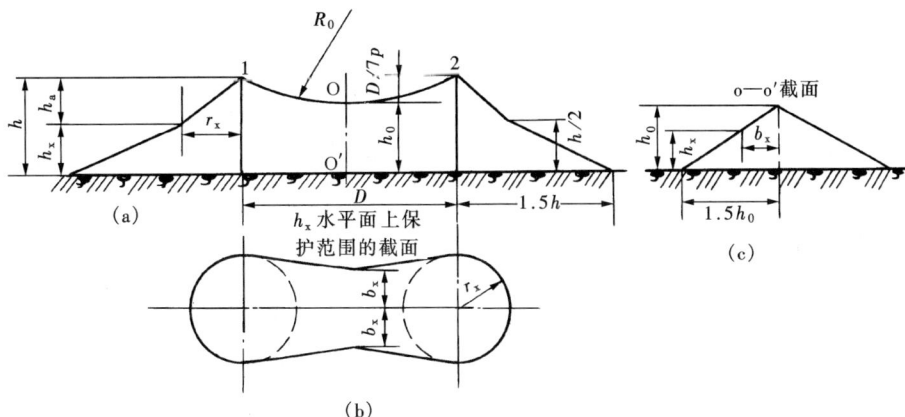

图8-2-2　高度为 h 的双支等高避雷针
1、2 的保护范围

（a）双支等高避雷针的保护范围；（b）水平面上的保护范围；（c）O—O′截面上的保护范围

高度为 h_x 的平面保护范围一侧宽度 b_x［见图8-2-2（c）］的计算式为

$$b_x = 1.5(h_0 - h_x) \qquad (8-2-3)$$

一般两针间的距离与针高之比 D/h 不宜大于5。

3. 两支不等高避雷针

两针外侧的保护范围仍按单针的方法确定。两针内侧的保护范围（如图8-2-3所示）按下法确定：先按单针作高针1的保护范围，然后经过较低针2的顶点作水平线与之交于点3，再设点3为一假想针的顶点，作

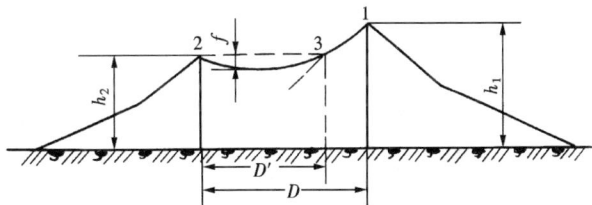

图8-2-3　两支不等高避雷针的保护范围

出2和3两等高避雷针的保护范围。图8-2-3中 $f = \dfrac{D'}{7p}$。

4. 多支等高避雷针

三支等高避雷针的保护范围如图8-2-4（a）所示，三支针的安装地点1、2、3形成的三角形的外侧保护范围分别按两支等高针的方法确定，如果在三角形内被保护物最大高度 h_x 的水平面上各相邻避雷针保护范围的外侧宽度 $b_x \geqslant 0$，则曲线所围的平面全部得到保护。四支及以上等高避雷针，可先将其分成两个或几个三角形，然后按确定三支等高避雷针保护范围的方法计算，如图8-2-4（b）所示。

8-2-2　避雷线（又称架空地线）的保护范围

单根避雷线保护范围如图8-2-5所示，可进行如下计算

当 $h_x \geqslant \dfrac{h}{2}$ 时　　　　$r_x = 0.47(h - h_x)p$

当 $h_x < \dfrac{h}{2}$ 时　　　　$r_x = (h - 1.53h_x)p$ 　　　(8-2-4)

式中：系数 p 意义同前。

两根等高平行避雷线的联合保护范围如图8-2-6所示。

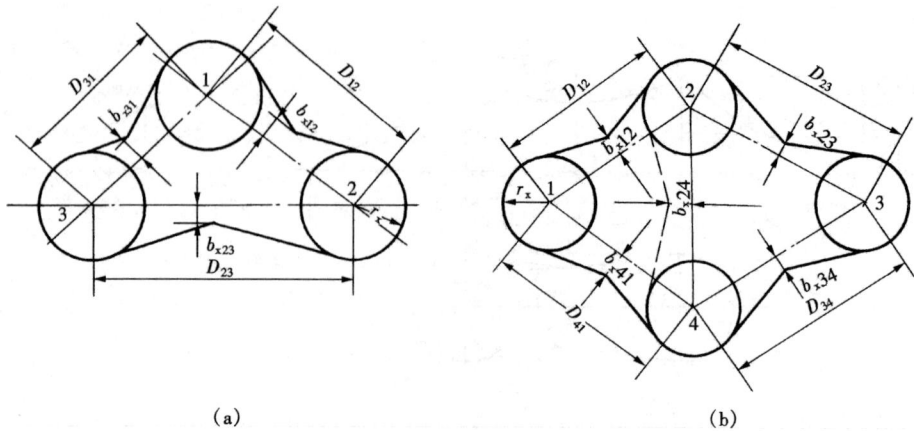

(a) (b)

图 8-2-4 三支和四支等高避雷针的保护范围
(a) 三支等高避雷针 1、2 及 3 在 h_x 水平面上的保护范围;
(b) 四支等高避雷针在 h_x 水平面上的保护范围

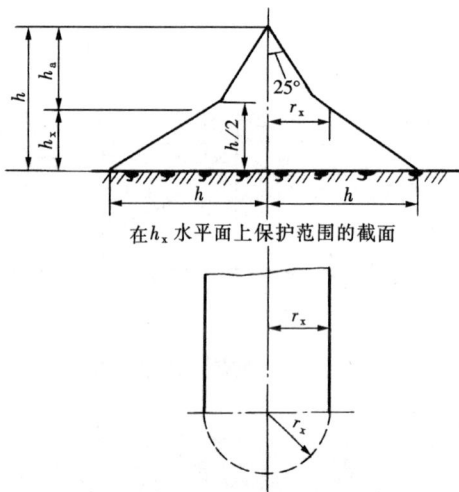

在 h_x 水平面上保护范围的截面

图 8-2-5 单根避雷线的保护范围

两线外侧的保护范围按单根避雷线计算,两线内侧保护范围横截面则通过两线 1、2 点及保护范围上部边缘最低点 O 的圆弧确定。O 点的高度计算为

$$h_O = h - \frac{D}{4p} \qquad (8-2-5)$$

式中:D 为两避雷线间的距离,m;h_O 为 O 点的高度,m;p 同前。

避雷线一般用于输电线路的直击雷防护,常用保护角的大小来表示其对导线的保护程度。保护角是指避雷线和边相导线的连线与经过避雷线的垂直线之间的夹角,如图 8-2-7 所示。雷电绕过避雷线击于导线称为绕击,保护角越小,避雷线对导线的屏蔽效果越好,发生绕击的概率也就越小。

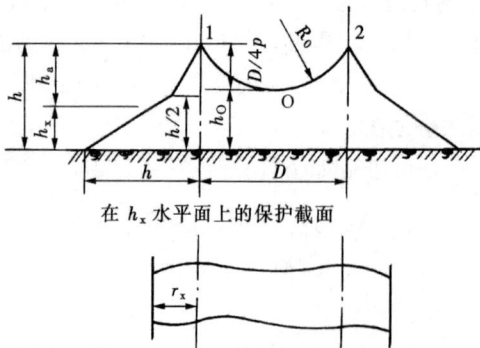

在 h_x 水平面上的保护截面

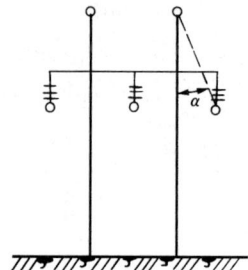

图 8-2-6 两根等高平行避雷线 1、2 的联合保护范围   图 8-2-7 避雷线的保护角

目前，我国使用规程法计算线路绕击率［见 9-2-3 小节中式（9-2-11）］，实践证明，该计算公式能够满足一般线路防雷设计的要求。但规程法未考虑雷电流的大小等因素对避雷线屏蔽效果的影响，而是按经验和小电流下模型试验结果提出的，不能反映具体线路特点，无法解释屏蔽失效现象。该法仅适用于杆塔高度低于 50m 的情况，对于超、特高压架空线路，须使用其他模型进行分析，例如电气几何模型法。

8-2-3　电气几何模型

20 世纪 60 年代中后期，开始应用电气几何模型（EGM）来分析避雷线的屏蔽作用。电气几何模型是以"闪击距离"r_s 的概念为基础的。所谓闪击距离就是雷电先导头部与被击物体间的临界击穿距离（以下简称为击距）。击距的大小与先导头部的电位有关，因而与先导通道中的电荷密度有关，后者又决定了随后出现的雷电流幅值，所以认为击距 r_s 是雷电流幅值 I_L 的函数。它有多种表达式，通常采用如下关系

$$r_s = 6.72 I_L^{0.8} \qquad (8-2-6)$$

式中：I_L、r_s 的单位分别为 kA 和 m。

该式没有考虑被击物体的形状和邻近效应等因素的影响，认为先导对杆塔、避雷线、导线的击距是相等的。实际上，输电线路两旁物体和地面的坡度等对击距的大小都有重要影响。

图 8-2-8 所示为分析避雷线屏蔽效果的输电线路绕击的电气几何模型。分别以避雷线 b 和导线 d 为圆心，以相应于某一雷电流幅值 I_{Li} 的击距 r_{si} 为半径作两圆弧 A_iB_i 和 B_iC_i，交于 B_i 点，再在离地高度为 r_{si} 处作一水平线 C_iD_i 与圆弧 B_iC_i 交于 C_i 点，由圆弧 A_iB_i、B_iC_i 和直线 C_iD_i 形成的曲线在沿线路方向组成一曲面，此曲面称为定位曲面。雷电流幅值为 I_{Li} 的先导到达定位曲面前，其发展不受地面物体的影响，仅当它下行到达定位曲面时才受地面物体的影响而定位。若 I_{Li} 的先导落在 A_iB_i 弧上，则雷电击向避雷线；若落在 B_iC_i 弧上，则将击向导线（即发生绕击）；若落在 C_iD_i 直线上，则将雷击大地。因此，由 A_iB_i 弧和 B_iC_i 弧组成的曲面分别称为避雷线和导线对雷击电流 I_L 的捕捉面，而水平面 C_iD_i 为地面的捕捉面。雷电先导落在某一物体的捕捉面上，雷就必然击中该物体，这是因为先导到该物体的击穿距离比到其他物体的距离为小的缘故。不同的雷电流幅值有不同的 r_s，所以可画出一系列的定位曲面。可以证明，A_iB_i 弧与 B_iC_i 弧交点的轨迹为导线与地线连线的垂直平分线（即图中直线 OK），B_iC_i 弧与 C_iD_i 直线的交点轨迹为一抛物线（即图中曲线 HC_iK），中垂线与抛物线将整个空间分为三部分，中垂线以上部分是击中地线区，中垂线与抛物线所包围的区域为击中导线区（即绕击区），抛物线以下部分是击中地面区。随着雷电流幅值的增大，B_iC_i 弧逐渐减小，雷电流幅值增大至 I_{LK} 时，B_iC_i 弧缩减为零，相当于 I_{LK} 的击距为临界击距 r_{sk}（见图 8-2-8），雷击时若雷电流大于 I_{LK} 值，则不可能发生绕击，故 I_{LK} 称为最大绕击电流。根据图 8-2-8 的几何关系求出临界击距 r_{sk} 后，即可由式（8-2-6）算得 I_{LK}。

下面用电气几何模型分析几种有关因素对绕击的影响。

如果减小保护角 α，即图 8-2-9 中避雷线位置由 b 改至 b'，则绕击区的上分界面将由 oK 变为 $o'k'$，这就缩小了绕击范围，提高了避雷线的保护效果。如采用负保护角，则绕击区的上分界面将变为 $o''k''$，绕击范围就更小了。

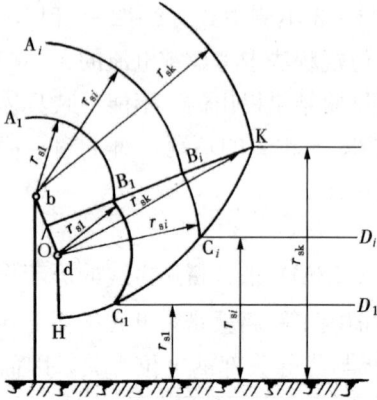

图 8-2-8 输电线路绕击的电气几何模型
b—避雷线；d—导线

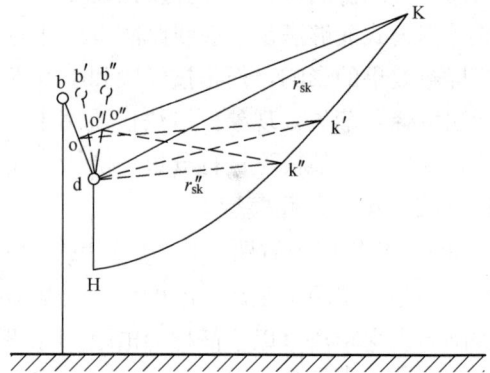

图 8-2-9 用电气几何模型分析影响
避雷线屏蔽效果的因素

由图 8-2-8 可知，在其他条件相同的情况下，若增加杆塔高度，则绕击区的上分界面 OB_1B_iK 和下分界面 HC_1C_iK 将分别向上和向下平移，以致使绕击范围加大，绕击率提高。

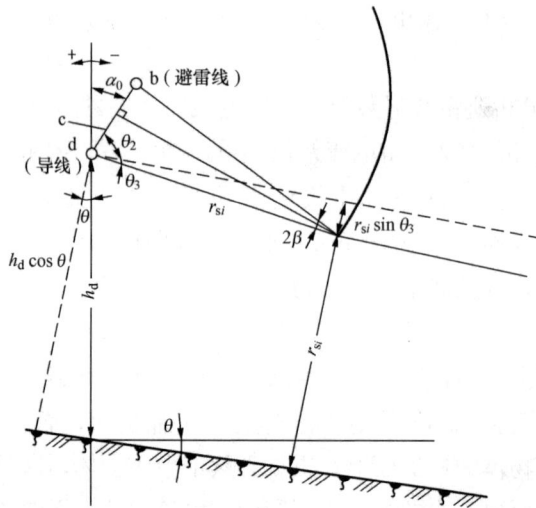

图 8-2-10 有效屏蔽的几何分析模型

现在来分析地面倾角对绕击的影响。设地面倾角为 θ，保护角 α 为负角，如图 8-2-10 所示。为实现有效屏蔽，即不发生绕击闪络的情况，按照 $r_{si} \geqslant r_{sk}$ 的条件进行分析。

根据几何学知识，可列出

$$-\alpha_0 + \theta_2 = 90° + \theta$$
$$\theta_2 + \theta_3 = 90° - \beta$$

消去上面两式中的 θ_2，得

$$-\alpha_0 = \theta + \beta + \theta_3 \tag{8-2-7}$$

但

$$r_{si}\sin\theta_3 = h_d\cos\theta - r_{si}$$

于是有

$$\theta_3 = \sin^{-1}\left(\frac{h_d\cos\theta}{r_{si}} - 1\right) \tag{8-2-8}$$

将式（8-2-8）代入式（8-2-7），即可求得有效屏蔽角 α_0 为

$$-\alpha_0 = \theta + \beta + \sin^{-1}\left(\frac{h_{\rm d}\cos\theta}{r_{si}} - 1\right) \qquad (8-2-9)$$

而

$$\beta = \sin^{-1}\left(\frac{c}{2r_{si}}\right) \qquad (8-2-10)$$

式中：c 为导、地线间的距离；$h_{\rm d}$ 为导线的高度。以上各式中的几何参数均为平均值。

由上述可知，电气几何模型法的优点在于它将雷电放电的特性同线路的结构尺寸联系起来，能够合理地解释雷电流大小、保护角、地面倾角、杆塔高度对输电线路绕击的影响，因而在许多国家得到推广应用。但该模型也存在一些不足之处，将在 14-2-1 节中有所叙述。

§8-3 避 雷 器

避雷器是与电气设备并联的一类保护装置，当过电压超过某一数值时，避雷器就动作，将过电压幅值限制到低于电气设备绝缘的耐压值，从而使设备得到保护。

目前使用的避雷器有保护间隙、管型避雷器、阀型避雷器和金属氧化物避雷器四种型式。

8-3-1 保护间隙

图 8-3-1 所示为 3、6kV 及 10kV 电网常用的角形保护间隙的示意图，其主间隙距离分别为 8、15mm 及 25mm，辅助间隙的距离分别为 5、10mm 及 10mm。主、辅间隙相串联，后者是为了防止前者因间隙距离小可能被意外短路而引起误动作。

在过电压下保护间隙击穿，工作母线接地，从而保护了设备。过电压消失后，由工频电压形成的工频电弧电流继续流过间隙（称为工频续流），角形间隙有利于工频电弧在电动力和上升气流的作用下向上运动被拉长而自熄。但其熄弧能力毕竟有限，一般不能使短路电弧自熄，在此情况下，为不使供电中断，保护间隙需与自动重合闸装置配合使用。

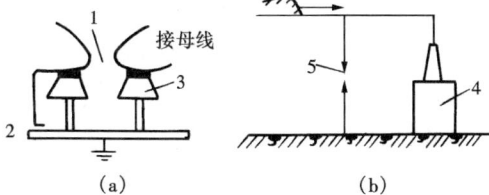

图 8-3-1 角形保护间隙

（a）结构；（b）与被保护设备的连接
1—主间隙；2—辅助间隙（为防止主间隙
被外界物体短路而装设）；3—绝缘子；
4—被保护设备；5—保护间隙

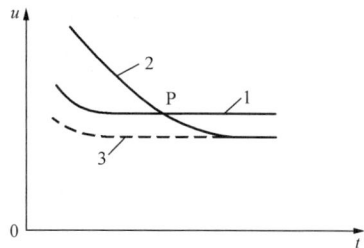

图 8-3-2 保护间隙与被保护
设备伏秒特性的配合

保护间隙除熄弧能力低以外，还有两个重要缺点：其一，它的伏秒特性比较陡（与线路绝缘的伏秒特性相似），如图 8-3-2 曲线 2 所示，而被保护设备绝缘的伏秒特性则较平坦，如图 8-3-2 中曲线 1 所示，这样，在陡波作用下不能保护设备。若将曲线 2 完全位于曲线 1

之下，即虚线 3 的位置，则又可能使保护间隙在内过电压，甚至在工作电压下动作使断路器频繁出现不必要的跳闸。总之，两者的伏秒特性难以实现理想的配合。其二，保护间隙动作后产生截波，对设备纵绝缘不利。此外，保护间隙放电分散性较大，且放电特性受大气条件的影响。保护间隙的结构简单、制造方便、价格低廉，但由于存在上述缺点，目前它仅用于 3～10kV 配网中一些不重要的场合。为防止不必要的误动作，保护间隙距离应在满足绝缘配合的条件下选用最大容许值。

8-3-2　管型避雷器

管型避雷器又称排气式避雷器，它实质上是一种具有较强熄弧能力的保护间隙，其结构原理如图 8-3-3 所示。它有两个相互串联的间隙，装在消弧管内的 S1 称为内间隙或灭弧间隙，其电极由一棒极和一圆环电极构成。消弧管的内层为产气管，它的材料为在电弧高温下能产生大量气体的纤维、乙烯塑料、有机玻璃或硬橡胶；消弧管的外层为胶木管，用以增强机械强度。为避免消弧管在高电压长期作用下加速老化或在管子受潮时发生沿面放电，安装时在大气中，装设一个棒间隙 S2，称为外间隙，以隔离工作电压，故又称隔离间隙，它与内间隙 S1 一起决定了避雷器的击穿电压。雷击时内、外间隙均被击穿，雷电流经间隙流入大地；过电压消

图 8-3-3　管型避雷器
1—产气管；2—棒形电极；
3—环形电极；4—工作母线；
S1—内间隙；S2—外间隙

失后，流经间隙的工频续流为管型避雷器安装处的短路电流，工频续流电弧的高温使产气管分解出大量气体，管内气压迅速升高，可达数十、甚至上百个大气压，气体从环形电极开口孔喷出，形成强力的纵吹，使工频续流在 1～3 个周波内某一次经过零值时被切断。管子的熄弧能力与工频续流大小有关，续流太大产气过多，管内气压太高将造成管子炸裂；续流太小产气过少，管内气压太低不足以熄弧，故管型避雷器切断工频续流有上、下限的规定，通常在型号中标明。例如 GXW$\dfrac{U_r}{I_{min}-I_{max}}$，G 代表管式；X 代表线路用；W 代表所用的产气材料为纤维；U_r 为管型避雷器的额定电压（kV 有效值），其数值与被保护电网的标称电压 U_n 相同；I_{max}、I_{min}（kA，有效值）是熄弧电流的上、下限。使用时必须核算安装处在各种运行情况下单相短路电流的最大值与最小值，使其分别小于和大于熄弧电流的上、下限。

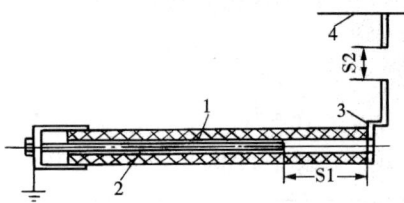

　　与保护间隙相比，管型避雷器虽有较强的熄弧能力，但仍具有保护间隙的其他缺点。此外，根据安装点短路电流，要选出一种合适的管型避雷器并不容易，运行维护也较麻烦。因此，管型避雷器只用于线路的保护，如大跨越和交叉档距以及发电厂、变电站的进线段保护，但目前已很少使用，而由线路型金属氧化物避雷器所取代。

8-3-3　阀型避雷器

阀型避雷器的基本元件为间隙和碳化硅电阻阀片（SiCR），为避免受外界因素的影响，它们被密封在瓷套内，如图 8-3-4 所示。在电力系统正常运行时，间隙将电阻阀片与作用电压隔开，以免电阻片长时间通过电流而被烧坏。间隙的冲击放电电压低于被保护设备绝缘的冲击耐压强度，当系统中出现的过电压幅值超过间隙的击穿电压时，间隙击穿，冲击电流经电阻阀片流入大地，在电阻阀片上产生降压（称为残压），若使其也低于被保护设备的冲击耐压，则设备就得到了保护。当过电压消失后，间隙在工作电压作用下产生的工频电流

（称为工频续流）将继续流过避雷器，此电流受电阻阀片
的限制，远小于雷电冲击电流，间隙能够在工频续流第
一次经过零值时将其切断。此后，依靠间隙的绝缘强度
能耐受电网恢复电压的作用而不会发生重燃。这样，避
雷器从间隙击穿到工频续流被切断不超过半个工频周期，
继电保护来不及动作，电网已恢复正常运行。

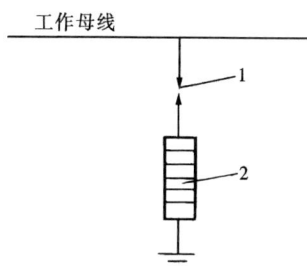

图 8-3-4　阀型避雷器原理示意图
1—间隙；2—电阻阀片

阀型避雷器有普通型和磁吹型两类。普通型又分为
配电型（FS 型）和电站型（FZ 型）两个系列，磁吹型
也有两种系列即旋转电机用的 FCD 系列和变电站用的
FCZ 系列。

一、普通阀型避雷器

1. 间隙

阀型避雷器的间隙采用若干个单元间隙相串联的结构，单元间隙的构成如图 8-3-5 所
示，它由两个压制的黄铜电极被云母垫圈隔开，形成极间距离为 0.5～1.0mm 的间隙。间

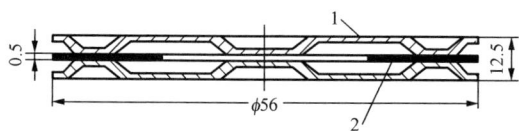

图 8-3-5　普通阀型避雷器单元间隙
1—黄铜电极；2—云母垫圈

隙的放电区电场很均匀，加之冲击电压作用
时云母垫圈与电极之间的空气缝隙中发生电
晕，对间隙的放电区产生照射作用，从而缩
短了间隙的放电时间，故其伏秒特性较平坦
且分散性较小。避雷器动作后，工频续流电
弧被许多单元间隙分割成许多段短弧，利用
短间隙的冷阴极近极效应，使间隙发挥自然熄弧能力将电弧熄灭。我国生产的 FS 和 FZ 型
避雷器，当工频续流分别不大于 50A 和 80A（幅值）时，能够在续流第一次过零时使电弧
熄灭。

2. 电阻阀片

电阻阀片的作用，是指在雷电冲击电压作用下避雷器间隙动作后不会产生截波，以及限
制工频续流，使间隙能在续流第一次过零时将其切断。为了限制续流希望电阻值取大些，但
电阻值太大，冲击电流流过电阻片时产生的残压也大，
为了降低残压，又要求将电阻值取小一些，这样，要
同时满足这两个相互矛盾的要求，必须采用非线性电
阻，使阀片的阻值随流过的电流大小而变，其静态伏
安特性如图 8-3-6 所示，可用计算式表示为

$$u = ci^\alpha \qquad (8-3-1)$$

式中：c 为取决于电阻阀片的材料及尺寸的常数；α 为
非线性系数，普通型电阻阀片 α 一般在 0.2 左右，α 愈
小说明电阻阀片的非线性程度愈高，性能愈好。

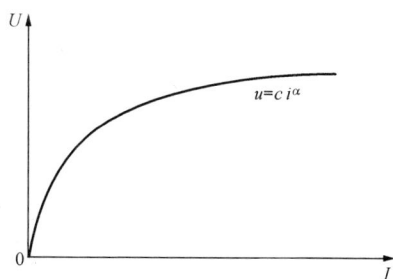

图 8-3-6　电阻阀片的静态伏安特性

此类非线性电阻阀片由碳化硅（SiC）和结合剂烧结而成，呈圆盘状，其直径为 55～
100mm，厚度为 20～30mm。由于它具有使雷电流顺利地流过，而阻止工频续流流过，如同
阀门的特性，故通常将此电阻片称为阀片。我国生产的用于普通型的电阻阀片是在低温
（300～350℃）下焙烧的，称低温电阻阀片，虽然其非线性系数低（约为 0.2），但通流容量

较小。

3. 间隙并联电阻

阀型避雷器各单元间隙的电容相串联，各电极对地及周围物体有寄生电容，它们形成一电容链式电路，使间隙上的电压分布不均匀，以致避雷器动作后每个单元间隙上的恢复电压的分布既不均匀也不稳定，从而降低了避雷器的熄弧能力，其工频放电电压也将降低和不稳定。

为了解决这个问题，间隙上并联了分路电阻，如图 8-3-7（a）所示。FS 型避雷器串联的单元间隙数少，故无并联电阻。对于 FZ 型，每四个单元间隙组成一组，每组并联一个分路电阻，如图 8-3-7（b）所示。在工频电压和恢复电压作用下，间隙电容的阻抗很大，而分路电阻阻值较小，故间隙上电压分布均匀，从而提高了熄弧能力和工频放电电压。在冲击电压作用下，由于冲击电压的等值频率很高，间隙电容的阻抗小于分路电阻，间隙上的电压分布主要取决于电容分布，由于间隙对地和瓷套寄生电容的影响，使电压分布很不均匀，因此其冲击放电电压较低，冲击系数一般为 1 左右，甚至小于 1。

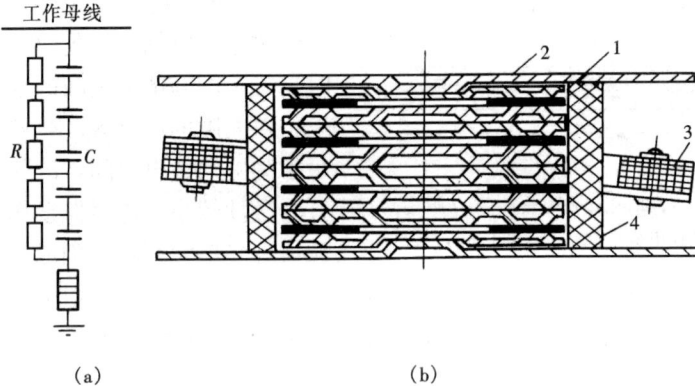

图 8-3-7　在间隙上并联分路电阻
（a）原理图；（b）标准火花间隙图（普通阀型避雷器）
1—单元间隙；2—黄铜电极；3—半环形分路电阻；
4—瓷套筒；C—间隙电容；R—并联电阻

在工作电压作用下，分路电阻中将长期有电流流过，因此分路电阻必须有足够的热容量，通常也采用非线性电阻，其非线性系数 α 约为 0.35～0.45。

由于普通阀型避雷器没有采取强迫熄弧的措施，完全靠间隙的自然熄弧能力，且其阀片的热容量有限，不能承受较长时间的内过电压冲击电流的作用，因此此类避雷器通常不容许在内过电压下动作，目前只用于 220kV 以下系统作为限制大气过电压用。

二、磁吹（阀型）避雷器

磁吹避雷器的火花间隙也是由许多单元间隙串联而成，利用磁场力使电弧运动来加强去电离以提高间隙的熄弧能力。

磁吹火花间隙常用的有电弧旋转型和电弧拉长型两种。

电弧旋转型磁吹间隙的结构示意图如图 8-3-8 所示，其间隙的一个电极为圆盘，另一电极为与其同心的圆环，两电极之间形成圆环形气隙，磁场由永久磁铁产生，电弧在外磁场力作用下沿圆环形间隙高速旋转，使电弧冷却，提高熄弧能力，它能可靠切断 300A（幅值）

的工频续流。

电弧拉长型间隙又称限流式磁吹间隙,其单元间隙的基本结构如图8-3-9所示。间隙由一对羊角状电极组成,装在由陶瓷或云母玻璃材料制成的灭弧盒内。工频续流电弧在电磁力作用下被拉入灭弧盒的狭缝及其锯齿形的灭弧栅中,如图8-3-9中虚线所示,其电弧的最终长度可达起始长度的数十倍,熄弧能力很强,可切断450A左右的续流。

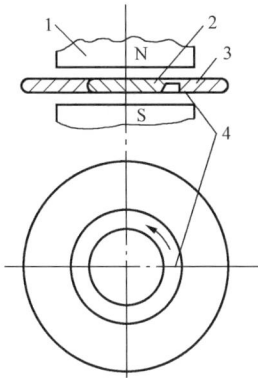

图8-3-8 旋转型磁吹间隙结构示意图
1—永久磁铁;2—内电极;
3—外电极;4—电弧

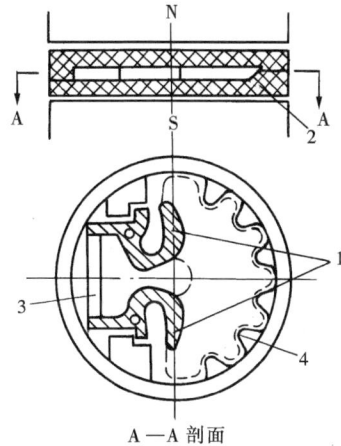

图8-3-9 限流式磁吹间隙
1—角状电极;2—灭弧盒;
3—并联电阻;4—灭弧栅

磁吹避雷器的磁场是由与间隙串联的线圈所产生,其原理接线如图8-3-10所示。为避免雷电流在线圈上产生很大压降,而使避雷器的保护性能变坏,在磁吹线圈两端并联一辅助间隙,在冲击过电压作用下,主间隙被击穿,放电电流在磁吹线圈上的压降使辅助间隙击穿,将线圈短接,使避雷器的残压不致增大。

磁吹避雷器采用通流容量大的高温阀片电阻,它的非线性系数较普通型的略高,α值约为0.24。

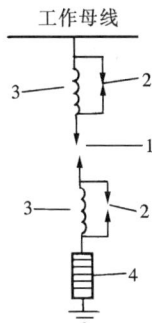

图8-3-10 磁吹避雷器的结构原理
1—主间隙;2—辅助间隙
3—磁吹线圈;4—电阻阀片

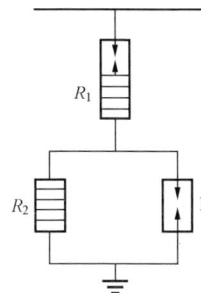

图8-3-11 复合型磁吹
避雷器原理图

在超高压电网中,某些情况下要求避雷器对雷电过电压及内部过电压都能起防护作用,此时需采用复合型磁吹避雷器,其基本原理如图8-3-11所示。它在结构上多了一个并联间隙。在内过电压作用下，当通过可能的最大内部过电压电流时，并联间隙不得动作，此时由 SiC 电阻片（SiCR）R_1 和 R_2 共同吸收过电压的能量并限制工频续流，所以，它动作后能在较高工频电压下熄弧。当雷电过电压作用时，阀片上残压高，并联间隙击穿，将一部分阀片短接，使雷电残压降低，从而达到对雷电过电压和内部过电压都能限制的目的。

三、阀型避雷器的电气参数

阀型避雷器有如下主要电气参数。

（1）额定电压：是指避雷器能在工频续流第一次过零值时可靠熄灭电弧的条件下，允许加在避雷器上的最大工频电压。额定电压应不低于避雷器安装点可能出现的最大暂时过电压，否则避雷器将因不能熄灭续流电弧而损坏。

（2）冲击放电电压：分为雷电冲击放电电压和操作冲击放电电压两类，因间隙放电的分散性，放电电压具有上下限值。对额定电压为 220kV 及以下的避雷器，指的是在标准雷电冲击波下的放电电压（幅值）的上限。对于 330kV 及以上超高压避雷器，除了雷电冲击放电电压外，还包括在标准操作冲击波下的放电电压（幅值）的上限。

（3）工频放电电压：是指在工频电压作用下避雷器发生放电的电压值。工频放电电压也有上下限值，因为一般不容许普通阀型避雷器在内过电压下动作，以免损坏。所以，工频放电电压的下限值，应高于避雷器安装点可能出现的内部过电压值。

（4）残压：是指波形为 $8/20\mu s$ 的一定幅值的冲击电流通过避雷器时在阀片电阻上产生的电压峰值。我国标准对通过避雷器的冲击电流幅值规定为 220kV 及以下避雷器取 5kA，330kV 及以上避雷器取 10、20kA。

此外，用来评价阀型避雷器性能还有如下技术指标。

（1）保护水平：是指避雷器上可能出现的最大冲击电压的峰值。我国和国际标准都规定以残压、标准雷电冲击（$1.2/50\mu s$）放电电压、陡波放电电压除以 1.15 后所得电压值，三者中的最大值作为该避雷器的保护水平。避雷器的保护水平应低于被保护电气设备的绝缘水平，且需有一定的安全裕度。

（2）冲击系数：是指避雷器冲击放电电压与工频放电电压幅值之比。一般希望此值接近于 1，这样避雷器的伏秒特性比较平坦，有利于绝缘配合。

（3）切断比：是指避雷器的工频放电电压（下限）与额定电压之比。这是体现间隙熄弧能力的一个技术标准。切断比越近于 1，说明间隙的熄弧能力越强。

（4）保护比：是指避雷器残压与额定电压幅值之比。保护比越小，说明残压越低或灭弧能力越强，因而保护性能越好。

碳化硅阀型避雷器的电气特性见附表 3～附表 5。

8-3-4　金属氧化物避雷器

一、金属氧化物电阻片

20 世纪 70 年代初出现了金属氧化物避雷器（MOA），其核心元件是金属氧化物电阻片（MOR），它的主要成分是 ZnO（约占 90%），其余为少量的氧化铋、氧化锰、氧化钴、氧化铬、氧化锑以及微量金属玻璃粉，经混料、造粒、成型，在 $1100\sim1200℃$ 高温下烧结制成。

MOR 的微观结构主要是由 ZnO 晶粒和包围它的晶界层组成。ZnO 晶粒的平均直径为 $10\mu m$，因内部熔有钴、锰等杂质，其电阻率很小，约为 $1\Omega\cdot cm$。晶界层以氧化铋（Bi_2O_3）

为主，厚度为 $0.1\sim0.2\mu m$，在低电场强度下，其电阻率为 $10^{10}\sim10^{14}\Omega\cdot cm$，电场强度增大时晶界层中的价电子被拉出，或者由于碰撞电离产生电子崩，使带电粒子大量增加，电阻率降低，当电场强度达 $10^4\sim10^5V/cm$ 时，电阻率可降到 $1\Omega\cdot cm$ 以下，电场强度降低时电阻率又变大。晶界层的介电常数与制作工艺有关，在低电场强度时，ε_r 为 $500\sim1200$。

MOR 的等值电路如图 8-3-12 所示。图中 R_1 和 C 分别为晶界层的非线性电阻和电容，L 是 MOR 电流路径的电感，R_2 为 ZnO 晶粒的电阻。

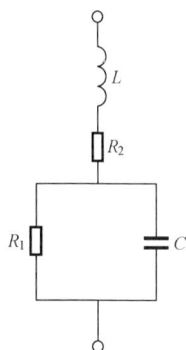

图 8-3-12　MOR 的等值电路

二、MOR 的 U-I 特性

在运行电压下流过 MOR 的电流由阻性电流 I_r 和容性电流 I_c 组成。MOR 的 U-I 特性如图 8-3-13 所示。图中阻性分量的 U-I 特性曲线被划分为三个区段。

（1）小电流区（1 区）。在该区段，晶界层为高电阻层，阻止电子在 ZnO 晶粒间移动。由于发热引起热电子发射，使通过 MOR 的电流稍有增加，而电场所起的作用较小。在本区，MOR 的非线性系数 α 较大，为 $0.1\sim0.2$，温度系数为负值，在 $-40\sim100℃$ 范围内，约为 $-0.05\%/℃$。温度对该区段的特性影响很大，温度愈高，电子能量愈大，它们通过高电阻层愈容易。

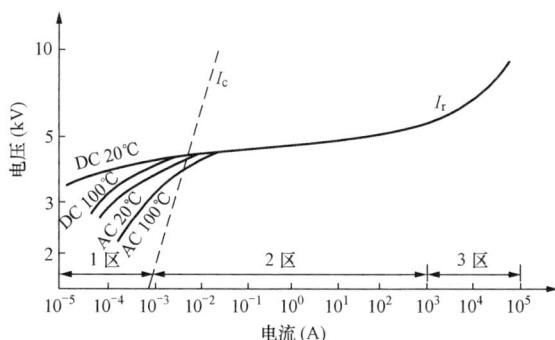

图 8-3-13　MOR 的 U-I 特性

（2）非线性区（2 区）。本段 U-I 特性的非线性特性优异，是限制冲击电压升高的工作区，即 MOR 的保护特性区（残压区），其 U-I 特性仍可用计算式表示为

$$U = CI^\alpha$$

式中非线性系数 α 与电流密度有关，一般在 $0.01\sim0.04$ 范围内，与理想值 $\alpha=0$ 很接近。在此区段，MOR 具有很小的正温度系数，电压随温度变化不大，这有助于改善 MOR 并联运行时电流的分布。

（3）大电流区（3 区）。在该区内，晶界层的作用很小，主要是 ZnO 晶粒的固有电阻起作用。特性曲线上翘，非线性特性变差，电流与电压呈近似线性关系。

电网中有时会出现特大电流，例如近区雷击，雷电流幅值高达 $50\sim100kA$，在此情况下，MOR 不应损坏。

由于 MOR 具有优异的 U-I 特性，在电网正常运行时，流过 MOR 的电流极小，约为 $0.1\sim0.2mA$，不会烧坏 MOR，无需串联间隙来隔离工作电压。因此，20 世纪 70 年代末我国开始生产交流系统无间隙金属氧化物避雷器（WGMOA），现已成为电力系统广泛使用的过电压防护装置。

三、WGMOA 的热稳定

MOR 长期承受电网运行电压作用，又多次经受过电压、大电流的冲击，使 MOR 的非线性特性变坏，有功电流增大，MOR 的发热量随之增加。因为是负温度系数，温度升高使有功电流更大，温度越来越高，当发热量超过散热能力时，就发生热崩溃。运行经验表明，大量 WGMOA 的损坏是由于热崩溃造成的。反之，WGMOA 在动作负载之后温度升高，但随后在规定的环境温度及持续运行电压下其 MOR 的温度能随时间而降低，则称此 WG-MOA 是热稳定的。

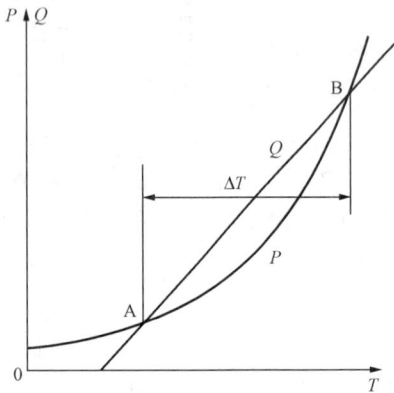

图 8 - 3 - 14　WGMOA 的热平衡示意图

热稳定可用热平衡图来分析，如图 8 - 3 - 14 所示。在某一运行电压下，MOR 流过的有功电流和吸收的辐射能（如太阳光照射）所产生的热量 P 与温度 T 呈非线性关系，而某一环境温度下 WGMOA 的散热量 Q 也是温度 T 的函数，它决定于 WGMOA 的结构和各组成部分的热物理性能。在一定的运行电压范围和环境温度范围内，曲线 P - T 和 Q - T 有两个交点，分别称为稳定工作点（A 点）和稳定极限点（B 点），这两点对应的横坐标之差值 ΔT 称为极限温升。电网正常运行时，WGMOA 处于热平衡状态（图 8 - 3 - 14 中 A 点），一旦电网出现过电压使 WGMOA 动作，其 MOR 便吸收过电压能量而升温，若温升小于 ΔT，则过电压消失后 WGMOA 能够恢复到小电流区工作；若温升超过 ΔT，则 MOR 的温度将持续升高，最终发生热崩溃。因此，热稳定是 WGMOA 的一个很重要的性能。

四、WGMOA 的基本电气参数

为了 WGMOA 自身安全和被保护电气设备安全，需要通过各种试验确定它的电气参数，以表征它适应电网运行的能力。

1. 额定电压 U_r

WGMOA 的额定电压是指在承受规定的雷电冲击或操作冲击后仍能耐受 10s 的最高工频电压有效值，而其特性基本不变，不会发生热崩溃。此电压是与热负载有关的量，是决定 WGMOA 各种特性的基准参数。

2. 持续运行电压 U_c

持续运行电压是指允许持久地施加在 WGMOA 端子间的工频电压有效值。其数值一般等于或大于系统最大工作相电压，通常，U_c 与 U_r 的关系为 $U_r \approx 1.25U_c$，或 $U_c \approx 0.8U_r$。

3. 参考电压 U_{ref}

参考电压分工频参考电压和直流参考电压。工频参考电压是指，当 WGMOA 通过工频参考电流时，在 WGMOA 上测得的工频电压最大峰值除以 $\sqrt{2}$。工频参考电流是指通过 WG-MOA 工频电流阻性分量的峰值，该值由制造厂规定；直流参考电压是指 WGMOA 通过直流参考电流时，在 WGMOA 上测得的直流电压平均值。直流参考电流是指通过 WGMOA 的直流电流平均值，该值由制造厂规定，通常取 1～5mA。参考电压应在 U - I 特性曲线从小电流区进入非线性区的拐点之下（接近于拐点），故可称为拐点电压，也可称为起始动作电压。

4. 残压 U_{res}

残压是指 WGMOA 通过规定波形及幅值的冲击电流时，在其两端间呈现的最大电压峰值，可分为雷电冲击残压、操作冲击残压、陡波冲击残压。

WGMOA 的电气特性见附表 6～附表 9。

五、评价 WGMOA 的指标

1. 保护水平

WGMOA 的雷电保护水平是指陡波冲击电流（$1/10\mu s$）下残压除以 1.15 与雷电冲击电流（$8/20\mu s$）下残压相比较，取其中的较大者；操作保护水平是指操作冲击电流（$30/60\mu s$）下的残压。保护水平愈低，其保护性能愈好。

2. 压比

WGMOA 在标称放电电流下的残压与参考电压峰值之比。压比越小，表示非线性越好，流过大电流时的残压越低，保护性能越好。目前，此值约为 1.6～1.8。

3. 荷电率

WGMOA 的持续运行电压幅值与直流参考电压之比值。它是表征 MOR 上电压负荷程度的一个参数。荷电率愈高，说明 WGMOA 愈能在靠近"拐点"区长期工作，相应地其残压较低，保护性能好。但因阀片电压负荷高，易老化，使用寿命相对缩小。通常，荷电率取为 50%～90%。在中性点非有效接地系统中，因单相接地时健全相电压升高较大，通常取较低的荷电率，对于中性点有效接地系统则采用较高的荷电率。

4. 保护比

标称放电电流下的残压与持续运行电压峰值的比值，或压比与荷电率之比，即

$$保护比 = \frac{标称放电电流下残压}{持续运行电压峰值} = \frac{压比}{荷电率}$$

很显然，降低压比或提高荷电率均可降低保护比。其数值越小，则 WGMOA 的保护性能越好。目前国内外产品的保护比为 1.4～1.55。

5. 额定能量

它表示 WGMOA 吸收过电压的能力。WGMOA 的能量能力与放电持续时间、电流幅值以及放电次数等参数有关，且按不同的试验程序测试会得出不同的结果。按 IEC 规定，将联合动作负载试验中 2 次长线释放的能量定为其吸收过电压的能力，用能量资源（kJ）或比能量 $[kJ/(kV \cdot U_r)]$ 计量，例如 Y1OW 型 420～468kV 的能量资源为 8kJ/$(kV \cdot U_r)$。该值越大，产品的通流能力就越大。

六、WGMOA 的新技术要求

为了较全面地了解和评价避雷器的电气性能，也是运行分析的需要，避雷器应有下列特性参数。

1. 安秒（I-t）特性

WGMOA 通过型式试验确定它所具有的能量资源（kJ）值或比能量 $[kJ/(kV \cdot U_r)]$ 值，投入运行后，在长期运行电压和多次内、外过电压作用下，其 MOR 逐渐老化、不断消耗能量资源。研究结果表明，通过 MOR 的电流平均值对数与破坏时间平均值对数成线性关系，即

$$\lg I + \lg t = 常数$$

由此说明，WGMOA 的能量资源值在运行中随时间而下降，当能量资源消耗尽时，就认为 WGMOA 服役期满，该退出运行了。

2. 伏秒（U-t）特性

上面介绍过 WGMOA 额定电压（U_r）的定义，是 MOR 预注入规定能量后在持续时间 10s 内能耐受的工频电压。因电网中发生的暂时过电压，其幅值和持续时间是多种多样的，所以仅定义 10s 的 U_r 是很不够的。国外许多生产厂都向用户提供工频电压耐受时间（U-t）特性，这对保证 WGMOA 在电网中安全运行是很重要的。

3. 伏安（U-I）特性

按传统方法说明 WGMOA 的保护水平时，只提供波形为 $1/10\mu s$ 和 $8/20\mu s$ 雷电冲击电流的残压以及操作冲击电流（$30/60\mu s$）的残压，实际上，通过 WGMOA 的冲击电流幅值、陡度和残压都具有统计性，没有 U-I 特性则难以评估被保护设备的安全可靠性。国外许多生产厂家都提供雷电冲击电流 3～40kA 和操作冲击电流 250～2000A 范围的残压值。IEC 和我国国标都规定应向用户提供雷电冲击电流和操作冲击电流的 U-I 特性，以满足 WGMOA 与被保护设备绝缘配合和评估被保护设备安全可靠性的需要。

在高频（5～15MHz）操作过电压 VFTO 作用下，WGMOA 的 U-I 特性显著高于标准规定的雷电过电压水平，又因陡度很大，WGMOA 与被保护设备之间电压差也很大，所以 WGMOA 防护 VFTO 的作用很小，需改进 WGMOA 的 U-I 特性和采取其他防护措施。

七、WGMOA 与 SiCA 对比

（1）WGMOA 省去了串联间隙，解决或改善了 SiCA 因串联间隙引起的一系列问题，如污秽、内部气压变化使间隙放电电压不稳定，陡波响应特性差等。

（2）在电网工作电压下，通过 SiCR 的工频续流可达 100～400A，它不仅要吸收过电压的能量，还要吸收工频续流的能量。WGMOA 因无续流，只需吸收过电压的能量，动作负载轻，所以在大电流长时间重复冲击后特性稳定。

（3）WGMOA 保护特性优越，虽在 10kA 下其残压与 SiCA 相差不多，但 MOR 具有优异的非线性 U-I 特性，还有进一步降低残压的潜力。其次，SiCA 只在间隙放电后才开始泄放过电压能量，而 WGMOA 在过电压的全过程中都流过电流，吸收过电压能量，抑制过电压发展。由于 WGMOA 没有间隙的放电时延，在陡波下伏秒特性的上翘比 SiCA 的低得多，因而陡波响应特性得到显著改善。

此外，在 MOR 伏安特性的非线性区，它具有很小的正温度系数，因而可忽略温度变化对其保护特性的影响。

（4）MOR 单位面积通流容量要比 SiCR 的大 4～4.5 倍，又无串联间隙烧伤的制约，因此可用来限制操作过电压。

（5）由于无间隙且通流容量大，使 WGMOA 结构简单，体积小、质量轻，运行维护方便。

与 SiCA 相比，WGMOA 具有许多优点，发展潜力很大。目前 MOA 已取代 SiCA，由于无续流，也可使用于直流输电系统。

但 WGMOA 长期承受电网运行电压和暂时过电压（TOV），引起功率损耗，发热老化，使其 MOR 特性变坏而存在热稳定问题，并成为 WGMOA 大量损坏的主要原因。

WGMOA 损坏率高是由于设计的持续运行电压 U_c 偏低，经改进和提高 U_c 后，事故率降低了，因为 U_c 决定 WGMOA 的 MOR 数，U_{res} 随 U_c 提高而增大，保护水平变差。解决这一问题的办法是 MOR 串联间隙，隔离电网运行电压，以达到降低 MOA 在大电流时的残压

而不增加 MOR 荷电率的目的。

八、有间隙金属氧化物避雷器

有间隙金属氧化物避雷器（GMOA），按间隙结构不同分为内串间隙和外串间隙两类。内串间隙又分带并联电阻和不带并联电阻两种。

1. 新型 GMOA

SiC 非线性并联电阻间隙具有很高承受电网电压能力，MOR 具有十分优良的保护水平，将它们组合起来，即构成带非线性并联电阻间隙金属氧化物避雷器，简称新型 GMOA，如图 8-3-15 所示。由于 SiCR 与 MOR 共同承担导线对地稳态电压，且当 TOV 升高时，SiCR 阻值下降比 MOR 慢，SiCR 将分担大部分 TOV，所以新型 GMOA 工频放电电压高，耐受 TOV 能力强（比 WGMOA 耐受 TOV 能力可提高 50%），使用寿命长。

在相同额定电压下，新型 GMOA 需要的非线性并联电阻间隙数比 SiCA 的少，MOR 数比 WGMOA 的少，因此，其冲击放电电压比 SiCA 的低，残压比 WGMOA 的低。

新型 GMOA 动作时，并联电阻被间隙短接，只有 MOR 吸收过电压能量，其阻值因发热而减小，通流急剧增大。过电压消失后，间隙立即截断工频续流，投入冷状态的并联电阻，降低了 MOR 上电压和消耗功率，从而提高了新型 GMOA 耐受短波大电流和长波电流的能力。

此外，新型 GMOA 还有陡波响应快的优点。

2. 内串间隙 GMOA

内串间隙不带并联电阻，它对电网运行电压和 TOV 起隔离作用。内串间隙距离的选取，要满足在 TOV 下不动作，而允许在操作过电压下动作的要求。至于在操作过电压下放电有分散性，只要绝缘配合允许，可不予考虑。内串间隙长期承受电网运行电压和 TOV，所以其结构不仅要满足工频放电电压和冲击放电电压的要求，还需注意间隙结构的绝缘性能。内串间隙 GMOA 适用于中性点有效接地的中压系统。

3. 外串间隙 GMOA

这种型式 GMOA 由 MOA 外串间隙组成，如图 8-3-16 所示。在电网正常运行时，MOA 不承受电网电压，只是在外串间隙放电短路时才短时间承受电网电压，这就大大减轻了 MOA 负担。外串间隙隔离了电网电压，因而可延长其使用寿命。

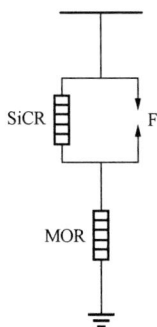

图 8-3-15 新型 GMOA 原理图   图 8-3-16 500kV 外串间隙 MOA 悬挂安装

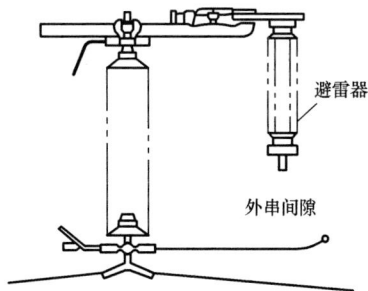

外串间隙 GMOA 的缺点是间隙放电分散性大，但只要在内过电压下放电电压值满足绝缘配合要求，就不影响对内过电压的防护。

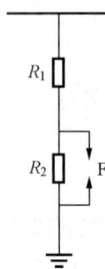

图 8-3-17　并联间隙
MOA 的原理图

除了串联间隙外，也可采用并联间隙，达到大幅度降低在大电流下残压而不增加 MOR 荷电率的目的。图 8-3-17 所示为并联间隙 MOA 的原理图，图中 R_1、R_2 均为 MOR 电阻片，F 为并联间隙，在正常运行时，由 R_1 和 R_2 共同承担电网工作电压，荷电率较低，泄漏电流很小。当雷电或操作过电压作用时，流过 R_1 和 R_2 的电流迅速增加，当 R_2 上残压达到某一值时，F 被击穿，R_2 被短接，MOA 上残压仅由 R_1 决定，从而降低了残压，也即降低了压比，例如由无间隙时的压比 2.0～2.2 降低到 1.6～1.8。

这种带并联间隙 MOA 适用于弱绝缘设备（如电机类）的保护。

8-3-5　避雷器电气特性参数选择

一、WGMOA 电气参数选择的步骤和要求

（1）计算或实测避雷器安装处长期最大工作电压。安装于相地之间的避雷器，该电压为安装处最大相电压 $\frac{U_m}{\sqrt{3}}$。变电站是送端、受端还是中间变电站，最大相电压是不同的。此外，还要考虑不同运行方式可能出现的不利条件，例如，安装在开关线路侧，开关经常断开而线路又与另一端电源连接。确定安装处长期的最大工作电压后，使所选避雷器的持续运行电压 U_c 大于或等于所确定的最大工作电压。通常，$U_c = 1.05$ 倍最大工作相电压。

（2）确定避雷器安装处的短时电压升高 U_{TOV}，选择避雷器的额定电压（U_r）大于或等于此电压。

对于相地避雷器，安装处的短时电压升高的计算式为

$$U_{TOV} = \alpha\beta\frac{U_m}{\sqrt{3}} \tag{8-3-2}$$

式中：α 为接地因数；β 为考虑发电机甩负荷和空载线路电容量效应引起电压升高的因数；U_m 为避雷器安装处的长期最大工作线电压。

发生单相接地时，接地因数 α 的计算式为

$$\alpha = \left[\frac{\left(1.5 \times \frac{x_0}{x_1}\right)^2}{\left(\frac{x_0}{x_1} + 2\right)^2} + \frac{3}{4}\right]^{\frac{1}{2}} \tag{8-3-3}$$

式中：x_0 和 x_1 是从接地点看进去的零序电抗和正序电抗。计算 α 时应取不同运行方式下 x_0/x_1 的最高值。

据式（8-3-2）算得 U_{TOV}，然后按 $U_r \geqslant U_{TOV}$ 的要求选择避雷器的额定电压。

例如，某 220kV 中性点有效接地系统，$\frac{x_0}{x_1} \leqslant 3$，取最高值，即 $\frac{x_0}{x_1} = 3$，代入式（8-3-3），求得 $\alpha = 1.25$，取 $\beta = 1.1$，$U_m = 1.15U_n$，代入式（8-3-2）得

$$U_{TOV} = 1.25 \times 1.1 \times 1.15 \times \frac{U_n}{\sqrt{3}} = 200(kV)$$

即避雷器的额定电压 U_r 可选为 200kV，其型号为 Y10W5-200/520 的 WGMOA，其 $U_c = 156kV$，大于系统最大工作相电压 146kV。

又如，某中间变电站 220kV 母线，在最不利运行方式下 $\frac{x_0}{x_1} \leqslant 2$，即 $\alpha = 1.146$，母线上最大工作线电压 242kV，考虑 $\beta - 1.1$，则 $U_{TOV} = 176kV$，可选用型号为 Y10W5 - 192/500 的 WGMOA。

（3）验算通流容量。对于 220kV 及以下电网，ZnO 避雷器的通流能力远大于 SiC 阀型避雷器，一般无需验算，对大容量电容器组和 330kV 及以上电网，需要进行估算或专门计算。

避雷器能够承受的能量用 2ms 方波来衡量，该能量为

$$W_1 = I_b U_{rl} t$$

式中：I_b 为 2ms 方波电流的幅值；U_{rl} 为通过电流 I_b 时的残压；t 为方波持续时间（2ms）。

在运行中，避雷器可能吸收的过电压能量，可表示为

$$W_2 = \int_0^\tau i_b(t) u_{rl}(t) \mathrm{d}t$$

式中：$i_b(t)$ 和 $u_{rl}(t)$ 分别为在过电压作用下避雷器动作后流过它的电流和残压；τ 为过电压作用时间。

为使避雷器安全运行，W_1 应大于或等于 W_2。

（4）避雷器残压与被保护设备绝缘水平的配合。避雷器标称放电电流下的残压，不应大于被保护设备（旋转电机除外）标准雷电冲击全波耐受电压的 71%。

（5）标称放电电流的选择。标称放电电流是用来划分避雷器等级的、具有 8/20μs 波形的放电电流峰值。避雷器使用导则规定：3～220kV 系统用 5kA；330kV 系统选用 10kA；500kV 系统变电站有两组及以上避雷器时，每组选用 10kA，只有一组时选用 20kA。

二、串联间隙 GMOA 的校验

图 8-3-15 串联间隙 GMOA 的伏安特性如图 8-3-18 所示。在正常运行时，避雷器上有最大工作相电压 $\frac{U_m}{\sqrt{3}}$ 作用，这时 MOR 上的电压 U_g 不应超过其持续工作电压 U_c，在

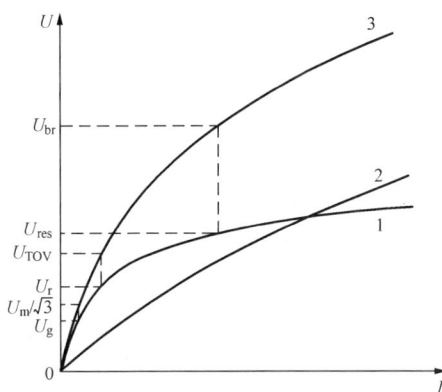

图 8-3-18 串联间隙 GMOA 避雷器伏安特性
1—MOR 电阻片伏安特性；2—并联电阻伏安特性；3—避雷器伏安特性

雷电过电压下，GMOA 的击穿电压 U_{br} 和 MOR 的残压 U_{res} 应能与被保护设备的雷电冲击绝缘水平相配合。

§8-4 接 地 装 置

8-4-1 接地装置和接地

接地装置由接地体和接地引下线两部分组成。埋入地中直接与土壤接触的金属导体称为接地体（极）；电力系统或电气设备的某部分与接地体连接的金属导体称为接地引下线（接地线）。

接地装置是电力系统完成发电、输电、供电的必备电气设施，在设计、施工、运行维护

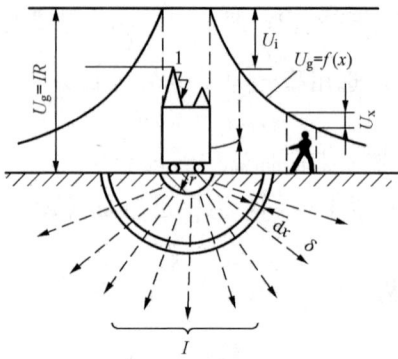

图 8-4-1　半球接地体地中散流及
地面电位分布

中都应重视使接地装置具有良好的接地性能，这是电力系统安全可靠运行的重要保证。

大地具有一定的电阻率，电流经接地体注入大地后以电流场的形式向四处扩散，如图 8-4-1 所示。设均匀土壤的电阻率为 ρ，地中电流密度为 δ，则地中电场强度为 $E=\rho\delta$，离电流注入点愈远，δ 愈小，在无穷远处，δ 及 E 皆为零，该处的电位也为零。实际上，在离接地体较远处，已接近零电位，此处就是电气上的"地"，接地是指借助接地装置，通过大地与地中零电位处连接。

电力系统中的接地，按其作用分为工作接地、保护接地及防雷接地三种。

电力系统或电气设备因正常工作的需要，将电路的某点接地，称为工作接地。如三相变压器中性点接地、双极高压直流输电中性点接地等。

为避免电气设备外壳带电造成触电事故，将设备外壳或构架接地，以保证人身安全，这种接地称为保护接地（安全接地）。保护接地要满足电气设备绝缘损坏使外壳带电时，流过保护接地的故障电流可使相应的保护装置动作，切除已损坏的设备，或使外壳电位在安全值以下。

为避免雷电的危害，电力系统中的避雷针、避雷线、避雷器等防雷装置必须有良好的接地装置，引导雷电流散入大地，这种接地称为防雷接地。

接地装置按流散电流种类不同，可分直流接地装置、交流接地装置及冲击接地装置三种。直流接地装置长期通过较大的工作电流，发热、腐蚀、干扰等问题很突出，与交流接地、冲击接地相比，有其特有的要求，在此，不讨论直流接地问题。

图 8-4-1 中半径为 r 的半球接地体有入地电流 I 流散大地时，离球心 x 处对土壤中无穷远处（地）的电位 u_g 为

$$u_g = \int_x^\infty E\,\mathrm{d}x = \int_x^\infty \frac{\rho I}{2\pi x^2}\mathrm{d}x = \frac{\rho I}{2\pi x} \qquad (8\text{-}4\text{-}1)$$

接地体电位 $U_g\left(=\dfrac{\rho I}{2\pi r}\right)$ 与入地电流 I 之比称为接地体的接地电阻（接地阻抗）。半球接地体的接地电阻 R 为

$$R = \frac{U_g}{I} = \frac{\rho}{2\pi r} \qquad (8\text{-}4\text{-}2)$$

半球接地体的接地电阻也可由包围在接地体外面的厚度为 $\mathrm{d}x$ 的半球薄壳土壤电阻串联求得，即

$$R = \int_r^\infty \frac{\rho}{2\pi x^2}\mathrm{d}x = -\frac{\rho}{2\pi}\frac{1}{x}\Big|_r^\infty = \frac{\rho}{2\pi r}$$

如果只计算 r 至 x 之间的接地电阻 R'，则

$$R' = \int_r^x \frac{\rho}{2\pi x^2}\mathrm{d}x = \frac{\rho}{2\pi}\left(\frac{1}{r}-\frac{1}{x}\right)$$

$$= \frac{\rho}{2\pi r}\left(1-\frac{r}{x}\right) = R\left(1-\frac{r}{x}\right) \qquad (8\text{-}4\text{-}3)$$

当 $x=10r$ 时，有

$$R' = 0.9R$$

可见，离接地体距离为接地体尺寸 10 倍以内的土壤对接地体的接地电阻起决定性的作用。若取 $x=10r$ 处的电位近似为"零"位面，接地体接地电阻的计算结果虽偏小 10%，但在接地工程中此误差是可接受的。

实际上，注入大地的电流在地中形成的等位面是不规则的，按上述方法由 E 计算接地体电位 U_g 很困难。考虑到工频电流的变化速度远慢于电流在地中传播的速度（接近光速），计算接地电阻时，可近似认为工频电流为恒定电流，应用恒流场与静电场的相似性，将已知的计算电容的公式改换为计算接地电阻的公式。

在一般情况下，电导 G 的计算式为

$$G = \frac{1}{R} = \frac{\gamma \int \vec{E} \cdot \vec{\mathrm{d}s}}{\int \vec{E} \cdot \vec{\mathrm{d}l}} = \gamma K_1$$

电容的计算式为

$$C = \frac{q}{U} = \frac{\varepsilon \int \vec{E} \cdot \vec{\mathrm{d}s}}{\int \vec{E} \cdot \vec{\mathrm{d}l}} = \varepsilon K_2$$

若两者具有形状、大小均相同的边界，则有 $K_1=K_2$，电容 C 和电导 G 只相差一个常数，即

$$G = \frac{\gamma}{\varepsilon}C \text{ 或 } R = \frac{\varepsilon\rho}{C} \tag{8-4-4}$$

式中：ε 为土壤的介电常数；C 为接地体对无穷远处的电容。

需注意，为满足边界条件，要将接地体以地平面为对称面作对称处理，式中 C 是处理后接地体对无穷远处电容的 $\frac{1}{2}$。如计算图 8-4-1 中半球接地体的工频接地电阻，可由半径为 r 的球体电容 $C=4\pi\varepsilon r$ 代入式（8-4-4）计算，即

$$R = \frac{\varepsilon\rho}{\frac{1}{2} \times 4\pi\varepsilon r} = \frac{\rho}{2\pi r}$$

再如图 8-4-2（a）所示，垂直埋于地中长度为 l、直径为 d（$l \gg d$）的圆棒接地体，其工频接地电阻 R 的计算方法是将圆棒作对称处理，即假想成有 $2l$ 长圆棒在一个电阻率为 ρ、介电常数为 ε 的无限大土壤中，查得 $2l$ 长圆棒电容

$$C_{2l} = \frac{4\pi\varepsilon l}{\ln\frac{4l}{d}}$$

于是，该接地体的工频接地电阻计算式为

$$R = \frac{\varepsilon\rho}{\frac{1}{2}C_{2l}} = \frac{\rho}{2\pi l}\ln\frac{4l}{d} \tag{8-4-5}$$

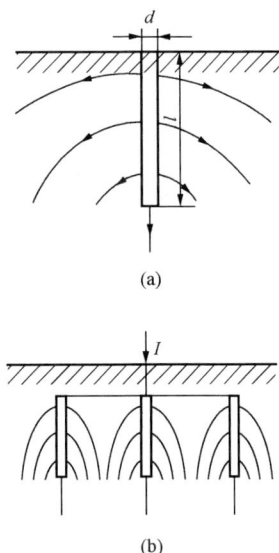

图 8-4-2　垂直圆棒接地体的散流场
（a）一根垂直接地体；
（b）三根垂直接地体

若有 n 根相同垂直接地体并联，并联后的总接地电阻 R_n 不是单根接地体接地电阻 R 的 $1/n$，而要大一些，这是接地体间相互屏蔽，不能充分发挥接地体散流作用的缘故，如图 8 - 4 - 2（b）所示。并联后的工频接地电阻为

$$R_n = \frac{R}{n\eta} \qquad (8 - 4 - 6)$$

式中：η 为接地体的工频利用系数，$\eta < 1$。如两根并联接地体间距是其长度 l 的 2 倍时，η 约为 0.9；6 根并联，η 约为 0.7。

式（8 - 4 - 1）所描述的地中电位分布 $u_g = f(x)$，在半无穷大的大地中是一个球对称场，大地表面的电位符合该曲线，所以同样可以用式（8 - 4 - 1）计算地面各点的电位，如图 8 - 4 - 1所示。接地体在散流过程中，地表不同两点间会有电位差存在，为衡量人体在活动时承受电位差的大小，称地表面径向距离为1m的两点之间的电位差为跨步电动势 E_k；称地面上离接地设备径向距离1m的地点与该设备上垂直高度1.8m处的两点间电位差为接触电动势 E_j。

当有工频短路电流通过接地体流散大地时，若人员在其附近走动，有跨步电动势 E_k 作用于人体两脚；若人站在某处，而手触及外壳接地的设备，手脚之间有接触电动势 E_j 作用，E_j 在人体中产生的电流将通过人体心脏，这是危险的。因此，在设计接地装置时，不仅要满足接地电阻的需求，还必须控制 E_k、E_j 值在允许范围内。

8 - 4 - 2 输电线路杆塔接地

输电线路每一杆塔均应接地，主要目的是引导雷电流入地流散，属防雷接地。线路杆塔混凝土基础是其固有自然接地体，但其接地电阻值往往大于线路设计要求的接地电阻值，还需敷设人工接地体。经过居民区的线路，杆塔接地也起保护接地作用，其接地体距离人行道必须 3m 以上。人工接地体多用放射型水平接地体，单射线长度不宜过长，每基杆塔的射线数也不宜过多。

水平接地体工频接地电阻 R 的计算式为

$$R = \frac{\rho}{2\pi L}\left(\ln\frac{L^2}{dh} + A\right) \qquad (8 - 4 - 7)$$

式中：L 为水平接地体总长度，m；h 为接地体埋深，m；d 为接地体直径，m，若用扁铁，其等值直径 $d = 0.5b$（b 为扁铁宽度），若用角钢，则 $d = 0.84b$（b 为角钢每边宽度）；A 为形状系数，其值见表 8 - 4 - 1。

表 8 - 4 - 1 　　　　　　　　　　水平接地体的形状系数

序号	1	2	3	4	5	6	7	8
水平接地体形状	—	L	人	○	+	□	✕	✳
形状系数	−0.6	−0.18	0	0.48	0.89	1	3.03	5.65

土壤电阻率 ρ 是接地计算中关键的原始参数，由于大地结构的复杂性，ρ 值应实地测量，再按一定方法确定计算用土壤电阻率值。计算埋深较浅、几何尺寸不大的接地体接地电阻时，其计算用土壤电阻率 ρ 应考虑季节系数 ψ，即

$$\rho = \psi\rho_0 \qquad (8 - 4 - 8)$$

式中：ρ_0 为地面干燥时测得的土壤电阻率；ψ 为季节系数，可取 1.3 左右。

一般取 $h=0.6$m、$d=0.008$m，代入式（8-4-7）得

$$R = \frac{\rho}{2\pi L}(\ln L^2 + 5.34 + A)$$

水平接地体形状的选择，要使得形状系数 A 值比上式括号内前两项之和小得多，以及单根射线长度不超过最大长度值 l_m，l_m 值与 ρ 值相关，具体数值见表8-4-2。

表8-4-2　　　　　　　　　　　单根射线水平接地体最大长度

土壤电阻率 ρ（Ω·m）	<500	<2000	<5000
射线最大长度 l_m（m）	40	80	100

线路杆塔的工频接地电阻值应满足相关标准的规定，具体数值见表8-4-3。在 $\rho<300$Ω·m 地区，应首先考虑杆塔基础的自然接地体的作用，当自然接地电阻不能满足要求时，再用人工接地体与之并联。由于杆塔混凝土基础埋在地中，混凝土毛细孔中渗透水分，其电阻率接近土壤，杆塔自然接地电阻值可按表8-4-4所列公式近似计算。

表8-4-3　　　　　　　有避雷线线路杆塔工频接地电阻值（上限值）

土壤电阻率 ρ（Ω·m）	工频接地电阻（Ω）
100 及以下	10
100～500	15
500～1000	20
1000～2000	25
2000 以上	30 或敷设 6～8 根总长不大于 500m 的放射线；或用两根连续伸长接地体，阻值不作规定

表8-4-4　　　　　　　　　　杆塔自然接地电阻估算式

杆塔型式	钢筋混凝土杆			铁塔	
	单杆	双杆	有 3～4 根拉线的单、双杆	单柱	门型
工频自然接地电阻（Ω）	0.3ρ	0.2ρ	0.1ρ	0.1ρ	0.06ρ

输电线路杆塔接地的目的主要是防雷，当雷击杆塔，雷电流经杆塔从接地体流入大地时，接地体的雷电冲击电压与通过接地体的雷电流之比，称为接地体的雷电冲击接地电阻 R_{ch}。实际上，由于接地体的电感作用，冲击电压峰值与冲击电流峰值不在同一时刻出现，把两个不同时的量相除是缺乏物理意义的，只是习惯上应用 R_{ch} 的大小来衡量接地体的冲击接地作用。

雷电冲击电流具有等值频率高、峰值大的特点，由此引出冲击接地需考虑接地体的电感效应和火花效应，使接地体的冲击接地电阻 R_{ch} 不等于工频接地电阻 R 的问题。

电感效应是当等效频率很高的雷电流通过较长接地体时，接地体自身电感将阻碍电流流

向接地体的远端，使雷电流局限在注入点附近散入大地，而不是全部接地体都起散流作用，显然，长度大的接地体，电感效应使其冲击接地电阻 R_{ch} 大于工频接地电阻。

火花效应是峰值很大的雷电流注入大地时，在靠近雷电流注入点的一段接地体周围土壤中电流密度很大，电场强度很大，当此场强超过土壤的击穿场强，将产生局部火花放电，使土壤等值电阻率大为降低，或者认为土壤电阻率不变，强烈放电相当于接地体等值直径增大，因此，火花效应使长度不大的接地体冲击接地电阻小于工频接地电阻。

接地体的冲击接地电阻 R_{ch} 与工频接地电阻 R 之比值为

$$\alpha=\frac{R_{ch}}{R} \tag{8-4-9}$$

式中：α 为接地体的冲击系数。

冲击系数 α 与接地体的几何尺寸、结构形状、冲击电流峰值和波形以及土壤电阻率等因素有关，一般 $\alpha<1$，但当接地体较长时 $\alpha>1$，具体 α 值查规程及实验曲线获得。对集中的人工接地体或自然接地体的冲击系数作近似估算时，可用下式计算

$$\alpha=\frac{1}{0.9+a\dfrac{(I\rho)^{b}}{d^{1.2}}} \tag{8-4-10}$$

式中：I 为雷电流峰值，kA；ρ 为土壤电阻率，kΩ·m；d 为垂直或水平接地体、环形闭合接地体的直径，m；a、b 为与接地体形状有关的系数，垂直接地体 $a=0.9$，$b=0.8$，水平接地体 $a=2.2$，$b=0.9$。

通常设计计算或测量接地体的接地电阻是工频接地电阻值。在防雷计算中所需的冲击接地电阻值由 $R_{ch}=\alpha R$ 求得。

由 n 根相同接地体并联后的总冲击电阻 R_{ch} 的计算式为

$$R_{chn}=\frac{R_{ch}}{n\eta_{ch}} \tag{8-4-11}$$

式中：R_{ch} 为单根接地体的冲击接地电阻；η_{ch} 为冲击利用系数，一般为工频利用系数 η 的 90%左右，但线路杆塔拉线盘之间、铁塔基础之间，η_{ch} 取 70%η。

8-4-3　发电厂、变电站接地装置

一、接地网

发电厂、变电站的接地以安全接地为主，兼顾工作接地和防雷接地。一般从安全接地（保护接地）要求出发，在土壤中埋设一个以水平接地体为主、边缘封闭的接地网，其面积大体上与发电厂或变电站的占地面积相等，接地网的埋深约 0.6～0.8m。

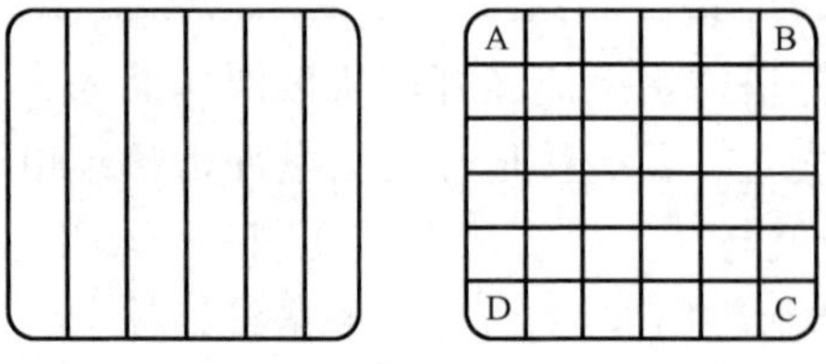

(a)　(b)

图 8-4-3　长孔形、方孔形接地网

(a) 长孔形 $n=7$；(b) 方孔形 $n=7$

接地网的网状结构主要取决于地面配电装置的布置及接触电动势的大小。通常有长孔形和方孔形两种，如图 8-4-3 所示。接地网封闭边缘内的水平接地体，也称为均压带，其主要作用是均匀接地网地表电位，以及便于配电装置接地引下线与接地网连接。均压带的间距愈小，地表电位分布愈均匀，同时，网孔中心点对均压带的电位差（网孔电动势）也愈小，网孔电动势可认为是网孔内的最大接触电动势。网孔电动势与地网结构、网孔大小及位置有关，在等间距布置均

压带的地网中，中央部分网孔的网孔电动势最小；地网对角线两端边角网孔，如图 8-4-3 (b) 中的 A、B、C、D 网孔，网孔电动势最大，这是由于中央网孔四周均压带的流散电流使网孔中心点的电位抬得较高，而边角网孔边缘接地带的流散电流绝大部分流向地网外缘，网孔中心点电位相对较低。由此，也可知在地网外边缘地区，要求地网边角网孔的网孔电动势及地网外边缘地区跨步电动势不大于规定的允许值。

发电厂、变电站装设的避雷针、避雷线、避雷器等防雷装置的接地引下线也直接与接地网相连，在连接点附近需加设 3～5 根长度为 1.5～2.5m 的垂直接地体，将它们并联接在水平接地体的地网上，这是满足流散雷电流的需要。一般土壤中，这种集中接地体的冲击接地电阻约 2～6Ω。对于接地网，不能用冲击系数求接地网的冲击接地电阻，因在冲击电流情况下，只利用了接地网甚小的一部分，用小范围内的冲击接地电阻与全地网工频接地电阻之比，是无物理意义和实用价值的。

二、对接地网的电气要求

为保证人身和设备的安全，接地网的工频接地电阻 R、接触电动势 E_j、跨步电动势 E_k 须满足有关标准规定的要求。

网状结构接地体（接地网）的工频接地电阻的计算式为

$$R = \rho\left(\frac{B}{\sqrt{S}} + \frac{1}{L + nl}\right)(\Omega) \tag{8-4-12}$$

式中：ρ 为土壤电阻率，$\Omega\cdot m$；L 为全部水平接地体的总长度，m；n 为垂直接地体的根数；l 为垂直接地体的长度，m；S 为接地网所占的总面积，m^2；B 为按 $L/\sqrt{S}$ 值决定的一个系数，见表 8-4-5。

表 8-4-5　　　　　　　　　　　　系　数　B　之　值

$L/\sqrt{S}$	0	0.05	0.1	0.2	0.5
B	0.44	0.40	0.37	0.33	0.26

由式（8-4-12）可知，在一定的 ρ 值下，增大接地网的面积或其电容值，才能降低接地网的工频接地电阻值。

计算不均匀土壤电阻率中复杂接地网的接地电阻，可基于电磁场理论，采用不同的计算方法（如边界元法），通过电子计算机完成，或采用加拿大 SES 公司出品的国际通用的电力系统接地分析软件。

在电力系统对地短路时，经过接地网注入大地的短路电流 I 在接地网工频接地电阻 R 上将造成电位升高，从保证人身和设备的安全出发，有关标准作了相应的规定。

在中性点有效接地和低阻接地系统中发电厂、变电站接地网工频接地电阻值，要求满足

$$IR \leqslant 2000 \, (V) \tag{8-4-13}$$

式中：I 为计算用的流经接地装置入地的短路电流，A。

如 $I > 4000A$，则可取 $R \leqslant 0.5\Omega$，但必须严格检验人身和设备的安全性，包括高电位引外或低电位引内等转移电位大小，必要时须实施隔离措施。

在中性点不接地、消弧线圈接地和高阻接地系统中的发电厂和变电站，接地网的 IR 值将大大降低，因系统允许单相接地运行 2h，要保证安全，必须降低接地网的电位升高值。

对仅用于 1kV 及以上高压电气设备的接地时

$$IR \leqslant 250(\text{V}) \qquad (8\text{-}4\text{-}14)$$

但不宜大于 10Ω。

当高、低压电气装置共用一个接地装置时

$$IR \leqslant 120(\text{V}) \qquad (8\text{-}4\text{-}15)$$

但不应大于 4Ω。

安装在建筑物外向其供电的变压器，要求

$$IR \leqslant 50(\text{V}) \qquad (8\text{-}4\text{-}16)$$

但不应大于 4Ω。

对非有效接地系统与有效接地系统共用一个接地网时，其接地网的接地电阻允许值按有效接地系统的要求处理。

式（8-4-13）～式（8-4-16）中的电压、电流均为有效值，电阻 R 是考虑到季节变化接地装置最大接地电阻。

设计发电厂、变电站的接地网时，除了其接地电阻应符合要求外，还要求人体承受的接触电压 U_j 和跨步电压 U_k 不超过规定值。

对于 110kV 及以上有效接地系统和 6～35kV 低阻接地系统发生单相接地或同点两相接地时

$$U_j \leqslant \frac{174 + 0.17\rho_f}{\sqrt{t}} \qquad (8\text{-}4\text{-}17)$$

$$U_k \leqslant \frac{174 + 0.7\rho_f}{\sqrt{t}} \qquad (8\text{-}4\text{-}18)$$

对于 3～66kV 非有效接地系统（低阻接地系统除外），发生单相接地故障后还带故障运行一段时间，要求满足

$$U_j \leqslant 50 + 0.05\rho_f \qquad (8\text{-}4\text{-}19)$$

$$U_k \leqslant 50 + 0.2\rho_f \qquad (8\text{-}4\text{-}20)$$

式中：ρ_f 为人脚站立处地表面的土壤电阻率，$\Omega \cdot m$；t 为工频短路（故障）电流的持续时间，s。

U_j、U_k 与 E_j、E_k 的差别是由于人体站立或行走时，两脚与地面有接触电阻，所以作用在人体上的实际电压 U_j、U_k 小于相应的地表两点间的电位差 E_j、E_k 值。为计算人脚与土壤间的接触电阻，可把人脚用半径为 $r=0.08m$ 的圆盘近似代替，人在地面行走时，每只脚和土壤的接触电阻 R_0 近似为

$$R_0 \approx \frac{\rho_f}{4r} \approx 3\rho_f \qquad (8\text{-}4\text{-}21)$$

人体行走跨步时，两只脚的 R_0 与人体电阻 R_b 是串联的，所以跨步电压 U_k 与跨步电动势 E_k 的关系式是

$$U_k = \frac{R_b}{R_b + 2R_0}E_k = \frac{R_b}{R_b + 6\rho_f}E_k \qquad (8\text{-}4\text{-}22)$$

当人站立地面而用手接触接地的金属导体时，人两脚 R_0 是并联的，因此，接触电压 U_j 与接触电动势 E_j 之间的关系式是

$$U_j = \frac{R_b}{R_b + 0.5R_0}E_j = \frac{R_b}{R_b + 1.5\rho_f}E_j \qquad (8\text{-}4\text{-}23)$$

如取 $\rho_f = 100\Omega \cdot m$，$R_b = 1500\Omega$，则可得

$$U_k = 0.714E_k$$

$$U_j = 0.909E_j$$

即作用于人体的跨步电压只有跨步电动势的 71.4%，而接触电压为接触电动势的 90.9%。加大地表土壤电阻率 ρ_f，可增大人脚与土壤的接触电阻，使跨步电压和接触电压降低，或者说，可提高 U_k、U_j 的允许值。最常用的方法是在地网出现最大 E_j、E_k 的地网边角部位地表上铺一层厚度为 $3\sim10\mathrm{cm}$ 的砾石或沥青混凝土路面，即使在下雨天仍能保持 $5000\Omega \cdot m$ 的电阻率，通常能满足安全的要求。

发电厂、变电站的出入口处，往往位于接地网的边缘，这些部位要铺设沥青混凝土路面以降低跨步电压、接触电压值。

三、接地装置导体的截面积

发电厂、变电站接地装置的金属导体最小截面是按热稳定条件确定的，若不考虑金属腐蚀的影响，则接地引下线的最小截面积 S_j 应满足

$$S_j = \frac{I}{C}\sqrt{t_j} \qquad\qquad (8 \text{-} 4 \text{-} 24)$$

式中：I 为接地引下线的短路电流稳态值，A，按系统 $5\sim10$ 年发展规划的最大运行方式确定；t_j 为短路电流等效持续时间，如 $500\mathrm{kV}$ 系统可取 $0.35\mathrm{s}$；C 为接地引下线材料热稳定系数，根据材料的种类、性能、最高允许温度和短路前接地线的初始温度确定，钢质材料取 70，铜质材料取 210。

主接地网的接地体最小截面积可按接地引下线截面积的 70% 选取，因为接地短路电流进入接地网后，至少有两个支路的分流。

每个电气装置的接地应以单独的接地引下线与主接地网相连接，不得在一根接地引下线上串接几个需要接地的电气装置。

我国交流地装置绝大部分采用钢材，只有在特殊情况下才用铜材。接地体长期埋设在土壤中，其表面将被腐蚀，在相同条件下，钢材的腐蚀速度比铜材快，为了保证接地装置的使用寿命（有效使用年限），在选择接地体的最小截面积时要加大一些，使其在预定寿命期内被腐蚀后的截面积仍能满足热稳定的要求。

接地体埋在土壤中被腐蚀，是因接地体与电解液（如土壤中水分）间的电化学反应引起的。没有直流电流流经接地体时，接地体的腐蚀称为自然腐蚀，交流接地装置的腐蚀主要是自然腐蚀。当有直流电流通过接地体时，它的腐蚀称为电解腐蚀，直流接地装置电解腐蚀是十分突出的，必须有专门的防腐蚀措施。

交流电流通过接地网时也会使接地网产生腐蚀，其机理比直流腐蚀复杂，但一般在同样大小的电流下，交流腐蚀比直流腐蚀慢得多，考虑交流短路电流通过接地网的时间不长，交流腐蚀可不予考虑。但要注意低频交流腐蚀要比高频腐蚀严重，超低频谐波电流会加速接地网腐蚀，应加以限制。

镀锌钢材抗腐蚀性好，价格便宜，又不会腐蚀其他钢铁构件，是一种较合适的接地体材料，但其表面镀层若有裂缝、缺块，则腐蚀速度将显著加快，在运输、施工时必须加以防护。

8-4-4　降低接地电阻的措施

一、降低线路杆塔接地电阻的措施

1. 增加水平射线的长度或根数

基于冲击接地的特性，增加接地体长度不宜超过表8-4-2中的数值；增加根数时，总根数不宜超过6~8根，尽量对称布置，以减弱屏蔽效应。

2. 引伸接地

当杆塔附近有低土壤电阻率的地域（如耕地、水塘、或山岩裂缝等），可在那里埋设集中接地体，再用2根一定截面积的连接地线将接地体与杆塔相连。引伸距离不宜超过表8-4-2中的数值。

3. 合理使用降阻剂或适量换土

降阻剂是按一定配方制成的、专用于降低接地电阻的固体或液体材料，其成分含有高分子树脂、尿素、水泥、电解质和水等。降阻剂需具有低电阻率、无毒无污染、腐蚀性弱、施工操作方便、有效期长等特点。

降阻剂有极强的附着力，将粉状降阻剂按比例与水调和成糊状，在地沟中固化后能牢固地与接地体成为一体，能基本消除接地体与回填土之间的接触电阻。影响接触电阻的因素较多，在严重情况下它占总接地电阻的比例可达10%~30%。

降阻剂的电阻率 ρ_g 一般小于 $3\Omega \cdot m$，比原有土壤电阻率小得多，降阻剂的利用，将接地体的等效直径扩大了，散流面积增大，接地电阻减小。通常 $\rho > 300\Omega \cdot m$ 的地区才使用，ρ 愈大，降阻作用愈显著。降阻剂含有强电解物质，溶解有电解质的水渗透到地沟周围土壤中，从而改善了渗透区域内土壤电阻率。但有的降阻剂产品则没有这种渗透现象，使用时要注意选择。

顺便指出，降阻剂宜用于小型接地装置，接地体总长度 L 愈长，扩大接地体等值直径使地电阻降低作用愈小。通常线路杆塔接地的 L 不大，使用降阻剂降阻的效果是明显的。

降阻剂具有一定的 pH 值，因而对接地体有腐蚀作用，而且 pH 值低的腐蚀作用很强，例如 pH 值为 2~3 的酸性降阻剂，对导体腐蚀很快，如对圆钢的腐蚀速度达 $0.008g/cm^2 \cdot a$。使用降阻剂要无毒、无环境污染，不能因雨水、地下水的冲刷流散而造成对人、畜、渔业及农作物的危害。

4. 连续延伸接地

在大面积的高电阻率（$\rho > 10000\Omega \cdot m$）地区，可采用两根连续伸长接地体，将相邻杆塔接地体在地下相互连接。因伸长接地体中的雷电流是电流波，所以连续接地体的开断处必须在低 ρ 地区，其接地电阻应很小，否则，开断处杆塔极易遭受反击。据实测，连续伸长接地体的阻抗（接地电阻）在 15~30Ω 范围内。

二、降低发电厂、变电站接地网接地电阻的措施

发电厂、变电站接地网电位过高是威胁人身和设备安全的主要原因，降低接地网接地电阻 R 可以降低 U_g。

降低发电厂、变电站接地网接地电阻的常用措施有以下几个。

1. 增大接地网面积

增大接地网面积 S，接地电阻 R 会减少，但 R 与 $\sqrt{S}$ 成反比，其降阻效果不理想。另外，将接地网扩大到站外区域，在运行管理上会添不少麻烦。

2. 引伸接地

发电厂、变电站接地网引伸接地的距离，可远至 1000m 以内，因接地网主要功能是流散工频短路电流，这与线路杆塔接地是完全不同的。

引伸接地一般是小型接地体，适合采用降阻剂，若有必要，可在主接地网周围多设几个引伸接地体，各个引伸接地体都有两根接地线与主地网连接。

3. 深埋接地

表层土壤电阻率较高，下层土壤电阻率很低，如有金属矿、地下水等情况，可钻透（垂直或倾斜）表层，将接地体埋入下层，其埋深随地质结构而异，一般为 30~150m。

深埋接地（布置深井接地）的位置在主地网的周边外缘部分，不需扩大原地网面积，各深井间要留有相当宽的散流距离，以充分发挥它们的散流作用。深井接地体与主地网相连，构成三维的立体接地网，其接地电阻不能用式（8-4-12）计算。该措施降阻效果显著，接地电阻稳定，安全可靠，且费用较省。

4. 深井爆破接地

在表层和深层土壤电阻率都很高且其范围很大的地区，可采用这种方式降低接地网接地电阻。

爆破接地是采用钻孔机在地中垂直钻一定直径、一定深度的孔，在孔中插入接地极，然后在孔中隔一定距离放炸药，将岩石爆裂、炸松，再用压力机将糊状的降阻剂压入孔中及爆破产生的缝隙中，使向外延伸很远的裂缝中填充了低电阻率材料，形成一个巨大的三维结构，很可能与地下水、岩层夹缝或金属矿相连，可显著降低接地电阻。

爆破可控制在地表下 2~5m 进行，防止对已有接地网、地面建筑物的影响。

选择上述降阻措施最重要的依据是掌握当地土壤电阻率分布的真实情况，为保证数据的真实性，必要时须现场勘测，在此基础上，经技术经济分析，选择的降阻措施才是合理的。

8-4-5 土壤电阻率的测量

四极法测量土壤电阻率的接线如图 8-4-4 所示，它有两个电流极和两个电压极。当电流极通以电流 I 时，经电极 1 入地的电流 I 在电压极 3 上产生的电位为

$$U_3' = \int_\infty^a E\mathrm{d}r = -\int_\infty^a \delta\rho\mathrm{d}r = -\int_\infty^a \frac{I\rho}{2\pi r^2}\mathrm{d}r = \frac{I\rho}{2\pi a}$$

同理，经电极 2 流出的电流 I 在电极 3 上产生的电位

$$U_3'' = -\frac{I\rho}{4\pi a}$$

电极 3 的实际电位 U_3 应为 U_3' 和 U_3'' 叠加，即

$$U_3 = U_3' + U_3'' = \frac{I\rho}{2\pi}\left(\frac{1}{a} - \frac{1}{2a}\right) = \frac{I\rho}{4\pi a}$$

仿此可以求得电极 4 的电位

$$U_4 = \frac{I\rho}{2\pi}\left(\frac{1}{2a} - \frac{1}{a}\right) = -\frac{I\rho}{4\pi a}$$

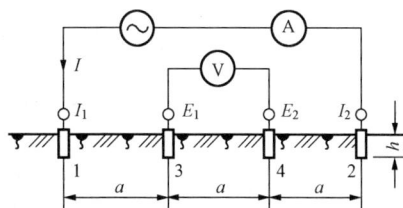

图 8-4-4 四极法测量土壤电阻率

于是电极 3 与电极 4 之间的电压为

$$U = U_3 - U_4 = \frac{I\rho}{2\pi a}$$

由此可求出土壤电阻率

$$\rho = 2\pi a \frac{U}{I} = 2\pi aR_0 \tag{8-4-25}$$

式中：R_0 为电压表读数 U 与电流表读数 I 的比值。

由于电流极 1、2 的接地电阻值只会影响电流值 I，而 U 与 I 成正比，所以它们不会影响 ρ 值的测量结果。当电压表的内阻比电压极 3、4 的接地电阻大得多时，也可以不考虑后者对电压表读数的影响。这是四极法的优点。

在测量时应保持 $a \geqslant h$。如将 a 取得很小，可测出某一局部表层的 ρ 值；如将 a 值取得大些，则测量的区域和深度都加大。如果土壤不均匀，在测量时应将 a 值放大到约 $3\sqrt{s}$（s 为发电厂、变电站地网的面积），以便求出等值的土壤电阻率。

前面已提过，用四极法测量土壤电阻率的优点是四个电极的接地电阻值不会影响值的测量结果。其缺点是测量深度较浅，如要测量较深层土壤电阻率，则要增大极间距离，但因绝缘电阻表的测量电压较低，测量误差较大，因此很难准确测量较深层土壤电阻率，且为某一范围内的平均值，不能直观反映土壤分层情况。此外，每测一个数据点都要重新布置四个电极，效率低、工作量大。

为克服四极法测量土壤电阻率的缺点，20 世纪 80 年代中期开始用高密度电法测量土壤电阻率。高密度电法的工作原理与上述的四极法完全相同。测量时将电极（一般为几十至几百根）一次布置完成，电极由分布式开关按一定程序自动投切，每次投入四个电极测量一点数据。设相邻两极间距离为 a，测量某一点的 ρ 值时极间距离为 na（$n=1，2，3，4，\cdots$），随着极间距离增大（即 n 增大），测量深度也相应增加，但测点数将减少。把每次测得的结果记录在两电压极的中点、深度为 na 的点位上，所有数据自动存入主机，以绘制出某剖面上电阻率分布。

8-4-6　接地电阻的测量

测量接地电阻时，需在接地体 E 附近设置两个辅助接地极，一是电流极 C，另一个是电压极 P。在 E 和 C 之间加上电压，便有电流自 E 流入，从 C 流出，如图 8-4-5 所示，在地面形成的电位分布，中间有一个电位接近零的平坦部分，只要把电压极 P 放在这一区间，测出 E、P 之间的电位差 U，除以电流 I，即为该接地体的接地电阻。

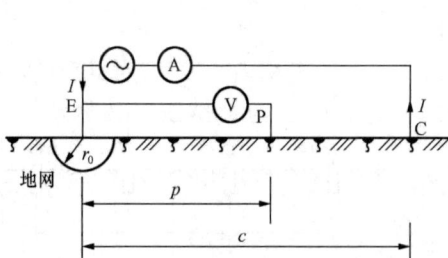

图 8-4-5　测量接地电阻的原理接线图   图 8-4-6　用补偿法时电极布置

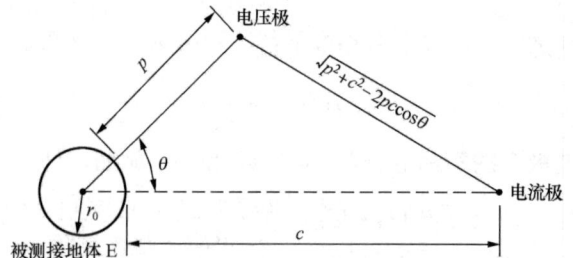

电流极应远离地网，使二者电流场互为独立。若距离太近，则电位分布曲线就没有平坦部分，会使测量误差增大。规程建议电流极至被测接地体或地网的距离为 $(4 \sim 5)D$，D 为地网最大对角线长度，这样，就可忽略电流极对地网电流分布的影响。

粗看起来，电压极 P 应放在地网 E 与电流极 C 的中央，其实不然。电压极应放置在何位置？下面进行分析。

　　E、P、C 三点可以不在一直线上，如图 8-4-6 所示。根据该图可得到电压极的电位表达式

$$U_P = \frac{I\varrho}{2\pi}\left(\frac{1}{p} - \frac{1}{\sqrt{p^2 + c^2 - 2pc\cos\theta}}\right)$$

　　它是被测接地体电流和电流极电流在电压极上所产生电位的叠加，因为通过二者的电流一进一出，方向相反，所以应当相减。

　　同样，被测接地体电位为

$$U_E = \frac{Ip}{2\pi}\left(\frac{1}{r_0} - \frac{1}{c}\right)$$

式中：r_0 为被测接地体（半球）的半径。

　　因此，在被测接地体与电压极之间测得的电压 U 为

$$U = U_E - U_P = \frac{I\varrho}{2\pi}\left(\frac{1}{r_0} - \frac{1}{c} - \frac{1}{p} + \frac{1}{\sqrt{p^2 + c^2 - 2pc\cos\theta}}\right)$$

由此可得被测接地体接地电阻值

$$R = \frac{U}{I} = \frac{\rho}{2\pi}\left(\frac{1}{r_0} - \frac{1}{c} - \frac{1}{p} + \frac{1}{\sqrt{p^2 + c^2 - 2pc\cos\theta}}\right)$$

但图 8-4-5 所示半球形接地极的实际接地电阻应为

$$\underset{p\to\infty}{R} = \frac{\rho}{2\pi r_0} \qquad \text{（电压极位于无限远处）}$$

实测值与实际值不相同，其误差 ε 为

$$\varepsilon = \underset{p\to\infty}{R} - R = \frac{1}{c} + \frac{1}{p} - \frac{1}{\sqrt{p^2 + c^2 - 2pc\cos\theta}}$$

只要 $\varepsilon = 0$，就消除了误差。下面分三种情况来分析。

　　（1）$\theta = 0$，即 E、P、C 三者在一直线上。在此情况下，要消除误差，必须满足

$$\varepsilon = \frac{1}{c} + \frac{1}{p} - \frac{1}{c - p} = 0$$

其解为 $p = \frac{-1 + \sqrt{5}}{2}c = 0.618c$，比我们想象中的 $0.5c$ 要大，这是因为在定义接地电阻时，是以无限远处为零电位面的，而现在零电位面被移近了，为了补偿这一差异，把电压极移到 $0.618c$ 的非零电位面处，测量结果就正确了，所以称这种方法为补偿法（又称 0.618 法则）。用此法时，可将 c 缩短到 $2D$ 左右，这时电压极至地网中心的距离约为 $1.5D = 0.6(2.5D)$，大约在 $0.618c$ 附近，如图 8-4-7 所示。

　　（2）$p = c$。根据 $\varepsilon = 0$ 的条件，可求得 $\cos\theta = 0.875$，$\theta = 29°$，实际测量时常采用 $30°$，如图 8-4-8 所示。这也是一种补偿方法。

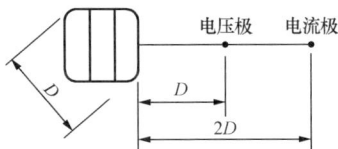

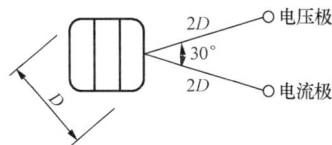

图 8-4-7　$\theta = 0$ 时补偿法电极布置图　　　　图 8-4-8　另一补偿法电极布置图

补偿法可采用较短的连接线，测量结果较准确，但受土壤不均匀的影响。

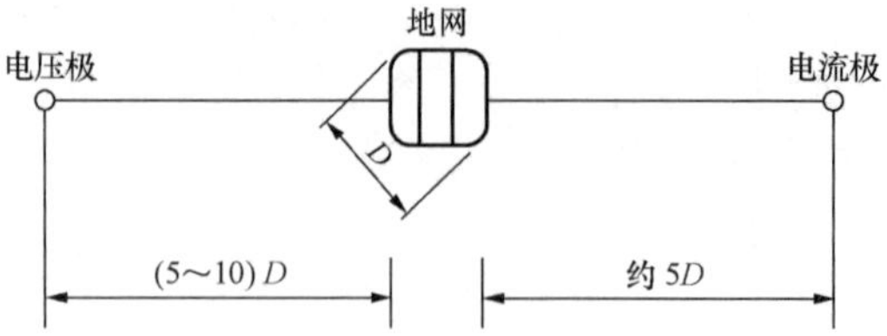

图 8-4-9　消除土壤不均匀影响测接地电阻法

（3）$\theta = 90°$ 或 $180°$。因为均不存在 $\varepsilon = 0$ 的实根，故不能满足 $\varepsilon = 0$ 的条件。在此情况下，若使 c、p 趋于无限大，则也能满足 $\varepsilon = 0$ 的条件。实际上，若 $c = 5D$，$p \to \infty$（因为在无限远处也是零电位面），则测量误差约为 10%；如将 p 缩短到 $(5\sim10)D$，c 仍为 $5D$，则测量误差将增大到约 13%。图 8-4-9 所示为 $\theta = 180°$ 的情况，该接线的优点是可避免电流极连线对电压极连线的磁耦合干扰，特别是能较有效地消除土壤不均匀性的影响。

上面讨论了电极位置对测量结果的影响。在测量中还需注意的是要把电压极连接线离开电流极连接线尽量远（大于 10m），以避免二者互感的影响所造成的电压表读数不准；在采用交流电源时，应采用换相法消除干扰电压的影响。此外，在测量时应避开地下金属管道。

习　　题

8-1　试论述雷电流幅值的定义。

8-2　试分析管型避雷器与保护间隙的相同点与不同点。

8-3　试全面比较阀型避雷器与氧化锌避雷器的性能。

8-4　某电厂的原油罐，直径为 10m，高出地面 10m，用独立避雷针保护，针距罐壁至少 5m，试设计避雷针的高度。

8-5　某 110kV 变电站配电装置构架平面布置和构架高度如题 8-5 图所示，配电装置不超过图中虚线所示面积，其高度不超过构架高度。试设计该变电站避雷针布置方案及各针

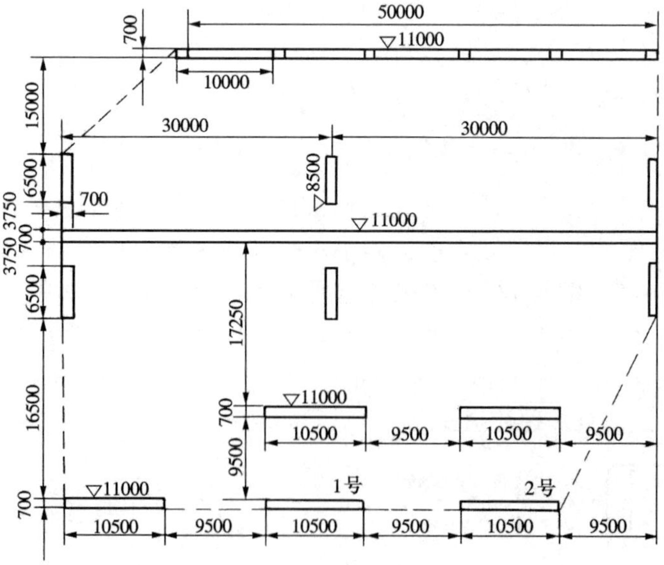

题 8-5 图　某变电站平面布置图

高度（一般不宜超过 25m），绘出避雷针总保护范围。

8-6　试计算图 8-4-2（b）所示接地装置在流经冲击电流为 40kA 时的冲击接地电阻，垂直接地体直径为 1.8cm 的圆管，长 3m，土壤电阻率 ρ 为 $2 \times 10^2 \Omega \cdot m$，利用系数 $\eta = 0.75$。

8-7　某 220kV 变电站，土壤电阻率为 $3 \times 10^2 \Omega \cdot m$，变电站面积为 100m×100m，试估计其接地网的工频接地电阻值。

第九章　输电线路的防雷保护

输电线路纵横延伸，地处旷野，易受雷击，雷击线路造成的跳闸事故在电网总事故中占有很大的百分比（有的地区可高达 $40\%\sim70\%$）。同时，雷击线路时自线路入侵变电站的雷电波也是威胁变电站的主要因素，因此对线路的防雷保护应予以充分重视。

输电线路上出现的雷电过电压有两种，一种是雷直击于线路时雷电流流过被击物体的阻抗产生的压降，称为直击雷过电压；另一种是雷击线路附近地面或接地的杆塔塔顶时，由于电磁感应在绝缘导线上产生的感应电压，称为感应雷过电压。

§9-1　输电线路的感应雷过电压

9-1-1　雷击线路附近大地时线路上的感应雷过电压

在雷电放电的先导阶段，线路导线处于雷云、先导通道与大地之间的电场中，如图

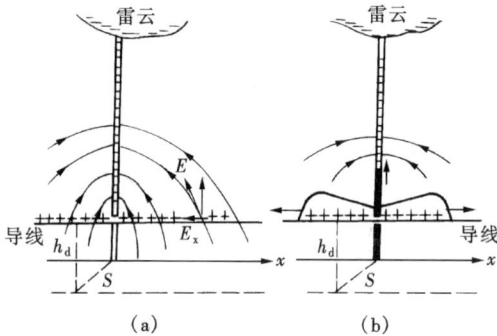

图 9-1-1　感应雷过电压形成示意图
(a) 主放电前；(b) 主放电后
h_d—导线高度；S—雷击点与导线间距离

9-1-1 (a) 所示。在导线表面电场强度的轴向分量 E_x 的作用下，与雷云异号的正电荷被吸引到靠近先导通道的一段导线上，成为束缚电荷，导线上的负电荷则被排斥而向导线两端方向运动，经线路的泄漏电导和系统的中性点进入大地。由于先导放电的发展速度较低，导线上束缚电荷的聚集过程较缓慢，由此而形成的电流、电压波幅值也就很小，可以忽略，由于先导通道的电荷在导线上产生负电位 $-U_0(x)$，而束缚电荷则产生正电位 $+U_0(x)$，它们大小相等，若不考虑线路的工作电压，则认为导线接近于零电位。

主放电开始后，先导通道中的负电荷自下而上被迅速中和，如图 9-1-1 (b) 所示，它们产生的电场迅速消失，导线上束缚正电荷迅速释放，形成电压波向两侧远端传播，这种由于先导通道中电荷所产生的静电场突然消失而引起的感应电压称为感应雷过电压的静电分量。同时，在主放电过程中，雷电流在雷电通道周围空间建立起强大的磁场，若磁力线与导线交链，就会在导线上感应出电压，称为感应雷过电压的电磁分量。由于主放电通道与导线基本上是相互垂直的，以致电磁分量要比静电感应分量小得多，又因两个分量的最大值不在同一时刻出现，所以通常只考虑感应雷过电压的静电分量。

就静电分量而言，先导通道的电荷密度 σ 愈大（主放电后雷电流幅值愈大），其电场强度愈强，导线上的束缚电荷愈多，在主放电后一定时间内被释放的束缚电荷愈多，这都使静电分量增大。导线对地高度愈高则导线对地电容愈小，释放同样的束缚电荷所呈现的电压就愈高。雷击点至导线的距离愈近，导线上的束缚电荷愈多，释放后过电压也愈高。根据理论

分析与实测结果，行业标准建议，当雷击点离开线路的距离 $S > 65\text{m}$ 时，导线上感应雷过电压最大值 U_g 的计算式为

$$U_g = 25\, \frac{I_L h_d}{S}(\text{kV}) \qquad\qquad (9\text{-}1\text{-}1)$$

式中：I_L 为雷电流幅值，kA；h_d 为导线的平均高度，m；S 为雷击点与线路之间的距离，m。

从上述可知，感应过电压 U_g 的极性与雷电流极性相反。

由于雷击地面时雷击点的自然接地电阻较大，雷电流幅值 I_L 一般不超过 100kA。实测表明，感应雷过电压的幅值一般为 $300\sim400\text{kV}$，这可能引起 35kV 及以下电压等级的线路闪络，而对 110kV 及以上电压等级的线路，由于绝缘水平较高，一般不会引起闪络。

如果导线上方挂有避雷线，则由于其屏蔽效应，导线上的感应电荷就会减少，导线上感应过电压就会降低。避雷线的屏蔽作用可用以下方法求得，设导线和避雷线的对地平均高度分别为 h_d 和 h_b，若避雷线不接地，则根据式 $(9\text{-}1\text{-}1)$ 可求得避雷线和导线上的感应过电压分别为 $U_{g\cdot b}$ 和 $U_{g\cdot d}$，即

$$U_{g\cdot b} = 25\, \frac{I_L h_b}{S}\ ,\ U_{g\cdot d} = 25\, \frac{I_L h_d}{S}$$

所以

$$U_{g\cdot b} = U_{g\cdot d}\, \frac{h_b}{h_d}$$

但是避雷线实际上是通过每基杆塔接地的，因此可以设想在避雷线上尚有一个电压分量 $-U_{g\cdot b}$，以此来保持避雷线为零电位，由于避雷线与导线间的耦合作用，此设想的 $-U_{g\cdot b}$ 将在导线上产生耦合电压 $k_0(-U_{g\cdot b})$，k_0 为避雷线与导线间的几何耦合系数〔见式 $(7\text{-}5\text{-}8)$ 和式 $(7\text{-}5\text{-}9)$〕。

这样，导线上的电位将为 $U'_{g\cdot d}$，即

$$U'_{g\cdot d} = U_{g\cdot d} - k_0 U_{g\cdot b} = U_{g\cdot d}\left(1 - k_0\, \frac{h_b}{h_d}\right)$$
$$\approx U_{g\cdot d}(1 - k_0) \qquad\qquad (9\text{-}1\text{-}2)$$

式 $(9\text{-}1\text{-}2)$ 表明，接地避雷线的存在可使导线上的感应过电压由 $U_{g\cdot d}$ 下降到 $U_{g\cdot d}(1 - k_0)$。耦合系数 k_0 愈大，则导线上的感应过电压愈低。

避雷线的屏蔽作用还可以根据图 9-1-2 及式 $(7\text{-}5\text{-}1)$ 进行分析。

由图 9-1-2 可写出方程

$$U'_1 = \alpha_{11}\tau_1 + \alpha_{12}\tau_2 + \alpha_{13}\tau_3$$
$$U'_2 = \alpha_{21}\tau_1 + \alpha_{22}\tau_2 + \alpha_{23}\tau_3$$
$$U'_3 = \alpha_{31}\tau_1 + \alpha_{32}\tau_2 + \alpha_{33}\tau_3$$

式中：α_{kk} 为自电位系数；α_{kj} 为互电位系数；τ_k 为电荷线密度，$k = 1, 2, 3$。

因为相导线 2 对地绝缘，避雷线 1 是接地的，故有 $\tau_2 = 0$，$U'_1 = 0$，于是有

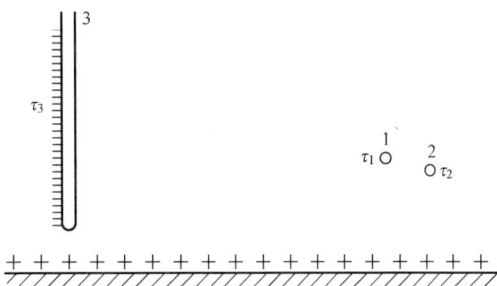

图 9-1-2　分析避雷线屏蔽作用的示意图

$$U'_1 = 0 = \alpha_{11}\tau_1 + \alpha_{13}\tau_3$$
$$U'_2 = \alpha_{21}\tau_1 + \alpha_{23}\tau_3$$

消去以上两式中的 τ_1 得

$$U_2' = \alpha_{23}\tau_3\left(1 - \frac{\alpha_{21}\alpha_{13}}{\alpha_{11}\alpha_{23}}\right)$$

无避雷线时

$$U_2 = \alpha_{23}\tau_3$$

故避雷线的屏蔽系数为

$$s_0 = \frac{U_2'}{U_2} = 1 - \frac{\alpha_{21}\alpha_{13}}{\alpha_{11}\alpha_{23}}$$

因 $\alpha_{13} \approx \alpha_{23}$，上式可简化为

$$s_0 = 1 - \frac{\alpha_{21}}{\alpha_{11}} = 1 - \frac{z_{21}}{z_{11}} = 1 - k_0$$

式中：k_0 为避雷线 1 与导线 2 之间的几何耦合系数；z_{11} 为避雷线的自波阻抗；z_{12} 为避雷线与导线间的互波阻抗。

无避雷线时导线的感应过电压为 $U_{g\cdot d}$，乘以屏蔽系数 s_0 即得有避雷线时导线上感应电压

$$U_{g\cdot d}' = U_{g\cdot d}(1 - k_0)$$

与式（9-1-2）的结果一致。

同理，可得避雷线 1、2 对导线 3 的屏蔽系数 s_0 为

$$s_0 = 1 - \frac{\alpha_{31}+\alpha_{32}}{\alpha_{11}+\alpha_{12}} = 1 - \frac{z_{31}+z_{32}}{z_{11}+z_{12}} = 1 - k_0$$

式中：k_0 为避雷线 1、2 与导线 3 之间的几何耦合系数。

9-1-2　雷击线路杆塔时导线上的感应过电压

式（9-1-1）只适用于 $S > 65$m 的情况，更近的落雷事实上将因线路的引雷作用而击于线路。

雷击线路杆塔时，由于雷电通道所产生的电磁场的迅速变化，将在导线上感应出与雷电极性相反的过电压。对一般高度（40m 以下）无避雷线的线路，此感应过电压最大值的计算式为

$$U_{g\cdot d} = \alpha h_d \tag{9-1-3}$$

式中：α 为感应过电压系数，kV/m。其数值等于以 kA/μs 计的雷电流平均陡度，即 $\alpha = \frac{I_L}{2.6}$。

有避雷线时，由于其屏蔽效应，式（9-1-3）应为

$$U_{g\cdot d}' = \alpha h_d\left(1 - \frac{h_g}{h_d}k_0\right) \approx \alpha h_d(1 - k_0) \tag{9-1-4}$$

式中：k_0 为几何耦合系数。

§9-2　输电线路的直击雷过电压和耐雷水平

下面以中性点有效接地系统中有避雷线的线路为例进行分析，其他线路的分析原则相同。

雷直击于有避雷线线路的情况分为三种，即雷击杆塔塔顶、雷击避雷线档距中央和雷绕

过避雷线击于导线，上述三种情况如图 9 - 2 - 1 所示。

9 - 2 - 1　雷击杆塔塔顶时的过电压和耐雷水平

运行经验表明，在线路落雷总数中雷击杆塔的次数与避雷线根数和经过地区的地形有关。雷击杆塔次数与雷击线路总次数的比值称为击杆率 g，行业标准建议击杆率 g 的取值见表 9 - 2 - 1。

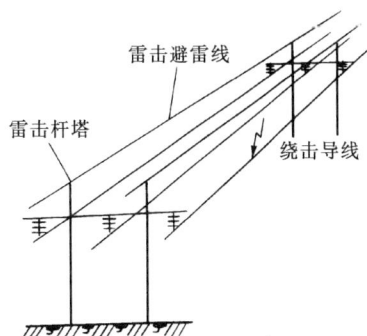

图 9 - 2 - 1　雷直击于有避雷线线路的三种情况

表 9 - 2 - 1　　　　　击　杆　率　g

地形 \ 避雷线根数	0	1	2
平原	$\frac{1}{2}$	$\frac{1}{4}$	$\frac{1}{6}$
山区	—	$\frac{1}{3}$	$\frac{1}{4}$

一、塔顶电压

对于一般高度（40m 以下）的杆塔，在工程近似计算中，常将杆塔和避雷线以集中参数电感 L_{gt} 和 L_b 来代替，这样，雷击杆塔时的等值电路将如图 9 - 2 - 2 所示。为从严计，图中未考虑相邻杆塔及其接地电阻的影响。不同类型杆塔的等值电感 L_{gt} 可由表 9 - 2 - 2 查得。单根避雷线的等值电感 L_b 约为 $0.67l$（μH）（l 为档距长度，m），双根避雷线约为 $0.42l$（μH）。图 9 - 2 - 2 中 R_{ch} 为杆塔冲击接地电阻。

由于一般线路杆塔不高，其接地电阻较小，反射电流波从接地点到达塔顶所需的时间极短，因此可以近似地认为沿雷电通道注入线路的电流立即加倍，使之总电流为雷电流 i_L。这样，计算中可略去

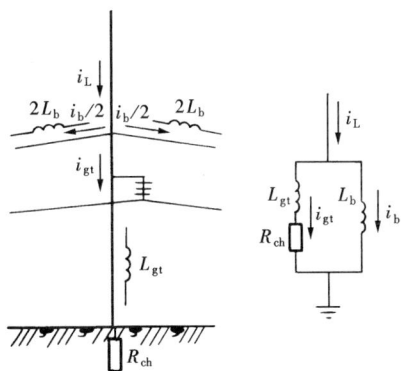

图 9 - 2 - 2　计算塔顶电位的等值电路

雷电通道波阻抗的影响，认为雷电流 i_L 直接由塔顶加入。由于避雷线的分流作用，流经杆塔的电流 i_{gt} 将小于雷电流 i_L，即

$$i_{gt} = \beta i_L \qquad (9 - 2 - 1)$$

式中：β 为分流系数，其值可由图 9 - 2 - 2 所示的等值电路求出。对于一般长度档距的杆塔分流系数，β 值可由表 9 - 2 - 3 查得。

杆塔横担对地电位 u_a 的计算式为

$$u_a = R_{ch} i_{gt} + L_a \frac{\mathrm{d}i_{gt}}{\mathrm{d}t} = \beta R_{ch} i_L + \beta L_a \frac{\mathrm{d}i_L}{\mathrm{d}t}$$

以 $\frac{\mathrm{d}i_L}{\mathrm{d}t} = \frac{I_L}{2.6}$ 代入上式，则横担对地电位的幅值 U_a 为

$$U_a = \beta I_L \left(R_{ch} + \frac{L_a}{2.6} \right) \qquad (9 - 2 - 2)$$

式中：I_L 为雷电流幅值；L_a 为横担以下塔身的电感。由表 9 - 2 - 2 查得单位高度塔身电感值乘以横担高度 h_a 即可求得 L_a。它又可表示为

$$L_a = L_{gt} \frac{h_a}{h_{gt}}$$

代入式（9-2-2）可得

$$U_a = \beta I_L \left(R_{ch} + \frac{L_{gt}}{2.6} \times \frac{h_a}{h_{gt}} \right) \qquad (9-2-3)$$

式中：L_{gt} 为杆塔总电感；h_{gt} 为杆塔高度。

表 9-2-2　　不同类型杆塔等值电感和波阻抗的平均值

杆塔形式	杆塔电感（$\mu H/m$）	杆塔波阻抗（Ω）
无拉线水泥单杆	0.84	250
有拉线水泥单杆	0.42	125
无拉线水泥双杆	0.42	125
铁塔	0.50	150
门型铁塔	0.42	125

表 9-2-3　　一般长度档距的线路杆塔分流系数 β 值

线路标称电压（kV）	避雷线根数	β 值
110	1	0.90
	2	0.86
220	1	0.92
	2	0.88
330	2	0.88
500	2	0.865～0.822

二、导线电位和线路绝缘上的电压

杆塔电流 i_{gt} 引起的塔顶电位为

$$u_{td} = R_{ch} i_{gt} + L_{gt} \frac{di_{gt}}{dt} = \beta \left(R_{ch} i_L + L_{gt} \frac{di_L}{dt} \right)$$

塔顶电位幅值为

$$U_{td} = \beta I_L \left(R_{ch} + \frac{L_{gt}}{2.6} \right) \qquad (9-2-4)$$

当塔顶电位为 U_{td} 时，则与塔顶相连的避雷线也将有相同的电压 U_{td}。由于避雷线与导线间的耦合作用，导线上将产生耦合电压 kU_{td}，此电压与雷电同极性。此外，根据式（9-1-4），在导线上尚有感应电压 $ah_d \left(1 - \frac{h_b}{h_d} k_0 \right)$，此电压与雷电异极性，所以导线电位的幅值 U_d 为

$$U_d = kU_{td} - ah_d \left(1 - \frac{h_b}{h_d} k_0 \right) \qquad (9-2-5)$$

线路绝缘子串两端之间电压为横担电位与导线电位之差，故线路绝缘上的电压幅值 U_j 为

$$U_j = U_a - U_d = U_a - kU_{td} + ah_d \left(1 - \frac{h_b}{h_d} k_0 \right)$$

以式（9-2-3）、式（9-2-4）及 $a = \frac{I_L}{2.6}$ 代入上式，得

$$U_j = \beta I_L \left(R_{ch} + \frac{L_{gt}}{2.6} \times \frac{h_a}{h_{gt}} \right) - k \left[\beta I_L \left(R_{ch} + \frac{L_{gt}}{2.6} \right) \right] + \frac{I_L}{2.6} h_d \left(1 - \frac{h_b}{h_d} k_0 \right)$$

$$= I_L \left[(1-k)\beta R_{ch} + \left(\frac{h_a}{h_{gt}} - k \right) \beta \frac{L_{gt}}{2.6} + \left(1 - \frac{h_b}{h_d} k_0 \right) \frac{h_d}{2.6} \right]$$

为简化计算，以上计算中，假定各电压分量的幅值均在同一时刻出现，且未考虑极性不

确定的工作电压分量。对 220kV 及以下的线路，其工作电压所占比重不大，一般可以略去；但对超、特高压线路，则不可不计，且雷击时导线上工作电压的瞬时值及其极性应作为一随机变量来考虑，为从严要求，在计算中应取与横担电位 U_a 异极性的情况。

三、耐雷水平的计算

从式（9-2-4）可知，线路绝缘上电压的幅值 U_j 随雷电流增大而增大，当 U_j 大于绝缘子串冲击闪络电压时，绝缘子串将发生闪络，由于此时杆塔电位较导线电位为高，故此类闪络称为"反击"。雷击杆塔的耐雷水平 I_1 可由 U_j 等于线路绝缘子串的 50％冲击闪络电压 $U_{50\%}$ 来求得

$$I_1 = \frac{U_{50\%}}{(1-k)\beta R_{ch} + \left(\dfrac{h_a}{h_{gt}} - k\right)\beta \dfrac{L_{gt}}{2.6} + \left(1 - \dfrac{h_b}{h_d}k_0\right)\dfrac{h_d}{2.6}} \qquad (9-2-6)$$

行业标准规定，不同电压等级输电线路，雷击杆塔时的耐雷水平 I_1 不应低于表 9-2-4 中所列数值。

表 9-2-4   有避雷线线路的耐雷水平

系统标称电压（kV）	35	60	110	220	330	500
耐雷水平（kA）	20～30	30～60	40～75	75～100	100～150	125～175

从式（9-2-6）可知，雷击杆塔时的耐雷水平与分流系数 β、杆塔等值电感 L_{gt}、杆塔冲击接地电阻 R_{ch}、导地线间的耦合系数 k 和绝缘子串的 50％冲击闪络电压 $U_{50\%}$ 有关。实际上往往以降低杆塔接地电阻 R_{ch} 和增大耦合系数 k 作为提高耐雷水平的主要手段。对一般高度杆塔，冲击接地电阻 R_{ch} 上的电压降是塔顶电位的主要成分，因此降低接地电阻可以有效地减小塔顶电位和提高耐雷水平。增加耦合系数 k 可以减小感应过电压和绝缘子串上的电压，因此同样可以提高耐雷水平，常用措施是将单根避雷线改为双避雷线，或在导线下方增设架空地线（称为耦合地线），其作用主要是增大导、地线间的耦合系数，同时也增加了分流作用。

距离避雷线最远的导线，其耦合系数最小，一般较易发生反击，所以应以此作为计算条件。

9-2-2   雷击避雷线档距中央时的过电压

运行经验表明，在有避雷线的线路上，雷击避雷线档距中央的概率大约只有 10％，但雷击该处引起导、地线间气隙击穿的可能性恰是最大的。

图 9-2-3 所示为雷击避雷线档距中央的情况，其中 z_b 为避雷线的波阻抗（考虑到冲击电晕的影响，取 $z_b \approx 350\Omega$），雷击点的阻抗为两侧避雷线波阻抗并联，即 $\dfrac{z_b}{2}$。雷电通道波阻抗 z_0 取为 300Ω。根据式（8-1-2），注入雷击点的电流为

$$i_z = i_L \frac{z_0}{z_0 + \dfrac{z_b}{2}}$$

故雷击点电压 u_A 为

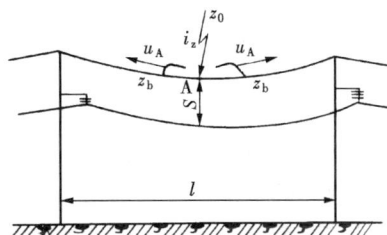

图 9-2-3 雷击避雷线档距中央
z_0—雷电通道波阻抗；
S—档距中央导地线间距离

$$u_{\mathrm{A}} = i_{\mathrm{z}} \frac{z_{\mathrm{b}}}{2} = i_{\mathrm{L}} \frac{z_0 z_{\mathrm{b}}}{2z_0 + z_{\mathrm{b}}} \qquad (9\text{-}2\text{-}7)$$

电压波 u_{A} 自雷击点 A 沿两侧避雷线向相邻杆塔的接地点运动，由于杆塔接地电阻要比杆塔和避雷线的波阻抗小得多，可近似认为它等于零，这样，在接地点将发生负的电压全反射。电压波 u_{A} 从 A 出发，到达杆塔接地点发生反射后回到 A 点，所经过的时间为

$$t_1 = 2\left(\frac{l}{2} + h_{\mathrm{gt}}\right)/v_{\mathrm{b}} \quad (\mu\mathrm{s})$$

式中：l 为档距长度，m；h_{gt} 为杆塔高度，m；v_{b} 为避雷线上波速，m/μs，计及电晕的影响，通常取 $v_{\mathrm{b}} \approx 0.75c$（$c$ 为真空中的光速）。

若雷电流为平顶斜角波，其波前的表达式为 $i_{\mathrm{L}} = at$，代入式（9-2-7），可得到雷击点电压 u_{A} 的表示式：

$$\left.\begin{array}{l} \text{当 } t < t_1 \text{ 时} \qquad u_{\mathrm{A}}(t) = \dfrac{z_0 z_{\mathrm{b}}}{2z_0 + z_{\mathrm{b}}} at \\[3mm] \text{当 } t \geqslant t_1 \text{ 时} \qquad u_{\mathrm{A}}(t) = \dfrac{z_0 z_{\mathrm{b}}}{2z_{\mathrm{a}} + z_{\mathrm{b}}} \left[at - a\ (t - t_1) \right] = \dfrac{z_0 z_{\mathrm{b}}}{2z_0 + z_{\mathrm{b}}} at_1 \end{array}\right\} \qquad (9\text{-}2\text{-}8)$$

式中：a 为雷电流波前陡度，可取 $a = 30\mathrm{kA}/\mu\mathrm{s}$。

可见，在 $t = t_1$ 时，雷击点电压达到最大值

$$U_{\mathrm{A}} = \frac{a z_0 z_{\mathrm{b}}}{(2z_0 + z_{\mathrm{b}}) v_{\mathrm{b}}} (l + 2h_{\mathrm{gt}})$$

由于避雷线与导线间的耦合作用，在导线上将产生耦合电压 $k U_{\mathrm{A}}$，故雷击点处避雷线与导线间的气隙 S 上所承受的最大电压 U_{S} 为

$$U_{\mathrm{S}} = U_{\mathrm{A}}(1 - k) = \frac{a z_0 z_{\mathrm{b}}}{(2z_0 + z_{\mathrm{b}})} (l + 2h_{\mathrm{gt}})(1 - k) \qquad (9\text{-}2\text{-}9)$$

从式（9-2-9）可知，雷击避雷线档距中央时，雷击处避雷线与导线间的空气隙 S 上的电压与耦合系数 k、雷电流陡度 a、杆塔高度 h_{gt}，以及档距 l 有关，当此电压超过空气间隙的放电电压时，间隙将被击穿造成短路事故。

导、地线间的电场很不均匀，其伏秒特性很陡，当击穿时间约为 $2.6\mu\mathrm{s}$ 时，气隙的平均冲击击穿场强为 $750\mathrm{kV/m}$ 左右。对于一般线路，杆塔不高，例如 $h_{\mathrm{gt}} = 30\mathrm{m}$，考虑冲击电晕的影响，取 $k \approx 0.25$。这样，根据导、地线间的气隙发生击穿的临界条件，有

$$U_{\mathrm{A}}(1 - k) = 750S$$

代入有关数据，算得 $S = 0.0147 + 0.88$ （m）。经过我国多年运行经验的修正，行标规定按下式确定 S 值为

$$S = 0.012l + 1 \quad (\mathrm{m}) \qquad (9\text{-}2\text{-}10)$$

实践证明，只要按式（9-2-10）确定 S 值，雷击避雷线档距中央就不会发生雷击事故。

对于大跨越档距、高杆塔线路，若 $(l + 2h_{\mathrm{gt}})/v_{\mathrm{b}}$ 大于雷电流波前时间，则从相邻杆塔接地点返回的负反射波到达雷击点 A 时，雷电流已过峰值，在此情况下，雷击点的最高电位须按雷电流峰值计算，应有的 S 值用类似的方法确定。

9-2-3 绕击时的过电压和耐雷水平

装有避雷线的线路仍然有雷电绕过避雷线而击于导线的可能性，虽然绕击的概率很小，但一旦出现此情况，则往往引起绝缘子串闪络。

对于一般工程实际问题，通常采用从模拟试验和现场运行经验中得出的经验公式来求取绕击概率，认为绕击概率与避雷线对外侧导线的保护角 α（如图 8 - 2 - 7 所示）、杆塔高度和线路经过地区的地形地貌和地质条件有关。行业标准建议用下列公式计算绕击率 P_α：

对平原地区 $\qquad\qquad \lg P_\alpha = \dfrac{\alpha\sqrt{h}}{86} - 3.9$

$$\left.\begin{array}{l}\\ \\ \end{array}\right\}\tag{9 - 2 - 11}$$

对山区 $\qquad\qquad \lg P_\alpha = \dfrac{\alpha\sqrt{h}}{86} - 3.35$

式中：P_α 为绕击率，即一次雷击线路中出现绕击的概率；α 为保护角（度）；h 为避雷线悬挂高度，m。

从式（9 - 2 - 11）可知，山区的绕击率为平原的 3 倍，或相当于保护角增大 $8°$。这是斜坡对绕击的影响。

现在来计算绕击时的过电压和耐雷水平。如图 9 - 2 - 4 所示，绕击导线时雷击点阻抗为 $z_d/2$（z_d 为导线波阻抗），根据式（8 - 1 - 2），流经雷击点的雷电流波 i_z 为

$$i_z = \frac{i_L}{1 + \dfrac{z_d/2}{z_0}}$$

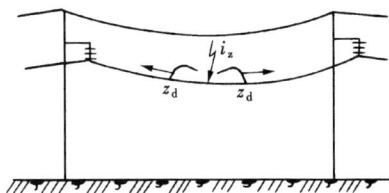

图 9 - 2 - 4　绕击导线

导线上电压 u_d 可表示为

$$u_d = i_z \frac{z_d}{2} = i_L \frac{z_0 z_d}{2z_0 + z_d}$$

其幅值为

$$U_d = I_L \frac{z_0 z_d}{2z_0 + z_d} \tag{9 - 2 - 12}$$

从式（9 - 2 - 12）可知，绕击时导线上电压幅值 U_d 随雷电流幅值 I_L 的增加而增加，若超过线路绝缘子串的冲击闪络电压，则绝缘子串将发生闪络，绕击时的耐雷水平 I_2 可令 U_d 等于绝缘子串 50% 闪络电压 $U_{50\%}$ 来计算，即

$$I_2 = U_{50\%} \frac{2z_0 + z_d}{z_0 z_d} \tag{9 - 2 - 13}$$

行标建议取 $z_0 \approx z_d/2$，$z_d = 400\Omega$，故

$$I_2 \approx U_{50\%} 4/z_d \approx \frac{U_{50\%}}{100} \tag{9 - 2 - 14}$$

按此式计算，35、110、220、330kV 线路的绕击耐雷水平分别为 3.5、7、12kA 和 16kA 左右，较雷击杆塔时的耐雷水平低得多。

§9 - 3　输电线路的雷击跳闸率

输电线路遭雷击时，什么情况下才会引起线路跳闸停电呢？首先雷电流必须超过线路耐雷水平，才能引起线路绝缘发生冲击闪络，这时，雷电流沿闪络通道入地，但由于时间只有几十微秒，线路开关来不及动作，只有当沿闪络通道流过工频短路电流的电弧持续燃烧时，线路才会跳闸停电。所以，线路雷击跳闸与雷电流大于或等于线路耐雷水平的概率和建弧率有关。

9-3-1　建弧率

线路着雷且雷电流超过线路的耐雷水平引起线路绝缘发生冲击闪络时，由于冲击闪络时间很短不会引起线路跳闸，但若雷电消失后由工作电压产生的工频电弧继续稳定存在，则将引起跳闸。从冲击闪络转为工频电弧的概率与弧道中的平均电场强度有关，也与闪络瞬间工频电压的瞬时值和去电离条件有关。冲击闪络转为工频电弧的概率称为建弧率，以 η 表示，根据实验和运行经验，可计算为

$$\eta = (4.5E^{0.75} - 14) \quad (\%) \tag{9-3-1}$$

式中：E 为绝缘子串的平均工作电压梯度（有效值），kV/m。

对于中性点有效接地系统

$$E = \frac{U_n}{\sqrt{3}l_1} \tag{9-3-2}$$

对中性点非有效接地系统

$$E = \frac{U_n}{2l_1 + l_2} \tag{9-3-3}$$

式中：U_n 为系统标称电压（有效值），kV；l_1 为绝缘子串长度，m；l_2 为木横担线路的线间距离，m。若为铁横担或钢筋混凝土横担线路，则 $l_2 = 0$。

对于中性点非有效接地系统，单相闪络不会引起跳闸，只有当第二相的绝缘子串也闪络才会造成相间短路而跳闸，但中性点经低阻接地除外。

实践证明，当 $E \leqslant 6\mathrm{kV}$（有效值）/m，建弧率很小，可近似认为 $\eta=0$。

9-3-2　有避雷线线路雷击跳闸率的计算

一、雷击杆塔时的跳闸率

不同地区的雷电活动强弱程度差别较大，输电线路的长度也各不相同，为了评估输电线路的防雷效果，总结防雷经验，必须将线路长度、雷暴日数换算到某一相同条件下才能进行分析比较，为此引入雷击跳闸率这一指标，它是指在 40 个雷暴日情况下，100km 线路每年因雷击而引起的跳闸次数（即使重合闸成功，也算一次跳闸）。

根据模拟实验和运行经验，一般高度线路的等值受雷面的宽度为 $4h_b + b$。设 N 为每 100km 线路每年遭受雷击的次数，则 N 的计算式为

$$N = \gamma \frac{4h_b + b}{1000} \times 100 \times T_d \quad [\text{次}/100(\mathrm{km \cdot a})]$$

每 100km 有避雷线线路每年（40 个雷暴日）落雷次数为 $N=0.28(b+4h_b)$ 次（h_b 为避雷线平均高度，m）。若击杆率为 g，则每 100km 线路每年雷击杆塔次数为 $0.28(b+4h_b)g$ 次；若雷击杆塔时的耐雷水平为 I_1，雷电流幅值超过 I_1 的概率为 P_1，建弧率为 η，则 100km 线路每年雷击杆塔的跳闸次数 n_1 为

$$n_1 = 0.28(b+4h_b)g\eta P_1 \tag{9-3-4}$$

二、绕击跳闸率

设绕击率为 P_a，100km 线路每年绕击次数为 $0.28(b+4h_b)P_a$，绕击时的耐雷水平为 I_2，雷电流幅值超过 I_2 的概率为 P_2，建弧率为 η，则每 100km 线路每年的绕击跳闸次数 n_2 为

$$n_2 = 0.28(b+4h_b)P_a\eta P_2 \tag{9-3-5}$$

三、线路雷击跳闸率

如前所述，若避雷线与导线在档距中央处的空气隙距离 S 满足式（9-2-10）的要求，则雷击避雷线档距中央一般不会发生雷击事故，故其跳闸率可视为零。因此，线路雷击跳闸率 n 为

$$n = n_1 + n_2 = 0.28(b + 4h_b)\eta(gP_1 + P_\alpha P_2) \ [\text{次}/100(\text{km} \cdot \text{a})] \quad (9-3-6)$$

【例 9-1】 平原地区 220kV 双避雷线线路杆塔如图 9-3-1所示，绝缘子串由 13 片 XP-70 组成，其正极性 $U_{50\%}$ 为 1200kV，负极性 $U_{50\%}$ 为 1400kV，杆塔冲击接地电阻 R_{ch} 为 7Ω，避雷线和导线的弧垂分别为 $f_b = 7\text{m}$ 和 $f_d = 12\text{m}$，避雷线半径 $r_b = 5.5\text{mm}$，求该线路的耐雷水平及雷击跳闸率。

解 避雷线平均高度 $h_b = 29.1 - \dfrac{2}{3} \times 7 = 24.5\text{m}$，导线

平均高度 $h_d = 2.4 - \dfrac{2}{3} \times 12 = 15.4\text{m}$。

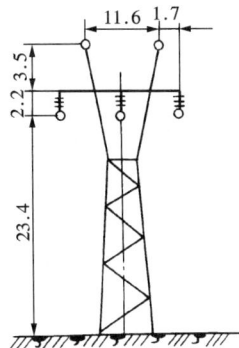

图 9-3-1 某 220kV 双避雷线线路杆塔（图中单位为 m）

双避雷线对外侧导线的几何耦合系数 k_0 为

$$k_0 = \frac{\ln\dfrac{d'_{13}}{d_{13}} + \ln\dfrac{d'_{23}}{d_{23}}}{\ln\dfrac{2h_1}{r_1} + \ln\dfrac{d'_{12}}{d_{12}}} = 0.229$$

考虑电晕影响后耦合系数为

$$k = k_0 k_1 = 1.25 \times 0.229 = 0.286$$

杆塔等值电感 $L_{gt} = 29.1 \times 0.5 = 14.5\mu\text{H}$（由表 9-2-2 查得杆塔电感 $0.5\mu\text{H/m}$），分流系数 $\beta = 0.88$（见表 9-2-3），根据式（9-2-6）算得雷击杆塔时的耐雷水平 I_1 为

$$I_1 = \frac{U_{50\%}}{(1-k)\beta R_{ch} + \left(\dfrac{h_\alpha}{h_{gt}} - k\right)\beta \dfrac{L_{gt}}{2.6} + \left(1 - \dfrac{h_b}{h_d}k_0\right)\dfrac{h_d}{2.6}}$$

$$= \frac{1200}{(1-0.286) \times 0.88 \times 7 + \left(\dfrac{25.6}{29.1} - 0.286\right) \times 0.88 \times \dfrac{14.5}{2.6} + \left(1 - \dfrac{24.5}{15.4} \times 0.229\right) \times \dfrac{15.4}{2.6}}$$

$$= 108(\text{kA})$$

在计算中，$U_{50\%}$ 取正极性的数值，因为落雷绝大多数是负极性的，雷击杆塔时横担（绝缘子串的接地端）对地电位为负极性，而导线端为正极性。

根据式（9-2-14）求得绕击的耐雷水平 I_2 为

$$I_2 = 1200/100 = 12(\text{kA})$$

根据式（8-1-3），雷电流幅值超过 I_1 和 I_2 的概率分别为 5.9% 和 73.1%。

根据式（9-2-11）、表 9-2-1 和式（9-3-1）得绕击率 $P_\alpha = 0.138\%$、击杆率 $g = 1/6$、建弧率 $\eta = 0.80$。

根据式（9-3-6）计算雷击跳闸率 n 为

$$n = 0.28(b + 4h_b)\eta(gP_1 + P_\alpha P_2)$$

$$= 0.28(11.6 + 4 \times 24.5) \times 0.80 \times 9\left(\frac{1}{6} \times 5.9\% + 0.138\% \times 73.1\%\right)$$

$$= 0.265[\text{次}/100(\text{km} \cdot \text{a})]$$

即该线路每 100km 每年因雷击而引起的跳闸次数为 0.265 次。

§9-4　输电线路的防雷措施

输电线路的防雷在整个电力系统防雷中的地位如前所述，但在确定线路采用什么防雷措施时，仍需从多方面考虑，例如线路的电压等级、负荷重要性、系统运行方式、线路经过地区雷电活动的强弱、地形地貌的特点、杆塔的高矮、土壤电阻率的高低等，并结合当地已有线路的运行经验，根据技术经济比较的结果，因地制宜，采取合理的防护措施。这是因为，目前还不可能做到使线路绝对防雷，只能采取一系列措施（包括基本的和辅助的）来提高线路的耐雷水平，将雷击跳闸率降低到能被人们接受的程度；防雷思路是防止雷电频繁击中线路，使线路受雷击后不发生绝缘闪络，使冲击闪络不能转变为稳定的工频电弧，即使转为工频电弧也要避免长时间供电中断。

输电线路常用的防雷措施如下。

一、架设避雷线

这是高压和超、特高压线路防雷的基本措施。其作用主要是防止雷电直击导线而产生极高的过电压。同时还有分流作用，以减小流经杆塔入地的电流、降低塔顶电位；利用导、地线间的电磁耦合作用可以降低线路绝缘承受的电压；对导线起屏蔽作用，可以降低感应过电压。对于 110～220kV 输电线路，避雷线的保护角 α 大多在 20°～30°范围内，500kV 及以上的超高压线路应采用小于或等于 15°甚至负的保护角。35kV 及以下的线路一般不在全线装设避雷线。

避雷线经过每基杆塔的接地电阻接地形成多个闭合回路，因为在三相导线空间上的不对称，因而避雷线上就有工频感应电压，在回路中产生电流和有功损耗。例如，某 400kV 双回路输电线路，传输的总功率为 1000MW，两条避雷线中的损耗为 3.1MW，年损失电能高达 1020 万 kW·h。将避雷线全长的中点经杆塔直接接地，而在其余杆塔上经火花间隙接地，采用这种绝缘避雷线可避免可观的电能损失。

计算和试验证明，在雷电放电的先导阶段，在绝缘避雷线上由先导通道中电荷和避雷线上感应产生的正、负电荷所建立的电压足以使小间隙击穿，故而在主放电时，可以认为避雷线是接地的，即不影响它的防雷效果。

输电线路的三相导线通过它们与绝缘避雷线间的部分电容使避雷线维持一定的工频电压，如 110、220kV 线路，此电压可达 10～20kV。在正常运行时，此工频电压不应使间隙击穿，而雷电放电过程中，间隙被击穿，冲击电压消失后，工频电容电流还将继续流过小间隙，因此，间隙距离的选择，还要能够保证切断工频电弧电流，使间隙迅速恢复绝缘状态。

二、降低杆塔接地电阻

对于一般线路，这是降低塔顶电位、提高耐雷水平以及减小反击概率的主要措施。对杆塔工频接地电阻的要求见表 8-4-3。

三、架设耦合地线

在高 ρ 区降低杆塔接地电阻有困难时，可以采用在导线下方架设地线的措施，其作用是增加对雷电流的分流作用，增加避雷线与导线间的耦合作用以降低绝缘子串上的电压。运行经验证明，耦合地线对降低雷击跳闸率的作用是很显著的。

四、加强绝缘

对于高杆塔，可以采取增加绝缘子串片数的办法来提高其防雷性能。高杆塔的等值电感大，感应过电压大，绕击率也随高度而增加，因此规程规定，全高超过 40m 有避雷线的杆塔，每增高 10m 应增加一片绝缘子；全高超过 100m 的杆塔，绝缘子片数应结合运行经验通过计算确定。

我国各电压等级线路的耐雷水平和跳闸率的规定值可参阅附表 10。

五、装设线路用避雷器

线路型 ZnO 避雷器具有通流容量大、质量轻、运行维护量小等特点，将它安装在雷电活动强烈、土壤电阻率高、降低接地电阻有困难、存在弱绝缘的线段上保护线路，可大大降低整个线路的雷击跳闸率。

六、采用消弧线圈接地方式

对于雷电活动强烈、接地电阻又难以降低的地区，可考虑采用中性点不接地或经消弧线圈接地的方式，绝大多数的单相着雷闪络接地故障能被消弧线圈所消除。而在两相或三相着雷时，雷击引起第一相导线闪络不会造成跳闸，闪络后的导线相当于地线，增加了耦合作用，使未闪络相绝缘子串上的电压下降，从而提高了耐雷水平。

七、采用不平衡绝缘方式

在现代高压及超高压线路中，同杆架设的双回线路日益增多，对此类线路在采用通常的防雷措施尚不能满足要求时，还可采用不平衡绝缘方式来降低双回线路雷击同时跳闸率，以保证不中断供电。不平衡绝缘是使两回路的绝缘子串片数有差异，雷击时绝缘子串片数少的回路先跳闸，闪络后的导线相当于地线，增加了对另一回路导线的耦合作用，提高了另一回线路的耐雷水平使之不发生闪络保证继续供电。

八、装设自动重合闸

由于线路绝缘具有自恢复性能，大多数雷击造成的冲击闪络和工频电弧在线路跳闸后能够迅速去电离，所以自动重合闸成功率较高，据统计，我国 110kV 及以上高压线路重合闸成功率为 $75\% \sim 95\%$，35kV 及以下线路为 $50\% \sim 80\%$，因此各级电压的线路应尽量装设自动重合闸。

习　　题

9-1　试从物理概念上解释避雷线对降低导线上感应过电压的作用。

9-2　试全面分析雷击杆塔时影响耐雷水平的各种因素的作用，工程实际中往往采用哪些措施来提高耐雷水平，试述其理由。

9-3　为什么绕击时的耐雷水平远低于雷击杆塔时的耐雷水平？

9-4　试述建弧率的含义及其在线路防雷中的作用。

9-5　为什么额定电压低于 35kV 的线路一般不装设避雷线？

9-6　某 220kV 线路的铁塔结构如图 9-3-1 所示。该线路通过平原地区，雷暴日数年平均为 40 日，导线型号为 LGJQ-300，避雷线外径为 10mm，导线和避雷线的弧垂分别为 12m 和 7m，线路档距为 400m，杆塔冲击接地电阻为 7Ω，绝缘子串由 13×X-4.5 组成，长为 2.2m，其 50% 冲击放电电压为 1200kV。试计算该线路的耐雷水平和跳闸率。

9-7　某35kV水泥杆铁横担线路结构如题9-7图所示。导线弧垂为3m，导线型号为LJ-50，绝缘子串由3×X-4.5组成，其长度为0.6m，50％放电电压为350kV，水泥杆无人工接地，自然接地电阻为20Ω。试计算其耐雷水平和雷击跳闸率。

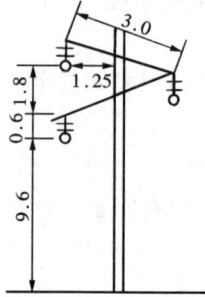

题9-7图　某35kV线路杆塔（单位：m）

第十章　发电厂和变电站的防雷保护

发电厂、变电站的设备都比较重要，变电站又是多条输电线路的连接处，如果发生雷害事故，将使设备受到严重损坏，往往造成长时间大面积停电。因此，与输电线路相比，对发电厂和变电站的防雷要求更严格、更可靠。

发电厂、变电站出现雷电过电压的原因有雷电直击发电厂、变电站和雷电波沿输电线路侵入发电厂、变电站两方面，因此必须有直击雷防护与行波防护。

对直击雷的防护，一般采用避雷针或避雷线。我国运行经验表明，凡安装符合有关标准要求的避雷针，发生绕击和反击的事故率是非常低的。

由于线路落雷频繁，所以沿线路入侵的雷电波是发电厂、变电站遭受雷害的主要原因。其主要防护措施是在发电厂、变电站内装避雷器以限制入侵雷电波的幅值，使设备上的过电压不超过其冲击耐压值；在发电厂、变电站的进线上设置进线保护段，以限制流经避雷器的雷电流幅值和线路上入侵波的陡度。此外，对直接与架空线路相连接的旋转电机（称直配电机）还需在电机母线上装设电容器，以限制入侵雷电波陡度，保护电机匝间绝缘和中性点绝缘。

§10-1　发电厂、变电站的直击雷保护

为防止雷电直击于发电厂和变电站，可以装设避雷针或避雷线。对直击雷的防护，不仅应使所有设备都处于避雷针（线）的保护范围内，同时还应采取措施，防止雷击避雷针（线）时引起反击事故。

雷击避雷针时，雷电流流经避雷针及其接地装置（如图 10-1-1 所示），在避雷针 h 高度处和避雷针的接地电阻上将分别出现电位 u_k 和 u_d，即

$$u_k = i_L R_{ch} + L_0 h \frac{\mathrm{d}i_L}{\mathrm{d}t} \qquad (10-1-1)$$

$$u_d = i_L R_{ch} \qquad (10-1-2)$$

式中：i_L 为流过避雷针的雷电流，kA；R_{ch} 为避雷针的冲击接地电阻，Ω；L_0 为避雷针单位高度的等值电感，$\mu H/m$；h 为相邻配电装置构架的高度，m，如图 10-1-1 所示。

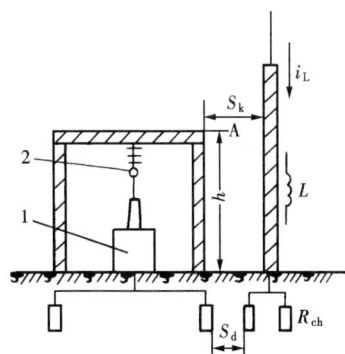

图 10-1-1　独立避雷针离配电构架的距离
1—变压器；2—母线

我国有关标准取雷电流 i_L 的幅值为 100kA，雷电流的波前陡度 $\frac{\mathrm{d}i_L}{\mathrm{d}t}$ 取平均值 $\frac{100kA}{2.6ms} = 38.5kA/ms$；$L_0 \approx 1.55\mu H/m$，则可得

$$u_k = 100R_{ch} + 60h$$

$$u_d = 100R_{ch}$$

以上两式表明，避雷针及其接地装置上的电位 u_k 和 u_d 与冲击接地电阻 R_{ch} 有关，R_{ch} 愈小则 u_k 和 u_d 愈低。

为了防止避雷针与被保护设备或构架之间的空气间隙被击穿而造成反击事故，必须使其间距 S_k 大于一定距离，若取空气的平均冲击抗电强度为 500kV/m，并结合实际运行经验，则 S_k 应满足以下要求

$$S_k \geqslant 0.2R_{ch} + 0.1h \tag{10-1-3}$$

同样，为防止避雷针接地装置和被保护设备接地体之间的土壤被击穿，其间距 S_d 也必须大于一定距离，设土壤的冲击抗电强度为 300kV/m，则 S_d 应满足

$$S_d \geqslant 0.3R_{ch} \tag{10-1-4}$$

除上述要求外，还要求 S_k 不小于 5m，S_d 不小于 3m。

110kV 及以上的配电装置，一般将避雷针装在配电构架上，这是因为此类电压等级配电装置的绝缘水平较高，雷击避雷针时在配电构架上出现的高电位不会造成反击事故。但在土壤电阻率大于 1000Ω·m 的地区，宜装设独立避雷针。

对于 60kV 配电装置，在 $\rho \leqslant 500$Ω·m 的地区允许将避雷针装在配电构架上，否则宜采用独立避雷针。

35kV 及以下的配电装置，因其绝缘水平低，故不允许将避雷针装设在配电构架上，以避免发生反击事故，需装设独立避雷针、敷设独立的接地装置。若保证上述地中距离 S_d 有困难，则可将独立避雷针的接地体与变电站地网相连，但该连接点至 35kV 及以下设备的接地线入地点沿地网的距离应大于 15m，使雷击避雷针时在其接地电阻上产生的高电位沿地网传播、逐渐衰减，在 $\rho \leqslant 500$Ω·m 的地区，该冲击波的幅值可衰减到原来的 22% 左右，一般就不会引起反击了。

独立避雷针离开道路应大于 3m，否则应铺设碎石或沥青路面（厚 5～8cm），以保证人身安全。

凡装设避雷针的配电构架，应在其接地点附近装设辅助接地装置（3～5 根垂直接地极），以便雷电流迅速泄入大地。由于主变压器的绝缘较弱，且比较贵重，所以在变压器的门型构架上不允许装避雷针，其他配电构架避雷针的引下线入地点离主变压器接地点的距离不应小于 15m。

关于线路终端杆塔上的避雷线能否与变电站构架相连的问题，也可按上述在构架上装设避雷针是否会发生反击的原则来处理。110kV 及以上配电装置允许相连，但在 $\rho > 1000$Ω·m 的地区，连接避雷线的门型架构应装设集中接地装置。60kV 及以下的配电装置一般不允许相连，避雷线应在终端杆上终止，最后一档线路采用独立避雷针或将避雷针装在终端杆上进行保护，但是，若 $\rho \leqslant 500$Ω·m，则允许相连。发电厂厂房按我国建筑物防雷标准的要求装设避雷针，并采取措施防止因电磁感应或发生反击而引起继电保护装置误动甚至损坏。

§10-2　变电站内阀型避雷器的保护作用

装设避雷器是变电站对沿线路侵入的雷电过电压进行防护的基本措施，其作用是限制入侵过电压波的幅值。

这里分析如图 10-2-1（a）所示的简单接线，WGMOA 阀型避雷器直接装在变压器旁，即变压器与避雷器之间的距离为零。为简化分析，不计变压器的对地入口电容，串电压波 u 自线路入侵，避雷器上的电压可用图 10-2-1（b）所示的等值电路来分析，假定避雷器的伏安特性 $u_B = f(i_B)$ 为已知，则可按图 10-2-2 所示的作图法求取变压器上的电压。

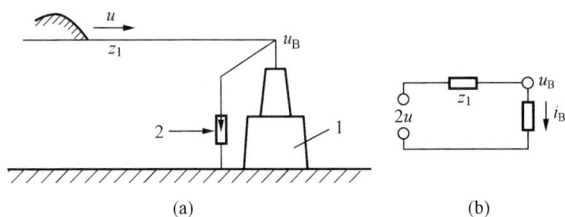

图 10-2-1　避雷器直接装在变压器旁

(a) 接线图；(b) 等值电路

1—变压器；2—避雷器

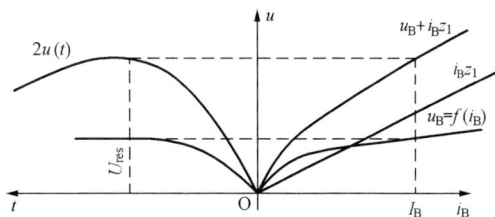

图 10-2-2　避雷器电压 u_B 图解法

u—来波；u_B—避雷器上电压；

$u_B = f(i_B)$—避雷器的伏安特性

入侵电压波 u 到达变压器处，在避雷器动作前，相当于末端开路，电压上升为 $2u$，变压器上电压也等于 $2u$。

避雷器动作后，按图 10-2-1（b）所示等值电路可列出方程

$$2u = u_B + i_B z_1$$

式中：i_B 为流过避雷器的电流；z_1 为线路波阻抗。

画出曲线 $u_B + i_B z_1$，然后自入侵波的幅值处作一水平线与曲线 $u_B + i_B z_1$ 相交，交点的横坐标就是流过避雷器的最大雷电流 I_B，由 I_B 自伏安特性 $u_B = f(i_B)$ 上所决定的电压 U_{res} 就是避雷器上的最大残压值，其他时刻避雷器上的电压可用同样的方法求得。残压与流过的雷电流大小有关，但因阀片的非线性特性，当流过的雷电流在很大范围内变动时，残压近乎不变，故在以后的分析中可以将避雷器上的电压 $u_B(t)$ 近似地视为一斜角平顶波，其幅值为 U_{res}，波头时间（即避雷器动作时间）则取决于入侵波陡度。若入侵雷电波为斜角波，即 $u = at$，则避雷器的动作相当于在避雷器动作时刻 t_p 在避雷器安装处产生一负电压波 $-a(t - t_p)$，如图 10-2-3 所示。

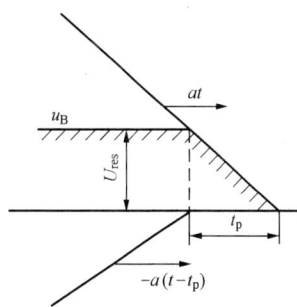

图 10-2-3　分析用避雷器上电压波形

由于避雷器直接接在变压器旁，故变压器上的过电压波形与避雷器上电压相同，若变压器的冲击耐压大于避雷器的残压，则变压器将得到保护。

变压站内有很多电气设备，不可能在每个设备旁边都装设一组避雷器，一般只在变电站母线上装设避雷器，由于变压器是最重要的设备，因此避雷器应尽量靠近变压器。这样，避雷器离开变压器和其他各电气设备都有一段长度不等的距离，当雷电波入侵时，变压器和各电气设备上的电压将与避雷器上电压不相同，二者相差多少？避雷器对变电站所有设备是否都能起到保护作用？下面以简例来分析。

图 10-2-4（a）所示为一变电站主接线及其等值接线图，避雷器装在母线上，变压器离母线距离为 l_2，进线隔离开关离母线距离为 l_1，在等值接线中不计各设备的对地电容。点 L、B、T 分别表示进线隔离开关、避雷器和变压器的位置。入侵波为一斜角波 at，点 L、B、

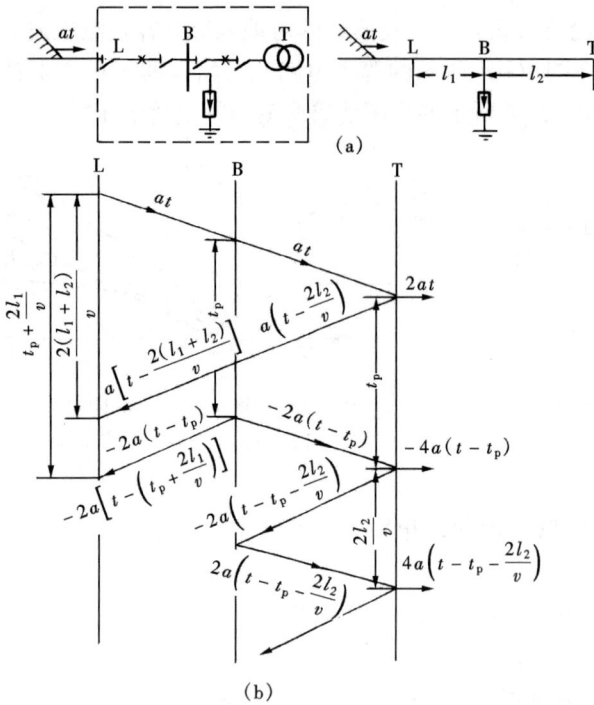

图 10 - 2 - 4　雷电波 at 入侵时变电站各点电压的分析

(a) 变电站实例及等值线路图；

(b) 计算 L、B、T 各点电压的行波网格图

T 的电压 $u_L(t)$、$u_B(t)$、$u_T(t)$ 可用行波网格法求得，如图 10 - 2 - 4 (b) 所示。

以下分析时不取统一的时间起点，而以各点开始出现电压时为各点的时间起点。

先分析避雷器上电压 $u_B(t)$，从图 10 - 2 - 4 (b) 可知，点 T 的反射波到达 B 点前有

$$u_B(t) = at$$

点 T 的反射波到达 B 点后和避雷器动作前有

$$u_B(t) = at + a\left(t - \frac{2l_2}{v}\right)$$

$$= 2a\left(t - \frac{l_2}{v}\right)$$

$\left(\text{假定避雷器的动作时间 } t_p > \dfrac{2l_2}{v}\right)$

式中：v 为波速。

避雷器动作，相当于在 $t = t_p$ 时刻在 B 点加上一负电压波 $-2a(t - t_p)$。因此，当 $t > t_p$ 时有

$$u_B(t) = 2a\left(t - \frac{l_2}{v}\right) - 2a(t - t_p) = 2a\left(t_p - \frac{l_2}{v}\right) \qquad (10 - 2 - 1)$$

式 (10 - 2 - 1) 表明，当 $t > t_p$ 时，避雷器动作后电压 u_B 保持为一定值，其值为 $2a\left(t_p - \dfrac{l_2}{v}\right)$，应等于避雷器残压最大值 U_{res}，故当 $t > t_p$ 时有

$$u_B(t) = 2a\left(t_p - \frac{l_2}{v}\right) = U_{res} \qquad (10 - 2 - 2)$$

$u_B(t)$ 的波形见表 10 - 2 - 1 和图 10 - 2 - 5 (a)。图中 $\tau_1 = \dfrac{l_1}{v}$、$\tau_2 = \dfrac{l_2}{v}$。

表 10 - 2 - 1　　　　　　　　　　避雷器上电压 $u_B(t)$

t	u_B
$t < \dfrac{2l_2}{v}$	at
$t_p > t > \dfrac{2l_2}{v}$	$at + a\left(t - \dfrac{l_2}{v}\right) = 2a\left(t - \dfrac{l_2}{v}\right)$
$t \geqslant t_p$	$2a\left(t - \dfrac{l_2}{v}\right) - 2a(t - t_p) = 2a\left(t_p - \dfrac{l_2}{v}\right) = U_{res}$

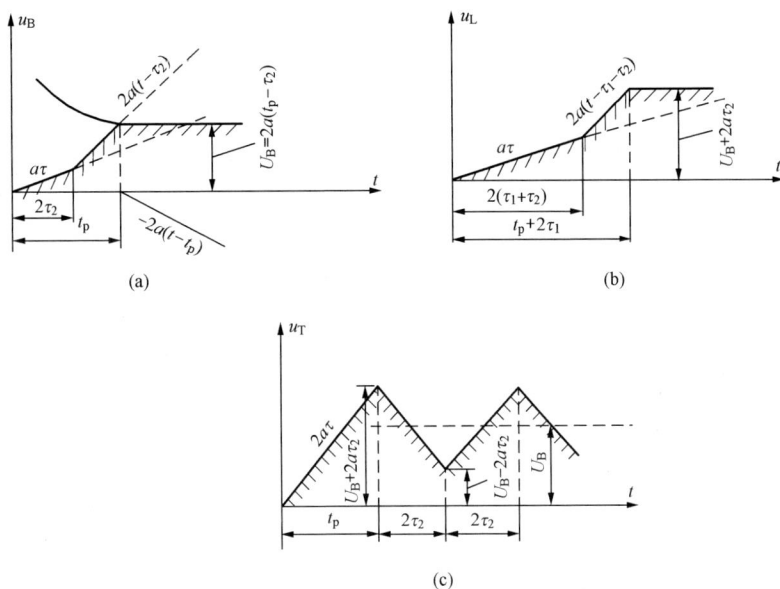

图 10 - 2 - 5 当雷电波 at 入侵图 10 - 2 - 4 所示的变电站接线时

变电站内各点电压波形 $\left(\tau_1 = \dfrac{l_1}{v} , \tau_2 = \dfrac{l_2}{v} \right)$

(a) 避雷器上电压 $u_B(t)$ ；(b) 进线隔离开关上电压 $u_L(t)$ ；

(c) 变压器上电压 $u_T(t)$

同理，根据图 10 - 2 - 4 （b）可求得进线隔离开关和变压器处的电压 $u_L(t)$ 和 $u_T(t)$，见表 10 - 2 - 2、表 10 - 2 - 3 和图 10 - 2 - 5 （b）、（c）。

表 10 - 2 - 2   **进线隔离开关上电压 u_L （t）**

t	u_L
$t < \dfrac{2\,(l_1 + l_2)}{v}$	at
$t_p + \dfrac{2l_1}{v} > t > \dfrac{2\,(l_1 + l_2)}{v}$	$at + a\left[t - \dfrac{2\,(l_1 + l_2)}{v} \right] = 2a\left(t - \dfrac{l_1 + l_2}{v} \right)$
$t > t_p + \dfrac{2l_1}{v}$	$2a\left(t - \dfrac{l_1 + l_2}{v} \right) - 2a\left[t - \left(t_p + \dfrac{2l_1}{v} \right) \right] = 2a\left(t_p + \dfrac{l_1 - l_2}{v} \right) = U_{res} + 2a\dfrac{l_1}{v}$

从表 10 - 2 - 2、表 10 - 2 - 3 和图 10 - 2 - 5 （b）、（c）可知，进线隔离开关处电压的最大值 U_L 为

$$U_L = U_{res} + 2a\frac{l_1}{v} \qquad\qquad (10 - 2 - 3)$$

表 10 - 2 - 3   变压器上电压 $u_T(t)$

t	u_T
$t < t_p$	$2at$
$t = t_p$	$2at_p = U_{res} + 2a \dfrac{l_2}{v}$
$t = t_p + \dfrac{2l_2}{v}$	$2a\left(t_p + \dfrac{2l_2}{v}\right) - 4a\left(t_p + \dfrac{2l_2}{v} - t_p\right) = 2a\left(t_p - \dfrac{2l_2}{v}\right) = U_{res} - 2a \dfrac{l_2}{v}$
$t = t_p + \dfrac{4l_2}{v}$	$2at_p = U_{res} + 2a \dfrac{l_2}{v}$
$\vdots$	$\vdots$

变压器上电压的最大值 U_T 为

$$U_T = U_{res} + 2a \frac{l_2}{v} \qquad (10 - 2 - 4)$$

式（10 - 2 - 3）和式（10 - 2 - 4）表明，不论设备位于避雷器前或避雷器后，只要设备离避雷器有一段距离 i，则设备上所受冲击电压的最大值必然要高于避雷器残压 U_{res}。

从上述可知，当雷电波入侵变电站时，变电站设备上所受冲击电压的最大值 U_s 的计算式可表示为

$$U_s = U_{res} + 2a \frac{l}{v} \qquad (10 - 2 - 5)$$

式中：l 为设备与避雷器之间的电气距离。

式（10 - 2 - 5）阐明了设备上所受的冲击电压最大值的变化规律，实际上，由于变电站具体接线方式的复杂性以及各设备对地电容的存在，设备上的电压显然与式（10 - 2 - 5）有出入。

一般可将式（10 - 2 - 5）修改为 $U_s = U_{res} + 2a \dfrac{l}{v} K$，$K$ 为考虑设备电容而引入的系数。

从表 10 - 2 - 3 和图 10 - 2 - 5（c）还可知道，变压器上的电压具有振荡性质，其振荡轴为避雷器的残压 U_{res}，这是由于避雷器动作后产生的负电压波在点 B 与点 T 之间发生多次反射而引起的。如果考虑点 L 处有设备电容存在或点 L 左右波阻抗不同，则避雷器动作后产生的负电压波也将在点 B 和点 L 之间发生多次反射，同样将使点 L 的电压也具有振荡性质。

图 10 - 2 - 6 所示为雷电波入侵变电站时变压器上电压的实际波形，具有衰减振荡性质，其振荡轴为避雷器残压。这种波形和全波相差较大，对变压器绝缘的作用和截波的作用较为接近，因此常以变压器绝缘承受截波的能力来说明在运行中该变压器承受雷电波的能力。变压器承受截波的能力称为多次截波耐压值 U_j，根据实践经验，对变压器而言，此值为变压器三次截波冲击试验电压 $U_{j\cdot3}$ 的 $\dfrac{1}{1.15}$ 倍，即 $U_j = \dfrac{U_{j\cdot3}}{1.15}$。同样，其他电气设备在运行中承受雷电波的能力也可用多次截波耐压值 U_j 来表示。

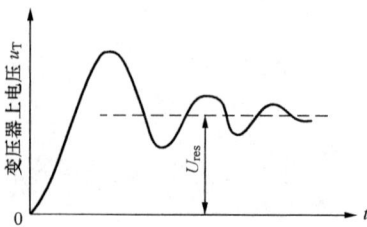

图 10 - 2 - 6　雷电波入侵变电站时变压器上电压的实际波形

当雷电波入侵变电站时，若设备上受到的最大冲击电压值 U_s 小于设备本身的多次截波耐压值 U_j，则设备不

会发生事故，反之，则可能造成雷害事故。因此，为了保证设备安全运行，必须满足

$$U_s \leqslant U_j$$

即

$$U_{res} + 2a \frac{l}{v} \leqslant U_j \qquad (10 - 2 - 6)$$

式中：U_s 为设备上所受冲击电压的最大值；U_j 为设备多次截波耐压值；U_{res} 为避雷器标称放电电流下的残压；a 为雷电波陡度；l 为设备与避雷器间距离；v 为波速。

如考虑设备的电容、变电站引出线的阻抗、冲击电晕和避雷器电阻等因素的影响则均会使 U_s 有所降低。

由以上分析可知，为了保证变压器和其他设备的安全运行，必须限制避雷器的残压，或者说对流过避雷器的雷电流必须加以限制使之不大于规定值，同时也必须限制入侵波的陡度 a 和设备离开避雷器的电气距离 l。限制流经避雷器的雷电流 I_b 和限制入侵波陡度 a 的任务将由变电站进线保护段来完成，有关内容将在下节叙述。

入侵波陡度 a 为某一值时，变压器与避雷器之间的距离有一极限值，超过此值，变压器上受到的冲击电压将超过其冲击耐压，避雷器对变压器将无法保护，此值称为避雷器的最大保护距离（或称保护范围）。在变电站设计时，应使所有设备到避雷器的电气距离都在保护范围内。

利用式（10 - 2 - 6）可求出避雷器至变压器的最大允许电气距离 l_m 为

$$l_m = \frac{U_j - U_{res}}{2\frac{a}{v}} = \frac{U_j - U_{res}}{2a'} \qquad (10 - 2 - 7)$$

其中

$$a' = \frac{a}{v}$$

式中：a' 为入侵波计算陡度，kV/m。

可见，最大允许电气距离与来波陡度密切相关。

普通阀型避雷器和金属氧化物避雷器与主变压器的最大电气距离可分别参照表 10 - 2 - 4 和表 10 - 2 - 5 确定。对其他设备的最大电气距离可相应增加 35%，因为变电站内其他设备的冲击耐压值比变压器高。对于二路出线的变电站，其最大允许电气距离比一路进线为大，这是因为二路进线、一路来波时，另外一路将分流一部分雷电流的缘故。对于多路出线的变电站，其最大允许电气距离 l_m 可比一路时大 20%～35%。

表 10 - 2 - 4 　　　普通阀型避雷器至主变压器的最大电气距离 　　　单位：m

系统标称电压（kV）	进线长度（km）	进线路数			
		1	2	3	≥4
35	1	25	40	50	55
	1.5	40	55	65	75
	2	50	75	90	105
66	1	45	65	80	90
	1.5	60	85	105	15
	2	80	105	130	145

续表

系统标称电压（kV）	进线长度（km）	进线路数			
		1	2	3	≥4
110	1	45	70	80	90
	1.5	70	95	115	130
	2	100	135	160	180
220	2	105	165	195	220

注　（1）全线有避雷线进线时按长度为2km选取，进线长度在1～2km之间时按插补法确定。
　　　（2）35kV也适用于有串联间隙金属氧化物避雷器的情况。

表 10 - 2 - 5　　　　　金属氧化物避雷器至主变压器间的最大电气距离　　　　　单位：m

系统标称电压（kV）	进线长度（km）	进线路数			
		1	2	3	≥4
110	1	55	85	105	115
	1.5	90	120	145	165
	2	125	170	205	230
220	2	125 (90)	195 (140)	235 (170)	265 (190)

注　（1）全线有避雷线进线时按长度为2km选取，进线长度在1～2km之间时按插补法确定。
　　　（2）括号内距离对应的雷电冲击全波耐受电压为850kV。
　　　（3）本表也适用于电站炭化硅磁吹避雷器的情况。

对于330kV发电厂和变电站，金属氧化物避雷器至主变压器的最大电气距离，当进线路数分别为1、2、3、4时，分别为90、140、170m和190m。

对一般变电站的入侵雷电波防护设计，主要是选择避雷器的安装位置，因为在任何可能的运行方式下，变压器和各设备至避雷器的电气距离皆应小于最大允许电气距离 l_m。避雷器一般安装在母线上，每段母线一组，若一组避雷器不能满足要求，则应考虑增设。对于规模较大的变电站，由于接线复杂，需根据经验设计出避雷器的布置，然后通过模拟试验或计算机计算来确定避雷器的安装数量和位置。

§10 - 3　变电站的进线段保护

变电站进线段保护的作用在于限制流经避雷器的雷电流幅值和限制入侵波的陡度。

10 - 3 - 1　35kV及以上变电站的进线段保护

对于35～110kV无避雷线的线路，若雷电直击于变电站附近线路的导线，则流经避雷器的雷电流的幅值和陡度 a 都可能超过允许值。因此，对35～110kV无避雷线的线路在靠近变电站的一段进线上必须架设避雷线或避雷针以保证雷电直击导线只在进线段以外发生，而进线段内出现直接雷击的概率将大大减小。架设避雷线或避雷针的这段进线称为进线保护段，其长度一般取为1～2km，如图10 - 3 - 1（a）所示。进线段应具有较高的耐雷性能，我国有关标准规定的不同电压等级进线段保护的耐雷水平见表10 - 3 - 1，避雷线的保护角应不大于20°，最大不应超过30°，以尽量减少绕击机会。为减小发生反击的概率，进线保护段内的杆塔工频接地电阻宜不大于 10Ω。对于全线架设避雷线的线路［如图 10-3-1（b）所示］，也将变电站附近 2km 长的一段进线列为进线保护段，进线段的避雷线除了线路防雷外，还担负着避免或减少变电站入侵波事故的作用，此段线路的耐雷水平、保护角及杆塔接地电阻也应符合上述要求。

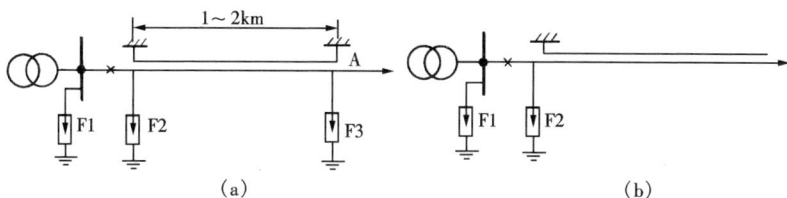

图 10-3-1　35kV 及以上变电站的进线段保护接线
（a）未沿全线架设避雷线的 35～110kV 线路的变电站进线段保护接线；
（b）全线有避雷线的变电站的进线段保护接线

表 10-3-1　　　　　　　　　进 线 段 的 耐 雷 水 平

系统标称电压（kV）	35	66	110	220	330	500
耐雷水平（kA）	30	60	75	110	150	175

这样，在进线段内雷绕击或反击而产生入侵雷电波的概率是非常小的，在进线段以外落雷时，进线段导线本身阻抗使流经避雷器的雷电流受到限制，同时，在进线段导线上冲击电晕的影响将使入侵波陡度和幅值下降。

变电站内设备距避雷器的最大允许电气距离 l_m 就是根据进线段以外落雷的条件下求得的，这样就可以保证进线段以外落雷时变电站不会发生事故。

一、进线段首端落雷时流经避雷器雷电流的计算

最不利的情况是进线段首端落雷，由于受线路绝缘放电电压的限制，入侵雷电波的最大幅值为线路绝缘的 50% 冲击闪络电压 $U_{50\%}$。行波在 1～2km 的进线段来回一次的时间需要 6.7～13.3μs，而入侵波的波前时间又很短，当避雷器动作后产生的负电压波传播到雷击点，又在雷击点产生的负反射波到达避雷器时，流经避雷器的冲击电流早已过了峰值，因此，可以不按多次折、反射的情况来计算流过避雷器的电流，而是根据图 10-3-2所示的等值电路进行求解，即

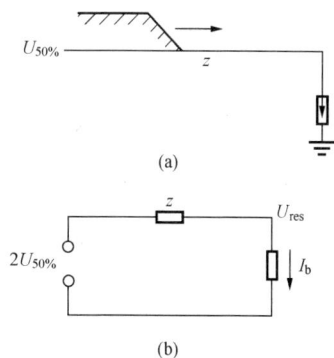

图 10-3-2　单回线路运行时
避雷器中电流的计算

$$U_{res} + \left[\frac{U_{res}}{z/(n-1)} + I_b\right]z = 2U_{50\%} \qquad (10-3-1)$$

$$I_b = \frac{2U_{50\%} - nU_{res}}{z}$$

式中：n 为变电站进线的总路数；I_b 为流经避雷器的电流幅值，A；U_{res} 为避雷器的残压幅值，kV；z 为线路波阻抗，Ω。

当单回线路运行时，$n=1$，此时 I_b 为最大，即

$$I_b = \frac{2U_{50\%} - U_{res}}{z} \qquad (10-3-2)$$

【例 10 - 1】　某变电站中安装有 FZ - 220J 型阀式避雷器，220kV 线路的 $U_{50\%}=1200kV$，导线波阻抗 $z=400\Omega$，220kV 母线有可能以单回方式运行，求该避雷器的最大冲击电流幅值 I_b。

解　由附表 3 可查得 FZ-220J 型避雷器 5kA 下的残压 $U_{res}=652kV$，将相关数据代入式（10 - 3 - 2），算得最大冲击电流的幅值

$$I_b=\frac{2\times1200-652}{400}=4.37(kA)$$

用同样的方法，可计算出流过不同电压等级 MOA 的冲击电流幅值，见表 10 - 3 - 2。

表 10 - 3 - 2　　　　　　　进线段外落雷流过 MOA 最大雷电流幅值计算结果

系统标称电压（kV）	避雷器型号	线路绝缘的 $U_{50\%}$（kV）	I_b（kA）
35	Y5W5 - 51/134	350	1.41
110	Y10W5 - 96/250	700	2.77
220	Y10W5 - 192/500	1200～1400	4.75～5.75
330	Y10W5 - 288/698	1645	7.32
500	Y10W5 - 420/960	2060～2310	8.54～9.89

从表 10 - 3 - 2 知，1～2km 长的进线段能够满足限制避雷器中冲击电流不超过 5kA（电压级为 220kV 及以下）或 10kA（330～500kV）。

在图 10 - 3 - 1 (a) 所示的进线段保护方式中，如果线路冲击绝缘水平特别高，如降压运行的线路，其侵入波幅值很大，流过避雷器的电流可能超过容许值，需在进线段首端装设 F3，以限制入侵波幅值。它所在的杆塔接地电阻应降到 10Ω 以下，以减少反击几率。对于线路断路器或隔离开关在雷季可能经常开断而线路侧又带有工频电压时，沿线侵入的雷电波到达开路的末端，发生全反射而使电压加倍，上升到 $2U_{50\%}$，这时可能使开路的断路器或隔离开关对地闪络，由于线路侧带电，所以将导致工频短路，并可能将断路器或隔离开关的绝缘支座烧毁，因此需在靠近隔离开关或断路器处装一组避雷器 F2 ［如图 10 - 3 - 1 （a）、（b）所示］；在断路器闭合运行时，入侵雷电波不应使 F2 动作，也即此时 F2 应在变电站避雷器 F1 的保护范围内，如 F2 在断路器闭合运行时入侵波使之放电则将造成截波，可能危及变压器纵绝缘。标准规定，若缺乏合适的管型避雷器，则可用阀型避雷器代替。但现在已很少使用，而由 MOA 所代替。

二、进入变电站的雷电波陡度 a 的计算

在最不利的情况下，出现在进线段首端的入侵雷电波的最大幅值 U 为线路绝缘的 50% 冲击闪络电压 $U_{50\%}$ 且具有直角波头。$U_{50\%}$ 已大大超过导线的临界电晕电压，导线将发生冲击电晕，在雷电波自进线段首端向变电站传播的过程中，波形将发生变形，波头变缓。由式（7 - 6 - 3）可求得进入变电站雷电波的陡度 a 为

$$a=\frac{U}{\Delta\tau}=\frac{U}{\left(0.5+\dfrac{0.008U}{h_d}\right)l}(kV/\mu s) \tag{10 - 3 - 3}$$

$$a'=\frac{a}{v}=\frac{a}{300}\quad(kV/m)$$

式中：h_d 为进线段导线平均悬挂高度，m；l 为进线段长度，km；$\Delta\tau=\tau-\tau_0=\tau$。

表 10 - 3 - 3 列出了不同电压等级变电站入侵波的计算用陡度 a' 值。由表 10 - 3 - 3 按已知的进线段长度求出 a' 值后，就可由式（10 - 2 - 7）求得变压器或其他设备到避雷器的最大允许电气距离 l_m。

表 10 - 3 - 3　　　　　　　　　　　变电站入侵波计算用陡度

系统标称电压（kV）	入侵波计算陡度（kV/m）		系统标称电压（kV）	入侵波计算陡度（kV/m）	
	1km 进线段	2km 进线段或全线有避雷线		1km 进线段	2km 进线段或全线有避雷线
35	1.0	0.5	330	—	2.2
110	1.5	0.75	500	—	2.5
220	—	1.5			

10 - 3 - 2　35kV 及以上变电站有电缆段的进线保护接线

对于 35kV 及以上有电缆段的变电站，在电缆与架空线的连接处应装设阀型避雷器 F1，其接地端应与电缆外皮连接。对三芯电缆，末端的金属外皮应直接接地，如图 10 - 3 - 3（a）所示。当架空线路上出现雷电压时，F1 动作，将电缆芯线与外皮的首端短路。设 F1 的接地电阻为 R_1，流经 R_1 的电流为 i_1，R_1 上的电压降 i_1R_1 同时作用在电缆外皮与芯线的首端，沿着电缆外皮将有电流 i_s 流向其末端，经接地线入地。由于电缆结构的关系，电流 i_s 产生的磁力线也全部与芯线交链，结果在电缆芯线上感应出大小等于 $L_s\dfrac{di_s}{dt}$（L_s 为电缆外皮的电感）的反电动势，阻止雷电流沿芯线前进，从而限制了流经 F2 的电流幅值。$L_s\dfrac{di_s}{dt}$ 的数值越接近于 i_1R_1，则流经芯线的电流越小，$L_s\dfrac{di_s}{dt}$ 与 i_1R_1 的差值主要是由电缆外皮末端的接地引下线的电感 L 和 F2 的接地电阻 R_2 造成的，即

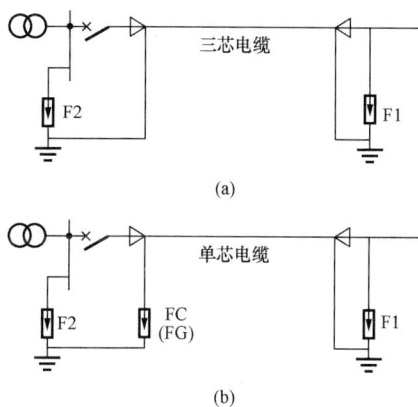

图 10 - 3 - 3　具有 35kV 及以上电缆段
的变电站进线保护接线

（a）有三芯电缆段的变电站进线保护接线；
（b）有单芯电缆段的变电站进线保护接线

$$i_1R_1 - L_s\frac{di_s}{dt} \approx L\frac{di_s}{dt} + i_sR_2$$

因为 R_2 很小，所以电缆外皮的保护作用受 $\dfrac{L_s}{L}$ 的比值影响很大，$\dfrac{L_s}{L}$ 越大，则保护效果越好。

虽然电缆外皮的两端均直接接地，但在正常运行时，三相芯线电流所产生的合成磁通可认为近似等于零，不会在金属外皮感应出电流和产生热能损耗。

对于单芯电缆，芯线电流所产生的磁通与金属外皮交链，感应出很大的电流，产生热能损耗，不仅降低芯线的载流量（约降低 40%），而且加速电缆绝缘的老化过程。因此，单芯电缆末端金属外皮不直接接地，而应经金属氧化物电缆护层保护器 FC 或保护间隙 FG 接地，如图 10 - 3 - 3（b）所示。这样，在正常运行时，电缆外皮回路阻抗很大，回路中电流很小。当雷击架空线路时 F1 动作，电压波 R_1i_1（R_1 为 F1 的接地电阻，i_1 为流过 R_1 的电流）到达外皮末端发生正反射，电压增加一倍，使 FC 或 FG 动作，将外皮接地，以发挥它的分流

作用。

如果经验算，变压器在 F1 的保护范围内，即两者之间的电气距离未超过允许值，则 F2 可不装；若只装 F2 而不装 F1，当雷击架空线路时，冲击波沿芯线传播，在外皮上感应出的电压为

$$U_s = -\frac{2U_{50\%}R_1 z_{12}}{2z_{11}(z_{22}+R_1)-z_{12}^2} \quad (kV)$$

式中：$U_{50\%}$ 为架空线路绝缘子串的 50% 冲击闪络电压，kV；R_1 为电缆外皮首端接地电阻，Ω；z_{11} 和 z_{22} 分别为芯线和外皮的自波阻抗，Ω；z_{12} 为芯线与外皮间的互波阻抗，Ω。

电压波 U_s 到达外皮末端时产生正反射，电压增加一倍，使 FC 或 FG 击穿，将外皮末端接地。

如果电缆长度超过 50m，且断路器在雷季可能经常断开运行，按规定，应在电缆末端装设排气式避雷器或阀型避雷器，但更多的是采用 MOA。

连接电缆段的 1km 架空线路应架设避雷线。全线电缆—变压器组接线的变电站内是否装设避雷器，应视电缆另一端有无雷电过电压波侵入的可能，经校验确定。

§10-4 三绕组变压器和自耦变压器的防雷保护

10-4-1 三绕组变压器的防雷保护

如前所述，当变压器高压侧有雷电波入侵时，通过绕组间的静电耦合和电磁耦合，在其低压侧也将出现过电压。三绕组变压器在正常运行时，可能存在只有高、中压绕组工作，低压绕组开路的情况，此时，在高压或中压侧有雷电波作用时，由于低压绕组对地电容较小，开路的低压绕组上的静电感应分量可达很高的数值，将危及绝缘。考虑到静电感应分量将使低压绕组三相的电位同时升高，故为了限制这种过电压，只要在任一相低压绕组直接出口处对地加装一个避雷器即可。中压绕组虽也有开路的可能，但其绝缘水平较高，一般不装。

10-4-2 自耦变压器的防雷保护

自耦变压器一般除有高、中自耦绕组外，还有低压非自耦绕组，可能出现高低压绕组运行、中压开路和中低压绕组运行、高压开路的运行方式。当入侵波从高压端线路袭来，高压端电压为 U_0 时，其初始和稳态电位分布以及最大电位包络线都和中性点接地的绕组相同，如图10-4-1（a）所示。在开路的中压端子 A′ 上可能出现的最大电位约为高压侧电压 U_0 的 2/K 倍（K 为高压侧与中压绕组的变比），这样可能使处于开路的中压端套管闪络，因此在中压侧与断路器之间应装设一组避雷器，以便当中压侧断路器开路时保护中压侧绝缘。当高压侧开路，中压侧有雷电波入侵，中压侧电压为 U_0' 时，初始和稳态电

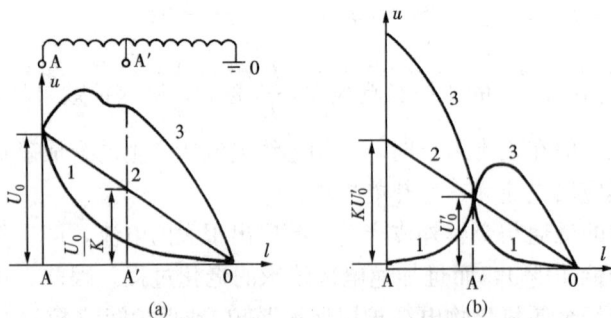

图 10-4-1 自耦变压器中有雷电波入侵时的最大电位包络线
(a) 高压端 A 进波；(b) 中压端 A′ 进波
1—初始电压分布；2—稳态电压分布；3—最大电位包络线

位分布如图 10-4-1（b）所示，由中压端 A′ 到开路的高压端 A 的稳态分布是由中压端 A′ 到中性点 0 的稳态分布的电磁感应而形成的，高压端 A 点的稳态电压为 KU'_0，在振荡过程中 A 点电位可达 $2KU'_0$，这将危及开路的高压侧，因此在高压侧与断路器之间也应装设一组避雷器。自耦变压器的避雷器配置如图 10-4-2 所示。

此外，尚应注意下列情况，当中压侧有出线（相当于 A′ 点经线路波阻抗接地）而高压侧有雷电波入侵时，A′ 相当于接地，雷电波电压大部分将加在自耦变压器绕组的 AA′ 绕组上，可能使其损坏。同理，当高压侧连有出线而中压侧进波时也有类似情况。这种情况显然在 AA′ 绕组愈短（即变比越小）时愈危险，因此当变比小于 1.25 时，在 AA′ 之间还应装加一组避雷器，如图 10-4-2（a）中虚线 F3 所示，此避雷器的额定电压应大于高压或中压

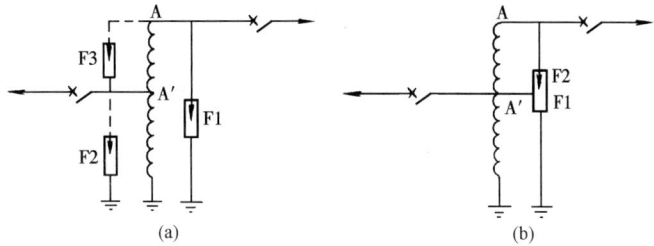

图 10-4-2　保护自耦变压器的避雷器配置
(a) 一般避雷器配置；(b) 自耦避雷器配置

侧接地短路条件下 AA′ 所出现的最高工频电压，也可采用图 10-4-2（b）所示的"自耦"避雷器保护方式。

§10-5　变压器中性点保护

在变压器绕组波过程中曾经说明，当三相来波时，在变压器中性点的电位理论上会达到绕组首端电压的两倍，因此需要考虑变压器中性点的保护问题。

对于中性点不接地或经消弧线圈接地系统，变压器是全绝缘的，即变压器中性点的绝缘水平与绕组首端是一样的，由于三相来波的概率不大，只有 10% 左右；大多数来波自线路较远处袭来，其陡度很小；变电站进线不止一条，非雷击进线起了分流作用以及变压器绝缘有一定裕度等原因，因此标准规定，35～60 kV 变压器中性点一般不需保护，但多雷区单进线变电站且变压器中性点引出时，宜装设保护装置；当变压器中性点经消弧线圈接地且有一路进线运行的可能时，也应在中性点加装避雷器，以限制开断两相短路时线圈中磁能释放引起的操作过电压，所以在非雷季不应退出运行，其额定电压可按相电压选择。

对于 110～220kV 中性点有效接地系统，为了限制单相接地短路电流和满足继电保护的需要，其中一部分变压器中性点是不接地的。这种系统中的变压器有两种，即全绝缘变压器和分级绝缘或半绝缘变压器，前者中性点对地具有与绕组首端相同的绝缘水平，后者中性点对地绝缘水平比绕组首端的低得多（如我国 110kV 和 220kV 变压器中性点的绝缘分别为 35kV 和 110kV 等级）。有关标准规定，在中性点有效接地系统中，对于中性点未接地的分级绝缘变压器，若未装保护间隙，则应在中性点装设雷电过电压保护装置，且宜选用变压器中性点保护用 MOA。如为全绝缘变压器，则一般可不加保护，但变电站为单进线且为单台变压器运行时，也应在中性点装设过电压保护装置。

保护变压器中性点的 MOA 或 SiC 阀型避雷器的额定电压均应大于中性点可能出现的最高工频电压，中性点绝缘水平 S 应大于或等于 1.5kA 标称放电电流下残压 U_{res} 的 1.25 倍。

在断路器非全相合闸时，在变压器中性点上将出现很高的过电压，曾导致避雷器爆炸的事故多起。一般可采取以下措施。

（1）提高断路器质量，保证三相同期合闸。

（2）开断或接入变压器时先将变压器中性点直接接地，待操作完毕后再将中性点拉开。

（3）中性点采用间隙保护。

中性点保护间隙的冲击放电电压应低于变压器中性点的冲击耐压值，而且在电网发生单相接地使中性点出现最高暂态电位升高时应不动作，以免造成继电保护误动。这两点要求对于保护中性点的阀型避雷器也同样适用。

根据实践经验，220kV 变压器中性点可采用 340mm 的棒间隙保护，其运行情况良好。

§10-6　配电变压器的保护

图 10-6-1 所示为配电变压器的保护接线，3～10kV 侧采用避雷器保护，其接地端直接与变压器外壳连接后再一起接地，这样，当高压侧落雷或遭受感应雷时，其主绝缘上的电压就不包括接地电阻 R（4～10Ω）上的压降 IR。但具有高电位的铁壳有可能对低压绕组反击，为避免变压器受到损坏，必须将低压侧的中性点也与铁壳相连，使中性点与铁壳等电位，而低压绕组是经不大的导线波阻抗接地的，因此 IR 主要作用在低压绕组上，所产生的电流在高压侧感应出电压。由于高压绕组出线端的电位被避雷器固定，所以此感应电压将沿高压绕组分布，中性点的电位最高，可能将中性点附近的绝缘击穿，也会危及绕组的纵绝缘。当高压侧遭雷击，避雷器动作，在低压绕组中的雷电流通过电磁感应又在高压侧产生过电压的过程称为反变换。低压侧线路落雷或遭受感应雷，作用

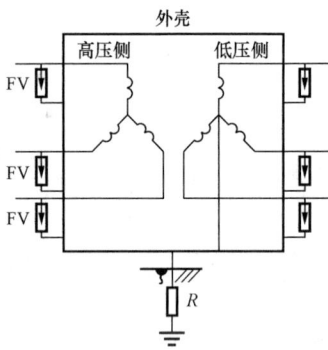

图 10-6-1　配电变压器的保护接线

在低压侧的冲击电压将按变比感应到高压侧，由于高压侧绝缘裕度比低压侧小，因而有可能损坏高压绕组的绝缘，这个过程称为正变换。为限制正、反变换出现的过电压，可在低压侧装设避雷器以限制低压绕组上的过电压以及经过变换在高压侧出现的过电压。基于同样的理由，低压侧避雷器的接地端也应直接与变压器铁壳连接后再共同接地。避雷器应尽量靠近变压器安装，并尽量减小连接线的长度，因为雷电流在连接线电感上的压降和避雷器的残压是一起作用在绕组对地绝缘上的。

§10-7　气体绝缘变电站的防雷保护

气体绝缘变电站（GIS）有一个封闭的接地金属壳，除变压器外，其他高压电气设备及母线全都封闭在这个壳体内，壳内充以（3～4）×1.01325×10⁵Pa 气压的高绝缘强度的 SF₆ 气体作为相间和对地的绝缘，因而具有结构紧凑、占地面积小、运行可靠、维护工作量小的优点。此外，这种变电站既不受周围环境条件的影响，也不会对周围环境造成电磁污染，它是近年来发展起来的一种新型变电站。

在 GIS 变电站中，其绝缘结构为均匀电场或稍不均匀电场，SF_6 气体的冲击伏秒特性比较平坦（见图 10‑7‑1），雷电冲击和操作冲击下的绝缘水平比较接近。负极性时导体表面的高场强，使该处电子崩容易发展而导致击穿，以致负极性击穿电压比正极性击穿电压低，因此，可以认为 GIS 变电站的绝缘水平主要取决于雷电冲击水平。为限制侵入 GIS 变电站的雷电过电压，特别是陡波过电压，宜采用保护性能优良的 MOA 进行保护。

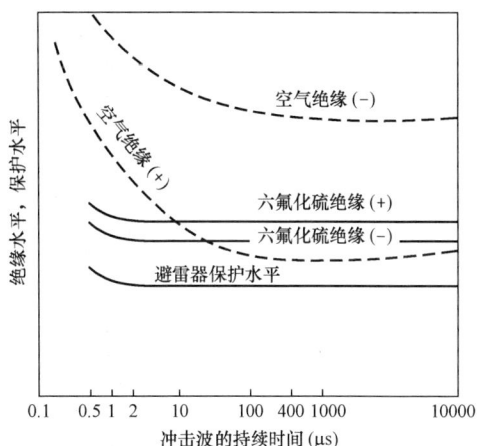

图 10‑7‑1　GIS 绝缘的伏秒特性

与敞开式常规变电站相比，GIS 变电站对侵入波的保护有几点有利之处。其一，GIS 变电站的波阻抗远比架空线路低，从架空线路进入 GIS 的折射波的幅值和陡度都比入射波的要小得多，在 GIS 管道较长或侵入波较陡的情况下，这对 GIS 的保护特别有利；其二，GIS 变电站结构紧凑，设备之间的电气距离小，避雷器离被保护设备较近，保护措施容易实现。此外，GIS 变电站的全封闭结构，使电气设备不受周围环境条件、降水等的影响而降低绝缘强度。

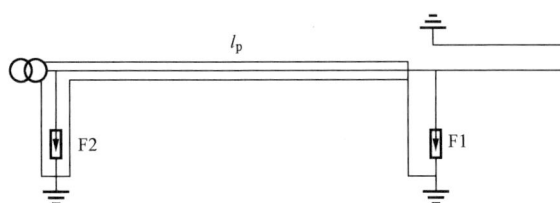

图 10‑7‑2　无电缆段进线的 GIS 保护接线

GIS 变电站与架空输电线路的连接，有经过电缆段和不经过电缆段的区别。与变压器的连接，有直接相连或经电缆段连接等情况。

66kV 及以上进线无电缆段的 GIS 变电站，在 GIS 管道与架空线路连接处应装设无间隙 ZnO 避雷器 F1，其接地端应与管道金属外壳连接，如图 10‑7‑2 所示。

对于 66kV 和 110～220kV 无电缆段的 GIS 变电站，如变压器至 F1 的最大电气距离分别不超过 50m 或 130m，或虽然超过，但经校验装一组避雷器能符合保护要求时，可只装 F1，否则应增装 F2。

66kV 及以上进线有电缆段的 GIS 变电站，在电缆与架空线的连接处应装设 ZnO 避雷器 F1，其接地端应与电缆的金属外皮连接。对三芯电缆，外皮末端应与 GIS 的金属外壳连接后再接地，如图 10‑7‑3（a）所示。对单芯电缆，其外皮末端应经 ZnO 电缆护层保护器 FC 接地，如图 10‑7‑3（b）所示。

电缆首端至 GIS 一次回路任何电气设备的最大电气距离不超过 50m（66kV 级时）和 130m（110kV 及 220kV 级时），或

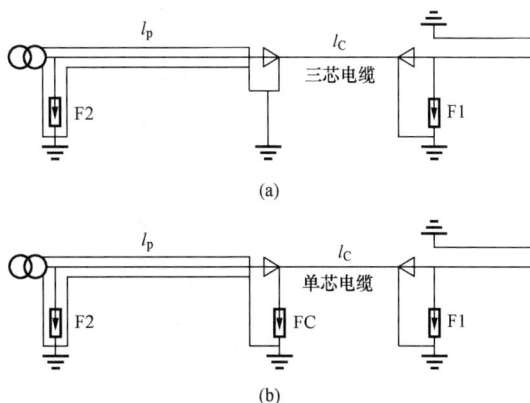

图 10‑7‑3　有电缆段进线的 GIS 保护接线

虽然超过，但经校验，只装 F1 能满足要求时可不装 F2，否则应增装 F2。对无电缆进线的 GIS 变电站，架空线路应采用进线段保护，其长度应不小于 2km，该段线路的杆塔工频接地电阻、耐雷水平和避雷线的保护角均应满足有关标准的要求。有电缆段进线的 GIS 变电站，也应采用进线段保护，其长度为 2km。

如果 GIS 变电站的规模较大，母线很长，则需在 GIS 内部增装无间隙 MOA。在此情况下，装设在 GIS 内部和外部的避雷器，如果它们的伏安特性不相同，则可能出现避雷器动作后放电电流负担很不均匀的情况，因此，应尽可能采用残压和伏安特性比较接近的同一类型的避雷器保护 GIS 变电站。

§10-8 电缆护层保护

为了安全，高压单芯电缆金属外皮的两端是应该接地的。但这样一来，电缆芯线电流的磁力线将在金属外皮中感应出很大的电流，不仅在外皮中产生可观的能量损失，还大大降低芯线的载流量、加速电缆绝缘老化。

图 10-8-1 （a）是三相单芯电缆金属外皮交叉互连的接线，所谓交叉互连是指把电缆金属外皮全长分成三等分（或三等分的倍数），在中间各等分点处剥去很短一段外皮，把相邻两端的外皮进行交叉互连，而在整条电缆的两端，分别将三根单芯电缆的外皮互连接地。由于正常运行时，三相芯线电流大小相等而相位互差 120°，它们在三段彼此连接的外皮上所产生的感应电压也大小相等，且相位互差 120°，因此，三段相连外皮的两端间总的感应电压为零，这样，在正常运行时，就不会在外皮中形成环流而引起电能损耗。

但是采用交叉互连接线后，会使外皮断连处对地电位升高，危及外护层绝缘。此高电位是当冲击波沿某相芯线入侵时，芯线冲击电流在断连处外皮将不能再以外皮为回路，以致外皮被冲击电流的磁力线交链所引起的。

冲击波 U_0 到达芯线首端将发生折、反射。设架空线路的波阻抗为 z_0，芯线和外皮的自波阻抗分别为 z_1' 和 z_2，芯线和外皮间的互波阻抗为 $z_{12} = z_{21} = z_2$，外皮首端接地电阻为 R，则根据图 10-8-1 （b）可写出方程组

$$2U_0 - z_0 i_1 = z_1' i_1 + z_2 i_2$$
$$0 = z_2 i_1 + (z_2 + R) i_2$$

消去电流 i_2，求得进入芯线的折射电压 E_1 为

$$E_1 = \frac{z_1' - \dfrac{z_2^2}{z_2 + R}}{z_0 + z_1' - \dfrac{z_2^2}{z_2 + R}} \times 2U_0$$

式中 $\left(z_1' - \dfrac{z_2^2}{z_2 + R}\right)$ 为芯线等值波阻抗（当 $R = 0$ 时，即为电缆的波阻抗），用 z_1 表示，则上式可简写为

$$E_1 = \frac{2U_0 z_1}{z_0 + z_1} \tag{10-8-1}$$

当 E_1 到达第一个外皮断连处的芯线 a1 时，在外皮 A1 及 A2 点的对地电位可由图 10-8-1 （c）、（d）的等值接线图分别求出

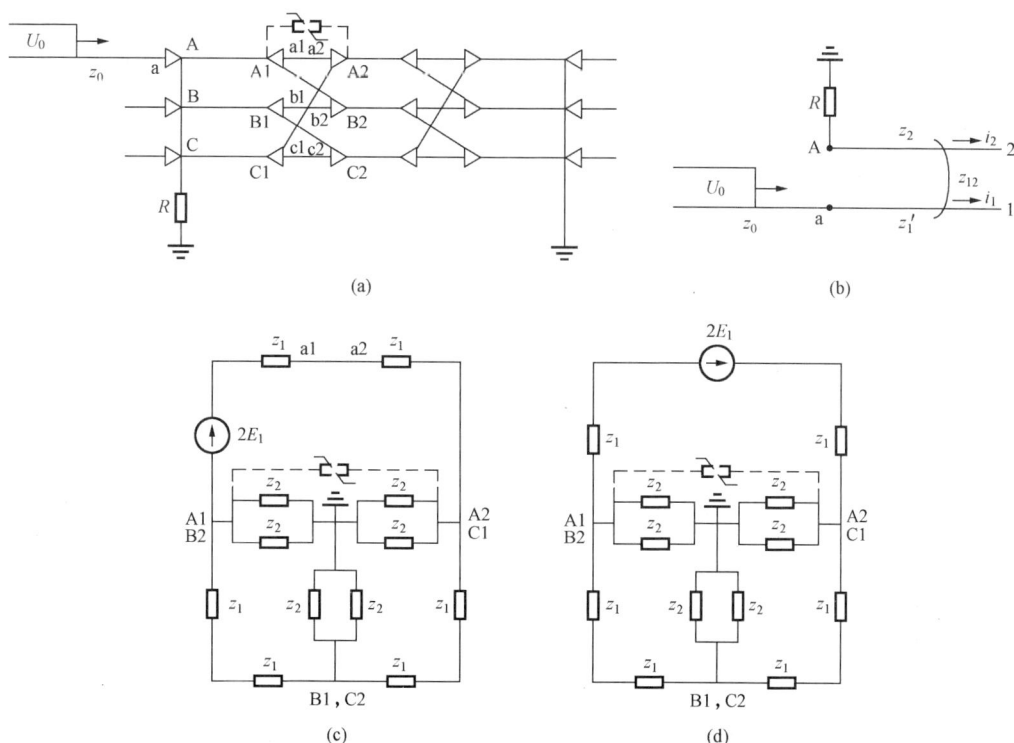

图 10 - 8 - 1 铅包交叉互连，A 相芯线来波时的等值接线图

（a）三相单芯电缆金属外皮交叉互连接线图；（b）A 相进波时，计算进入芯线冲击电压波的等值电路；

（c）计算金属外皮 A1 点对地电位的等值电路；（d）计算金属外皮 A2 点对地电位的等值电路

$$U_{A1} = -2U_0 \frac{z_1}{z_0 + z_1} \times \frac{z_2}{2z_1 + \frac{3}{2}z_2} \qquad (10 - 8 - 2)$$

$$U_{A2} = 2U_0 \frac{z_1}{z_0 + z_1} \times \frac{z_2}{2z_1 + \frac{3}{2}z_2} \qquad (10 - 8 - 3)$$

而加在铅包外的绝缘接头上的冲击电压则为

$$U_{A1A2} = U_{A1} - U_{A2} = -4U_0 \frac{z_1}{z_0 + z_1} \times \frac{z_2}{2z_1 + \frac{3}{2}z_2} \qquad (10 - 8 - 4)$$

对于 220kV 单芯电缆，$U_0 = 1200kV$，$z_0 = 400\Omega$，$z_1 = 25\Omega$，$z_2 = 100\Omega$（放在电缆廊道中），代入式（10 - 8 - 2）～式（10 - 8 - 4），算得铅包 A1 及 A2 处对地电压的绝对值为 70.6kV，外绝缘接头两端间电压 U_{A1A2} 为 141.2kV，而外护层绝缘和外绝缘接头的冲击耐受电压分别为 50kV 和 100kV，所以必须加以保护。

我国采用的保护措施是在 A1 与 A2 之间并接 ZnO 避雷器，三相组成△接法。这种保护接线的优点是保护器所受工频电压很小，护层绝缘在冲击电压时所受残压很低。这是因为在单相短路时，$\vec{U}_{AA1}$ 与 $\vec{U}_{cc1}$ 是同相位的，其大小又相差不太多，所以保护器所受工频电压 $\vec{U}_{A2A1} = \vec{U}_{AA1} - \vec{U}_{CC1}$ 很小，这样，所用的阀片就很少，在冲击电流下的等值电阻很小，一般在 1Ω 以下，远小于电缆的波阻抗，因此在计算流经它的冲击电流时可略去不计，即把 A1A2 当成是短路的，铅包的中断处被保护器连通。这样，冲击下的等值电路简化了，求得流过保护器的冲击电流后，由其伏安特性就可确定外绝缘接头所受的冲击电压（残压）和外护层绝缘所受的冲击电压。

上述△接法保护器可改为等值的星形接法，即将三只保护器的一端分别接于 A1、B1、C1 或 A2、B2、C2，而另一端连接在一起，这时 $\vec{U}_{A1A2}$ 将作用在两个保护器上，每个保护器所受工频电压为△接法的 $\frac{1}{2}$，因此，在保持其他优点的情况下，每个保护器的阀片数可减少一半。

§10-9　旋转电机的防雷保护

旋转电机包括发电机、同期调相机和电动机等，通常它们经变压器与架空线路连接，线路上的雷电波经变压器绕组间的过渡而作用到电机上。也有不经变压器而直接与架空线路或电缆相连接（采用这种连接方式的电机称为直配电机），线路上出现的雷电波将直接传入电机。由于旋转电机的绝缘结构及运行条件等方面的特殊性，给旋转电机的防雷保护带来很大的困难，因此旋转电机，特别是直配电机的防雷保护成为一个突出问题。

10-9-1　旋转电机防雷的特点

一、电机的冲击绝缘水平很低

电机绕组全靠固体介质绝缘，而不能采用浸在油中的组合绝缘，制造过程中固体介质可能产生气隙或被损伤，容易发生电离，特别是在导线出槽口处，电位分布很不均匀，局部电场强度很高，因此，在相同电压等级的电气设备中，旋转电机的冲击绝缘水平是最低的。试验证明，电机主绝缘的冲击系数接近于 1（变压器的冲击系数为 2~3）。旋转电机主绝缘的出厂冲击耐压值与变压器冲击耐压值的比较见表 10-9-1。

表 10-9-1　　电机耐压与相应的磁吹避雷器及金属氧化物避雷器的特性比较

电机额定电压 U_r(kV)	电机出厂工频试验电压 (kV)	电机出厂冲击耐压估计值 (幅值，kV)	同级变压器出厂冲击试验电压 (幅值，kV)	运行中交流耐压 $2.5U_r$ (kV)	运行中直流耐压 $2.5U_r$ (幅值，kV)	相应的磁吹避雷器 3kA 残压 (幅值，kV)	金属氧化物避雷器 3kA 残压 (幅值，kV)
3.15	$2U_r+1$	10.3	43.5	6.7	7.9	9.5	7.8
6.3	10MW 以下 $2U_r+1$ 10MW 以上 $2.5U_r$	19.2 22.3	60	13.4	15.8	19	15.6
10.5	$2U_r+3$	34.0	80	22.3	26.3	31	26
13.8	$2U_r+3$	43.3	108	29.3	34.5	40	34.2
15.75	$2U_r+3$	48.8	108	33.4	39.4	45	39

从表 10-9-1 可知，旋转电机出厂冲击耐压值仅为变压器的 $\frac{1}{3}$ 左右，而且在运行过程中，由于受到机械、电、热和化学的联合作用，电机绝缘将会老化，因此，运行中电机主绝缘的实际冲击耐压将较表中所列数值为低。

二、电机绝缘配合的裕度很小

从表 10-9-1 可知，FCD 避雷器 3kA 下的残压比电机出厂冲击耐压值仅低 8%～10%，用保护性能好的 MOA 来保护，也仅低于 25%～30%。为提高可靠性，还必须采取其他措施，如并联电容器组、串联电抗器、采用电缆段等。考虑到对直配电机的防护还不能达到十分完善的地步，故我国规定 60 000kW 以上的发电机不允许与架空线路直接相连。

三、要求严格限制进波陡度

旋转电机绕组分别放在各个槽内，匝间电容 K_0 很小，对于容量较大的电机只有端部线圈之间才有不大的电容耦合，因而可以忽略纵向电容的影响，将电机绕组近似地看成与长线路一样，雷电波进入绕组后沿着绕组导线传播。由于作用在匝间绝缘上的电压与进波的陡度成正比，也与绕组一匝的长度成正比，而电机绕组每匝长度又远比变压器绕组的长，为了保护电机的匝间绝缘，必须严格限制进波陡度，如 §7-12 所述，为了保护匝间绝缘，必须将侵入波陡度 a 限制在 5kV/μs 以下。

一般来说，发电机绕组中性点是不接地或经消弧线圈接地，三相进波时在直角波头情况下，中性点电压可达相端电压的两倍，因此必须对中性点采取保护措施。试验证明，入侵波陡度降低时，中性点过电压也随之减小，当入侵波陡度降至 2kV/μs 以下时，中性点过电压将不超过相端的过电压。

由上述可知，旋转电机的防雷保护包括电机主绝缘、匝间绝缘和中性点绝缘的保护。

10-9-2　直配电机防雷保护

作用在直配电机上的雷电过电压有两类：一类是与电机相连的架空线路上的感应雷过电压；另一类是由雷直击于与电机相连的架空线路而引起的过电压。感应雷过电压出现的机会较多。如前所述，感应雷过电压是由线路导线上的感应电荷转为自由电荷所引起的，在相同的感应电荷下增加导线对地电容可以降低感应过电压，为了限制作用在电机上的感应过电压使之低于电机的冲击耐压值，可在发电机电压母线上装设电容器。

雷直击于与电机相连的线路，雷电波自线路侵入电机，这是直配电机防雷保护的主要方面，其防雷保护的主要措施如下。

(1) 在每台发电机出线母线处装设一组 MOA 或 FCD 型避雷器，以限制入侵波幅值，同时采取进线保护措施以限制流经避雷器的雷电流使之小于规定值❶。

(2) 在发电机母线上装设电容器，以限制入侵波陡度 a 和降低感应过电压。

在变电站中限制 a 的主要目的是为了限制由变压器与避雷器之间的距离而引起的电压差，而在直配电机防雷保护中，由于避雷器直接装在每台电机的出线处，故上述问题不突出，限制 a 的主要目的是保护匝间绝缘和中性点绝缘。

---

❶　直配线路绝缘水平低，采用进线段保护后，流经 FCD 避雷器的雷电流一般不超过 3kA，因此，对于 FCD 避雷器常以 3kA 下的残压作为设计依据。

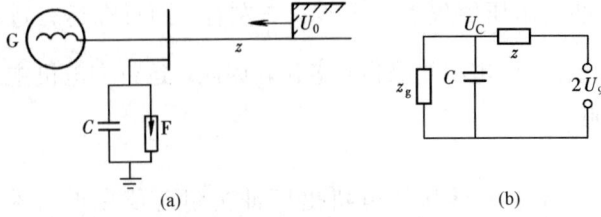

图 10 - 9 - 1　发电机母线上装设电容器 C 降低入侵波陡度
(a) 原理接线图；(b) 等值电路
z_g —发电机波阻抗

通常采取在发电机母线上装设电容器的办法来降低入侵波陡度，如图 10 - 9 - 1 所示。若入侵波是幅值为 U_0 的直角波，则发电机母线上电压（即电容 C 上电压 U_C）可按图 10 - 9 - 1（b）所示的等值电路计算。计算结果表明，每相电容为 $0.25 \sim 0.5\mu F$ 时，能够满足 $a < 2kV/\mu s$ 的要求，同时也能满足限制感应过电压使之低于电机冲击耐压强度的要求。

（3）进线段保护。为了限制流经 F2 中的雷电流使之小于 3kA，需要设置进线段保护。图 10 - 9 - 2 所示为电缆与管型避雷器联合作用的典型进线段保护[❶]。

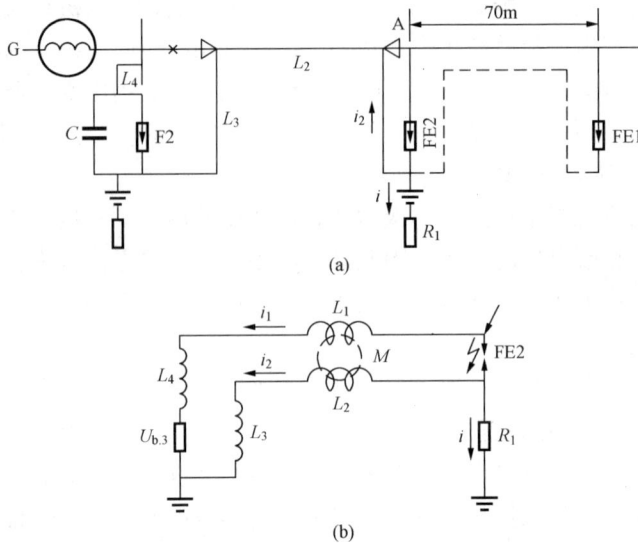

图 10 - 9 - 2　有电缆段的进线段保护接线
(a) 原理接线；(b) 等值计算电路
L_1 —电缆芯线的自感；L_2 —电缆外皮的自感；L_3 —电缆末端外皮接地线的自感；
L_4 —电缆末端至发电机之间连接线的电感；M —电缆外皮与芯线间的互感；
$U_{b.3}$ —FCD 磁吹避雷器 3kA 下的残压；R_1 —电缆首端 FE2 的接地电阻
（以上皆为三相进波时的参数）

计算表明，当电缆长度为 100m，电缆末端外皮接地引下线到接地网的距离为 12m、$R_1 = 5\Omega$，电缆首端落雷且雷电流幅值为 50kA 时，流经每相 FCD 的雷电流不会超过 3kA，即此保护接线的耐雷水平为 50kA。

由上可知，此种进线保护段的分流作用完全依靠 FE2 动作，但因电缆的波阻抗远比架空线为小，入侵波到达图 10 - 9 - 2（a）中 A 点时将发生负反射，使 A 点电压降低，故实际

---

❶　电缆段保护作用原理可参阅第七章。

上 FE2 的动作是有困难的。若 FE2 不动作，则电缆段的分流作用将不能发挥，流经 F2 的电流就有可能超过 3kA。为了避免上述情况的发生，可将 FE2 沿架空线路前移 70m，如图 10 - 9 - 2（a）中虚线 FE1 所示，或在电缆首端 A 点与 FE2 间加装一 100～300μH 的电感也可获相同效果。FE1 的接地端应通过连接线与电缆首端外皮连在一起接地，连接线悬挂在杆塔导线下面 2～3m 处，其目的是为了增加两线间的耦合，增加导线上感应电动势以限制流经导线中的电流。当雷电波入侵时，电缆首端 A 点的负反射波尚未到达 FE1 处，FE1 已动作，但由于 FE1 的接地端到电缆首端外皮的连接线上的压降不能全部耦合到导线上去，所以沿导线向电缆芯线流动的电流就会增大，遇到强雷时可能超过每相 3kA，为了防止这一情况的发生，应在电缆首端 A 点再加装一组管型避雷器，遇强雷时，此避雷器也动作，这样，电缆段的分流作用就可以充分发挥了。管型避雷器 FE1 和 FE2 的冲击放电电压不应超过表 10 - 9 - 2 所列的数值。图 10 - 9 - 2（b）为图 10 - 9 - 2（a）的等值计算电路。

表 10 - 9 - 2 　　　　　　　　　　**管型避雷器 FE1 和 FE2 的冲击放电电压**

系统标称电压（kV）	3	6	10
预放电时间为 2μs 的冲击放电电压（kV）	40	50	60

大容量（25 000～60 000kW）直配电机的典型防雷保护接线如图 10 - 9 - 3（a）所示，图中 L 为限制工频短路电流的电抗器，对降低进波陡度和减小流过 F2 的冲击电流也有作用。L 前加一组避雷器 F1，以保护电抗器和电缆终端。由于 L 的存在，入侵波到达 L 处将发生反射使电压提高，F1 动作使流经 F2 的电流得到进一步限制。

为了保护中性点绝缘，除了限制入侵波陡度 a 不超过 2kV /μs 外，尚需在中性点加装避雷器 F3，考虑到电机在受雷击时可能有单相接地存在，中性点将出现相电压，故中性点避雷器的额定电压应大于相电压。若电机中性点不能引出，则需将每相电容增大至 1.5～2μF，以进一步降低入侵波陡度确保中性点绝缘。

进线电缆段应直接埋在土壤中，以充分利用其金属外皮的分流作用。如受条件限制不能直接埋设，可将电缆金属外皮多点接地，即除两端接地外，再增加 3～5 处接地。

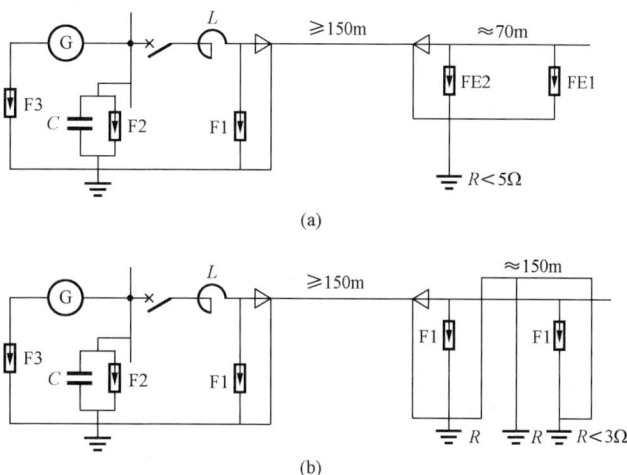

图 10 - 9 - 3　25000～60000kW 直配电机的保护接线
（a）进线段采用耦合地线的保护接线、
（b）进线段采用避雷线的保护接线

如电缆首端的短路电流较大，无合适的管型避雷器可用，则可改用图 10 - 9 - 3（b）所示的保护接线，其进线段上避雷器的接地端应与电缆的金属外皮及避雷线连接在一起接地，接地电阻 R 不应大于 3Ω。

容量较小（6000kW 以下）或少雷区的直配电机可不用电缆段，其保护接线如图 10-9-4（a）所示。在进线段保护长度 l_0 内应装避雷针，入侵波使 FE1 动作形成图 10-9-4（b）所示的等值电路，流经 F2 的雷电流与 FE1 的接地电阻 R 有关，R 愈小，则流经 F2 的雷电流愈小，进线长度愈长其等值电感 L 愈大，则流经 F2 的电流也愈小。其相关标准建议：

对于 3、6kV 线路
$$\frac{l_0}{R} \geqslant 200 \qquad (10\text{-}9\text{-}1)$$

对于 10kV 线路
$$\frac{l_0}{R} \geqslant 150 \qquad (10\text{-}9\text{-}2)$$

式中：l_0 为进线保护段长度，m；R 为接地电阻，Ω。

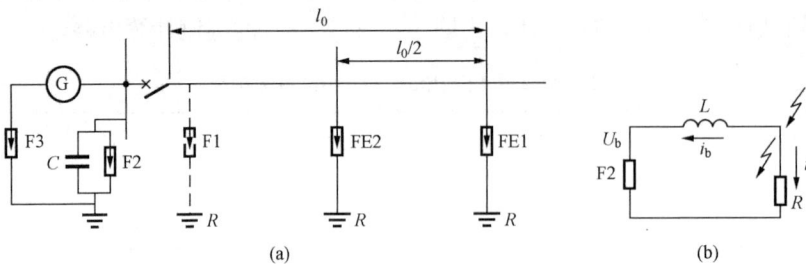

图 10-9-4　1500～6000kW 以下直配电机和少雷区60 000kW 以下直配电机的保护接线图
(a) 原理接线；(b) 等值计算电路

若 FE1 的接地电阻达不到式（10-9-1）和式（10-9-2）的要求，则可在 $\frac{l_0}{2}$ 处再装设一组管型避雷器 FE2，如图 10-9-4（a）所示。图中 F1 是用来保护开路状态的断路器或隔离开关的。FE1、FE2 起分流作用，使流过 F2 的电流不超过 3kA。

一般进线段长度可取为 450～600m，保护该段线路的独立避雷针至线路的距离，按雷击避雷针的电流为 50kA 时不发生反击来确定。

根据我国运行经验，在一般情况下，无架空直配线路的电机不需要装设电容器和避雷器。在多雷区，对特别重要的发电机，则宜在发电机出线上装一组避雷器 F2。

10-9-3　非直配电机的防雷保护

容量为60 000kW 及以上的电机一般都经变压器与架空输电线路相连接，如 §7-11 所述，高压侧线路上出现的雷电波传到变压器时，会通过高、低压绕组间的静电感应和电磁感应过渡到低压绕组。因为变压器高压侧一般装有避雷器，作用在高压绕组上的冲击电压受避雷器的限制，只要变压器低压绕组接有负载，电机具有正常的冲击绝缘水平，一般不会构成威胁。但也有被雷击损坏的情况，所以在多雷区的非直配大型电机，宜在电机出线上装设一组旋转电机专用的 MOA。如在母线上再并联电容（每相不小于 $0.15\mu\mathrm{F}$）和电机中性点加装避雷器，保护的可靠性就够高了。如电机与变压器的连接线无屏蔽部分的长度大于 50m，则还应有直击雷保护。

习　　题

10-1　试说明在何种情况下，保护变电站免受直击雷的避雷针可以装设在变电站构架上，何种情况下则又不行，为什么？

10-2 当雷电波自线路入侵变电站时，试分析变压器上出现振荡波的原因，以及变压器上电压高于避雷器残压的原因。

10-3 为什么要限制入侵波的陡度？一般采取什么措施？

10-4 一般采取什么措施来限制流经避雷器的雷电流使之不超过5kA，若超过则可能出现什么后果？

10-5 为什么说直配电机的防雷保护比变电站更为困难？

10-6 在直配电机的防雷保护方案中，采取什么措施来降低入侵波的陡度？为什么不能采取与变电站相同的措施？限制入侵波陡度的目的与变电站是否相同？

10-7 试说明直配电机防雷接线耐雷水平的含义。

10-8 某变电站主接线如题10-8图所示。110kV有四路出线，有可能出现两路运行方式；220kV有三路出线，有可能出线一路运行的方式，2号主变压器有可能出现高低压绕组运行、中压侧开路和中低压绕组运行、高压侧开路的运行方式。

变电站中110kV侧只允许有一个中性点接地点，1号主变压器为中性点分级绝缘变压器，其中性点绝缘水平为35kV级。

110kV和220kV出线全线装有架空地线。

试给出该变电站110kV和220kV侧的防雷保护方案并绘出图，求出110kV和220kV避雷器离主变压器及各电气设备的最大允许电气距离。

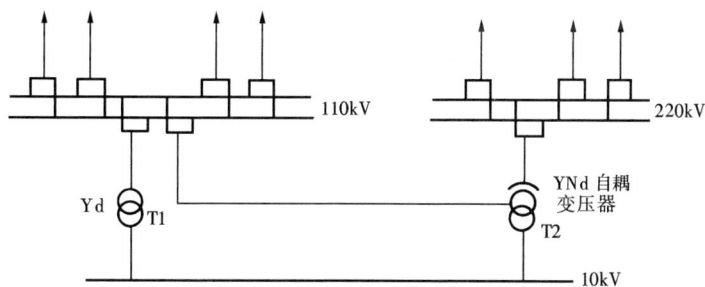

题10-8图 某变电站主接线图

T1—1号主变压器，型号为SFPSL1-125000；

T2—2号主变压器，型号为SFPSL1-120000/120000/30000

第十一章　电力系统暂时过电压

电力系统暂时过电压是电力系统内部过电压的一种。

在电力系统中，由于断路器操作、故障或其他原因，使系统参数发生变化，引起系统内部电磁能量的振荡转化或传递所造成的电压升高，称为电力系统内部过电压。

内部过电压的能量来源于系统本身，所以其幅值与系统标称电压成正比。一般将内部过电压幅值与系统最高运行相电压幅值之比，称为内部过电压倍数 K_n，表征过电压的高低。K_n 值与系统结构、中性点运行方式、各组成元件的性能参数、故障性质及操作过程等因素有关，并具有明显的统计性。

内部过电压分两大类：因操作或故障引起的瞬间（以毫秒计）电压升高，称为操作过电压；在瞬间过程完毕后出现的稳态性质的工频电压升高或谐振现象，称为暂时过电压。暂时过电压虽具有稳态性质，但只是短时存在或不允许其持久存在。相对于正常运行时间，它是"暂时"的。

暂时过电压包括工频过电压和谐振过电压。电力系统中的空载长线路电容效应、不对称接地和突然甩负荷均能引起工频过电压；由于操作或故障使系统中电感元件与电容元件参数匹配时，会出现谐振，产生谐振过电压。因谐振回路中电感元件的性质不同，谐振过电压有线性谐振、非线性谐振和参数谐振三种过电压。

§11-1　工　频　过　电　压

电力系统在正常或故障运行时可能出现幅值超过最大工作相电压、频率为工频或接近工频的电压升高，统称工频电压升高，或称工频过电压。这种过电压对系统正常绝缘的电气设备一般没有危险，但在超高压、特高压远距离输电确定绝缘水平时，却起着重要作用。因为：

（1）工频电压升高将直接影响操作过电压的幅值。

（2）工频电压升高将影响保护电器的工作条件和效果。例如，避雷器的额定电压值必须大于连接点的工频电压升高值，一般是避雷器额定电压愈高，残压值也愈高，要求电气设备的绝缘水平也愈高。

（3）工频电压升高持续时间长，对设备绝缘及其运行性能有重大的影响。例如，油纸绝缘内部游离、污秽绝缘子闪络、铁芯过热、电晕及其干扰等。

在我国超、特高压系统中，要求线路侧工频过电压不大于最高运行相电压的 1.4 倍，母线侧不大于 1.3 倍。

下面将分析产生工频过电压的物理过程及可采取的限制措施。

11-1-1　空载长线路电容效应引起的工频过电压

由于空载线路的工频容抗 X_C 大于工频感抗 X_L，在电源电动势 E 的作用下，线路中通过的电容电流在感抗上的压降 U_L 将使容抗上的电压 U_C 高于电源电动势，$U_C = E + U_L$，即空载线路上的电压高于电源电压，这就是空载线路的电感—电容效应（简称电容效应）引起的工频过电压。

设三相线路为均匀、对称，并不考虑大地回路的影响，再略去线路电阻 r_0、对地电导 g_0。因长距离输电线路具有分布参数特征，故按通用长线方程可得线末电压 $\dot{U}_2$ 和线末电流 $\dot{I}_2$ 为已知值时的无损耗线路稳态方程为

$$\dot{U}_x = \dot{U}_2 \text{ch}j\alpha x + \dot{I}_2 Z \text{sh}j\alpha x \tag{11-1-1}$$

$$\dot{I}_x = \dot{I}_2 \text{ch}j\alpha x + \frac{\dot{U}_2}{Z} \text{sh}j\alpha x \tag{11-1-2}$$

式中各参数可参见图 11-1-1 所示单相空载长线路图。$\dot{U}_x$ 和 $\dot{I}_x$ 为以线路末端作起点计算距离为 x 处的线路电压和电流；α 是线路相位系数，$\alpha = \omega/v$，ω 为角频率，v 为光速。架空输电线路的 $\alpha = \frac{2\pi f}{v} = \frac{2\times 180° \times 50}{3\times 10^5}\text{km} = 0.06°\text{km}$；$Z$ 为

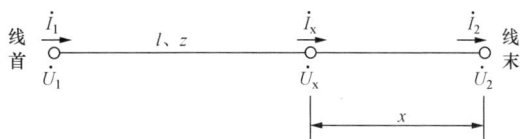

图 11-1-1　空载长线路

无损耗线路的波阻抗，$Z = \sqrt{\frac{L_0}{C_0}}$，$L_0$、$C_0$ 为线路单位长度的电感、电容。

由于 $\text{ch}j\alpha x = \cos\alpha x$，$\text{sh}j\alpha x = j\sin\alpha x$，式（11-1-1）、式（11-1-2）可改写成

$$\dot{U}_x = \dot{U}_2 \cos\alpha x + j\dot{I}_2 Z \sin\alpha x \tag{11-1-3}$$

$$\dot{I}_x = \dot{I}_2 \cos\alpha x + j\frac{\dot{U}_2}{Z} \sin\alpha x \tag{11-1-4}$$

对于空载线路，$\dot{I}_2 = 0$，由式（11-1-3）、式（11-1-4）得空载线路沿线各点电压 $\dot{U}_x$、电流 $\dot{I}_x$ 与线末电压 $\dot{U}_2$、电流 $\dot{I}_2$ 的关系式为

$$\dot{U}_x = \dot{U}_2 \cos\alpha x \tag{11-1-5}$$

$$\dot{I}_x = j\frac{\dot{U}_2}{Z} \sin\alpha x \tag{11-1-6}$$

已知线路长度为 l，由式（11-1-5）得

$$\dot{U}_2 = \frac{\dot{U}_1}{\cos\alpha l} \tag{11-1-7}$$

$$\dot{U}_x = \frac{\dot{U}_1}{\cos\alpha l} \cos\alpha x \tag{11-1-8}$$

式（11-1-8）表明，均匀无损耗空载线路沿线电压分布呈余弦规律，线路各段导线中的电容电流值不同，沿线电压升高不均匀，线路末端电压最高，如图 11-1-2 所示。

当线路长度 l 使 $\alpha l = \frac{\pi}{2}$ 时，即 $l = \frac{\pi v}{2\omega} = 1500(\text{km})$，$\cos\alpha l = 0$，$U_2 = \frac{U_1}{\cos\alpha l}$ 趋于无穷大，此时线路处于谐振状态，因工频电磁波波长为 $v/f = \frac{3\times 10^5}{50} = 6000(\text{km})$，所以，称为 $\frac{1}{4}$ 波长谐振。

线路上某点电压 $\dot{U}_x$ 也可用电压传递系数表示。如线路首端对 x 点的电压传递系数 K_{1x}

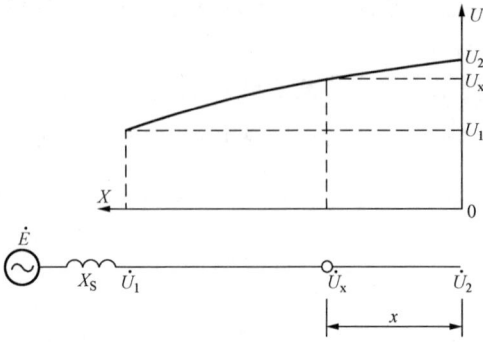

图 11 - 1 - 2　空载线路沿线电压分布

$$K_{1x} = \frac{\dot{U}_x}{\dot{U}_1} = \frac{\cos\alpha x}{\cos\alpha l} \qquad (11 - 1 - 9)$$

有时，为便于计算和分析，可将线路等值为一个集中参数阻抗。如无损耗线路末端开路，从首端往线路看，等值为阻抗 Z_{RK}，称 Z_{RK} 为末端开路 ($\dot{I}_2 = 0$) 时的首端入口阻抗。从式 (11 - 1 - 3)、式 (11 - 1 - 4) 得

$$Z_{RK} = \frac{\dot{U}_{1K}}{\dot{I}_{1K}} = \frac{\cos\alpha l}{j \dfrac{\sin\alpha l}{Z}} = -jZ\cot\alpha l$$

$$(11 - 1 - 10)$$

当 $\alpha l < 90°$ 时，Z_{RK} 为容抗，可近似用电容等值。

末端短路时 ($\dot{U}_2 = 0$)，首端入口阻抗 Z_{Rd} 为

$$Z_{Rd} = \frac{\dot{U}_{1d}}{\dot{I}_{1d}} = \frac{jZ\sin\alpha l}{\cos\alpha l} = jZ\tan\alpha l \qquad (11 - 1 - 11)$$

当 $\alpha l < 90°$ 时，Z_{Rd} 为感抗，可近似用电感等值。

以上分析，仅考虑线路或说线路连接于无穷大电源，参看图 11 - 1 - 2，$\dot{E}$ 为电源电动势，$X_S = 0$，$\dot{U}_1 = \dot{E}$。现进一步分析较为实际的情况，即线路连接于有限大电源，$X_S \neq 0$，$\dot{U}_1 \neq \dot{E}$。应用入口阻抗的概念，线路末端开路时的等值电路如图 11 - 1 - 3 所示。于是有

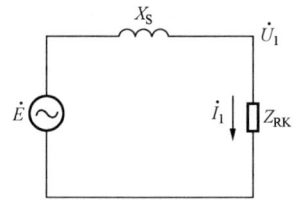

图 11 - 1 - 3　有限大电源带
空载线路等值电路

$$\dot{U}_1 = \frac{\dot{E}}{Z_{RK} + jX_S}Z_{RK} = \frac{\dot{E}\cos\alpha l}{\cos\alpha l - \dfrac{X_S}{Z}\sin\alpha l} \qquad (11 - 1 - 12)$$

$$\dot{U}_2 = \frac{\dot{U}_1}{\cos\alpha l} = \frac{\dot{E}}{\cos\alpha l - \dfrac{X_S}{Z}\sin\alpha l} \qquad (11 - 1 - 13)$$

令 $\varphi = \arctan \dfrac{X_S}{Z}$，式 (11 - 1 - 13) 可写成电压传递系数形式

$$K_{02} = \frac{\dot{U}_2}{\dot{E}} = \frac{1}{\cos\alpha l - \tan\varphi\sin\alpha l} = \frac{\cos\varphi}{\cos(\alpha l + \varphi)} \qquad (11 - 1 - 14)$$

由式 (11 - 1 - 13) 可知，有 X_S 的存在 ($X_S \neq 0$)，使 U_2 值比无 X_S 时增大。因为线路电容电流通过感抗 X_S 所产生的压升，使线路首端电压 U_1 高于电动势 E，相对来说，线路电容电流增大了，电容效应更明显。或者说，X_S 的存在，犹如增加了线路长度。所以在电力系统运行中要注意，对单电源供电线路，估算最严重的工频电压升高，应取最小运行方式时的 X_S 值为依据。对双电源供电线路，线路两侧断路器必须遵循一定的操作程序。线路合闸时，先合电源容量较大的一侧，后合电源容量较小的一侧；线路切除时，先切容量较小的一侧，后切容量较大的一侧。

为了限制长线路的工频电压升高，在超、特高压系统中，通常采用并联电抗器补偿线路电容电流，削弱线路的电容效应。现将并联电抗器 X_L 接于线路末端加以分析。如图 11-1-4 所示，此时 $\dot{I}_2 = \dot{U}_2/jX_L$，$\dot{E} = \dot{U}_1 + jX_S \dot{I}_1$。

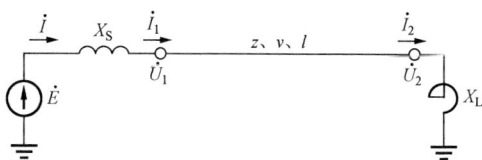

图 11-1-4　线路末端接电抗器

再依据式（11-1-3）、式（11-1-4）可得

$$\dot{E} = \dot{U}_2 \left[\cos\alpha l + \frac{Z}{X_L}\sin\alpha l + \frac{X_S}{X_L}\cos\alpha l - \frac{X_S}{Z}\sin\alpha l \right]$$

所以
$$\dot{U}_2 = \frac{\dot{E}}{\left(1 + \dfrac{X_S}{X_L}\right)\cos\alpha l - \left(\dfrac{Z}{X_L} - \dfrac{X_S}{Z}\right)\sin\alpha l} \qquad (11-1-15)$$

与式（11-1-13）相比，线末有 X_L 后，线末电压 U_2 明显下降。

线末接有并联电抗器时的沿线电压分布规律，也可由式（11-1-3）求得：

线路 x 处的电压　　　　$\dot{U}_x = \left(\cos\alpha x + \dfrac{Z}{X_L}\sin\alpha x\right)\dot{U}_2$

线路首端电压　　　　$\dot{U}_1 = \left(\cos\alpha l + \dfrac{Z}{X_L}\sin\alpha l\right)\dot{U}_2$

于是

$$\dot{U}_x = \frac{\cos\alpha x + \dfrac{Z}{X_L}\sin\alpha x}{\cos\alpha l + \dfrac{Z}{X_L}\sin\alpha l}\dot{U}_1 \qquad (11-1-16)$$

令 $\tan\beta = \dfrac{Z}{X_L}$，代入式（11-1-16）简化后得

$$\dot{U}_x = \frac{\cos(\alpha x - \beta)}{\cos(\alpha l - \beta)}\dot{U}_1 \qquad (11-1-17)$$

根据式（11-1-17）可作出沿线电压分布曲线如图 11-1-5 所示。并知 $\alpha x - \beta = 0$ 时，U_x 出现最大值 U_m，U_m 离线末的距离 $x = \dfrac{\beta}{\alpha}$，$U_m$ 计算式为

$$U_m = \frac{U_1}{\cos(\alpha l - \beta)} \qquad (11-1-18)$$

比较式（11-1-18）与式（11-1-7）可知，线末有电抗器时沿线最高电压 U_m 比无电抗器时的最高电压 U_2（线末电压）要低。

并联电抗器的限压效果与 Z/X_L 值相关。人们可调节 X_L 值的大小，或说是调节线路的补偿度 T_b（并联电抗器功率 Q_L 与线路电容功率 Q_C 之比）来满足预定的限压要求。通常取补偿度为 0.6~0.9。

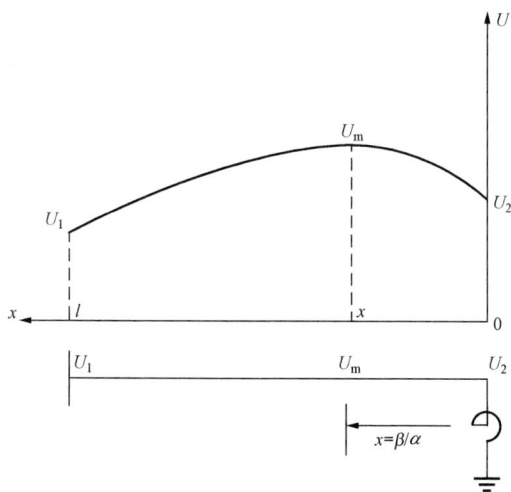

图 11-1-5　线末接有 X_L 时沿线电压分布

　　并联电抗器安装位置可按需要，设置在线路末端、或线路两端、或线路中间。随着安置地点不同，沿线电压分布也不同，总的趋势是使线路上电压分布趋于均匀和低于容许值。

11-1-2　不对称接地引起的工频过电压

　　不对称接地短路是输电线路最常见的故障形式。发生故障时，由于相间的电磁耦合，可能使健全相工频电压有所升高。统计表明，在不对称接地中，单相接地的概率最大，接地时非故障相电压升高较严重。另外，单相接地时的工频电压升高值是确定避雷器额定电压的依据，故在此只讨论单相接地故障。

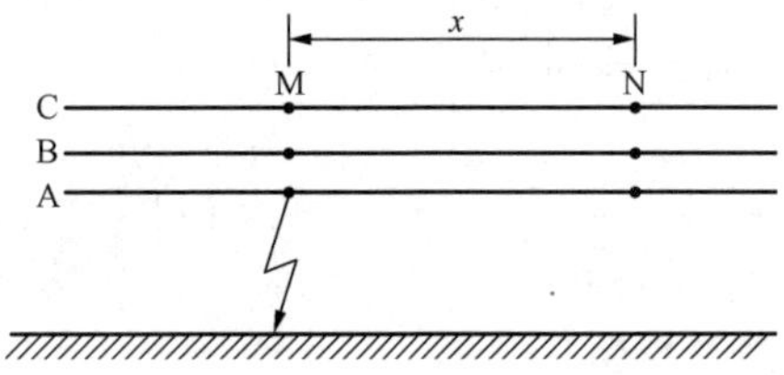

图 11-1-6　长线路上 M 点单相接地

　　单相接地时，故障点三相电流和电压是不对称的，为计算非故障相电压升高较方便，可采用对称分量法，通过序网络进行分析。

　　当线路较长时，沿线各点的电压是不等的。现设线路上某点 M 处 A 相接地，如图 11-1-6 所示。

根据故障点 A 相电压 $\dot{U}_A = 0$，非故障相的故障电流 $\dot{I}_B = 0$，$\dot{I}_C = 0$ 的条件，按对称分量关系，可作出图 11-1-7 所示的复合序网络。其中，$\dot{E}_1$ 为故障点 M 在故障前的对地正序电压，Z_{R1}、Z_{R2}、Z_{R0} 为从故障点望入（电源电动势短接）的正序、负序、零序入口阻抗，$\dot{U}_1$ 和 $\dot{I}_1$、$\dot{U}_2$ 和 $\dot{I}_2$、$\dot{U}_0$ 和 $\dot{I}_0$ 分别为故障点的正序、负序、零序电压和电流。由复合序网络知

$$\dot{I}_1 = \dot{I}_2 = \dot{I}_0 = \frac{\dot{E}_1}{Z_{R1} + Z_{R2} + Z_{R0}} \qquad (11-1-19)$$

$$\dot{U}_1 = \dot{E}_1 - \dot{I}_1 Z_{R1} \qquad (11-1-20)$$

$$\dot{U}_2 = -\dot{I}_2 Z_{R2} \qquad (11-1-21)$$

$$\dot{U}_0 = -\dot{I}_0 Z_{R0} \qquad (11-1-22)$$

于是，故障点 M 处非故障相的电压

$$\dot{U}_B = a^2\dot{U}_1 + a\dot{U}_2 + \dot{U}_0 \qquad (11-1-23)$$

$$\dot{U}_C = a\dot{U}_1 + a^2\dot{U}_2 + \dot{U}_0 \qquad (11-1-24)$$

式中算子 $a = e^{j120°} = -\frac{1}{2} + j\frac{\sqrt{3}}{2}$。

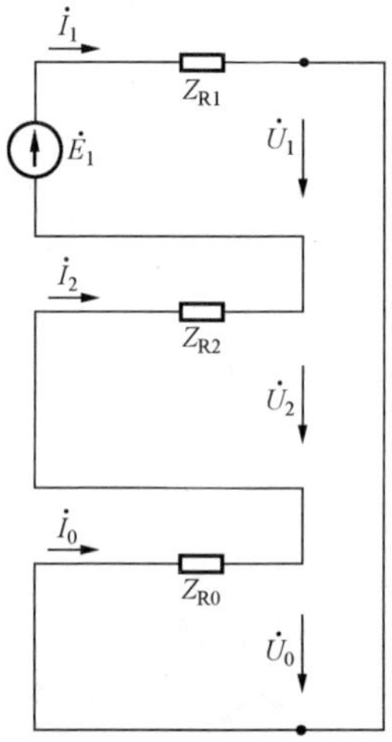

图 11-1-7　单相接地的复合序网络

　　参见图 11-1-6，若要计算离故障点 M 有 x 距离的 N 点电压，可引用电压传递系数求之，即

$$\dot{U}_{NA} = k_1\dot{U}_1 + k_2\dot{U}_2 + k_0\dot{U}_0 \qquad (11-1-25)$$

$$\dot{U}_{NB} = k_1 a^2\dot{U}_1 + k_2 a\dot{U}_2 + k_0\dot{U}_0 \qquad (11-1-26)$$

$$\dot{U}_{NC} = k_1 a\dot{U}_1 + k_2 a^2\dot{U}_2 + k_0\dot{U}_0 \qquad (11-1-27)$$

式中：$\dot{U}_{NA}$、$\dot{U}_{NB}$、$\dot{U}_{NC}$ 分别为 N 点的 A 相、B 相、C 相电压；k_1、k_2、k_0 分别为正序、负序、零序电压传递系数。当 N 点在远离电源侧，线路末端开路，则

$$k_1 = k_2 = \frac{1}{\cos\alpha_1 x}; \quad k_0 = \frac{1}{\cos\alpha_0 x}$$

式中：α_1、α_0 分别为线路的正序、零序相位系数。

在线路较短的情况下，可略去沿线的工频电压升高，即电压传递系数为 1。设 X_1、X_2 和 X_0 为从故障点看进去的网络正序、负序和零序电抗，并近似取 $X_1 = X_2$；故障点在故障前相对地电压为 $\dot{U}_{A0}$，则由式（11-1-19）～式（11-1-23）的关系可得

$$\dot{U}_B = a^2 \dot{U}_{A0} - \frac{X_0 - X_1}{2X_1 + X_0} \dot{U}_{A0}$$

因故障前故障点 B 相对地电压 $\dot{U}_{B0} = a^2 \dot{U}_{A0}$，故

$$\dot{U}_B = \dot{U}_{B0} - \frac{k-1}{2+k} \dot{U}_{A0} = \dot{U}_{B0} + \Delta\dot{U} \qquad (11-1-28)$$

式中，$k = \dfrac{X_0}{X_1}$；$\Delta\dot{U} = -\dfrac{k-1}{2+k} \dot{U}_{A0}$。

同理可得

$$\dot{U}_C = \dot{U}_{C0} + \Delta\dot{U} \qquad (11-1-29)$$

在 $k>1$ 的情况下，相量 $\Delta\dot{U}$ 与 $\dot{U}_{A0}$ 反相，单相接地时故障点电压相量如图 11-1-8 所示。非故障相电压的数值为

$$U_B = U_C = U_{A0}\sqrt{1 + \left(\frac{\Delta U}{U_{A0}}\right)^2 - 2\frac{\Delta U}{U_{A0}}\cos 120°}$$

$$= U_{A0}\sqrt{1 + \left(\frac{k-1}{k+2}\right)^2 + \frac{k-1}{k+2}} = \alpha U_{A0} \qquad (11-1-30)$$

其中，$\alpha = \sqrt{3}\dfrac{\sqrt{1+k+k^2}}{k+2}$ 称为单相接地系数，是单相接地时故障点非故障相对地电压与故障前故障相对地电压之比。α 与 k 的关系曲线如图 11-1-9 所示。当 $k\to\infty$ 时，α 从较低值趋于 $\sqrt{3}$；当 $k\to-\infty$ 时，α 从较高值趋于 $\sqrt{3}$。$k=-2$ 时，出现工频谐振，线路上各点电压趋于无穷大。

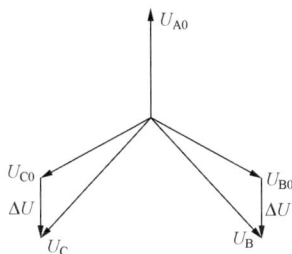

图 11-1-8　单相接地时故障点电压相量　　　图 11-1-9　单相接地系数 α 与 k 值的关系曲线

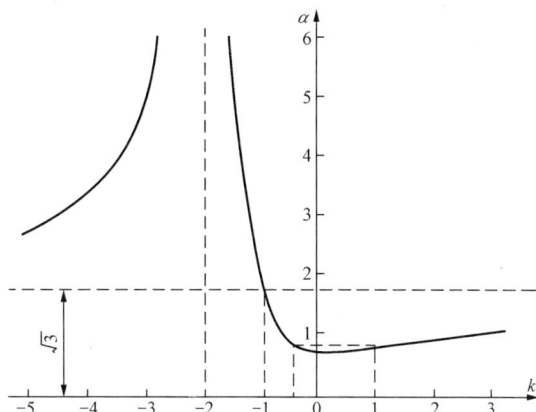

在中性点不接地系统中，X_0 是线路对地容抗，其值很大，而 X_1 是感抗，所以，k 必为负值。当线路长度在 250km 以内，相应的 $k<-20$，$\alpha<1.1\sqrt{3}$，即非故障相对地电压会升高接近运行线电压 U_e 的 1.1 倍，故我国 6～10kV 电网中避雷器额定电压大于 $1.1U_e$ 值。

中性点经消弧线圈接地的系统，不论是欠补偿或是过补偿，总有 $k\to-\infty$ 或 $k\to\infty$，故

$\alpha \rightarrow \sqrt{3}$，避雷器额定电压大于 U_e。

中性点直接接地或经低阻抗器接地系统的 X_0 是感抗，因此 k 值是正的。110～220kV 中性点直接接地系统，通常 $k \leqslant 3$，$\alpha = 0.72\sqrt{3}$，避雷器额定电压大于（0.75～0.8）U_e。超、特高压系统，对长度在 200km 以上的线路，常装有并联电抗器，$k \leqslant 3$，考虑到长线电容效应，电站型避雷器额定电压大于 $0.8U_e$，线路型大于 $0.9U_e$。

11-1-3 甩负荷引起的工频过电压

电力系统运行时，因某种故障使系统电源突然失去负荷。例如图 11-1-10 所示线路末端断路器 QF 突然开断，发电机—变压器只带空载线路，此时，将出现工频过电压。

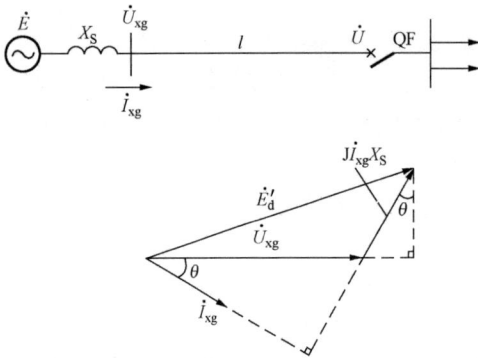

图 11-1-10 运行系统及相量图

突然甩负荷瞬间，发电机的磁链不能突变，将维持甩负荷前正常运行时的暂态电动势 E_d' 不变。已知正常运行时首端电压 U_1 为最高运行相电压 U_{xg}；首端电流 I_1 为 I_{xg}；功率因数为 $\cos\theta$；传输视在功率为 $S = 3U_{xg}I_{xg}$；发电机暂态电抗与变压器漏抗之和为 X_S。由图 11-1-10所示相量关系可得

$$E_d' = \sqrt{(U_{xg} + I_{xg}X_S\sin\theta)^2 + (I_{xg}X_S\cos\theta)^2}$$

可见，甩负荷前传输的功率愈大，E_d' 值愈高，甩负荷后的工频过电压也愈高。

与此同时，由于原动机的调速器和制动设备的惯性，不能立即达到应有的调速效果，导致发电机加速旋转（飞逸现象），造成电动势和频率都上升的结果，从而更增强了长线电容效应。

设甩负荷后发电机最高转速与同步转速之比为 S_f。相应地，发电机励磁电动势会升高至 $S_f E_d'$。通常，汽轮发电机 S_f 约 1.1～1.5，水轮发电机能达到 1.3 以上。参照式（11-1-13），甩负荷时空载线路末端电压 U_2 为

$$U_2 = \frac{S_f E_d'}{\cos S_f \alpha l - \dfrac{S_f X_S}{Z}\sin S_f \alpha l} \qquad (11-1-31)$$

上述工频电压随着转速增加而在 1～2s 后达最大值，然后随调速器和电压调节器的作用而逐渐下降。总的持续时间可达几秒钟之久。

如果空载线路的电容效应、单相接地和突然甩负荷等几种情况同时发生，则工频电压升高可接近 $2U_{xg}$ 的数值。由于这种同时发生的概率甚小，通常不予考虑。

§11-2 线性谐振过电压

谐振是指振荡回路中某一自由振荡频率等于外加强迫频率的一种稳态（或准稳态）现象。在这种周期性或准周期性的运行状态中，发生谐振的谐波幅值会急剧上升。

电力系统中的电气设备总具有电感、电容及电阻的属性，如发电机、变压器、电抗器、消弧线圈、电磁式电压互感器、导线电感等可作为电感元件，补偿电容器、高压设备杂散电容、导线对地电容、相间电容等可作为电容元件。在正常运行时，这些元件的参数不会形成

串联谐振，但当发生故障或操作时，系统中某些回路被割裂、重新组合，构成各种振荡回路，在一定的能源作用下产生串联谐振，导致严重的谐振过电压。

电力系统中的阻性有功负荷是阻尼振荡、限制谐振的有利因素，通常只有在空载或轻载时才发生谐振。但对零序回路因参数配合而形成的谐振，系统正序有功负荷是不起阻尼作用的。

谐振过电压持续时间比操作过电压长得多，甚至是稳定存在，直到破坏谐振条件为止。但某些情况，谐振发生一段时间后会自动消失，不能自保持。谐振过电压的危害性既决定于其幅值大小，也决定于持续时间长短。谐振过电压会危及电气设备的绝缘，也可能因谐振持续过电流烧毁小容量的电感元件设备（如电压互感器）。谐振过电压的持续性质还给选择过电压保护措施造成困难。

谐振回路包含有电感 L、电容 C 和电阻 R，通常认为系统中的 C 和 R（避雷器例外）是线性元件，而电感 L 则有线性电感、非线性电感和周期性变化电感三种不同的特性。根据谐振回路中所含电感的性质不同，相应地具有三种不同特点的谐振现象，即有线性谐振、非线性谐振和参数谐振。本节分析线性谐振。

由线性电感 L、电容 C 和电阻 R 组成的串联回路，当回路自振频率与电源频率相等或接近时，则可能产生线性谐振。

对复杂的线性电路，其谐振条件是从电源侧向外看去的工频入口阻抗的虚部为零。即此时只有阻抗的实数部分，电源电压与相应的电流处于同相。

图 11-2-1 所示为单频线性电路，其谐振条件为

$$\omega L = \frac{1}{\omega C}$$

或

$$\omega = \frac{1}{\sqrt{LC}} = \omega_0 \qquad (11-2-1)$$

图 11-2-1　单频线性电路

ω_0 为不计回路损耗电阻 R 的自振角频率。

当 $R \to 0$ 时，$I \to \infty$，U_L、U_C 均趋于无穷大。所以，R 是限制谐振过电压的唯一因素。

考虑损耗电阻 R 后，回路自振角频率 ω_0' 为

$$\omega_0' = \sqrt{\omega_0^2 - \mu^2}$$

式中 $\mu = \dfrac{R}{2L}$。通常 R 很小，$\mu < \omega_0$，故线性谐振条件为

$$\omega_0' \approx \omega$$

一般情况下，电容 C 上的稳态电压 U_C 为

$$U_C = \frac{E}{\sqrt{\left(1 - \dfrac{\omega^2}{\omega_0^2}\right)^2 + \left(\dfrac{2\mu\omega}{\omega_0^2}\right)^2}} \qquad (11-2-2)$$

图 11-2-2 画出了不同 $\dfrac{\mu}{\omega_0}$ 时 $\dfrac{U_C}{E}$ 与 $\dfrac{\omega}{\omega_0}$ 的关系曲线。当 $\mu=0$、$\dfrac{\omega}{\omega_0}=1$ 时，回路发生谐振，$\dfrac{U_C}{E} \to \infty$；当 $\mu > 0$ 时，要知 U_C 的最大值 U_{CM}，则需将式（11-2-2）对 $\dfrac{\omega}{\omega_0}$ 进行微分，并令其

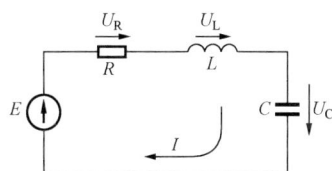

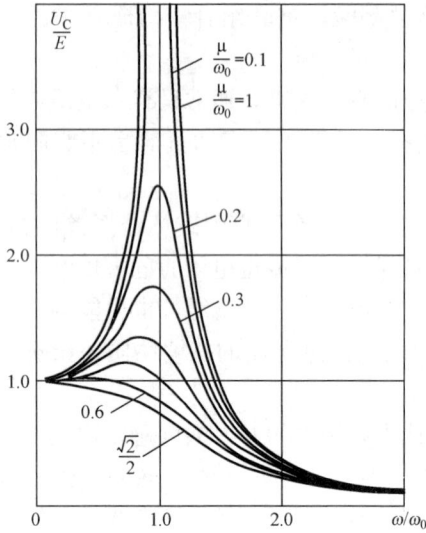

图 11 - 2 - 2　不同参数条件下的线性谐振曲线

等于零，求得 U_{CM} 出现在 $\dfrac{\omega}{\omega_0} = \sqrt{1 - 2\left(\dfrac{\mu}{\omega_0}\right)^2}$ 处，

即在小于 $\dfrac{\omega}{\omega_0} = 1$ 侧，其值为

$$U_{CM} = \frac{E}{\dfrac{2\mu}{\omega_0}\sqrt{1 - \left(\dfrac{\mu}{\omega_0}\right)}} \qquad (11 - 2 - 3)$$

由图 11 - 2 - 2 直观地显示，在交流电源作用于线性电感 L 和电容 C、电阻 R 的串联回路时，随 L、C 参数变化，电压 U_C 的变化是连续的，在接近谐振状态时变化甚为剧烈。因此，线性 L、C 串联回路并非只在谐振状态才有过电压。当回路参数接近谐振状态时，也会因电感电容效应出现过电压。

除了前述空载长线路在一定长度时会发生线性谐振以及系统单相接地、$\dfrac{X_0}{X_1} = -2$ 时也会发生线性谐振之外，下面再讨论两种线性谐振。

11 - 2 - 1　并联补偿线路不对称切合引起的工频谐振

超、特高压输电线路通常接有并联电抗器，当操作线路出现不对称切合时，合闸相对开断相的相间电容与开断相的对地电抗会组成串联谐振回路，可能产生线性谐振过电压。

如图 11 - 2 - 3（a）所示系统，空载线路末端接有并联电抗器。设在合闸线路时，A 相拒动，分析开断相（A 相）线路电压 U_A 与系统参数的关系。为了使概念清晰，作一些简化。设电源容量较大，等值漏抗相对较小，略去不计；再略去线路（400km 以下长度）导线电感，即线路用对地电容 C_0 和相间电容 C_{12} 代替，其三相电路如图 11 - 2 - 3（b）所示。考虑到三相电抗器的正序感抗 X_L 大于零序感抗 X_{L0}（由三台单相电抗器组成的三相电抗器则 $X_L = X_{L0}$），需在等值计算电路中添加一个 X_{12}，其大小应满足化为星形接法后与 X_{L0} 并联值等于电抗器的正序感抗 X_L，即

$$\frac{1}{X_L} = \frac{1}{X_{L0}} + \frac{3}{X_{12}}$$

得

$$X_{12} = \frac{3X_L X_{L0}}{X_{L0} - X_L} \qquad (11 - 2 - 4)$$

对于三相电抗器，X_{12} 为负值，相当于容抗，即增大了相间电容；对于三相单相电抗器，$X_{12} \to \infty$，相当于开路。

由于合闸相（B、C 相）的 C_0 和 X_{L0} 并联支路的电位是被电源固定的，所以等值计算电路可由图 11 - 2 - 3（b）转换成图 11 - 2 - 3（c）所示。应用等值发电机原理，将图 11 - 2 - 3（c）中的 m 点打开，其断口电压为 $-\dfrac{\dot{E}_A}{2}$，画出单相等值电路如图 11 - 2 - 3（d）所示。

显然，开断相电压 $\dot{U}_A$ 为

$$\dot{U}_A = -\frac{\dot{E}_A}{2}\frac{j\omega2C_{12}+\dfrac{2}{jX_{12}}}{j\omega2C_{12}+\dfrac{2}{jX_{12}}+j\omega C_0+\dfrac{1}{jX_{L0}}}$$

$$= -\dot{E}_A\frac{\dfrac{X_L}{X_{L0}}-1+3X_L\omega C_{12}}{3X_L\omega(2C_{12}+C_0)-2-\dfrac{X_L}{X_{L0}}} \qquad (11-2-5)$$

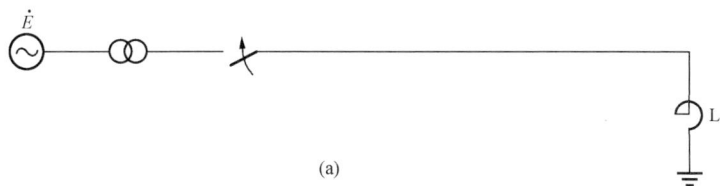

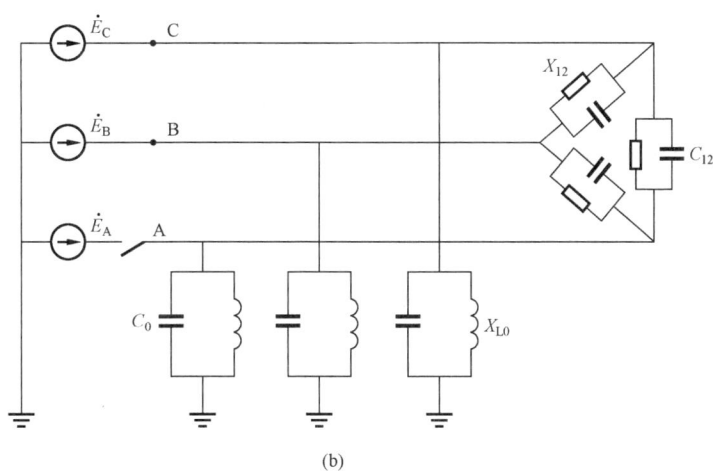

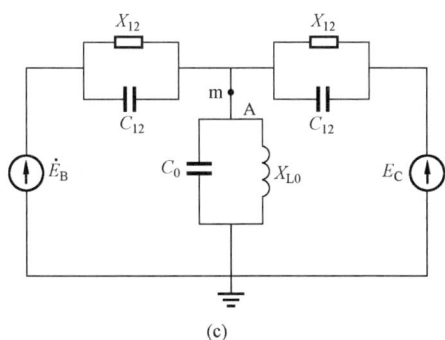

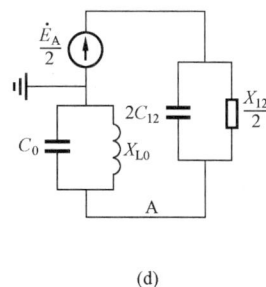

(a)

(b)

(c)　　　　　　　　　　　(d)

图 11-2-3　两相合闸单相开断的等值电路

(a) 系统接线；(b) 三相电路；(c) 等值计算电路；(d) 单相等值电路

由此知单相开断时产生谐振的条件是

$$3\omega(2C_{12}+C_0)=\frac{2}{X_L}+\frac{1}{X_{L0}} \qquad (11-2-6)$$

同理，可推得两相开断时的谐振条件是

$$3\omega(C_{12}+C_0)=\frac{1}{X_L}+\frac{2}{X_{L0}} \tag{11-2-7}$$

上述谐振条件也可用电抗器容量 $Q_L=\dfrac{U_n^2}{X_L}$ 和线路充电容量 $Q_C=U_n^2\omega C_1$ 表示，U_n 为系统标称电压，C_1 为线路正序电容，取线路 $C_0=\dfrac{2}{3}C_1$，单相电抗器 $X_L=X_{L0}$，三相电抗器 $X_L=2X_{L0}$，由式（11-2-6）可得单相开断时谐振条件为

$$Q_{L1}=\frac{8}{9}Q_C\approx 0.9Q_C$$

$$Q_{L3}=\frac{2}{3}Q_C\approx 0.7Q_C$$

Q_{L1} 和 Q_{L3} 分别为单相和三相电抗器容量。

两相开断时的谐振条件由式（11-2-7）得

$$Q_{L1}=\frac{7}{9}Q_C\approx 0.78Q_C$$

$$Q_{L3}=\frac{7}{15}Q_C\approx 0.47Q_C$$

由此可知，引起谐振的可能性是存在的，在系统设计时要选择合适电抗器容量，避开谐振参数。

欲要限制谐振的发生，则需破坏其谐振条件，简便的方法是人为地采取补偿措施，使线路相间参数呈开路状态，即使开断相的电压为零。由式（11-2-5）可知，阻止谐振的条件是

$$\omega C_{12}=\frac{1}{X_{12}} \tag{11-2-8}$$

其物理意义是：使相间电容的容抗 $\dfrac{1}{j\omega C_{12}}$ 与电抗器的等效相间感抗 jX_{12} 组成并联谐振，线路相间阻抗趋于无穷大。

将式（11-2-4）代入式（11-2-8）整理后得

$$X_{L0}=\frac{1}{\dfrac{1}{X_L}-3\omega C_{12}} \tag{11-2-9}$$

为满足式（11-2-9），必须有 $X_{L0}>X_L$ 的条件，这对三相或三台单相电抗器组都是不可能的。目前广泛采用的办法是在电抗器中性点经小电抗 X_n 接地，如图 11-2-4 所示。此时，电抗器的零序阻抗应为 $(X_{L0}+3X_n)$，将式（11-2-9）代入可得

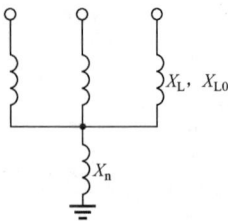

$$X_n=\frac{1}{3}\left(\frac{X_L}{1-3\omega C_{12}X_L}-X_{L0}\right)=\frac{X_L^2}{\dfrac{1}{\omega C_{12}}-3X_L}+\frac{X_L-X_{L0}}{3}$$

$$\tag{11-2-10}$$

有了小电抗 X_n，其效果是产生等效相间感抗补偿导线相间电容，而电抗器是补偿线路导线的正序电容，所以小电抗是二次补偿。

图 11-2-4   小电抗的接入

在两相开断时，小电抗仍然起到相间隔离的作用。

上述操作断路器时发生单相、两相拒动属不正常运行状态，当超、特高压系统中装有单相自动重合闸装置时，单相接地后，却有系统单相接地断开的状态，是正常操作方式，如图

11-2-5 所示的接线。当 A 相接地，两端电源断路器断开 A 相，使之成为孤立导线，但非故障相（B、C 相）仍接于电源，基本维持原有的相电压和负载电流，并通过相间电容 C_{12}（静电感应）和相间互感 M（电磁感应）在接地通道上产生传递电流，称为潜供电流 I_g。线路愈长，负载电流愈大，I_g 愈大，一般为数安至数十安。当 I_g 在工频过零时灭弧后，开断相就有传递电压（恢复电压）U'_A。显然 U'_A、I_g 过大，会使接地电弧重燃或延缓熄弧。因此，这是确定单相重合闸停电时间间隔以至能否采用单相重合闸的关键。

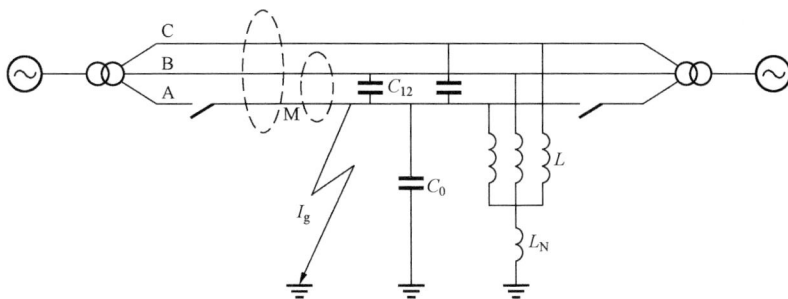

图 11-2-5　系统单相接地断开

当电抗器中性点有小电抗 X_n 后，X_n 能补偿相间电容隔离相间联系，削减相间静电感应，使 I_g、U'_A 只有电磁感应分量。计算表明，即使在传输大功率时，电磁分量一般也不大，接地电弧能自熄。因此，小电抗在我国超、特高压系统的并联电抗器中得到广泛应用。

11-2-2　消弧线圈补偿网络的工频谐振

在中性点不接地系统中发生单相接地（A 相）时，接地点的接地电流 $\dot{I}_{jd}$ 是非故障相（B、C 相）对地电容电流（$\dot{I}_b$、$\dot{I}_c$）之和。图 11-2-6 所示为网络单相接地及其相量图，图中 $\dot{E}_a$、$\dot{E}_b$、$\dot{E}_c$ 为电源三相对称电动势，C_0 为每相导线对地电容，略去网络损耗电阻。A 相接地，B、C 相对地电压升至线电压 $U_{xg}\sqrt{3}$，此时 B、C 相的电流 $I_b = I_c = \omega C_0 U_{xg}\sqrt{3} = \sqrt{3}\omega C_0 U_{xg}$，由相量图知

$$I_{jd} = I_b\cos30° + I_c\cos30° = 2I_b\cos30°$$

所以

$$I_{jd} = 3\omega C_0 U_{xg} \tag{11-2-11}$$

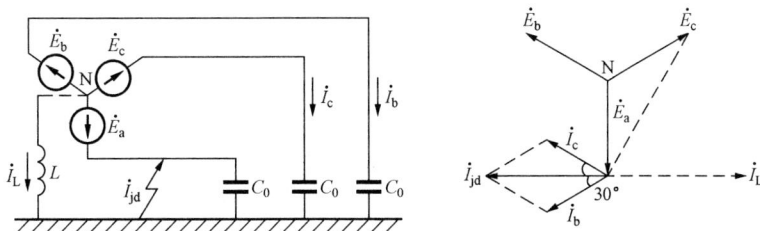

图 11-2-6　单相接地及相量图

式中 U_{xg} 是网络最高运行相电压。对 10～35kV 架空线路，每相导线对地电容约为 5000pF/km，故 10kV 架空线路的 $I_{jd} \approx 0.03$A/km，35kV 的 $I_{jd} \approx 0.1$A/km。运行经验表明，10kV 线路 $I_{jd} < 30$A、35kV 线路 $I_{jd} < 10$A 时，单相接地电弧能自动熄灭，而超过此值后，易重燃，产生间歇性电弧接地，出现过电压。

为了控制 I_{jd} 小于一定值，在中性点 N 对地接一带气隙的可调铁芯电感 L（即消弧线圈）。单相接地时，中性点电压 U_N 升至 U_{xg} 值，在 L 中流过感性电流 I_L，$I_L = U_{xg}/\omega L$。I_L 也以接地点为回路。因此，接地电流 $\dot{I}_j = \dot{I}_{jd} + \dot{I}_L$，$\dot{I}_{jd}$ 和 $\dot{I}_L$ 反相，则 $I_j = (I_{jd} - I_L)$，称残流。定义消弧线圈的脱谐度 υ 为

$$\upsilon = \frac{I_{jd} - I_L}{I_{jd}} = 1 - \frac{1}{\omega^2 3 C_0 L} = 1 - \left(\frac{\omega_0}{\omega}\right)^2 \qquad (11 - 2 - 12)$$

并有

$$\frac{\omega_0}{\omega} = \sqrt{1 - \upsilon} \qquad (11 - 2 - 13)$$

式中：ω_0 为补偿网络零序回路自振角频率。

当 $I_{jd} > I_L$，接地电容电流大于补偿电流（电感电流），$\upsilon > 0$，$\omega_0 < \omega$，称欠补偿；反之，$I_{jd} < I_L$，$\upsilon < 0$，$\omega_0 > \omega$，称过补偿；$I_L = I_{jd}$，$I_j = 0$，$\upsilon = 0$，$\omega_0 = \omega$，称全补偿。若 $I_L = 0$，$I_j = I_{jd}$，$\upsilon = 1$，则是无补偿状态。

装有消弧线圈补偿，通常限制残流在 $5 \sim 10A$ 以下，有利于接地电弧自熄。但电弧能否最终熄灭，还取决于工频电弧电流自然过零后，弧道两端的恢复电压上升速度。为此，需分析故障相对地电压。在单相接地熄弧后，故障相的电压由两部分组成：一是故障消失瞬间留下的残余电荷（电压）形成衰减的与电源反向的自由振荡分量，其角频率为 ω_0；另一是电源供给的工频（ω）强制分量。由于补偿的脱谐度 υ 很小（因残流不能大），由式（11 - 2 - 13）可知，此时 $\omega_0 \approx \omega$，但 $\omega_0 \neq \omega$，所以故障相恢复电压由两个角频率相近的交流电压合成，合成后的电压呈拍频性质，拍频周期为 $\dfrac{2\pi}{\omega - \omega_0}$。显然，有自由振荡 ω_0 存在，拍频周期远大于工频，恢复电压上升大为缓慢，从而保证电弧不重燃。

补偿电容电流、限制残流，同时延缓故障相恢复电压上升速度，是使电弧自熄的必要条件，也是消弧线圈具有的两大功能。

在实际的中性点不接地系统中，输电线路往往是不换位的，三相导线排列不对称，三相导线各自的对地电容 C_1、C_2、C_3 是不相等的，造成三相对地阻抗不相等，系统中性点在正常运行时就有电压位移 U_{bd}，称 U_{bd} 为不对称电压。

在图 11 - 2 - 7（a）所示补偿网络接线中，g_1、g_2、g_3 分别为各相对地泄漏电导，并认为 $g_1 = g_2 = g_3 = g_0$；g_L 为消弧线圈 L 的损耗电导；$\dot{E}_1$、$\dot{E}_2$、$\dot{E}_3$ 为对称三相电源电动势；

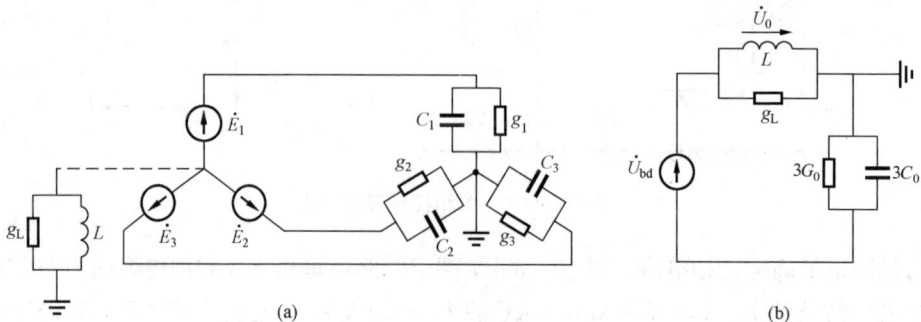

(a)　　　　　　　　　　　　　　　　　(b)

图 11 - 2 - 7　补偿网络接线及计算位移电压电路

(a) 接线图；(b) 等值计算电路

$C_1 \neq C_2 \neq C_3$。先不接 L，求中性点 U_{bd} 值。由接线图按电路定律可写出

$$\sum_{i=1}^{3}(\dot{U}_{\text{bd}} + \dot{E}_i)(j\omega C_i + g_i) = 0$$

解得

$$\dot{U}_{\text{bd}} = \frac{\dfrac{\sum \dot{E}_i C_i}{\sum C_i}}{1 - j\dfrac{\sum g_i}{\sum \omega C_i}} = -\dot{E}_1 \frac{\dfrac{C_1 + a^2 C_2 + a C_3}{3C_0}}{1 - j\dfrac{g_0}{\omega C_0}} = -\frac{K_{\text{C0}}\dot{E}_1}{1 - jd_0} \approx -K_{\text{C0}}\dot{E}_1 \qquad (11\text{-}2\text{-}14)$$

$$C_0 = \frac{1}{3}(C_1 + C_2 + C_3); \quad K_{\text{C0}} = \frac{C_1 + a^2 C_2 + a C_3}{3C_0}; \quad d_0 = g_0/\omega C_0$$

式中：K_{C0} 为导线对地电容的不对称系数；d_0 为线路阻尼率。

正常绝缘的架空线路，$d_0 \leqslant 3\% \sim 5\%$，电缆线路 $d_0 \leqslant 2\% \sim 4\%$；架空线路的 K_{C0} 一般为 $0.5\% \sim 1.5\%$，个别达 2.5% 以上。

再将图 1-2-7（a）所示的消弧线圈 L 及 g_L 接入电源中性点。运用等值发电机原理将三相电路转化为单相等值电路，如图 11-2-7（b）所示。此时，消弧线圈上的电压（即电源中性点电压）$\dot{U}_N$ 为

$$\dot{U}_N = \dot{U}_{\text{bd}} \frac{j\omega 3C_0 + 3g_0}{\dfrac{1}{j\omega L} + g_L + j\omega 3C_0 + 3g_0} = \frac{\dot{U}_{\text{bd}}}{1 + \dfrac{\dfrac{1}{j\omega L} + g_L}{j3\omega C_0 + 3g_0}}$$

$$= \frac{\dot{U}_{\text{bd}}}{1 + \dfrac{\dfrac{-1}{3\omega^2 L C_0} - j\dfrac{g_L}{3\omega C_0}}{1 - j\dfrac{g_0}{\omega C_0}}} = \frac{-K_{\text{C0}}\dot{E}_1}{(1 - jd_0)\left(1 + \dfrac{-1 + \upsilon - jd_L}{1 - jd_0}\right)}$$

$$= \frac{-K_{\text{C0}}\dot{E}_1}{\upsilon - j(d_0 + d_L)} = \frac{-K_{\text{C0}}\dot{E}_1}{\upsilon - jd} \qquad (11\text{-}2\text{-}15)$$

$\dot{U}_N$ 的模值为

$$U_N = \frac{K_{\text{C0}}E_1}{\sqrt{\upsilon^2 + d^2}} \approx \frac{U_{\text{bd}}}{\sqrt{\upsilon^2 + d^2}} \qquad (11\text{-}2\text{-}16)$$

$$d = d_0 + d_L; \quad d_L = \frac{g_L}{3\omega C_0} = g_L(1-\upsilon)\omega L$$

式中：d 为补偿网络的阻尼率；d_L 是消弧线圈的阻尼率。通常 d_L 约为 $1.2\% \sim 2\%$，故 $d \approx 5\%$。

当补偿网络全补偿运行，$\upsilon = 0$，处于谐振状态，由式（11-2-16）可知，位移电压 U_N 仅受 d 值控制，即只受回路损耗电阻的限制。此时，$U_N \approx \dfrac{U_{\text{bd}}}{0.05} = 20U_{\text{bd}}$，由于中性点接上消弧线圈，将中性点不对称电压放大 20 倍。取 $K_{\text{C0}} = 2.5\%$，则 $U_N = 0.5E_1$，虽中性点过电压不高，但它使三相对地电压长期地有较大的偏移，这对设备绝缘是不允许的。通常要求 $U_N \leqslant 0.15E_1$，为此，可采用母线换位等方法降低系统对地电容的不对称系数 K_{C0} 值，使 $K_{\text{C0}} \leqslant 0.15d \approx 0.15 \times 5\% = 0.75\%$。或者，保持一定的脱谐度 υ，由式（11-2-16）可知

$$v=\sqrt{\left(\frac{U_{bd}}{U_N}\right)^2-d^2}\geqslant\sqrt{\left(\frac{K_{C0}}{0.15}\right)^2-d^2} \qquad (11-2-17)$$

例如，$K_{C0}=1.5\%$，$d=5\%$，代入式（11-2-16）得 $v\geqslant0.087$。

通常，补偿网络调整在过补偿状态运行，脱谐度 $v<0$，网络对地容抗大于感抗。当网络发生不对称断线故障时，则对地容抗会更大，不会使网络趋于谐振状态。反之，若采用欠补偿运行，则有可能使网络进入谐振状态，使中性点及各点对地均出现较高的工频线性谐振过电压。

实际电网在运行中，常须改变运行方式（如投入或开断线路），相应地，网络对地容抗也随之变化，为了保证预定的脱谐度 v，消弧线圈的电感量也要变化。此项工作，目前已由消弧线圈的配套装置自动跟踪来完成。

§11-3 非线性谐振过电压

非线性谐振（铁磁谐振）是指发生在含有非线性电感（如铁芯电感元件）的串联振荡回路中的谐振。它与线性谐振有很不相同的特点。

由于谐振回路中的铁芯电感会因磁饱和程度不同而相应有不同的电感量，所以非线性振荡回路的自振角频率也不是固定的。研究表明，在不同的条件作用下，非线性振荡回路可产生三种谐振状态：谐振频率等于工频的工频谐振，也称基波谐振；谐振频率为工频整数倍（2、3、5 倍等）的高频谐振，也称高次谐波谐振；谐振频率为工频分数倍 $\left(\frac{1}{2}、\frac{1}{3}、\frac{1}{5}、\frac{2}{3}、\frac{2}{5}\cdots\right)$ 的分频谐振，也称分次谐波谐振。

现通过对基波谐振的分析，了解非线性谐振的基本特性。

图 11-3-1 所示为最简单的非线性谐振回路。图中 $\dot{E}$ 为工频电源电动势；电阻 R、电容 C 均为线性元件；L 为铁芯电感，是非线性元件。

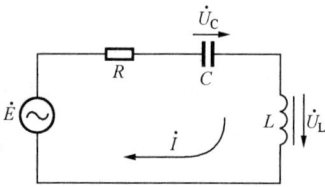

铁芯电感的参数可用其瞬时值电流 i 和瞬时值磁链 Ψ 的关系曲线表示。现只讨论工频谐振，所有的电压、电流均可用有效值表示，铁芯电感参数用其电压、电流的有效值关系表示，即其伏安特性曲线 $U_L=f(I)$。

图 11-3-1 非线性谐振回路

为了清晰简便，可采用作图法分析工频谐振电路。

先令 $R=0$，图 11-3-1 所示电路有 $\dot{E}=\dot{U}_C+\dot{U}_L$，因 $\dot{U}_C$ 与 $\dot{U}_L$ 反相，故有

$$\left.\begin{array}{l}\Delta U=|U_C-U_L|\\E=\Delta U\end{array}\right\} \qquad (11-3-1)$$

在图 11-3-2（a）中画出电容 C 的伏安特性 $U_C=X_C I$，这是一根斜直线，斜率是其容抗 X_C。同时，也画出非线性电感 L 的伏安特性 $U_L=f(I)$，此特性曲线的起始段是一斜直线，其斜率为起始感抗 X_{L0}，随电压、电流增大，特性曲线将弯曲，因铁芯磁饱和而使感抗减小。根据式（11-3-1）可在图中作出 $\Delta U=|U_C-U_L|=f(I)$ 的伏安特性曲线。并知满足 $E=\Delta U$ 条件的有三个工作点（a、b、c），这也说明非线性电路的解答具有多值性质。

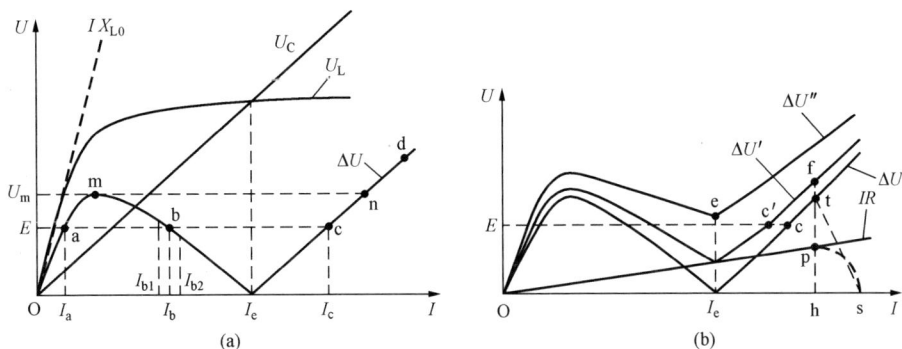

图 11 - 3 - 2　基波谐振图解法

(a) $R = 0$；(b) $R > 0$

为鉴别图 11 - 3 - 2（a）中 a、b、c 三个工作点的稳定性，可采用小扰动判别法，即对某一工作点给予扰动，使之产生微小的偏离，有相应的过渡过程，若扰动后能恢复至原先的工作点，则此工作点是稳定的，反之，是不稳定的。现以 b 点为例说明之，设扰动使电流 I_b 瞬间降至 I_{b1}，相应的 ΔU_1 升高，使 $\Delta U_1 > E$，为满足电动势平衡条件，电感上产生一附加瞬间压降 $L \dfrac{\mathrm{d}i}{\mathrm{d}t}$ 为负值，以使电流被迫再减小，直至 I_a 为止，即工作点由 b 点移至 a 点；若扰动使 I_b 升至 I_{b2}，$L \dfrac{\mathrm{d}i}{\mathrm{d}t}$ 为正值，$\Delta U_2 < E$，迫使电流继续增大，直至 I_c 为止，即工作点由 b 点移至 c 点，显然，b 点是承受不了小扰动而会偏移的，是不稳定的。同理，可鉴别 a、c 点都是稳定的工作点。

当回路工作在 a 点时，$U_L > U_C$，整个回路是电感性的，作用在电感和电容上的电压不高、电流也不大，回路处于正常非谐振状态；当回路工作在 c 点时，$U_L < U_C$，回路变为电容性的，回路电流急剧增大，在电容和电感上都出现较高的过电压，此时，含有非线性电感的串联谐振回路已处于谐振状态。

在电源电动势 E 较小时，如图 11 - 3 - 2（a）所示 $E < U_m$，回路可能有两个工作点（a、c），若要使回路从非谐振状态 a 点转移至谐振状态 c 点，则必须给回路足够强烈的冲击扰动，在扰动过程（过渡过程）中电流幅值达到谐振的数量级，才能使 a 点转移至 c 点，激发起持续性的铁磁谐振，这种一定程度的冲击扰动，称为外激发。

外激发的来源往往是系统发生故障、故障消失、合闸电源等，这些能造成电感两端短时电压升高或铁芯电感出现涌流。但这些过程有时很严重，有时却很轻微，如合闸时的电压、电流的相位角不同，过渡过程的强弱就很不一样。因此，并不是有外激发时，每次都会引起谐振，而具有明显的随机性。

若电源电动势 E 较大，大于 ΔU 的 U_m 值［即图 11 - 3 - 2（a）中工作点 m 的电压值］，回路只有一个稳定的谐振工作点，不需要外激发已处于谐振状态，称为自激现象。

当外加电动势 E 由零逐渐增加时，回路工作点将由 O 点逐渐上升至 a 点再到 m 点，然后突变至 n 点，谐振突然发生，这是非线性电感回路的跃变现象。若 E 再继续上升，回路工作点将沿 nd 上升。若 E 随着下降，则工作点不会从 n 点沿 nm 回到 m 点，而沿 nc 降至 I_e 点，然后突变到 0 点，谐振现象突然消失。这种变动犹如铁芯的磁滞回环曲线。

当回路工作在非谐振工作点（如 a 点）时，$U_L > U_C$，$X_L > X_C$，电流为感性，$\dot{U}_L$ 与 $\dot{E}$ 同相；工作在谐振工作点（如 c 点）时，$U_C > U_L$，$X_C > X_L$，电流转为容性，$\dot{U}_L$ 与 $\dot{E}$ 反相。这种在谐振前后的相位相反的现象，称为反倾。显然，$\dot{U}_C$ 相位从谐振前与 $\dot{E}$ 反相转为谐振后与 $\dot{E}$ 同相。

由于电感的非线性，当电流越过 I_e [见图 11 - 3 - 2（a）] 而继续增大时，感抗 ωL 进一步下降，使回路的感抗和容抗自动错开。因此，非线性谐振过电压是由电感的磁饱和所引起的，可其过电压幅值又主要受磁饱和的非线性所限制，一般不大于电源电压的三倍。

以上分析了非线性谐振的基本性质。可知产生谐振的必要条件是电感和电容的两条特性线有交点，即要求电感伏安特性曲线的起始斜率（$X_{L0} = \omega L_0$）大于电容伏安特性曲线斜率 $\left(X_C = \dfrac{1}{\omega C} \right)$，可写成

$$\omega L_0 > \frac{1}{\omega C}$$

或

$$\omega > \frac{1}{\sqrt{L_0 C}} = \omega_0 \tag{11 - 3 - 2}$$

这样，在电感未饱和时，回路的自振频率 ω_0 低于电源频率 ω，而饱和时，电感值下降，回路 ω_0 会增加至接近或等于 ω。这是产生工频谐振的必要条件。

原则上说，只要满足式（11 - 3 - 2）条件的 L_0、C 值，都可能产生谐振。但当 C 值很大，ω_0 值很小时，使两特性线交点处的电流 I_e 很大，实际电网中不可能出现足以激发谐振的强烈冲击过程。所以，只有 C、L_0 和铁芯电感非线性程度以及电源电动势 E 处在一定范围内，才会产生谐振。

现考虑非线性电感谐振回路中电阻 R 的作用。当 $R \neq 0$ 时，回路全压降 $\Delta U'$ 应为

$$\Delta U' = \sqrt{\Delta U^2 + (IR)^2} \tag{11 - 3 - 3}$$

仍用作图法分析，在图 11 - 3 - 2（b）中画出 R 的伏安特性线 $U_R = IR$，再由 ΔU 与 U_R 两特性曲线按式（11 - 3 - 3）关系作 $\Delta U'$ 的特性曲线，具体作法以 h 点为例。作 $\overline{hs} = \overline{hp}$ 确定 s 点，连接 $\overline{ts}$，在 h 点定高度为 $\overline{ts}$ 的 f 点，f 即为 $\Delta U'$ 上一个点。按此法作若干点后，可得 $\Delta U'$ 曲线。比较 $\Delta U'$ 与 ΔU 知，有 R 存在，谐振点 c 移到 c'，回路电流减小了，U_C、U_L 也有所下降，但并不明显，限制铁磁谐振过电压的主要因素，仍是铁芯电感的磁饱和效应。

若在回路中人为地增加 R 值，在图 11 - 3 - 2（b）中出现 $\Delta U''$ 其 e 点上移高于电动势 E 值，即 $I_e R > E$，写成

$$R > \frac{E}{I_e} \tag{11 - 3 - 4}$$

则此非线性电感回路在相应的 E 值作用下，只有非谐振工作点，消除了产生工频谐振的可能性。

在非线性电感谐振回路中，除了可能产生上述工频谐振之外，由理论分析和实验证明，若满足一定的条件，在工频电源作用下，还可能出现高频、分频谐振。此时，回路 L、C、R 上的压降主要由工频电压和谐振频率（$K\omega$）电压所组成，可略去非谐振的其他谐波分量。因此，回路某元件上的压降 U 可写成

$$U = \sqrt{U_g^2 + U_K^2} \qquad\qquad (11\text{-}3\text{-}5)$$

式中：U_g 为元件的工频电压有效值；U_K 为 K 次谐波谐振电压的有效值。

　　由于已设电源电动势中不存在谐波分量，所以 K 次谐波谐振时，为满足电动势平衡条件，必须有 K 次谐波电流 I_K 在电感 L、电容 C 和电阻 R 上的压降之和为零。图 11-3-3 画出 K 次谐波的电动势平衡图，可见电感压降 $\dot{U}_{KL}$ 与 $\dot{I}_K$ 的夹角 θ 必须大于 $90°$，即有 $U_{KL}I_K\cos\theta < 0$，说明非线性电感不吸收能量，而是提供能量，呈现出负电阻性质，相当于一台 K 次谐波频率的发电机。换而言之，谐振能量是通过铁芯电感的非线性转化得来的。实际上维持谐波谐振、抵偿电阻损耗的能量均由工频电源所供给，为使工频能量转化为谐波谐振频率的能量，必须是电源频率与谐振频率相互合拍，正如摆动钟摆，外力加入时刻必须与其摆幅出现时合拍一样。

　　仿照式（11-3-2）可写出发生 K 次谐波谐振的必要条件是

$$K\omega L_0 > \frac{1}{K\omega C}$$

或

$$K\omega > \frac{1}{\sqrt{L_0 C}} = \omega_0 \qquad\qquad (11\text{-}3\text{-}6)$$

图 11-3-3　K 次谐波电动势平衡图

　　现将产生非线性谐振的条件归纳如下。

　　（1）在含有非线性电感的谐振回路中，产生 K 次谐波谐振的必要条件是 $K\omega L_0 > \dfrac{1}{K\omega C}$，对一定的初始电感值 L_0，谐振可在很大范围的电容值内产生。

　　（2）谐振回路的损耗电阻小于临界值。

　　（3）施加于回路的电动势大小应在一定范围内。

　　（4）需要有一定的激发因素，即回路应经历足够强烈的过渡过程的冲击扰动。激发谐振后，通常能自保持。

　　以下具体分析几种非线性谐振过电压。

11-3-1　断线引起的谐振过电压

　　在此，"断线"是泛指导线因故障折断（断线处导线两端悬空或有一端接地）、熔断器一相或两相熔断、断路器非全相动作或严重不同期等原因造成电力系统非全相运行的现象。只要电源侧或负载侧有一侧中性点不接地，断线可能组成复杂多样的非线性串联谐振回路，出现谐振过电压。断线谐振会导致系统中性点位移及绕组、导线对地有过电压，严重时可使绝缘闪络、避雷器爆炸、电气设备损坏。还有可能将过电压传递至低压侧，造成危害。某些特殊情况下，负载变压器的相序反倾，使接在变压器上的小容量电动机反转。

　　断线谐振回路由负载变压器的励磁电感（或消弧线圈电感）与线路相间电容、对地电容所组成。因负载变压器绕组是谐振回路中的铁芯电感元件，所以只有负载变压器处于轻载或空载时，才可能出现断线谐振。

　　因断线谐振回路的构成与故障形式、断开点位置、断开点是否接地等随机性因素相关，很难得出一个适用于各种情况的简明算式判断会否出现谐振，是基波谐振还是谐波谐振。一

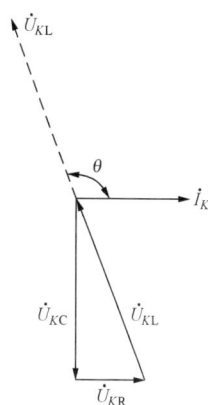

般方法是针对具体断线的非全相运行状况，画出三相等值电路，再应用等值电源定理，将三相电路转化为单相等值电路。再进一步整理成最简单的 LC 串联回路。然后，分析计算此回路，判断会否谐振、是基波还是谐波谐振，计算出 L、C 上的电压，再逐步还原至原三相电路，得到三相系统中导线和负载变压器绕组上的过电压值。

现以网络中性点不接地，线路长度为 l，线末接空载（或轻载）变压器，发生单相（A相）断线为例，对谐振回路的形成和避免产生谐振的条件进行分析。

设电源漏抗、线路感抗远小于线路容抗，可忽略不计；线路导线在离电源 xl 处断开（$x=0\sim1$），断开处电源侧导线接地；线路对地电容及相间电容分别为 C_N、C_{12}，断线相（A相）电源侧导线对地电容及相间电容分别为 C_N'、C_{12}'，负载侧为 C_N''、C_{12}''。三相电路如图 11-3-4（a）所示。

应用等值电源定理将三相电路转化等值单相电路。为方便求得等值电源，选择图 11-3-4（a）中的 d'' 点人为断开。求出断开处两端之间电压即为等值单相电路中的等值电源值。d'' 处断开后，C_N'' 的电位与 a 点、N 点相等（因支路无电流通过），已知 A 点接地，所以 a 点的对地电压即为 $1.5\dot{E}_A$；然后，将原三相电源短接，整理电路，并去掉与谐振回路无关的电容（两个 C_N），即得图 11-3-4（b）所示的等值单相电路。

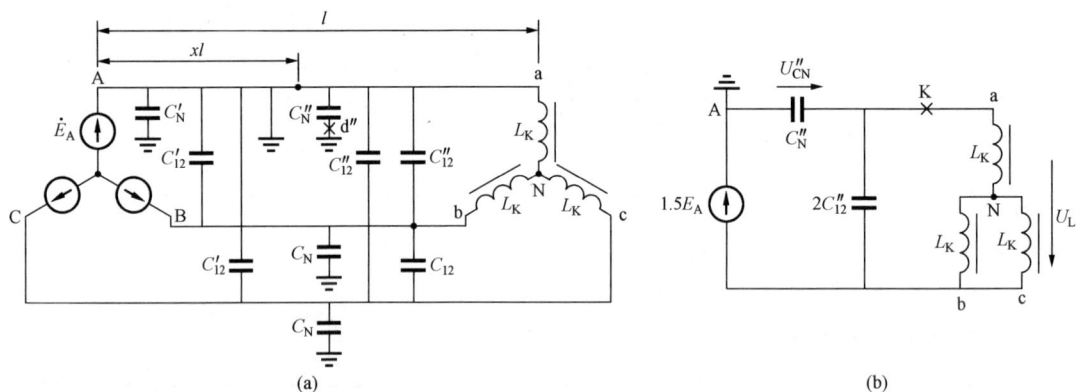

图 11-3-4 中性点不接地系统单相断线电源侧接地
(a) 三相电路；(b) 等值单相电路

为进一步简化，将图 11-3-4（b）中 K 点断开，断开处两端之间电压 $\dot{U}$ 为

$$\dot{U} = 1.5\dot{E}_A \frac{C_N''}{C_N'' + 2C_{12}''} \tag{11-3-7}$$

$\dot{U}$ 即为最简化断线谐振的等值单相电路电源 $\dot{E}$，再整理电路，可得图 11-3-5 所示的电路，图中

$$C = C_N'' + 2C_{12}'' \tag{11-3-8}$$
$$L = 1.5L_K$$

设线路正序电容与零序电容比值为 δ，即

$$\delta = \frac{C_N + 3C_{12}}{C_N}$$

一般线路的 $\delta=1.5\sim2.0$。断线后，负载侧 $C_N'' = (1-x)C_N$，$C_{12}'' = (1-x)C_{12}$，代入式

(11-3-7) 得

$$\dot{U} = 1.5\dot{E}_A \frac{3}{1+2\delta} = 1.5Q\dot{E}_A \qquad (11-3-9)$$

同样，由式 (11-3-8) 得

$$C = \frac{(1-x)(1+2\delta)}{3}C_N = KC_N \qquad (11-3-10)$$

以上两式中的系数 Q、K，也可根据不同断线情况，直接查找有关书籍得到。

得到了图 11-3-5 所示谐振回路的参数，就可分析计算断线谐振过电压。

已知产生基波谐振的回路参数必须满足 $\omega L_0 > \frac{1}{\omega C}$ 的条件。显然，C 愈大，愈易谐振。针对图 11-3-4 (a) 所示的断线情况，当 $x=0$ 时，C 最大，取 $\delta=2$，由式 (11-3-10) 得 $C = \frac{5}{3}C_N$。则此回路产生基波谐振的参数为

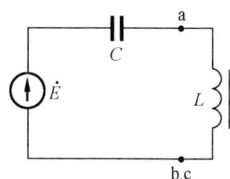

图 11-3-5　最简化的断线谐振等值单相电路

$$1.5X_{LK} > \frac{3}{5\omega C_N} \qquad (11-3-11)$$

式中：X_{LK} 为负载变压器初始励磁电抗，$X_{LK}=\omega L_{K0}$。

X_{LK} 由负载变压器额定线电压 U_r、额定容量 S_N、空载电流对额定电流的百分数 I_0 共同决定，可计算 X_{LK}

$$X_{LK} = \frac{U_r^2}{I_0 S_N} \times 10^5 \quad (\Omega)$$

设 C_{dn} 为每千米线路对地电容值，则 $C_N=lC_{dn}$，于是，上述中性点不接地系统单相断线，电源侧导线接地时，避免产生基波谐振的线路长度 l 需满足

$$\frac{1.5U_r^2}{I_0 S_N} \times 10^5 < \frac{3}{5\omega C_{dn}l}$$

$$l < \frac{3I_0 S_N}{7.5\omega C_{dn}U_r^2 \times 10^5} \quad (km) \qquad (11-3-12)$$

【例 11-1】　某中性点不接地系统，10kV 线路末端接有 100kVA 空载变压器，其空载电流为 3.5%，线路对地电容为 $0.005\mu F/km$，线路故障断线，断线处导线在电源侧接地，计算断线时不发生基波谐振的线路长度 l。

解　将已知参数代入式 (11-3-12) 得

$$l < \frac{3 \times 3.5 \times 100}{7.5 \times 314 \times 0.005 \times 10^{-6} \times 10^2 \times 10^5} = 8.9(km)$$

由计算知，线路长度短于 8.9km 时，系统发生上述断线情况，不会出现基波（或分频）谐振。但并不满足不产生高频谐振的条件，如检验会否产生 5 次谐波谐振，可参照式 (11-3-11) 计算，得出不产生 5 次谐振的线路长度要比不产生基波谐振的线路长度缩短 25 倍。

若将图 11-3-4 (a) 中的断线改为负载侧导线接地，则其等值单相电路参数就不同了，系数 Q、K 值也不同。若仍用 [例 11-1] 系统参数，不产生基波谐振的线路长度应不大于 5km，说明断线后导线在负载侧接地要比电源侧接地更易产生基波谐振。

通常，限制断线谐振过电压的措施如下。

（1）加强线路巡视，及早发现导线的机械损伤。

（2）提高检修质量，保证断路器同期动作。

（3）不采用熔断器操作，避免非全相运行。

（4）不将空载变压器长期接在线路上。

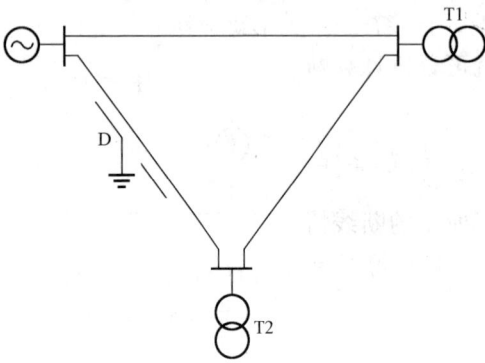

图 11 - 3 - 6　环网单相断线

（5）采用环网或双电源供电。如图 11 - 3 - 6 所示环网供电，即使负载变压器 T1、T2 均在轻载运行，D 点断线，因断线两侧电压均被固定，因而不可能发生谐振。所以，断线谐振通常只在单电源供电时才会发生。

11 - 3 - 2　电磁式电压互感器铁芯饱和引起的过电压

电压互感器低压侧负载很小，接近空载，高压侧的励磁感抗则很大，在合闸或接地故障突然消失时，会引起互感器铁芯不同程度的饱和。此时，与设备电容或导线对地电容构成特殊的谐振回路，激发起各种谐波的非线性谐振现象。

在中性点不接地系统中，为监测系统对地电压，常在母线上接一次绕组为星形连接，其中性点接地的电磁式电压互感 TV，如图 11 - 3 - 7（a）所示。正常运行时，互感器 TV 的励磁感抗 ωL_P 很大，系统对地阻抗是以导线对地电容 C_N 的容抗 $\frac{1}{\omega C_N}$ 为主，三相基本平衡，系统中性点 N 对地电压 U_N 很小。但当某些原因使 TV 三相励磁电感饱和程度差异很大，系统三相对地阻抗明显不等时，系统中性点将有较大的位移电压 U_N，三相对地电压也随之变化，会出现过电压。这种过电压具有明显的零序性质。所以，系统导线相间电容 C_{12} 及接在相间的负荷大小，均不影响过电压的形成，即使系统中负载变压器满负荷运行，也可能出现 TV 饱和过电压，这与断线引起的谐振过电压是很不相同的。

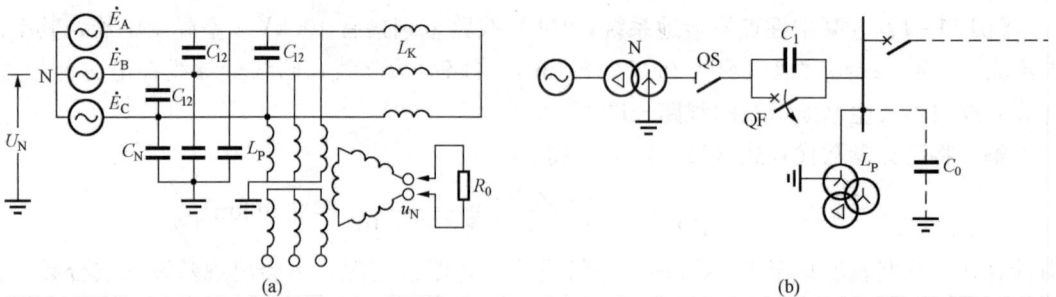

图 11 - 3 - 7　电磁式电压互感器铁芯饱和引起铁磁谐振的系统接线
（a）中性点不接地系统；（b）中性点接地系统

顺此提及，在中性点直接接地系统中，虽然系统中性点电位已被固定，但在某些情况下，也会因电磁式电压互感器引起谐振过电压。如图 11 - 3 - 7（b）所示的接线，在线路被开断后，用断路器 QF 切除带有电磁式电压互感器的空载母线时，就会形成由断路器断口均

压电容 C_1 与互感器绕组电感 L_P、母线对地电容 C_0 并联支路组成的串联电路，由于此时，隔离开关 QS 处于闭合状态，若串联电路参数配合，则在电源作用下，会发生串联谐振，被 QF 开断的空母线，电压不仅不为零，反而会比正常值升高的异常现象。因系统三相的相间电容很小，可予不计，三相基本上是各自独立的，这种谐振可在一相发生，也可在两相、三相同时发生。其性质不同于中性点不接地系统，详情在此不再分析。

中性点不接地系统中，电磁式电压互感器铁芯饱和引起的中性点位移电压 U_N，可能是工频电压，也可能是分频或高频电压，以下分别讨论。

1. 中性点工频位移电压

除去图 11‐3‐7 （a） 中与形成过电压无关的相间电容 C_{12}、负载变压器绕组电感 L_K，可得图 11‐3‐8 （a） 所示的三相电路。由电路定律知，电源中性点位移电压 $\dot{U}_N$

$$\dot{U}_N = -\frac{\dot{E}_A Y_A + \dot{E}_B Y_B + \dot{E}_C Y_C}{Y_A + Y_B + Y_C} \tag{11-3-13}$$

式中：$\dot{E}_A$、$\dot{E}_B$、$\dot{E}_C$ 为三相平衡对称电动势；Y_A、Y_B、Y_C 分别为三相对地导纳。显然，当 $Y_A = Y_B = Y_C$ 时，$\dot{U}_N = 0$。

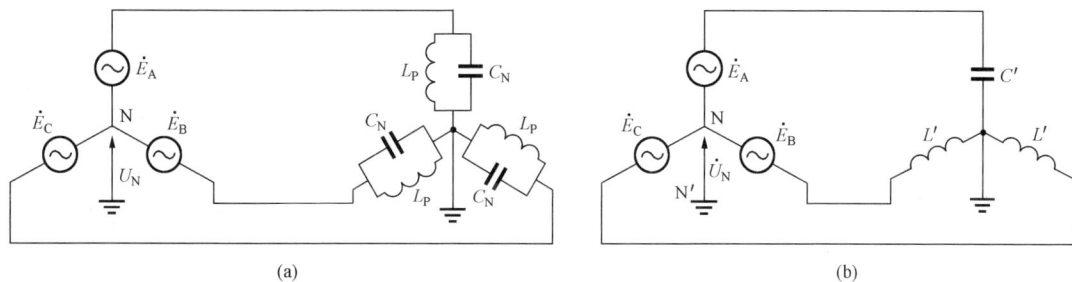

图 11‐3‐8　电压互感器铁芯饱和引起的中性点工频位移
(a) 三相电路；(b) 等值原理电路

当电磁式电压互感器三相同期合闸于三相平衡对称电动势的瞬间，通常会出现两相铁芯饱和、一相铁芯不饱和（对应于合闸电压最大相）的现象。饱和相电感大幅度减小，与 C_N 并联后，支路等值为电感 L'，为简便起见，设 B、C 相为饱和相，其饱和程度相同，即 $Y_B = Y_C = \frac{1}{j\omega L'}$。A 相为不饱和相，$L_P$ 与 C_N 并联后仍为容性，用等值电容 C' 表示，$Y_A = j\omega C'$。其等值原理电路如图 11‐3‐8 （b） 所示。由式 （11‐3‐13） 可知，此时有

$$\dot{U}_N = -\dot{E}_A \frac{\omega C' + \dfrac{1}{\omega L'}}{\omega C' - \dfrac{2}{\omega L'}} \tag{11-3-14}$$

由于式中

$$\frac{\omega C' + \dfrac{1}{\omega L'}}{\omega C' - \dfrac{2}{\omega L'}} \geqslant 1$$

可知 $\dot{U}_N$ 与 $\dot{E}_A$ 反向，且其值 $U_N > E_A$。

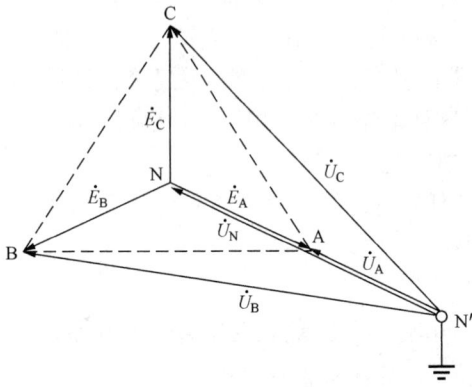

图 11-3-9　电压相量图

作电源侧电压三角形，如图 11-3-9 所示。当 $U_N = 0$ 时，中性点 N 与地（N′）在图中是重合的，现有 $\dot U_N$ 存在，N′ 必须移至三角形之外，才能满足式（11-3-14）。此时的三相对地电压为

$$\begin{cases} \dot U_A = \dot U_N + \dot E_A \\ \dot U_B = \dot U_N + \dot E_B \\ \dot U_C = \dot U_N + \dot E_C \end{cases}$$

显然，B、C 两饱和相的对地电压 $\dot U_B$、$\dot U_C$ 均升高，而不饱和相 A 相对地电压 $\dot U_A$ 降低，系统呈虚幻接地现象。

式（11-3-14）可用于定性分析，不能直接计算 $\dot U_N$ 值，更不可认为电路有 $\omega C' - \dfrac{2}{\omega L'} = 0$ 的稳定谐振状态。因式中 C'、L' 均为 $\dot U_N$ 的函数，$\dot U_N$ 的变化影响 TV 铁芯饱和程度，而铁芯饱和程度又影响 U_N 值。若图 11-3-8（b）所示的等值电路处于铁磁谐振状态，则 C' 上的电压要高于 L' 上的电压，由于 N′ 支路电压增高，使其并联的 L_P 迅速饱和，支路会自动地从容性转化为感性，所以，互感器三相饱和程度不同使系统中性点出现工频电压 $\dot U_N$，是电感电容效应的结果，不是工频谐振现象。

虚幻接地是 TV 饱和引起工频位移电压的标志。至于哪一相对地电压降低是随机的，因外界因素使互感器哪一相不饱和是随机的。

2. 谐波谐振

设系统电源三相电动势中不含谐波分量，维持回路谐波谐振的电源是非线性电感元件的非线性效应将工频电源能量转化为谐波能量而供给的。此时，TV 饱和引起的谐波谐振回路如图 11-3-10 所示。图中 G 为非线性电感等值谐波发生器；L 是 TV 绕组电感；C 为系统对地电容。

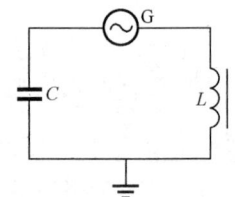

图 11-3-10　谐波谐振回路

当线路很长，C 很大，回路自振角频率 ω_0 很低，则可能出现分频谐振。反之，线路很短，C 很小，ω_0 很高，则可能出现高频谐振。当然，会否谐振尚与激发条件相关。

产生谐振，系统中性点位移电压 U_N 是谐波电压，而不是工频电压，因 U_N 与工频电源电压的频率不同，不能用电压相量叠加求各相对地电压，而需采用有效值合成的方式，即

$$\begin{cases} U_A = \sqrt{U_N^2 + E_A^2} \\ U_B = \sqrt{U_N^2 + E_B^2} \\ U_C = \sqrt{U_N^2 + E_C^2} \end{cases}$$

所以，三相对地电压同时升高是 TV 饱和引起谐波谐振过电压的特征。

无论系统中性点位移电压是工频电压还是谐波电压，均属零序电压。因此，电压互感器开口三角绕组电压 u_N 能直观地反映其大小和频率。图 11-3-11 所示为 TV 饱和引起过电压

时，相对地电压 u_A、u_B、u_C 及中性电压 U_N 的波形图。

由实验知，三相电路中最易产生接近 $\frac{1}{2}$ 次谐波的分频谐振，其谐振频率是系统频率 $\frac{1}{2}$ 的 $96\% \sim 100\%$，一般偏低些。由于分频谐振时存在频差，配电盘电压表指示会有抖动或低频摇摆。但高频谐振时，其谐振频率是系统频率的整数倍，电压表指示无摆动现象。由此，可判别系统中性点位移电压 u_N 是分频电压还是高频电压。

实测及运行经验表明，工频位移及高频谐振过电压很少超过 $3U_{xg}$，一般不会引起绝缘事故。然而，分频谐振过电压虽然幅值不高，通常不大于 $2U_{xg}$，但因其频率低，互感器绕组感抗小，以及铁芯元件的非线性特性，使 TV 励磁电流大大增加，甚至可达额定励磁电流的百倍以上。易烧断 TV 的高压熔丝，或使 TV 严重过热，进而冒油、烧损、爆炸。所以，危害性最大的是分频谐振过电压。

在中性点不接地系统中，限制电磁式电压互感器饱和过电压的措施可从两方面着手：一是设法改变互感器的感抗或系统对地容抗，避免匹配成谐振参数；二是在零序回路中添加电阻，阻尼谐振的产生和发展。

选用伏安特性较好的，不易饱和的电压互感器，可明显降低产生谐振的概率。若选用电容式电压互感器，就不存在互感器铁芯饱和问题了；尽量减少系统中性点接地的互感器数量，使系统中互感器的等值总感抗值增加，也是减小激发谐振的措施；若互感器的绕组是全绝缘的，则可在互感器高压侧中性点对地再接一台互感器，作为零序电压互感器，采用 4 台互感器组合，将其二次侧接线稍作变换，仍完全能满足监测及继电保护的要求。这种接法，一般外激发是不能使互感器进入饱和状态的，不会引发谐振。若作为临时措施，也可在谐振发生时，在系统中性点投入消弧线圈 L_{XQ}。因在零序回路中，L_{XQ} 与 L_P 是并联的，L_{XQ} 要比 L_P 小得多，差几个数量级，所以，投入 L_{XQ}，相当于短接 L_P，因 L_P 饱和程度不等引起的过电压就消失了。

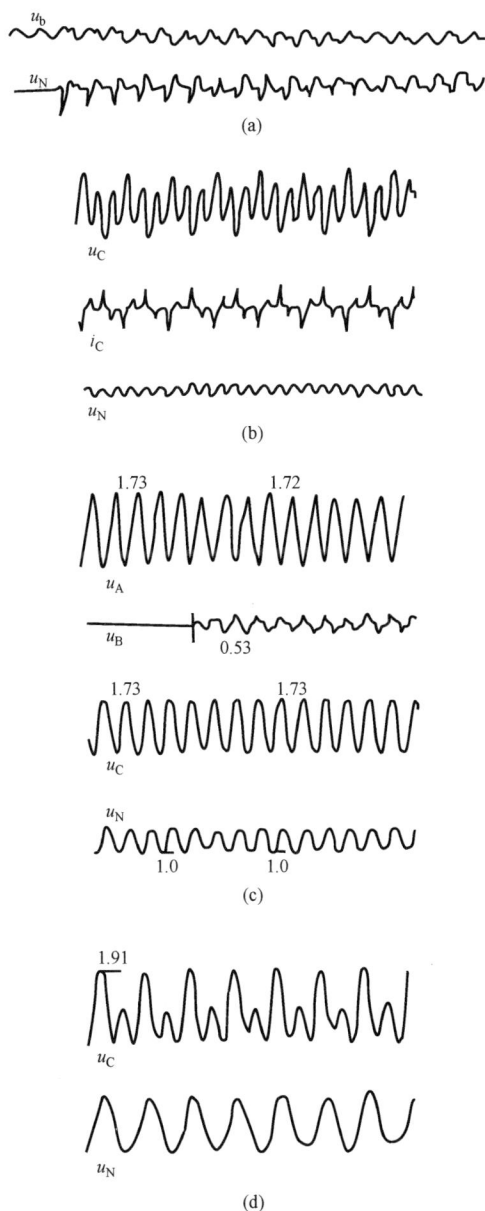

图 11 - 3 - 11　电压互感器铁芯饱和引起过电压的波形
(a) 二次谐波；(b) 三次谐波；(c) 基波；(d) $\frac{1}{2}$ 次谐波

消谐的另一有效措施，是在零序回路中投入电阻 R_0，R_0 在系统正常运行时是不消耗能量的，只在出现零序电压时才起作用。通常，R_0 接在互感器开口三角绕组的端口间（参见图 11-3-7）。其阻值大小，按需抑制谐振的类型不同而有异，抑制分频谐振要求 R_0 阻值最小、工频位移次之、高频谐振最大，因而，满足分频谐振的要求，也同时满足了工频和高频的要求。我国相关标准建议 $R_0 \leqslant 0.4X_m$，X_m 为互感器在线电压作用下每相励磁感抗换算至开口三角形绕组两端的值。显然，R_0 愈小，消耗能量愈多，阻尼作用愈大。但相应地，互感器绕组的容量也应满足要求；若 R_0 值很小，消谐效果仍不佳时，可通过继电保护装置，将互感器开口三角形绕组端口短时短接。此时，互感器的感抗是其漏抗，三相相等，过电压也就消失了；在互感器高压侧绕组中性点对地接入电阻 R_0'，此时 R_0' 值愈大，抑制作用愈好，当 $R_0' \rightarrow \infty$ 时，互感器中性点成为不接地，它就不参与零序回路了，也失去了原来监测对地电压的作用。当然 R_0' 值也不可太小，由实验知，$R_0' \geqslant 0.06\omega L_P$ 时（ωL_P 是线电压作用下互感器高压侧绕组每相励磁感抗），能明显抑制过电压产生，对 R_0'，除注意阻值之外，尚应充分考虑其热容量和绝缘要求。

随着电子技术的发展，按不同的消谐路径制造出众多的专用装置其性能也日趋完善和可靠，用户可按系统具体情况选用。

11-3-3　传递过电压

当系统中发生单相接地或非全相操作时，会出现零序电压及零序电流分量。此分量将通过平行线路或绕组间的互电容 C_{12} 及互感 M 传递至另一侧，形成传递过电压。若传递回路中含有铁芯电感元件，如空载、轻载变压器，消弧线圈，中性点接地的电磁式电压互感器等，则有可能产生非线性谐振过电压。

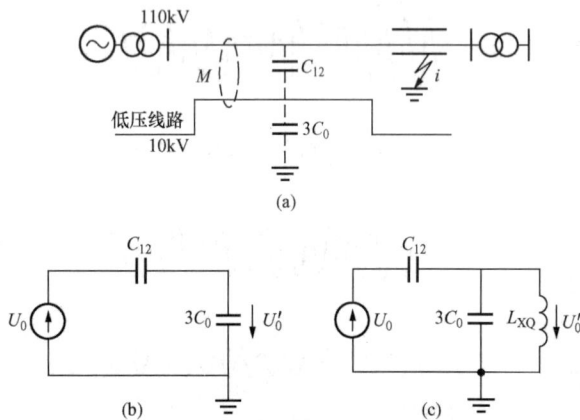

图 11-3-12　平行线路间的传递回路

(a) 静电、电磁传递；(b) 静电传递；(c) 传递谐振

图 11-3-12（a）所示为同杆架设或两条间隔很近、平行较长的线路。当其中一条线路单相接地（图中 110kV 线路），出现零序电压 U_0，由于它们之间存在静电耦合，U_0 将传递至另一条线路（图中 10kV 线路），其传递回路如图 11-3-12（b）所示。图 11-3-12 中 $3C_0$ 为非故障线路三相对地电容；C_{12} 为线路间三相耦合电容，传递至非故障线路上的电压 U_0' 为

$$U_0' = \frac{C_{12}}{C_{12} + 3C_0}U_0 \qquad (11-3-15)$$

若两线路的间隔很小；C_{12} 较大，则 U_0' 会较高，对低压线路将是严重的过电压。此过电压存在的时间，取决于高压线路切除故障的时间。

另外，高压故障线路的零序电流也会通过互感 M 传递至平行的非故障低压线路，产生沿线纵向的感应电压。

若低压线路侧系统中接有过补偿消弧线圈 L_{XQ}，在图 11-3-12（c）所示传递回路中，

$3C_0$ 与 L_{XQ} 并联后等值为电感元件，考虑到消弧线圈铁芯有气隙，饱和特性较差，传递回路产生谐振时，可能会有较高的过电压。

绕组间的传递过电压是指变压器三相绕组中性点不接地时，零序电压 U_0 是不能按变比关系传递给另一侧的，它将通过绕组间杂散电容 C_{12} 和绕组对地电容 $3C_0$ 组成的回路，传递至另一侧，如图 11-3-13（a）所示。若考虑二次绕组侧接有监视对地电压的电磁式电压互感器，L_P 为互感器高压侧每相励磁电感，则等值传递回路如图 11-3-13（b）所示。传递至二次绕组侧的电压值 U_0' 取决于 $3C_0$ 与 $\dfrac{L_P}{3}$ 并联后的等值参数值。若为等值电容 C_0'，则是静电耦合；若为等值电感 L_P'，则可能出现非线性谐振。要注意，当 C_0' 相对 C_{12} 较小时，因 U_0' 较高，互感器铁芯迅速饱和，并联支路会自动地由容性转变为感性，造成传递回路的谐振过电压。

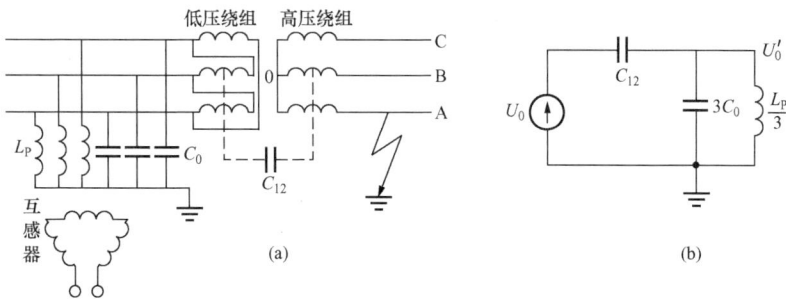

图 11-3-13　绕组间的传递回路
(a) 三相电路；(b) 等值单相电路

限制传递过电压的根本措施是避免产生零序电压。为此，应当不采用高压熔断器，尽量减小断路器的非全相动作，避免线路导线断落及不对称接地等。为了预防高压断路器的不同期而产生传递电压，在中性点直接接地系统（110～220kV）中操作中性点不接地的变压器时，操作前，临时将其中性点接地，操作完毕后再断开，复原。参看图 11-3-14 说明其理由。如图所示，若断路器仅一相连接（A 相），因变压器中性点事前已临时接地，A 相有励磁回路，变压器 A 相一次侧有电动势 $\dot{E}_A$，设 n 为变比，其二次侧（a 相）有电动势 $\dfrac{\dot{E}_A}{n}$，变压器二次侧三相绕组为 △ 接法，b、c 相是并联在 a 相上，所以 b、c 相绕组各有电动势 $\dfrac{\dot{E}_A}{2n}$。于是，变压器一次侧 B、C

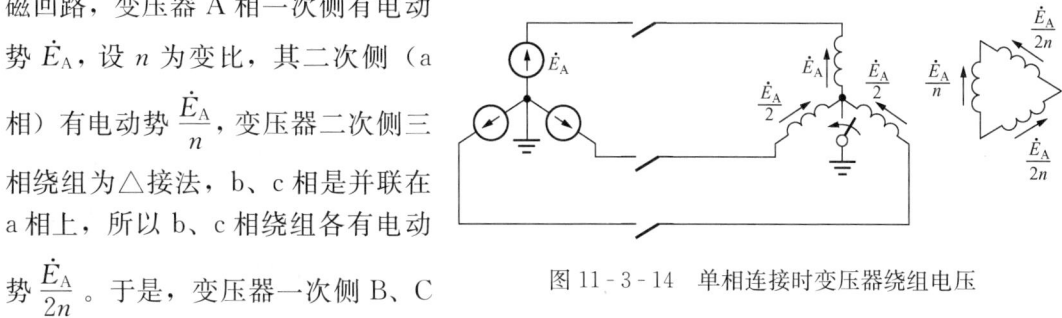

图 11-3-14　单相连接时变压器绕组电压

相绕组也各感应出 $\dfrac{\dot{E}_A}{2}$ 的电动势，使高压侧的零序电压为零。

另外，设法避免形成不利的传递回路也是限制过电压的有效措施。例如，低压侧无消弧线圈、对地电容很小时，可人为地在低压侧每相对地装设 $0.1\mu F$ 及以上的电容器；装有消弧线圈的系统，在过补偿条件下，要适当增大脱谐度；接在发电机中性点的消弧线圈可采用欠补偿运行方式，等等。

§11-4　参数谐振过电压

当串联回路中含有周期性变化的电感，其变化频率为电源频率的偶数倍，并有相应的电容配合，回路电阻又不大时，则有可能出现参数谐振。以最简单的参数谐振回路为例，如图 11-4-1（a）所示。设电感 L 在 $L_1 \sim L_2$ 间作周期性突变，并有 $L_1 = 2L_2$，变化周期 $T = T_1 + T_2$，再设电容 C 与电感 L 变动周期（$T_1 + T_2$）相适应，其意为 $4T_1 = 2\pi\sqrt{L_1 C}$、$4T_2 = 2\pi\sqrt{L_2 C}$。如图 11-4-1（b）所示，设电感 L 在 $t = 0$ 时 $L = L_1$，回路中有微小电流 $i_1 = 1$。当 L_1 突变至 L_2 时，因电感线圈的磁链 ψ 不能突变，即有 $\psi = L_1 i_1 = L_2 i_2$，故得 $i_2 = \dfrac{L_1}{L_2} i_1 = 2i_1 = 2$，突变前、

后电感中储能分别为 $W_1 = \dfrac{i_1^2 L_1}{2}$、$W_2 = \dfrac{i_2^2 L_2}{2} = \dfrac{(2i_1)^2 \dfrac{L_1}{2}}{2} = 2W_1$。由此可知，电感 L 突变使储能立即倍增，此能量是从改变电感参数的原动机的机械能转化而来。

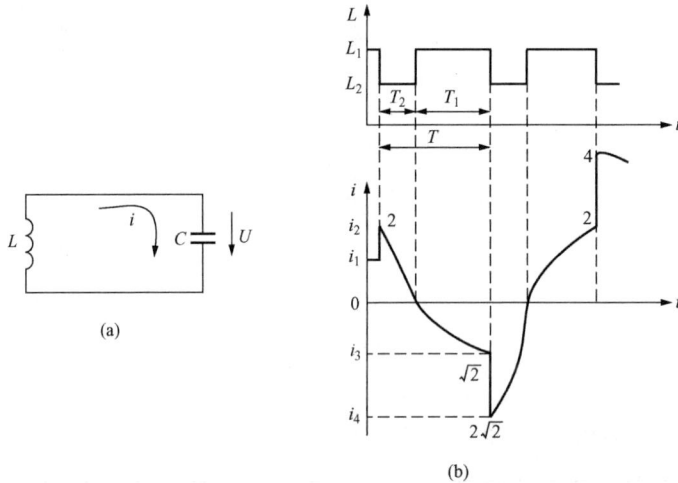

图 11-4-1　参数谐振发展过程
（a）简单回路；（b）电感及电流变化过程

相应于 L_2 的自振周期为 $4T_2$，在 $\dfrac{1}{4}$ 个振荡周期 T_2 时，回路电流将按余弦规律通过自由振荡由幅值 i_2 到达零值，而此时，刚好 L_2 又突变至 L_1，由于电感 L 中没储能，回路中的能量并不发生变化，因原储存的磁场能 $2W_1$ 已全部转化为电容 C 的电场能，即 $\dfrac{1}{2}CU^2 = 2W_1$，使电容电压 U 升高。

同理，L_1 持续 T_1 时间，电容 C 中电场能转化为电感 L 中的磁场能，电流由零振荡至负半波幅值 i_3，按能量不灭定理，有 $\dfrac{1}{2}L_1 i_3^2 = W_2 = L_1 i_1^2$，故 $i_3 = i_1\sqrt{2} = \sqrt{2}$。如果此时电感参数又突变至 L_2，相应电流 $i_4 = 2i_3 = 2\sqrt{2}$，储能为 $W_3 = \dfrac{1}{2}L_2 i_4^2 = \dfrac{1}{2}\dfrac{L_1}{2}(2\sqrt{2})^2 = 4 \times \dfrac{L_1 i_1^2}{2} = 4W_1$。循此以往，通过电磁振荡，由电感参数的变化，不断把改变电感参数的原动机机械能转化为

电磁能，使电感、电容回路中电流、电压不断上升，这就是参数谐振发展的基本过程。

由上述内容可知，参数谐振的特性如下。

（1）谐振所需的能量是由改变电感参数的原动机供给的。但起始时，回路要有某些起始扰动，如电机转子剩磁切割绕组而产生不大的感应电压、或回路中的电子热运动电流等，以保证谐振的发展。

（2）每次参数变化所引入的能量应当足够大，即要求电感量的变化幅度（$L_1 - L_2$）足够大，以便不仅可补偿谐振回路中电阻的能量损耗，并使储能愈积愈大，保证谐振发展。

（3）谐振后，回路中的电流、电压值在理论上可趋于无穷大。当然，实际中随电流增大，电感线圈达到磁饱和，电感迅速减小，回路自动偏离谐振条件，限制了谐振发展。

（4）当参数变化频率与振荡频率之比等于 2 时，谐振最易产生。

以上分析电感突变引起的参数谐振是一种理想状态，而电力系统中，如同步电机的电抗是按正弦规律周期变化的，不是突变，但就其产生参数谐振的特性来说，两者是一致的。

若发电机带空载线路，其容抗 X_C 与发电机感抗配合得当，就可能引起参数谐振。此时，即使发电机励磁电流很小，甚至近于零，发电机端电压和电流幅值会急剧上升，这种现象称为电机的自励磁现象。供给自励磁的能源是水轮机或汽轮机，在各电压等级的电力系统中都可能产生自励磁过电压。

水轮发电机正常同步运行时，其电抗在 $X_d \sim X_q$ 之间呈周期性变化，而汽轮发电机，同步运行时其电抗 $X_d = X_q$，不作周期性变化。不过，在异步运行或定子磁通变动下的同步工作状态时，无论水轮发电机还是汽轮发电机，它们的电抗均在 $X'_d \sim X_q$ 之间作周期性变化，变化频率为工频的 2 倍，其产生的参数谐振频率恰是系统的频率。通常，称电机同步运行时产生的参数谐振为同步自励磁；电机异步运行时产生的自励磁为异步自励磁。显然，同步自励磁只能在水轮发电机中产生，而异步自励磁则是在水轮发电机或汽轮发电机中都可能产生。

经分析知，产生同步自励磁的条件是

$$X_d > X_C > X_q \tag{11-4-1}$$

产生异步自励磁的条件是

$$X_q > X_C > X'_d \tag{11-4-2}$$

另外，在实际系统中要考虑谐振回路中的损耗电阻 R，要求每次参数变化引入能量不仅能抵消损耗，尚保证回路储能的增大。综合后可知，产生的自励磁参数边界曲线如图 11-4-2 所示。半圆曲线 I 范围内为同步自励磁区，半圆曲线 II 范围内为异步自励磁区，其中虚线和实线分别表示电机有阻尼和无阻尼绕组的自励磁区域。

当发电机经升压变压器连着较长的空载线路时，发电机外电路为等值容抗 X_C，若 X_C 值较小，损耗电阻 R 也较小，会落入产生自励磁的参数范围内，发电机出现自励磁现象。

发电机处于同步自励磁时，定子电流中只有工频分量，并以缓慢的速度上升到受铁芯饱和所限制的极限值。异步自励磁时，转子的旋转角速度大于气隙磁场的旋转角速度，定子绕组中会感应出两个频率相异的电动势，故定子电流具有拍频波形，且上升速度很快，自动调节励磁装置不足以抑制定子电流自激上升过程。考虑到电机铁芯和变压器铁芯的磁饱和降压

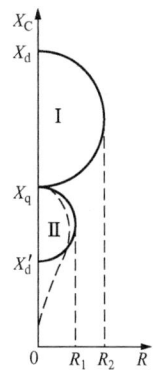

图 11-4-2 自励磁
参数边界曲线

作用，最大的自励磁过电压常在 2 倍以下。

消除自励磁的措施通常有：①采用快速自动调节励磁装置，可消除同步自励磁；②在操作方式上尽可能使回路参数处于自励范围之外，如空载线路合闸，应在大容量系统侧进行，或增加投入发电机数量（增大容量），使电源的 X_d 和 X_q 小于 X_C；③在超、特高压系统中，可投入并联电抗器 X_L，补偿线路容抗 X_C，使之大于 X_d 和 X_q；④设法临时增大自励磁回路的阻尼电阻，使之大于图 11 - 4 - 2 中的 R_1 或 R_2 值。

习　　题

11 - 1　试简述电力系统暂时过电压的特性及对系统正常运行的危害。

11 - 2　解释空载线路的电容效应现象，以及线路首端有串联电感和末端有并联电感对线路电容效应的影响。

11 - 3　某 500kV 线路全长为 250km，电源电动势为 E，电源漏抗 $X_s = 263\Omega$，线路每单位长度正序电感和电容分别为 $L_1 = 0.9\mu H/m$、$C_1 = 0.012\,7nF/m$。求线路末端开路时的线末电压。若线末接有并联电抗器 $X_L = 1837\Omega$，试求线末电压对电源电动势的比值及沿线电压分布中的最高电压值。

11 - 4　某 330kV 线路全长为 500km，线路正序阻抗 $Z_1 = 310\Omega$，零序阻抗 $Z_0 = 660\Omega$，正序波速 $v_1 = 3\times10^5 km/s$，零序波速为 $\dfrac{2v_1}{3}$。电源电动势为 E，电源漏抗可忽略。试求空载线路末端单相接地时线末非故障相的电压值。

11 - 5　为什么超高压系统中，并联电抗器的中性点小电抗能限制非全相操作时可能出现的谐振现象及减小潜供电流值？

11 - 6　某 35kV 线路采用门型杆，导线水平排列，不换位，各相对地电容 $C_a = C_c$、$C_b = 0.9C_a$，系统中性点经消弧线圈接地，脱谐度为 10%，系统阻尼率为 5%。试计算线路对地电容不对称系数，以及判断系统中性点位移电压能否满足不大于 15% 标称相电压的要求。

11 - 7　为什么含有非线性电感的 LC 串联电路会出现多个工作点？试比较线性谐振与非线性谐振的差异。

11 - 8　某 10kV 系统，中性点不接地，有一条 10km 长线路末端接有容量为 180MVA、$I_0 = 6.5\%$ 的空载变压器，线路对地电容 $C_0 = 0.005\mu F/km$。试分析线路末端单相断线并在负载侧接地时，会否产生基波铁磁谐振？

11 - 9　某 35kV 电磁式电压互感器，其线电压下高压侧励磁感抗为 2MΩ，试问在开口三角形绕组两端应加多大的电阻可抑制铁磁谐振？（提示：应注意互感器高压侧绕组与开口三角形绕组端口的变比关系。）

11 - 10　有一台中性点不接地的 110kV 变压器，在 110kV 侧空载合闸，因断路器三相严重不同期，两相滞后较长时间才合闸，试计算此过程中变压器 10kV 侧出现的传递过电压。若 10kV 侧接有三相励磁阻抗为 120kΩ 的电磁式电压互感器，则传递过电压有何变化？过电压值可能有多高？已知变压器高低压绕组间电容 $C_{12} = 5900pF$，低压 10kV 侧三相对地电容 $C_q = 21\,000pF$。

第十二章　电力系统操作过电压

电力系统中的电容、电感元件均为储能元件。当系统中有操作或故障，使其工作状态发生变化时，将产生电磁能量振荡的过渡过程。在此过程中，电感元件储存的磁能会在某一瞬间转换为电场能储存于电容元件之中，产生数倍于电源电压的过渡过程过电压，这就是操作过电压。它是高频振荡、强阻尼、在几毫秒至几十毫秒后衰减消失的暂态过电压。

操作过电压是电力系统内部过电压。系统的标称电压愈高，操作过电压幅值也愈高。对于 220kV 及以下系统，正常的电气设备绝缘能承受 3~4 倍的过电压，若对 330kV 及以上的超高压、特高压电力系统，仍按 3~4 倍的操作过电压考虑电气设备的绝缘，则设备的绝缘费用迅速增加，并因外绝缘及空气间隙距离对操作过电压承受的"饱和"效应，势必造成设备结构复杂、体积庞大，进一步增大设备造价及工程投资等经济指标。因而，从技术经济综合考虑出发，必须采取专门措施，将超、特高压系统的操作过电压强迫限制在一定水平以下。这也是发展超、特高压系统的重要研究课题之一。

研究操作过电压的手段，主要有理论分析、模拟实验、仿真计算、现场测试和运行记录资料的归纳总结。其中理论分析是研究的基础。本章着重定性分析几种常见操作过电压的产生机理、影响因素及主要防护措施。

在中性点直接接地的电力系统中，常见的操作过电压有合闸空载线路过电压、分闸空载线路过电压、分闸空载变压器过电压、解列过电压等。对超、特高压系统，由于断路器及其他设备性能的改善，分闸空载线路及分闸空载变压器过电压已不严重了，再者，运行中产生高幅值解列过电压的概率较小，因而，需重视的是，随着超、特高压输电技术发展，电能传输距离的增长，空载长线路电容效应引起的工频过电压较高，在此基础上，会出现高幅值的合闸（包括重合闸）过电压。

在中性点不直接接地的电力系统中，主要是间歇电弧接地过电压。还有投切补偿电容器组过电压以及开断高压感应电动机过电压等。

§12-1　间歇电弧接地过电压

运行经验表明，单相接地是电力系统主要故障形式。在中性点不接地系统中，发生稳定性单相接地时，非故障相对地电压将升至线电压，但仍不改变电源三相线电压的对称性，不必立即切除线路中断供电，允许带故障运行一段时间（一般不超过 2h），以便运行人员查明故障进行处理，从而提高了供电的可靠性，这是电力系统中性点不接地带来的优点。但当单相接地电弧不稳定，处于时燃时灭的状态时，这种间歇性电弧接地使系统工作状态时时在变化，导致电感电容元件之间的电磁振荡，形成遍及全系统的过电压，这就是间歇电弧接地过电压，也称弧光接地过电压。

是否在单相接地时产生间歇电弧，与系统单相接地电流 I_{jd} 大小直接相关，当 I_{jd} 较小时，由于电动力和热空气作用，接地电弧被拉长，一般能在几秒至几十秒内自行熄灭。运行经验表明，10kV 系统 I_{jd} 小于 30A、35kV 系统小于 10A，接地电弧不易重燃，自熄弧概率较大，若 I_{jd} 再增大，则易产生间歇性接地电弧，直至 I_{jd} 增大到形成稳定电弧（几百安培）的状态为止。I_{jd} 值的计算，可参看图 11 - 2 - 6 及式（11 - 2 - 11）。

由于产生间歇性电弧处的介质（空气、油、固体）不同，外界气象条件（风、雨、温度及湿度等）不同，使间歇性电弧接地过电压的发展过程极为复杂，需对具有强烈统计性质的燃弧过程进行理想化，才可分析研究。

长期以来，多数研究者认为电弧的熄灭与重燃的时刻是决定最大过电压的重要因素。由交流电弧理论知，电弧电流过零时电弧熄灭，而电弧是否重燃，取决于电流过零后弧道的恢复电压与介质恢复强度之间的相对大小。系统单相接地时通过弧道的电流有两个分量，即工频电流（强制）分量和高频电流（自由）分量。燃弧瞬间出现的自由振荡频率远远高于工频，故接地瞬间弧道中的电流以高频电流为主，高频电流迅速衰减后，弧道电流为工频电流。在分析间歇电弧接地过电压时主要有两种假设：以高频电流第一次过零熄弧为前提进行分析，称为高频熄弧理论。按此分析，过电压值较高，因高频电流过零时，高频振荡电压为最大值，熄弧后残留在非故障相上的电荷量较大，故电压较高；以工频电流过零时熄弧为前提分析，称为工频熄弧理论。按此分析，熄弧后残留在非故障相上的电荷量较小，过电压值较低，但接近系统中实测过电压值。虽然两种理论分析所得过电压值不同，但反映过电压形成的物理本质是相同的。

现采用工频熄弧理论解释间歇电弧接地形成过电压的发展过程。

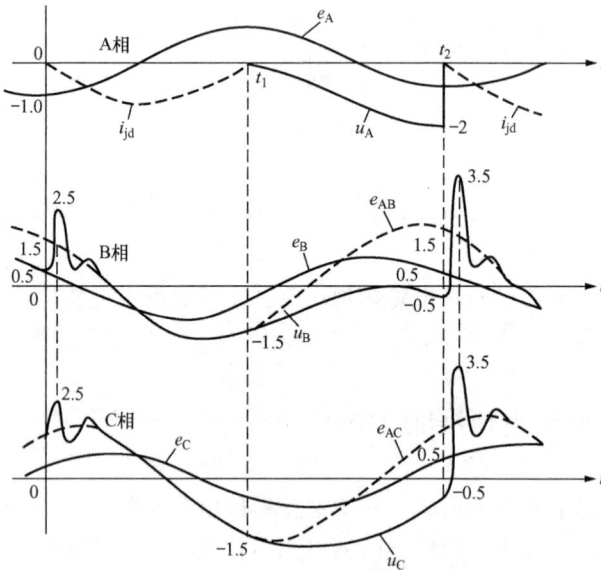

图 12 - 1 - 1　间歇性电弧接地过电压的发展过程（工频熄弧理论）

设三相电源相电压为 e_A、e_B、e_C，线电压为 e_{AB}、e_{BC}、e_{CA}，各相对地电压为 u_A、u_B、u_C，它们的波形如图 12 - 1 - 1 所示（系统接线可参见图 11 - 2 - 6）。假定 A 相电压为幅值（$-U_m$）时对地闪络，令 $U_m = 1$，此时，B、C 相对地电容 C_0 上初始电压为 0.5，它们将过渡到新的稳态瞬时值 1.5，在此过渡过程中出现的最高振荡电压幅值为 2.5。其后，振荡很快衰减，B、C 相稳定在线电压 e_{AB} 和 e_{AC}。同时，接地点通过工频接地电流 I_{jd}，其相位角比 e_A 滞后 90°。

经过半个工频周期（t_1 时），B、C 相电压等于 -1.5，i_{jd} 通过零点，电弧自动熄灭，发生第一次工频熄弧。熄弧瞬间，B、C 相瞬时电压各为 -1.5，A 相为零，系统三相储有电荷 $q = 2C_0 \times (-1.5) = -3C_0$，设电荷无泄漏，平均分配在三相对地电容中，形成电压的直流分量 $q/3C_0 = -3C_0/3C_0 = -1$。于是，熄弧后，导线对地电压由各相电源电压和直流电压（-1）叠加而成。B、C 相电源电压为 -0.5，叠加后为 -1.5，A 相电源电压为 1，叠加后为零。

因而，熄弧前后各相对地电压不变，不会引起过渡过程。

熄弧后，再经半个工频周期（t_2 时），A 相对地电压高达－2，设此时发生重燃，其结果使 B、C 相电压从初始值－0.5 向线电压瞬时值 1.5 振荡，过渡过程最高电压为 $2 \times 1.5 -(-0.5)=3.5$。振荡衰减后，B、C 相仍稳定在线电压运行。

往后，每隔半个工频周期，将依次发生熄弧和重燃，其过渡过程与上述过渡过程完全相同，非故障相的最大过电压 $U_{Bm}=U_{Cm}=3.5$，故障相最大过电压 $U_{Am}=2$。

影响间歇接地电弧过电压的因素主要有：

（1）电弧过程的随机性。间歇性电弧的燃烧及熄灭的随机性是影响过电压的主要因素。实际电弧过程不可能像理论分析所假定条件那样严格划一，不会都处于最严重的情况，因而实测过电压值一般低于理论分析值。

（2）导线相间电容 C_{12} 的影响。参看图 12 - 1 - 1，在第一次重燃前（t_2），非故障相 C_0 上的电压为－0.5，C_{12} 上的电压为 1.5，对地燃弧后，两者并联，使振荡的起始电压从－0.5 变为 $(-0.5 C_0+1.5 C_{12})/(C_0+C_{12})>-0.5$，这比无 C_{12} 时更接近 1.5，因而振荡出现的过电压值随之下降。

（3）电网损耗电阻。如电源内阻、线路导线电阻、接地电弧的弧阻等，使振荡回路存在有功损耗，加强了振荡的衰减。

（4）对地绝缘的泄漏电导。电弧熄灭后，电网对地电容中所储存的电荷，因绝缘有泄漏，不可能保持不变，电荷泄漏的快慢与线路绝缘表面状况及气象条件等因素有关。电荷泄漏使系统中性点位移电压减小。相应地，间歇电弧接地过电压有所降低。

实际系统中间歇电弧接地过电压倍数大部分小于 3.1，具有正常绝缘水平的电气设备是能承受的。但由于这种过电压持续时间较长，遍及全系统，而系统内又往往有个别绝缘弱点以及绝缘较低的设备（如旋转电机），会对它们造成较大的威胁，影响系统安全运行。经验表明，间歇电弧接地过电压引起设备损坏和大面积停电的事故，在我国时有发生。因此，须引起足够的重视。

防止产生间歇电弧接地过电压的根本途径是消除间歇电弧。为此，视电力系统实际运行状况，可采取相应的措施。

（1）将系统中性点直接接地（或经小阻抗接地），使系统在单相接地时引起较大的短路电流，继电保护装置会迅速切除故障线路，故障切除后，线路对地电容中储存的剩余电荷直接经中性点入地，系统中不会出现间歇电弧接地过电压。但配电网发生单相接地的概率较大，中性点直接接地，断路器将频繁动作开断短路电流，大大增加检修维护的工作量，并要求有可靠的自动重合闸装置与之配合，故应衡量利弊，经技术经济比较后选定。

（2）在系统中性点经消弧线圈接地。正确运用消弧线圈可补偿单相接地电流和减缓弧道恢复电压上升速度，促使接地电弧自动熄灭，大大减小出现高幅值间歇电弧接地过电压的概率，但不能认为消弧线圈能消除间歇电弧接地过电压。在某些情况下，因有消弧线圈的作用，熄弧后原弧道恢复电压上升速度减慢，增长了去游离时间，有可能在恢复电压最大的最不利时刻发生重燃，使过电压仍然较高。

（3）在中性点不接地的系统中，若线路过长，当运行条件许可，可采用分网运行的方式，减小接地电流，有利于接地电弧的自熄。

人为增大相间电容是抑制间歇电弧过电压的有效措施。在系统中装设三角形接线用于改善功率因数的电容器组，可收到一举两得的效果。

从运行经验知，定期做好电气设备的绝缘监测工作，及时发现绝缘隐患和消除绝缘弱点，保证电力系统设备具有良好的绝缘性能，即使产生间歇电弧接地过电压，一般也不会引起事故。

§12-2　空载变压器分闸过电压

电力系统中的消弧线圈、并联电抗器、轻载（或空载）变压器及电动机等均为电感性元件。对这些元件进行分闸（开断）操作时，由于被开断的感性元件中所储存的电磁能量释放，产生振荡，将形成分闸过电压。现以分闸空载变压器（切空变）为例，说明过电压的产生原因、影响因素及限制措施。

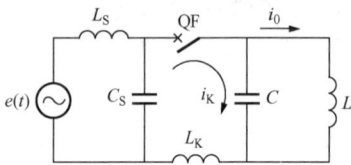

图 12-2-1　切空变单相等值电路

为简化分析，突出主要物理概念，假设变压器绕组三相完全对称，其单相等值电路如图 12-2-1 所示，图中 L_S 为电源等值电感，C_S 为电源侧对地杂散电容，L_K 为母线至变压器连线电感，QF 为断路器，L 为空载变压器励磁电感，C 为变压器对地杂散电容与变压器侧全部连线及电气设备对地电容的并联值。

开断空载变压器时，流过断路器 QF 的电流为变压器的励磁电流 i_0，通常 i_0 为额定电流的 0.2%～5%，有效值约几安至几十安。用断路器开断此电流的过程与断路器灭弧性能有关，如一般多油断路器，切断小电流的熄弧能力较弱，通常不会产生在电流过零前熄弧的现象；而压缩空气断路器、压油式少油断路器等，其灭弧能力与开断电流大小关系不大，当它开断很小的励磁电流时，可能会在励磁电流自然过零前被强制截断，甚至在接近幅值 I_m 时被截断。截流前后变压器上的电流、电压波形如图 12-2-2 所示。由于断路器将励磁电流突然截断，使回路电流变化 $\dfrac{\mathrm{d}i}{\mathrm{d}t}$ 甚大，在变压器绕组电感 L 上产生的压降 $L\dfrac{\mathrm{d}i}{\mathrm{d}t}$ 也甚大，形成了过电压。

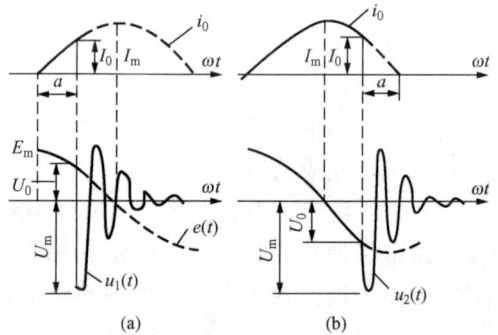

图 12-2-2　截流前后变压器的电流、电压波形
（a）在 i_0 上升部分截流；（b）在 i_0 下降部分截流

也可从能量观点阐述过电压的形成。按图 12-2-2 所示，$i_0 = I_m\sin\omega t$，电源电动势 $e(t) = E_m\cos\omega t$，断路器截流时，$I_0 = I_m\sin\alpha$，$U_0 = E_m\cos\alpha$，此刻，变压器储存的电场能 W_C 和磁场能 W_L 分别为

$$W_C = \frac{1}{2}CU_0^2 = \frac{C}{2}E_m^2\cos^2\alpha$$

$$W_L = \frac{1}{2}LI_0^2 = \frac{L}{2}I_m^2\sin^2\alpha$$

断路器开断后，上述能量必然在图 12-2-1 所示的 $L\sim C$ 回路中产生振荡。当回路所储

总能量全部转化为电场能时，电容 C 上的电压为 U_m，则有 $W_L + W_C = \frac{1}{2}CU_m^2$，故得

$$U_m = \sqrt{U_0^2 + \frac{L}{C}I_0^2} = \sqrt{E_m^2\cos^2\alpha + \frac{L}{C}I_m^2\sin^2\alpha} \tag{12-2-1}$$

截流后振荡电压 $u(t)$ 的表达式，可从回路微分方程求解获得。若略去回路损耗，回路自振角频率为 ω_0，对应于图 12-2-2（a）所示的截流情况，则有

$$u_1(t) = U_0\cos\omega_0 t - I_0\sqrt{\frac{L}{C}}\sin\omega_0 t \tag{12-2-2}$$

由实验知，截流可能发生在工频电流上升部分，也有可能发生在工频电流下降部分，如图 12-2-2（b）所示，对应于此，则有

$$u_2(t) = -U_0\cos\omega_0 t - I_0\sqrt{\frac{L}{C}}\sin\omega_0 t \tag{12-2-3}$$

图 12-2-2 所示 $u_1(t)$、$u_2(t)$ 波形是考虑损耗衰减的，与上述表达式所示有差异。

截流后过电压倍数 K_n 为

$$K_n = \frac{U_m}{E_m} = \frac{\sqrt{E_m^2\cos^2\alpha + \frac{L}{C}I_m^2\sin^2\alpha}}{E_m}$$

已知 $I_m \approx \frac{E_m}{2\pi f L}$（因 $\frac{1}{\omega C} > \omega L$）、$f_0 = \frac{1}{2\pi\sqrt{LC}}$，代入上式得

$$K_n = \sqrt{\cos^2\alpha + \left(\frac{f_0}{f}\right)^2\sin^2\alpha} \tag{12-2-4}$$

考虑到在铁芯电感元件回路中，磁能转化为电能的高频振荡过程中必有损耗，如铁芯的磁滞和涡流损耗、导线的铜损耗等，其中以磁滞损耗为主。通过实验分析可知，截流后储存的磁能，只有小部分是在振荡过程中转化为电能使回路电压升高的，大部分磁能是在振荡中损耗了，因此，式（12-2-4）中代表磁能项 $(f_0/f)^2\sin^2\alpha$ 应加以修正，需乘以小于 1 的能量转化系数 η_m，η_m 值与绕组铁芯材料特性及振荡频率有关，频率越高，η_m 值越小。通常，η_m 值在 0.3～0.5 范围内。于是式（12-2-4）可改写为

$$K_n = \sqrt{\cos^2\alpha + \eta_m\left(\frac{f_0}{f}\right)^2\sin^2\alpha} \tag{12-2-5}$$

当励磁电流为幅值 I_m 时被截断，即 $\alpha = 90°$ 时，切空变过电压倍数 K_n 为最高。此时

$$K_n = \frac{f_0}{f}\sqrt{\eta_m} \tag{12-2-6}$$

回路自振荡频率 f_0 与变压器的额定电压、容量、结构型式，以及外部连线、电气设备的杂散电容等有关。一般高压变压器的 f_0 值最高可达工频的 10 倍左右，超高压大容量变压器的 f_0 则只有工频的几倍，相应的过电压较低。

在切空变过程中，绕组中振荡电流所产生的主磁链通过整个铁芯，故变压器另一侧绕组的对地电容也参与暂态振荡，应按变比归算至开断侧，因而，若这侧接有较长的连接线，特别是电缆线，则显著增大了对地电容，会使过电压明显降低。

也由于绕组间存在电磁联系，在变压器的中、低侧开断操作，高压侧也会出现同样倍数的过电压，威胁高压侧的绝缘。

以上分析过电压的产生过程，是假定断路器截流后触头间不发生重燃，实际上，截流后变压器回路的高频振荡使断路器的断口恢复电压上升甚快，极易发生重燃。若考虑重燃因素，切空变过电压将有所下降，参见图 12-2-1，重燃瞬刻，电容 C 上的电荷要通过 C—L_K—C_S 回路高频放电，储能迅速消耗，电压下降至电源电压，断路器断口熄弧，在重燃的高频放电时，电感 L 中的电流来不及变化，当熄弧后，电感向电容充电，触头间恢复电压重新上升，又可能发生第二次重燃，于是又有高频放电消耗能量，照此下去，触头间的多次重燃使电感中储能愈来愈少，直到触头间介质恢复强度高于恢复电压最大值时，不再重燃。断路器才真正开断空载变压器，此时，变压器储存的电磁能量已不大，产生的过电压也不会高。因此，用开断感性小电流时灭弧能力差的断路器切空变，不会产生高幅值的过电压。

变压器中性点接地方式也是影响切空变过电压的因素。中性点非直接接地的三相变压器，由于断路器三相动作不同期，会出现复杂的相间电磁联系和中性点电位的位移，在不利情况下，开断三相空变过电压会比单相的约高 50%。

限制切空变过电压的措施，目前是采用金属氧化物避雷器。切空变过电压幅值虽较高，但持续时间短，能量不大，用于限制雷电过电压的避雷器，其通流容量完全能满足限制切空变过电压的要求。

例如，某 110kV 三相变压器的额定容量为 31.5MVA，励磁电流标幺值 $I\%$ 为 5%，即可计算切空变时绕组储存的最大磁能 W_L 为

$$W_L = \frac{1}{2}LI_m^2 = \frac{1}{2}L\frac{E_m}{\omega L}I_m = \frac{3 \times \dfrac{E_m}{\sqrt{2}} \times \dfrac{I_m}{\sqrt{2}}}{3 \times 314} \approx 3 \times \frac{E_m}{\sqrt{2}} \times \frac{I_m}{\sqrt{2}} \times 10^{-3} = S \times I\% \times 10^{-3} \quad (\text{J})$$

式中：I_m 为励磁电流幅值；S 为三相变压器额定容量。代入数字后得 $W_L = 1575$J。

再估算避雷器允许通过的能量 W_B，已知 110kV 避雷器通过 $10\mu s$ 等值矩形波电流 5kA 时的残压为 332kV，所以

$$W_B = UIt = 332 \times 10^3 \times 5 \times 10^3 \times 10 \times 10^{-6} = 16\,600\,(\text{J})$$

可见，W_B 比 W_L 大一个数量级。因此，用避雷器限制切空变过电压是可以的。

用来限制切空变过电压的避雷器应接在断路器的变压器侧，保证断路器开断后，避雷器仍留在变压器连线上。此外，此避雷器在非雷雨季节也不能退出运行。若变压器高、低压侧中性点接地方式相同，则可在低压侧装避雷器来限制高压侧切空变产生的过电压。

§12-3　空载线路分闸过电压

在电力系统中开断空载线路、电容器组等电容性元件时，若断路器有重燃现象，则被分闸（断开）的电容元件会通过回路中电磁能量的振荡，从电源处继续获得能量并积累起来，形成过电压。现以分闸空载线路（切空线）为例进行分析。

电源带空载线路运行时，通过线路电源侧断路器 QF 的电流与空载线路电压等级、线路结构、线路长度等因素有关，通常为几十安至几百安。与断路器能切断的巨大短路电流相比，这是很小的电流，但切空线时，断路器却不一定能顺利开断，会发生一次或多次重燃，产生过电压。这种过电压不仅幅值高，且持续时间长达 0.5～1 个工频周期以上，是确定 220kV 及以下电气设备操作冲击绝缘水平的主要依据。

分析分闸空载线路过电压的形成过程，可用线路为分布参数的行波法；也可将线路简化为集中参数，用等值电路中的电磁振荡过程进行分析。在此选用后一方法，图12-3-1所示为切空线的单相等值电路。图中 C_2 为线路等值电容，L_2 为线路等值电感，因线路等值感抗 ωL_2 远远小于线路等值容抗 $1/\omega C_2$，故空载线路为容性负载；QF 为线路电源侧断路器；C_1 为电源侧对地电容，L_1 为电源等

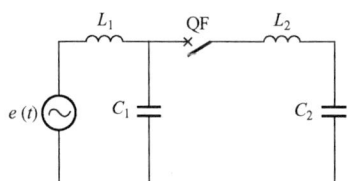

图12-3-1 切空线单相等值电路

值漏感，$e(t)$ 为电源电动势 $e(t) = E_m\cos\omega t$。所设定断路器开断过程中的重燃和熄弧时刻，是以导致形成最大过电压为条件进行分析得到的。

参见图12-3-2，当线路工频电容电流 $i(t)$ 自然过零时（$t=t_0$），QF 触头间熄弧，此时 C_2 上的电压为 $-E_m$，若不考虑线路绝缘的泄漏，在熄弧后，C_2 上的电压保持 $-E_m$ 不变，而 C_1 上的电压则随电源电压作余弦变化。经过半个工频周期（$T/2=0.01s$），$t=t_2$ 时，断路器触头间恢复电压达最大，为 $2E_m$，设此时触头间介质强度不能承受此恢复电压，发生重燃，使 C_1 与 C_2 并联，重燃瞬时电压 $U_{10} = (-E_mC_2 + E_mC_1)/(C_1+C_2)$，通常 $C_1<C_2$，故近似认为 $U_{10}=-E_m$，于是 C_2 上电压要从原来的 $-E_m$ 振荡过渡到新的稳态值 $+E_m$，若不计损耗，过渡过程中出现的最大电压 $U_{2m} = 2E_m - (-E_m) = 3E_m$。重燃时流过断路器的电流主要是高频振荡电流，设高频电流第一次过零时（$t=t_3$）触头间电弧熄灭，这时的高频振荡电压正是

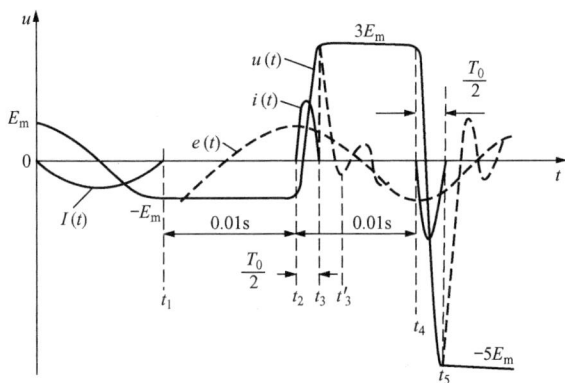

图12-3-2 切空线过电压的形成过程

最大值，C_2 上保留电压是 $3E_m$。又经过半个工频周期，$t=t_4$，触头间恢复电压为 $4E_m$，第二次重燃，这次重燃瞬时电压 $U_{20}\approx3E_m$，振荡过程中 C_2 上最大电压 $U_{2m} = 2(-E_m)-3E_m = -5E_m$，这次振荡的高频电流在 $t=t_5$ 时过零，触头间熄弧，C_2 上保持 $-5E_m$ 的电压。循此以往，直至断路器不发生重燃为止。由此可知，切空线时，断路器重燃是产生过电压的根本原因。

上述分析是理想化了的，为的是明了形成过电压的基本过程，实际中却受一系列复杂因素的影响。

首先，断路器触头重燃有明显随机性。开断时，不一定每次都重燃，即使重燃也不一定在电源电压为最大值并与线路残留电压（C_2 上的电压）极性相反时发生。若重燃提前产生，振荡振幅及相应的过电压随之降低。若重燃发生在熄弧后的 $1/4$ 个工频周期内（这种情况可称为复燃），则不会引起过电压。正因为如此，油断路器触头间的介质抗电强度在断弧后恢复很慢，可能发生多次重燃，但不一定产生严重的过电压。

其次，熄弧也有明显的随机性。若重燃后不是在高频电流第一次过零时熄弧，而是在高频电流第二次过零（$t=t_3'$）或更后时间才熄弧，则线路上残留电压大大降低，相应地断路器触头间的恢复电压及再次重燃所引起的过电压，都将大大降低。

另外，当母线上有其他出线时，图 12-3-1 中的 C_1 值增大，重燃瞬间 C_2 上电荷要重新分配，C_1 使振荡的初始电压更接近稳态值，从而在振荡过程中呈现的过电压也下降。若电源侧其他出线带有有功负荷，则尚能对电磁振荡起阻尼作用，可进一步降低过电压。

电力系统中性点接地方式对切空线过电压亦有较大影响。中性点直接接地的系统，三相基本上各自成独立回路，切空线过程可近似按单相电路处置。而中性点不接地或经消弧线圈接地的系统，因三相断路器动作不同期及三相熄弧时间的差异等因素，会形成瞬间的不对称电路，出现中性点位移电压，三相间相互牵连，在不利条件下，过电压会明显增大。通常，中性点不接地系统过电压要比中性点有效接地系统增大 20% 左右。若考虑中性点不接地系统在带单相接地时开断空载线路，则其重燃后的振荡是在线电压基础上进行，形成的切空线过电压将接近于中性点直接接地系统的 $\sqrt{3}$ 倍。

在中性点直接接地的 110kV 和 220kV 系统，我国曾进行过大量的切空线试验，实测过电压一般不大于 3 倍，并符合正态分布规律。

限制切空线过电压的最根本措施是设法消除断路器的重燃现象。为此目的，可从两方面着手：一是改善断路器结构，提高触头间介质的恢复强度和灭弧能力，避免重燃，目前我国生产的空气断路器、带压油式灭弧装置的少油断路器、六氟化硫断路器等，在切空线时基本上不会发生重燃，可在源头上抑制过电压的形成；二是降低断路器触头间的恢复电压，使之低于介质恢复强度，也能达到避免重燃的目的，具体办法如下。

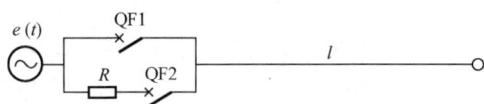

图 12-3-3 有并联电阻的断路器切空线

（1）断路器触头间装并联电阻。图 12-3-3 所示为断路器带并联电阻切空线的示意图。断路器中的并联电阻 R 先与辅助触头 QF2 串联后再与断路器主触头 QF1 并联。在开断线路 l 时，QF1 先断开，QF2 是闭合的，R 串联在回路中，线路上的残留电荷将通过 R 泄漏，经 1~2 个工频周期，QF2 断开，完成开断线路的动作过程。R 的作用主要是降低断路器触头在开断过程中的恢复电压。主触头 QF1 开断时，R 值愈小，恢复电压愈低，避免重燃愈有利，可 R 值愈小，接着开断辅助触头 QF2 时，则 QF2 上的恢复电压愈大，愈易重燃，产生振荡。虽然 R 有阻尼作用，但有振荡，就会出现过电压，所以在开断 QF2 时，希望 R 愈大愈好。这样，对 R 值大小的要求，在切空线的两个过程中是矛盾的，需协调取得较佳值。经计算分析知，若取 $R\omega C_2 = 3$，则较合适。

例如，某 330kV 线路长 300km，导线为双分裂，线路对地电容 $C_2 = 3\mu F$，线路断路器并联电阻

$$R = \frac{3}{\omega C_2} = \frac{3}{314 \times 3 \times 10^{-6}} = 3183(\Omega)$$

即断路器分闸并联电阻是千欧级的中值电阻。

对灭弧性能良好的断路器，从简化结构考虑，可不装设分闸并联电阻。

（2）断路器线路侧接电磁式电压互感器。为系统并列需要，若在断路器线路侧有电磁式电压互感器，当断路器开断后，线路上的残余电荷通过互感器绕组泄放，使断路器两端的恢复电压下降，避免重燃，或减小重燃后产生的过电压。

（3）线路侧接并联电抗器。当断路器触头间断弧后，并联电抗器与线路电容构成振荡回路，使线路上的残余电压成为交流电压，此时，断路器两端的恢复电压呈现拍频波形，幅值

上升速度大为降低，断路器发生重燃的可能性较少，出现高幅值过电压的概率也明显下降。

除了上述提高断路器灭弧性能，降低触头间恢复电压，避免断路器发生重燃，从根本上抑制过电压之外，尚可采用性能良好的氧化锌避雷器作为切空线电压的后备保护。

顺此提及，在变电站中采用隔离开关开断空载短母线时，有可能会引起多次重燃过电压，这种过电压自振频率很高，达几百千赫，过电压幅值也很高，陡度很大，有较大的危害性，应充分注意。

§12-4　空载线路合闸过电压

合闸空载线路是电力系统中常有的一种操作。由于线路电压在合闸前后发生突变，在此变化的过渡过程中会引起空载线路合闸过电压（以下简称合空线过电压）。这种过电压是超、特高压系统中的主要操作过电压。

空载线路合闸有两种不同的情况。一是正常运行的计划性合闸，如新建线路或检修后的线路按计划投入运行。合闸前，线路上不存在接地故障和残余电压，合闸后，线路电压由零值过渡到由电容效应决定的工频稳态电压，若考虑线路分布参数特性，振荡引起的过电压由工频稳态分量和无限个迅速衰减的谐波分量叠加组成，过电压系数（过电压幅值与稳态工频电压幅值之比）一般小于2，通常为1.65~1.85。

另一种线路合闸是线路故障切除后的自动重合闸。由于初始条件的差别，重合闸过电压要比计划性合闸过电压严重。参见图12-4-1所示。线路发生单相接地，假定断路器QF2先分闸，接着断路器QF1动作，在非故障相电流过零时，QF1触头间电弧断开，非故障相线路上留有残余电压（是直流电压），假定为$-U_0$。经一时间间隔后，设QF1先合，并且是在非故障相的电源电动势为正极性最大值（即与残余电压反极性）时重合，非故障相线路上各点电压将从$-U_0$过

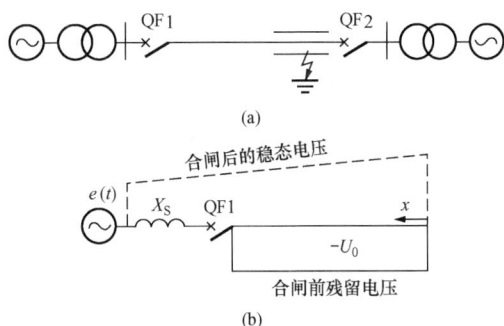

图12-4-1　线路重合闸前后的稳态电压分布
(a) 线路单相接地；(b) 线路重合闸前后的稳态电压分布

渡到由电容效应决定的工频稳态电压，在此振荡过程中将出现颇高的重合闸过电压，过电压系数会大于2，甚至接近3。

显然，因空载线路各点的工频稳态电压不等，合闸过电压的幅值也不等。在无补偿装置的线路上，线首最低，线末最高。

具体计算合闸过电压大小，可建立仿真模型，借助通用的电磁暂态程序（EMTP）在计算机上运算获得。在此，为了解合空线过电压的一些相关概念，将应用微分运算方法得出合闸过电压的数学表达式，以供讨论。

如图12-4-1 (a) 所示，假定断路器三相完全同期动作，则三相电路可用单相回路进行分析。设电源等值电动势$e(t) = E_m\cos(\omega t + \theta)$，再取电压$E_m$、线路波阻抗$Z$以及时间$t = \dfrac{1}{\omega}$为计算用的电压、阻抗及时间的基准值，并令$\omega t = \tau$，$P = \dfrac{d}{d\tau}$，在稳态时$P = j$，于是

$$e(\tau) = \cos(\tau + \theta) = e(P) = \frac{P\cos\theta - \sin\theta}{1 + P^2}.$$

合闸后线路上任一点 x（从线路末端起算的距离）的过渡过程运算电压 $u(p, x)$，可利用叠加原理在断路器断口处串入一个大小相等、方向相反的电动势 $e(p) + \dfrac{U_0}{p}$ 进行计算（U_0 以标么值计）。然后，将线路用入口阻抗代替，求出线路首端电压，再乘以电压传递系数就可得线路上 x 点电压

$$u(p, x) = \frac{e(p) + \dfrac{U_0}{p}}{pL_s + Z_R(p)} Z_R(p) K_{1x} - \frac{U_0}{p}$$

$$Z_R(p) = Z\operatorname{cth}p\lambda \; ; \; K_{1x} = \frac{\operatorname{ch}p\eta}{\operatorname{ch}p\lambda} \; ; \; \lambda = \frac{\omega l}{v} = al \; ; \; \eta = \frac{\omega x}{v} = \alpha x$$

式中：L_s 为电源等值漏感。$Z_R(p)$ 是线路末端开路时，首端向末端看进去的运算入口阻抗。K_{1x} 是 x 点对首端的运算电压传递系数。

代入后得

$$u(p, \eta) = \frac{\dfrac{p\cos\theta - \sin\theta}{1 + p^2} + \dfrac{U_0}{p}}{\operatorname{ch}p\lambda + pL_s\operatorname{sh}p\lambda} \operatorname{ch}p\eta - \frac{U_0}{p}$$

利用分解定理，求出上式的原函数（推导从略），得合闸后线路上 x 点的过渡过程电压为

$$u(\tau, \eta) = U_2\cos\eta\cos(\tau + \theta) - \sum_{i=1}^{\infty} K_i(U_0 + S_i\cos\theta)\cos\omega_i\eta\cos\omega_i\tau + \sum_{i=1}^{\infty} K_iS_i\frac{\sin\theta}{\omega_i}\cos\omega_i\eta\sin\omega_i\tau$$

$$= U_2\cos\eta\cos(\tau + \theta) - \sum_{i=1}^{\infty} K_i\frac{U_0 + S_i\cos\theta}{\cos\delta_i}\cos\omega_i\eta\cos(\omega_i\tau + \delta_i) \qquad (12\text{-}4\text{-}1)$$

$$U_2 = \frac{1}{\cos\lambda - K_L\lambda\sin\lambda} \; ; \quad S_i = \frac{\omega_i^2}{\omega_i^2 - 1} \; ; \quad \delta_i = \arctan\frac{S_i\sin\theta}{(U_0 + S_i\cos\theta)\omega_i} \; ;$$

$$K_i = \frac{2}{\omega_i\lambda\sin\omega_i\lambda(1 + K_L + K_L^2\omega_i^2\lambda^2)}$$

式中：U_2 为线路末端稳态电压值，$K_L = \dfrac{L_s}{L_0 l}$；L_0 为每千米线路电感；l 为线路长度；ω_i 为系统各次自振角频率。

而 ω_i 可求得

$$\cot\omega_i\lambda = K_L\omega_i\lambda$$

令 $x_i = \omega_i\lambda$ 得

$$\cot x_i = K_L x_i \qquad (12\text{-}4\text{-}2)$$

可以证明，若计及线路电阻 R_l 对自由振荡的衰减作用，则式（12-4-1）可改写成

$$u(\tau, \eta) = U_2\cos\eta\cos(\tau + \theta) - \sum_{i=1}^{\infty} K_i\frac{U_0 + S_i\cos\theta}{\cos\delta_i}e^{-a_i\tau}\cos\omega_i\eta\cos(\omega_i\tau + \delta_i)$$

$$(12\text{-}4\text{-}3)$$

其中

$$\alpha_i = \frac{R_l}{2\omega L_0 l}\left(1 - \frac{2K_L}{1 + K_L + K_L^2\omega_i^2\lambda^2}\right)$$

显然，合闸过渡过程电压 $u(\tau,\eta)$ 是由强制的工频稳态分量［式（12-4-3）右边第一项］和自由衰减振荡的暂态分量［式（12-4-3）右边第二项］组成。

合闸过电压的最大值在线路末端，由式（12-4-3）可得线末电压为

$$u_2(\tau) = U_2\cos(\tau+\theta) - \sum_{i=1}^{\infty} K_i \frac{U_0 + S_i\cos\theta}{\cos\delta_i} \mathrm{e}^{-\alpha_i\tau}\cos(\omega_i\tau+\delta_i) \qquad (12-4-4)$$

若考虑在电源电压为最大值（$\theta=0$）时合闸，则线末电压为

$$u_2(\tau) = U_2\cos\tau - \sum_{i=1}^{\infty} K_i(U_0+S_i)\mathrm{e}^{-\alpha_i\tau}\cos\omega_i\tau \qquad (12-4-5)$$

若线路无残余电压（$U_0=0$），在电源电压最大值（$\theta=0$）时合闸，线末电压

$$u_2(\tau) = U_2\cos\tau - \sum_{i=1} K_iS_i\mathrm{e}^{-\alpha_i\tau}\cos\omega_i\tau \qquad (12-4-6)$$

由上可知，合闸过电压值的大小主要取决于自由振荡分量，而各次振荡谐波的幅值与系数 K_i、S_i 相关，也就是与系数 K_L 及谐波角频率 ω_i 相关。由 K_i 与 K_L 的关系式可知，K_L 愈大，自由振荡项收敛愈快，通常 K_3 值已相当小；在一般计算中取自由振荡的前三项（$i=$ 1、2、3）已足够精确。例如，$K_L\geqslant5$，K_i 的 $|K_2|<0.04$，$K_3<0.01$，再考虑高次谐波的阻尼衰减很快，因而，在一定条件下可只考虑 $i=1$ 的自由振荡基波项，即可用集中参数的单频电路近似等值计算分布参数线路合闸过电压。

为确定自由振荡角频率为 ω_i 的等值电路参数，可从式（12-4-2）着手，先将 $\cot x_i$ 用级数展开，并取其前两项作近似计算，则有

$$\cot x_1 \approx \frac{1}{x_1} - \frac{x_1}{3}$$

因

$$\cot x_1 = K_L x_1$$

故

$$x_1 \approx \sqrt{\frac{1}{\frac{1}{3}+K_L}}$$

所以

$$\omega_1 = \frac{x_1}{\lambda} \approx \frac{1}{\sqrt{\frac{\lambda^2}{3}+K_L\lambda^2}} = \frac{1}{\sqrt{\frac{(\omega\sqrt{L_0C_0}l)^2}{3}+K_L(\omega\sqrt{L_0C_0}l)^2}}$$

$$= \frac{1}{\omega\sqrt{C_0l\left(\frac{L_0l}{3}+L_S\right)}} \qquad (12-4-7)$$

式中：C_0、L_0 分别为合闸线路每单位长度的电容、电感；ω_1 是合闸线路的自由振荡基波角频率，也称自振初次角频率。

式（12-4-7）可用图 12-4-2 表示。此电路即为所求的空载线路合闸近似等值集中参数电路。

由上可知，并不是线路较短，就可以用集中参数电路分析合闸线路的过渡过程，而是要同时考虑合闸电源容量的大小（L_S 值），即要求以

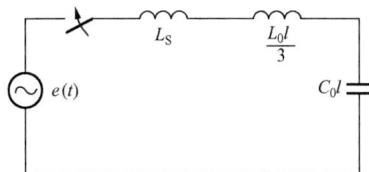

图 12-4-2　合闸线路近似等值集中参数电路

K_L 值足够大 $\left(K_L = \dfrac{L_S}{L_0 l} \geqslant 5\right)$ 为前提。

　　有关线路合闸过电压的波形，为简便起见，仍可近似用带有阻尼电阻的等值单频振荡回路进行分析。设 $U_0 = 0$，合闸相角 $\theta = 0$，取回路自振角频率 ω_1 为 $\dfrac{\omega_1}{\omega} = 1.5$、2、3。回路合闸后，$C_0 l$ 上的电压（u_C）波形，可视为线路合闸时的电压波形，u_C 由稳态工频分量和极性相反的暂态衰减自由振荡分量叠加而成，如图 12-4-3 所示。由图可见，过电压最大峰值可能出现在 u_C 波形的第一个峰或第二个峰、第三个峰。ω_1 越高，过电压最大峰值出现越早。由实测的过电压波形可知，合闸后三个工频周期内，过渡过程实际上已衰减完毕。作为近似估计，合闸过电压持续时间（过电压大于 1.5 倍的时间）不超过 $\dfrac{T_1}{2}$，T_1 为初次自振频率的周期。一般线路的自振频率为工频的 1.5～4.0 倍，故过电压持续时间约为 2.5～7.0ms。

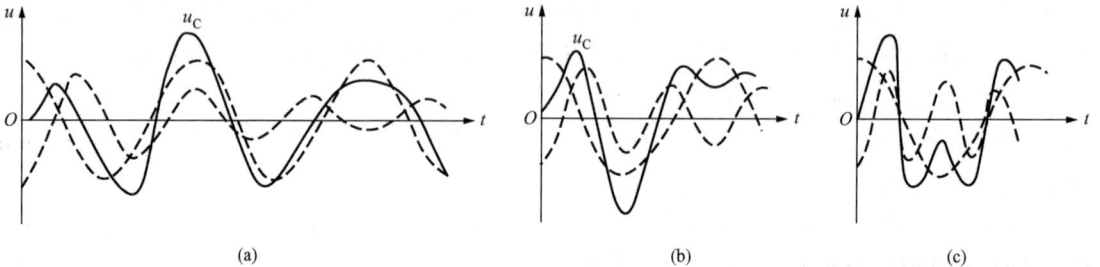

图 12-4-3　不同 $\dfrac{\omega_1}{\omega}$ 时的合闸过电压波形

(a) $\omega_1 = 1.5\omega$；(b) $\omega_1 = 2\omega$；(c) $\omega_1 = 3\omega$

　　影响线路合闸过电压的因素主要有下列几方面。

　　(1) 线路长度和电源容量。在其他参数一定时，过电压幅值将随线路的增长（稳态分量 U_2 迅速上升）而明显增大。对既定长度的线路，系统电源容量愈小，等值漏抗 X_s 愈大，线路电容效应愈显著，稳态电压 U_2 和过电压幅值会急剧上升。故在确定线路最大可能的合闸过电压时，应以系统最小运行方式（电源容量最小）为依据。

　　(2) 合闸时电源电压的相位角 θ。合闸过电压幅值在很大程度上取决于初次谐波电压的幅值。当系统参数一定，$U_0 = 0$，由式（12-4-4）知，初次谐波电压幅值正比于 $\dfrac{\cos\theta}{\cos\delta_1}$，而 $\tan\delta_1 = \dfrac{\tan\theta}{\omega_1}$，可推算得

$$\frac{\cos\theta}{\cos\delta_1} = \frac{\sqrt{\sin^2\theta + \omega_1^2\cos^2\theta}}{\omega_1} = \frac{\sqrt{1 + (\omega_1^2 - 1)\cos^2\theta}}{\omega_1} \tag{12-4-8}$$

实际电力系统中的 $\omega_1 > 1$（即真值 $\omega_1 > \omega$），故在电源电压幅值（$\theta = 0$）时合闸，过电压最大。

　　合闸相位角 θ 尚与断路器触头间的预击穿现象相关。预击穿是指断路器触头在机械上未闭合前，触头间电位差已将介质击穿，使触头在电气上先接通。试验表明，预击穿现象的发生与断路器触头动作速度相关。速度愈低，愈易发生预击穿。对油断路器，合闸相位角多半处于最大值附近的 ±30° 之内。对快速空气断路器，合闸相位角在 180° 内较均匀分布，既有

$\theta = 0°$时合闸，也有$\theta = 90°$时合闸。

（3）线路残余电压U_0的极性和大小。线路上留有残余电压是重合闸的特点，残余电压愈高，且与电源电压反极性时合闸，过电压愈高。影响残余电压的因素是较复杂的，线路因故障开断时，在非故障相上，由于不对称接地和电容效应，其残余电压U_0可大于相电压。其后，在三相自动重合闸的无电流间隔时间Δt内，线路上残留电荷会通过线路绝缘的泄漏电阻入地，U_0将随时间按指数规律下降。其下降速度与线路绝缘的污秽状况、大气湿度、雨雪等情况有关，其变动范围很宽。参考实测结果，110~220kV线路在0.3~0.5s内，U_0下降10%~30%。

在某些不利情况下，如断路器在开断空线时，非故障相触头间有重燃，则线路上残余电压可能接近3倍运行相电压的幅值。不过，此时将产生强烈电晕，经0.5s以上的停电间隔时间后，U_0一般不大于1.5倍运行相电压幅值。

若线路存在永久性故障，重合时，在非故障相上的工频稳态电压要比接地消失后的高。因此，不成功的三相重合闸过电压比成功的三相重合闸过电压要高。

超、特高压线路常接有并联电抗器，线路上残留电荷将通过电抗器呈现弱阻尼的振荡放电，若线路补偿度较高，会使放电回路的振荡频率接近工频，即此时的残余电压是接近工频的交流电压。在重合闸时，其大小和极性与电源电压的大小和极性之间的差异，更具有随机性。

（4）母线上接有其他线路。如图12-4-4所示，母线上接有其他一定长度的线路l'（$l' \geqslant l$），当断路器QF合闸线路l时，首先，已合闸线路l'与被合闸线路l之间有较高频率的电

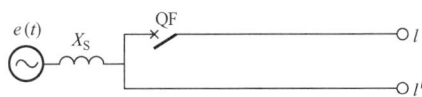

图12-4-4　线路合闸时母线上接有其他出线

荷重新分配过程，其后是电源对接于母线上的所有线路的低频率的充电过程，分析可知，无论被合闸线路上电压初始值和合闸相位如何，经电荷重新分配后，总会使合闸过渡过程的起始值与稳态值更接近，降低了过电压。再者，母线上的其他线路l'愈长，合闸时吸收被合闸线路l的振荡能量愈多，降压作用也愈大。

另外，还有线路损耗（电阻、电晕），会使过电压降低；断路器三相不同期动作，会使过电压升高，等等。

针对过电压的形成及其影响因素，限制合闸过电压有以下主要措施。

（1）降低工频稳态电压。合理装设并联电抗器是降低工频稳态电压的有效措施。

一般来说，特、超高压电网建设初期，电源容量较小，线路较长，合闸过电压严重，随着电网的发展，系统容量增大，出线增多，过电压将会明显下降。

（2）消除和削减线路残余电压。采用只在故障相分闸、故障相自动重合的单相自动重合闸，能避免在线路上形成残余电压，再考虑到零序回路的损耗电阻及其阻尼作用较正序的大，因而成功的单相重合闸过电压可能低于计划性合闸过电压。

再者，在断路器线路侧装有电磁式电压互感器时，由于互感器绕组直流电阻较大，在泄放线路残余电荷时不会产生振荡，削减了残余电压，重合闸过电压也明显下降。

（3）采用带有合闸电阻的断路器。参见图12-3-3，合闸电阻在断路器中的位置与分闸电阻相同，但断路器在完成合闸过程中，主、辅触头动作次序和对电阻的要求是不相同的。

带有并联合闸电阻的断路器，合闸线路也分两个阶段：先合辅助触头QF2，接入R；大

约经过 8～15ms，再合主触头 QF1，短接 R，完成断路器的合闸动作。开断线路，则是先断开 QF1，后断开 QF2。

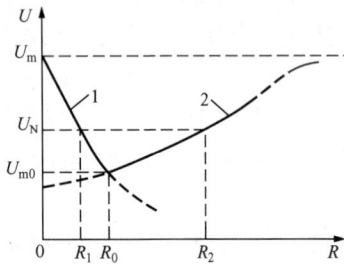

图 12 - 4 - 5　合闸过电压 V 形曲线

从限制过电压考虑，两个阶段所要求的 R 值是不同的。第一阶段，合 QF2 时，R 愈大，过电压愈小，$R=0$，相当于无并联电阻合闸线路，其最大过电压为 U_m，此阶段过电压与 R 值的关系，如图 12 - 4 - 5 曲线 1 所示。而第二阶段，合 QF1 时，恰好相反，R 愈大，过电压愈大，当 $R \to \infty$ 时，相当于无并联电阻合闸，其过电压也为 U_m，过电压与 R 值的关系曲线如图 12 - 4 - 5 中曲线 2 所示。这样，两个阶段所合成的过电压与 R 的关系呈 V 形曲线，最小过电压是 U_{m0}，相应的并联电阻为 R_0。

由于合闸过电压与电网结构、电源容量、线路长度等因素有关。因此，不同条件时，其合闸过电压 V 形曲线也不同，若要求断路器针对不同的具体条件，都具有对应于 U_{m0} 的 R_0 值，这是不切实际的。一般是对某一电压等级，经技术经济比较的综合研究，提出限制过电压的水平，例如要求过电压不大于 U_N 值，从图 12 - 4 - 5 可知，在此要求下，并联电阻允许在 $R_1 \sim R_2$ 之间选择，为了尽量减小通过电阻的电流，保证热稳定，R 值选大的有利。同时，R 较大，对辅助触头灭弧能力的要求也可降低。因此，实际上 R 值的选择取决于合闸的第二阶段。

经分析知，在要求限制的过电压值下，合闸并联电阻 R 值取决于线路长度、线路波阻抗、电源容量等参数。当其他条件相同时，R 值与线路长度大致成反比，线路增长一倍，则要求 R 值大约减小一半，理论上 R 值要适合线路长度的要求。针对我国一般情况，500kV 断路器使用的合闸并联电阻值取为 400Ω，是百欧级的低值电阻。

顺此提及，断路器带有合闸电阻，会使断路器结构复杂、造价增大。在一定条件下，如电源容量不太小（$\geqslant 100MW$）、线路较短（$<100km$）、合闸过电压不高时，仍可选用不带合闸电阻的线路断路器。

（4）同步合闸。借助于专门装置，控制断路器在两端电位同极性时合闸，甚至要求在触头间电位差接近零时完成合闸动作，使合闸暂态过程降低至最微弱的程度。

（5）安装性能良好的避雷器。在线路首端和末端安装性能良好的金属氧化物避雷器或复合式避雷器，可限制线路合闸过电压。在我国，要求避雷器在断路器并联电阻失灵或其他意外情况出现较高幅值的过电压时能可靠动作，将过电压限制在允许范围内。即避雷器是作为后备保护配置的。

在操作过电压作用下，流过避雷器的电流一般小于雷电流，但其持续时间长，且可能多次动作，对避雷器的通流容量及熄弧能力（指有间隙避雷器）的要求较高。

用避雷器限制操作过电压与限制雷电过电压相类似，主要以避雷器额定电压及操作波电流下的残压表示其保护性能。具体数值取决于系统情况及避雷器元件性能，要满足电力系统绝缘配合的要求。避雷器限制操作过电压也有其保护范围。如过电压波使线末避雷器动作，相当于有一个反极性的电压波 u_f 沿线路向线首方向传播，u_f 到达之处，过电压才会下降。设线长为 l、波速为 v，则在时间不大于 $\tau = \dfrac{l}{v}$ 时，线首并不"知道"线末避雷器已动作，在此时间内，线首操作过电压很可能已越过最大值，因而，线末避雷器一般不能限制线首过电压。同样，线首避雷器一般也不能限制线末过电压。通常，保护范围可达 $100\sim200\text{km}$。在超、特高压系统中，线路较长，大多是两端供电，因此需在线首、线末同时装设避雷器。

§12-5　解列过电压

多电源供电系统中，出现异步运行或非对称短路而使系统解列时，在其形成的单端供电空载线路上，会产生解列过电压。

多电源系统在正常运行时，线路两侧电源电动势之间按负荷大小保持一定的功率相角差 δ。若系统失步，δ 将摆动，可为 $0°\sim180°$ 范围内的任意值。在不利情况下，断路器于 δ 接近 $180°$ 时分闸，系统解列，出现高幅值过电压，若线路有永久性单相接地故障，单相重合闸不成功，线路一端三相解列分闸，此时要计及不对称接地和电容效应引起的工频电压升高，非故障相上的解列过电压会更高。

如图 12-5-1 所示两端供电系统，系统失步，在解列前瞬间（断路器 QF 闭合）两端电动势接近反相，$\delta\approx180°$，此时沿线稳态工频电压分布如图 12-5-1 中曲线1所示，靠近电源处电压极性两端相反，线路中间某处电压为零，解列点 R 处的电压为 $-U_{Rm}$。当断路器 QF 开断，系统解列，由于仍有电源 $e_s(t)$ 带空线，沿线稳态电压分布呈余弦规律，线末电压 U'_{Rm} 最高，并与解列前 U_{Rm} 反极性，沿线电压分布如图 12-5-1 中曲线2所示。

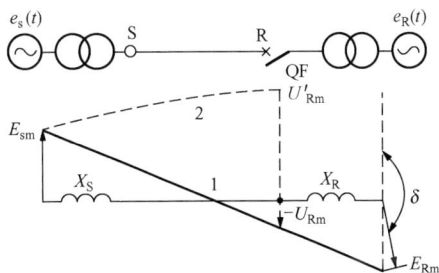

图 12-5-1　解列前后线路稳态电压分布

显然，解列瞬间，解列点的电压将由 $-U_{Rm}$ 过渡到 $+U'_{Rm}$，其振荡过程将会产生接近于3倍的过电压。断路器 QF 触头间的恢复电压可接近运行相电压的4倍。

影响解列过电压的首要因素是两端电动势间的功角差 δ，其次是线路长度以及解列后仍带线路的电源容量、解列点的位置等。若解列发生在 $\delta=180°$、线路很长、电源容量较小等不利情况下，过电压会很高。不过，实际中这种可能性是很小的，若计及两侧电源的低一级电压线路的联系，上述不利条件更难同时出现。

限制解列过电压的现实措施是采用金属氧化物避雷器。当然，理想情况是采用自动装置当系统异步运行时，控制断路器在两端电动势摆动不超过一定角度的范围内开断，从根源上限制解列过电压。

习　题

12-1　分别列出在中低压、高压、超高压系统中，具有代表性的幅值较高的操作过电压。

12-2　用工频熄弧理论并考虑相间电容 C_{12} 的影响，试计算中性点不接地系统产生间歇电弧接地第一次重燃时非故障相振荡电压最大值。计算时取 $\dfrac{C_0}{C_0+C_{12}}=0.8$。

12 - 3　怎样评价消弧线圈限制间歇电弧接地过电压的作用？

12 - 4　开断一台 220kV、120MVA 的三相电力变压器，其空载励磁电流 I_0 等于额定电流的 2%，高压绕组每相对地电容 $C = 5000pF$，试求在 I_0 为幅值时截流可能引起的过电压倍数。

12 - 5　试说明断路器灭弧能力的强弱对切空变和切空线过电压的影响。

12 - 6　若用避雷器限制切空线过电压，则对避雷器提出什么要求？

12 - 7　什么条件下可用等值集中参数电路近似分析合闸空载线路的过渡过程振荡电压？

12 - 8　试说明断路器并联电阻在切、合空载线路中限制过电压的作用。

12 - 9　试考虑研制同步合闸装置的主要技术问题是什么？有哪些主要的影响因素？

12 - 10　在什么情况下会发生解列过电压？为什么出现高幅值解列电压的概率不大？

第十三章　电力系统绝缘配合

§13-1　绝缘配合的概念和原则

合理的绝缘配合是电力系统安全、可靠运行的基本保证，是高电压技术的核心内容。

电力系统绝缘配合是指综合考虑电气设备在系统中可能要承受的各种作用电压（工作电压及过电压）、保护装置的特性和设备绝缘对作用电压的耐受特性之间的关系。合理地确定电气设备的绝缘水平，使设备造价、维护费用和设备绝缘故障引起的事故损失费用，三者总和为最小。不会因绝缘水平取得过高，而使设备尺寸过大及造价过高，形成不必要的投入；也不会因绝缘水平取得过低，而使设备在运行中事故率增加，导致事故损失及维护费用过大。所以，电力系统绝缘配合是一个复杂的、综合性很强的技术经济问题。

电气设备的绝缘水平是指设备绝缘能耐受的试验电压值（耐受电压），在此电压作用下，绝缘不发生闪络、击穿或其他损坏现象。由于设备绝缘对不同作用电压的耐受能力不同，同一绝缘对不同的作用电压有其相应的耐受电压值，即同一绝缘对于不同的作用电压有其不同的绝缘水平。为考核设备绝缘承受运行电压、工频过电压及等价承受操作过电压和雷电过电压的能力，有其短时（1min）工频耐受电压值；为考核绝缘承受运行电压和工频过电压作用下内绝缘老化和外绝缘耐污秽性能，有其长时间（1~2h）工频耐受电压值；为考核绝缘承受雷电过电压作用的能力，有其雷电冲击耐受电压值；为考核超、特高压设备绝缘承受操作过电压作用的能力，有其操作冲击耐受电压值。

电力系统中的绝缘，包括发电厂、变电站中电气设备绝缘和输配电线路的绝缘。从绝缘结构和特性区分，有外绝缘和内绝缘。外绝缘是指与大气直接接触的绝缘部件，一般是瓷或硅橡胶等表面绝缘和空气绝缘，外绝缘的耐受电压值与大气条件（气压、气温、湿度、雾、雨露、冰雪等）密切相关，沿面闪络和气隙击穿是外绝缘丧失绝缘性能的常见形式，但事后能恢复其绝缘性能，故属自恢复型绝缘。内绝缘是指不与大气直接接触的绝缘部件，其耐受电压值基本上与大气条件无关。一般地说，内绝缘是由固体、液体、气体等绝缘材料组成的复合绝缘，例如变压器类设备的内绝缘主要是油纸绝缘，这类绝缘在过电压多次作用下，会因累积效应使绝缘性能下降，一旦绝缘被击穿或损坏，不能自动恢复原有的绝缘性能，故属非自恢复型绝缘。实际中，一台设备的绝缘结构总是由自恢复和非自恢复两部分组成，通常并不简单地把一台设备的绝缘说成是自恢复型或非自恢复型，仅当一台设备的非自恢复绝缘部分发生沿面或贯穿性放电的概率可以忽略不计时，才可称其绝缘为自恢复型的。或者相反。

电力系统绝缘配合的本质是合理处置作用电压与绝缘强度的关系。而电力系统中各类作用电压与电力系统中性点运行方式相关。因而，中性点运行方式将直接影响系统绝缘水平的确定。在中性点有效接地系统中，相对地绝缘承受的长期工作电压为运行相电压。而非有效接地系统允许带单相接地故障运行一定时间，此时最大工作电压为线电压。因此这两种系统中选用的避雷器参数是不相同的。有效接地系统中避雷器额定电压比非有效接地系统要低，残压也相对较低，故电气设备承受的雷电过电压也相对较低，约低20%。对于操作过电压，在有效接地系统中，操作过电压是在相电压基础上产生的。而在非有效接地系统中，则可能在线电压基础上产生，故前者的过电压倍数比后者的低 $20\% \sim 30\%$。因此，对同一电压等级的电力系统，若中性点非有效接地，则其绝缘水平要高于有效接地。

电气设备绝缘水平，由作用于绝缘上的最大工作电压、雷电过电压及操作过电压三者中最严重的一种所决定。为达到较佳的技术经济效果，在不同电压等级中对这些作用电压的处置是不同的。在 220kV 及以下系统中，要求把雷电电压限制到低于操作过电压是不经济的，因此在这些系统中，电气设备的绝缘水平由雷电过电压决定。限制雷电过电压的措施，主要是采用避雷器，避雷器的雷电冲击保护水平是确定设备绝缘水平的基础。对于输电线路则要求达到一定的耐雷水平。由这样确定的绝缘水平在正常情况下能耐受操作过电压的作用，故 220kV 及以下系统一般不采用专门的限制内部过电压的措施。随着输变电电压的提高，操作过电压对绝缘的威胁将明显增大，在 330kV 及以上的超、特高压系统中，一般需采用专门的限压措施，例如并联电抗器、带有并联电阻的断路器及金属氧化物避雷器等，将操作过电压限制至容许值。例如：俄罗斯等国主要用复合型磁吹避雷器及过电压限制器限制操作过电压，以避雷器的操作过电压保护特性确定设备绝缘水平；美国、日本、法国等则主要通过改进断路器的性能，将操作过电压限制到预定的水平，避雷器是作为操作过电压的后备保护。我国采用后一种作法。实际上，无论哪种作法，均以避雷器保护特性为基础确定设备的绝缘水平。对于输电线路绝缘水平的选择，仍以保证一定的耐雷水平为目标。

随着限制过电压措施的不断完善，当过电压被限制到 1.6 倍或更低时，长时间工作电压就可能成为决定系统绝缘的重要因素。

在污秽地区，外绝缘强度受污秽影响而大大降低，污闪事故常在不良气象条件、工作电压作用下发生。所以，严重污秽地区电力系统外绝缘水平，主要由系统最高运行电压所决定。

电力系统绝缘配合是不考虑谐振过电压的，因在系统设计和运行中要求避免发生谐振过电压。

输电线路绝缘与变电站电气设备绝缘之间不存在配合问题。通常，为保证线路的安全运行，线路绝缘水平远高于变电站电气设备的绝缘水平，虽则多数过电压发源于线路，但高幅值的过电压波传入变电站时，将被站内的避雷器所限制，而站内设备绝缘是以避雷器保护水平为基础确定的。所以，线路过电压波不会威胁站内电气设备绝缘。

考虑到不同时期的电网结构不同，过电压水平不同，以及发生事故造成后果不同，对绝缘水平的确定也存在一定的差异。通常在电网发展初期，采用单回线路送电，系统联系薄弱，一旦发生故障，经济损失大。到了发展中、后期，系统联系加强，保护性能改善，设备损坏率减小，即使出现故障经济损失也会明显降低。因此，对同一电压等级、不同类型设备，在不同地点允许选择不同的绝缘水平。一般在电网建设初期选用较高的绝缘水平，发展到中、后期，可选用较低的绝缘水平。为了适应这种需要，国际电工委员会（IEC）和我国国家标准对同一电压等级的设备，对应有几个绝缘水平以供选择。

§13-2 绝缘配合的方法

电力系统绝缘配合，长期以来被广泛采用的方法是惯用法。惯用法要求设备绝缘的最低抗电强度高于可能作用于设备的预期过电压值，并留有一定的裕度。

应用惯用法时，先要确定设备安装点用作绝缘配合的过电压值，再根据运行经验乘以考虑各种影响过电压值的因素以及有一定裕度的配合系数，得出电气设备需具有的耐受电压值。于是，要求设备绝缘抗电强度务必不低于此耐受电压。由于实际的过电压值和绝缘强度都是随机变量，很难准确确定其上下限，为安全运行，采取留有较大裕度的办法解决。因此，惯用法确定的绝缘水平是偏严格的。

目前，惯用法中所采用的计算用雷电过电压是以避雷器残压为基础决定的。计算用最大操作过电压则按实测和模拟实验的结果统计归纳得出。我国相对地计算用统计操作过电压的倍数 K_0（以电网最高运行相电压幅值为基数）为：

66kV 及以下（低电阻接地系统除外）为 4.0；

110kV 及 220kV 为 3.0；

330kV 和 500kV 分别为 2.2 和 2.0；

750kV 为 1.8。

有关设备绝缘上作用电压与绝缘水平之间的配合系数大小，将在下节叙述。

随着系统标称电压的提高，在建设发展超高压、特高压远距离输电时，降低绝缘水平的经济效益越来越显著。若仍按上述惯用法将超高压、特高压系统的绝缘水平定得很高，或要求保护装置、保护措施有超常的性能，则在经济上要付出很大的代价，是不合理的。因而，换个想法，容许绝缘有一定的故障率，用技术经济综合指标确定系统绝缘的最佳设计方案。在 20 世纪 70 年代形成了一种新的绝缘配合方法——统计法。

采用统计法进行绝缘配合的前提是已知各种过电压和绝缘耐电强度的统计特性（概率密度、分布函数等）。

设过电压幅值的概率密度函数为 $f(U)$，绝缘击穿（或闪络）概率分布函数为 $P(U)$，且 $f(U)$ 与 $P(U)$ 互不相关，如图 13 - 2 - 1 所示。$f(U_0)\mathrm{d}U$ 为过电压在 U_0 附近 $\mathrm{d}U$ 范围内出现的概率，$P(U_0)$ 为过电压 U_0 作用下绝缘击穿（或闪络）的概率。这二者是相互独立的。因此，出现这样高的过电压并损坏绝缘的概率为 $P(U_0)f(U_0)\mathrm{d}U = \mathrm{d}R$，称 $\mathrm{d}R$ 为微分故障率，即图 13 - 2 - 1 中阴影部分 $\mathrm{d}U$ 区内的面积。

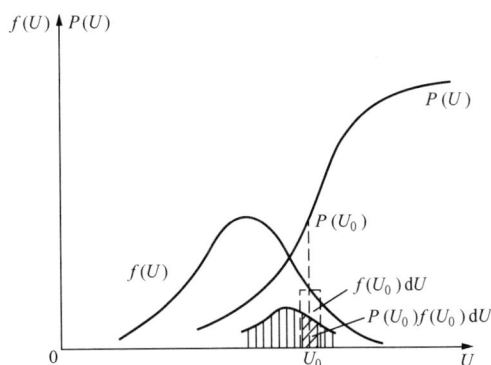

图 13 - 2 - 1　绝缘故障率的估算

习惯上，过电压是按绝对值统计的（不分正、负极性，约各占一半），并根据过电压的含义，应有 $U > U_{xg}$（最大运行相电压幅值），所以过电压 U 的范围是 $U_{xg} \sim \infty$（或到某一最大值），故绝缘故障率 R 为

$$R = \int_{U_{xg}}^{\infty} P(U)f(U)\mathrm{d}U \tag{13 - 2 - 1}$$

显然，R 值是图 13 - 2 - 1 中阴影部分的总面积。

在一定的过电压条件下，即 $f(U)$ 不变，若增加绝缘强度，$P(U)$ 曲线向右移动，阴影部分面积减小，即故障率减小，其代价是设备投资增大；若降低绝缘强度，$P(U)$ 曲线向左移动，阴影面积增大，故障率增大，设备维护及事故损失费增大，当然，相应地设备投资费减小。因此，可用统计法按需要对敏感因素作调整，进行一系列试验设计与故障率的估算，根据技术经济比较，在绝缘投资和故障率之间协调，在满足预定故障率的前提下，选择合理的绝缘水平。

采用统计法进行绝缘配合时，安全裕度不再是一个带有随意性的量值，而是一个与绝缘故障率相联系的变数。

但应知道，在实际工程中严格采用统计法是相当复杂和困难的。如对非自恢复绝缘作放电概率的测定，耗资太大，无法接受；对一些随机因素（气象条件、过电压波形影响等）的概率分布有时并非已知。所以，统计法虽是合理的，却难以实用。从而产生了简化统计法。

简化统计法是设定实际过电压和绝缘放电概率为正态分布规律，并已知其标准偏差。在此设定基础上，上述两条概率分布曲线就可分别用某一参考概率相对应的点来表示，此两点对应的值分别称为统计过电压和统计耐受电压。国际电工委员会绝缘配合标准推荐采用出现概率为 2% 过电压（即等于和大于此过电压的出现概率为 2%）为统计过电压 U_S，推荐采用闪络概率为 10%，即耐受概率为 90% 的电压为绝缘统计耐受电压 U_w。于是，绝缘故障率就与这两个值有关，通过计算可得故障率 R，再根据技术经济比较，定出能接受的 R 值，选择相应的绝缘水平。

实际上，绝缘故障率 R 只取决于 U_w 与 U_S 之间的裕度。因此，称它们的比值 $K_\mathrm{S}=\dfrac{U_\mathrm{w}}{U_\mathrm{S}}$ 为统计安全系数。在过电压保持不变的条件下，提高绝缘水平，其 U_w 值增大，K_S 值也增大，故障率 R 会相应减小。

从形式上看，简化统计法中统计安全系数的表达很相似惯用法中最低绝缘强度与最大过电压之间的配合。但惯用法没有引入参数的统计概念，不去估算绝缘故障率。或者说，惯用法是要求绝缘故障率很小，甚至可忽略不计，这是与统计法不同的。

目前，对各电压等级的非自恢复绝缘和降低绝缘的经济效益不显著的 220kV 及以下自恢复绝缘，仍一直沿用惯用法进行绝缘配合。只在某些超高压线路，有采用简化统计法进行绝缘配合的工程实例。

§13-3　电气设备绝缘水平的确定

确定电气设备的绝缘水平即是确定其耐受电压试验值，包括：

（1）额定短时工频耐受电压，即 1min 工频试验电压；

（2）额定雷电冲击耐受电压，用全波雷电冲击电压进行试验，称基本冲击绝缘水平（BIL）；

（3）额定操作冲击耐受电压，用规定波形（250/2500μs）操作冲击电压进行试验，称操作冲击绝缘水平（SIL）。

针对作用于绝缘的典型过电压种类、幅值、防护措施以及绝缘的耐压试验项目、绝缘裕度等方面的差异，在进行电力系统绝缘配合时，按系统最高运行电压 U_m 值，划分为两个范围：

范围 I 3.5kV≤U_m≤252kV

范围Ⅱ $U_m > 252kV$

即范围Ⅰ是系统标称电压为 3~220kV 的低、中、高压系统，范围Ⅱ是 330kV、500kV 超高压（EHV）系统。

在范围Ⅰ的系统中，避雷器只是限制雷电过电压，在操作过电压作用时是不希望避雷器动作的，即要求正常绝缘能承受操作过电压。通常，除了型式试验要进行雷电冲击和操作冲击试验外，一般只做短时工频耐受电压。这是因为在某一程度上，操作或雷电冲击电压对绝缘的作用可用工频电压等效，且使试验工作方便可行。所以，短时工频耐受电压是同时表示绝缘对操作过电压、雷电过电压的耐受水平。

短时（1min）工频耐压试验所采用的试验电压值往往比电气设备额定相电压高出数倍。图 13-3-1 表示了其确定的过程。图中 K_I、K_S 分别为雷电与操作冲击配合系数，配合系数是一个综合系数，主要考虑避雷器与被保护设备之间的距离、避雷器内部电感、避雷器运行中参数变化、设备绝缘老化（累积效应）、变压器工频励磁等因素的影响；β_I、β_S 分别为雷电与操作换算成等效工频的冲击系数，雷电冲击系数 β_I 通常可取 1.48，操作冲击系数 β_S 为 1.3~1.35（66kV 及以下取 1.3，110kV 及以上取 1.35）。

图 13-3-1　短时工频耐受电压的确定过程

额定雷电冲击耐受电压（BIL）的计算式为

$$BIL = K_I U_{PI} \qquad (13-3-1)$$

式中：U_{PI} 为标称雷电流下的避雷器残压；K_I 为雷电冲击配合系数，国际电工委员会（IEC）规定 $K_I \geqslant 1.2$，我国规定在电气设备与避雷器相距很近时取 1.25，相距较远时取 1.4。

额定操作冲击耐受电压（SIL）的计算式为

$$SIL = K_S K_0 U_{xg} \qquad (13-3-2)$$

式中：U_{xg} 为系统最高相电压幅值；K_0 为计算用统计操作过电压倍数（可参考上节所列数值）；K_S 为操作冲击配合系数，$K_S = 1.15~1.25$。

对于范围Ⅱ电力系统（EHV），避雷器将同时用作限制雷电与操作过电压，这时计算最大操作过电压幅值取决于避雷器操作冲击电流残压 U_{PS} 值。于是有

$$SIL = K_S U_{PS} \qquad (13-3-3)$$

对范围Ⅱ电气设备，由于操作冲击波对绝缘作用的特殊性，以及不能肯定操作冲击电压与工频电压之间的等价程度，故特规定有其操作冲击耐受电压，而不能用工频耐受电压替代。

为统一规范，BIL 和 SIL 值应从下列标准值中选取，不宜使用中间值，即 325、450、550、650、750、850、950、1050、1175、1300、1425、1550、1675、1800、1950、2100、2250、2400、2550、2700kV。

现以某 500kV 和 110kV 变电站为例，具体选择电气设备的绝缘水平。

（1）某 500kV 变电站，母线避雷器额定电压为 420kV，20kA 雷电流残压为 1046kV。

断路器线路侧避雷器的额定电压和残压分别为 444kV 和 1106kV。

于是有变压器绝缘的雷电冲击耐受电压为

$$BIL = 1.4 \times 1046 = 1464.4(kV)$$

按标准值取 BIL＝1550kV。

其他设备绝缘的雷电冲击耐受电压为

$$BIL = 1.4 \times 1106 = 1548.4(kV)$$

取 BIL＝1550kV。

在某些情况下，考虑到设备长期运行的可靠性，按经验会取比 1550kV 更高一级的 BIL 值（即 1675kV）。

已知变电站避雷器在操作过电压作用下的残压分别为 858kV 和 907kV，故变压器绝缘的操作冲击耐受电压为

$$SIL = 1.15 \times 858 = 986.7(kV)$$

取 SIL＝1050kV。

其他设备绝缘的操作冲击耐受电压为

$$SIL = 1.15 \times 907 = 1043.1(kV)$$

取 SIL＝1050kV 或 1175kV。

（2）某 110kV 变电站，避雷器额定电压为 100kV，5kA 雷电流时的残压为 260kV。

于是有设备绝缘雷电冲击耐受电压为

$$BIL = 1.4 \times 260 = 364(kV)$$

参照标准值取 BIL＝450kV。

已知 110kV 系统统计操作过电压倍数 $K_0 = 3$，则操作冲击耐受电压为

$$SIL = 1.15 \times 3 \times \frac{1.15 \times 110\sqrt{2}}{\sqrt{3}} \approx 358(kV)$$

对 220kV 及以下电气设备，通常不进行操作冲击耐受试验，而用短时工频耐受试验代替，现将 BIL 和 SIL 转换至短时工频耐压值，取雷电冲击系数 $\beta_1 = 1.48$，操作冲击系数 $\beta_S = 1.35$，则有

$$\frac{450}{1.48\sqrt{2}} \approx 215(kV); \quad \frac{358}{1.35\sqrt{2}} \approx 187(kV)$$

选其中较大者为 215kV，参照标准值，取其额定短时工频耐受电压为 230kV（有效值）。

至于详细的各电压等级电气设备绝缘耐受电压值，可查阅相关国家标准的规定。

§13-4 架空线路绝缘水平的确定

架空输电线路的绝缘是指线路绝缘子串的绝缘子片数及线路导线对杆塔、构架的空气距离（空气间隙）。

13-4-1 绝缘子片数的确定

先根据线路绝缘子串需承受的机械负荷和工作环境条件、电网运行要求，选定盘形悬式绝缘子的型号，再按满足下列条件确定绝缘子片数。

（1）在工频运行电压下不发生污闪。

（2）在操作过电压下不发生湿闪。

（3）具有一定的雷电冲击耐受强度，保证线路耐雷水平满足规定要求。

具体步骤是先出工频运行电压，按绝缘子串应具有的统一爬电比距，初步决定绝缘子片数。然后，再按操作过电压及耐雷水平的要求，进行验算和调整。

统一爬电比距（USCD）是指绝缘子串的总爬电距离与该绝缘子串上承载的最高运行电压有效值之比，即

$$\lambda = \frac{nL_0}{U_{pm}} (mm/kV) \qquad (13 \text{-} 4 \text{-} 1)$$

式中：λ 为线路绝缘子串的统一爬电比距值，mm/kV；n 为绝缘子串的绝缘子片数；L_0 为单片绝缘子的几何爬电距离，mm；U_{pm} 为作用在绝缘子串上的最高运行相电压有效值，kV。

从我国电网长期运行经验知，在不同污秽地区的架空输电线路，当其绝缘子串的 λ 值不小于某一数值时，就不会引起严重的污闪事故，能满足线路运行可靠性的要求。

于是，按工频运行电压选用的绝缘子片数 n_1 为

$$n_1 \geqslant \frac{\lambda U_{pm}}{L_0} \qquad (13 \text{-} 4 \text{-} 2)$$

式（13 - 4 - 2）中的 λ，是该线路必须具有的最小爬电比距值，此值可在我国国家标准 GB/T 26218.1—2010、GB/T 26218.2—2010，即《污秽条件下使用高压绝缘子的选择和尺寸确定》第 1 部分、第 2 部分的相关图表中获得。为此，事前要掌握该架空输电线路通过地区的现场污秽度（SPS）、污秽类型（A 类或 B 类），在标准第 2 部分中查得相应的参考统一爬电比距（RUSCD），再经海拔及绝缘子直径因素的校正后，才是选择绝缘子片数所需的最小统一爬电比距，即是式（13 - 4 - 2）中该用的 λ 值。

顺此提及，新实施的 GB/T 26218.1—2010 标准中所划分的 5 个污秽等级，与以前的 GB/T 16434—1996《高压架空线路和发电厂、变电站环境污区分级及外绝缘选择标准》中所划分的 5 个污秽等级，是不能直接对应的。再者，确定线路绝缘子串应具有爬电比距的含义、数值和选取方式均不相同，注意区分。

例如，某 110kV 线路，通过 A 类污秽、现场污秽度在 b 等级的污秽地区（轻污区）。线路采用 XP - 70 盘形悬式绝缘子，几何爬电距离 $L_0 = 305mm$。从标准中得知其应选用的参考统一爬电比距、经修正后的统一爬电比距为 27mm/kV。于是，按运行电压的要求计算绝缘子串的片数 n_1 为

$$n_1 \geqslant \frac{27 \times 110 \times 1.15}{305\sqrt{3}} = 6.47$$

n_1 取 7 片。

由于式（13 - 4 - 2）是线路运行经验的总结，其中已自然计及可能存在的零值绝缘子（丧失绝缘性能的绝缘子），因此，所得 n_1 值即为实际应取值，不需再加零值片数。另外，式（13 - 4 - 2）对中性点接地方式不同的系统均适用。

计算出满足运行电压作用下耐污闪要求的绝缘子片数 n_1 之后，接着要计算满足操作过电压作用下绝缘子串的绝缘子片数 n_2，即此绝缘子串的湿闪电压要大于可能出现的操作过电压，并留有 10% 的裕度。于是有

$$U_{sh} = 1.1 K_0 U_{xg} \qquad (13\text{-}4\text{-}3)$$

式中：U_{sh} 为绝缘子串操作冲击（或工频）湿闪电压；K_0 为统计操作过电压倍数（见 § 13-2）；U_{xg} 为系统最高运行相电压幅值。

在没有完整的绝缘子串操作波湿闪电压数据时，只能近似地用绝缘子串工频湿闪电压代替。对常用的 XP-70（或 X-4.5）型 n 片绝缘子串的工频湿闪电压幅值 U_{sh}，可按下列经验公式求得

$$U_{sh} = 60n + 14 (\text{kV}) \qquad (13\text{-}4\text{-}4)$$

由式（13-4-3）与式（13-4-4）联合确定的绝缘子片数 n 中，没有包含零值绝缘子，实际选用时应根据表 13-4-1 所示，增加 1~3 个零值绝缘子 n_0。

表 13-4-1   零 值 绝 缘 子 片 数 n_0

线路标称电压（kV）	35~220		330~750	
绝缘子串类型	悬垂串	耐张串	悬垂串	耐张串
n_0	1	2	2	3

例如，按操作过电压要求，计算 110kV 线路 XP-70 型悬垂绝缘子串应有的片数 n_2。

（1）绝缘子串的工频湿闪电压 U_{sh} 应达到

$$U_{sh} = 1.1 \times 3 \times \frac{1.15 \times 110 \sqrt{2}}{\sqrt{3}} = 341 (\text{kV})$$

（2）满足 U_{sh} 的绝缘子片数 n_2' 是

$$n_2' = \frac{341 - 14}{60} = 5.45$$

则取 6 片。

（3）考虑零值绝缘子后，绝缘子片数 n_2 是

$$n_2 = n_2' + n_0 = 6 + 1 = 7$$

若已掌握绝缘子串正极性操作波下的 50% 放电电压 $U_{50\,sh}$ 与片数的关系，则可按下式确定绝缘子串应具有的片数 n_2'

$$U_{50sh} \geqslant K_s U_s \qquad (13\text{-}4\text{-}5)$$

式中：K_s 为线路绝缘子串操作过电压统计配合系数，对范围 II（$U_m > 252$kV）取 1.25，对范围 I（$U_m \leqslant 252$kV）取 1.17；U_s 对范围 II 为线路合闸、单相重合闸和成功的三相重合闸（如运行中使用时）中的较高值，对范围 I 为计算用统计操作过电压（即 $K_0 U_{xg}$）。

同样，求得 n_2' 后，再加零值绝缘子片数 n_0，得 n_2 值。

最后，绝缘子片数还要按线路雷电过电压进行复核。一般情况下，按统一爬电比距及操作过电压选定的绝缘子片数能满足线路耐雷水平的要求。在特殊高杆塔或高海拔地区，按雷电过电压要求的绝缘子片数 n_3 会大于 n_1 和 n_2，成为确定绝缘子串绝缘子片数的决定因素。

现将上述方法求得的不同电压等级线路的绝缘子片数 n_1 和 n_2 以及取用的片数 n 综合列于表 13-4-2 中，表中数值仅适用于海拔在 1000m 及以下的轻污秽区，绝缘子型号为 XP-70（或 X-4.5）。但 330、500、750kV 等超高压线路是采用 XP-160、XP-300 等高吨位型号的绝缘子，其几何爬电距离有所增大，因而，表 13-4-2 中、超高压线路实际的绝缘子

片数须稍作调整。

表 13-4-2 各级电压线路悬垂绝缘子串应有绝缘子片数

线路标称电压（kV）	35	66	110	220	330	500	750
n_1	2	4	7	13	19	28	43
n_2	3	5	7	13	18	22	32
取用值 n	3	5	7	13	19	28	43

高压输电线路耐张杆绝缘子串的绝缘子片数要比直线杆多一片。

发电厂、变电站内的绝缘子串，因其重要性较大，每串绝缘子串的绝缘子片数可按线路耐张杆选取。

13-4-2 空气间隙的确定

架空输电线路的空气间隙包括导线对地、导线对导线、导线对架空地线以及导线对杆塔的空间距离。但就确定线路绝缘水平来说，主要是指确定导线对杆塔的空气间隙距离。

为使绝缘子串和空气间隙的绝缘能力都能充分发挥，应选择空气间隙的放电电压与绝缘子串的闪络电压大致相等。确定空气间隙距离同样要根据工作电压、操作过电压和雷电过电压分别计算，并需考虑导线受风力（与风速相关）作用使绝缘子串偏斜的不利因素。

导线对杆塔空气间隙承受的电压，以雷电过电压最高、操作过电压次之，工作电压最低，但从作用持续时间来说，恰好相反。由于工作电压长时间作用在导线上，应按线路设计最大风速考虑风力，相应的绝缘子串风偏角 θ_1 最大；操作过电压持续时间较短，按最大风速的 50％ 计算，相应的风偏角 θ_2 较小；雷电过电压持续时间最短，通常取风速为 10～15m/s 计算风偏角 θ_3，θ_3 是最小的。图 13-4-1 中画出 l 长度绝缘子串考虑风偏角后导线对杆塔的空气间隙距离 S_1、S_2、S_3。

与风偏角 θ_1 所对应的间隙距离 S_1 应保证在工作电压作用下不放电，即 S_1 的 50％ 工频放电电压 $U_{50\%(g)}$ 满足

$$U_{50\%(g)} \geq K_1 U_{xg} \qquad (13-4-6)$$

式中：系数 K_1 为综合考虑工频电压升高、气象条件、安全裕度等因素的线路气隙工频电压统计配合系数，对范围 II 取 1.40，对 220kV、110kV 取 1.35，对 66kV 及以下取 1.20。

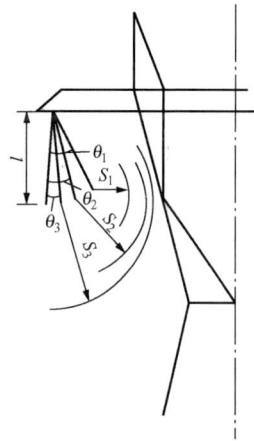
图 13-4-1 绝缘子串风偏角 θ 及导线对杆塔的距离 S

与风偏角 θ_2 对应的间距 S_2，其正极性操作冲击电压波 50％ 放电电压 $U_{50\%(s)}$ 应满足

$$U_{50\%(s)} \geq K_2 U_s = K_2 K_0 U_{xg} \qquad (13-4-7)$$

式中：K_2 为线路空气间隙操作过电压统计配合系数，对范围 II 取 1.1，对范围 I 取 1.03；U_s 为统计操作过电压。

与风偏角 θ_3 对应的间距 S_3，其雷电冲击电压波作用下的 50％ 放电电压 $U_{50\%(l)}$ 通常取为绝缘子串的雷电冲击 50％ 放电电压值的 85％。这是为了减少绝缘子串的闪络概率，以免损坏绝缘子沿面绝缘。

既知 S_1、S_2 和 S_3，就可确定绝缘子串垂直位置时对杆塔的水平距离，即在（S_1 +

$l\sin\theta_1$)、($S_2+l\sin\theta_2$)和（$S_3+l\sin\theta_3$）之中选取最大的，作为导线对杆塔的最小空气间隙距离。

在实际中，需考虑杆塔尺寸误差、横担变形和拉线施工误差等不利因素，杆塔与导线间的空气间隙在最小间距的基础上应增加一定的裕度。

各级电压线路的 S_1、S_2、S_3 值见表 13 - 4 - 3 所列。当线路所在地区海拔超过 1000m 时，应按有关规定进行校正，适当增大间距。对于发电厂、变电站，在计算最小空气间隙距离时应增加 10％的裕度。

表 13 - 4 - 3 线路绝缘子串每串最少片数和风偏后的最小空气间隙距离

线路标称电压（kV）	35	66	110	220	330	500	750
XP 型绝缘子片数	3	5	7	13	19	28	43
工作电压要求的 S_1 值（cm）	10	20	25	55	90	130	200
操作过电压要求的 S_2 值（cm）	25	50	70	145	195	270	420
雷电过电压要求的 S_3 值（cm）	45	65	100	190	260	370	430

注 表内数值适用于海拔 1000m 及以下轻污秽地区的线路直线杆悬垂绝缘子串。

习 题

13 - 1 试述电力系统绝缘配合的目的及其原则。

13 - 2 试述绝缘配合的惯用法、简化统计法和统计法的优缺点及其实际应用范围。

13 - 3 选定某 220kV 变电站避雷器的参数后，计算确定变电站内电气设备应具有的绝缘水平。

13 - 4 变电站电气设备的绝缘水平是否应高于输电线路的绝缘水平？为什么？

13 - 5 某 35kV 架空输电线路，通过 A 类污秽、现场污秽度在 c 等级的污秽地区（中等污秽区），线路选用 XP - 70 型绝缘子，绝缘子串的最小统一爬电比距可用 34mm/kV。试确定线路直线杆悬垂绝缘子串的绝缘子片数。

第十四章　交流特高压电网过电压防护及绝缘配合

电网的输电电压一般分高压（HV）、超高压（EHV）、特高压（UHV）。交流高压电网是指 35～220kV 电网；超高压电网是指 220kV 以上，1000kV 以下的电网；特高压电网是 1000kV 及以上的电网。

研究表明，两个电压等级之比大于 2，技术经济比较是合理的。因此，我国交流电网的标称电压有两个系列：一是 220、500、1000kV；另一是 330、750kV，相应的特高压可能是 1500kV。

特高压输电具有长距离、大容量、低损耗的输电特点，并能大大提高输电走廊的送电能力，达到联网能力强、工程投资省的目的。

随着我国经济持续高速发展，500kV 电网已出现因电力密度过大引起的短路电流过大、输送能力不足、安全稳定性差、线路走廊欠缺等一系列问题，仅依靠现有超高压输电，难以满足未来电力增长的需要。我国能源资源的分布特点是总量多、人均量少、分布不平衡，如有 2/3 以上可开发的水能资源分布在四川、西藏、云南，2/3 的煤炭资源分布在山西、陕西、内蒙古。而东部地区经济发达，能源消费量大，能源资源却十分缺乏。西部能源基地与东部负荷中心，距离在 500～2000km 左右。因此，我国电力发展的趋势是"西电东送，南北互供，全国联网"。要建立长距离，大容量的互联电网，发展特高压输电技术是一项重要举措。

国外特高压的研究，始于 20 世纪 60 年代。在 70 年代，前苏联建成特高压试验变电站及 270km 的工业性试验线路，对各种特高压输变电设备进行现场考核，得到了过电压及线路对环境影响的数据。80 年代初开始建设特高压输电系统，共建成 1150kV 特高压线路 2262km，其中约 900km 线路及三座特高压变电站先建成并投运，累计运行时间达 5 年多，运行性能良好。前苏联解体后，从 1994 年起降压运行。日本是世界上第二个建造特高压线路的国家。从 1992 年以来，共建有 1000kV 同杆并架线路 427km，由于电力需求减缓和核电建设推迟，线路一直降压 500kV 运行。但日本在 1996 年投入特高压设备实物验证站，做了多项试验，设备通过长期的 1000kV 带电运行考核，验证了特高压技术的可行性。美国于 70 年代建设 1000～1500kV 三相试验线路投入运行。意大利在 90 年代初建成 1050kV 试验线路和变电站。加拿大具有 1500kV 输电系统设备试验室，有 1500kV 试验线路和电晕笼。印度、巴西、南非等国，也积极研究特高压输电技术。

我国在 1986 年开始特高压输电前期研究，20 世纪 90 年代开展了远距离输电方式和电压等级论证，对"采用交流百万伏特高压输电的可行性"进行专题研究。2005 年初启动了特高压输电工程关键技术研究工作，经过艰苦的努力，基本掌握了特高压交流输变电技术的特点和特高压电网的基本特性、特高压电磁环境限值、过电压水平、无功配置、绝缘配合、设备制造、施工等关键技术，为设计建设特高压输电试验示范工程提供了依据。2009 年初，首项连接华北与华中两大电网的晋东南—南阳—荆门交流 1000kV 输变电示范工程建成并顺利投入运行。

　　在特高压输电的多项关键技术中，电网过电压水平的控制以及合理的绝缘配合是研制特高压输变电设备的前提和依据，是电网安全、经济、可靠运行的有力保证。本章在前述相关知识的基础上，对交流特高压电网的工频过电压、操作过电压、雷电过电压的防护以及电网绝缘配合等内容，作些分析讨论，并以我国实际工程为例进行介绍，但工程的具体参数仅供参考。

§14-1　交流特高压电网内部过电压水平的控制

　　交流特高压电网中内部过电压的形成机理和影响因素，本质上与交流超高压电网相同。但随着电网标称电压的升高，过电压的绝对值大幅度增高。如特高压线路的合闸（计划性合闸、单相重合闸）、切除故障甩负荷等产生高幅值的过电压，必须采取措施，严格控制到预定水平。特高压电网中的工频电压升高，对电气设备的选择及运行性能的影响比超高压电网更显突出。在特高压电网中，带有并联电抗器的线路处于非全相运行时，可能发生谐振过电压，但通常因电抗器中性点接有小电抗，会有效限制此类过电压。

　　目前，按相关文件的规定，我国交流 1000kV 特高压电网的内部过电压水平应满足下列要求。

　　(1) 工频过电压：在变电站侧，限制在 1.3p.u. 以下（$1.0\text{p.u.}=1100\sqrt{2}/\sqrt{3}\text{kV}$，峰值）；在线路侧，可允许在 1.4p.u. 以下（持续时间不大于 0.5s）。

　　(2) 相对地统计操作过电压：对变电站、开关站设备，限制在 1.6p.u. 以下；对线路，沿线最大统计操作过电压限制在 1.7p.u. 以下。

　　(3) 相间统计操作过电压：限制在 2.9p.u. 以下。

　　表 14-1-1 列出了各国特高压电网内部过电压水平值，可以看出，中国特高压电网内过电压的限压目标，是与其他国家相当的。

表 14-1-1　　　　　　　　　　　各国特高压电网过电压水平

国别	最高工作电压（kV）	工频过电压（p.u.）	操作过电压（p.u.）
苏联	1200	1.4	1.6~1.8
日本	1100	1.4	1.6~1.7
意大利	1050	1.35	1.7
美国（BPA）	1200	1.3	1.5
中国	1100	1.3（1.4）	1.6（1.7）

　　注　BPA 为美国邦纳维尔电力局。

14-1-1　工频过电压的限制

　　由于特高压线路自身的容性无功大，加上特高压单段线路较长，输送功率大，线路一端单相接地甩负荷时，因空载长线电容效应以及甩负荷后发电机转速增加等因素的影响，若不采取限压措施，工频过电压幅值可超过 1.8p.u.。

　　限制工频过电压的有效措施是安装并联电抗器。在第十一章中分析了空载长线路的沿线电压分布规律以及安装并联电抗器的限压作用，但在分析中没计及线路传输功率（负载电流）的影响。实际运行线路的传输功率可以是轻载、重载，也可能是投运或故障跳闸甩负荷后的空载。必须先了解不同传输功率时的沿线电压分布状况，才能合理地选择并联补偿装置，达到预定的限压效果。

一、输电线路传输功率与沿线电压分布

特高压线路的导线电阻远小于导线感抗，导线对地绝缘电阻远大于导线对地容抗，故近似地认为是无损耗线路。

当线路末端接有阻抗等于线路波阻抗 Z 的负荷时，负荷电流 $\dot{I}_2 = \dot{U}_2/Z$，由式（11-1-3）、式（11-1-4）知

$$\dot{U}_x = \dot{U}_2(\cos\alpha x + j\sin\alpha x) = \dot{U}_2 e^{j\alpha x} \qquad (14-1-1)$$

$$\dot{I}_x = \dot{I}_2(\cos\alpha x + j\sin\alpha x) = \dot{I}_2 e^{j\alpha x} \qquad (14-1-2)$$

式中：$\dot{U}_x$、$\dot{I}_x$ 分别为距线末距离为 x 处的电压、电流；$\alpha = \omega/v = 0.06°$ 是架空线路的相位系数；v 为波速，近似为光速；ω 为电源角频率。

此时，输电线路上各点电压绝对值相等，各点电流绝对值也相等，设 $U_1 = U_2 = U_n/\sqrt{3} = U$，$I_1 = I_2 = U_n/Z\sqrt{3} = I$，（$U_n$ 为系统标称电压），则线路传输功率 $P = 3UI = U_n^2/Z = P_N$，称 P_N 为线路自然功率。

表 14-1-2 提供了超、特高压输电线路参数及自然功率的参考值。可见 1000kV 线路 P_N 值比 500kV 线路 P_N 值约大 5.4 倍，这说明了 1000kV 线路的输送能力大幅度提高。

表 14-1-2　　　　　　　超、特高压输电线路参数及自然功率参考值

标称电压（kV）	单位电容（μF/km）	单位电感（mH/km）	波阻抗（Ω）	单位充电容量（Mvar/km）	自然功率（MW）
330	0.0108	1.03	309	0.4	353
500	0.0123	0.90	270	1.0	925
750	0.0138	0.86	250	2.4	2250
1000	0.0167	0.67	200	5.6	5000

当线路传输自然功率 P_N 时，线路电感所吸收的无功恰好等于线路电容产生的无功，沿线各点的无功是自我平衡的，沿线无功流动。所以线路各点电压值相等。当然，若不忽略导线电阻和泄漏电导，传输自然功率时，沿线电压会逐渐下降。

当线路传输功率 P 大于 P_N 时，线路电感吸收无功 Q_L 大于线路电容产生的无功 Q_C，造成无功不足，会出现沿线电压降落现象；反之，P 小于 P_N 时，则 $Q_L < Q_C$，无功过剩，多余无功通过线路电感，就有电容效应，使沿线电压升高。沿线电压分布与传输功率的关系，如图 14-1-1 所示。

再分析线路两端接电源时，沿线电压分布状况。

由于，$j\dot{I}_2 Z\sin\lambda = \dot{U}_1 - \dot{U}_2\cos\lambda$，可将式（11-1-3）改写为 $\dot{U}_x$ 与线首、线末电压 $\dot{U}_1$、$\dot{U}_2$ 的关系式，即

$$\dot{U}_x = \frac{\dot{U}_1\sin\lambda_x + \dot{U}_2\sin(\lambda - \lambda_x)}{\sin\lambda} \qquad (14-1-3)$$

式中：$\lambda = \alpha l$；$\lambda_x = \alpha x$；l 为线路长度，km；x 为线路 x 点距线末的距离，km。

设线路传输功率为 P，功角为 δ，$\dot{U}_2 = U_2$，则 $\dot{U}_1 = U_1 e^{j\delta}$，代入式（14 - 1 - 3）后，得

$$\dot{U}_x = \frac{1}{\sin\lambda}[U_1 e^{j\delta}\sin\lambda_x + U_2\sin(\lambda - \lambda_x)]$$

$$= \frac{1}{\sin\lambda}[U_1\cos\delta\sin\lambda_x + U_2\sin(\lambda - \lambda_x) + jU_1\sin\delta\sin\lambda_x] \qquad (14 - 1 - 4)$$

令 $K_u = U_1/U_2$，则 $\dot{U}_x$ 的模值 U_x 为

$$U_x = \frac{U_2}{\sin\lambda}[K_u^2\sin^2\lambda_x + \sin^2(\lambda - \lambda_x) + 2K_u\cos\delta\sin\lambda_x\sin(\lambda - \lambda_x)]^{\frac{1}{2}} \qquad (14 - 1 - 5)$$

可见，U_x 值与 δ 值相关，即与传输功率相关，传输功率愈大，δ 愈大，U_x 愈低。

将式（14 - 1 - 5）对 λ_x 微分，并令其等于零，可得沿线电压最高或最低点的位置 λ_j，表达为

$$\tan 2\lambda_j = \frac{2\cos\lambda\sin\lambda - \sin 2\lambda/K_u}{2\cos\delta\cos\lambda - K_u - \cos 2\lambda/K_u} \qquad (14 - 1 - 6)$$

当 $U_1 = U_2 = U$ 时，出现极值的位置 λ_j 在

$$\lambda_j = \lambda/2 \qquad (14 - 1 - 7)$$

即线路中点的电压 $U_{l/2}$ 是沿线电压分布中的最高或最低点，其值由式（14 - 1 - 4）得

$$\frac{\dot{U}_{l/2}}{U} = \frac{e^{j\delta}\sin\dfrac{\lambda}{2} + \sin\dfrac{\lambda}{2}}{\sin\lambda} = \frac{e^{j\delta} + 1}{2\cos\dfrac{\lambda}{2}} = \frac{\cos\dfrac{\delta}{2}}{\cos\dfrac{\lambda}{2}}e^{j\frac{\delta}{2}} \qquad (14 - 1 - 8)$$

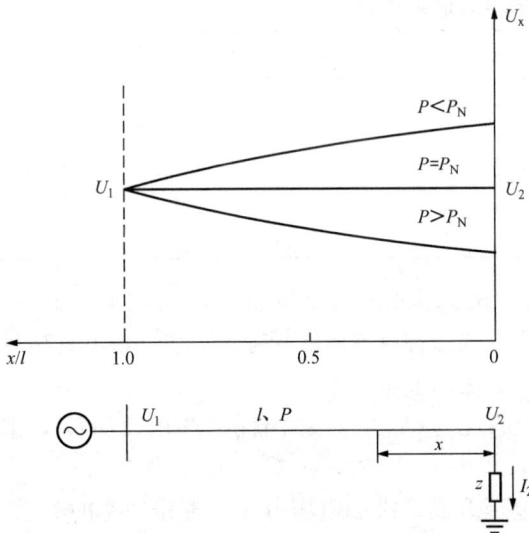

图 14 - 1 - 1　沿线电压分布与传输
功率关系示意（l 为线路长度）

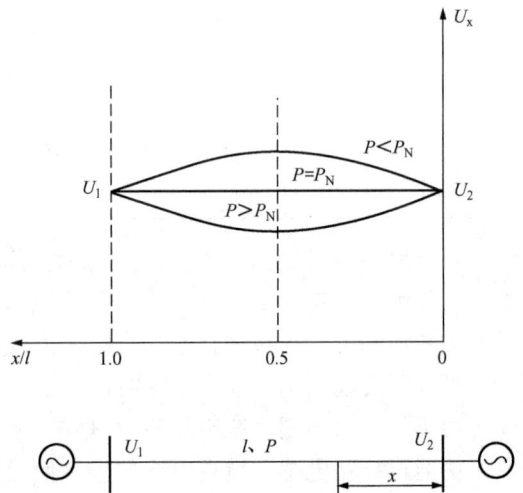

图 14 - 1 - 2　线路两端电压值相等时沿线电压
分布与传输功率关系

线路传输功率 P 为自然功率时，$\delta = \lambda$，$U_{l/2} = U$，线路中点电压与首末端电压相等；$P > P_N$ 时，$\delta > \lambda$，$U_{l/2} < U$ 沿线电压中点最低；$P < P_N$ 时，$\delta < \lambda$，$U_{l/2}$ 升高，沿线电压中点最高。空载时，$P = 0$，$\delta = 0$，$U_{l/2}$ 达最高值为

$$U_{l/2} = U/\cos\frac{\lambda}{2} \qquad (14 - 1 - 9)$$

此时，一条 l 长的线路，可看作两条一半长的空载线路。

当线路两端电压绝对值相等时，沿线电压分布与传输功率的关系，如图 14-1-2 所示。由图 14-1-2 可知，当输电线路传输功率 $P < P_N$ 时，才会出现工频电压升高问题。

二、并联补偿线路的补偿度选择

将无损耗长线路用 π 型等值电路代替，并设两台固定电抗值的并联电抗器 X_b 分接在线路首、末两端，等值电路如图 14-1-3 所示。图中，线路等值感抗 $X_L = jZ\sin\lambda$，等值容抗 $X_C = -jZ\cot\lambda/2$，设线路末端相对地电压为 $\dot{U}_2$，线末容性无功为 Q_C，$Q_C = 3U_2^2/X_C$。

若并联电抗器 X_b 的容量为 Q_b，则补偿度 $T_b = \dfrac{Q_b}{Q_C} = \dfrac{X_C}{X_b}$，$X_C$ 与 X_b 并联后补偿支路的等值阻抗 X_q 为

$$X_q = \frac{X_b X_C}{X_b - X_C} = \frac{X_C}{1 - T_b} = -jZ\cot\frac{\lambda}{2}/(1 - T_b) = \frac{Z\sin\lambda}{j(1-\cos\lambda)(1-T_b)}$$

$$(14-1-10)$$

全补偿时，$T_b = 1$，$X_q \to \infty$，补偿支路电流 $\dot{I}_q = 0$，线路电流 $\dot{I} = \dot{I}_2$。设线末接纯阻性负载，负载电流 $\dot{I}_2$ 与 $\dot{U}_2$ 同向，于是，可作电压相量图，如图 14-1-4 所示。此时线路两端电压比值

$$\frac{U_1}{U_2} = \frac{1}{\cos\delta} = \sqrt{1 + \left(\frac{I_2 X_L}{U_2}\right)^2} = \sqrt{1 + \left(\frac{P}{P_N}\sin\lambda\right)^2} \qquad (14-1-11)$$

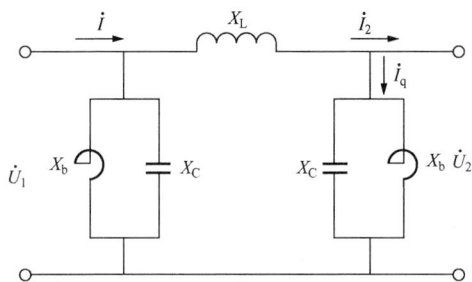

图 14-1-3 并联补偿线路 π 型等值电路

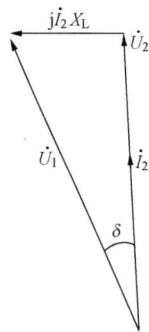

图 14-1-4 全补偿时的相量图（$T_b = 1$）

可见，线路首末端电压比 $\dfrac{U_1}{U_2}$，将随线路传输功率 P 及线路长度（$\lambda = 0.06l$）的增加而增大。例如：300km 线路传输自然功率，则首端电压 U_1 要比末端电压 U_2 约高 5%，若为 500km 线路，就要高 12%。在线路运行中，电压比是不允许超过预定值的，为此，就须限制线路传输功率 P，由式（14-1-11）知 P 值要满足

$$P/P_N \leqslant \left[\left(\frac{U_1}{U_2}\right)^2 - 1\right]^{\frac{1}{2}}/\sin\lambda$$

例如，800km 线路的电压比控制在 1.05 和 1.10，则允许传输功率 $P = 0.43P_N$ 和 $P = 0.62P_N$。这是由于随着线路传输功率的增大，线路负荷电流增大，线路电感吸收的无功增大，为保持无功平衡，线路首端必须提高电压，增大无功输出。但电压又被限制，不能随意增高，因而只能限制输送功率不再增大。当线路接有固定电抗值不变的并联电抗器时，在线

路处于空载或轻载状态，电抗器能起到预期的限制工频电压升高的效果，但在线路输送大功率时，它却成为额外的无功负载，是阻碍传输功率增大的因素。要消除此不利因素，则要求并联电抗器的电抗值是随传输功率 P 的变化而变化的，即并联电抗器的补偿度 T_b 能随传输功率 P 的增加而减小。在 $P=P_N$，T_b 应为零，相当于退出并联电抗器。而 $P=0$ 时，$T_b=1$，处于全补偿状态限制工频电压升高。对这种可控并联电抗器，除了其电抗值可控之外，尚要求具有快速的响应速度，以应对输送功率大幅度突然变化（如切除故障甩负荷）的需要。

现将可控电抗器设置在线路两端，即在图 14-1-3 中的 X_b 位置，此时的 X_b 是可控电抗值。等值电路中的补偿支路电流 $\dot{I}_q$ 随 P 值变化。电路两端电压的关系是

$$\dot{U}_1 = \dot{U}_2 + (\dot{I}_2 + \dot{I}_q)X_L$$

设线末 $\dot{U}_2$ 接纯阻性负载，$\dot{U}_2 = U_2$，可控补偿时电压相量如图 14-1-5 所示。

将线路等值感抗 X_L 和补偿支路等值阻抗 X_q 代入上式，得

$$
\begin{aligned}
\dot{U}_1 &= U_2 + jZ\sin\lambda\left[\frac{P}{3U_2} + j\frac{U_2(1-T_b)(1-\cos\lambda)}{Z\sin\lambda}\right] \\
&= U_2\left[\cos\lambda + (1-\cos\lambda)T_b + j\frac{P}{P_N}\sin\lambda\right]
\end{aligned}
\tag{14-1-12}
$$

线路两端电压比的模值为

$$\frac{U_1}{U_2} = \sqrt{[\cos\lambda + (1-\cos\lambda)T_b]^2 + \left(\frac{P}{P_N}\sin\lambda\right)^2} \tag{14-1-13}$$

可控电抗器的 T_b 与传输功率 P、电压比 $\dfrac{U_1}{U_2}$ 及线路长度的关系为

$$T_b = \left[\sqrt{\left(\frac{U_1}{U_2}\right)^2 - \left(\frac{P}{P_N}\sin\lambda\right)^2} - \cos\lambda\right]/(1-\cos\lambda) = \left[\frac{U_1}{U_2}\cos\delta - \cos\lambda\right]/(1-\cos\lambda)$$

$$\tag{14-1-14}$$

要使线路首末端电压比满足预定的允许值，可按式（14-1-13）调节电抗器的补偿度 T_b。或是确定电压比值后，一定长度的线路，可控电抗器 T_b 应按式（14-1-14）关系随功率 P 的变化而自动调节，P 在 $0 \sim P_N$ 范围内变化，相应 T_b 在 $1 \sim 0$ 范围内变化。取 $U_1 = U_2$，线长为 500km 和 1000km，不同传输功率时的 T_b 值，如图 14-1-6 所示。

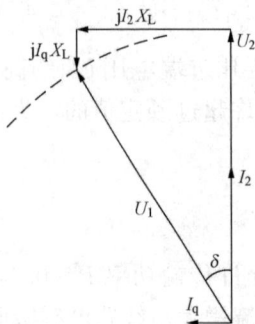

图 14-1-5　可控补偿时的电压相量图

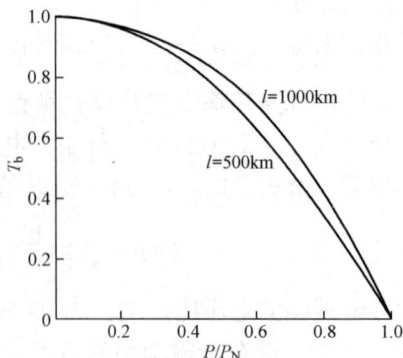

图 14-1-6　传输功率与补偿度的关系曲线

实际运行中，线路所接负载要吸收一定的无功 $Q_F = P\tan\varphi(\varphi$ 是功率因数角)，相当于增大了电抗器的容量，即并联电抗器的实际所需容量 $Q'_b - Q_b - Q_F$，电抗器的补偿度 T_b 应修正为

$$T'_b = T_b - \frac{Q_F}{Q_C} = T_b - \frac{p\tan\varphi}{U^2/Z\cot\dfrac{\lambda}{2}}$$

$$T'_b = T_b - \frac{P}{P_N}\tan\varphi\cot\frac{\lambda}{2} \qquad (14 - 1 - 15)$$

式中 T_b 按式（14 - 1 - 14）计算。

当 $P=0$ 时，$T_b = T'_b = 1$，可控电抗器的容量 $Q_b = Q_c = U_2^2/Z\cot\dfrac{\lambda}{2}$，$Q_b = P_N\tan\lambda/2$，对 600km 线路 $Q_b = P_N\tan18° = 0.32P_N$，对 800km 线路 $Q_b = P_N\tan24° = 0.45P_N$，将相同容量的可控电抗器分别设在线路两端，即可满足传输功率在 $0 \sim P_N$ 范围内变化时的调压需要，而不会降低线路的传输能力。

由于可控电抗器只设置在线路两端，沿线电压将按式（14 - 1 - 3）规律分布，在 $U_1 = U_2$，$P=0$ 时，线路中点电压 $U_{l/2}$ 值最高。由式（14 - 1 - 9）知，$U_{l/2} = U/\cos\dfrac{\lambda}{2}$，若预定线路电压升高值 $\leqslant 1.05$，即要求 $\cos\dfrac{\lambda}{2} = \dfrac{1}{1.05}$，得 $\lambda \approx 36°$，即线路长度 l 约为 600km，若允许 $\cos\dfrac{\lambda}{2} = \dfrac{1}{1.1}$，$\lambda = 49.2°$，$l \approx 800$km。因而，很长的特高压线路将要分隔成若干段，每段长度在 $600 \sim 800$km 以下。单段线路长度愈短，沿线电压最大值愈低。

三、可控电抗器

可控电抗器的品种繁多，适用场所各不相同，较适合特高压电网的分级调节和连续调节可控电抗器通常有以下几种。

1. 多并联电抗支路型

将容量比为 1∶2∶4 的三组电抗器，分别用断路器并联接于线路，则有包括零在内的 8 种等分容量的调节方式。通常，如此多级数可满足运行需求。这种可控电抗器的原理与非可控电抗器相同，易于操作，损耗、温升和振动等都不会有新问题。但此方案需设置三组独立的断路器，总体装置笨重，在结构上要设法改进。当然，也可用容量比为 1∶2 的两组电抗器组成，视工程需求选择。

2. 高漏抗变压器型

这种电抗器有一、二次绕组，绕组间短路阻抗很大，控制二次绕组中晶闸管导通角，调节短路电流大小，实现电抗值的连续平滑可调。双向晶闸管的动作时间不超过控制信号给出后的半个工频周期，完全满足快速补偿的要求。此外，若再增加第三个低压绕组，接成三角形，则可形成三次谐波及奇次谐波电流的短路通道，而不注入电网。再在每个低压绕组上接入相关的滤波器，可除去其他层次谐波电流。高漏抗电抗器的缺点是：①与常规电抗器相比，增多了二次绕组，增大造价；②降压后的短路电流按变比增大，并全部通过晶闸管，必须设置相应的散热装置，维护工作量大；③部分漏磁通引起局部发热，导致整体装置温度升高，振动大；④在电网有各类暂态过程时，电抗器端部作用的波形是多种多样的，可能出现晶闸管无法与工频同步控制的现象。

3. 磁阀型

磁阀型可控电抗器的主铁芯柱等分为两半，两分裂柱中有一段缩小了的铁芯截面，能起磁阀的作用。每分裂柱上绕有上下两个相同匝数 $\frac{N}{2}$（N 为总匝数）的绕组，上下绕组交叉连接，并连接于电源。如图 14 - 1 - 7 所示。每一半分裂柱上的绕组各有一抽头（a，b，c，d 点），将 $\frac{N}{2}$ 匝分为 $\frac{N_1}{2}$ 和 $\frac{N_2}{2}$，抽头比 $\delta = \frac{N_2}{N}$，同柱抽头间接有晶闸管 V1 和 V2，在交叉连接处跨接续流二极管 VD，其功能是通过续流，以利 V1、V2 的关断。当 V1、V2 不导通时，因绕组结构对称，可控电抗器与空载变压器一样。当电源处在工频正半周时，V1 承受正向电压，V2 承受反向电压。当 V1 触发导通，a、b 点相连，两分裂柱的上绕组闭合组成一回路，同时也使下绕组组成一闭合回路，各自相当于经变比 δ 的自耦变压器向电路提供直流控制电压和电流，两闭合回路中的直流控制电流方向一致。同理，电源为工频负半周时，V1 关闭，V2 触发导通，c、d 点连接，上、下两绕组组成两个闭合回路。此时在闭合回路中的直流控制电流仍与正半周中的直流控制电流同方向，即在一个工频周期内，V1、V2 轮流导通，起到全波整流作用。改变 V1、V2 的触发导通角，便可改变控制电流的大小。因两分裂铁芯柱中均含有一段小截面的铁芯，小磁通时不饱和，大磁通时呈现饱和，磁阻显著增大。从而，可控制其饱和度，平滑调节电抗量的大小。

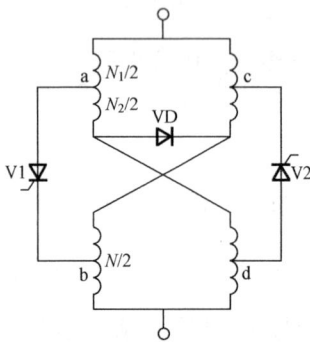

图 14 - 1 - 7　磁阀型可控
电抗器原理电路图

磁阀型可控电抗器的特点是晶闸管两端只加低电压，通过的只是不大的直流电流，而不是电抗器的主电流，故对控制回路的耐压和容量要求很低。但磁饱和会在绕组中产生相应的谐波电流，设计时要设法将其抑制到较低水平。再者，漏磁通会增大边缘芯柱和磁轭的涡流损耗、温升和振动，也是要重视的问题。

磁阀型可控电抗器的另一种控制方式是直流控制绕组与工作绕组分开，分别绕制在两个分裂铁芯柱上，直流控制电流由外部可控直流电源供给。这种可控电抗器的工作绕组简单，易组成各种接线形式，自我抵消高次谐波。另外，可将电抗器额定工作时的磁饱和度选择较低，具有很大的瞬间过负荷（强补）能力，适应限制工频过电压的需求。

四、特高压输电线路工频过电压的限制措施

以我国中线特高压输电试验示范工程为实例，说明常用的几项措施。图 14 - 1 - 8 为该工程的示意接线图。该工程初始阶段是从晋东南经河南南阳至湖北荆门，线路总长约 670km，输电线路的标称电压为 1000kV，最高运行电压为 1100kV。工程包含晋东南、荆门两座 1000kV 变电站，变电容量各为 3000MVA，以及南阳 1000kV 开关站。通过示范工程建设，可充分检验过电压限制及无功补偿、电磁环境等关键技术的应用，可较长时期带电全面考验各项特高压输变电设备的性能和可靠性，充分积累建设和运行的经验。

经计算研究表明，采取下列措施后，晋东南—荆门特高压输电线路的工频过电压可限制在允许范围之内。

1. 装设并联电抗器

特高压并联电抗器的配置方案见表 14 - 1 - 3，补偿度在 85% 左右。

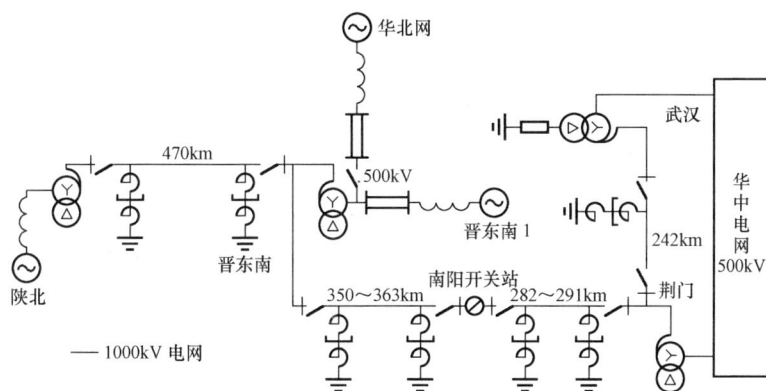

图 14-1-8　中线特高压输电试验示范工程（示意图）

表 14-1-3　　　　　　　　　　　　　并联电抗器配置方案

线路	晋南线		南荆线	
电抗器位置	晋侧	南侧	南侧	荆侧
电抗器容量（Mvar）	960	720	720	600

电抗器的补偿度不可过大，要防止非全相运行时的工频谐振，也不能给正常运行时的无功平衡和控制造成相当大的困难，应将工频暂时过电压限制在允许值范围内。

特高压输电在建设初期，线路输送容量不大，单段线路也不长，工程中没有采用可控电抗器。另外，由于特高压可控电抗器的技术复杂，造价高，有些性能尚须继续改善，近期内较难提供合适的产品。

2. 使用良导体或光纤复合架空地线

此措施能降低线路零序与正序电抗的比值（X_0/X_1），有利于减小单相接地甩负荷过电压。

3. 使用金属氧化物避雷器（MOA）

随着 MOA 性能的提高，使 MOA 限制短时高幅值工频过电压成为可能。但 MOA 不是限制工频过电压的主要手段，仅在特殊情况下，作为后备保护。在晋南线和南荆线的线路侧均配有额定电压为 828kV 的 MOA。

4. 制订合理的运行操作方式

如：合空线的顺序是先合晋东南和荆门侧，后合南阳开关站；线路两侧断路器采用联动装置，两侧断路器分闸最大时延小于 0.2s，缩短过电压持续时间。

14-1-2　潜供电流及恢复电压的控制

特高压输电线路故障，大部分是单相接地，采用单相自动重合闸可减小线路强迫退出的次数，提高输电可靠性。但在故障相两侧断路器分闸后，健全相通过电容及互感耦合，在故障点产生潜供电流及暂时熄弧后的恢复电压，使电流难以最终熄灭，影响单相重合闸的成功率（参看图 11-2-5 及相关说明）。

线路的潜供电流、恢复电压与线路的参数、运行电压、补偿状况及输送潮流相关。特高压线路一般采用 8～10 分裂数组成的分裂导线，导线直径较大，导致相间电容增大；但同时导线相间距离也增大，使相间电容减小；综合效果使相间电容与超高压线路相比不会显著增大。特高压线路虽然恢复电压绝对值增大，但绝缘子长度也增大。潜供电弧弧道的恢复电压梯度并不显著增高。试验表明，对于同样大小的潜供电流，无补偿线路要比有补偿线路难熄灭。如 30A 潜供电流自熄时间（90%概率），有补偿线路需 0.2s 左右，无补偿线路约需 0.4～0.65s，以长度为 80km 的 1000kV 线路为例，输送 4000MW 功率时，潜供电流为 56A，恢复电压为 75kV（电压梯度 8kV/m）。按 500kV 线路的经验，此值潜供电流无补偿自熄时间约 0.6～0.97s。当线路较长，潜供电流较大时，必须采取措施，使其自熄时间在 1s 左右，满足单相自动重合闸的要求。

我国 500kV 电网中广泛采用并联电抗器中性点加装小电抗 X_N，以限制线路潜供电流和恢复电压，已取得良好的运行效果。此措施也可在特高压电网中运用。

当特高压线路单相（A 相）接地分闸甩负荷后，经简化的等值电路如图 11 - 2 - 3 所示。此时故障相（A 相）恢复电压 $\dot{U}_A$，由式（11 - 2 - 5）求得，即

$$\dot{U}_A = -\frac{\dot{E}_A}{2} \cdot \frac{j\omega 2C_{12} + \frac{2}{jX_{12}}}{j\omega 2C_{12} + j\omega C_0 + \frac{2}{jX_{12}} + \frac{1}{jX_{L0}}} = -\dot{E}_A \frac{\omega C_{12} - \frac{1}{X_{12}}}{\omega(2C_{12} + C_0) - \left(\frac{2}{X_{12}} + \frac{1}{X_{L0}}\right)}$$

式中：X_{12} 为并联电抗器中性点加 X_N 后的等效相间电抗；X_L、X_{L0} 分别为电抗器的正序、零序电抗。

显然，欲将 U_A 限制至零值，则需 $\omega C_{12} = \frac{1}{X_{12}}$，即相间容抗等于感抗，达到全补偿，形成并联谐振，等值阻抗趋于无穷大，完全限制了潜供电流及恢复电压的静电感应分量，只剩电磁感应分量。计算表明，即使在传输大功率时，电磁感应分量也不大，接地电弧能自熄。

满足相间全补偿的要求，小电抗 X_N 值可由式（11 - 2 - 10）求得，因特高压并联电抗器是由三个单相电抗器组成，其 $X_L = X_{L0}$，所以小电抗 X_N 值为

$$X_N = \frac{X_L^2}{\frac{1}{\omega C_{12}} - 3X_L} \tag{14 - 1 - 16}$$

在实际中，因导线电容的变动（风吹摆动、温度变化、计算误差等），以及电抗器和小电抗参数的制作误差，可能使得相间并联阻抗呈容性或感性不确定，对地并联阻抗也不能确定是容性或感性，从而有可能形成串联谐振传递回路，恢复电压会很高，这是要避免的。按 500kV 线路的经验，通常并联电抗器的补偿度 $T_b = \frac{X_{C0}}{X_L} \leqslant 0.95$。

对应于不同补偿度 T_b 计算小电抗值，可将式（14 - 1 - 16）改写成

$$X_N = \frac{X_L}{T_b \frac{C_0}{C_{12}} - 3} \tag{14 - 1 - 17}$$

由式（14 - 1 - 17）可知，T_b 需满足不小于 $3C_{12}/C_0$，否则，X_N 为负值，成为容性。参照 500kV 线路参数，$C_{12}/C_0 \approx 0.115$，即 T_b 应不小于 0.345。

X_N 与并联电抗器串联，不同的 X_N 值，小电抗的电压不同，对小电抗绝缘结构有不同的耐压要求。设并联电抗器电压为 U_L，则小电抗电压 U_N 为

$$\frac{U_N}{U_L} = \frac{3X_N}{X_L + 3X_N} \tag{14-1-18}$$

若线路接有可控电抗器，为熄灭潜供电弧，可将电抗器接成三角形，在线路故障单相开断后，其电抗立即调节到全补偿相间电容的数值，即相应的补偿值 $T_b = 3C_{12}/C_0 \approx 0.345$。在此情况下电抗器绕阻应是全绝缘，每相引出两个特高压套管，增加了成本，但却省了小电抗，还可将三次及奇次倍数的谐波电流在三相电抗器中自成环流而不注入电网。

若小电抗接在星形接法的三个单相可控电抗器中性点，则可降低小电抗 X_N 的绝缘水平，X_N 的大小按电抗器的最大容量选取。

另外，如果特高压线路不换位或换位不完全，小电抗的补偿作用会减弱，潜供电流增大。

限制或消除潜供电流的另一办法是在线路上接高速接地开关 QS。如日本，不采用并联电抗器，也就是不用小电抗，而采用 QS。

图 14-1-9 示意了 QS 接在线路两侧，用以消除潜供电流，其动作顺序如图 14-1-10 所示。当线路单相（A相）接地（计时起点 0.0s），接着 A 相两侧断路器分闸（0.07s），出现潜供电流。经确认后，发出投入 QS 指令，两侧 QS 投入（0.27s），接地点的潜供电流转移至闭合的接地开关上，促使故障点潜供电弧熄灭。约 0.4s 后，发出开断 QS 指令，QS 开断（0.8s），利用接地开关的灭弧能力将电弧强迫熄灭。在确认两侧接地开关开断后，线路两端断路器再合闸（1.0s）。

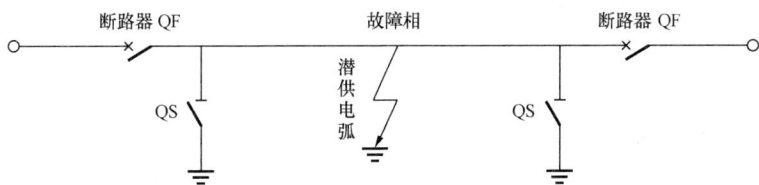

图 14-1-9　QS 接于线路

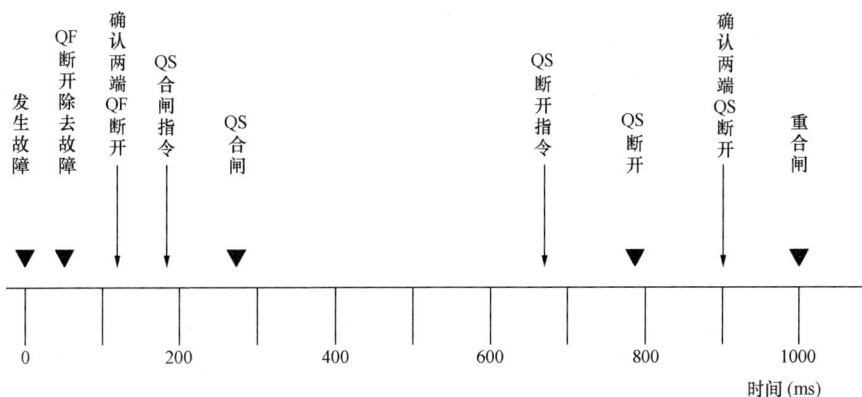

图 14-1-10　单相重合闸高速接地开关动作顺序示意图

　　我国中线特高压试验示范工程（如图 14 - 1 - 8 所示）采用常规电抗器加小电抗限制潜供电流的措施。计算表明，我国晋东南—南阳—荆门 1000kV 线路被限制后的最大潜供电流为 12A、最大恢复电压为 41kV，绝缘间隙长度以 9m 计，相应的恢复电压梯度为 4.6kV/m。此潜供电流和恢复电压梯度与我国 500kV 电网大致相当，不会影响 1s 左右的单相重合闸，不必采用快速接地开关。

14 - 1 - 3　操作过电压的限制

　　特高压线路的操作过电压主要有以下三种。

　　（1）合闸过电压：包括计划性合闸和单相重合闸过电压。

　　（2）接地故障过电压：是指线路发生接地短路故障时，在健全相上出现的瞬时过电压。

　　（3）故障分闸过电压：主要是指线路发生接地或短路故障后，故障线路断路器切除故障时，在故障线路健全相和相邻（直接或间接相邻）健全线路上出现的瞬时过电压。

　　操作过电压是线路有操作或故障，使线路从一种运行状态转变为另一种状态，在此过渡过程中所产生的快速衰减振荡电压叠加在工频电压之上而形成的。过电压峰值的大小与振荡电压最大振幅相关，即与过渡振荡的初始瞬时值和过渡至另一状态的瞬时值相关，这两状态瞬时值之差可近似为振荡的最大振幅。特高压线路沿线各点电压不等，过渡振荡的强弱不等，瞬时过电压值不等，所以会在线路某点出现最大过电压值。

　　特高压线路发生接地故障时，故障线的健全相电压要从正常值过渡到不对称接地引起的电压升高值，会出现操作过电压。同理，切除故障后，线路又要从故障状态转变为非故障状态，又会出现操作过电压。若是单相接地三相分闸甩负荷，则因空线电容效应、甩负荷效应使故障后线路稳态电压较高，过渡振荡幅值增大，过电压也增大。对有并联电抗器的线路，在线路中点出现最大过电压可能性大。

　　影响接地故障过电压及消除接地故障过电压的因素较多，如线路所在电网的连接方式、电源容量、线路长度、线路补偿度、输送功率、接地故障形式、故障点位置，等等。通常，电源容量不很大，线路较长，输送负荷较重，过电压会较高；单相接地发生在线路中部的过电压要比发生在线路两端附近的高；单相重合闸过电压将明显高于单相接地、两相接地过电压，等等。在仿真计算具体线路过电压时，要充分考虑各项因素对计算结果的影响。

　　如图 14 - 1 - 11 所示线路，按可能出现较高过电压的因素计算：晋—南—荆线路单相接地故障最大操作过电压为 1.58p.u.；清除南荆线南阳侧单相接地故障后，在晋南线出现操作过电压，沿线不等，晋东南端为 1.45p.u.，南阳端为 1.52p.u.，而在线路中部达 1.66p.u.。

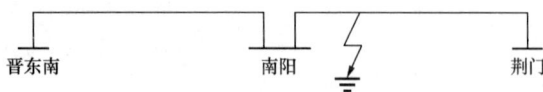

图 14 - 1 - 11　切除南荆接地故障、在晋南线出现过电压示意电路

　　在 500kV 电网中，由于其操作过电压的控制值（2.0p.u.）较高，所以没有提及接地故障激发的操作过电压。但特高压电网的操作电压控制在（1.6 ~ 1.7)p.u.，接地故障过电压就突显出来了，对这类过电压，除了在线路两侧装 MOA 之外，目前尚无其他限制措施。因而，它成为特高压电网限制操作过电压的底线，即将高幅值过电压（如合闸电压）能限制至接地故障过电压相近的水平就可以了，这也是特高压电网限制操作过电压的特点。

　　操作过电压是在工频过电压的基础上形成的，限制工频过电压的措施，也是限制操作过电压的有效手段。除此之外，限制操作过电压尚可采用下列措施。

（1）断路器装合闸电阻，限制合闸过电压；

（2）断路器装相位控制装置，控制断路器的合闸、分闸相位，最大限度地限制合闸、分闸过电压；

（3）断路器装分闸电阻，限制分闸过电压；

（4）采用性能优良的金属氧化物避雷器（MOA），限制操作过电压；

（5）制定合理的运行操作程序，降低操作过电压。

在我国，断路器装合闸电阻和采用 MOA，是限制操作过电压的主要手段，并以前者为主，后者为辅。

一、断路器合闸并联电阻的选择

断路器合闸并联电阻 R 值的大小与线路合闸过电压的关系如图 12 - 4 - 5 所示。R 值的选择取决于合闸过程的第二阶段，通过第二阶段的过渡过程分析，可得选择 R 值的参考算式。

在合闸第一阶段投入 R 后，只要 R 接入时间大于 10ms，对于一般长度的线路，其过渡过程已基本消失，处于稳定状态。所以可借助第一阶段的稳态电压，作为第二阶段短接 R 所引起过渡过程的起始电压。

设电源电动势为 E，等值漏抗 X_S，合闸前线路末端开路，从首端往末端看的入口阻抗 $Z_{Rk} = -jZ\cot\lambda$，线末与线首的电压传递

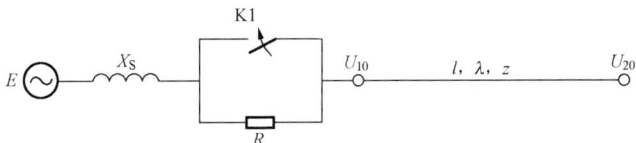

图 14 - 1 - 12　合闸第二阶段

系数 $k_{12} = \dfrac{1}{\cos\lambda}$，示意接线如图 14 - 1 - 12 所示。

第一阶段投入 R 后，线首稳态电压

$$\dot{U}_{10} = \dot{E}\frac{-jZ\cot\lambda}{(R+jX_S)-jZ\cot\lambda}$$

相应的线末电压

$$\dot{U}_{20} = \frac{\dot{U}_{10}}{\cos\lambda} = \frac{\dot{E}}{\cos\lambda - \dfrac{X_S}{Z}\sin\lambda + j\dfrac{R}{Z}\sin\lambda} \tag{14 - 1 - 19}$$

第二阶段短接 R 后，线末稳态电压

$$\dot{U}_2 = \frac{\dot{E}}{\cos\lambda - \dfrac{X_S}{Z}\sin\lambda} = \beta\dot{E} \tag{14 - 1 - 20}$$

式中 $\beta = \dfrac{1}{\cos\lambda - \dfrac{X_S}{Z}\sin\lambda}$，$\beta > 1$。

由式（14 - 1 - 19）和式（14 - 1 - 20）得

$$\dot{U}_{20} = \frac{\dot{U}_2}{1 + j\dfrac{R}{Z}\beta\sin\lambda} = \frac{\dot{U}_2}{1 + j\tan\theta} = \frac{\dot{U}_2}{\dfrac{1}{\cos\theta}e^{j\theta}} = \dot{U}_2\cos\theta e^{-j\theta}$$

其中

$$\tan\theta = \frac{R}{Z}\beta\sin\lambda$$

于是，线末第二阶段的稳态电压 U_2 与初始电压 U_{20} 间的关系为

$$\dot{U}_2 = \frac{\dot{U}_{20}}{\cos\theta}e^{j\theta}$$

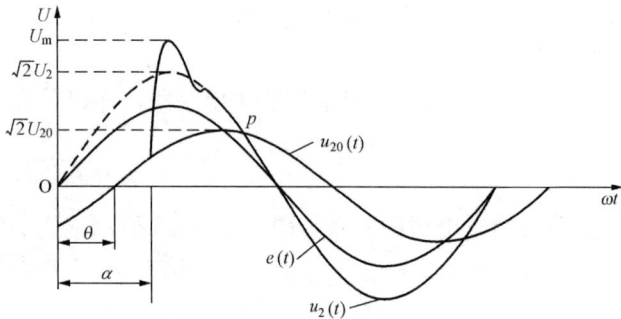

图 14 - 1 - 13　合闸第二阶段合闸前后的电压波形

因余弦函数 $\cos\theta < 1$，所以 $U_2 > U_{20}$，同时 $\dot{U}_2$ 滞后 $\dot{U}_{20}$ 一个 θ 角，图 14 - 1 - 13 所示为第二阶段合闸的电压波形，$u_2(t)$、$e(t)$ 和 $u_{20}(t)$ 分别表示 $\dot{U}_2$、$\dot{E}$ 和 $\dot{U}_{20}$ 的波形。

设断路器主触头 K1 在 α 角时闭合，短接 R 后，线末电压将从"初始值" $\sqrt{2}U_{20}\sin(\alpha-\theta) = \sqrt{2}U_2\cos\theta\sin(\alpha-\theta)$，过渡至"稳态值" $\sqrt{2}U_2\sin\alpha$。在此过渡过程中自由振荡的振幅为

$$\sqrt{2}U_2\sin\alpha - \sqrt{2}U_2\cos\theta\sin(\alpha-\theta) = \sqrt{2}U_2\sin\theta\cos(\alpha-\theta)$$

考虑到特高压长线路的初次自振角频率 ω_1 较低，可近似地将 $u_2(t)$ 的稳态幅值与自由振荡的振幅相加，作为过渡过程暂态电压的最大值 U_m，即

$$U_m = \sqrt{2}U_2 + \sqrt{2}U_2 \times k\sin\theta \times \cos(\alpha-\theta)$$

式中：k 为自由振荡的衰减系数。

由此式可知，当 $\alpha=\theta$ 时，U_m 值最大。即在 $u_{20}(t)$ 过零时短接 R，U_m 最大，而 U_m 又随 θ 的增大而增大，θ 最大值为 $90°$，相当于 $R=\infty$，即无并联电阻，将出现最大的合闸过电压。这与图 12 - 4 - 5 中曲线 2 所示一致。

设 K_m 为短接 R 过程中最大过电压系数

$$K_m = \frac{U_m}{\sqrt{2}U_2} = 1 + k\sin\theta \tag{14 - 1 - 21}$$

式中 $\sin\theta$ 可由 $\tan\theta$ 求得为

$$\sin\theta = \frac{1}{\sqrt{1 + \left(\dfrac{Z}{R}\dfrac{1}{\beta\sin\lambda}\right)^2}}$$

将上式代入式（14 - 1 - 21）得

$$\frac{R}{Z} = \frac{1}{\beta\sin\lambda}\frac{1}{\sqrt{\left(\dfrac{k}{K_m-1}\right)^2-1}} \tag{14 - 1 - 22}$$

若要求合闸过电压 $U_m/\sqrt{2}E$ 不超过 k 倍，由式（14 - 1 - 21）和式（14 - 1 - 20）知 $K=\beta K_m$，于是式（14 - 1 - 22）可改写为

$$R = \frac{Z}{\beta\sin\lambda}\frac{1}{\sqrt{\left(\dfrac{\beta k}{K-\beta}\right)^2-1}} \tag{14 - 1 - 23}$$

　　由此可见，断路器并联电阻值在限制合闸过电压不超过 k 倍的前提下，不同电源容量（包含在 β 内）、线路长度（λ）、线路波阻抗（Z），对应有不同的数值。

　　例如，某 1000kV 线路长 350km，线路波阻抗 $Z=200\Omega$，线路末端开路，无并联电抗器，线末工频稳定电压与电源电压之比 $\beta=1.12$，要求限制合闸过电压倍数 $K\leqslant1.7$，取线路自由振荡衰减系数 $k=0.8$，已知 $\sin\lambda=\sin20°$，则断路器并联电阻值 R 为

$$R = \frac{200}{1.12\times0.358}\frac{1}{\sqrt{\left(\frac{1.12\times0.8}{1.7-1.12}\right)^2-1}} = 430(\Omega)$$

可取 R 为 400～500Ω。

　　由式（14-1-23）计算所得的 R 值是指导性的参考数值。在实际中，不可能针对不同系统状况、不同线路长度制作对应的 R 值，只能依据国情，综合选择一个适应性较强的合闸电阻值以供制作。在输电工程设计时，通常都要进行仿真计算或模拟试验，校验合闸电阻的限压效果，并提出评价意见。

　　在确定合闸电阻值之后，重要的是确定通流能力的要求，合闸电阻 R 的允许能量要求值 A，可计算为

$$A = \frac{U^2}{R}t$$

式中：U 为断路器断口最大电压，考虑反相合闸的可能性，U 取 2 倍最大运行相电压；t 为 R 的接入时间，考虑分散性，可取 13ms。如 $R=400\Omega$；$A=52$MJ，$R=600\Omega$，$A=35$MJ。

　　在国外，美国 BPA（邦纳维尔电力公司）断路器合闸电阻仅为 300Ω；前苏联合闸电阻为 378Ω；意大利使用分合闸电阻为 500Ω；日本使用分合闸电阻为 700Ω。大部分国家的合闸电阻取 300～500Ω，日本因其线路很短，所以合闸电阻可取较高值。我国对晋—南—荆线合闸过电压的计算表明，合闸电阻分别为 400Ω 和 600Ω 时，线路统计合闸过电压仅差 0.02p.u.。但 400Ω 的能量要求值比 600Ω 约大 50%，所以在 400～600Ω 之间选择，取 600Ω 较合适。

　　断路器并联合闸电阻限制合闸过电压的效果，不仅与合闸电阻的阻值相关，也与并联电阻接入方式相关。若在合闸过程中，合闸电阻可从无穷大平滑地减小至零值，则可消除过渡过程，也就不会产生过电压。但在目前尚不能成为现实，取而代之的是采用多级投入合闸电阻的办法。图 14-1-14 为单级、二级、三级合闸电阻断路器原理接线图。

　　带多级合闸电阻断路器的合闸过程与单级合闸电阻断路器相似，即先合辅助触头 K1，将所有合闸电阻全部接入。然后，再一级一级短接部分合闸电阻。在短接相邻两电阻之间，留有一定的接入时间，最后合上断路器主触头 K，完成合闸过程。

　　断路器装设多级合闸电阻，将合闸过渡过程分级完成，减小了振荡电压振幅，更有效地限制过电压，但多级接入使断路器机构复杂、可靠性较差、体积庞大、成本增高。因而，在能满足限压要求的情况下，断路器采用单级合闸电阻。

二、分闸并联电阻的选择

　　断路器带分闸并联电阻的分闸过程，如图 12-3-3 所示。先是接入并联分闸电阻，后再开断，完成分闸操作。在这两个阶段中，分闸电阻 R 值与线路分闸过电压 U 值的关系，如图 14-1-15 所示。图中 U_m 为线路最高过电压值；曲线 1 示意分闸的第一阶段；曲线 2

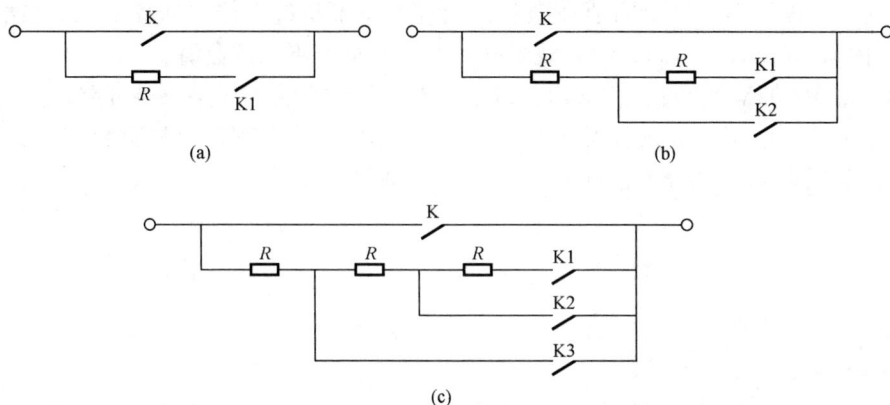

图 14 - 1 - 14　多级合闸电阻的断路器
（a）单级；（b）二级；（c）三级

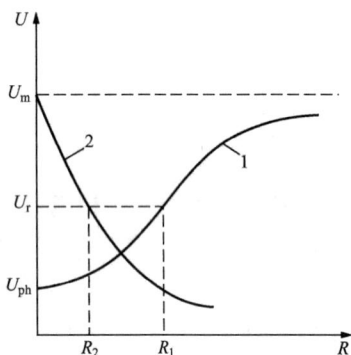

图 14 - 1 - 15　断路器分闸电阻 R 与
线路分闸过电压 U 的关系
1—分闸第一阶段；2—分闸第二阶段

示意分闸的第二阶段。以能达到相同的限压效果为前提，选择分闸电阻，按第一阶段选择的电阻 R_1 将大于按第二阶段选择的电阻 R_2。从有助于分闸电阻的热稳定考虑，按第一阶段选择 R。

线路分闸时，先投入分闸电阻 R，实质上是为残留在线路电容 C 中的电荷提供放电通道，减小断路器触头的恢复电压以及重燃时的振荡振幅。经数学分析分闸的两个过渡过程后得知，若按 $R\omega C=3$ 的关系确定分闸电阻 R 值，断路器在分闸过程中，两对触头上的恢复电压最大值接近相等，可使线路分闸过电压较低，处于较合适的状态。

例如，1000kV 线路取单位线路电容为 $0.0167\mu F/km$，开断 500km 线路，断路器分闸电阻

$$R = \frac{3 \times 10^6}{314 \times 500 \times 0.0167} = 1144(\Omega)$$

断路器分闸电阻与合闸电阻一样，需按电网建设和发展状况，选择一个适应性较好的电阻值，再确定分闸电阻的能量要求。

断路器分闸电阻是千欧级电阻，合闸电阻是百欧级电阻，若要求断路器既能限制合闸过电压，又能限制分闸过电压，在一台断路器中，同时装设分闸电阻及合闸电阻，必然会使断路器结构复杂，故障率增高。若设法将两个并联电阻合并为一个分合闸电阻，则又会出现限制分闸、合闸过电压的效果均不佳的后果。结合我国的情况，主张特高压断路器不用分闸电阻，只用合闸电阻，个别情况下可考虑用分合闸电阻，对出现概率很低的高幅值分闸过电压，用金属氧化物避雷器限制。

顺此提及，在特高压全封闭组合电器（GIS）中的隔离开关投切短母线时，由于分、合闸速度较慢，电弧多次重燃，会引起波头很陡的特快速瞬态过电压（VFTO），频率约为2～10MHz，过电压一般不会超过 2.5p.u.，但因其陡度很大，MOA 难以防护，会损坏连接在 GIS 母线上带绕组设备（如变压器）的匝间绝缘；也可能在 GIS 内部某些加工精度不高及不

清洁的地方，产生局部放电，引起间隙绝缘击穿；还可能使 GIS 外壳出现瞬态电压，对变电站内的控制、保护等二次设备产生电磁干扰，出现误动作。为降低此类威胁，日本的 1000kV GIS 中隔离开关，在其静触头管壁上装有 500Ω 的分、合闸电阻，如图 14-1-16 所示。当隔离开关从合闸状态开始分闸到开断的过程中，由动触头与静触头间产生的电弧，自动地将分合闸电阻串联在分闸回路中，降低了重燃概率，可将过电压限制在 1.3p.u 以下。

我国 1000kV 特高压输电工程荆门变电站为 HGIS 变电站。其 VFTO 不高，在 GIS 绝缘允许范围内，故 GIS 隔离开关不装并联电阻。当特高压变电站内的变压器与 GIS 通过架空导线连接、距离较远时，VFTO 衰减很快，不会对变压器构成危险。

三、相位控制断路器（相控断路器）

相控断路器是根据断路器两侧的电压或电流信号，控制断路器完成合闸或分闸时刻的相位，使电网的扰动最小。以合闸为例，断路器控制单元接到合闸命令时，计算机以最近一个电压过零点选为时钟零点，经 t 时间后，控制单元给断路器发出合闸信号，断路器开始动作，且刚好

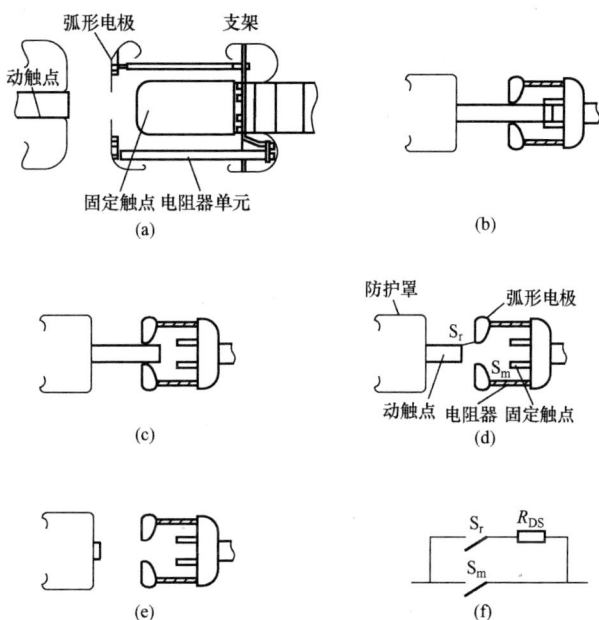

图 14-1-16　装有并联电阻的隔离开关的结构和动作过程
(a) 装有并联电阻的隔离开关的内部结构；(b) 隔离开关完全闭合位置；
(c) 中间位置 1；(d) 中间位置 2；(e) 完全开断位置；
(f) 装有并联电阻的隔离开关的等值电路

在电压过零附近时刻完成合闸。t 与计算机运算速度、信号传输时间以及断路器动作时间等相关。若 t 值取得恰当，断路器动作分散性小，则合闸相位控制误差不大，线路合闸振荡小，过电压低。理想状态是，基本上无控制误差，断路器合闸时刻两侧电压基本相等，达到同步合闸，就不会出现过电压。

1998 年国际大电网会议（CIGRE）对相控断路器的优缺点进行讨论，确认了它的有效性。国际上，已有不少国家，如瑞士、瑞典、美国、澳大利亚、新西兰、日本等国，在不同电压等级（26.4～500kV）电网中应用或试验，多数是用于投切电抗器、电容器等集中参数元件，用于线路的较少。据了解，国外已有 500kV 相控断路器产品，但制造水平差异较大，一般相控分散性在 ±（1.5～2.0ms），先进的可达 1ms。1000kV 相控断路器尚未见供应。

相控技术的难度主要是断路器动作时间的分散性难掌握。影响动作时间的因素甚多，如零部件的材料、应力、表面处理、加工精度、部件间的间隙大小、操动机构油压、动作次数、环境温度等。还有，如控制信号的真实性、断路器触头间隙预击穿的分散性，等等，都会使相控偏差增大，达不到预期效果。

相控断路器的限压作用，在原理上要比断路器分闸电阻和合闸电阻更有效；且有机构简

单、造价低的优点。随着制造工艺水平及控制技术的提高，特高压相控断路器在输电线路中的应用将会成为现实。

四、金属氧化物避雷器（限压器）MOA

MOA 是特高压电网限制操作过电压的重要装置之一，尤其是断路器合闸电阻失灵时，MOA 的限压作用将十分重要。

MOA 限制操作过电压是依靠其吸收操作过电压能量而实现的。因而需根据电网预期操作过电压的幅值、波形及次数，对 MOA 吸收能量的能力提出要求。

例如，1000kV 晋—南—荆线的线路侧所装的 MOA，在最高暂时电压 1.4p.u 作用下，最大吸收能量为 8.6MJ。南阳—晋东南线合闸，南阳侧线路断路器有一相合闸电阻失灵，晋东南侧 MOA 动作，最大吸收能量为 6.25MJ。因此，我国特高压 MOA 允许吸收能量值，不需仿照日本取 55MJ，可适当减小，取 40MJ 已能满足限制操作过电压要求。

选择 MOA 的电气参数时，要注意满足下列重要关系。

（1）持续运行电压 U_c 等于或大于电网最高运行相电压，以防 MOA 在长期运行电压作用下，阀片非线性特性的退化，保持 MOA 的性能稳定性。

（2）额定电压 U_r 等于或大于持续运行电压 U_c 的 1.25～1.30 倍，保证 MOA 耐受暂时过电压的能力。

（3）标称电流下的残压低于被保护设备的耐受电压，并满足绝缘配合的要求。按目前我国 1000kV 电气设备绝缘水平衡量，要求 MOA 的雷电冲击残压与额定电压幅值之比为 1.4 左右。

我国 1000kV 电网选用的 MOA，其持续运行电压为 638kV、额定电压为 828kV、工频参考电压不小于 828kV、雷电冲击残压（20kA）为 1620kV、操作冲击残压（2kA）为 1460kV。

若需要全面考核 MOA 产品质量，要从其能量资源——安秒（I-t）特性、工频电压耐受时间特性——伏秒（U-t）特性、保护特性——伏安（U-I）特性等三方面分析比较。并了解产品的沿柱电压分布、局部放电量、密封、防潮、防爆、防污等性能，综合作出评价。

MOA 保护性能是决定电气设备绝缘的基础，是影响特高压电气设备体积和造价的主要因素。改善特高压 MOA 保护性能的技术经济效益是十分可观的。

改善 MOA 的保护性能，主要体现在降低残压和增大通流能力（能量吸收能力）。为此，在现有的金属氧化物电阻片 MOR 条件下常采用两种方法。一是并联使用 MOR，最明显的效果是提高允许吸收能量值。同时，因并联分流作用，使 MOA 的残压有所下降。二是在 MOA 中加入间隙，克服无间隙 MOA 荷电率与残压之间的矛盾，可较大幅度地降低残压。将 MOR 与间隙组成新型的有间隙金属氧化物避雷器（GMOA），是一项技术进步。它使 MOR 和间隙的优点结合在一起，同时又相互制约了部分缺点，使保护性能更完善。GMOA 的间隙类型，根据需要进行选择搭配，可用串联间隙或并联间隙、可用内间隙或外间隙、可用有并联电阻间隙或无并联电阻间隙、可用火花间隙或可控间隙，等等。

有一种可控避雷器的模型如图 14-1-17 所示。避雷器由 MOA1 和 MOA2 两部分串联组成，MOA1 并联有可控晶闸管 V，可控避雷器的持续运行电压 U_c 和额定电压 U_r 由两部分的参数叠加而成，即 $U_c = U_{c1} + U_{c2}$，$U_r = U_{r1} + U_{r2}$，MOA1 为可控部分，可控比 $\alpha = U_{r1}/U_r$。

通过晶闸管开关 V 的触发导通电压 U_V，使 MOA1 接入或退出（被短接），从而改变 MOA 的伏安特性，图 14 - 1 - 18 中曲线 2 为可控避雷器的伏安特性，曲线 1 为常规 MOA 的伏安特性。在工频电压作用时，K 断开，MOA1 与 MOA2 串联共同承受作用电压，故可适当增大 MOA 的 U_r 值，减低荷电率，提高 MOA 长期运行的可靠性。此时，MOA 工作在图 14 - 1 - 18 中的 A 区域内；在操作过电压作用时，V 导通，MOA1 被短接，明显地，能将操作过电压限制到常规 MOA 更低的水平。研究表明，特高压电网的操作冲击波前时间大于 $1000\mu s$ 的概率超过 90%，晶闸管 V 的开通时间一般为 $1\sim4.5\mu s$，最多为几十微秒，所以 V 的响应时间完全满足限制操作过电压的要求。此时，MOA 工作在图 14 - 1 - 18 中的 B 区域；在雷电侵入波作用时，V 的响应时间跟不上过电压上升的时间，一般侵入波的波前在 $1\sim5\mu s$，此时，MOA1 和 MOA2 串联承担雷电过电压作用，MOA 工作在 C 区域。雷电冲击残压会较高，在设计避雷器安置点时，优化其保护距离，满足电气设备雷电冲击耐压水平的要求。

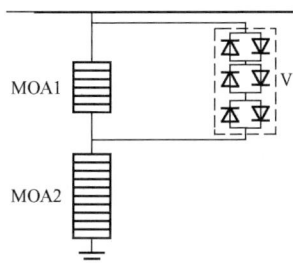

图 14 - 1 - 17　可控避雷器模型　　　　　图 14 - 1 - 18　可控避雷器伏安特性

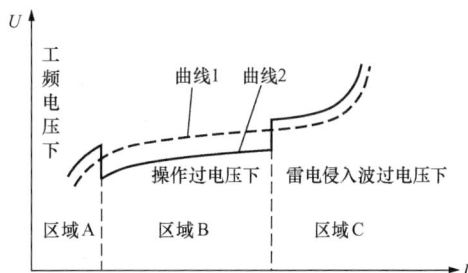

特高压电网限制操作电压的常规方法，是采用参数、性能固定的保护元件，如发挥 MOA、断路器合闸电阻、并联电抗器的组合作用，将过电压水平限制在 $1.6\sim1.7$p.u.。但这种方法的经济性和可靠性存有不足之处。随着技术的进步，可设想应用相控断路器、可控避雷器、可控电抗器等元件形成一种自适应电网运行条件变化的柔性限制操作过电压方式。经仿真试验表明，其适应性强、限压幅度大，可限制操作过电压水平在 1.6p.u. 以下。这种新技术，可能会成为今后努力的方向。

五、特高压输电工程中采用的限制操作过电压措施

以我国 1000kV 晋—南—荆输电工程为例，限制操作过电压的措施，除装设并联电抗器之外，主要有：

(1) 断路器装设 600Ω 的合闸电阻，接入时间为 $9.5ms\pm1.5ms$；

(2) 在变电站和线路侧装设额定电压为 828kV 的 MOA。

有此措施后，经大量的仿真计算和分析研究得知，在各种运行方式下，能将操作过电压限制在预定的允许范围内（不大于 $1.6\sim1.7$p.u.）。在确定方案的过程中，曾考虑运行初期，清除线路接地短路故障，可能在相邻线路上出现 2.1p.u. 的过电压，线路绝缘有闪络的危险。但概率很小，若为此采用断路器装分闸电阻限制分闸过电压，其有效性和经济性不如在线路中部装一组 MOA。且线路中部杆塔允许有少量闪络，根据国内 500kV 和 750kV 电网及前苏联特高压输电工程的运行经验，对此可不采取特殊措施。

表 14 - 1 - 4 中列出了其他国家交流特高压电网限制操作过电压的措施，供分析比较。

表 14 - 1 - 4 其他国家交流特高压电网限制操作过电压措施

项目	前苏联	日本	美国（BPA）	意大利
输电线路标称电压（kV）	1150	1000	1100	1000
并联电抗器	采用	不用	采用	不用
可调、可控电抗器	用火花间隙投入	不用	—	—
断路器合闸电阻	采用	采用	采用	采用
断路器分闸电阻	不采用	采用	不采用	采用
断路器并联电阻值（Ω）	378	700	300	500
避雷器（限压器）	采用	采用	采用	采用

§14 - 2 交流特高压电网雷电过电压防护

14 - 2 - 1 特高压架空输电线路的雷击防护

特高压输电线路杆塔高度在 60m 以上，很易遭雷击，据前苏联在 1985～1994 年的 10 年统计，1150kV 输电线路雷击跳闸数为 16 次，占线路总跳闸次数（19 次）的 84.2%，雷击跳闸的主要原因是避雷线保护角过大（>20°），绕击率过高。据日本电力公司统计，1992～2007 年间，日本特高压线路（降压 500kV 运行）故障跳闸 68 次，其中 67 次是雷击跳闸。据我国 500kV 线路多年运行统计，线路综合故障跳闸率约 0.2 次/100（km·a），雷击跳闸率约 0.14 次/100（km·a），其中绕击是跳闸的主要原因。这说明了线路防雷对超、特高压电网安全运行的重要性，线路防雷的重点是减小绕击跳闸率。

一、雷电绕击导线的分析计算

分析线路绕击，国际上通常采用电气几何模型（EGM）法。它将雷电放电特性、雷电流大小与线路结构尺寸、地面倾斜角等因素联系起来，其分析结果较符合运行实际。我国电力行业标准 DL/T 620—1997《交流电气装置的过电压保护和绝缘配合》所推荐的绕击计算方法，不适用于特高压线路。

电气几何模型在 8 - 2 - 3 节中有介绍，但在分析特高压线路时，要注意合理选择击距及考虑导线工作电压的影响。

1. 雷电击距的选择

传统 EGM 假定雷电先导对避雷线、导线、大地的击距是相等的。这在杆塔较低时可以接受。当杆塔突出地面很高时，它对雷电电场分布的畸变作用十分明显，在雷电先导下行过程中，杆塔周围场强的增大，要比平坦地面上方快得多，杆塔、避雷线会先产生上行先导。从长间隙放电特性知，上行、下行先导间，或下行先导与未产生上行先导的被击目的物（包括大地）间的平均场强，超过平均临界场强（500kV/m）时，将发生放电的最后跃变。因而，雷电下行先导对杆塔和对地面的击距是不相等的，对杆塔的击距大于对地面的击距。设对避雷线的击距为 r_b，对导线的击距为 r_d，对大地的击距为 r_g。据国内仿真计算表明：固定雷云高度和雷电流幅值，随杆塔高度 h_t 的增加，r_b 和 r_d 都增加，而 r_g 基本不变；对同一个 h_t，r_b 和 r_d 很接近，可近似认为相等。设 $r_g/r_b=k_r$ 为击距系数，按杆高在 40～83m 范

围内的计算数据进行线性拟合，可得

$$k_r = 1.18 - h_t/108 \tag{14-2-1}$$

例如，$h_t = 68m$，算得 $k_r = 0.55$，即杆高为 68m 时，$r_g = 0.55r_b$，在确定 EGM 的地面捕雷面时，该用 $0.55r_b$，而不是 r_b。

再者，固定杆塔高度，改变雷电流幅值进行计算。结果表明，随雷电流幅值增大，先导对避雷线、导线、地面的击距均增加，但击距系数 k_r 基本不变。

目前，用雷电流幅值 $I_L(kA)$ 计算击距 $r(m)$ 的关系式甚多，国际上没有统一的认识，分歧较大。常用的击距计算式有 $r = 6.72I_L^{0.8}$，$r = 7.1I_L^{0.75}$，$r = 8.5I_L^{2/3}$，$r = 9.4I_L^{2/3}$，$r = 10I_L^{0.65}$。

IEEE 标准推荐的击距公式是：

先导对避雷线的击距 $\qquad r_b = 10I_L^{0.65}$

先导对大地的击距 $\qquad r_g = 5.5I_L^{0.65}$ （导线平均高度 $\geqslant 40m$） $\left.\vphantom{\begin{array}{c}a\\a\end{array}}\right\}$ (14-2-2)

对此，可理解为，较高杆塔，有一固定的击距系数 $r_g/r_b = 0.55$。

2. 导线工作电压对击距的影响

导线上特高工频电压在空间形成的电场，必然要影响雷电先导对导线的击距，为此，须知雷电先导的端部电位 V_0，按长空气间隙的负极性放电电压与击距的关系可写出

$$r_d = 1.63V_0^{1.125} \tag{14-2-3}$$

式中：r_d 为导线无工频电压时，先导对导线的击距，m；V_0 为负极性雷电先导端部电位，MV。

可近似地认为 $r_d = r_b$，由式（14-2-2）、式（14-2-3）解得

$$V_0 = 5.015I_L^{0.578} \tag{14-2-4}$$

于是，考虑导线工频电压后的雷电先导对导线的击距 r_{dh} 为

$$r_{dh} = 1.63(5.015I_L^{0.578} + u_{ph})^{1.125} \tag{14-2-5}$$

式中：r_{dh} 为击距，m；I_L 为雷电流幅值，kA；u_{ph} 为导线工频电压瞬时值，MV。

在雷击时刻，u_{ph} 的极性是正是负的概率基本相等。从 EGM 知，雷电流较小，击距较短，易发生绕击，若偏安全地计算导线工频电压 u_{ph} 对绕击的影响，可设定 u_{ph} 为导线最高运行相电压负幅值 U_{phm}，即

$$r_{dh} = 1.63(5.015I_L^{0.578} - U_{phm})^{1.125} \tag{14-2-6}$$

显然，U_{phm} 为确定值，I_L 愈小，工频电压的影响就愈显著；线路电压等级越高，U_{phm} 值愈大，对 r_{dh} 影响越大。

3. 架空线路绕击率的分析计算

确定了击距的计算方式，结合线路杆塔结构尺寸，作出电气几何模型。利用模型的几何数学关系，可分析影响绕击的因素，计算线路的绕击率。

将图 8-2-8 简化为图 14-2-1 所示。

图中 r_{sk} 为先导对导线的临界击距，对应于 r_{sk} 的雷电流是 I_{LK}，称 I_{LK} 为最大绕击电流，即雷电流 $I_L \geqslant I_{LK}$，将不会发生绕击。假设雷电先导是均匀垂直下落的，则可认为导线捕雷面 B_iC_i 弧在水平方向投影 $\overline{F_iC_i}$，与避雷线、导线捕雷面在水平方向的投影 $\overline{E_iC_i}$ 的比值，是雷电流为 I_{Li} 时的绕击率。在每单位长度线路宽度为 $\overline{F_iC_i}$ 的面积 ΔS_i 上，每个雷暴日的落雷次数为 $\gamma \Delta S_i = \gamma \overline{F_iC_i}$，$\gamma$ 为地面落雷密度（见 8-1-4 节），设雷电流幅值的概率密度为

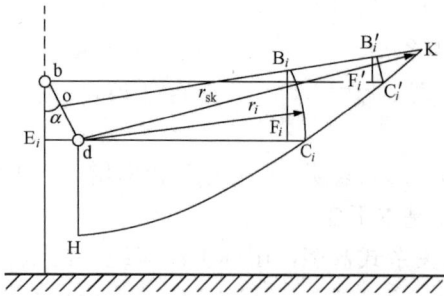

图 14 - 2 - 1 不同雷电流时的绕击率

$P(I_L)$，出现雷电流 I_{Li} 的概率为 $P(I_{Li})\Delta I_L$，在 ΔS_i 面积上，每一雷暴日中雷电流幅值为 I_{Li} 的落雷次数，即雷电流 I_{Li} 的绕击次数 Δn_i 为

$$\Delta n_i = P(I_{Li})\Delta I_L \gamma \overline{F_i C_i}$$

同理，可求出其他幅值雷电流相应的绕击次数，于是每一雷暴日每单位长度线路的总绕击次数 n_i 为

$$n_i = \sum \Delta n_i = \gamma \sum P(I_{Li})\Delta I_L \overline{F_i C_i}$$

$$(14 - 2 - 7)$$

在 n_i 次绕击中，并不是每次都发生导线绝缘闪络，当绕击雷电流 I_{Li} 小于导线绕击耐雷水平时，虽有绕击，但不闪络。线路防雷注意的是绕击使导线绝缘闪络的绕击次数，即单位长度线路绕击闪络次数 n_2。

图 14 - 2 - 2 是计算线路绕击耐雷水平 I_2 的等值电路图，其中 Z_d 为导线波阻抗，U_{phm} 为导线工频电压的最大幅值，I_L 为雷电流幅值，Z_0 为雷电先导波阻抗，据前苏联学者的观测和分析，雷电通道的等值波阻抗 Z_0 在 300～3000Ω 间变动，雷电流 $I_L < 5kA$ 时，Z_0 值约为数千欧，I_L 在 5～30kA 范围内，Z_0 值为 600～900Ω，在大电流范围（30～200kA）内，Z_0 值约为 300～600Ω，计算耐雷水平时，要注意 Z_0 值的修正。设导线绝缘的负极性 50% 闪络电压为 $U_{50\%}$，考虑导线工作电压后，绕击耐雷水平 I_2 为

$$I_2 = \left(U_{50\%} - \frac{2Z_0}{2Z_0 + Z_d}U_{phm}\right)\frac{2Z_0 + Z_d}{Z_0 Z_d} \tag{14 - 2 - 8}$$

当绕击雷电流 $I_{Li} \geqslant I_2$ 时，会发生绝缘闪络，相应于 I_2 的击距 r_2 称为允许击距，于是，可将图 14 - 2 - 1 所示的绕击区划分为绕击闪络区（Ⅰ）和非闪络区（Ⅱ）两部分，如图 14 - 2 - 3 所示。

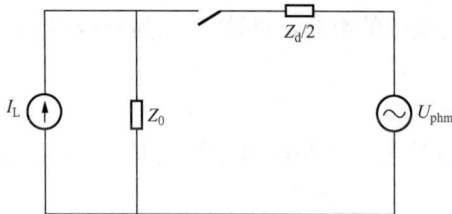

图 14 - 2 - 2 计算线路绕击耐雷
水平等值电路

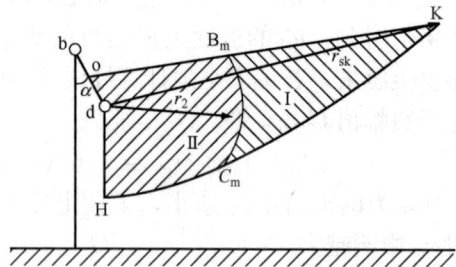

图 14 - 2 - 3 绕击闪络区（Ⅰ）和非闪络区（Ⅱ）

计算每一雷暴日每单位长度线路总的绕击闪络次数 n_2 时，只要计算区域（Ⅰ）就可以了，即

$$n_2 = \gamma \sum_{\text{区域}(\text{Ⅰ})} P(I_{Li})\Delta I_L \overline{F_i C_i} \tag{14 - 2 - 9}$$

若变动避雷线对外侧导线的保护角 α，使 $r_2 \geqslant r_{sk}$，则将不会发生绕击闪络。这种情况称有效屏蔽。若 $r_2 < r_{sk}$，则称部分屏蔽。

要达到有效屏蔽，α 往往是负角，可用几何分析法确定有效屏蔽所需的屏蔽角 α。参见

图 8-2-10，在等击距的前提下，避雷线有效屏蔽的负保护角由式（8-2-9）确定。

若计及击距系数 k_r，则可改写为

$$-\alpha = \theta + \beta + \theta_3 = \theta + \sin^{-1}\left(\frac{C}{2r_2}\right) + \sin^{-1}\left(\frac{h_d\cos\theta}{r_2} - k_r\right) \qquad (14-2-10)$$

式中：θ 为地面倾斜角；C 为避雷线与导线间的水平距离；h_d 为导线对地平均高度；r_2 为绕击允许击距。

采用负保护角是降低线路绕击跳闸的有效措施。但不必追求达到有效屏蔽，以满足防雷要求为目的。

分析绕击的电气几何模型虽有不少优点，但仍存在问题，主要是基本数据不够可靠。如击距的计算出入很大；雷电先导头部的电位与雷电流的关系是按平行于地面的无穷长导线推出的，实际上先导一般是垂直于地面，且是有限长的；下行先导是逐级发展的，在击穿前最后一次发展，不一定停歇在一个击距上；模型适用于避雷线、避雷针，不能反映避雷线、避雷针对地面场强畸变的差异等。这些问题都待逐步完善。

目前，国内外学者正在研究采用先导传播模型（LPM）分析计算绕击跳闸率。LPM 更详细地考虑雷电发展的物理过程和多种复杂因素的影响，如地面目标物的上行先导发展对雷击的影响。LPM 基于长间隙放电和雷电放电的相似性，利用长间隙放电试验和雷电观察的结果，提出雷电放电过程中的一些判据和计算公式，但分歧较大，至今，LPM 尚不能用于工程设计，还须继续研究。

二、雷电感应过电压的分析计算

我国 1997 年电力行业标准所推荐计算雷电感应过电压的方法，不适用于超、特高压线路。以 500kV 线路为例，取架空地线和导线的对地平均高度 h_b、h_d 分别为 60m、50m，雷电流幅值为 120kA，波前 2.6μs，陡度 $a=46.2$kA/μs，导线与地线的耦合系数 $k_0=0.3$，导线感应过电压 $U_i = ah_d\left(1 - k_0\frac{h_b}{h_d}\right)$ 计算，得 $U_i=1478$kV。此值已达到线路绝缘子串临界放电电压（约 2140kV）的 69%。再加上雷电流在杆塔和接地电阻上的压降，即使接地电阻为零，线路绝缘子串也必定要闪络。可实际 500kV 线路的耐雷水平在 150kA 左右，说明计算的感应过电压远大于实际电压。随着杆塔高度的增加，这种不符合实际的现象会更突出。

究其原因，并不是计算公式概念有误，是因按雷电先导电场计算所得的导线感应电压静电分量与各影响因素的关系很复杂，当时没有普及先进的计算手段，从工程实用出发，作了较多的近似简化，主要有：

（1）为满足雷击点至导线的距离 S 平方远大于导线对地平均高度 h_d 平方（即 $S^2 \gg h_d^2$）的条件，按当时的 h_d 高度，认定 $S=65$m，已满足要求。从而，使导线感应过电压 U_i 的关系式逐步简化为 $U_i = k\frac{Ih_d}{S}$。I 为雷电流幅值；k 为计算修正系数。

（2）在推导公式过程中，假定导线上的束缚电荷是瞬时被释放的，即主放电速度为无穷大，显然，这是感应过电压的极限值，与实际不符，再加上其他一些因素影响，需对计算式综合修正。按当时输电线路运行经验和模拟试验数据，取修正系数 k 为 25，从而得 $U_i = 25\frac{Ih_d}{S}$。

（3）雷击塔顶时，雷击点距地面的距离 h 为杆塔高度 h_t 与上行先导长度 l_s 之和。当时，

h 取值为 65m，于是 $U_i = 25\dfrac{Ih_d}{65} = \dfrac{I}{2.6}h_d = ah_d$。此处的 a 值是没有物理含义的，仅是数值上与雷电流陡度的巧合。若不取 65，也就不会与雷电流陡度联系起来了。

由上述内容可知，该行业标准推荐的计算式本来就没考虑高杆塔的情况，当然不适用特高压线路的防雷计算。

随着先进计算手段的发展和普及，基于电磁场理论，分析计算导线雷电感应过电压已不是件难事。选择好计算方法，建立起计算模型，开发成专用的计算软件，将杆塔结构参数、雷电参数、计算条件等原始数据输入后，就能算出相应的感应过电压数值和波形。

计算感应过电压较常用的方法是场抵消法（也称抵消场法）。场抵消法假设单杆塔、架空地线、导线组成的系统导体电阻率为零（纯导体）。为满足导线总电场强度切向分量为零的边界条件，必须有一个由感应电荷和感应电流产生的"抵消场"来抵消雷电荷和雷电流的强迫场。通过计算抵消场作用下杆塔、地线的抵消电位与导线电位叠加，求得绝缘子串两端的感应电压分量，以及其随时间变化的曲线。利用此波形函数可建立感应过电压模型。

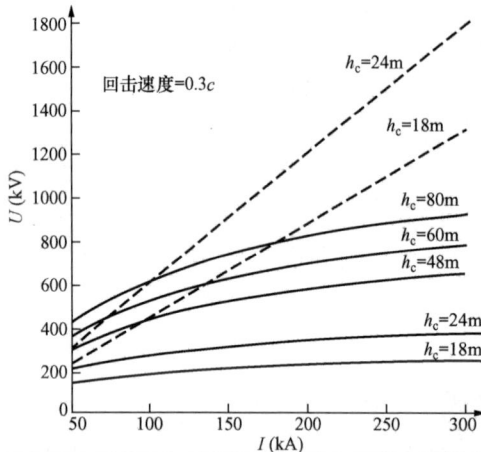

图 14 - 2 - 4　回击速度为 $0.3c$（c 为光速）所对应的感应过电压曲线族

目前，国内自行开发的雷电感应过电压计算软件已较多。例如，图 14 - 2 - 4 所示，不同导线高度 h_c（m）、不同雷电流幅值 I（kA），所对应的雷电感应过电压值 U_i（kV），是利用武汉大学电气工程学院开发的专用软件计算的。计算中，取主放电速度为 0.3 倍光速，雷电流波形为 $2.6/50\mu s$，导线与地线耦合系数为 0.28，由图可见，按行业标准推荐计算式计算的感应过电压值（虚直线）远大于用软件计算的感应过电压值；另一现象是雷电感应过电压随雷电流增大而呈现"饱和"状态。这是由于雷电流较大（对应雷电先导电荷密度较大）时，导线上聚集的束缚电荷趋于饱和，当雷电流再增大，虽然导线在很远处经变压器中性点接地，导线上电荷可从大地得到补充，但电荷在导线上移动聚集，受到同性电荷排斥，在未完成聚集过程时，主放电已发生。另外，雷电流增大，杆塔上行先导随之增长，导线离雷击点距离增大，导线上束缚电荷减小，感应过电压降低，这是感应过电压不随雷电流增大而线性增大的主要原因。

计算表明，因束缚电荷释放后移动较慢，雷电感应电压最大值出现时刻滞后雷电流波前时间，粗略估算约为 $0.8\mu s$。在雷电流波前时刻的感应电压值与感应电压最大值之比，随波前时间增大而增大。如波前为 $1.2\mu s$，此时刻的感应电压值是其最大值的 16%；波前为 $2.6\mu s$，达 63%；波前为 $4.0\mu s$，达 77%。因此在雷击塔顶计算绝缘子串承受雷电过电压时，应将雷电注入分量和感应分量的电压波形叠加，得到绝缘子串上总电压波形，而不是简单地将两峰值相加。

有关雷电感应过电压的计算，现有不同的表达式，但其计算结果相差不大。

美国 E. R. whitehead 提出的近似计算公式为

$$U_i = 6h_c I/(10 + I^{0.8}) \qquad (14 - 2 - 11)$$

中国电力科学研究院提出的近似计算公式

$$U_i = \frac{60ah_c}{\beta c} \ln \frac{h_t + d_r + \beta ct}{(1+\beta)(h_t + d_r)} \qquad (14 - 2 - 12)$$

武汉大学电气工程学院与武汉高压研究院合作研究提出的近似计算公式为

$$U_i = 2.2 I^{0.4} h_c \left(1 + k_0 \frac{h_b}{h_c}\right) \qquad (14 - 2 - 13)$$

武汉高压研究院通过计算拟合，提出近似计算公式

$$U_i = 1.33 \left[(1.771 + 1.754 h_c - 0.010\,88 h_c^2 + 1.935 \times 10^{-5} h_c^3) \times I^{0.01706 h_c^{0.222}} \right] (1 - k_0)$$

$$(14 - 2 - 14)$$

上述四式中：I 为雷电流幅值，kA；a 为雷电流陡度，kA/μs；h_b 为避雷线对地平均高度，m；h_c 为导线对地平均高度，m；k_0 为导线与避雷线的耦合系数；h_t 为杆塔高度，m；β 为主放电速度系数，取 0.3；c 为光速，3×10^8 m/s；式（14 - 2 - 12）中的 d_r 为杆塔上行先导长度，m，按击距 $r = 10 I^{0.65}$ 的 1/4 长度计算（其他算式中不取此数值）。在上述四式中，式（14 - 2 - 13）表达的物理概念较清晰。

三、雷击塔顶反击导线的分析计算

雷击塔顶，线路绝缘子串承受的雷电过电压由两部分组成：一是雷电流 $i(t)$ 在杆塔和接地电阻上的压降形成的塔顶电位 $u_t(t)$，称注入分量；另一是雷击过程中导线上形成的感应电压 $u_i(t)$，称感应分量。同时，绝缘子串尚承受工频工作电压 $u_{ph}(t)$ 的作用。1000kV 线路的工作电压幅值已占绝缘子串放电电压的 20% 左右，影响较大。若杆塔悬挂绝缘子串的横担离塔顶距离较大，则应分别计算塔顶电压 $u_t(t)$ 和横担电压 $u_h(t)$。

雷击塔顶时，线路绝缘子串两端的作用电压 $u_j(t)$ 可写成

$$u_j(t) = u_h(t) - k_{co} u_t(t) + u_i(t)(1 - k_0) + U_{phm} \sin\omega t \qquad (14 - 2 - 15)$$

式中：U_{pkm} 为线路最高运行相电压幅值，1000kV 线路取 898kV；k_0 为避雷线与导线的几何耦合系数；k_{co} 为考虑避雷线冲击电晕的避雷线与导线间耦合系数；$k_{co} u_t(t)$ 是避雷线耦合至导线的注入分量；$u_i(t)(1 - k_0)$ 是导线上的感应分量；$u_h(t)$、$u_t(t)$、$u_i(t)$ 都是雷电流 $i(t)$ 的函数，但其最大值并不是同时呈现。工频工作电压 $u_{ph}(t)$ 在不同的雷击时刻，对应有不同的瞬时值，故需通过统计计算求得计及工频电压对反击的影响。若为方便，可偏安全地作简化处理。判断 $u_j(t)$ 是否使绝缘子串闪络放电，采用相交法，即 $u_j(t)$ 电压波形与绝缘子串的雷电冲击放电伏秒特性曲线有交点，判断为闪络引起反击。相应的雷电流幅值就是线路反击耐雷水平值。通常，伏秒特性曲线是在标准雷电冲击波作用下得出的，而 $u_j(t)$ 是非标准雷电冲击波。所以，在计算中需先将绝缘子串的伏秒特性曲线加以修正。

雷击塔顶引起反击的计算。已有基于行波理论开发的专用计算程序。也可借助电磁暂态程序 EMTP - ATP 完成。

经计算知，雷击特高压输电线路塔顶，塔顶电位高，但绝缘子串的雷电冲击放电电压也很高。加上杆塔埋在地中的塔腿和基础尺寸较大，散流作用好，耐雷水平较高（不小于220kA），反击闪络的概率很低。无论是什么塔型，1000kV 单回线路的反击跳闸率在 0.0045 次/100（km·a）以下，是预期雷击跳闸率的 4.5%。反击不是特高压线路雷击跳闸的主要原因。

四、特高压输电线路的防雷措施

特高压输电线路防雷着重于采用避雷线减少绕击的概率。通常，全线路架设避雷线不少于两根，在平原和丘陵地区，对单回线路，避雷线保护角 $\alpha < 5°$，山区采用负保护角 $\alpha < -5°$。杆塔上两根避雷线间的距离不应超过导线与避雷线垂直距离的 5 倍。在一般土壤电阻率（$500\Omega \cdot m$ 以下）地区，杆塔接地电阻应小于 15Ω。线路反击耐雷水平不宜低于 220kA。线路档距中央避雷线与导线间的距离 S_L 应满足

$$S_L = 0.015L + 2 + U_{phm}/500 \text{(m)}$$

式中：L 为档距长度，m；U_{phm} 为线路最高运行相电压的幅值，kV。

这是考虑特高压线路的耐雷水平很高以及运行电压的影响，S_L 计算式不同于超高压线路。

以我国晋东南—南阳—荆门单回 1000kV 输电线路为例，该线路直线杆典型塔形如图 14 - 2 - 5 所示。

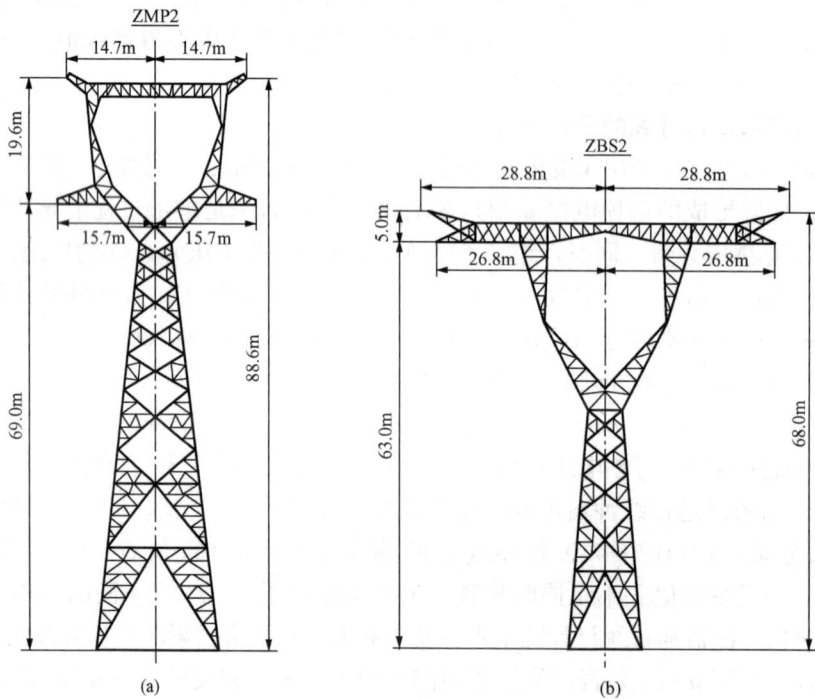

图 14 - 2 - 5 晋—南—荆 1000kV 线路典型塔形
(a) 猫头塔；(b) 酒杯塔

该线路在地面倾斜角 $\theta \leqslant 10°$ 的平原地区，使用猫头塔。山区（$10 \leqslant \theta \leqslant 20°$）使用酒杯塔。两边相导线采用悬垂绝缘子串（I 形）悬挂，中相导线采用两串绝缘子 V 型（V 形）悬挂。即猫头塔是 M 形三角排列，酒杯塔是 M 形水平排列。随着 α 的减小，两避雷线间距增大，对中相导线的屏蔽性能减弱，有绕击中相导线的可能。以酒杯塔两避雷线水平间距为 57.6m、避雷线与导线垂直距离为 13m 进行计算，结果表明，只有雷电流较小（$I < 9kA$）时，才会出现雷电穿越两避雷线中间绕击中相导线。但这种幅值的雷电流是不足引起绝缘闪络的，即绕击中相导线也不会引起线路雷击跳闸事故。若偏安全考虑，可将避雷线高度适当

提高。

特高压杆塔的基础是很好的自然接地体，即使土壤电阻率 $\rho=400\Omega\cdot m$ 的地区，其自然接地电阻也在 15Ω 以下。当 ρ 更高时，需装水平接地体降低杆塔接地电阻。在 $\rho=2000\Omega\cdot m$ 地区，接地电阻难以降至 30Ω 时，可采用 $6\sim8$ 根总长不超过 $500m$ 的水平放射型接地体。

特高压线路雷击跳闸，主要是绕击引起的，按电气几何模型计算晋—南—荆 $1000kV$ 线路的绕击跳闸率，见表 $14-2-1$。

表 14 - 2 - 1　　　　　　　　　**1000kV 晋—南—荆线路雷电绕击跳闸率**

塔形	酒杯塔（ZBS2）				猫头塔（ZMP2）			
地面倾斜角（°）	0	10	20	30	0	10	20	30
绕击跳闸率 [次/100（km·a）]	0	0	4.8×10^{-9}	0.019	0	0.06	0.108	0.618

我国 $1000kV$ 线路预期雷击跳闸率，要求低于 $500kV$ 线路的雷击跳闸率，可取其 70%，约为 0.1 次/100（km·a）。由表 $14-2-1$ 可知，在大坡度（$\theta>20°$）地区不宜采用猫头塔。一般平原地区和山区（$\theta\leqslant20°$），无论哪种塔形，其线路防雷效果均能满足预期要求。

14-2-2　特高压变电站雷击防护

特高压变电站在电网中的枢纽地位十分突出，一旦发生雷击事故，会造成大面积停电，影响甚为严重。因而要求变电站有可靠的防雷措施，能使变电站的耐雷指标不低于 1500 年。

一、变电站直击雷防护

特高压变电站直击雷防护的主要措施，仍是在变电站内安装避雷针和避雷线。保证被保护设备在避雷针、线的有效保护范围之内，并满足避雷针、线与被保护物之间有足够的安全距离，以免反击被保护物。避雷针、线保护范围的计算，可沿用超高压变电站的计算方法。

特高压变电站内构架（变压器门型构架除外）上要装避雷针（线）时，应对具体构架进行直击雷反击过电压的计算。确认构架与带电导体间的空气距离，能承受反击过电压的作用并留有一定裕度。此气隙距离可不拘泥于与构架绝缘子串长度相当的要求。

变电站采用半封闭组合电器（HGIS）或全封闭组合电器（GIS）时，组合电器的引入、引出套管需有避雷针（线）的有效保护。组合电器本体，仅将其外壳可靠接至变电站接地网即可。

作为防雷接地的引下线与变电站接地网的连接点，距变压器接地引下线与接地网连接点的距离（沿地网接地体长度）不得小于 15m。

二、变电站雷电侵入波的防护

特高压变电站限制雷电侵入波的基本措施，仍采用避雷器与进线段保护相配合的方法。要求作为进线段的线路（约 2km）具有比进线段以外线路更高的反击耐雷水平和很小的绕击概率。保证进线段对远区（进线段之外）落雷进入变电站侵入波的限制作用，使站内避雷器达到预期的防雷效果。在我国，$1000kV$ 变电站进线段反击耐雷水平要求不少于 $250kA$，避雷线保护角 $\alpha<-5°$。单回线路杆塔上两根避雷线间的距离大于导线与避雷线垂直距离的 4 倍时，应增设第三根避雷线，防止雷直击中相导线。

为确保特高压变电站防雷的可靠性，在侵入波防护的设计中，还需考虑进线段内落雷的可能性,即考虑近区(进线段内)落雷对站内设备的危害。计算近区落雷形成反击侵入波时,雷击点宜选择为进线段的 2 号杆塔(变电站向外看的第二基塔),以免变电站良好接地产生的负反射波,过早到达被击塔顶,影响塔顶电位的持续升高。计算近区落雷绕击侵入波时,雷击点宜选为 1 号塔(变电站向外看的第一基塔),绕击导线没有负反射波,绕击侵入波进变电站的距离最短,衰减最小。

侵入波在变电站内形成过电压的分布状况,与变电站运行接线直接相关。除正常运行方式外,应考虑特殊运行方式。如线路断路器开断时的单线运行方式,此时过电压是最严重的。避雷器布置方案既要满足正常运行的要求,也要满足特殊情况下保护电气设备的要求。

避雷器是变电站限制雷电侵入波的关键设备。在变电站内电气设备雷电冲击绝缘水平已确定的情况下,避雷器的雷电冲击保护水平必须满足与设备绝缘水平相配合的要求。当选定避雷器参数后,优化避雷器安装位置和数量尤显重要。

三、我国特高压输变电示范工程变电站雷电侵入波的防护

我国交流 1000kV 特高压输电试验示范工程中,晋东南变电站为全封闭组合电器(GIS)变电站,南阳开关站(可能发展为变电站)和荆门变电站是半封闭式组合器(HGIS)的开关站和变电站。变电站初期主接线为双断路器双母线接线,接一组主变压器,一回出线。开关站主接线也是双断路器双母线,初期有两回线路,晋东南线连接在双断路器间隔上,荆门线通过跨条连接在两母线上。

变电站进线段均采用酒杯塔,两边避雷线对边相导线的保护角 $\alpha < -5°$,为防止绕击中相导线,进线段增添第三根避雷线。杆塔的雷电冲击接地电阻约 7Ω,进线段最小反击雷电流达 $230 \sim 250kA$。边相绕击最大雷电流为 $18kA$。

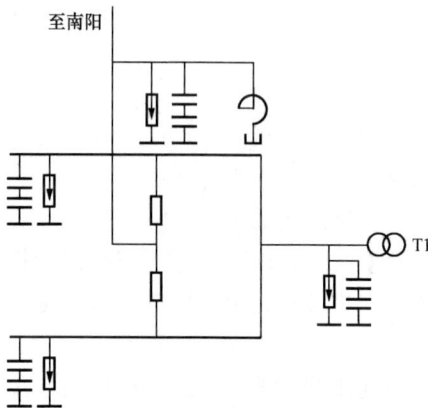

图 14 - 2 - 6 1000kV 晋东南变电站 MOA 布置图

站内金属氧化物避雷器(MOA)额定电压为 828kV,雷电冲击保护水平(20kA 残压)为 1620kV。站内主变压器、电抗器的雷电冲击耐压为 2250kV,电容式电压互感器、GIS 的雷电冲击耐压为 2400kV。

以晋东南变电站为例,经计算后确定的雷电侵入波保护方案,如图 14 - 2 - 6 所示。在正常运行方式下,雷电侵入波过电压(按最大绕击电流为 18kA 计算)分布状况为电抗器处 1776kV,主变压器处 1778kV,电容式电压互感器处 1789kV,GIS 处 2090kV。按惯用法衡量,各电气设备均留有一定的绝缘裕度,满足防雷要求。单线运行方式时,过电压值会增大,但出现单线运行方式的概率甚小。若按统计法计算,即使最大绕击电流为 25kA,变电站的耐雷指标也远高于 1500 年。这种 MOA 的布置方案具有足够高的防雷可靠性。

§14 - 3 交流特高压电网的绝缘配合

交流特高压电网绝缘配合,原则上沿用超高压电网的方法。对非自恢复绝缘(电气设备

内绝缘）采用惯用法（确定性法）。对自恢复绝缘（空气间隙）采用简化统计法。

在特高压电网中，操作冲击电压作用下的绝缘放电特性，是影响设备绝缘结构和工程造价的重要因素。操作冲击放电电压与操作冲击的波前时间密切相关，其关系曲线呈烟斗形，如图 3 - 5 - 7 所示。标准操作冲击波（$250/2500\mu s$）的 50% 放电电压位于曲线的低谷处，我国超高压电网绝缘配合是采用标准操作波的放电电压数据。研究表明，特高压电网操作过电压的波前时间 90% 以上大于 $1000\mu s$，而波前在 $1000\sim5000\mu s$ 范围内变化，对间隙放电电压的影响不大。为符合实际，特高压电网选择空气间隙距离，改用长波前（$1000\mu s$）操作冲击放电电压的数据。

特高压架空输电线路的绝缘子，在机械强度、防污能力、降低无线电干扰等方面的要求均很高。选择绝缘子串的片数之前，要先完成绝缘子的选型、定型工作。有关绝缘子串片数的选择，超高压电网用统一爬电比距法，而特高压电网倾向于用污耐受电压法，即用长绝缘子串人工污秽试验，取得单片绝缘子的耐污闪电压值，用此选择绝缘子串片数，使绝缘子串的耐污闪电压大于线路最高运行相电压，并留有裕度。这种方法与统一爬电比距法一样，其前提是承认在各种污秽条件下，绝缘子串的耐污闪电压与绝缘串长度（片数）成线性关系。实际上，不同串长的单片绝缘子耐污闪电压是有差异的。例如，用普通型玻璃绝缘子 FC300/195 进行长串绝缘子污耐受电压线性关系验证，结果是：48 片串单片污耐压要比 20 片串的低 11% 左右。因而，用于选择绝缘子串片数的单片污耐压值，要是相应型号的长绝缘子串实验值。另外，这种方法也存在实验室人工污秽闪络电压与线路自然污秽闪络电压的等价问题，须作修正。

当前，正式运行的交流特高压电网只有 1000kV 电压等级，故本章节只对此电压等级的绝缘选择进行分析计算。

14 - 3 - 1　特高压架空输电线路绝缘子串的片数选择

一、绝缘子类型的选择

特高压线路，可能采用 $8\times500mm^2$、$8\times630\ mm^2$、$8\times800\ mm^2$ 的分裂导线，线路绝缘子悬挂的相导线根数多，截面大，加之风力、覆冰等极为苛刻的运行条件，必须具有足够大的机械荷载能力。国外对 1100kV 架空线路的研究表明，瓷和玻璃的盘形悬式绝缘子要求具有 540kN 的额定机械破坏负荷，结合我国制造水平及具体情况，可采用 300kN 及 400kN 的电瓷绝缘子。

线路绝缘子在运行中承受工作电压及过电压的作用，绝缘子承受工频电压的能力与绝缘子的爬电距离（L_0）相关，承受过电压冲击波的能力与结构高度（H）相关。特高压电网的操作过电压是被深度限制的，在绝缘子选型时要充分注意这一特点，协调绝缘子的电气荷载特性。据研究，绝缘子的 $L_0/H\geqslant3$ 较合适，如三伞型 XSP - 300 瓷绝缘子的 $L_0/H=3.26$。

根据我国西北地区 750kV 线路绝缘子选型及运行的经验，三层伞式瓷绝缘子的耐污闪性能最好，双层伞式次之，即使在高海拔地区其耐污闪仍较好。特高压绝缘子应首选双层伞及三层伞型。

特高压输电线路运行电压高，为减少局部放电产生的无线电干扰，特高压电瓷绝缘子的球头、钢脚及其间隙距离、钢帽边缘形状和加工的粗糙度等，均要精心设计和处理。

处在重污秽区的线路，宜选用复合绝缘子，充分发挥其优异的憎水性，提高抗污闪能力。若选用电瓷绝缘子串，其串长及质量均很可观，会增大杆塔尺寸，造价偏高，可靠性也会下降。

二、绝缘子串片数的选择

采用污耐受电压法选择线路绝缘子串的片数，应先完成下列工作。

（1）实地了解现场污秽度（SPS），SPS 表征施加在绝缘子上的污秽量（盐度、污秽电导率、附盐密度）的值，确定该输电线路"地区污秽"的 SPS，必要时应对污秽物成分进行化学分析。

（2）将现场污秽度校正到附盐密度（SDD）。

（3）选定绝缘子型号和长绝缘子串片数，在给定的基准污秽度下，按人工污秽试验程序，测出绝缘子串 50% 人工污秽工频耐受电压，并折算至单片的 $U_{50\%}$ 值。

选择线路绝缘子串、绝缘子片数的步骤大致如下。

1）由线路设计闪络概率 P_m 确定单串绝缘子的闪络概率 P_1 为

$$P_m = 1 - (1 - P_1)^m \tag{14-3-1}$$

式中：m 为线路并联绝缘子串数。

2）由 P_1 和变异系数 σ_w（即标准偏差与平均值之比值）确定对应于 m 串绝缘子并联时的单片绝缘子污耐受电压 U'_{w1}。σ_w 可取 0.07 或由试验数据得出。U'_{w1} 的计算式为

$$U'_{w1} = (1 - K_1\sigma_w)U_{50\%} \tag{14-3-2}$$

绝缘子串污秽闪络电压按正态函数 $\varphi(K_1) = 1 - P_1$ 分布，K_1 从正态分布表查得。

3）人工污秽与自然污秽等价性的修正。影响人工污秽试验结果与自然污秽等效性的因素较多，除盐密之外，还有可溶盐种类、不溶物种类、附着密度以及污秽物在绝缘子表面的不均匀分布，等等。通常，轻盐密和中等盐密时，不对试验结果作上下表面积污分布不均匀进行修正，重盐密时试验结果按上下表面盐密比修正。另外，需进行灰密修正。修正后单片绝缘子污耐受电压 U_{w1} 为

$$U_{w1} = K_2 K_b U'_{w1} \tag{14-3-3}$$

$$K_2 = 1.0(NSDD)^{-0.09} \tag{14-3-4}$$

$$K_b = 1 - A\ln(T/B) \tag{14-3-5}$$

式中：K_2 为修正至 1.0 灰密下的等值灰密校正系数；$NSDD$ 为灰密，mg/cm^2；K_b 为绝缘子上下表面污秽不均匀分布修正系数；T/B 为绝缘子上表面盐密 T 对下表面盐密 B 之比；A 为常数，对双层伞、三层伞型绝缘子，取 0.17。

（4）不同绝缘子串型的修正。修正后作为选择绝缘子串片数的单片绝缘子污耐受电压 U_w 为

$$U_w = K_3 U_{w1} \tag{14-3-6}$$

式中：K_3 为绝缘子串型修正系数，单悬垂串 $K_3 = 1.0$；单 V 型串 $K_3 = 1.05$、双悬垂串 $K_3 = 0.94$。

（5）确定污秽设计目标电压值 U_{phw}，计算式为

$$U_{phw} = K_4 U_{phm} \tag{14-3-7}$$

式中：U_{phm} 为线路最高运行相电压；K_4 为线路重要性修正系数，一般线路取 1.1～1.3，重要线路取 1.6、核电站出线取 $\sqrt{3}$。

（6）计算线路绝缘子串片数 n，其计算式为

$$n = U_{phw}/U_w \tag{14-3-8}$$

（7）按不同性质的作用电压校核所选绝缘子片数。绝缘子串片数主要满足承受长期工作

电压作用的要求。操作过电压和雷电过电压，不是选择绝缘子串片数的决定条件，仅是校验的条件。

海拔 1000m 以下地区 1000kV 输电线路，对应于不同污秽等级，按污耐压法确定的双伞型 300kN 瓷绝缘子串的绝缘子片数，如表 14 - 3 - 1 所示。

耐张绝缘子串的绝缘子片数一般可取悬垂串同等数值。

在Ⅲ级以上污区，复合绝缘子的结构高度和爬电距离应不小于同一污区瓷绝缘子串的80%，但其结构高度不得低于Ⅰ级污秽等级的瓷绝缘子串长。

表 14 - 3 - 1　　　　　　　不同污秽等级下 1000kV 线路绝缘子串的绝缘子片数

污秽等级	等值盐密（mg/cm²）	绝缘子片数	
		单Ⅰ串	单Ⅴ串
0	0.03	46	40
Ⅰ	0.06	52	45
Ⅱ	0.10	56	49
Ⅲ	0.25	67	58
Ⅳ	0.35	71	62

注　(1) 设计目标电压为 $1.1 \times 1100/\sqrt{3}$kV=699kV；

(2) 绝缘子结构高度 195mm，爬电距离 485mm；

(3) 表中污秽等级按我国 GB/T 16343—1996 划分，与 GB/T 26218.1—2010 所划分的等级不相互对应。

海拔超过 1000m 的地区，线路绝缘子串的绝缘子片数需修正，计算公式为

$$n_H = n(p_0/p)^h \qquad (14 - 3 - 9)$$

式中：n_H 为高海拔下每串绝缘子片数；p 和 p_0 分别为实际和标准状态下的气压；h 为气压修正系数，各种绝缘子的 h 值应据实际试验数据确定。普通型绝缘子 h 取 0.5，双伞防污型取 0.38，三伞防污型取 0.31。

14 - 3 - 2　特高压架空输电线路空气间隙的选择

特高压架空输电线路采用简化统计法选择空气间隙。主要是选择导线对杆塔的空气间隙距离。线路在运行中，承受工频运行电压、操作过电压和雷电过电压作用。故需分别针对三种作用电压进行计算选择。

一、按工频运行电压选择

线路边相导线对杆塔柱的空气间隙，是指悬垂绝缘子串受风偏后，导线对塔柱的气隙距离。计算绝缘子串风偏角时，应采用 100 年一遇的最大风速，而不是 500kV 线路所用的 50 年一遇的最大风速。

线路运行的最大工作电压是作用在线路众多（m 个）并联气隙上的，m 个间隙并联后 50% 工频放电电压 $U_{50.m}$（幅值），将低于单个间隙的 50% 放电电压 $U_{50.1}$（幅值）。$U_{50.m}$ 的计算式为

$$U_{50.m} = (1 - K_m \sigma_1) U_{50.1} \qquad (14 - 3 - 10)$$

式中：σ_1 是单间隙工频放电电压的变异系数；K_m 为系数，与线路并联间隙数 m 及闪络概率相关。

在相同电压作用下，并联多间隙的闪络率 P_m 将大于单间隙的闪络概率 P_1，即有

$$P_m = 1 - (1 - P_1)^m = mP_1\left[1 - \frac{m-1}{2}P_1 + \frac{(m-1)(m-2)}{6}P_1^2 + \cdots\right]$$

当 P_1 足够小时，可近似为

$$P_m \approx mP_1 \qquad (14\text{-}3\text{-}11)$$

并联多间隙工频放电电压的变异系数 σ_m 小于单间隙的变异系数 σ_1。比值 $\beta = \sigma_m/\sigma_1$，$m$ 值愈大，β 愈小。

要求线路多间隙的闪络概率为 0.135%，则要求相应多间隙的工频放电电压 $U_{r.m}$ 为

$$U_{r.m} = (1 - 3\sigma_m)U_{50.m} = (1 - 3\sigma_m)(1 - K_m\sigma_1)U_{50.1} \qquad (14\text{-}3\text{-}12)$$

于是，$U_{r.m}$ 应不小于线路最高运行相电压 $U_{ph.m}$（幅值）。单间隙 50% 工频放电电压 $U_{50.1}$ 应满足

$$U_{50.1} = \frac{U_{ph.m}}{(1 - 3\sigma_m)(1 - K_m\sigma_1)} \qquad (14\text{-}3\text{-}13)$$

全线杆塔间隙承受工作电压是基本相等的，但全线同时承受最大风速，导线同时有最大风偏角的概率却很小。按工作电压选择空气间隙需考虑的并联间隙数 m，主要决定于同时是最大风偏角的杆塔数。m 可取 100。

按 $m = 100$、$K_m = 2.45$、$\beta = 0.4$、$\sigma_1 = 0.03$、$\sigma_m = 0.012$ 代入式（14-3-13），则

$$U_{50.1} = 1.119U_{ph.m} = K_c U_{ph.m} \qquad (14\text{-}3\text{-}14)$$

式中：K_c 为统计配合系数；$U_{ph.m} = 1100\sqrt{2}/\sqrt{3}$ kV。

海拔 H 不同，需对 $U_{50.1}$ 进行修正，修正系数 K_h 按相关导则推荐公式计算得：$H = 500$m 时，$K_h = 1.065$；$H = 1000$m 时，$K_h = 1.131$；$H = 1500$m 时，$K_h = 1.202$。

再考虑 5% 的安全裕度，安全系数 $K_s = 1.05$。

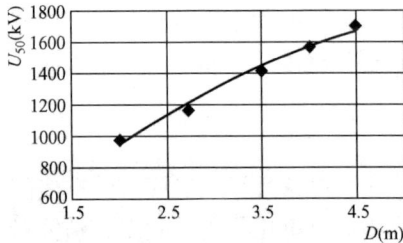

图 14-3-1　特高压真型塔边相间隙工频放电电压与气隙距离关系

于是，按工频运行电压选择边相导线对杆塔气隙的放电电压要求值 $U_{50.1.r}$ 为

$$\begin{aligned}U_{50.1.r} &= K_c K_h K_s U_{ph.m}\\ &= 1.175 K_h U_{ph.m}\end{aligned} \qquad (14\text{-}3\text{-}15)$$

特高压真型塔边相空气间隙 50% 工频放电电压与气隙距离的关系，如图 14-3-1 所示。

由式（14-3-15）计算不同海拔地区的线路气隙 50% 工频放电电压要求值 $U_{50.1.r}$ 以及由此选择的气隙距离，见表 14-3-2。表 14-3-2 中尚列出按所选气隙距离进行真型塔试验的试验值。试验值均大于要求值，证明所选边相气隙距离能满足安全要求。

表 14-3-2　　按工频运行电压选择的 1000kV 线路边相空气间隙距离

海拔 (m)	工频放电电压要求值 $U_{50.1.r}$ （kV）	选择气隙距离 (m)	真型塔气隙放电电压试验值 （kV）
500	1122	2.7	1186
1000	1194	2.9	1240
1500	1268	3.1	1342

线路中相（V形串）导线对塔窗的空气间隙距离不受工频运行电压控制，不必确定工频电压作用下的气隙距离。

二、按操作过电压选择

按操作过电压选择悬垂绝缘子串的气隙距离时，计算绝缘子串风偏角采用百年一遇最大风速的 50%。

沿线最大的统计操作过电压 U_s 为 1.7p.u.。有此过电压作用的并联气隙数 m，取决于线路操作过电压的分布长度。如偏保守，可取 $m=100$。

考虑多并联间隙的 50%操作冲击放电电压 $U_{50.s.m}$ 要比单间隙的低，以及设计线路闪络概率为 0.13%的要求，单间隙 50%操作冲击放电电压 $U_{50.s.1}$ 需满足

$$U_{50.s.1} = \frac{U_s}{(1-K_m\sigma_1)(1-3\sigma_m)} \tag{14-3-16}$$

取 $m=100$，$K_m=2.54$，$\beta=0.4$，$\sigma_1=0.06$，$\sigma_m=0.024$，代入上式得

$$U_{50.s.1} = 1.263U_s$$

海拔修正系数：$H=500\text{m}$，$K_h=1.024$；$H=1000\text{m}$，$K_h=1.049$；$H=1500\text{m}$，$K_h=1.074$。

不同海拔地区，线路导线对杆塔的空气间隙 50%操作冲击放电电压要求值为

$$U_{50.s.r} = 1.263K_hU_s \tag{14-3-17}$$

式中：线路最大统计操作过电压 $U_s=1.7\times1100\sqrt{2}/\sqrt{3}\text{kV}$。

不同海拔地区，线路导线气隙距离的 50%操作冲击放电电压要求值，如表 14-3-3 所列。

表 14-3-3　　　不同海拔地区线路导线气隙 50%操作冲击放电电压要求值

海拔高度（m）	500	1000	1500
$U_{50.s.r}$（kV）	1974	2023	2072

1. 中相（V形串）空气间隙距离 D 的选择

空气间隙的操作冲击放电电压与气隙处杆塔侧面宽度及试验电压波前时间密切相关。杆塔侧面宽度增大，气隙的放电电压随之降低；有关试验电压波前的影响，通过真型塔试验数据可知。

表 14-3-4 是酒杯塔中相气隙在不同波前时间的 50%操作冲击波放电电压值。导线对塔窗斜铁的距离为 6.7m，对横梁距离 7.9m。因试验中，操作冲击波曾多次对横梁放电，因而有必要列出对横梁的距离。

表 14-3-4　　　酒杯塔中相气隙在不同波前时间的 50%操作冲击波放电电压

波前时间（μs）	250	1000	5000
50%放电电压（kV）	1801	2015	2149
变异系数（%）	4	6.4	5.1

试验结果表明，1000μs 波前操作冲击波放电电压比 250μs 波前操作冲击波放电电压高 11.9%。特高压电网采用 1000μs 波前操作冲击放电电压值选择气隙距离。

按表 14-3-3 的 $U_{50.s.r}$ 值，选择中相气隙距离 D 值如下。

（1）$H=500\text{m}$，$U_{50.s.r}=1974\text{kV}$，取$D=6.7\text{m}$，能满足要求。

（2）$H=1500\text{m}$，$U_{50.s.r}=2072\text{kV}$，因受试验设备能力限制，仅进行$1000\mu\text{s}$长波前操作冲击波的耐受试验。试验时导线对斜铁距离7.7m，对横梁8.1m。施加1986kV电压进行耐受试验，结果是耐受48次，闪络2次，耐受概率为96%。从而，按正态分布可推算知50%放电电压为2078kV。取$D=7.7\text{m}$，能满足要求。

（3）$H=1000\text{m}$，$U_{50.s.r}=2023\text{kV}$，利用插入法确定D值，计算知$D=7.2\text{m}$，能满足要求。

2. 边相（I形串）空气间隙距离D的选择

真型塔边相导线对塔距离5.6m时，气隙50%操作冲击放电电压试验值见表14-3-5。

表14-3-5　　　真型塔边相导线对塔距离5.6m时，气隙50%操作冲击放电电压

波前时间（μs）	250	1000	5000
50%放电电压（kV）	1789	1915	2125

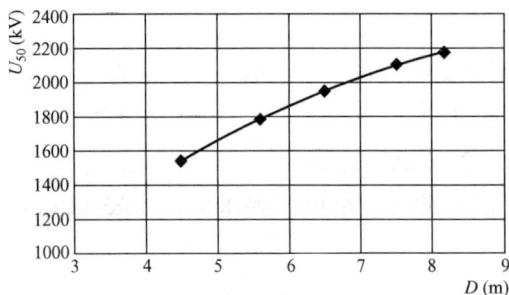

图14-3-2　$250\mu\text{s}$波前50%操作冲击放电电压与边相气隙距离的关系

试验结果表明，$1000\mu\text{s}$波前的放电电压比$250\mu\text{s}$波前的放电电压约高7%。

$H=500\text{m}$时，$U_{50.s.r}=1974\text{kV}$，取$D=5.6\text{m}$尚不能满足要求，设法借用$250\mu\text{s}$波前的试验数据推算$1000\mu\text{s}$波前的放电电压。图14-3-2所示为猫头塔边相气隙的波前$250\mu\text{s}$波前操作冲击50%放电电压与边相气隙距离的试验曲线。参考表14-3-5中数据，推算出$1000\mu\text{s}$波前操作冲击50%放电电压与气隙距离的关系，见表14-3-6。

表14-3-6　　　$1000\mu\text{s}$波前50%操作冲击放电电压与气隙距离的关系（推算值）

气隙距离（m）	5.6	6.5	7.5
50%放电电压（kV）	1915	2095	2261

于是，边相气隙距离D可用插入法求得：

$H=500\text{m}$，$U_{50.s.r}=1974\text{kV}$，取$D=5.9\text{m}$；

$H=1000\text{m}$，$U_{50.s.r}=2023\text{kV}$，取$D=6.2\text{m}$；

$H=1500\text{m}$，$U_{50.s.r}=2072\text{kV}$，取$D=6.4\text{m}$。

三、按雷电过电压选择

特高压单回线路，雷电冲击作用下的空气间隙距离对杆塔尺寸不起控制作用，可不规定雷电冲击的气隙距离值。

四、我国单回1000kV线路空气间隙最小距离

特高压输电线路的空气间隙距离是受操作过电压控制的，具体数值，见表14-3-7。

14-3-3　特高压变电站空气间隙（A值）的选择

选择变电站最小空气间隙距离，是要确定导线对构架的最小距离A_1'、变电站设备对构架的最小距离A_1''、变电站相间最小距离A_2。

表 14-3-7　　　　　　　　　　　**我国单回 1000kV 线路空气间隙距离**

作用电压类型		工频电压	操作冲击电压	雷电冲击电压
气隙距离（m）	海拔 500m	2.7	边相 5.9 中相 6.7	不予规定
	海拔 1000m	2.9	边相 6.2 中相 7.2	
	海拔 1500m	3.1	边相 6.4 中相 7.9	

注　操作冲击中相距离是导线对塔窗斜铁的距离。

选择气隙距离的原则是气隙的绝缘水平与设备外绝缘的绝缘水平相当。选择的方法是简化统计法。

一、按工频电压选择

1. A_1'' 的选择

变电站气隙应能承受相对地最大工频暂时过电压 U_g（1.4p.u）的作用。考虑安全裕度 $K_s=1.05$ 及海拔修正系数 K_h，要求气隙具有耐受电压 $U_{g.w}$ 为

$$U_{g.w} = K_s K_h U_g \tag{14-3-18}$$

由于气隙的放电特性是用 50% 放电电压表示的，因而需将对应于设备外绝缘 10% 放电概率的耐受电压转换至 50% 放电电压，即要求气隙具有的 50% 工频放电电压 $U_{50.g}$ 为

$$U_{50.g} = \frac{U_{g.w}}{1-1.28\sigma_g} \tag{14-3-19}$$

式中：σ_g 为工频放电电压变异系数，$\sigma_g=0.03$。

2. A_1' 的选择

取 A_1' 与 A_1'' 相同值。若是导线有风偏，需按最大风速计算风偏角。

3. A_2 的选择

相间工频暂时过电压可能达到相对地 $\sqrt{3}$ 倍，但此时的最大相对地工频过电压按 1.3 p.u 计算。考虑安全裕度 $K_s=1.05$ 及海拔校正系数 K_h，要求间隙具有耐受电压 $U_{g.c.w}$ 为

$$U_{g.c.w} = K_s K_h U_{g.c} \tag{14-3-20}$$

式中：$U_{g.c}$ 为相间最大统计工频过电压，$U_{g.c}=1.3\sqrt{3}$p.u。

要求气隙的 50% 工频放电电压为

$$U_{50.g.c} = \frac{U_{g.c.w}}{1-1.28\sigma_g} \tag{14-3-21}$$

如果导线有风偏，按最大风速计算风偏角。

二、按操作冲击电压选择

1. 相对地间隙（A_1 值）

考虑可接受的故障率为 10^{-4}，相应的统计配合系数 K_{cs} 为 1.15。再考虑安全裕度 $K_a=1.05$ 以及海拔修正系数 K_h，要求气隙的耐受电压 $U_{s.w}$ 为

$$U_{s.w} = K_{cs} K_a K_h U_s \tag{14-3-22}$$

式中：U_s 为变电站相对地操作统计过电压，$U_s=1.6$p.u。

相应地，要求气隙具有 50% 操作冲击放电电压 $U_{50.s}$ 为

$$U_{50.s} = \frac{U_{s.w}}{1-1.28\sigma_s} \tag{14-3-23}$$

式中：σ_s 为操作冲击放电电压变异系数，取 0.06。

2. 相间间隙（A_2 值）

变电站空气间隙应耐受相间统计操作过电压 $U_{s.c}$，考虑可接受的故障率为 10^{-4}，相应的统计配合系数 $K_{cs}=1.15$，安全裕度系数 $K_s=1.05$，海拔修正系数 K_h，相间气隙距离的耐受电压 $U_{s.c.w}$ 为

$$U_{s.c.w} = K_{cs}K_sK_hU_{s.c} \tag{14-3-24}$$

式中：$U_{s.c}=2.8\text{p.u.}$。

要求气隙 50% 操作冲击放电电压为

$$U_{50.s.c} = \frac{U_{s.c.w}}{1-1.28\sigma_s} \tag{14-3-25}$$

式中：$\sigma_s=0.03$。

三、按雷电过电压选择

1. 相对地间隙（A_1 值）

变电站带电导体的最大雷电过电压 U_L 值，由变电站雷电侵入波确定。统计配合系数 K_{CL} 为

$$K_{CL} = \frac{1}{1-3\sigma_L}$$

式中：σ_L 为雷电冲击放电电压变异系数，取 0.03。

考虑安全系数 $K_s=1.05$，海拔修正系数 K_h，要求气隙具有 50% 雷电冲击放电电压值 $U_{50.L}$ 为

$$U_{50.L} = \frac{K_{CL}K_sK_hU_L}{1-1.28\sigma_L} \tag{14-3-26}$$

2. 相间间隙（A_2 值）

相间间隙距离可取相对地间隙距离的 1.1 倍。

四、1000kV 变电站最小空气间隙距离

由上述相关公式，计算出各类作用电压下对气隙放电电压的要求值。依据不同试验电压作用下，各类型间隙的放电特性，确定相应的气隙距离。

表 14-3-8 所列的 1000kV 变电站最小空气间隙距离值，是依据国家电网公司武汉高压研究院所做的空气间隙放电特性试验曲线确定的。试验包括环—构架、软导线—构架、管型母线—构架空气间隙的工频电压、操作冲击电压、雷电冲击电压的放电特性试验。具体试验曲线，参见相关资料。

表 14-3-8　　　　　　　　　1000kV 变电站最小空气间隙距离　　　　　　　单位：m

作用电压	A_1 值		A_2 值
	A_1'	A_1''	
工频耐受电压	4.2		6.8
操作冲击耐受电压	6.8	7.5	10.1（均压环—均压环） 9.2（4 分裂导线—4 分裂导线） 11.3（管型母线—管型母线）
雷电冲击耐受电压	5.0		5.5

由表 14-3-8 中数据可知，特高压变电站最小空气间隙是由操作过电压所控制的。

14-3-4　特高压电气设备绝缘水平的选择

因电气设备绝缘对不同作用电压有不同的耐受能力，所以，电气设备绝缘水平分别用工频耐受电压、操作冲击耐受电压及雷电冲击耐受电压表示。

一、工频耐受电压

工频耐受试验是检验电气设备对长期工作电压及暂时过电压作用的耐受能力。并在升高工频电压的试验过程中，监测设备绝缘的局部放电状况，确认其运行的可靠性。

电气设备的额定短时工频耐受电压（有效值）$U_{g.w}$ 应高于最大工频暂时过电压 $U_{g.z}$，并留有裕度，即：

内绝缘　　　　　　　　　　　　　$U_{g.w} \geqslant K_s K_c U_{g.z}$

外绝缘　　　　　　　　　　　　　$U_{g.w} \geqslant K_h K_s \cdot K_c U_{g.z}$

式中：K_c 为统计配合系数，取 $K_c = 1$；K_s 为安全系数，内绝缘取 1.15，外绝缘取 1.05；K_h 是依据海拔进行的大气校正系数。

变电站电气设备外绝缘耐污闪能力应满足变电站所在地区相应污秽等级的耐受长期工作电压作用的要求。

再者，工频耐受电压试验尚应检验设备绝缘在长期工作电压作用下的可靠性，适当延长工频试验电压加压时间，对考验变压器在工频运行电压下的性能十分必要。我国 1000kV 电力变压器工频耐压试验，耐受电压值取 1100kV，加压时间为 5min。

二、操作冲击耐受电压

电气设备绝缘的操作冲击耐受电压，是以 MOA 操作冲击保护水平为基础，乘以配合系数，按惯用法确定。

我国 1000kV 变电站选用 MOA 的操作冲击保护水平为 1456kV（2kA）。对变压器、并联电抗器、电压和电流互感器等设备内绝缘的操作冲击绝缘配合系数取 1.15。外绝缘的操作冲击配合系数取 1.05。

三、雷电冲击耐受电压

电气设备绝缘的雷电冲击耐受电压，以 MOA 雷电冲击保护水平为基础，乘以雷电冲击绝缘配合系数确定。

我国 1000kV 变电站 MOA 的雷电冲击保护水平为 1624kV（20kA）、对变压器内绝缘的雷电冲击绝缘配合系数取 1.15，考虑运行老化，要再乘以裕度系数 1.10。断路器和电压、电流互感器等，因存在保护距离的因素，其内绝缘的雷电冲击绝缘配合系数取 1.4。外绝缘雷电冲击配合系数取 1.05。

电气设备外绝缘的耐受电压，要经海拔、气象因素的校正。经校正后的外绝缘耐受电压，可取该设备内绝缘相应耐受电压的同一值。

对变压器类设备应作雷电冲击截波耐受电压试验，其幅值可比额定雷电冲击耐受电压值高 10% 左右。截波过零系数不大于 0.3，截断跌落时间一般不大于 0.7μs。

海拔 1000m 及以下地区，1000kV 主要电气设备额定耐受电压（规范值），见表14-3-9。

表 14 - 3 - 9　　　　　　　　　　我国 1000kV 主要电气设备绝缘额定耐受电压

设　备	雷电冲击耐受电压 （kV）	操作冲击耐受电压 （kV）	短时工频耐受电压（kV） （有效值）
变压器　电抗器	2250 （截波 2400）	1800	1100（5min）
GIS（断路器 隔离开关）	2400	1800	1100（1min）

习　　题

14 - 1　为什么输电线路采用固定电抗值的并联电抗器补偿时，会影响线路传输功率？

14 - 2　用作输电线路并联补偿的可控电抗器，应具有哪些性能？

14 - 3　在交流特高压电网中为什重视接地故障和消除接地故障所激发的操作过电压？而在超高压电网不提此类过电压？

14 - 4　断路器合闸并联电阻限制合闸过电压的效果与哪些因素有关？

14 - 5　试述隔离开关操作过电压（特快速瞬态过电压 VFTO）的形成原因及危害性。可采取什么限压措施？

14 - 6　金属氧化物避雷器 MOA 作为限制操作过电压的重要设备，应满足哪些要求？

14 - 7　应用电气几何模型法分析计算特高压输电线路的绕击率时，应注意哪些问题？减小绕击跳闸率的有效措施是什么？

14 - 8　在分析计算特高压输电线路的反击耐雷水平时，应怎样考虑雷电感应分量的影响？

14 - 9　特高压变电站对雷电侵入波的防护，为什么要强调进线段内的近区雷击？站内 MOA 布置方案应考虑哪些因素？

14 - 10　超、特高压电网的绝缘配合方法有哪些异同点？

14 - 11　为什么特高压电网要采用长波前操作冲击放电电压值选择空气间隙距离？与采用短波前操作冲击放电电压值选择相比，有什么差别？

14 - 12　试用统一爬电比距法，计算 1000kV 输电线路单 I 串盘式绝缘子片数，并与表 14 - 3 - 1 中的单 I 串片数作分析比较。线路通过 A 类污秽、现场污秽度在 c 等级的污秽地区（中等污秽区）。线路选用 XWP - 300 型悬式绝缘子，盘径 330mm，单片绝缘子的几何爬电距离 480mm。绝缘子串应具有的最小统一爬电比距值可取 36mm/kV。

附　　录

一、测量用球隙的击穿电压

（1）标准大气条件下，球隙的击穿电压峰值（冲击电压为 U_{50} 值）kV 见附表 1，适用于工频交流电压、负极性雷电冲击全波和操作冲击电压、正、负极性直流电压。

附表 1　　　　　　　　　　球隙的击穿电压（峰值）（一）　　　　　　　　单位：kV

球隙距离 S (cm)	球 直 径 D (cm)												球隙距离 S (cm)
	2	5	6.25	10	12.5	15	25	50	75	100	150	200	
					(195)	(209)	244	263	265	266	266	266	10
						(219)	261	286	290	292	292	292	11
						(229)	275	309	315	318	318	318	12
							(289)	331	339	342	342	342	13
							(302)	353	363	366	366	366	14
							(314)	373	387	390	390	390	15
							(326)	392	410	414	414	414	16
0.05	2.8						(337)	411	432	438	438	438	17
0.10	4.7						(347)	429	453	462	462	462	18
0.15	6.4						(357)	445	473	486	486	486	19
0.20	8.0	8.0											
0.25	9.6	9.6					(366)	460	492	510	510	510	20
								489	530	555	560	560	22
0.30	11.2	11.2						515	565	595	610	610	24
0.40	14.4	14.3	14.2					(540)	600	635	655	660	26
0.50	17.4	17.4	17.2	16.8	16.8	16.8		(565)	635	675	700	705	28
0.60	20.4	20.4	20.2	19.9	19.9	19.9							
0.70	23.2	23.4	23.2	23.0	23.0	23.0		(585)	665	710	745	750	30
								(605)	695	745	790	795	32
0.80	25.8	26.3	26.2	26.0	26.0	26.0		(625)	725	780	835	840	34
0.90	28.3	29.2	29.1	28.9	28.9	28.9		(640)	750	815	875	885	36
1.0	30.7	32.0	31.9	31.7	31.7	31.7	31.7	(665)	(775)	845	915	930	38
1.2	(35.1)	37.6	37.5	37.4	37.4	37.4	37.4						
1.4	(38.5)	42.9	42.9	42.9	42.9	42.9	42.9	(670)	(800)	875	955	975	40
									(850)	945	1050	1080	45
1.5	(40.0)	45.5	45.5	45.5	45.5	45.5	45.5		(895)	1010	1130	1180	50
1.6		48.1	48.1	48.1	48.1	48.1	48.1		(935)	(1060)	1210	1260	55
1.8		53.0	53.5	53.5	53.5	53.5	53.5		(970)	(1110)	1280	1340	60
2.0	57.5	58.5	59.0	59.0	59.0	59.0	59.0	59.0	59.0				
2.2	61.5	63.0	64.5	64.5	64.5	64.5	64.5	64.5		(1160)	1340	1410	65
										(1200)	1390	1480	70
2.4		65.5	67.5	69.5	70.0	70.0	70.0	70.0	70.0	(1230)	1440	1540	75
2.6		(69.0)	72.0	74.5	75.0	75.5	75.5	75.5	75.5		(1490)	1600	80
2.8		(72.5)	76.0	79.5	80.0	80.5	81.0	81.0	81.0		(1540)	1660	85
3.0		(75.5)	79.5	84.0	85.0	85.5	86.0	86.0	86.0	86.0			
3.5		(82.5)	(87.5)	95.0	97.0	98.0	99.0	99.0	99.0	99.0	(1580)	1720	90
											(1660)	1840	100

续表

球隙距离 S (cm)	球直径 D (cm)												球隙距离 S (cm)
	2	5	6.25	10	12.5	15	25	50	75	100	150	200	
4.0		(88.5)	(95.0)	105	108	110	112	112	112	112	(1730)	(1940)	110
4.5			(101)	115	119	122	125	125	125	125	(1800)	(2020)	120
5.0			(107)	123	129	133	137	138	138	138	138	(2100)	130
5.5			(131)	138	143	149	151	151	151	151			
6.0			(138)	146	152	161	164	164	164	164	164	(2180)	140
												(2250)	150
6.5				(144)	(154)	161	173	177	177	177	177		
7.0				(150)	(161)	169	184	189	190	190	190		
7.5				(155)	(168)	177	195	202	203	203	203		
8.0					(174)	(185)	206	214	215	215	215		
9.0					(185)	(198)	226	239	240	241	241		

注　(1) 本表不适用于测量 10kV 以下的冲击电压。

(2) 当 $S/D>0.5$ 时，括号内数字的准确度较低。

（2）标准大气条件下，球隙的击穿电压峰值（冲击电压为 U_{50} 值）kV 见附表 2。适用于正极性雷电冲击全波和操作冲击电压。

附表 2　　　　　　　　　　球隙的击穿电压（峰值）（二）　　　　　　　　单位：kV

球隙距离 S (cm)	球直径 D (cm)												球隙距离 S (cm)
	2	5	6.25	10	12.5	15	25	50	75	100	150	200	
					(215)	(226)	254	263	265	266	266	266	10
						(238)	273	287	290	292	292	292	11
						(249)	291	311	315	318	318	318	12
							(308)	334	339	342	342	342	13
							(323)	357	363	366	366	366	14
							(337)	380	387	390	390	390	15
							(350)	402	411	414	414	414	16
0.05							(362)	422	435	438	438	438	17
0.10							(374)	442	458	462	462	462	18
0.15							(385)	461	482	486	486	486	19
0.20													
0.25							(395)	480	505	510	510	510	20
								510	545	555	560	560	22
0.30	11.2	11.2						540	585	600	610	610	24
0.40	14.4	14.3	14.2					(570)	620	645	655	660	26
0.50	17.4	17.4	17.2	16.8	16.8	16.8		(595)	660	685	700	705	28
0.60	20.4	20.4	20.2	19.9	19.9	19.9							
0.70	23.2	23.4	23.2	23.0	23.0	23.0		(620)	695	725	745	750	30
								(640)	725	760	790	795	32
0.80	25.8	26.3	26.2	26.0	26.0	26.0		(660)	755	795	835	840	34
0.90	28.3	29.2	29.1	28.9	28.9	28.9		(680)	785	830	880	885	36
1.0	30.7	32.0	31.9	31.7	31.7	31.7	31.7	(700)	(810)	865	925	935	38
1.2	(35.1)	37.8	37.6	37.4	37.4	37.4	37.4						
1.4	(38.5)	43.3	43.2	42.9	42.9	42.9	42.9	(715)	(835)	900	965	980	40
								(890)	980	1060	1090		45

续表

球隙距离 S (cm)	2	5	6.25	10	12.5	15	25	50	75	100	150	200	球隙距离 S (cm)
				球　直　径　D (cm)									
1.5	(40.0)	46.2	45.9	45.5	45.5	45.5	45.5		(940)	1040	1150	1190	50
1.6		49.0	48.6	48.1	48.1	48.1	48.1		(985)	(1100)	1240	1290	55
1.8		54.5	54.0	53.5	53.5	53.5	53.5		(1020)	(1150)	1310	1380	60
2.0	59.5	59.0	59.0	59.0	59.0	59.0	59.0	59.0					
2.2		64.0	64.0	64.5	64.5	64.5	64.5	64.5	64.5	(1200)	1380	1470	65
										(1240)	1430	1550	70
2.4		69.0	69.0	70.0	70.0	70.0	70.0	70.0	70.0	(1280)	1480	1620	75
2.6		(73.0)	73.5	75.5	75.0	75.5	75.5	75.5	75.5		(1530)	1690	80
2.8		(77.0)	78.0	80.5	80.5	80.5	81.0	81.0	81.0		(1580)	1760	85
3.0		(81.0)	82.0	85.5	85.0	85.5	86.0	86.0	86.0	86.0			
3.5		(90.0)	(91.5)	97.5	98.0	98.5	99.0	99.0	99.0	99.0	(1630)	1820	90
											(1720)	1930	100
4.0		(97.5)	(101.0)	109	110	111	112	112	112	112	(1790)	(2030)	110
4.5			(108)	120	122	124	125	125	125	125	(1860)	(2120)	120
5.0			(115)	130	134	136	138	138	138	138	138	(2200)	130
5.5			(139)	145	147	151	151	151	151	151			
6.0			(148)	155	158	163	164	164	164	164		(2280)	140
												(2350)	150
6.5			(156)	(164)	168	175	177	177	177	177			
7.0			(163)	(173)	178	187	189	190	190	190			
7.5			(170)	(181)	187	199	202	203	203	203			
8.0			(189)	(196)	211	214	215	215	215	215			
9.0			(203)	(212)	233	239	240	241	241	241			

注　当 $S/D>0.5$ 时，括号内数字的准确度较低。

二、国产阀型避雷器的电气特性（见附表 3～附表 9）

附表 3　　　　　　　普通阀型避雷器的电气特性

型号	系统标称电压(有效值)(kV)	避雷器额定电压(有效值)(kV)	工频放电电压(有效值)(kV) 不小于	工频放电电压(有效值)(kV) 不大于	1.2/50μs冲击放电电压(峰值)(kV)不大于 FS系列	1.2/50μs FZ系列	波前冲击放电电压(峰值)(kV)不大于 FS系列	波前冲击 FZ系列	标称电流下残压(波形8/20μs)(峰值)(kV)不大于 FS系列 3kA	FS系列 5kA	FZ系列 5kA	备注
FS-0.22	0.22	0.25	0.50	0.90	1.70		2.21		1.50			
FS-0.38	0.38	0.50	1.10	1.60	3.00		3.90		3.0			
FS-3(FZ-3)	3	3.8	9.0	11.0	21.0	20.0	26.3	25.0		17.0	13.5	
FS-6(FZ-6)	6	7.6	16.0	19.0	35.0	30.0	43.8	37.5		30.0	27.0	
FS-10(FZ-10)	10	12.7	26.0	31.0	50.0	45.0	62.5	56.3		50.0	45.0	
		20.5	41	49	73		91				67	作为元件使用
		25	51	61	85		106				81.5	作为元件使用
		25	56	67	110		138				81.5	作为元件使用
FZ-35	35	41	82	98	134		168				134	
FZ-110J	110	100	224	268	326		408				326	
		126	255	314	375		469				410	中性点不接地系统
FZ-220J	220	200	448	536	620		775				652	

附表 4　　　　　　　　　　　　电站用磁吹阀型避雷器的电气特性

型　号	系统标称电压(有效值)(kV)	避雷器额定电压(有效值)(kV)	工频放电电压(有效值)(kV)		1.2/50μs 冲击放电电压(峰值)(kV)	波前冲击放电电压(峰值)(kV)	标称放电电流下残压(波形8/20μs)(峰值)(kV)不大于			备　注
			不小于	不大于	不大于	不大于	1kA	5kA	10kA	
FCZ-35	35	41	70	85	112	130		108		
FCZ-40		51	87	98	134	161	134			110kV 变压器中性点保护用
FCZ-60	63	69	117	133	178	214		178		
FCZ-110J	110	100	170	195	260	312		260		
FCZ-110	110	126	255	290	345	414		332		中性点不接地系统
FCZ-220J	220	200	340	390	520	624		520		
FCZ-330J	330	290	510	580	780	936			820	
		310	545	620	834	1001			870	
FCZ-500	500	420	567		1005	1200			913	
		444	600		1055	1265			965	
		468	632		1110	1326			1018	

附表 5　　　　　　　　　　　　保护旋转电机避雷器电气特性

型　号	电机额定电压(有效值)(kV)	避雷器额定电压(有效值)(kV)	工频放电电压(有效值)(kV)		冲击放电电压(预放电时间10μs及波形1.2/50μs)(峰值)(kV)不大于	标称电流3kA下残压(波形8/20μs)(峰值)(kV)不大于	备　注
			不小于	不大于			
FCD-2		2.3	4.5	5.7	6.0	6.0	电机中性点保护用
FCD-3	3.15	3.8	7.5	9.5	9.5	9.5	
		4.6	9.0	11.4	12.0	12.0	电机中性点保护用
FCD-6	6.3	7.6	15.0	18.0	19.0	19.0	
FCD-10	10.5	12.7	25.0	30.0	31.0	31.0	
FCD-13.2	13.8	16.7	33.0	39	40	40	
FCD-15	15.75	19	37	44	45	45	

电站和配电用无间隙金属氧化物避雷器电气特性

附表6

单位:kV

避雷器额定电压 U_r(有效值)	避雷器持续运行电压 U_c(有效值)	标称放电电流 20kA 等级 电站避雷器				标称放电电流 10kA 等级 电站避雷器				标称放电电流 5kA 等级 电站避雷器				标称放电电流 5kA 等级 配电避雷器		
		陡波冲击电流残压(峰值)不大于	雷电冲击电流残压(峰值)不大于	操作冲击电流残压(峰值)不大于	直流1mA参考电压不小于	陡波冲击电流残压(峰值)不大于	雷电冲击电流残压(峰值)不大于	操作冲击电流残压(峰值)不大于	直流1mA参考电压不小于	陡波冲击电流残压(峰值)不大于	雷电冲击电流残压(峰值)不大于	操作冲击电流残压(峰值)不大于	直流1mA参考电压不小于	雷电冲击电流残压(峰值)不大于	操作冲击电流残压(峰值)不大于	直流1mA参考电压不小于
5	4.0	—	—	—	—	—	—	—	—	15.5	13.5	11.5	7.2	15.0	12.8	7.5
10	8.0	—	—	—	—	—	—	—	—	31.0	27.0	23.0	14.4	30.0	25.6	15.0
12	9.6	—	—	—	—	—	—	—	—	37.2	32.4	27.6	17.4	35.8	30.6	18.0
15	12.0	—	—	—	—	—	—	—	—	46.5	40.5	34.5	21.8	45.6	39.0	23.0
17	13.6	—	—	—	—	—	—	—	—	51.8	45.0	38.3	24.0	50.0	42.5	25.0
51	40.8	—	—	—	—	—	—	—	—	154.0	134.0	114.0	73.0	—	—	—
84	67.2	—	—	—	—	—	—	—	—	254	221	188	121	—	—	—
90	72.5	—	—	—	—	264	235	201	130	270	235	201	130	—	—	—
96	75	—	—	—	—	280	250	213	140	288	250	213	140	—	—	—
(100)	78	—	—	—	—	291	260	221	145	299	260	221	145	—	—	—
102	79.6	—	—	—	—	297	266	226	148	305	266	226	148	—	—	—
108	84	—	—	—	—	315	281	239	157	323	281	239	157	—	—	—
192	150	—	—	—	—	560	500	426	280	—	—	—	—	—	—	—
(200)	156	—	—	—	—	582	520	442	290	—	—	—	—	—	—	—
204	159	—	—	—	—	594	532	452	296	—	—	—	—	—	—	—
216	168.5	—	—	—	—	630	562	478	314	—	—	—	—	—	—	—
288	219	—	—	—	—	782	698	593	408	—	—	—	—	—	—	—
300	228	—	—	—	—	814	727	618	425	—	—	—	—	—	—	—
306	233	—	—	—	—	831	742	630	433	—	—	—	—	—	—	—
312	237	—	—	—	—	847	760	643	442	—	—	—	—	—	—	—
324	246	—	—	—	—	880	789	668	459	—	—	—	—	—	—	—
420	318	1170	1046	858	565	1075	960	852	565	—	—	—	—	—	—	—
444	324	1238	1106	907	597	1137	1015	900	597	—	—	—	—	—	—	—
468	330	1306	1166	956	630	1198	1070	950	630	—	—	—	—	—	—	—

附表 7　　　　　　　　　　电机中性点用金属氧化物避雷器电气特性　　　　　　　　单位：kV

避雷器额定电压 U_r（有效值）	避雷器持续运行电压 U_c（有效值）	标称放电电流 1.5kA 等级		
		雷电冲击电流残压	操作冲击电流残压	直流 1mA 参考电压
		（峰值）不大于		不小于
2.4	1.9	6.0	5.0	3.4
4.8	3.8	12.0	10.0	6.8
8	6.4	19.0	15.9	11.4
10.5	8.4	23.0	19.2	14.9
12	9.6	26.0	21.6	17.0
13.7	11.0	29.2	24.3	19.5
15.2	12.2	31.7	26.4	21.6

附表 8　　　　　　　　　　变压器中性点用金属氧化物避雷器电气特性　　　　　　　　单位：kV

避雷器额定电压 U_r（有效值）	避雷器持续运行电压 U_c（有效值）	标称放电电流 1.5kA 等级		
		雷电冲击电流残压	操作冲击电流残压	直流 1mA 参考电压
		（峰值）不大于		不小于
60	48	144	135	85
72	58	186	174	103
96	77	260	243	137
144	116	320	299	205
207	166	440	410	292

附表 9　　　　　　　　　　电机用金属氧化物避雷器电气特性　　　　　　　　单位：kV

避雷器额定电压 U_r（有效值）	避雷器持续运行电压 U_c（有效值）	标称放电电流 1.5kA 等级				标称放电电流 2.5kA 等级			
		发电机用避雷器				电动机用避雷器			
		陡波冲击电流残压	雷电冲击电流残压	操作冲击电流残压	直流 1mA 参考电压	陡波冲击电流残压	雷电冲击电流残压	操作冲击电流残压	直流 1mA 参考电压
		（峰值）不大于			不小于	（峰值）不大于			不小于
4	3.2	10.7	9.5	7.6	5.7	10.7	9.5	7.6	5.7
8	6.3	21.0	18.7	15.0	11.2	21.0	18.7	15.0	11.2
13.5	10.5	34.7	31.0	25.0	18.6	34.7	31.0	25.0	18.6
17.5	13.8	44.8	40.0	32.0	24.4	—	—	—	—
20	15.8	50.4	45.0	36.0	28.0	—	—	—	—
23	18.0	57.2	51.0	40.8	31.9	—	—	—	—
25	20.0	62.9	56.2	45.0	35.4				

三、我国行标 DL/T 620—1997 规定的耐雷水平和雷击跳闸率数值

附表 10　　　　　　　110~500kV 架空输电线路典型杆塔的耐雷水平和雷击跳闸率

系统标称电压（kV）		500	330	220	110
杆塔型式					
保护角		14°	20°	16.5°	25°
保护方法		双避雷线	双避雷线	双避雷线	单避雷线
杆塔绝缘	绝缘子个数	25×XP-160	19×CP-10	13×X-4.5	7×X-4.5
	50%冲击放电电压（正极性）（kV）	2138	1645	1200	700
档距长度（m）		400	400	400	300
冲击接地电阻（Ω）		7~15	7~15	7~15	7~15
雷击杆塔时耐雷水平（kA）		177~125	155~105	110~76	63~41
建弧率		100%	100%	91.8%	85%
平原线路	绕击率	0.112%	0.238%	0.144%	0.238%
	击杆率	1/6	1/6	1/6	1/4
	跳闸率	0.081	0.12	0.25	0.83
山区线路	绕击率	0.40%	0.84%	0.5%	0.82%
	击杆率	1/4	1/4	1/4	1/3
	跳闸率	0.17~0.42	0.27~0.60	0.43~0.95	1.18~2.01

注　跳闸率栏，平原对应 $R_i=7\Omega$，山区两数据分别对应 R_i 为 7Ω 和 15Ω。

参 考 文 献

[1] 严璋，朱德恒. 高电压绝缘技术. 2版. 北京：中国电力出版社，2007.

[2] 刘子玉，刘其昶. 电气绝缘设计原理，上、下册. 北京：机械工业出版社，1981.

[3] 华中工学院，上海交通大学. 高电压试验技术. 北京：水利电力出版社，1983.

[4] 保定天威保变电气公司. 变压器试验技术. 北京：机械工业出版社，2000.

[5] 张仁豫，等. 高电压试验技术. 2版. 北京：清华大学出版社，2003.

[6] 邱志贤. 高压复合绝缘子及其应用. 北京：中国电力出版社，2006.

[7] 关志成，等. 绝缘子及输变电设备外绝缘. 北京：清华大学出版社，2006.

[8] GB/T 16927.1—1997 高电压试验技术 第一部分：一般试验要求.

[9] GB/T 16927.2—1997 高电压试验技术 第二部分：测量系统.

[10] DL/T 596—1996 电力设备预防性试验规程.

[11] DL/T 474.1～474.5—2006 现场绝缘试验实施导则.

[12] DL/T 992—2006 冲击电压测量实施细则.

[13] GB/T 7449—1987 电力变压器和电抗器的雷电冲击和操作冲击试验导则.

[14] 陈道辉. 变压器的雷电冲击和操作冲击试验. 沈阳：辽宁科学技术出版社，1999.

[15] 解广润. 电力系统过电压. 北京：水利电力出版社，1985.

[16] 陈维贤. 超高压电网稳态计算. 北京：水利电力出版社，1993.

[17] 许颖，徐士珩. 交流电力系统过电压防护及绝缘配合. 北京：中国电力出版社，2006.

[18] GB 11032—2000 交流无间隙金属氧化物避雷器.

[19] DL/T 620—1997 交流电气装置的过电压保护和绝缘配合.

[20] DL/T 621—1997 交流电气装置的接地.

[21] DL/T 436—2005 高压直流架空送电线路技术导则.

[22] 赵畹君. 高压直流输电工程技术. 北京：中国电力出版社，2004.

[23] 刘振亚. 特高压电网. 北京：中国经济出版社，2005.

[24] 刘振亚. 特高压交流输电系统外绝缘. 北京：中国电力出版社，2008.

[25] 刘振亚. 特高压交流输电系统过电压与绝缘配合. 北京：中国电力出版社，2008.

[26] 刘振亚. 特高压直流输电系统过电压及绝缘配合. 北京：中国电力出版社，2009.

[27] 刘振亚. 特高压直流输电线路. 北京：中国电力出版社，2009.

[28] 刘振亚. 特高压直流外绝缘技术. 北京：中国电力出版社，2009.

[29] 刘振亚. 特高压交流输电技术研究成果专辑（2005年）. 北京：中国电力出版社，2006.

[30] 刘振亚. 特高压交流输电技术研究成果专辑（2006年）. 北京：中国电力出版社，2008.

[31] 刘振亚. 特高压交流输电技术研究成果专辑（2007年）. 北京：中国电力出版社，2009.

[32] 刘振亚. 特高压交流输电技术研究成果专辑（2008年）. 北京：中国电力出版社，2009.

[33] 刘振亚. 特高压直流输电技术研究成果专辑（2005年）. 北京：中国电力出版社，2006.

[34] 刘振亚. 特高压直流输电技术研究成果专辑（2006年）. 北京：中国电力出版社，2008.

[35] 刘振亚. 特高压直流输电技术研究成果专辑（2007年）. 北京：中国电力出版社，2009.

[36] 刘振亚. 特高压直流输电技术研究成果专辑（2008年）. 北京：中国电力出版社，2009.

[37] 中国南方电网公司. ±800kV直流输电技术研究. 北京：中国电力出版社，2006.